Geologisches Wörterbuch

Hans Murawski/Wilhelm Meyer

Geologisches Wörterbuch

11. überarbeitete und erweiterte Auflage

ELSEVIER
SPEKTRUM
AKADEMISCHER
VERLAG

Spektrum
AKADEMISCHER VERLAG

Zuschriften und Kritik an
Elsevier GmbH, Spektrum Akademischer Verlag, Dr. Christoph Iven, Slevogtstraße 3–5, 69126 Heidelberg und Professor Dr. Wilhelm Meyer, Geologisches Institut der Rheinischen Friedrich-Wilhelms-Universität Bonn, Nussallee 8, 53115 Bonn

Bibliografische Information Der Deutschen Bibliothek
Die Deutsche Bibliothek verzeichnet diese Publikation in der Deutschen Nationalbibliografie; detaillierte bibliografische Daten sind im Internet über http://dnb. ddb. de abrufbar.

11. Auflage 2004

Spektrum Akademischer Verlag ist ein Imprint der Elsevier GmbH.

04 05 06 07 08 5 4 3 2 1 0

Planung und Lektorat: Merlet Behncke-Braunbeck, Christoph Iven
Redaktion: Christoph Iven
Herstellung: Detlef Mädje
Umschlaggestaltung: SpieszDesign, Neu-Ulm
Titelfotografie: Mit Ocker infiltrierte kreidezeitliche Sandsteine bei Roussillon, Südfrankreich (W. Meyer)
Layout: klartext, Heidelberg
Satz: Mitterweger & Partner, Plankstadt
Druck und Bindung: LegoPrint S.p.A., Lavis

Printed in Italy

ISBN 3-8274-1445-8

Aktuelle Informationen finden Sie im Internet unter www.elsevier. de

Vorwort zur 11. Auflage

Für diese Auflage wurde das Wörterbuch wie bisher aktualisiert, in dem die Erläuterungen zu einigen Termini verändert und mehrere Begriffe neu aufgenommen wurden. Wir haben der Versuchung widerstanden, für diese Erweiterung Platz zu schaffen durch die Eliminierung heute nicht mehr gebräuchlicher Begriffe, von denen das Buch eine große Anzahl enthält, besonders aus dem Gebiet der Geotektonik und ihrer vielen Theorien. Aber, wer sich mit älterer Literatur beschäftigen will oder muss, wird mit vielen dieser Begriffe konfrontiert werden. Und er wird sie in modernen Lehrbüchern in immer geringerem Maße erläutert finden. Deshalb sieht dieses Wörterbuch auch darin eine Aufgabe, wenigstens durch eine knappe Erläuterung der historischen Begriffe die ältere Fachliteratur für das Verständnis offen zu halten.

Bei der Arbeit an dieser Neuauflage durfte ich mich wieder wertvoller Hinweise durch Kollegen und Benutzer des Wörterbuchs erfreuen und möchte dankbar die Hilfe der Herren Dr. U. Emmert, München, H. Langrehr, Hitzhofen, Prof. Dr. A. Siehl und Prof. Dr. J. Stets, Bonn, Prof. Dr. H. Vossmerbäumer, Würzburg, Prof. Dr. H. W. Walther, Hannover und besonders von Herrn Priv.-Doz. Dr. D. H. Storch, Freiburg, Brsg. erwähnen. Nach der Übernahme des Projektes durch den Elsevier-Verlag wurde diese Neuauflage in bewährter Weise durch Herrn Dr. Ch. Iven, Heidelberg betreut, auch ihm möchte ich danken.

Bonn, Frühjahr 2004 — Wilhelm Meyer

Vorwort zur 10. Auflage

Nach der Fertigstellung der 9. Auflage entschloß sich Hans MURAWSKI, die Fortführung dieses Wörterbuchs, das er über Jahrzehnte hinweg in bewundernswerter Weise immer wieder aktualisiert hat, mir zu übertragen. Er konnte das Erscheinen dieser 10. Auflage nicht mehr erleben, am 9. Mai 1994 ist er im 79. Lebensjahr verstorben. So bleibt uns die Aufgabe, das Buch in seinem Sinne und mit seinen Ansprüchen an Universalität weiterzuführen. Bei der Aktualisierung für diese Auflage wurden verstärkt englischsprachige Begriffe aufgenommen, da ihre Benutzung auch in deutscher Literatur sich immer mehr ausweitet und außerdem bei uns die Tendenz zunimmt, auch Arbeiten von nur lokalem Interesse in englischer Sprache zu publizieren.

Ich danke den Herren Prof. Dr. TH. LITT, Institut für Paläontologie, Bonn, Prof. Dr. A. SIEHL und Dr. J. TRAPPE, Geologisches Institut, Bonn, G. HINTERMAIER-ERHARD, Landsberg und Dr. CH. IVEN, Ferdinand Enke Verlag, Stuttgart, für ihre Hilfe beim Zustandekommen dieser Neuauflage.

Bonn, Sommer 1998 W. Meyer

Vorwort zur 9. Auflage

In einer Zeit, in der ständig neue Forschungsergebnisse in immer schnellerer Folge in der Literatur bekannt werden, muß sich ein Geologisches Wörterbuch dieser Wissensvermehrung im Rahmen seiner Möglichkeiten anpassen. So lege ich eine Neuauflage vor, die durch Einfügung neuer Begriffe und Anpassung vieler Texte versucht, dem augenblicklichen Kenntnisstand gerecht zu werden. Dabei konnte ich aus einer großen Zahl der Rezensionen viele Anregungen aufnehmen, erhielt von Benutzern des Buches Hinweise und Empfehlungen und versuchte auch aus den negativen Beurteilungen zu lernen. Daß das Ganze stets ein Kompromiß bleiben wird, kann niemand – vor allem auch der Autor selbst – bezweifeln. Ich selbst hatte ständig Kompromisse zwischen der Ausführlichkeit des Textes und dem zur Verfügung stehenden Raum zu schließen. Aus ähnlichen Gründen mußte ich auch dem Benutzer durch Querverweise oder Sammelstichwörter gewisse Unbequemlichkeiten zumuten.

Wesentlich erschien mir jedoch das Bemühen um eine gewisse Ausgewogenheit zwischen den einzelnen Texten zu sein. Mit Sicherheit werden manche Benutzer eine Reihe von Begriffen nicht finden oder werden vom ‚Tiefgang' der Erläuterungen nicht zufriedengestellt sein. Um auch hier eine kleine Hilfe zu geben, habe ich mich entschlossen, auch dieses Mal wieder ein – allerdings erweitertes – Verzeichnis wichtiger Bücher aus den verschiedenen Sparten der Geologie am Buchende aufzunehmen.

Wie bereits früher schon, habe ich mich der Hilfe von Fachkollegen aus bestimmten Wissensgebieten bei der Abfassung der Texte versichert, so z. B. bei der Hydrogeologie (Prof. Dr. G. MATTHESS, Kiel) oder der Fazies-/Mikrofazieskunde (Priv. Doz. Dr. H. WILLEMS, Frankfurt/M.). Bei einigen Texten ist der Autor unmittelbar am Textende angegeben, z. B. bei den Stichwörtern: Biogeochemie, Deckensysteme, Illitkristallinität, MORB, Pyrolit. Bei der Abfassung der Texte für viele tektonische Begriffe war mir meine Tätigkeit als Vorsitzender der Deutschen Tektonischen Kommission in der Deutschen Geologischen Gesellschaft von großem Nutzen. Aus den vielfachen Hilfen ergibt sich natürlich auch ein großer Teil der Neueinfügungen und Ergänzungen dieser Auflage. Trotz der überall zu beobachtenden Spezialisierung läßt sich seit einer Reihe von Jahren, z. T. auch durch die Gedankengänge der Plattentektonik gefördert, das Bestreben nach interdisziplinärer Diskussion und Zusammenarbeit in den Geowissenschaften in verstärktem Maße erkennen. Vielleicht trägt auch dieses Büchlein dazu bei, solche interdisziplinäre Gespräche zu erleichtern.

Seit über 30 Jahren (seit 1956) war der Ferdinand Enke Verlag mein Partner, bei dem ich stets viel Verständnis für meine Wünsche und Vorschläge fand. An dieser Stelle habe ich die Gelegenheit, für diese jahrzehntelange fruchtbare Partnerschaft herzlich zu danken.

Frankfurt am Main, Sommer 1991 H. Murawski

Abkürzungen

a	=	Jahr (lt annus)
Abb.	=	Abbildung
Adj.	=	Adjektiv, Eigenschaftswort
(bergm.)	=	bergmännisch
Bez.	=	Bezeichnung
d. h.	=	das heißt
(engl.)	=	englisch
f.	=	femininum, weiblich
(finn.)	=	von finnisch
(frz.)	=	von französisch
i. A.	=	im Allgemeinen
i. e. S.	=	im engeren Sinne
i. w. S.	=	im weiteren Sinne
(japan.)	=	von japanisch
(isld.)	=	von isländisch
(it.)	=	von italienisch
ka	=	1000 Jahre
(lt 7, gr 3)	=	Verweis auf die laufende Nummer der etymologischen Tabelle im Anhang
m.	=	masculinum, männlich
n.	=	neutrum, sächlich
Pl.	=	Plural, Mehrzahl
(russ.)	=	von russisch
s. a.	=	siehe auch
s. d.	=	siehe dort
(span.)	=	von spanisch
Subst.	=	Substantiv, Dingwort
u. a.	=	und andere
usw.	=	und so weiter
Verb.	=	Verbum, Tätigkeitswort
wg.	=	wegen
z. B.	=	zum Beispiel
z. T.	=	zum Teil
zw.	=	zwischen
→	=	vergleiche das nachgenannte Stichwort
↗	=	vergleiche die zugehörige Abbildung
*	=	Einführung des Stichworts in die wissenschaftliche Literatur durch den nachfolgend genannten Autor
>	=	größer als
<	=	kleiner als
Ø	=	Durchmesser

Inhaltsverzeichnis

Einleitung

Das Ziel des Buches ist es, vor allem in der Deutschen Literatur auftretende Fachwörter aus der Geologie und ihren Grenzgebieten in möglichst umfassender, jedoch knapper Form zu erklären. Diese Grundkonzeption verlangt eine sehr starke textliche Verdichtung, was sich vor allem bei den Texten der Sammelstichworte bemerkbar macht. Durch die Einführung dieser Erläuterungsmethode finden sich vielfach im Text Einzelstichworte, die lediglich einen Hinweis auf die Erläuterung bei einem bestimmten Sammelstichwort aufweisen (z. B.: Axialgefälle → Querfaltung). Weiterhin wurde zur sinnvollen Verknüpfung von Stichwörtern im Text selber oder im Anschluss an ihn ein Hinweis auf verwandte Stichwörter gegeben (z. B.: bei ‚Benthos', s. a. Nekton, Plankton).

Weiterhin ist in der vorliegenden Auflage des Buches wieder – dem Wunsche zahlreicher Rezensenten folgend – in verstärktem Maße der Hinweis auf die jeweiligen Erstautoren der einzelnen Begriffe angebracht worden. Es ist hier zu beachten, dass die Signatur: (*L. Milch, 1894) angeben soll, dass der genannte Autor diesen Begriff zum genannten Zeitpunkt in die wissenschaftliche Literatur eingeführt hat. Dabei wurde keine Rücksicht darauf genommen, ob der Begriff heute noch im gleichen Definitionssinne gebraucht wird. Vielfach gelang es trotz mühsamen Suchens nicht, den Erstautor zu entdecken (keine Angabe im Text oder – wenn möglich – der Vermerk: z. B. ‚... schon bei C. F. Naumann, 1850'), oder es blieb ungewiss, ob der Genannte wirklich der Erstautor gewesen ist (z. B. ‚... wahrscheinlich A. G. Werner' oder ‚? *E. Suess, 1883'). Umlaute (ä, ö, ü) werden in der Anordnung wie a, o, u behandelt.

A

Aa-Lava (hawaiisch), f., zähflüssige Lava (s. d.), die an ihrer Oberfläche ein Haufwerk schlackiger Brocken bildet **(Brockenlava).** – Im deutschen Sprachgebrauch wird die Aa-Lava oft – nicht ganz korrekt – mit Blocklava (s. d.) gleichgesetzt. – s. a. Fladen-Lava.

Aalénien, Aalenium, Aalen, n., (-Stufe), (n. dem Ort Aalen/Württbg.) (*C. Mayer, 1864), Tab. III 10 B.

Abbildungskristallisation (*B. Sander, 1911), f., Übernahme (= Abbildung) vorhandener Vorzeichnungen in Gesteinen (Falten, Scherflächen, Material-Inhomogenitäten usw.) durch nach der Deformation (s. d.) einsetzende Neukristallisation. Sander scheidet sie scharf von der **Kristallisationsschieferung** (*F. Becke, 1903), die durch flächenhaft geregeltes Wachstum von Mineralneubildungen (vor allem von Glimmern und ähnlichen Mineralien) in metamorphen Gesteinen in Richtung des geringsten Druckes erfolgen soll.

Abbildungstektonik (*S. v. Bubnoff, 1949), **Durchpausungstektonik**, f., Übernahme von Strukturelementen aus Strukturen des Untergrundes in das Deckgebirge. Besonders typisch bei bruchtektonischen Erscheinungen. – s. a. Erdnaht, Lineament.

Abdämmungssee, m. → Stausee.

Abdruck, m., Negativabdruck tierischer oder pflanzlicher Körper oder Körperteile in Gesteinen. – s. a. Fossil.

Abfluss, m., das unter dem Einfluss der Schwerkraft auf und unter der Landoberfläche sich bewegende Wasser. Quantitativ ist es das Wasservolumen aus dem Einzugsgebiet (s. d.), das den Abflussquerschnitt in der Zeiteinheit durchfließt ($m^3 \cdot s^{-1}$). – Dieses Wasservolumen setzt sich zusammen aus dem **Oberflächenabfluss** (Abflussanteil, der oberirdisch dem Vorfluter [s. d.] zufließt, ohne in den Boden eingedrungen zu sein), dem Zwischenabfluss (Abflussanteil, der dem Vorfluter unterirdisch mit nur geringer Verzögerung zufließt) und dem **grundwasserbürtigen** A. (Abflussanteil, der dem Vorfluter mit großer Verzögerung aus dem Grundwasser zufließt). – Der **Trockenwetterabfluss** ist der Abfluss in niederschlagsarmer Zeit, der den natürlichen ober- und unterirdischen Speicherräumen des Einzugsgebietes entstammt.

Abflussgletscher, m. → Inlandeis.

abgedeckte Karte, f. → geologische Karte.

abgepresstes Magma, n. → Differentiation.

Abgrusung, f. → Gesteinsgrus.

abiotisch (gr 1/67), lebensfeindlich.

Abkühlungsalter, n., radiometrisch bestimmter Zeitpunkt der Abkühlung eines Minerals unter eine bestimmte Temperatur, bei der ein Isotopensystem geschlossen wird und Zerfallsprodukte nicht mehr entweichen können (**Schließungstemperatur**, engl.: blocking temperature) Die Schließungstemperaturen betragen z. B. bei Muskowit für die Isotopensysteme K-Ar ca. 350 °C und Rb-Sr > 500 °C. – s. a. Altersbestimmung, Geochronologie.

Abkühlungsriss, m., -kluft, f., -spalt, m. → Absonderung, Lithoklase, Pluton.

Ablagerung, f. → Sedimentation.

Ablagerungssequenz, (lt 307), f. (* P.R. Vail et al., 1977), definiert als eine überwiegend konkordante Folge genetisch zusammenhängender Schichten, welche oben und unten zumindest abschnittsweise durch → Diskordanzen oder Omissionen (→ Hartgrund) begrenzt ist. Ablagerungssequenzen lassen sich besonders gut in seismischen Profilen über lange Strecken verfolgen. Die **Sequenz-Stratigraphie** ermöglicht Rückschlüsse auf Meeresspiegel-Schwankungen aus dem Wechselspiel zwischen terrigener Sedimentzufuhr und transgressivem Verhalten der Sequenz. – s. a. eustatische Meeresspiegelschwankung.

Ablation (lt 35), f., (*? L. Agassiz, um 1840), Abschmelzung und Verdunstung an Gletschern und Schneemassen – namentlich an deren Oberflächen – infolge Sonneneinstrahlung, Rückstrahlung von Felsgesteinen, Luftwärme, Luftfeuchtigkeit, Luftbewegung und oberflächlich abfließenden Schmelz- und Niederschlagswassers. – s. a. Penitentes.

Ablationsgebiet (bei Gletschern) (lt 35), n. → Gletscher.

Ablationsmoräne (lt 35; v. frz. ,moraine,), f., (*? M. Pfannenstiel, 1963), dünne Moränendecke, die beim Abschmelzen (Ablation) des Eises entstanden ist. Dabei hat die zerstreuende Tätigkeit der vielen Schmelzwasserbäche in und unter dem Eis mitgewirkt. – Der Begriff deckt sich mit dem Ausdruck **‚Flachmoräne'** (A. Heim, 1919). – s. a. Moräne.

Ablaugung, f. → Auslaugung, Subrosion.

Ablution (lt 1), f., Abtragungstätigkeit der Meeresströmungen an unverfestigten marinen Sedimenten.

Abrasion (lt 2), f., (*B. Jukes, 1862), Abtragungswirkung der Meeresbrandung unter Bil-

dung von **Abrasionsplatten** (*F. von RICHTHOFEN), **-ebenen, -flächen,** f. Solcherart entstandene Küsten heißen **Abrasionsküsten**. – s. a. Brandung, Kliff, Küste.
Abraum (bergm.), m., beim Abbau nutzbarer Gesteine oder Minerale unter und über Tage anfallendes, für den Betrieb nicht brauchbares und daher ‚abzuräumendes' Material. – s. a. Halde.
Abraumsalze (bergm.), Pl., n., zusammen mit dem Steinsalz auftretende K- und Mg-Salze. Sie wurden erstmalig 1856 bei Anlage des ersten Steinsalzschachtes bei Staßfurt als unbrauchbar betrachtet und ‚abgeräumt'.
Abri (frz. Unterstand), n. → Balme.
Abrieb, m., → Geröll.
Abrissgebiet, n. → Bergsturz.
Abrollungsgrad, m., (* E. VON SZADECZKY-KARDOSS, 1933), Prozentsatz konvexer Teile am Umfang eines Gerölls. – Darüber hinaus hat man für die Abnahme der Kanten eines Kornes den Begriff ‚Rundung' und für die Annäherung des Kornes an die Kugelgestalt den Begriff ‚**Sphärizität**' eingeführt. (↗ Abb. 1) – s. a. Morphometrie.
Absatzgestein, n. → Sedimentgestein.
Abscherung, f., Bewegungen an mechanisch prädestinierten **Abscherungsflächen** bei mehr oder minder waagerechter Verfrachtung eines sich von seinem Unterbau unterscheidenden Gesteinsverbandes über seinen anders oder gar nicht deformierten Sockel hinweg (↗ Abb. 2).

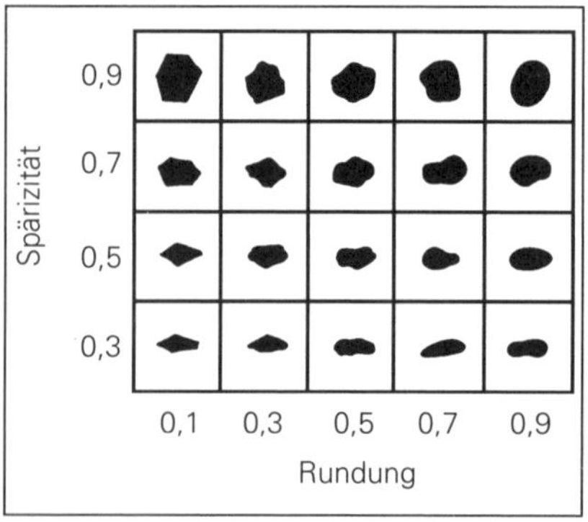

Abb. 1 Abrollungsgrad. – Ordinate: Sphärizität; Abszisse: Rundung. – Aus W. C. KRUMBEIN & L.L. SLOSS (1953): Stratigraphy and Sedimentation. – 2. Aufl.; San Francisco u. London.

Abscherungsdecke, f., (* A. BUXTORF, 1907), Gesteinsverband, der an einer mechanisch vorgezeichneten oder neu gebildeten Bahn von seinem Untergrund abgeschert und über eine größere Entfernung bewegt oder verschoben worden ist. – s. a. Abscherung.
Abschiebung, f. = Verwerfung (s. d.). Der Begriff wird für den Vorgang und das Ergebnis dieser Bewegung verwendet. – s. a. Verschiebung.
Abschmelzung, f. → Ablation.
Abschmelzungsgebiet (bei Gletschern), n. → Gletscher.
Abschuppung, f. → Desquamation.
Absenkungsbrunnen, m. → Brunnen.
Absetzen, Abstoßen, n., (bergm., schon bei C. F. NAUMANN, 1850), Abschneiden einer Bruchfläche, eines Flözes, einer Schicht an einer anderen Gesteinsmasse oder einer tektonischen Fläche. – s. a. Verwerfung.
absolute Altersbestimmung, f. → Altersbestimmung.
Absonderung, f., Erzeugung eines Gesteinsgroßgefüges. *1. Sedimentgesteine.* Primärgefüge: Schichtung und Bankung (s. d.); Sekundärgefüge: Bildung von Gesteinskörpern mit polyedrischer, unregelmäßiger, parallelepipedischer, quaderförmiger, plattiger, prismatischer usw. Form durch Schrumpfungsrisse (infolge Wasserverlustes, Abkühlung usw.) oder durch auf andere Weise gebildete Risse und Spalten, insbesondere durch tektonische Vorgänge (z. B. Klüftung, tektonische Brüche aller Art, Schieferung, Griffelung usw.). Primär, diagenetisch oder tektonisch entstanden können knollig-knotige, wulstige oder linsenförmige A.en sein. – *2. Erstarrungsgesteine.* Primäre Gefüge durch Bewegungsvorgänge oder Abkühlungsschrumpfung der Schmelze: dickplattig-bankige, dünnplattige, kissenförmige, säulige, pfeilerartige, kugelige, konzentrischschalige usw. Formen. Sekundäre Gefüge durch Tektonik und Verwitterung. – Die Absonderungsform kann die Gewinnung und Verarbeitung von Gesteinen erleichtern oder aber, etwa bei starker Zerstückelung, die Herstellung größerer Werkstücke unmöglich machen. – s. a. Gefüge, Lithoklase.
Abspülung, f., flächenhafte Abtragungstätigkeit des oberflächig abfließenden Niederschlagswassers.
Abstandsgeschwindigkeit (Grundwasser), f. → Grundwasserdurchfluss.
Abstammungslehre, f. → Paläontologie.

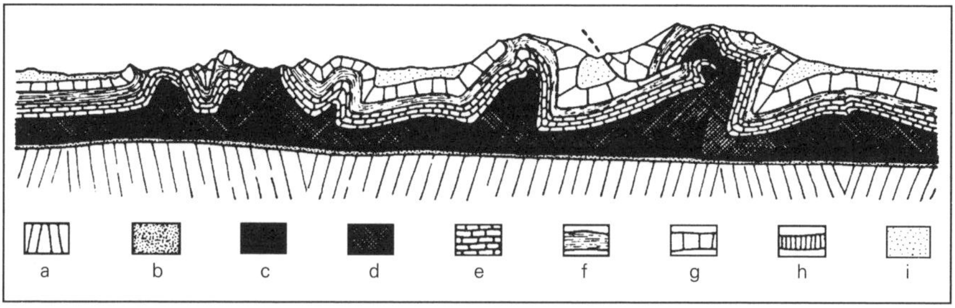

Abb. 2 Profil durch den Schweizer Faltenjura, aufgefasst als reine Abscherung über ungestörtem Untergrund (n. A. BUXTORF aus R. BRINKMANN: Abriss der Geologie, Bd. 1, 10. Aufl., S. 173; Stuttgart 1967). – Abscherungshorizont: Mittl. Muschelkalk. Inzwischen hat sich herausgestellt, dass der Abscherungshorizont nicht eine ungestörte Fläche darstellt, sondern dass besonders unter den Sätteln Vertikalstörungen existieren.

a Grundgebirge	d Jüngere Trias	g Jüngerer Oberjura
b Ältere Trias	e Mittlerer Jura	h Kreide
c Mittlerer Muschelkalk	f Älterer Oberjura	i Tertiär

Abstoßen, n. → Absetzen.

Abteilung, f., stratigraphischer Unterabschnitt eines geologischen (stratigraphischen) Systems. Der Begriff wird heute durch den Terminus: Serie (Tab. I) ersetzt.

Abtragung, f., Sammelbegriff für die Zerstörungstätigkeit der verschiedenen Agentien an der Erdoberfläche mit dem Endziel der Einebnung aller Oberflächenformen. Solche Agentien sind: Schwerkraft, fließendes Wasser, strömendes Eis, bewegte Luft usw.

Abtragungsgebirge, n. → Gebirge.

Abtragungslücke, f. → Lücke.

Abukuma-Typ der Metamorphose (n. d. Abukuma Mts. in Honshu/Japan), Andalusit-Sillimanit-Typ; temperaturbetonte Metamorphose, die im Verhältnis zum **Barrow-Typ** (s. d.) bei niedrigeren Drücken abläuft (↗ Abb. 3). – s. a. Metamorphose, Subduktionsmetamorphose.

abyssal (gr 2), (*E. HAUG, 1808–1811), Bez. für den Meeresbereich zwischen etwa 4000 und 5500 m Wassertiefe; manchmal wird auch der ganze Tiefseebereich als a. bezeichnet. – s. a. bathyal, hypsographische Kurve, neritisch.

abyssisches Gestein, n., (gr 2), 1. gelegentlich für Tiefsee-Sedimente verwendeter Begriff, 2. → Plutonit.

abyssische Stufe, f., (gr 2) → hypsographische Kurve.

Acadium (n. d. Landschaft Acadia, südl. d. St-Lorenz-Bucht/Kanada), n. → Tab. III 3 B.

accretionary wedge/prism (engl.) → Akkretionskeil.

ac-Ebene, f., ac-Kluft, f. → Falte, Kluft.

Achat (n. d. Fluss Achates/Sizilien, gr), m., (schon bei THEOPHRAST 372–287 v. Chr. und PLINIUS d. Ä., 23–79 n. Chr.), Hohlraum- (Blasen-) Ausfüllungen in vulkanischen Gesteinen mit Bändern von feinkristallinem Quarz (s. d.) mit etwas Opal (s. d.). Sie enthalten im Innersten häufig große Quarzkristalle. – **Festungsachat** zeigt konzentrische Bänderung.

Achondrit (gr 1/381), (BREZINA, 1895) → Meteroid.

Achse, f., 1. → Falte; 2. Schnittkantenlineare, z. B. β-(Beta-)Achse (s. d.); 3. Bez. für den Längsverlauf von Bruchfaltenbündeln (*H. STILLE 1908).

Achsendepression, f., **Achsengefälle,** n., → Querfaltung.

Achsenfläche, -ebene, f. → Falte (dort: Faltenachsenfläche, -ebene).

Achsenflächenschieferung, f. → Schieferung.

Achsenkulmination, f. → Querfaltung.

Achsenlinie, f. → Falte.

Achsenrampe, f., (*H. CLOOS, 1940), Gebiete in Faltengebirgen, bei denen die Faltenachsen (→ Falte) einheitlich und mit etwa gleicher Neigung nach einer Richtung einfallen.

Ader (bergm.), f., kleiner Gang.

Adergneis (?*J. J. SEDERHOLM 1897) → Migmatit.

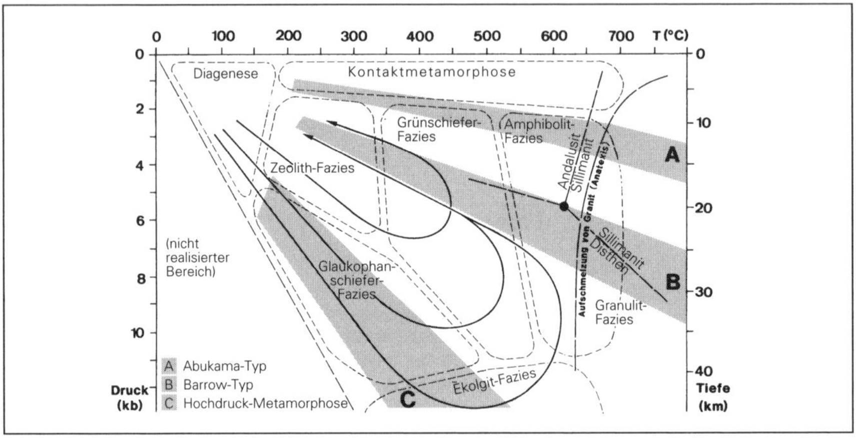

Abb. 3 Metamorphosearten bei unterschiedlichen Druck/Temperaturverhältnissen. Hochdruckmetamorphose und Akubuma-Typ (temperaturbetonte Metamorphose) treten in gepaarten metamorphen Gürteln auf. Der Barrow-Typ ist bei Kontinent-Kontinent-Kollisionen häufig. Die gekrümmten Pfeile bezeichnen mögliche Versenkungs- und Wiederaufstiegswege (P-T-Pfade). – Aus W. FRISCH & J. LOESCHKE (1986): Plattentektonik, S. 92; Darmstadt (Wiss. Buchges.).

Adinole (gr 5), f., Tab. VII 39.

Adorfien, Adorfium, Adorf-Stufe (n. d. Ort Adorf/Waldeck), Tab. III 6 C.

Adsorptionswasser (lt 12), n. → ungesättigte Zone.

Adventivkrater (lt 13, gr. 176), m. → Krater.

aerisch (gr 6), in der freien Luft.

affin (lt 16), Bez. für Verformungen, bei denen Vorzeichnungen vor und nach der Deformation ähnlich sind; gerade Vorzeichnungen bleiben gerade, parallele Linien bleiben parallel. Werden dagegen die Vorzeichnungen gekrümmt, dann ist die Deformation **nichtaffin**.

Afriziden, Pl., (*E. KRENKEL, 1925 n. d. schon vorher in der engl. Lit. verwend. Ausdr. ‚Africides'), die Orogenzüge bzw. Orogenesen des afrikanischen Sockels.

Agglomerat (lt 17), n., aus formlosen, oft fest verbackenen Gesteinsbrocken bestehendes vulkanisches Auswurfsprodukt; aus Schweißschlacken (s. d.) bestehend: **Schlackenagglomerat;** verfestigt: **Agglomerat-Tuff.** – s. a. Tuff.

Agglutinat (lt 18), n., Lavabänke, die durch Verschmelzung mehrerer flüssiger → Bomben (meist basaltischer Zusammensetzung) beim Auftreffen auf einen Vulkanhang entstehen. Wenn sich Agglutinate rasch zu dickeren Bänken anhäufen, können sie als ‚wurzellose Lavaströme' sogar über kurze Strecken fließen. – s. a. Lava, Schweißschlacke.

aggressive Fazies (lt 19/140) f. → Fazies.

aggressives Wasser (lt 19), n., Wasser, das infolge höheren Gehaltes an gelösten Stoffen (Hydrogencarbonat, Sulfate, verschiedene Säuren) Gesteine oder Teile derselben durch Lösung angreift.

Ägirin (n. d. nordischen Meeresgott Ägir), m., (*J. V. ESMARK, 1835), Mineral der Pyroxen-(s. d.) Gruppe. Na Fe^{III} $[Si_2O_6]$.

Agmatit (lt 20), m → Migmatit.

A-Horizont, m. → Bodenprofil.

Air-fall-Ablagerungen (engl.), Ablagerungen aus → pyroklastischem Material, das bei vulkanischer Tätigkeit in die Luft geschleudert wurde und mehr oder weniger senkrecht auf den Boden zurückgefallen ist. Im Gegensatz dazu erfolgt bei → **base surges** der Transport der Pyroklastika dicht über dem Erdboden. → Tephra, vulkanische Tätigkeit.

Akaustobiolith (gr 8/67/193), m. → biogenes Sediment.

Akkordanz, f., Adj. akkordant (lt 4) = **Pseudokonkordanz,** (*H. STILLE, 1924), Bez. für die Anpassung intrudierender magmatischer Schmelzen, metamorpher Mobilisate, Gangbildungen, jüngerer tektonischer Erscheinungen usw. an vorhandene Strukturelemente, z. B. an die Schichtung. Daneben auch der Ausdruck für die Angleichung der Abtragung an die Gesteinsstruktur. – Hierher gehört auch die Verwischung von Diskordanzen im Schichtensystem durch spätere tektonische Beanspruchung. – s. a. Diskordanz, Konkordanz.

Akkretion (lt 5, 6), f., Wachstum durch externe Anlagerung, z. B. in der Plattentektonik (s. d.): **Platten-Akkretion,** ein Vorgang, bei dem Neubildung von Lithosphäre (s. d.) durch Anlagerung von Material an bereits vorhandenen Lithosphären-Platten erfolgt.

akkretionäre Lapilli (lt 5, 6), m. Pl., konzentrisch aufgebaute → Lapilli, die durch Zusammenballung von Ascheteilchen in feuchten Eruptionswolken entstanden sind. Sie treten bei → phreatomagmatischer Vulkantätigkeit auf oder, wenn es in Aschewolken hineinregnet. Werden gelegentlich auch als **Pisolithe** (s. d.) bezeichnet.

Akkretionskeil (lt 5, 6) (engl.: accretionary wedge/prism), m., komplizierter und komplexer Strukturverband zerscherter und gefalteter Blätter ozeanischer und z. T. auch kontinentaler Kruste, die im Verlauf von Subduktionsprozessen an die jeweils unterfahrene Platte angeschweißt werden. – s. a. Plattentektonik, Subduktion.

Aklé (arab.), f., Transversaldünen (→ Dünen) mit wellig gebogenen Kämmen, die nach Luv konvex sind; werden auch als barchanoide Transversaldünen bez.

Akkumulation (lt 7), f., Bez. für Vorgang und Produkt der Ablagerung von Sedimenten (s. d.); meist gebraucht bei verstärkter örtlicher Anhäufung derselben in Gewässern oder durch Wind. – Auch bei Anhäufungen von Kristallen in magmatischen Schmelzen spricht man von A. bzw. von **Akkumulaten** bzw. Akkumulithen.– **Akkumulationsterrasse,** f. → Schotterterrasse. – **Akkumulationstheorie** (Vulkane) → Aufschüttungstheorie.

Akkumulationsgebiet (bei Gletschern) (lt 7), n. → Gletscher.

Akratopege (gr 9/275), f., einfache kalte Quelle mit einer Wassertemperatur unter 20 °C und einem Mineralgehalt unter 1 g/kg Wasser.

Akratotherme (gr 9/145), f., **Therme,** f., **Thermalquelle,** f., wie → Akratopege, jedoch mit Wassertemperaturen über 20 °C.

akroorogene Bewegung (gr 10/253/76) → Diktyogenese.

Aktinolith (gr 12/193), m. = Strahlstein, m., Mineral der Amphibolgruppe (→ Amphibol).

aktische Stufe (gr 11), f. → hypsographische Kurve.

aktiver Kontinentalrand (lt activus = tätig/69), m., es gibt in plattentektonischer Hinsicht zwei Arten von Grenzen zwischen Kontinent und Ozean. Wenn sich zwischen Kontinent und Ozean eine Plattengrenze befindet, taucht die Ozeanplatte unter die Kontinentalplatte ab (Subduktion, s. d.) und man spricht von einem **aktiven Kontinentalrand** (konvergenter Kontinentalrand → Plattentektonik). Wenn der Kontinent mit dem anschließenden Ozeanbecken fest verbunden ist, beide also zur gleichen Platte gehören, finden am Kontinentalrand keine Bewegungen statt und man bezeichnet ihn als **passiven Kontinentalrand.**

Aktualismus (lt 9), m., wichtigste Gedankengrundlage zur Interpretation geologischer Erscheinungsbilder. Als Grundlage gilt die Annahme, dass Kräfte und Erscheinungen der geologischen Vorzeit mit den heute zu beobachtenden gleichartig sind, sodass unmittelbare Rückschlüsse vom beobachtbaren Erscheinungsbild zu den früheren Bildungsabläufen möglich werden. Als eigentlicher Vater des A. gilt Ch. Lyell (1830), der an die Arbeiten von J. Hutton (1788), vor allem aber an die wichtigen Forschungen von C. E. A. von Hoff (1822) anschloss. Die Erdgeschichte wird hier im Gegensatz etwa zur Kataklysmentheorie (s. d.) als Summation vielfacher Wirkungs- und Entwicklungsvorgänge betrachtet. Allerdings zeigen sich innerhalb der Erdgeschichte mehrfach Steigerungen des normalen Geschehens (Orogenesen, Zeiten verstärkten Vulkanismus, Eiszeiten, Zeiten mit Bildung großer Kohle- und Salzlager, Besitznahme des Landes durch Tier- und Pflanzenwelt, sprungartige Entwicklungen bei Tier und Pflanze usw.), sodass aus dem heutigen **aktuogeologischen** Bild nicht immer eine befriedigende Deutung dieser Vorgänge gegeben werden kann. Man muss also trotz Anerkennung des aktualistischen Prinzips und der Beachtung der langen Zeiträume der Erdgeschichte mit dem Vorhandensein zeitweiliger Besonderheiten rechnen. – s. a. Exzeptionalismus, Kataklysmentheorie, Neptunisten, Plutonisten, Zyklentheorie.

Aktuogeologie (lt 10, gr. 80/197), f., (R. Richter, 1928 nach einem unerwähnten Autor), „Wissenschaft von der Bildungsweise fossil möglicher geologischer Urkunden in der Gegenwart."

Aktuopaläontologie (lt 10, gr 259/247/197), f., (*R. Richter, 1928), „Wissenschaft von der Bildungsweise fossil möglicher paläontologischer Urkunden in der Gegenwart." Sie erarbeitet wichtige Vergleichsdaten für die Paläontologie (s. d.) und Paläobiologie (s. d.).

akzessorischer Gemengteil, m., (*A. G. WERNER, 1749–1817), **Akzessorium** (lt 3), n., mineralischer Übergemengteil, m., in Gesteinen, der oft nur weniger als 1 % des Gesteines ausmacht, oft aber für bestimmte Gesteinstypen nomenklatorische Bedeutung besitzt.

Alabaster (aus dem gr oder dem ägypt. nach der Göttin EBASTE. – Ein Stein, aus dem das Salbengefäß *alabastrum* verfertigt wurde, das Salben unverdorben erhält), m., für Bildhauerzwecke geschätzte Varietäten von Gips, Kalk oder Aragonit (vgl. entspr. Stichwörter). Sehr feinkörniger bis dichter, durchscheinender Gips: **Gipsalabaster.** Travertin (→ Sinter): **Kalkalabaster.**

Alaunschiefer (bergm.), m., durch FeS_2 dunkelgrau gefärbte, schiefrige Pelite, bei deren Verwitterung Alaun (Doppelsalz aus K- und Al-Sulfat) ausblüht; früher in größerem Umfang zur Alaunherstellung für die Gerberei abgebaut.

Albedo (lt 21), f., Verhältnis des diffus zurückgestrahlten Lichtes zum parallel einfallenden Licht (z. B. absolut weiße Körper: 1; Schnee: 0,52; Ozeane; 0,04). Wichtig als Maß der Reflexion des eingestrahlten Sonnenlichtes.

Albien, Albium, Alb, (-Stufe) (n. lt. ‚Alba' = Fluss Aube/Frankr.), n., (*A. D'ORBIGNY, 1842), Tab. III 11 A.

Albit (lt 22), m., (*BERZELIUS & GAHN, 1815) → Plagioklas.

Aleurit (gr 14), m., (*ZAWARITZKIJ), klastisches (s. d.) Sediment (s. d.) mit Korngrößen von 0,01 bis 0,1 mm ø.

algonkischer Umbruch, m. → Megagäa.

Algonkium (v. indianisch. Namen), n., (*C. B. VAN HISE, 1892), früher häufig verwendeter stratigraphischer Begriff für das Jungpräkambrium, etwa dem Proterozoikum (s. d.) entsprechend.

Alkalifeldspat, m., Feldspäte d. Mischkristallreihe $NaAlSi_3O_8$ (Albit) – $KAlSi_3O_8$: Orthoklas, Sanidin, Mikroklin, Anorthoklas (vgl. die entsprechenden Stichwörter).

Alkali-Gestein, n., H. ROSENBUSCH (1898) teilte die magmatischen Gesteine nach ihrem Gehalt an Ca- bzw. K- und Na-Mineralen in **Kalkalkali-** und A. ein. Viele A. zeigen SiO_2-Unterbilanz, sodass vielfach keine Feldspäte, sondern nur Feldspatvertreter (→ Foid) gebildet werden. Den Kalkalkali-Gesteinen entspricht die **Pazifische Sippe** (* F. BECKE, 1903). Diese wurde später noch aufgeteilt in eine durch Na-Vormacht gekennzeichnete **Atlantische Sippe** und eine **Mediterrane Sippe** mit K-Vormacht (vor allem: P. NIGGLI, 1933). Diese Bezeichnungen werden nicht mehr verwendet. A. RITTMANN 1981) schlug vor, den Begriff ‚Atlantische Sippe' durch den Ausdruck **‚kratogene Sippe',** ‚Pazifische Sippe' durch **‚orogene Sippe'** und ‚Mediterrane Sippe' durch **‚postorogene Sippe'** zu ersetzen.

Alkalihornblende, f., besonders durch Na-Reichtum ausgezeichnete, monokline Hornblenden (→ Amphibol).

Alkali-Olivin-Basalt, m. → Basalt.

Alkalisyenit, m., (*H. ROSENBUSCH, 1907), Tab. IV 14.

Alkalitrachyt, m., (‚Natrontrachyt' *H. ROSENBUSCH, 1887; ‚Alkalitrachyt' H. ROSENBUSCH, 1896), Tab. IV 16.

Allerød-Interstadial (n. d. Siedl. Allerød, nordwestl. v. Kopenhagen/Dänemark), f., (*N. HARTZ und V. MILTHERS, 1901), Wärmeschwankung (Interstadial, s. d.) von etwa 650 Jahren Dauer innerhalb der Weichsel-Eiszeit; ca. 12 500 Jahre v. h.

Allgemeine Geologie, f., (*J. D. DANA, 1813-1895), behandelt Bildung und Umbildung der Gesteine und des Landschaftsbildes aufgrund der Wirkung endogener und exogener Kräfte (s. d.).

allitisch (*H. HARRASSOWITZ, 1926), **hydratisch,** Gesteinsverwitterung im semihumiden bis semiariden (→ humid, arid) Klima, die auf die Bildung von Aluminiumhydroxiden (vor allem Hydrargillit, Diaspor, Boehmit) hinzielt (daher die Benennungen ‚allitisch' und ‚hydratisch'!). SiO_2 wird dagegen in starkem Maße oder vollkommen abgeführt. – Bei abnehmendem oder gar fehlendem Humusgehalt im Boden erfolgt eine weitgehende Bremsung des Eisen-Abtransportes. Auf diese Weise kommt es bei Böden dieser Art zu einer Rotfärbung bis zur Bildung von lateritischen Eisenkrusten: **Ferrallit.** – s. a. Bauxit, Laterit, siallitisch.

allochemisch (gr 16/arab.), wenn bei Gesteinsumbildungen der chemische Bestand des Ausgangsgesteins verändert wird, spricht man von allochemischer Metamorphose. Bleibt der chemische Gesamtbestand erhalten, so nennt man das **isochemische** Vorgänge. → Metamorphose.

allochthon (gr 16/378) (schon bei C. F. NAUMANN, 1850), Bez. für Gesteinsbildungen aus ortsfremdem Material, z. B. allochthone Kohle (*C. W. GÜMBEL, 1883): aus zusammengeschwemmtem Pflanzenmaterial gebildete Kohle. – A. sind jedoch auch ortsfremde Gesteinskomplexe im Deckengebirge (→ Decke). – Subst.: **Allochthon,** n. – s. a. autochthon.

allodapische Kalke (gr 17) (*K. D. MEISCHNER, 1962); a. K. sind Einschaltungen detritischer Kalke in Tongesteine. Sie sind Sedimente der pelagischen (s. d.) Stillwasser-Fazies und bestehen überwiegend aus Detritus (s. d.) von Organismen entfernter Flachmeergebiete. Pelagische Fossilien sind beigemengt und in gleicher Weise wie der Detritus sortiert.

Allometamorphose (gr 16/215), f. → Metamorphose.

allothigen (gr 15/77) (*E. KALKOWSKY), Bez. für Komponenten in Gesteinen, die ihren Ursprung in anderen Bildungsräumen hatten. Der Begriff wird vor allem verwendet für Einschlüsse in magmatischen Gesteinen, die diesem Magma fremd sind. Sinngemäß gilt das auch für jedes vulkanische und nichtvulkanische Fremdmaterial in vulkanischen Auswurfsmassen. – s. a. authigen.

allotriomorph (gr 233/222) **xenomorph** (gr 203/194), Bez. für Minerale, die bei der Erstarrung von Gesteinsschmelzen infolge gegenseitiger Störung beim Wachstum nicht die ihnen zukommende Eigengestalt entwickelt haben. – s. a. idiomorph.

alluvial (lt 23), allgemeine Bez. für junge Ablagerungen, z. B. Alluvialboden: junger Schwemmlandboden in Niederungen, Tälern und an der Küste, alluviale Seife (→ Seife), **Alluvionen** (*A. BOUÉ, 1829): geologisch junge Anschwemmungsprodukte, z. B. ‚Talalluvionen'. – s. a. Auelehm.

Alluvium, (lt 23), n., (*E. DE BEAUMONT, 1829/30), heutige Bez.: Holozän (s. d.)

Almandin, m., Fe-Al-Granat (→ Granat).

alpidische (Faltungs-) **Ära** (n. d. Geb. Alpen), f., (*H. Stille, 1920), umfasst folgende (Faltungs-) Phasen im Zeitraum zwischen Obertrias und Quartär: 1. **altalpidisch:** kimmerische, austrische, vorgosauische, subherzyne (Ilseder und Wernigeröder), laramische Phase; 2. **mittelalpidisch:** pyrenäische, savische Phase; 3. **jungalpidisch:** steirische, attische, rhodanische, wallachische, pasadenische Phase. – vgl. entspr. Stichwort; Tab. III; s. a. saxonisch.

alpiner Gletschertyp, m. → Gletscher.

alpinotyp (gr 351), (*H. STILLE, 1920), Bez. für den Baustil in Falten- und Deckengebirgen mit starker Einengung. Der Begriff gilt für die Bauformen wie für die Bewegungsvorgänge und -abläufe. – s. a. andinotyp, Deckensysteme, germanotyp.

Alterit (v. frz. altération = Veränderung), m., als A.e werden sehr feinkörnige Aggregate von unbekannter Zusammensetzung bezeichnet, die wahrscheinlich bei der Alteration (= Umwandlung) verschiedener Minerale entstanden sind. Das Wort muss als ein Gruppenname verstanden werden, der keine mineralogische Bedeutung besitzt. Es wird vor allem bei der Sedimentanalyse verwendet.

Altersbestimmung, f., geologischer Objekte, 1. **relative** Altersbestimmungen: Versuch, unter Heranziehung der Lagerungsverhältnisse sowie des Fossil- und Gesteinsinhaltes, die relative Alterfolge der einzelnen Gesteinsserien zu ermitteln. Auf diese Weise entwickelte sich aus den ersten Gliederungen (z. B. von N. STENO, 1638 bis 1686, von W. SMITH, 1769–1839 und vor allem auch A. G. WERNER, 1749–1817) die heute gültige Einteilung der Erdgeschichte in feste Abschnitte (→ Tab. I, III). – 2. **absolute** Altersbestimmungen: a) mit geologischen Mitteln: z. B. statistische Rückschlüsse aus Sedimentmächtigkeit und Sedimentationsgeschwindigkeit oder durch Beobachtung von Zeugen der Groß- oder Jahresschwankungen (s. a. Bänderton, Jahresschichtung, Strahlenkurve). – b) Mit biologischen Mitteln: Dendrochronologie (s. d.). – c) Mit physikalischen Mitteln (**radiometrische** Altersbestimmungen) bei Kenntnis der konstanten Zerfallsdauer radioaktiver Substanzen (Halbwertzeit) und der Voraussetzung, dass diese Konstante während der gesamten Erdgeschichte und in jedem Milieu gleich geblieben ist (s. a. Kohlenstoffmethode, Kalium-Argon-Methode, Isotopenmethoden, Rubidium-Strontium-Methode, Silizium-Methode, Tritium-Methode, Uranmethoden). – Daneben existieren **paläomagnetische** Altersbestimmungen für die jüngere Erdgeschichte **(Magnetostratigraphie).** Sie beruhen auf der Feststellung, dass das magnetische Erdfeld zeitweilig dem heutigen Feld entsprach (**normal** magnetisiert) oder entgegengesetzt (**revers** magnetisiert) polarisiert war. Diese Registrierungen wurden an radiometrischen Zeitskalen geeicht. Man unterscheidet Polarisationsepochen und Polarisationsereignisse **(events),** vgl. ↗ Abb. 4. Solche magnetischen Polaritätsbestimmungen wurden auch für ältere Zeiten als die in ↗ Abb. 4 angegebenen durchgeführt (Tertiär, Kreide, Jura). – Die physikalischen Methoden erlauben vielfach eine mit großer Annäherung reelle zeitdimensionelle Vorstellung von den geologischen Zeiträumen. – s. a. Abkühlungsalter, Geochronologie, Spaltspuren-Methode, Stratigraphie.

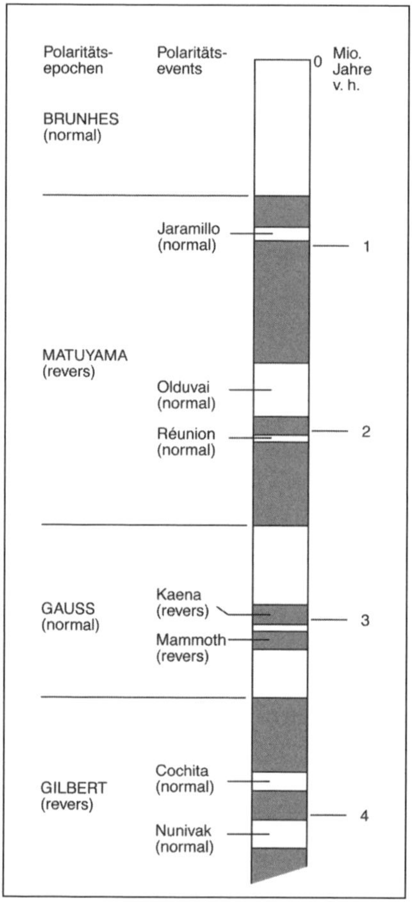

Abb. 4 Magnetostratigraphische Einheiten der letzten 4 Millionen Jahre. – Nach E. A. MANKINEN & G. B. DALRYMPLE (1979): Revised geomagnetic polarity timescale for the interval 0–5 my B.P. – J. Geophys. Res. **B 84**, 615–626, aus J. A. CATT (1992): Angewandte Quartärgeologie. – Stuttgart (Enke).

altkimmerische (Faltungs-) **Phase,** f., (*H. STILLE, 1924), Tab. III 9 C. – s. a. kimmerische Faltung.

Altpräkambrium (= Archaikum), n., Tab. III 1.

Alttertiär, n. → Paläogen, Tab. III 12.

Altwasser, n. → Mäander.

Amersfoort-Interstadial (n. Amersfoort/Holland), n, (*W. H. ZAGWIJN, 1960), Tab. IIa A.

Amethyst (gr 22), m., (?*; PLINIUS Hist. nat. 37), violett gefärbter Quarz (SiO_2).

amorph (gr 1/222) → Kristall.

Amphibol (gr 25), m., (? R. J. HAUY, 1801), chemisch komplizierte Silikate, z. B. gemeine Hornblende: $Ca_2Na\ (Mg,Fe^{II})_4\ (Al,Fe^{III})\ [(Si,Al)_4\ O_{11}]_2\ [OH]_2$. – Es können unterschieden werden: 1. **monokline** Amphibole (Tremolit, Aktinolith, gemeine und basaltische Hornblende. – Dazu als Alkalihornblenden: Arfvedsonit, Riebeckit, Glaukophan), 2. **orthorhombische** Amphibole (Anthophyllit).

Amphibolit (wegen des vorherrschenden Amphibols), m., Tab. VII 20 und 23.

Amphibolitfazies, f. → metamorphe Fazies.

amygdaloid (gr 24): mandelartig.

anaerobe Bakterien (gr.1/6), n., Bakterien, die ihren Energiebedarf aus der Zersetzung von Eiweiß oder der Reduktion von Sulfaten beziehen und daher in sauerstoffarmen bis -freien Lebensräumen existieren können. Die Tätigkeit solcher Bakterien erzeugt außerdem einen lebensfeindlichen, chemisch reduktiven Bereich im Wasser und in Böden.

Analcim (gr 27), m., (*R. J. HAUY, 1801), $Na\ [AlSi_2O_6] \cdot H_2O$.

Anamesit (gr 28), m., (*K. C. v. LEONHARD, 1832), ältere Bez. für fein- bis mittelkörnige basaltische Gesteine. – s. a. Dolerit.

anastomosierender Fluss (Anastomose: in der Medizin Verbindung zwischen Adern oder Nerven) (*S. A. SCHUMM, 1968), permanente Flussrinnensysteme hoher → Sinuosität, durch bewachsene Uferbänke stabilisiert und durch große Inseln unterteilt; keine Erosion, nur Suspensionsfracht. – s. a. Mäander.

Anatexis (gr 29), f., (*J. J. SEDERHOLM, 1907), regionaler Mobilisationsvorgang (Aufschmelzung) in festen Gesteinen infolge stärkerer Temperaturerhöhung anlässlich der Versenkung eines Gesteinsverbandes in größere Krustentiefe. Die Mobilisation kann lediglich an den Korngrenzen (intergranular) stattfinden, einzelne Gesteinskomponenten selektiv (auswählend) betreffen (partielle, differenzielle oder selektive A.) oder das gesamte Gestein erfassen (vollständige oder totale A.). Die dabei entstehenden Gesteine werden **Anatexite** genannt. – Die bei partieller Mobilisation geochemisch wenig oder gar nicht mobilen Bestände werden als **Restbestände** oder **Restite** bezeichnet. – s. a. Differentiation, Diatexis, Metamorphose, Palingenese, Rheomorphose; Abb. 24.

Anbau (in Orogenen), m., (*H. STILLE, 1924), ein „Wandern der Faltung" (H. STILLE, 1909) quer zum Streichen des Orogens in Richtung auf die Vorländer. – Der Begriff gilt auch im großen gesehen für das Wandern der Faltung von Faltungsära zu Faltungsära von den konsolidierten Bereichen in Richtung auf die ungefalteten Räume. – s. a. Archäoeuropa, Fortbau, Mesoeuropa, orogene Welle, Paläoeuropa.

Anchimetamorphose (gr 3/215) f., (*H. HARRASSOWITZ, 1927/28), Bereich zw. der Diagenese (s. d.) und der eigentlichen Gesteinsmetamorphose (→ Metamorphose). Entspricht der ‚very low grade Metamorphose' (H. G. F. WINKLER, 1974): Zeolith-Fazies, Pumpellyit-Prehnit-Quarz-Fazies. Temperaturbereich ca. 200–350 °C. – s. a. Epimetamorphose, metamorphe Fazies.

Ancylus-See (n. d. Napfschnecke *Ancylus*), f., (*F. Schmidt, 1869), Tab. IIa B.

Andalusit (n. d. span. Provinz Andalusien), m., $Al_2 [O|SiO_4]$.

Andesin (n. d. Geb. Anden), m., (*W. H. ABICH, 1841), Mischglied der Plagioklasreihe (→ Plagioklas) mit 30–50 Masse-% Anorthit.

Andesit (n. d. Anden), m., (*L. v. BUCH, 1836), Vulkanit, überwiegend aus Plagioklas und bis zu 40 % Mafiten (Pyroxene, Amphibole) bestehend, Abb. 66b, 67, Tab. IV 13.

Andesitlinie (*Ph. MARSHALL, 1912), f. (↗ Abb. 5) Außengrenze des Innerpazifik, die eine innerpazifische magmatische Provinz mit vorwiegendem Auftreten von Alkali-Vulkaniten (→ Alkali-Gesteine) von den zirkumpazifischen Randgebieten mit überwiegendem Auftreten von Kalk-Alkali-Vulkaniten (vor allem auch Andesit!) trennt. – Im Sinne der Plattentektonik (s. d.) markiert die Andesitlinie Bereiche mit Subduktions- (s. d.) Charakter. – s. a. Fließhypothese, Megagäa, Tiefseegraben.

andinotyp (n. d. Anden-Geb.), Typusbez. für einfach gebaute Faltengebirge mit hohem Anteil an synorogenen (s. d.) Intrusivkörpern und jüngeren – oft intermediären – Vulkaniten.

Andradit, (n. d. Mineralogen J.B. D'ANDRADA), m., Ca-Fe-Granat (→ Granat).

Angara-Land, n., Angaria, f., (n. d. Fl. Angara/ Sibirien) (*E. SUESS, 1901), präkambrischer Kern Nordasiens östl. d. Urals.

Angewandte Geologie, f., Anwendung geologischer Ergebnisse und Methoden zur Aufsuche und Untersuchung von Lagerstätten (Erze, Salze, Torf und Kohlen, Erdöl und Erdgas, Steine und Erden), zur Wassererschließung und Abwasserbeseitigung, zur Mülldeponie- und Altlastensuche sowie zur Beurteilung des Baugrundes. – s. a. Hydrogeologie, Ingenieurgeologie, Lagerstättenkunde, Montangeologie.

Anglesit, m., (*F. S. BEUDANT), $PbSO_4$, Oxidationserz bei Pb-Lagerstätten.

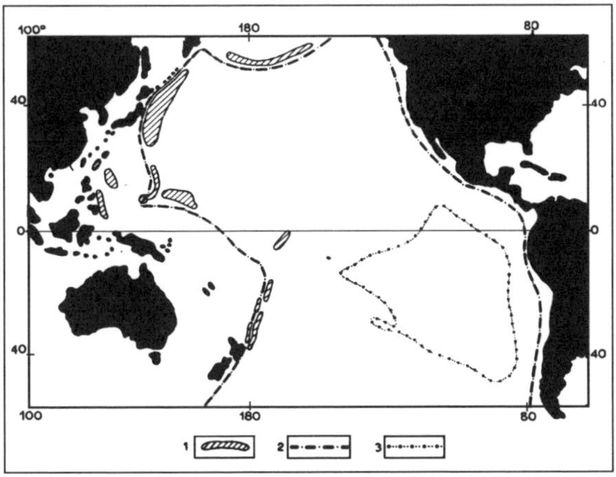

Abb. 5
Andesitlinie (2), Tiefseegräben (1) und Verbreitungsraum nephelinfreier Gesteine (3) im Pazifik (gez. unter Verwendung v. Abb. 127 in A. N. MASAROWITSCH: Grundlagen der regionalen Geologie der Erdteile. – Berlin, 1958.

Anhydrit (gr 1/355), m., (* A. G. WERNER, 1803, bei C. F. LUDWIG, 1804), $CaSO_4$ (Mineral- und Gesteinsname!).

Anhydritgruppe (wegen d. Salinars), f., Tab. III. 9 B.

Anisien, Anisium, Anis (-Stufe), n., (n. Anisus, dem lt. Namen für den Fluss Enns, Ostalpen), Tab. III 9 B.

anisotrop (gr 1/151/349), aus der Physik in die Kristallographie und Gefügekunde übernommener Begriff. Wenn ein Körper oder Kristall sich nicht in allen Richtungen physikalisch gleich verhält, ist er a. Gegensatz: isotrop. Zwischen ‚voll isotrop' und ‚voll anisotrop' gibt es viele Übergänge, man bezeichnet deshalb in der Gefügekunde (→ Gefüge) den Grad der Isotropie bzw. Anisotropie als Tropie (* B. SANDER, 1950).

Ankaramit (n, Ankaramy auf Madagaskar), m., (* A. Lacroix, 1916), melanokrater (s. d.) Basanit (s. d.), in dem der Pyroxengehalt höher ist als der Olivingehalt. – s. a. Basalt.

Anlagerungsgefüge, n. (*B. SANDER, 1936), Gefüge, das durch mechanische Anlagerung fester Teile, chemische (einschl. der Vorgänge im Korngefüge wie Metasomatose oder Umkristallisation) oder biogene Anlagerung (vor allem Krustenbildung) an der freien Oberfläche eines Gesteins **(extern)** oder an der Oberfläche von Hohlräumen im Gestein **(intern)** erzeugt wird. – Durch Anlagerung entstandenes flächiges Parallelgefüge heißt: **Anlagerungs**-s, **Schichtungs**-s.

annuelle Gefrornis (lt 24), f., → Gefrornis.

anorogen (gr 1/253/76), (schon bei W. RAMSAY, 1909/1910), Bez. für Zeiten oder Bereiche ohne Orogenesen (s. d.).

Anorthit (gr 1/251), m., (*G. ROSE, 1823) → Plagioklas.

Anorthoklas (gr 1/251/167), m., (*H. Rosenbusch, 1885), (Na,K) $[AlSi_3O_8]$. – s. a. Alkalifeldspat.

Anorthosit (wegen der Anorthitvormacht), m., (*S. HUNT, 1863), Tab. IV 17.

Anschliff, m., ein zur mikroskopischen Untersuchung im ‚auffallenden Licht' vorgesehenes, einseitig geschliffenes und poliertes Gesteins-, Kohle- oder Erzstück. – s. a. Dünnschliff.

Anschwemmungsküste, f. → Küste.

Anstehendes, n., der jeweils den Betrachter interessierende Gesteinsuntergrund in weitgehend ursprünglicher Beschaffenheit. – s. a. Lesestein.

Anteklise (gr 33/169), f., (*A. N. MASAROWITSCH, 1921), weitspannige Struktur, bei der der kristalline Sockel aufgewölbt ist und unter einer relativ geringmächtigen lückenhaften Decke von Sedimenten liegt. Diese Sedimente können seine Wölbung nachzeichnen. Solche Strukturen können Spannweiten von mehreren 100 km besitzen. Beispiele: Woronesch-A., Wolga-Ural-A. usw. – s. a. Syneklise.

Antezedenz, f., Adj. **antezedent** (lt 25) (*J. W. POWELL, 1875), Tiefenerosion von Flüssen in aufsteigenden Schollen unter Beibehaltung des ursprünglichen Laufs. – s. a. konsequent, obsequent, subsequent.

Anthophyllit, m. → Amphibol.

Anthrazit (gr 31), m. → Steinkohle.

anthropogen (gr 32/76), vom Menschen erzeugt, verursacht. – Dagegen **Anthropogen** im russ. Sprachgebrauch etwa = Quartär. – Schon L. KOBER bezeichnete die Erde im Zeitalter des Menschen als **Anthropogea**.

Antidüne (gr 33), f.,→ Düne.

Anti-Epizentrum (gr 33/128), n. → Erdbeben.

Antiform (gr 33, lt 151), f. → Antiklinale.

Antigorit (n. d. Antigorio-Tal nördl. Domodossola/ital. Alpen), m. → Serpentin.

Antiklinale, Antikline, f., Adj.: **antiklinal** (gr 35), (‚anticlinal lines' *W. BUCKLAND & W. D. CONYBEARE, 1822/24 – ‚anticlinal axis' *Ch. LYELL, 1833), Falte mit nach unten divergierenden Schenkeln = geologischer Sattel (A. G. WERNER, 1749–1817). – Es empfiehlt sich den Begriff ‚Antiklinale/Sattel' nur bei gesicherter Altersfolge der Schichten zu benutzen. Besteht diese Sicherheit nicht, liegt aber – geometrisch gesehen – ein Sattel vor, dann verwendet man jedoch besser den Begriff **Antiform.** – Sämtliche geometrischen Einzelelemente → Falte. – s. a. Synklinale.

Antiklinalpluton (gr 35), m. → Pluton.

Antiklinaltal (gr 35), n. → Tal.

Antiklinorium (gr 35), n., (*J. D. DANA, 1873, allerdings für ein Gebirge, das sich aus einer Geantiklinale [s. d.] entwickelt hat), Bez. für ein Faltenbündel, bei dem der Faltenspiegel (s. d.) von den beiden Rändern des Bündels zur Mitte aufsteigt, sodass insgesamt eine große Antiklinale zustande kommt (↗ Abb. 71). – s. a. Synklinorium.

Antimonblüte, f., (*K. C. v. LEONHARD, 1821), **Valentinit,** Sb_2O_3. Antimon-Oxidationserz.

Antiperthit (gr 33), m. → Perthit.

Antistressmineral (gr 33), n. → Stressmineral.

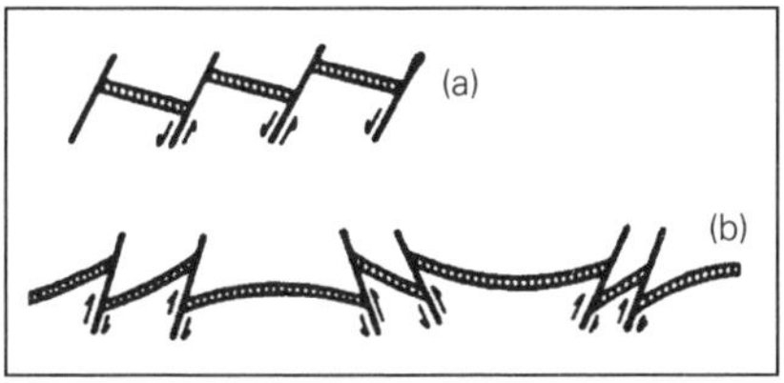

Abb. 6 Antithetische Schollentreppe (a); antithetische Verschiebungen im Faltenbau (b). Nach H. Cloos (1928): Über antithetische Bewegungen. – Geol. Rundschau, **19**, 246–251; Berlin.

antithetisch (gr 34) (*H. Cloos, 1928), infolge Bewegungen, die in entgegengesetzter Richtung verlaufen, wie die tektonischen Hauptbewegungen (antithetische Rotation), können antithetische Verwerfungen (= **gegensinnig, widersinnig, wechselsinnig** zu den Hauptverwerfungen fallend), antithetische Schollentreppen (↗ Abb. 6a und ↗ Abb. 65: Schichten in den Schollen fallen gegensinnig zu den Verwerfungen) oder im Faltenbau antithetische Verschiebungen erzeugt werden, bei denen Sättel relativ gesenkt, Mulden relativ gehoben werden (↗ Abb. 6 unten). – s. a. rechtfallende/rechtsinnige Verwerfung, Staffelbruch, synthetisch.
Antivergenz (gr 33, lt 370), f. → Vergenz.
Anzapfung, f., Vorgang, bei dem ein Flusslauf durch einen anderen sich rückschneidenden Fluss von der Seite angeschnitten und umgelenkt wird (z. B. die Wutach, Schwarzwald). – s. a. Erosion.
äolisch (v. Namen d. gr. Gottes der Winde: Aiolos), Bez. für alle durch den Wind bedingten Erscheinungen. Aus solchen Prozessen entstehende Gesteine werden vielfach als Äolinit (gelegentlich auch ‚Äolianit') bezeichnet. – s. a. Deflation, Korrasion, Löss, Seife.
Apatit (abgeleitet von gr. *apatao* = täuschen), m., (Namensgebung durch A. G. Werner deshalb, weil das erst 1778 als eigene Mineralart durch I. von Born erkannte Mineral früher mit Beryll und Turmalin verwechselt wurde), $Ca_5[(F,OH)/(PO_4)_3]$. Wichtiger Phosphor-Rohstoff.
Apex (lt 26), m., Faltenscheitel, aber nur, wenn der Faltenscheitel auch das Faltenhöchste ist. – s. a. Falte, Faltentyp, First.
aphotisch (gr. 1/373) → euphotisch.
Aplit (gr 38), m., (*A. J. Retz um 1800), vorwiegend aus Feldspat und Quarz zusammengesetztes, helles kleinkörniges Ganggestein; Ganggefolge saurer magmatischer Tiefengesteine. Tab. IV und V unter Ganggesteinen. – s. a. Pegmatit.
Apophyse (gr 40), f., (schon bei C. F. Naumann, 1850), von magmatischen Körpern oder den verschiedensten Gängen in das Nebengestein eindringende, kleinere Abzweigung.
apparent polar wandering path = APWP (engl.) → Polwanderungskurve.
Aptien, Aptium, Apt (-Stufe), n., (n. d. Ort Apt, östl. von Avignon/Südfrankr.) (*A. d'Orbigny, 1840), Tab. III 11 A.
Aquatillit (lt 28, engl.) → Tillit.
aquatisch (lt 28), im Wasser befindlich, im Wasser entstanden.
Aquifer (lt 28/142), m., (*O. E. Meinzer, 1923) = Grundwasserleiter (→ Grundwasser).
Aquiclude (lt 28/48), f.; **Aquifuge** (lt 28/157), f. → Grundwasser.
Aquitanien, Aquitanium, Aquitan (-Stufe), n., (n. d. röm. Bez. f. Aquitaine/Südfrankr.: Aquitania), (*K. Mayer-Eymar in A. Gressly, 1853), Tab. III 12 D.
Aquitarde (lt 28/339), f. → Grundwasser.
Ära (lt 14), f., 1. erdgeschichtlich → Tab. 1; 2. tektonisch → Faltungsära.
Aragonit (n. d. Landschaft Aragonien/NE-Spanien), m., (*A. G. Werner 1788), orthorhombische Modifikation des $CaCO_3$.
Arbeitskliff, n. → Kliff.
Archaikum (gr 44), n., (*J. D. Dana, 1874), Tab. III 1 u.III a. IIIa.
Archäoeuropa, Archaeoeuropa, Ureuropa, n., (beide Begr. *H. Stille, 1920), vorkambrisch konsolidierte Teile N- und E-Europas (Eria und Fennosarmatia, s. d.), in denen seit dem Ausgang des Präkambriums keinerlei alpinotype Gebirgsbildung mehr stattgefunden hat. Dieser Komplex bildete nach Stille den Rahmen für die Bildung Paläoeuropas (s. d.) bei der kaledonischen (s. d.) Gebirgsbildung.
Archäophytikum (gr 44/371), n. → Eophytikum.
ardennische (Faltungs-) **Phase** (n. d. Geb. Ardennen), f., (*H. Stille, 1924), Tab. III 5.
Arealeruption (lt 29/125), f., (von R. A. Daly und von F. von Wolff verwendet), Vorstellung vom Durchbrechen bzw. Durchschmelzen eines Plutons bis zur Erdoberfläche. Diese Theorie wurde vielfach stark angegriffen. – (Von H. Reck verwendet): örtliche Anhäufung vulkanischer Eruptionspunkte, die vermutl. dem gleichen Herd entstammen. A. Rittmann (1960) unterstreicht den Ausdruck im Sinne von Reck,

bzw. schlägt als unmissverständlichen Ausdruck hierfür: **Vulkangruppe** vor.
Arenigien, Arenigium, Arenig (-Stufe), n., (n. d. Bergzug ‚Arenig Mawr' in NW-Wales), Tab. III 4.
Arenit (lt 30), m., Bez. für klastische Carbonatsedimente der Korngrößen 0,63 bis 1,0 mm (bei manchen Autoren bis 2,0 mm). Zur Kennzeichnung des jeweiligen Chemismus spricht man von: Kalk-, Dolomit- usw. Areniten. – s. a. Kryptit, Lutit, Mikrit, Rudit, Siltit.
Arfvedsonit, (nach J. A. ARFVEDSON, der 1817 das Lithium entdeckte), m. → Amphibol.
arid (lt 31) (*A. PENCK, 1910), Bez. für ein Klima, bei dem die Verdunstung größer ist als der Niederschlag, sodass etwa vorhandene Flüsse den Weg zum Meer nicht beenden können. Das Pflanzenkleid ist äußerst lückenhaft. Man unterscheidet zw. **vollaridem/extremaridem** Bereich mit unregelmäßig verteilten episodischen kräftigen Regengüssen und **semiaridem** Bereich mit Niederschlägen in ausgesprochen jahreszeitlichem Wechsel. – Dem Klima entsprechend, herrscht eine starke physikalische Verwitterung. Neben den auf diese Weise gebildeten Schuttsedimenten treten oft äolische Sedimente und chemische Krustenbildungen auf (Bodenversalzung, Salz- und Eisenkrusten, Wüstenlack, Einkieselung usw.).
Arkose (frz.), f., (*? A. BRONGNIART, 1826), über 25% Feldspat enthaltender Sandstein.
Armorikanischer Faltenbogen (n. d. lt. Namen Armorica f. d. Küstengebiet zw. Seine und Loire), m. → Variscisches Gebirge.
Arterit (gr 43), m. → Venit.
artesischer Brunnen (n. d. Grafschaft Artois/Flandern/Frankreich, wo 1126 ein solcher Brunnen erstmalig angelegt worden sein soll), m., in gespanntes Grundwasser geführter Brunnen, aus dem das Wasser selbstständig zu Tage ausläuft. Das Wasser erhält seinen natürlichen Überdruck im einfachsten Fall – wie z. B. in kleineren Festgesteinsbecken – dadurch, dass ein Grundwasserleiter zwischen undurchlässigeren Schichten lagert und der Entnahmepunkt tiefer liegt als der freie Grundwasserspiegel im Grundwasserleiter (↗ Abb. 7). Die Ursache des artesischen Wasserzuflusses in den großen artesischen Becken ist außerdem zu sehen in den durch Kompaktion (s. d.) der Grundwasserleiter und der umgebenden Grundwassernichtleiter freigesetzten Porenwässern und in der Ausdehnung von Wasser durch die Druckabsenkung im Grundwasserleiter sowie in der Verdrängung von Wasser durch sich ausdehnende Gase und Minerale (O. E. MEINZER, 1923). – s. a. Grundwasser.

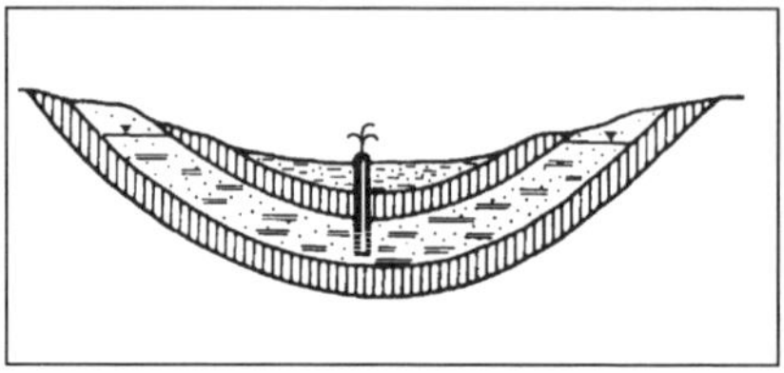

Abb. 7 Schema eines artesischen Brunnens.

Artinskien, Artinskium, Artinsk (-Stufe), (n. d. Ort im Westural), n., (*A. KARPINSKY, 1874), Tab. III 8 A.
Ås, n. → Os.
Asbest (bereits im 17. Jh. aus dem gr. Wort asbestos = unauslöschlich, unvergänglich, abgeleiteter Begriff), m., es lassen sich unterscheiden: faserige Aggregate von Hornblende- (s. d.) Asbest und solche von Serpentin- (s. d.) Asbest, z. B. Chrysotil.
Asche (vulkanische), f., staubartige bis feinkörnige vulkanische Auswurfmassen aus zerpratztem Magma, zerriebenem Gesteinsmaterial oder einem Gemisch von beiden. – Die zugehörige Auswurftätigkeit wird als **Ascheneruption**, und ein Vulkan, der sich ausschließlich durch diese Tätigkeit auszeichnet, als **Aschenvulkan** bezeichnet. – Die A.n können um den Eruptionspunkt herum einen **Aschenwall** oder – stärker erhöht – einen **Aschenkegel** bilden. Treiben die vulkanischen Gase die Aschen hoch in die Luft, bilden sich **Aschenwolken,** aus denen die ausgeworfenen Partikel in Form eines **Aschenregens** herabrieseln. So bilden sich **Aschenfall-/Fallout-Ablagerungen.** Je feiner das Material ist, und je höher es in die Luft geschleudert wird, desto weiter kann es vom Eruptionspunkt fortgetragen werden. – An den Flanken der Aschenkegel können, vielfach durch eruptionsbedingte Erschütterungen ausgelöst, **Aschenlawinen** aus feinkörniger, heißer und dadurch besonders beweglicher A. abgehen. – Diagenetisch verfestigte Aschen werden als **Aschentuff** bezeichnet. – Der Begriff ‚Asche' für vulkanische Auswurfsprodukte ist terminologisch unkorrekt, da es sich hier um kein bei einer Verbrennung erzeugtes Restprodukt handelt; er findet jedoch in der Literatur weiterhin Verwendung. – s. a. Cinder, Eruption, Glutwolke, Tephra, Tuff, Vulkan.

aschist (gr 48), (*W. C. BRÖGGER, 1894/95), Bez. für magmatische Ganggesteine mit der gleichen chemischen Zusammensetzung wie das Muttergestein, aber mit abweichendem Gefügebild (Tab. IV u. V, Ganggesteine). – s. a. diaschist, Gang.
aseismisch (gr 1/300) → Seismizität.
Ashgillien, Ashgillium, Ashgill (-Stufe), n., (n. d. Ort Ashgill i. d. Cumbrian Mts./N-England), Tab. III 4.
Asphalt (gr 47), m., Tab. VI 22 u. 23; s. a. Bitumen.
Assimilation, magmatische (lt 33), f. → Syntexis.
Assyntische Faltung (n. d. Assynt-Distrikt/N-Schottland), f., Tab. III 2/3.
Asteroid (gr 49), kleiner Planet (Planetoid) mit Durchmessern von ca. 10–800 km, der die Sonne umkreist. Aus unserem Sonnensystem sind heute mehr als 1 500 Asteroide bekannt. – s. a. Meteroid.
Asthenolith (gr 50/193) → Diapirismus.
Asthenosphäre (gr 50/322), f., Zone geringerer Materialfestigkeit im oberen Erdmantel unterhalb der Lithosphäre (s. d.) im Bereich zwischen 100 bis 300 km Tiefe. Auf dieser fließfähigen Schale können die Lithosphären-Platten langsam gleiten (→ Plattentektonik). – s. a. Erdmantel, Mesosphäre.
Astien, Astium, Asti (-Stufe), (n. d. Ort Asti/NW-Italien, südöstl. v. Turin), n., (*P. DE ROUVILLER 1853), Tab. III 12 E.
Astroblem (gr 49/blema = Wunde), n., (*R. DIETZ) = Meteorkrater (s. d.). – s. a. Impaktkrater.
Ästuar, Ästuarium, n., Adj. **ästuarin** (lt 15), (schon bei C. F. NAUMANN, 1852), trichterartig erweiterte Flussmündung, in welche Ebbe und Flut tief eindringen, z. B. Elbe-, Weser-, Seine-, Themse-Mündung.
asturische (Faltungs-) **Phase** (n. d. Landschaft Asturien/N-Spanien), f., (*H. STILLE, 1920), Phase der Variscischen Faltungsära, Tab. III 7 B.
A-Subduktion (lt 322), f., (*A. BALLY, 1975) → Subduktion.
Asymmetrie-Index (Rippeln), (gr 46/lt 184), m., → Rippelindex.
asymmetrische Falte (gr 46), f., → Faltentyp.
asymmetrisches Tal (gr 46), n., → Tal.
aszendent (lt 32), Bez. für aus der Tiefe aufsteigende Lösungen oder Dämpfe und deren mineralische Abscheidungen (z. B. bei Erzlagerstätten, s. d.). – s. a. deszendent.
Ataxit (gr 52), m. → Meteroid.
atektonisch (gr 1/338), **pseudotektonisch,** von versch. Autoren für nicht endogen-tektonisch bedingte Gesteins-Deformationen verwendete Bez. Hierher gehören Setzungserscheinungen, Deformationen anlässlich der Diagenese (s. d.), Senkungen und Einstürze über Lösungshohlräumen (Karst, Salze), subaerische und subaquatische Rutschungen, Deformation der Gesteine durch Gletscherwirkung oder Kryoturbation (s. d.) usw. – s. a. Tektonik.
atektonischer Pluton, m., → Pluton.
Atlantikum, n., (*A. BLYTT, ?1876), Zeit mit atlantischem = ozeanischem Klima im Postglazial; Tab. IIa A.
Atlantis → Brückenkontinente.
atlantischer Küstentyp, m., → pazifischer Küstentyp.
atlantische Sippe, f., → Alkaligesteine.
atmophil (gr 53/363) (*V. M. GOLDSCHMIDT, 1923/24), Bez. für die Elemente C, H, N und die Edelgase, die selber oder in ihren Verbindungen gasförmige oder leicht flüchtige Verbindungen in der Atmosphäre bilden. – s. a. biophil, chalkophil, lithophil, siderophil.
Atmosphäre (gr 53/322), f., die Lufthülle der Erde. – s. a. Hydrosphäre, Lithosphäre.
Atoll (malaiisch), n. → Riff.
attische (Faltungs-) **Phase,** (n. Attika = Teillandschaft Griechenlands), f., (*H. STILLE, 1924), Tab. III 12 D/E.
Attritus (lt 34), m., feines Zerreibsel organischer Substanzen; meist im Sinne von Pflanzenzerreibsel gebraucht.
A-Typ-Granit, m. → Granit
Auelehm, Auesand, m., feinkörnige, bei Hochwasser auf der Talbodenfläche (Talaue!) abgesetzte Sinkstoffe eines Flusses.
Aufbrandungszone, f. → Decke.
Aufbruchsspalte, f. → Spalte.
Auffrierhügelchen, n. → Thufa.
Auflagehumus, m. → Humus.
Aufpressungskames, m., Aufpressungsos, n. → Kame, Os.
Aufreißbecken, n. → pull-apart basin.
Aufrichtungszone, f., Gebiet, in dem ehemals flach liegende Schichten bis zur Senkrechten oder sogar bis zur Überkippung hochgestellt worden sind; z. B. nördlicher Harzrand.
Aufschiebung, f., (bereits bei F. VON RICHTHOFEN, 1886), **Wechsel,** m., (?*G. KÖHLER, 1880), **Kompressionsverwerfung,** f., (Emm. DE MARGERIE & A. HEIM, 1888), **Übersprung** z. T., m., (*S. VON CARNALL, 1835), Bez. für Erscheinungsbild und Vorgang einer tektonisch

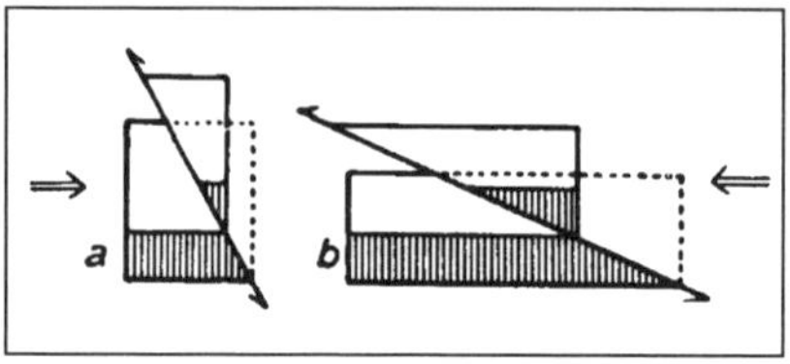

Abb. 8 Schema einer Aufschiebung (a) und einer Überschiebung (b).

bedingten, relativen Aufwärtsbewegung einer Gesteinsscholle gegenüber einer anderen an einer steilen Bewegungsfläche (steiler als 45°) (↗ Abb. 8 a). – Bei relativ flach liegender Bewegungsfläche (Winkel kleiner als 45 °) schiebt sich eine Gesteinsscholle über die andere: **Überschiebung** (schon bei C. F. NAUMANN, 1850), **Wechsel** z. T. (s. o.), **Übersprung** z. T. (s. o.) (↗ Abb. 8 b).- Aufschiebung und Überschiebung sind das Ergebnis entsprechender Einengungstektonik. – Aufschiebungsrichtungen schräg zum Einfallen der Aufschiebungsfläche erzeugen **Schrägaufschiebungen.**

Aufschluss (bergm.), m., Stelle der Erdoberfläche, an der sonst durch Boden oder Pflanzenwuchs verdecktes Gestein unverhüllt zutage tritt. A.e können durch natürliche Vorgänge (natürliche A.e) oder durch den Menschen erzeugt werden (künstliche A.e).

Aufschmelzung, f., 1. extremster Prozess der Ultrametamorphose (→ Metamorphose). – s. a. Anatexis, Granitisation, Palingenese. – 2. Wirkung von magmatischen Schmelzen auf ihre Nebengesteine. Man kann hier zwischen Assimilation (→ Syntexis) und Aufschmelzung unterscheiden.

Aufschmelzungshypothese, f. → Aufstemmungshypothese.

Aufschotterung, f. → Schotterterrasse.

Aufschüttungs-Endmoräne, f. → Moräne.

Aufschüttungsterrasse, f. → Schotterterrasse.

Aufschüttungstheorie, f., **Akkumulationstheorie**, besagt, dass die vulkanischen Berge durch die Aufeinanderstapelung vulkanischer Lockermassen und vulkanischer Schmelzen aus dem Krater entstanden sind. Vertreter dieser Theorie: Ch. LYELL, C. PREVOST, P. SKROPE. – s. a. Erhebungstheorie, Vulkan.

Aufsetzen (bergm.), n., das Neu- oder Wiederauftreten eines Ganges, einer Schicht usw. – s. a. auskeilen.

aufsitzendes Kapillarwasser, n. → ungesättigte Zone.

Aufstemmungshypothese (bei Plutonen), f., (*R. A. DALY, 1903), Hypothese zur Erklärung der Raumbeschaffungsfrage bei der Platznahme (frz. = **mise en place**) der Plutone (s. d.), wobei diese Raumbeschaffung von der Schmelze selbst durch Herausbrechen von Nebengesteinsteilen aus dem jeweiligen Plutondach erfolgen kann: ‚over head stoping' oder kurz Stoping. Der Ausdruck wurde von E. SUESS (1909) nach einem deutschen Bergmannsausdruck mit Übersichbrechen übersetzt. Dabei sinken diese Nebengesteinsblöcke in der Schmelze in die Tiefe ab und können dort auch assimiliert (→ Syntexis) werden. Da hier ein Platzaustausch zwischen Schmelze und Nebengestein erfolgt, wurde diese Hypothese von W. SALOMON (1910) als Platzaustauschhypothese bezeichnet. – E. SUESS (1883) hatte ursprünglich angenommen, dass die Schmelzen lediglich vorhandene Hohlräume ausfüllen, hatte aber später an Graniten des Erzgebirges erkannt, dass diese sich durch Aufschmelzen und Aufzehren des Nebengesteins „... wie ein Lötkolben durch ein Brett hindurchbrennen": **Aufschmelzungshypothese** (E. SUESS, 1895).

Auftaulage, m., (* K. BRYAN, 1946), oberster Bereich von → Dauerfrostböden, der im Sommer kurzzeitig auftaut. – s. a. Gefrornis, Kryoturbation.

Augengneis, m., → Gneis.

Augit (gr 54), m., (von A. G. WERNER, 1792, nach PLINIUS d. Ä. ‚augitis' wieder aufgenommen), Vertreter der Pyroxen-(s. d.)Gruppe. Ca (Mg,Fe,Al) $[(SiAl)_2O_6]$

Augitit (wegen d. Vorherrschens der Augite), m., (*C. DOELTER, 1883), Tab. V 21.

Aulakogen (gr 56), n., (*N. S. SCHATZKI, 1960), schmale, tiefe, asymmetrische Furche im Basiskristallin alter Plattformen, Aulakogene enthalten Sedimentfüllungen von mehreren 1000 m. Diese wurden bei gleichzeitiger starker Senkung des Beckens abgelagert. Vulkanische Vorgänge können beteiligt sein. Beispiele: die große Donez-Senke, die Patschelma-Senke usw.

Aurignacien (*H. BREUIL, 1906; ohne Namensgebung beschrieben: G. DE MORTILLET, 1869), n., Tab. IIa C.

Ausbiss (bergm.), m., Schnitt eines flächigen geologischen Körpers mit der Erdoberfläche. Gelegentlich auch **Ausstrich** genannt. – s. a. Ausgehendes.

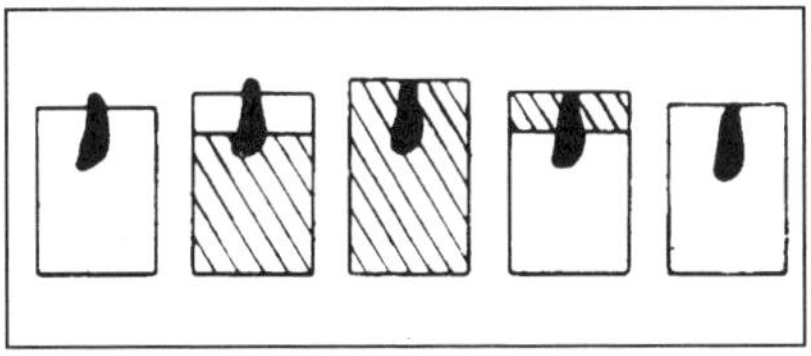

Abb. 9 Ausfrieren eines Steines. Schraffiert: gefrorener Boden. – Nach A. HAMBERG in R. BRINKMANN: Lehrbuch der Allgemeinen Geologie. I. – S. 246; Stuttgart (Enke), 1964.

Ausblasung, f. → Deflation.
Ausblasungssee, m. → Austiefungssee.
Ausbruch, m. → Eruption.
Ausbruchsbeben, n. → Erdbebentypen.
Ausfrieren (von Steinen), n., durch Gefrier- und Auftauwirkungen hervorgerufenes Phänomen (↗ Abb. 9). Der Stein wird mit dem gefrorenen Boden angehoben. Taut der Boden (von oben) ab, dann sinkt der Stein erst dann zurück, wenn auch seine Basis aufgetaut ist.
Ausfüllungspseudomorphose, f. → Pseudomorphose.
Ausgangsgestein, n. → Bodenprofil.
Ausgehendes (bergm.), n., erdoberflächennaher Bereich einer Schicht, eines Ganges oder eines anderen geologischen Körpers. – s. a. Ausbiss.
Ausgleichsküste, f. → Küste.
auskeilen (bergm.), das seitliche Aufhören (Dünnerwerden, Ausspitzen) einer Schicht, eines Flözes, eines Ganges. – s. a. aufsetzen.
auskolken, ausstrudeln → Erosionskessel, Gletschermühle.
Auslaugung, f., allgemeine Bez. für die durch Wasser hervorgerufene chem. Lösung entsprechender Substanzen aus Gesteinen und Böden (z. B. Auslaugungssee → Austiefungssee). Bei Salzgesteinen wird vielfach von einer breitflächigen **subterranen** (= unterirdischen) Ablaugung (**Subrosion,** *E. SEIDL, 1926) durch das Grundwasser mit Bildung eines Salzspiegels oder Salzanhangs (s. d.) im Gegensatz zu einer unregelmäßigen, zu Bildung von Schlotten, Karren, Höhlen usw. führenden Auslaugung i. e. S. gesprochen. Jedoch ist hier die Definition nicht immer eindeutig. – s. a. Höhle, Karre, Karst, Salzspiegel, Schlotte, Subrosion.
Auslaugungsbrekzie, f. → Brekzie.
Auslenkung (bergm.), f., das Aufhören (Absetzen) und Wiedererscheinen (Wiederaufsetzen) eines Gesteins- oder Mineralganges an einer tektonischen Fuge, wobei der Gang eine seitliche Verrückung erfährt (↗ Abb. 10).

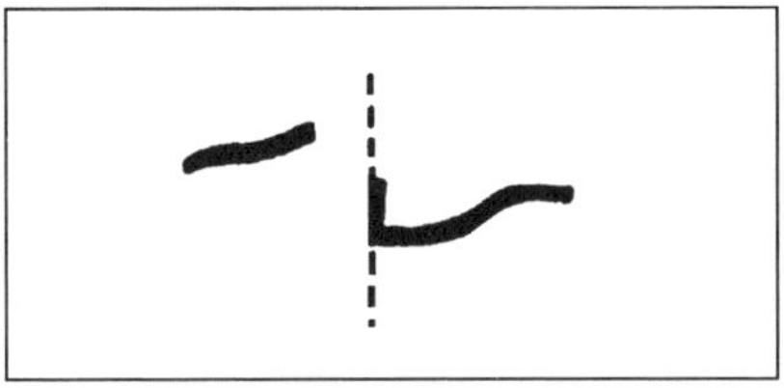

Abb. 10 Auslenkung eines Ganges.

Auslieger, m., (*H. WALDBAUER), **Zeugenberg,** m., beim Zurückschneiden von Schichtstufen unmittelbar vor deren Rand stehen bleibender isolierter Einzelberg, der zuoberst meist noch eine Kappe des Stufen bildenden Gesteins trägt. Vor einem geschlossenen Schichtstufenkomplex kann sich eine aus lang gestreckten Ausliegern bestehende **Zeugenberglandschaft** ausbilden.
Auslöffeln (einer Mulde), n. → Muldenschluss.
Auslösungsbeben, n. → Relaisbeben.
Ausschleifungssee, m. → Austiefungssee.
Australit (n. Australien), m. → Tektit.
Ausstrich, m., Ausstreichen, n. → Ausbiss.
Austiefungssee, m., entstanden durch versch. geartete Austiefung an der Erdoberfläche, z. B. sehr oft durch fließendes Wasser **(Erosionssee),** durch Gletscher-Erosion **(Eiserosionssee, Ausschleifungssee),** durch den Wind **(Winderosionssee, Ausblasungssee).** Weitere Austiefungen gehen auf unterirdische Erscheinungen zurück, z. B. infolge Nachsackens über unterirdischen Hohlräumen **(Einsturzsee, Auslaugungssee),** durch vulkan. Vorgänge (**Kratersee** → Krater) (**Maarsee** → Maar), verschiedentlich auch durch Einschlag von Meteoren (→Meteorkrater) oder im Gefolge von tektonischen Ereignissen wie der Bildung von tektonischen Gräben, Bruchfeldern, Faltungen **(Graben-, Bruch-, Faltungs-See).** – s. a. See.
austreibbare Härte (Wasser), f. → Wasserhärte.
austrische (Faltungs-) **Phase** (n. lt. ‚Austria' = Österreich), f., (*H. STILLE 1924), Tab. III 11 A, B.
austroalpiner Faziesraum (v. Österreich u. Alpen), m. → Deckensysteme.
Auswalzung, f., Ausdünnungserscheinungen an den Schenkeln von Falten (s. d.). – Der

Begriff wird in der Deckentektonik (→ Decke) ebenfalls verwendet.

Auswürfling, m., vulkanisches Auswurfsmaterial, das in völlig festem Zustand gefördert wurde und aus Bruchstücken aller Größen bestehen kann; je nach Größe: Blöcke, Bomben, Steine und Lapilli (s. d.). A.e können aus erstarrtem Magmen- oder Fremdgesteinsmaterial bestehen.

Auswurfsmassen f., Bez. für die durch die vulkanische Gasenergie geförderten Lockermassen wie Asche, Bimsstein, Wurfschlacken, vulkanische Bomben, Auswürflinge (vgl. jeweiliges Stichwort).

authigen (gr 55/76), (*E. KALKOWSKY), Bez. für die bei der Gesteinsbildung entstandenen Komponenten eines Gesteines; z. B. Minerale, die bei der Erstarrung einer magmatischen Schmelze entstehen. – s. a. allothigen.

autochthon, Subst. **Autochthonie,** f., (gr 57/378) (*G. GROTE, um 1850), Bez. für Gesteinsmaterial, das sich noch am Ort seiner Bildung befindet; z. B. autochthone Kohle (*C. W. VON GÜMBEL, 1883): aus Pflanzenmaterial gebildet, das unmittelbar an seinem Wuchsort abgelagert worden ist; **autochthones Massiv** (s. a. Deckensysteme): Gesteinsmassiv im Deckengebirge, das nicht durch Deckenbewegungen von seinem Ursprungsort fortbewegt worden ist. – Ganz allgemein wird im Deckengebirge die autochthone, d. h. also nicht von den Deckenbewegungen betroffene Unterlage der Decken als das **Autochthon** bezeichnet. – Noch in unmittelbarer Verbindung mit ihrem Wurzelgebiet stehende Schubmassen geringer Förderweite werden dagegen als **parautochthon** bezeichnet (*A. HEIM als Mitteilung in E. KAYSER, 1911). – s. a. allochthon.

autochthone Klippe (tekt.), f. → Decke.

Autohydratation (gr 57/355), f. → Metamorphose.

Autolith (gr 57/193), m. → Xenolith.

Autometamorphose, f., Adj. **autometamorph** (gr 57/215) → deuterische Phase, Metamorphose.

autoplastisch (gr 57/282) → Ekzem.

Autopneumatolyse (gr 57/285/201), f. → Metamorphose.

Autunien, Autunium, Autun (-Stufe) (n. d. Ort Autun im Morvan, südwestl. von Dijon/Frankr.), n., Tab. III 8 A.

Avalonia, (n. Avalon, dem Südostteil Neufundlands), n., Kleinkontinent, der im frühen Ordovizium vom Nordrand des Gondwana (s. d.)-Kontinents durch einen sich öffnenden Ozean (den **Rheia-Ozean**) abgetrennt wurde. Er legte sich im späten Silur an den Kontinent Baltica (s. d.), im Laufe des Vevons nach Schließung des Iapetus-Ozeans (s. d.) an den Kontinent Laurentia (s. d.). Man spricht auch von A.-Terran (→ Terran). Heute gehören zum Bereich von A. der Untergrund Norddeutschlands, das Rheinische Schiefergebirge, Belgien, Zentralengland, Neufundland u. a.

axiales Beben, n. → Erdbebentypen.

Axialgefälle, n. → Querfaltung.

Azoikum (gr 1/136), n., (vermutl. *R. J. MURCHISON, 1792–1871), Tab. III a.

B

Bachschwinde, f. → Schwinde.

B-Achse, f. → Falte.

Backarc-Becken (engl. backarc basin), n., Meeresbecken zw. dem vulkanischen Teil eines Inselbogens (s. d.) und dem Kontinent. Kennzeichen: große Wassertiefen, ausgedünnte Kruste; z. B. Japan-See. – Der Bildungsvorgang eines solchen Beckens während der Subduktion (s. d.) heißt **backarc-opening** (Randmeeröffnung).

back reef (engl.), n. → Riff.

Badlands (engl. Bez. aus Dakota/USA, „schlechtes Land") (*N. N. DARTON, 1921), Landschaftsform in schwach verfestigten Gesteinen, aus einem Gewirr von kleinen Schluchten und Kämmen bestehend. Sie muss als extremes Ergebnis der Abspülung (s. d.) betrachtet werden.

Bajocien, Bajocium (n. d. Ort Bayeux/Normandie/Frankr.), n., Tab. III 10 B.

Balme, f., Nische an Felswänden; meist in verwitterungsempfindlichen Schichten unter harten Gesteinsbänken auftretend (↗ Abb. 11). – Felsnischen mit höhlenartigem Charakter werden als **Abri** bezeichnet.

Baltica, n., ein schon im Präkambrium konsolidierter Kraton (s. d.), der das Gebiet von Norwegen, Schweden, Finnland und Russland bis etwa zum Ural umfasst. Entspricht etwa dem Begr. Fennosarmatia (s. d.). Durch die Kaledoniden wird B. während des Silurs mit Laurentia (s. d.) zusammengeschweißt zum Großkontinent Laurussia (=Laurasia, s. d.). → Baltischer Schild.

Baltischer Eisstausee, m., (*H. MUNTHE, 1902), Tab. IIa B.

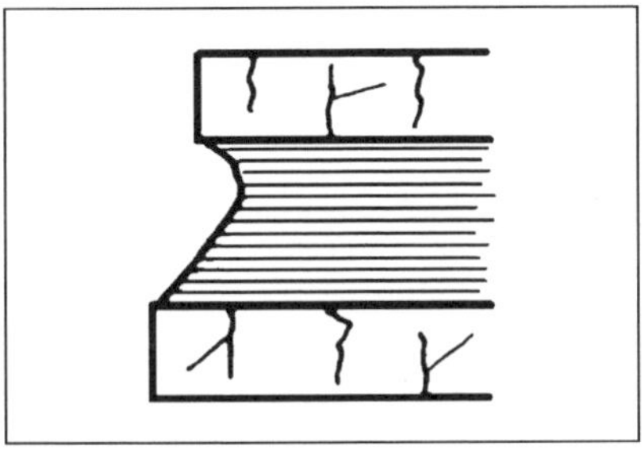

Abb. 11 Balme.

Baltischer Schild, m., (*E. SUESS, 1888), Finnland, Ostkarelien, die Halbinsel Kola und den größten Teil von Skandinavien mit Ausnahme des westskandinavischen Hochgebirges (→ Kaledoniden) umfassender, durch mehrfache präkambrische Faltung und Metamorphose verschweißter Festlandskern. – s. a. Fennoskandia.

banded iron ores (engl.), n. → Itabirit.

Bänderschiefer, m. → Spilosit.

Bänderton, Warventon, Varventon, m., infolge regelmäßiger Wechsellagerung von hellen Feinsand- und dunklen Tonlagen im Querbruch bändrig aussehendes Sedimentgestein; es bildet sich in Seen im Vorland der Gletscher. Die gute Schichtung verdankt der B. der jahreszeitlich schwankenden Wasser- und Sedimentzufuhr. So entspricht der Zeit der Schneeschmelze (Frühling/Frühsommer) das hellere und gröbere, der abnehmenden Wassermenge des Hochsommers bis Frühwinters das dunkle, feinere Material. Im eigentlichen Winter findet, frostbedingt, kein Absatz statt. – Eine helle und eine dunkle Lage bilden jeweils zusammen eine etwa 0,5 bis 1 cm dicke Jahresschicht: **Warve (Varve).** – Je nach dem Klimagang der einzelnen Jahre sind die Warven in Mächtigkeit und Ausbildung verschieden, sodass einzelne Warvenprofile über größere Gebiete hinweg parallelisiert werden können. Durch **Warvenzählung** gelang es G. DE GEER (1912) in Schweden, den Zeitraum festzulegen, in dem das pleistozäne Eis von Schonen bis in das mittlere Norrland zurücktaute. Er nannte diese Methode Geochronologie (s. d.). Bänderige, den pleistozänen Warventonen ähnliche Gesteine finden sich auch in Ablagerungen älterer Eiszeiten **(Warvit),** doch ist ihre Deutung als ursprünglicher B. nicht immer einwandfrei sicher.

Bändererz, n. → Itabirit.

Bänderung, f., Wechsel von versch. zusammengesetzten oder gefärbten Schichten oder Lagen in einem Gestein. Sie kann zurückgehen auf: 1. primäre Differenzierung bei der Bildung, 2. sekundäre Veränderungen, wie Absätze aus zirkulierenden Wässern, Farbveränderungen durch Ausbleichung usw., 3. rhythmische Ausscheidung und ähnliche chem.-physikalisch erklärbare Erscheinungen (z. B. beim Achat), 4. Bewegungen und andere Erscheinungen, z. B. Blaublätterstruktur (s. d.) in Gletschern.

Bank, f., 1. Gesteinsbank → Bankung. – 2. Anhäufung von Sand oder Kies in Gewässern: Sandbank, Kiesbank.

bankrecht, bankschräg → Schlechte.

Bankung, f., dicke plattige Absonderung von Gesteinen, Entstehung: 1. bei Sedimentgesteinen durch primäre Sedimentationsänderungen, seltener durch Entspannung bei der Verwitterung; 2. bei Erstarrungsgesteinen als Anzeichen laminarer Bewegung (→ Lamination), als Abkühlungsbildung oder als der heutigen Oberfläche parallele Entspannungserscheinung bei der Verwitterung.

Barchan (Bez. aus Turkestan), m. → Düne.

Barranco (span. = Schlucht), m., der im Spanischen allgemein gebrauchte Begr. wird in der Fachliteratur für radiale Erosionsschluchten an Vulkanen angewendet (z. B. Grand Barranco auf der Insel Palma).

Barrandium, n., Bez. für die altpaläozoische Schichtenfolge der Mittelböhmischen (Prager) Mulde. Die Bez. wurde zu Ehren von J. BARRANDE gewählt, der die Grundlage zur Erforschung dieser Schichten geschaffen hat (1. Arbeit: 1846; das Hauptwerk erschien ab 1852).

Barre, f., **Mündungsbarre,** vor Flussmündungen durch Wechsel- und Gegenwirkungen zw. Flussaufschüttung und marinen Vorgängen aus den Sinkstoffen des Flusses (Sand, Schlamm) gebildete Untiefe.

Barrémien, Barremium, Barrême (-Stufe), (n. d. Ort Barrême/Provence/Frankr.), n., (*H. COQUAND, 1862), Tab. III 11 A.

Barrentheorie, f., (K. OCHSENIUS, 1877), Theorie zur Erklärung der Bildung der großen Salzlagerstätten des Zechsteins (s. d.) in Norddeutschland. Hierbei soll durch einen schmalen Verbindungskanal aus einem Meeresbecken in ein Nebenbecken Salzwasser einströmen. Bei einem Klima mit hoher Verdunstungsrate können sich in diesem Becken Salze ausscheiden und zwar, beginnend mit dem am schwersten löslichen, nach dem Grad der Löslichkeit. Um die mehrfachen Ausscheidungszyklen in den norddeutschen Lagerstätten zu erklären, nahm OCHSENIUS eine vor dem Verbindungskanal gelegene **Barre** (= Schwelle, s. d.) an. Solange diese unter dem Meeresspiegel liegt, kann Meerwasser in das Nebenbecken einströmen; hebt sie sich aus dem Wasser heraus, so wird der Meereswasserstrom abgedämmt und damit die Verdunstung im Nebenbecken stark begünstigt. Die Verhältnisse an einer fast abgeschnürten Bucht am Ostufer des Kaspisees (Karabugas) wurden zur Erläuterung dieser Theorie herangezogen. – In modifizierter Weise ist G. RICHTER-BERNBURG (1955) diesen Gedanken gefolgt, indem er ein in einen Flachschelf eingelassenes tieferes Becken annahm. Bereits auf dem Flachschelf wird Meereswasser aufkonzentriert (‚saturiert'): **Saturationsschelf.** Die Abscheidung erfolgt dann vom Flachschelf in das Becken gesetzmäßig. Einflüsse vom Land sind vorhanden. – s. a. Wüstentheorie.

Barriereriff, n. → Riff.

Barrow-Typ der Metamorphose (n. d. brit. Petrographen G. BARROW) = Disthen-Sillimanit-Typ (A. MIYASHIRO 1958), Metamorphose, die – im Verhältnis zum Abukuma-Typ (s. d.) – bei höheren Drucken abläuft. – s. a. Abb. 3, Hochdruckmetamorphose, Metamorphose, Subduktionsmetamorphose.

Bartonien, Bartonium, Barton (-Stufe), (n. d. Ort Barton, südl. v. Southampton/Südengland), n., (*K. MAYER-EYMAR, 1857), Tab. III 12 B.

Barysphäre (gr 63/322), f., (*E. SUESS, 1909) → Nife.

Baryt (gr 63), m., (* R. J. HAUY) → Schwerspat.

Barytrose (gr 63), f. → Gipsrose/Gipsrosette.

Basalkonglomerat (gr 62, lt 63), n. → Transgression.

Basalt (gr/lt „basaltes", verstümmelt aus „vasanites" n. Basan/Syrien), m., (* PLINIUS; neu definiert: K. VON FRITSCH & W. REISS, 1868), Tab IV 19. – Kieselsäurearmes („basisches") Ergussgestein, das im Wesentlichen aus anorthitreichem Plagioklas und Pyroxen besteht. Bei den basaltischen Gesteinen kann man zwei Gesteinsstämme unterscheiden: **Tholeiitische Basalte** und **Alkali–Olivin–Basalte.** Sie unterscheiden sich im SiO_2-Gehalt und auch im Verhältnis Alkalien : SiO_2 (↗ Abb. 12). Die Tholeiitischen Basalte sind u. a. durch den Gehalt an Orthopyroxen gekennzeichnet, die Alkali-Olivin-Basalte enthalten nur Klinopyroxene, daneben Foide und Olivin. Es werden außerdem weitere Typen häufig genannt; sie sind heute nach der chemischen Zusammensetzung definiert (vgl. Abb. 66 b und 67), die folgende Charakterisierung kann deshalb die Unterschiede nur andeuten: **Pikrit** (basischer Basalt mit viel Olivin), **Basanit** (alkalireicher Basalt mit Plagioklas, Klinopyroxen, Foiden und Olivin), **Tephrit** (alkalireicher Basalt mit Plagioklas, Klinopyroxen und Foiden), **Hawaiit** (basaltisches Gestein mit albitreichem Plagioklas, Augit und Olivin), **Mugearit** (basaltisches Gestein mit albitreichem Plagioklas, Kalifeldspat, Augit und Olivin).- Die B.e werden aus dem Erdmantel abgeleitet. – s. a. Ankaramit, Lherzolith, Pyrolit.

Basanit (n. d. Ort Basan/Syrien), m., (*PLINIUS; neu verwendet: R. J. HAUY in Al. BRONGNIART, 1813; neu definiert: K. VON FRITSCH & W. REISS 1868), Tab. V 9. → Basalt.

Abb. 12
Basaltische Gesteine von Hawaii. – ○ Alkali–Olivin-Basalte; ● tholeiitische Basalte. – Nach MACDONALD & KATSURA aus: K. H. WEDEPOHL (1967): Geochemie. – Sammlung Göschen, 1224; Berlin (de Gruyter)

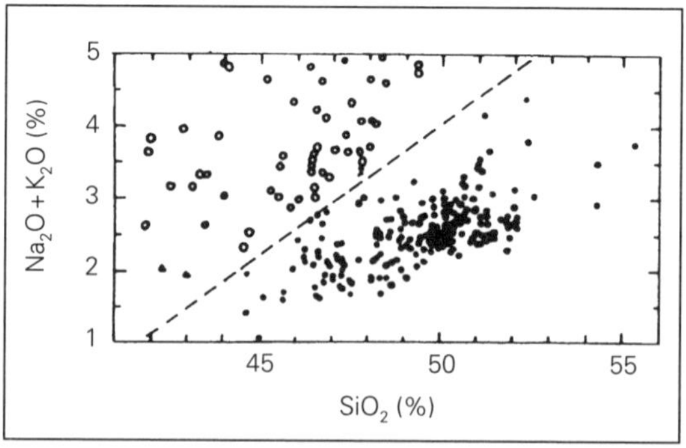

Basement (engl. Sockel), n., zusammenfassend für meist metamorphe und magmatische Gesteinskomplexe als Unterlager sedimentärer Gesteinskomplexe.
base surge (engl. Grundwoge), f., eine sich sehr rasch dicht über dem Erdboden bewegende Wolke aus einem Gemisch von vulkanischen Gasen, Wasserdampf, Aschen und Gesteinsfragmenten. B.s.s entstehen häufig bei → phreatomagmatischen Explosionen.
Bashkirian, n. → Tab. III 7 B.
Basit, m., (*B. von Cotta, 1864), Sammelname für basische Magmatite (SiO_2-Gehalt: 45%–52%). – s. a. intermediär.
Bastion (frz), f. → Schichtstufe.
Batholith (gr 60/193), m., (*E. Suess, 1883), großes Tiefengesteinsmassiv, dessen Begrenzungsflächen nach unten auseinander weichen (diese Def. v. Suess erst 1895). Seine Tiefenfortsetzung bleibt in den allermeisten Fällen unbekannt. – s. a. Pluton.
Bathonien, Bathonium, Bath (-Stufe), n., (n. d. Ort Bath on Avon, südöstl. v. Bristol/England), Tab. III 10 B.
bathyal (gr 60), (*E. Haug, 1908/1911), sehr lichtarmer Bereich des Meeres von 200 m bis einige 1000 m Wassertiefe. – s. a. abyssal, hypsographische Kurve, neritisch.
Baumsteppe, f. → Steppe.
Bauplan (tektonisch), m., Stärke, Richtung, Verteilung usw. der Beanspruchungen **(Beanspruchungsplan)** und der daraus resultierenden Strukturen in der Erdkruste.
Bauxit (n. d. Ort Les Baux/Provence/Südfrankr.), m., (*P. Berthier, 1847), als Tonerdehydrat extremstes Glied fossiler allitischer (s. d.) Verwitterung auf dem Festland. B. kann sich als Verwitterungsprodukt von Kalken **(Kalkbauxit,** wie in Les Baux) oder von Silikatgesteinen wie Basalten, Syeniten usw. **(Silikatbauxit)** bei entsprechendem Klima bilden. Bei hohem Reinheitsgrad ist er ein wichtiger Aluminiumrohstoff. Tab. VI 1, 4, 7, 10. – s. a. Laterit.
bc-Kluft, f. → Kluft.
Beanspruchungsplan, m. → Bauplan.
Becken, Sedimentationsbecken, n., mehr oder weniger großer, in seiner Umgebung eingetiefter Sedimentationsraum, der oft durch synsedimentäre (s. d.) oder zeitweilig verstärkte tektonische Senkungen **(Senkungsbecken)** erhebliche Sedimentmächtigkeiten erreichen kann; z. B. Wiener Becken, Mainzer Becken, Pariser Becken usw. – Im Gegensatz zu den Senkungsbecken am Außenrand der Orogene (s. d.), den **Molasse-B.** (→ Molasse), werden die im Innenbereich des Orogens gelegenen **als intramontane B.** bezeichnet. – s. a. Geosynklinale, paralisch.
Belastungsmarke, f., grob knollige, wulst- bis warzenförmige Ausbauchungen an der Unterfläche von Sedimentschichten. Sie entstehen dadurch, dass infolge ungleicher Belastung sich Teile des Sandsediments in die unterlagernden wasserhaltigen Schlammsedimente eindrücken, da das hydroplastische Schlammsediment an diesen Stellen nachgibt. In der deutschen Literatur wird hierfür vielfach bereits der engl. Ausdruck **‚load cast'** verwendet. – s. a. Sohlmarke.
Belastungsmetamorphose, f., (*L. Milch, 1894), Bez. für Umwandlungserscheinungen der Gesteine, die auf Veränderung von Druck und Temperatur infolge Überlagerung mit später gebildeten Gesteinen (‚Belastung'!) zurückgehen. Dabei entsprechen die Druckveränderungen dem jeweiligen **Belastungsdruck**, die Temperaturveränderungen der entsprechenden geothermischen Tiefenstufe (s. d.).
Bellerophon-Schichten (n. d. marinen Schnecke *Bellerophon*), Tab. III 8 B.
Belomoriden (n. russ. Weißes Meer) → Fennoskandia.
Belonit (gr 64), m., 1. → Quellkuppe, 2. → Mikrolith.
Benioff-Zone (n. d. Geophysiker H. Benioff), f., verschiedentlich auch **Wadati-Benioff-Zone** (n. d. jap. Geophysiker K. Wadati), Zone im Grenzbereich Ozean/Kontinent, in der sich die Erdbebenherde wie auf einer vom Ozean zum Kontinent hin geneigten Fläche anordnen. In einigen Fällen sind Herdtiefen von ca. 700 km nachweisbar. Solche Zonen treten sehr häufig im Bereich der Inselbögen (s. d.) auf. Das Phänomen wird zur Deutung von Subduktionsvorgängen (→ Subduktion) im Rahmen der Plattentektonik (s. d.) herangezogen.
Benmoreit (nach Ben More auf der Insel Mull, Schottland) (* C. E. Tilley & I. D. Muir, 1963), m., intermediäres Ergussgestein; Na-reiches Glied der → Trachyandesit-Gruppe (↗ Abb. 67).
Benthos (gr 65), n., Adj. **benthisch** („benthonisch" ist nicht korrekt, da benth- der Wortstamm ist), (* E. Haeckel), die Gesamtgemeinschaft der am Boden der Gewässer lebenden Organismen. Sie können festsitzend **(sessil)** oder frei beweglich **(vagil)** sein. – Aus den Resten solcher Lebewesen bestehende Sedi-

mente werden als benthogen bez. – s. a. Nekton, Plankton.

Bentonit (n. Fort Benton/Montana/USA), m., (*W. C. KNIGHT, 1898, Deutung später), durch chemische Umwandlung von glasigem magmatischem Material (meist vulkanische Aschen) unter Neubildung von Montmorillonit gebildetes Tongestein. Es wird u. a. zur Herstellung feuerfester Steine verwendet.

Berge (bergm.), f., Bez. für die nicht brauchbaren Gesteinsanteile im bergmännischen Abbau. – Aus Tonschiefer, Sandstein usw. bestehende ‚taube' Lagen in Kohlenflözen, Erzlagern usw. werden als **Mittel, Bergemittel** oder **Zwischenmittel** bezeichnet.

Bergfeuchtigkeit, f., Bez. für das in feinen Haarrissen, Kapillaren und Poren haftende Wasser. Verleiht den Gesteinen bestimmte physikalische Eigenschaften, z. B. Plastizität von Ton oder günstige Bearbeitungsmöglichkeit von Bausteinen. – s. a. ungesättigte Zone.

Bergkristall (da das Wort ‚Kristall' von gr. krystallos = Eis abgeleitet ist, findet sich in der älteren Literatur auch die Bez. ‚Berg-Eis' für den B. – Jahrhundertelang bezeichnete das Wort ‚Kristall' überhaupt nur den B. – Nachdem bereits vorher die Bez. ‚crystallus montanus' verwendet wurde, findet sich bei J. W. VON GOETHE, 1789, erstmalig das deutsche Wort ‚Bergkristall'); wasserheller durchsichtiger Quarzkristall (→ Quarz).

Bergrutsch, m., **Erdrutsch,** m., **Erdschlipf,** m., **Frana** (ital.), f., abwärts gerichtete Gesteinsverlagerung, bei welcher der Zusammenhang großer Teile weitgehend erhalten bleibt. – s. a. Bergsturz, Erdgletscher.

Bergschlag, m., nach L. MÜLLER (1963) das plötzliche Abstoßen von meist schalenförmigen Gesteinsplatten in Stollen und Tunneln. – s. a. Gebirgsschlag.

Bergschlipf, m. → Erdschlipf.

Bergsturz, m., durch die Schwerkraft und ein zusätzliches, auslösendes Moment (Unterschneidung, Erschütterung usw.) hervorgerufener Absturz von Gesteinsmassen. Bei dem im Vergleich zum Bergrutsch (s. d.) meist noch schnelleren Prozess können die Gesteinsbrocken während des Sturzes und beim Aufprall abermals zerbersten. – Bei Bergstürzen wird zw. dem **Abrissgebiet,** der **Sturz-** oder **Transportbahn** und dem **Ablagerungsgebiet** unterschieden. – Solche Vorgänge können – vor allem in Hochgebirgen – erhebliche Ausmaße erreichen, wie z. B. in prähistorischer Zeit im Alpenrhein-Gebiet der Flimser B., durch dessen Gesteinsmassen (11–15 km³) sich der Rhein eine 400 m tiefe und 15 km lange Schlucht gegraben hat.

Bergsturzsee, m. → Stausee.

Bergzerreißung, f., (?*O. AMPFERER, 1939), bei Bergrutschen (s. d.) jene Teile der Bergrutschmassen, bei denen die bei der Gleitung auftretenden Gleitflächen an der Oberfläche ausstreichen. Es handelt sich dabei vor allem um das Abrissgebiet. Auch das Zerreißen eines Berghanges durch Talzuschubklüfte (→ Talzuschub) wird als B. bezeichnet.

Bernstein (v. altdeutsch ‚börnen' = brennen. – Schon von ARISTOTELES und TACITUS als Harz erkannt), m., gelbliches bis bräunliches fossiles Harz von *Pinus*-Arten aus der unteroligozänen ‚Blauen Erde' des Samlandes und – umgelagert – in jüngeren Sedimenten. – Die in den B. eingeschlossenen tierischen und pflanzlichen Reste werden **Inclusen** genannt. Inzwischen fand sich B. auch in anderen Formationen.

Beryll (indisch; gr 56), m., $Be_3Al_2\,[Si_6O_{18}]$.

Besteg, m. → Letten.

Beta-(β-)Achse (gr. Buchst. Beta), f., (*B. SANDER, 1940), Schnittgerade zweier oder mehrerer gleichwertiger Flächen (Schichtflächen, Kluftflächen, Scherflächen usw.) oder eine statistische Häufung solcher Schnittgeraden. – s. a. Falte, dort B-Achse.

Beule, f., nach oben (positive B.) oder nach unten (negative B.) gewölbte tektonische Bauform mit elliptischem bis kreisförmigem Grundriss. Das kleintektonische Bild zeigt Dehnungsformen. Sie geht also – im Gegensatz zur echten Falte – auf die Wirkung vertikaler Kräfte (Nachsinken, Aufbeulen) zurück (↗ Abb. 13). – s. a. Flexur, Uplift.

Beutelmulde, f., (*V. JACOBSHAGEN & C. W. KOCKEL, 1960), extrem eingeengte Mulde mit beutelartigem Querschnitt (↗ Abb. 14).

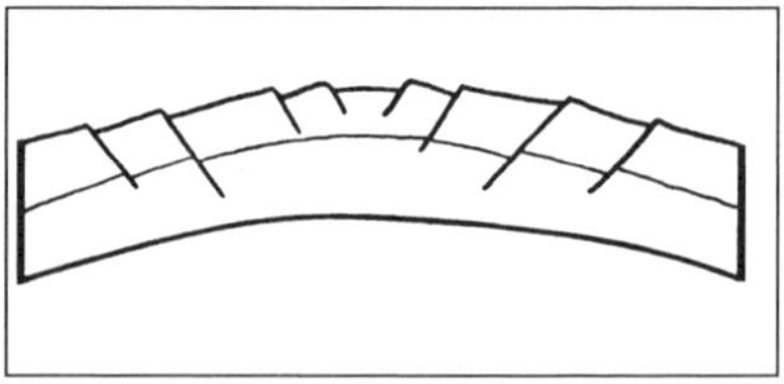

Abb. 13 Schema einer Beule (n. H. CLOOS, 1936: Einführung in die Geologie. – Berlin.).

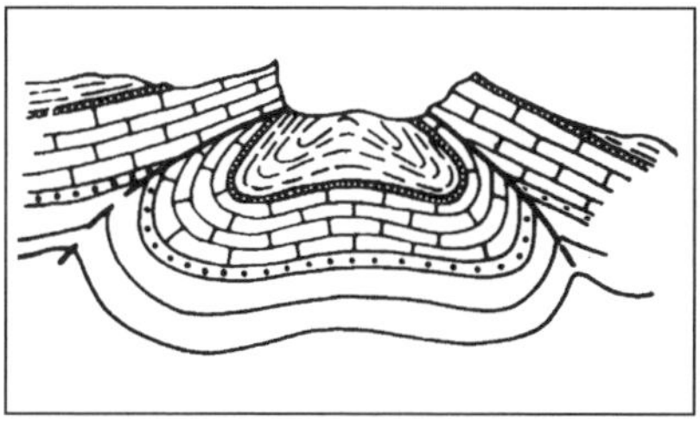

Abb. 14 Beutelmulde (verändert aus: Deutsches Handwörterbuch der Tektonik. Hannover 1968).

Bewegungsdifferentiation, f. → Differentiation

Bezugsprofil, n. → Richtschnitt.

B-Horizont, m. → Bodenprofil.

Biber-Kaltzeit (n. d. Bach Biber ca. 15 km nordwestl. v. Augsburg), f., (*I. SCHÄFER, 1956), Tab. II A.

Biegefalte, Biegegleitung, Biegescherfalte (sämtl. f.), **Biegungsfließen,** n. → Falte.

Biegungsspalte, f. → Spalte.

Bifurkation (lt 36), f., (*A. HAASE, 1889), Fluss-, Strom-, Tal-Gabelung.

Billitonit (v. Billiton = indones. Insel Belitung), m. → Tektit.

bimodaler Vulkanismus (lt 37/ modus = Maß), m., gemeinsames Auftreten von basischen und sauren Vulkaniten in Dehnungsbereichen, wobei die basischen aus dem Erdmantel stammen und ihrerseits die ausgedünnte Kruste aufschmelzen, woraus sich saure Magmen entwickeln.

Bimsstein (v. althochdeutsch ‚pumitz'), m., (?*BOETIUS DE BOOT, 1636), helles schaumiges vulkanisches Glas; auf Grund der hohen Porosität leicht und daher im Wasser schwimmend.

Bindemittel, n., **Gesteinsbindemittel,** der die Räume zw. den einzelnen Körnern eines klastischen Sediments ausfüllende Zement. Dieser wird meist aus zirkulierenden Lösungen ausgeschieden (kalkiges, kieseliges B. usw.) oder besteht aus Ton. – s. a. Matrix.

Binneneis, n. → Inlandeis.

Binnendüne, f., → Düne.

biochemischer Inkohlungsprozess, m. → Inkohlung.

biochemische Verwitterung, f. → Verwitterung.

Biochronologie (gr 67/382/197), f., → Geochronologie.

Bio-Evolution (gr 67 lt 128), f., → Evolution.

Biofazies (gr 67 lt 140), f., → Fazies.

Biogenese (gr 67/75), f., Entstehung des Lebens. Ursprung erster lebender Systeme.

biogenes (organogenes) **Sediment,** n., Biolith (gr 67/193), m., (H. POTONIÉ, 1905 nach einem Begriff von Chr. G. EHRENBERG, 1795–1876), Sediment, das aus Pflanzen- **(phytogen)** oder Tierresten **(zoogen)** gebildet worden ist. Nach POTONIÉ einteilbar in brennbare **(Kaustobiolithe)** und unbrennbare Biolithe **(Akaustobiolithe).** – s. a. ↗ Tab. Biolithe; Sedimentgestein.

Biogeochemie (gr 67/80, arab.), f., als unabhängiges, wissenschaftl. Arbeitsgebiet begründet von V. I. VERNADSKY (1916). Starker Aufschwung nach 1945. – Die B. behandelt die Stoffkreisläufe von Elementen und Molekülen in Lithosphäre, Atmosphäre, Hydrosphäre und Biosphäre in Zeit und Raum. Besondere Anwendung hat sie neuerdings in der Umweltforschung gefunden. – s. a. Geochemie. (Nach einer Vorlage von Herrn Prof. Dr. E. T. DEGENS, Hamburg).

Bioherm (gr 67/129) n. → Riff.

Bioklast (gr67/167), m., Bez. für zerbrochene (z. B. Schalenbruch) oder isolierte Organismenreste (z. B. Crinoidenstielglieder).

Bioglyphe (gr 67/83), f. (*N. B. VASSOEVICH, 1953) → Ichnologie.

Biolithe (vereinfacht n. R. POTONIÉ: Petrographische Klassifikation der Bitumina.– Geol. Jb. **65,** 551–572; Hannover 1951) (↗ Tab. Biolithe).

biologischer Marker, m. → Chemofossilien.

biologische Verwitterung, f. → Verwitterung.

Biomikrit (gr 67/219), m. → Mikrit.

Bionomie (gr 67/232), f., (?* J. WALTHER, 1893), Lehre von den Lebensräumen der Organismen und der gesetzmäßigen Abhängigkeit ihrer Verbreitung von äußeren Umständen. – s. a. Fazies, Ökologie.

Biopelit (gr 67/277), m. → Tab. Biolithe; Schlick.

biophil (gr. 67/363) (*V. M. GOLDSCHMIDT, 1923/24), Elemente, die bei Aufbau und Stoffwechsel der lebenden Welt hervorragend beteiligt sind: C, H, O, N, P, S. – s. a. atmophil, chalkophil, lithophil, siderophil.

Bi-Os, n. → Os.

Biosparit (gr 67, lt 316), m. → Sparit.

Biosphäre (gr 67/322), f., jener Teil der obersten Erdkruste, der Erdoberfläche und der Atmosphäre, der von lebenden Organismen bewohnt wird.

Biostasie (gr 67/329), f., (*H. ERHARDT), Gleichgewicht zw. Pflanzendecke und Verwitterungsvorgängen. Wird die B. gestört, sodass selbst

Biolithe
(nach R. Potonié, 1951, vereinfacht)

	Hauptgruppen	Rezente Beispiele	Fossile Beispiele	Herkunft	Klimatische Verbreitung und fazielle Ausbildung
Kaustobiolithe	Humolithe	Torfe der Flach- und Hochmoore	Braun- und Steinkohle	phytogen	humid; Hoch- und Flachmoor
Kaustobiolithe	Sapropelithe	Sapropel Gyttja	Kupferschiefer Bogheadkohle	größtenteils planktogen	gemäßigte Breiten; Meeresbuchte, Haffe usw.
Kaustobiolithe	Liptolithe (Liptobiolithe)	Harze	Bernstein	phytogen	gemäßigte und warme Breiten
Akaustobiolithe	Kalziolithe (Kalkgesteine)	Seekreide Riffkalk Schill usw.	Kalktuffe und -Oolithe travertin	phytogen und zoogen	vorwiegend in warmen Gewässern, meist Flachsee, zum Teil Tiefsee
Akaustobiolithe	Siderolithe (Erze)	Weißeisenerz, See-Erz, Ocker	Minette	bakteriogen	nördl. humid: vorwiegend im Litoral
Akaustobiolithe	Silikolithe (Gurgensteine)	Kieselgur, Radiolariengur	Hornstein, Kieselschiefer	Diatomeen Radiolarien	subarktisch bzw. antarktisch bis tropisch: limnisch und marin
Akaustobiolithe	Biopelite (Schlickgestein)	Wattenschlick, Magroveschlick	Flyschtone Wellenkalk	phytogen, koprogen, bakteriogene Prozesse	Tropen bis gemäßigt; Watten, Mangrove, Flüsse

widerstandsfähige Produkte wie Quarz, Kaolin, Aluminium und Eisenhydroxide in verstärktem Maße weggeführt werden, wird dies als **Rhexistasie** bezeichnet.

Biostratigraphie, f. → Stratigraphie.

Biostratonomie (gr 67, lt 336), f., (*J. Weigelt, 1927), Wissenszweig, der aus Lage und Zustand des heute auffindbaren fossilen Organismus die ‚dynamischen Vorgänge' abzulesen sucht, „die sich nach dem Tode des Organismus bis zur Einbettung" und anlässlich derselben abgespielt haben.

Biostrom (gr 67/332), n. → Riff.

biotisch (gr 67), lebensfreundlich.

Biotit (n. d. franz. Physiker J. B. Biot, der als erster auf die optische Verschiedenheit der Glimmer aufmerksam gemacht hat), m., (*A. Hausmann, 1847), dunkler Glimmer: $K(Mg,Fe^{II})_3 [Si_3AlO_{10}] [OH,F]_2$.

Biotop (gr 67/344), m. → Biozönose.

Bioturbation (gr 67, lt 359), f., (*W. Schäfer, 1952), **Wühlgefüge, Wühltextur** (*R. Richter, 1936), Bez. für die durch die Tätigkeit wühlender Organismen im Boden erfolgende Durchmengung. Auf diese Weise kann eine vorhandene Lagerung verwischt oder verändert werden. Typisch für → Schwarzerden. – Adj.: bioturbat.

Biozönose (gr 67/170), f., (*K. Moebius, 1877), Vergesellschaftung von Lebewesen, die einen gemeinsamen Lebensraum (**Biotop,** m.) bewohnen und in einem Zustand mehr oder weniger gegenseitiger Bedingtheit leben (Lebensgemeinschaft). – s. a. Thanatozönose.

Bisalinar, n., **Doppelsalinar** (lt 36/296), Auftreten von Salzablagerungen in zwei geologisch zeitlich getrennten, jedoch räumlich eng verbundenen Horizonten eines Gebietes; z. B. einige Salzstöcke Schleswig-Holsteins mit Rotliegend- und Zechsteinsalz.

Bitumen, n., Pl. **Bitumina,** Adj. **bituminös, bitumenhaltig** (lt 38) (schon bei VITRUVIUS und bei PLINIUS), natürliche, aus Kohlenwasserstoffen bestehende brennbare Stoffe von bräunlicher oder schwärzlicher Farbe, die bei Umwandlungsprozessen organischer Substanzen entstehen. Sie können in fester (**Erdwachs, Ozokerit** [s. d.], **Erdpech, Erdharz, Asphalt**), flüssiger (**Erdöl**) oder gasförmiger Form (**Erdgas**) auftreten (Tab. VI 22, 23). – B. SANDER (1921) unterschied primäres Gesteinsbitumen (‚authigenes Bitumen') und im Rahmen einer Phase sekundär eingewandertes ‚allothigenes Bitumen'. Der erste Fall ist bei (Erdöl-)**Muttergesteinen,** der zweite bei (Erdöl-)**Speichergesteinen** (s. d.) in extremer Weise realisiert. K. RÜGER (1925) hat vorgeschlagen, für Gesteine mit authigenem B. aus dem engl. Sprachgebrauch (A. CRUM-BROWN, 1912) den Begriff **Kerogen-Gestein** zu benutzen. – s. a. Protobitumen.

Blasenhöhle, f. → Höhle.

Blasentextur, f. **Vesikulartextur** (lt 371/348), durch das verstärkte Auftreten von Blasenhohlräumen bis zur Schaumigkeit gekennzeichnetes Gefüge von magmatischen Gesteinen. Es entsteht dadurch, dass ein Teil der magmatischen Gase sich nicht mehr aus der zähflüssigen Schmelze befreien kann.

Blast, m., **Blastese** (gr 69), f. → Metablastese.

Blastomylonit (gr 70/224), m. → Mylonit.

Blatt, n., **Blattverschiebung,** f., **Blattflügel,** m. → Horizontalverschiebung.

Blätterbündel, n. → Horizontalverschiebung.

Blätterkohle, f. → Dysodil.

Blättermolasse, f. → Molasse.

Blaublätter, Pl., n., Blaublattgefüge, n., **Blaublättertextur,** f. (als ‚blaue Blätter' schon bei H. & A. SCHLAGINTWEIT, 1850), vielfacher Wechsel härterer, an Luftblasen ärmerer, bläulicher Eislagen mit weicheren, an Luftbläschen reicheren, weißen Lagen im Gletscher; sie laufen zur Unterseite des Gletschers parallel, biegen aber an den Seiten bis zur Senkrechten auf. Man kann beobachten, dass sie sich aus der primären Firnschichtung entwickelten, dass sie aber in vielen Fällen auch unabhängig sind. Viele Autoren betrachten sie als Bewegungsstrukturen des Gletschers, z. B. H. PHILIPP als ‚wiederverkittete Abscherungsrisse' (→ ‚Scherflächentheorie' bei Gletschertheorien).

Blauschiefer, **Glaukophanschiefer,** m., Gesteine, die u. a. reich an dem blaugrauen Na-Amphibol Glaukophan sind und bei hohen Drucken und relativ niedrigen Temperaturen entstanden sind. Sie treten häufig an großen Verschiebungszonen und in Subduktionszonen auf. – s. a. ↗ Abb. 3, ↗ Abb. 45, Metamorphose, Subduktionsmetamorphose.

Blauschlick, m., durch organische Substanz und Pyrit (s. d.) dunkelgrau gefärbtes Meeressediment der hemipelagischen Zone (s. d. und ↗ Abb. 44). In den oberen cm häufig durch Oxidation braun gefärbt. Kalkgehalt meist niedrig. Der hohe Gehalt an organ. Substanz kommt durch Zersetzungshemmung infolge erhöhter Sedimentation, die starke Pyritbildung durch eine intrasedimentäre H_2S-Atmosphäre zustande. – In tropischen Meeren wird der Blauschlick nicht selten von **Rotschlick** vertreten, dessen Farbe von eingeschwemmtem Material der vielfach rotgefärbten tropischen Böden herrührt. Er ist häufig relativ reich an Kalkorganismen-Schalen.

bleibende Härte (Wasser), f. → Wasserhärte.

Blei/Blei-Methode, f. → Isotopenmethode.

Bleicherde, f. → Podsol.

Bleiglanz (in der bergm. Sprache als ‚Glanz' seit dem 16. Jh. belegt)., m., **Galenit,** m., PbS.

Bleimethode, f. → Uranmethoden.

Blindhöhle, f. → Höhle.

Blindsee, m., See ohne oberirdischen Abfluss. – s. a. See.

Blindtal, n., allseitig geschlossenes Talbecken.

Blitzröhre, f., **Blitzverglasung,** f. → Fulgurit.

Block (vulkanischer), m., großer Auswürfling (s. d.) aus Gesteinen, die nicht der vulkaneigenen Schmelze entstammen, also z. B. aus Gesteinen des Herddaches. Auswürflinge aus vulkaneigener Schmelze werden als **Bomben** (s. d.) bezeichnet.

Blockdiagramm, n., eine durch Vertikalschnitte aus dem Abbild der Erdrinde herausgeschnittene Blockdarstellung, bei der die Betrachtung von Profilschnitten und der Oberflächenansicht gleichzeitig möglich ist. (Beispiele: ↗ Abb. 17, 75).

Blockgebirge, n. → Gebirge.

Blockgipfel, m., ein durch physikalische Zerteilung des anstehenden Gesteins in übereinander getürmte Blöcke gekennzeichneter Berggipfel.

Blocklava, f., in Blöcke aufgelöster Lavastrom verschiedenster Oberflächengestaltung. – s. a. Aa-Lava, Fladen- usw. Lava, Lava.

Blocklehm, m. → Geschiebemergel.

Blockmeer, n. → Felsenmeer.

Blockstrom, m. → Felsenmeer, Solifluktion.

Blue Ground, m. → Pipe.

Blutregen (Volksausdr.), m., durch Regen niedergeschlagener rötlicher Wüstenstaub, der durch Passatwinde von Afrika nach Südeuropa getragen wird.

Blutsverwandtschaft (von Erstarrungsgesteinen), f. → Petrographische Provinz.

Bocca (it. = Mund, Mündung), f., Pl. **Bocchen,** kleine Ausbruchsöffnung für vulkanische Produkte. – s. a. Krater.

Boddenküste, f. → Förde.

Boden, m., oberste Verwitterungsschicht der Erdrinde. Enthält neben zerkleinerten, z. T. chem. veränderten Gesteins- und Mineralbruchstücken mehr o. minder große Mengen von schon zersetzten oder noch im Zersatz befindlichen organischen Substanzen, die vorwiegend im obersten Abschnitt, dem **Oberboden,** angereichert sind. Seine Entwicklung wird durch die Faktoren der Bodenbildung: Ausgangsgestein, Klima, Pflanzenbewuchs, Bodenorganismen, Relief, Wasser und anthropogene Aktivitäten bestimmt. Diese Faktoren bewirken eine ± horizontal angeordnete Differenzierung des Bodenkörpers in **sog. Bodenhorizonte,** deren Ausprägung für bestimmte Böden typisch ist: **Bodentyp** (s. d.).

Bodenart, f., Einteilungsprinzip der Böden nach der Korngrößenzusammensetzung (n. AG Boden, 1994: s. dort Bodenartendiagramm), und zwar a) des **Grobbodens** (Kornfraktion > 2 mm ø) und b) des **Feinbodens** (< 2 mm ø). Dieser wird nach den jeweils vorherrschenden Hauptkomponenten in Sand (s), Schluff (u), Lehm (l) und Ton (t) eingeteilt, wobei Lehm als Dreikorngemisch aus Sand + Schluff + Ton aufgefasst wird. – Sandböden gehören zu den leichten, Tonböden zu den schweren Böden; Schluff- und Lehmböden nehmen eine Zwischenstellung ein; sie zählen zu den ertragreichsten Böden. – s. a. Humus.

Bodenacidität (lt 8), f., Säuregrad (pH-Wert) des Bodens.

Bodeneis, n., **Steineis, Tjäle,** das durch Gefrieren **(Bodenfrost)** des im Boden befindlichen Wassers entstehende Eis. – s. a. Gefrornis.

Bodenerosion, f., (aus dem amer. Sprachgebrauch: **soil-erosion,** übersetzt), Vorgänge, die vom Menschen ausgelöst oder doch mindestens beschleunigt, zur flächenhaften Abspülung der Bodenteilchen **(Denudation)** oder zu linienhaften Ausspülung mit **Grabenerosion** (gully erosion) verschiedensten Grades führen. – s. a. Badlands.

Bodenfeuchte, f. → Bodenwasser.

Bodenfließen, n. → Solifluktion.

Bodenfrost, m. → Bodeneis.

Bodengare, f., Zustand höchster Leistungsfähigkeit der Wald- und Ackerböden.

Bodengeographie, f., Grenzgebiet zw. Bodenkunde und Geographie. Sie befasst sich mit der räumlichen Differenzierung der Böden und deren Entstehungsursachen. Ihr Ziel ist es, für die verschiedenen Teile der Welt die Beziehungen zw. den Boden bildenden Prozessen und der jeweiligen geographischen Situation darzustellen und damit die Bodenbildung als Produkt der jeweiligen Umwelt zu deuten.

Bodenhorizont, m. → Bodenprofil.

Bodenkunde, f., **Pedologie** (gr 269) (Begründer: K. F. F. Senft, 1810–1893), Wissenschaft, die sich mit der Untersuchung des Zustandes, der Entstehung, Veränderung, Verbesserung und dem Schutz der Verwitterungskrume der Erdrinde (= Boden, s. d.) befasst (**Allgemeine** B.). Der Anwendung dieser Erkenntnisse für land- und forstwirtschaftliche Zwecke dient die **Angewandte** B.

Bodenmechanik, f., Lehre von den physikalischen Eigenschaften der Erdstoffe. Ihr obliegt die zahlenmäßige Beschreibung der wichtigsten Eigenschaften dieser Stoffe als Baustoff und Baugrund sowie die Anwendung dieser theoretischen Werte in der Baupraxis (vgl. K. Terzaghi 1953, 1954. – K. Terzaghi & R. B. Peck 1961. – J. B. Hansen & H. Lundgreen 1960). – s. a. Fels- oder Gebirgsmechanik, Geomechanik.

Bodenprofil, n., senkrechter Schnitt durch den Boden (s. d.) mit Unterscheidung der einzelnen Bodenhorizonte als Folge der Wirkung der Boden bildenden Faktoren. Ein normales vollständiges Bodenprofil enthält im Allgemeinen (von oben nach unten) folgende Horizontabfolge:

A-Horizont: mineralischer Oberbodenhorizont mit Anreicherungen an organ. Substanz (→ Humus), die ihm eine dunkle Farbe verleihen. In stark ausgewaschenen Böden infolge hoher Jahresniederschläge kann der A-Horizont ausbleichen (= Ae-Horizont beim → Podsol oder Al-Horizont bei der → Parabraunerde; s. a. eluvial).

B-Horizont: mineralischer Unterbodenhorizont, ist durch in-situ-Verwitterung des → Ausgangsgesteins (z. B. → Braunerde) oder durch Stoffverlagerungsprozesse (z. B. Tonverlagerung, s. → Parabraunerde oder Podsolierung,

s. → Podsol oder Vergleyung, s. → Gley oder Pseudovergleyung s. → Pseudogley usw.) geprägt; dadurch vielfältige Erscheinungsformen.
C-Horizont: unterster Mineralbodenhorizont, entspricht dem Ausgangsgestein, aus dem der mineralische Anteil des Bodens hervorgeht.
Je nach Entwicklungsgrad kann man im Wesentlichen A/C- von A/B/C-Böden unterscheiden. Die Lage der Horizonte A und B wird maßgeblich von der Richtung des Sickerwassers mit seinem Elektrolyt- und Kolloidgehalt bestimmt. Das hier gezeigte normale B. setzt eine abwärtige Wasserbewegung voraus, wie sie im humiden Klimabereich üblich ist. Im ariden Klimabereich mit starker Oberflächenverdunstung herrscht dagegen oft eine nach oben gerichtete (**aszendente**, s. d.) Wasserbewegung vor. Hier scheiden sich bevorzugt vom Grundwasser abstammende Salze im B-Horizont ab und führen zur Entwicklung von **Salzböden.**

Bodenreaktion, f., → pH-Wert.

Bodensediment, n., Bez. für Material, das am eigentlichen Ort der Bodenbildung abgetragen und dann an anderer Stelle wieder abgelagert (resedimentiert, s. d.) wurde. – s. a. Sediment.

Bodenskelett, n., Bez. für die grobkörnigen Bestandteile der Böden (ø >2 mm). – Syn.: Grobboden (→ Bodenart).

Bodenstratigraphie, f., stratigraphische Gliederung mit Hilfe von Paläoböden (s. d.). Diese Methode lässt sich für das Quartär vielfach mit gutem Erfolg anwenden (vgl. K. Brunnacker, 1964). – s. a. Stratigraphie.

Bodentyp, m., Ist-Zustand, den ein Boden unter dem Einfluss der Boden bildenden Faktoren (→ Boden) in seinem Entwicklungsgang durchlaufen kann, und der sich durch eine charakteristische Bodenhorizontabfolge in seinem → Bodenprofil auszeichnet. Die wichtigsten Bodentypen in Europa sind:
Rohböden mit kaum entwickeltem A-Horizont (z. B. Syrosem), Ranker (= A/C-Boden aus Silikatgestein), Rendzina (s. d.), Schwarzerde (s. d.), Braunerde (s. d.), Parabraunerde (s. d.), Podsol (s. d.), Pelosol (= Boden aus Tongestein), Terra rossa (s. d.), Pseudogley (s. d.), Gley (s. d.), Marschen (= Böden im Bereich der → Marsch), Auenböden (= Böden unter dem Einfluss des Grundwassers im Bereich der Flussaue), Wattböden, subhydrische Böden (Unterwasserböden der Stehgewässer, z. B. Gyttja, Dy, Sapropel) sowie organische Böden (Moore). – Weiters unterscheidet man Böden, die durch menschliche Aktivitäten geprägt sind (Anthropogene Böden, z. B. Rigosol = ‚Weinbergboden').
Außerhalb Europas nehmen bes. die tropischen Böden eine bedeutende Rolle ein: Ferralsols (rotgefärbte, humus- und nährstoffarme Böden der humiden Tropen), Kastanozems (kastanienbraune Böden der semiariden Kurzgrassteppe), Vertisols (dunkle, tonreiche Böden mit hohem Smectitanteil und ausgeprägtem Schrumpf- und Quellverhalten), Calcisols und Gypsisols (Böden der ariden Gebiete mit Kalk- und Gipsanreicherungen im Unterboden), Solonchaks und Solonetz (‚Salzböden' mit Salzanreicherungen [Na-, Ca-, Mg-Salze]). – In den (sub)arktischen Regionen dominieren Permafrostböden (→ Dauerfrostboden), die im Sommer an der Oberfläche kurzzeitig auftauen.

Bodenunruhe, f., unregelmäßige, meist nur durch Seismographen erfassbare Bewegungen der Erdoberfläche, hervorgerufen durch natürliche (z. B. Brandung, Sturm, Frostsprengung usw.) oder künstliche (z. B. Verkehr, industrielle Maschinen usw.) Erschütterungen.

Bodenwasser, n., Gesamtmenge des im Boden vorhandenen Wassers, und zwar sowohl das frei in den Poren bewegliche, als auch das Haftwasser (Kapillar-, Adsorptionswasser). Man unterscheidet zwischen B. (als dem Zustand der Wassersättigung oder -übersättigung des Bodens) und **Bodenfeuchte** (= wasseruntersättigter Zustand in Bezug auf die höchstmögliche Wasserkapazität eines Bodens.)

Bogendüne, f. → Düne.

Bogheadkohle (n. einem Ort in Schottland), f., (*J. Quecket, 1853), im Wesentlichen aus Algenkörpern bestehende Kohlenart. – s. a. Kannelkohle, Sapropelkohle, Streifenarten.

Bohnerz (bergm.), n., erbsen- oder bohnenförmige, vielfach konzentrisch schalige Brauneisenkonkretionen, die zusammen mit roten oder braunen Tonen oder Lehmen in Spalten, Taschen, Rinnen, Becken oder Höhlen der verschiedensten Kalkgesteinsvorkommen auftreten (↗ Abb. 15). Sie scheiden sich aus festländischen Verwitterungslösungen aus und können örtlich größere Mächtigkeiten erreichen. Nicht selten reichern sich in solchen Bohnerzvorkommen Knochen oder Zähne von Säugetieren besonders an.

Bohrung, f., zur Untersuchung oder Erschließung der Gesteinsschichten, Lagerstätten

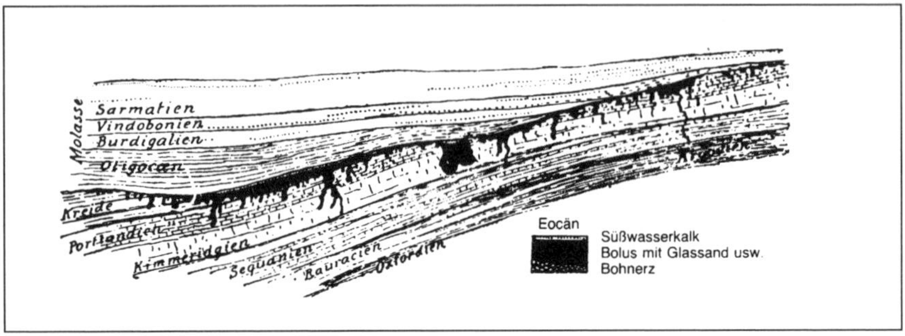

Abb. 15 Fossile Roterdebildungen (mit Bohnerzen) im Schweizer Jura (n. A. HEIM, 1919: Geologie der Schweiz. – Leipzig [Tauchnitz]).

nutzbarer Stoffe oder Grundwasser angesetzte Flach- oder Tiefbohrungen lassen entweder durch Herausschneiden einer zylinderförmigen Gesteinssäule **(Bohrkern)** oder durch Herausspülen der bei der Bohrung zerriebenen Gesteinsmassen **(Spülprobe)** die Aufstellung eines **Bohrprofils** zu, das die Aufeinanderfolge, die Mächtigkeit und Ausbildung des durchsunkenen Gesteinskörpers angibt. – Heute werden in der Praxis (z. B. Erdölgeologie) zur Erstellung von Bohrprofilen in starkem Maße geophysikalische Bohrlochmessungen (s. d.) durchgeführt: **Bohrlochgeophysik.** Solche Verfahren eignen sich besonders zur (litho-)stratigraphischen Parallelisierung von Sedimenten benachbarter Bohrungen. – In den letzten Jahren werden übertiefe **Forschungsbohrungen** in verschiedenen Kontinenten niedergebracht. Deutschland: KTB (**K**ontinentale **T**ief**b**ohrung) bei Erbendorf/Ostbayern. Endtiefe: 9101 m. – Seit vielen Jahren gibt es Programme zur Untersuchung der Ozeanböden mittels von Schiffen aus durchgeführten B.en: DSDP (**D**eep **S**ea **D**rilling **P**roject) und dessen Nachfolgeprogramm: ODP (**O**cean **D**rilling **P**rogram).

Bölling-Interstadial (n. d. ehemal. Bölling-See in N-Jütland), n., (*H. IVERSEN, 1942), Tab. IIa A. Dauer: ca. 13,3–12,4 ka v. h.

Bombe (vulkanische), f., aus einem Vulkan ausgeworfener Lavafetzen, dessen Größe weniger als 1 cm^3, aber auch mehrere m^3 betragen kann. – B.n aus dünnflüssiger gasarmer Lava sind oft kugel-, spindel- oder birnenförmig und können gedreht oder regelrecht ausgeschwänzt sein. Aus zähflüssigen gasreichen Schmelzen gebildete B.n zeigen oft ein Aufblähen oder Aufplatzen der Oberfläche: **Brotkurstenbombe.** – s. a. Vulkan.

Bonebed (v. engl. bone bed: Knochenlager), n., (?*A. MURCHISON, 1839), Knochenbrekzie, meist geringmächtige Anhäufung von Wirbeltierknochen und -zähnen. Besonders bekannt ist das B. der Rhät-Lias-Grenze. – Tab. VI 24. – s. a. Brekzie.

Boraxsee, m. → Salzsee.

borderland (engl.), n. → Geosynklinale.

boreal (lt 39), Bereich oder Zeit kalten Klimas. – **Boreal** (*A. BLYTT, ? 1876), n. → Tab. IIa A.

Botner (norweg.), m. → Kar.

Boudin, m., **Boudinage,** f., Verb : **boudinieren,** (frz. Boudin = Blutwurst, M. LOHEST verglich auf einer Exkursion 1908 in den Ardennen Strukturen in unterdevonischen Sandsteinbänken mit nebeneinander liegenden Blutwürsten), (* M. LOHEST, X. STAINIER & P. FOURMARIER, 1909). Boudinage ist an kompetente (s. d.) Bänke zwischen inkompetentem Material gebunden und besteht darin, dass die Bänke an parallelen Trennflächen quer zur Schichtung in einzelne Scheiter (die Boudins) zerlegt werden. Je nachdem, ob die Bänke dabei verkürzt oder gedehnt werden, kann man mit H. BRÜHL (1969) Verkürzungs- und Auslängungs-Boudins unterscheiden. Die Strukturen der Erstbeschreibung aus den Ardennen sind Verkürzungs-Boudins. Bei ihnen entsprechen die Abstände der Trennflächen etwa der Dicke der boudinierten Bank, die Boudins sind nach außen gebaucht, die Trennflächen mit Quarz gefüllt. C. E. WEGMANN (1932) hat den Typ der Auslängungs-Boudins in den Vordergrund gestellt, wie er besonders in metamorphen Gesteinen auftritt; bei ihnen übersteigt die Breite der Boudins deutlich die Bankdicke, und in die Zwischenräume wird das umgebende inkompetente Material hineingepresst. Die einzelnen Boudins werden an den Kanten zugerundet (vgl. auch E. CLOOS, 1947). – Bei Verkürzungs-Boudins können auch Halb-Boudins (H. BRÜHL, 1969) auftreten, wenn die Materialunterschiede in der Bank nur auf einer Seite ausgeprägt sind, auf die dann die Ausbauchungen beschränkt sind. Man spricht dann auch von Mullion-Strukturen (s. d.). ↗ Abb. 47.

BOUMA-Sequenz, f., **BOUMA-Zyklus,** m. Ein Turbidit (→ turbidity current) setzt sich nach A. BOUMA (1962) im Idealfall von unten nach oben aus vier Gliedern zusammen: A: Sand und Kies, gradiert (→ Gradierung), an der Basis → Sohlmarken. B: Sand, laminiert. C: Silt bis Sand mit Strömungsrippeln (→ Rippel) und → convolute bedding. D: Ton bis Silt, laminiert.

Bouteillenstein (v. frz. bouteille: Flasche), m. → Tektit.

B. P. (before present, engl.: vor heute), bei der Altersbestimmung mit der → Kohlenstoffmethode bedeuten die Werte „vor heute" (= B.P.) „vor 1950", da durch Atombombenexplosionen nach 1950 viel zusätzliches ^{14}C in der Atmosphäre erzeugt wurde, das die Alterswerte verfälscht.

Brachyantikline, Brachyantiklinale, (gr. 73/35), f., (schon bei O. WILCKENS, 1912), Sattelfalte, deren Achse sanft aufsteigt, breit kulminiert und wieder sanft absteigt, sodass sich ein kreisförmiger bis elliptischer Querschnitt ergibt. – Die entsprechende Muldenform wird Brachysynkline, Brachysynklinale genannt.

brackisch, Bez. für den Grenzbereich von Süß- und Salzwasser. Eine **Verbrackung** kann durch Mischung beider Wassertypen, durch ansteigenden Salzgehalt infolge starker Verdunstung oder durch Zufluss natürlicher bzw. künstlicher Solen (s. d.) entstehen. Im **Brackwasser** entwickeln sich meist artenarme, jedoch individuenreiche Faunen. – Man unterscheidet hier **oligohaline** (0,1–1,0‰ Salz), **mesohaline** (1,0–10,0‰ Salz) und **polyhaline** (mehr als 10‰ Salz) Wässer. Dabei ist der oligohaline Bereich noch vielen Süßwassertieren, der polyhaline noch vielen Meerestieren zugänglich. Im mesohalinen Bereich findet sich eine spezifische **Brackwasserfauna.**

braided river (engl.), m., → verzweigter Fluss.

Brandenburger Stadium (n. d. Provinz Brandenburg), n., (*P. WOLDSTEDT, 1926), Tab. IIa A.

Brandschiefer (bergm.), m., innige Verwachsung von Kohle mit (meist dunkelgrau gefärbtem) Ton. Andere Ausbildung: feinschichtige Wechsellagerung von (reiner) Kohle und (reiner) Berge (s. d.). – Im engeren Sinne ein in stagnierendem Wasser abgelagerter Sapropelit (→ Sapropel). (Tab. VI 23).

Brandung, f., spezifische, durch die Wellenaktivität gesteuerte Wasserbewegung an Küsten. Sie übt auf die Gesteine der Küste erhebliche mechan. Wirkungen aus (**Brandungserosion;** ↗ Abb. 16). So vermag die oft hoch aufspritzende **Klippenbrandung** an steilen Küsten durch fortgesetztes Stoßen, Anpressen und Zurücksaugen des Wassers und der Luft das Gesteinsgefüge zu lockern und ihre Wirkung noch durch mitgerissene Gesteinsbruchstücke zu verstärken. In gänzlich anderer Weise wirkt die am flachen Strand auf- und wieder ablaufende **Strandbrandung.** Ihr kommt eine Sediment transportierende und nach der Schwere sondernde Tätigkeit zu. – Die mechan. Wirkung der B. kann namentlich an Steilküsten durch

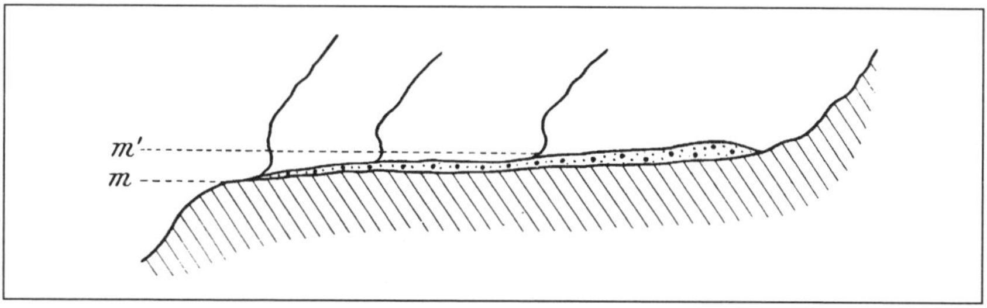

Abb. 16 Brandungserosion. Bildung einer Brandungsplattform durch Zurückschneiden des Kliffs. m = tiefster, m' = höchster Stand des Meeresspiegels.

Einsetzen von Salzverwitterung (s. d.), Frostverwitterung (→ Frostwirkung), Tätigkeit von Organismen (z. B. Bohrmuscheln, Bohrschwämme) oder chem. Lösung wesentlich erhöht werden. Auf diese Weise können sich durch die verschiedensten Auswaschungs- und Ausstrudelungsprozesse an der Steilküste **Strudellöcher, Felsentore, Grotten** und **Brandungshöhlen** bilden. Am Fuß der Steilküste kann die B. eine Hohlkehle, die **Brandungshohlkehle,** ausnagen. – s. a. Kliff.

Brandungsdecke, f. → Decke.

Brandungskarre, f. → Karre.

Brandungsplatte, f., → Kliff.

Brandungsrückströmung, f. → Rippstrom.

Brauneisenstein, m. → Limonit.

Braunerde (F. RAMANN), f., **brauner Waldboden** (H. STREMME), Bodentyp des gemäßigten Klimas mit entsprechenden Niederschlägen (in Deutschland 500 bis 700 mm pro Jahr). B. bilden sich auf verschiedenen Gesteinen, sind daher sehr verbreitet und mannigfaltig ausgebildet. Beim typischen B.profil (Ah/Bv/C) ist der A-Horizont aufgrund anwesender Huminstoffe dunkel- bis schwarzbraun (= Ah-Horizont), der B-Horizont gleichmäßig durch FeOOH (Goethit, s. d.) braun gefärbt (= Bv-Horizont). In der B. finden keine Verlagerungsprozesse statt. Der Übergang vom A- zum C-Horizont ist daher graduell. – s. a. Bodenprofil, Bodentyp, Parabraunerde.

Brauner Jura, m., (*F. A. QUENSTEDT, 1858), Tab. III 10 B.

Braunkohle (bergm.), f., niedrig inkohlte Kohle (→ Inkohlung) von dunkel- bis schwarzbrauner Farbe. – Neben den Hauptgruppen der **Weich-** (s. d.) und **Hartbraunkohlen** (s. d.) treten als besondere Braunkohlearten auf: Dysodil, Naturkoks, Pechkohle, Schwelkohle, Stängelkohle, Xylit (vgl. jeweilige Stichwörter).

Braunwassersee, m. → Dy.

Breccie, f. → Brekzie.

Brechen, n., **Bruch,** m.: als Brechen bezeichnet man das Nichtstandhalten eines Körpers gegen Beanspruchungen. Dabei bilden sich sichtbare Trennflächen (s. d.). – Unter **Bruch** versteht man sowohl den Vorgang des Brechens als auch das Ergebnis dieses Vorganges (Bruchfläche, tektonischer Bruch). – s. a. Bruchfließen, Fuge, Gleitbruch, Kluft, Scherbruch, Trennbruch, Verschiebungsbruch, Verwerfung.

Brekzie, Breccie (v. ital. ‚breccia': Geröll), f., (n. P. WAGNER, 1928, schon mehrfach bei J. W. VON GOETHE), verfestigtes Trümmergestein, dessen Bruchstücke eckig-kantig ausgebildet sind. Beim Zerbrechen infolge tektonischer Bewegungen entstehen tektonische B., **Reibungsbrekzien, Gangbrekzien.** Bei vulkanischer Tätigkeit bilden sich **vulkanische** B., **Eruptionsbrekzien, Schlotbrekzien.** Bei unterirdischer Ablaugung und Auslaugung (s. d.) entstehen **Auslaugungs-, Einsturz-** oder **Einbruchsbrekzien** als Nachsturzmaterial über und in Ab- und Auslaugungsstellen. – Als **Primärbrekzie** bezeichnet man ein aus eckig-kantigem Material bestehendes Schuttsediment (z. B. verfestigte Schuttfüße an Bergflanken einschl. Bergsturz- und Bergrutsch-Material, Schuttfüße an untermeerischen Riffen infolge Brandungsangriffes **[Riffbrekzie],** Trümmerhaufwerke bei submarinen Rutschungen usw.). – s. a. Gang.

bretonische (Faltungs-) **Phase** (n. d. Bretagne/Frankr.) mit mehreren Teilphasen, f., (*H. STILLE, 1920), Phase der Varistischen Faltungsära, Tab. III 6/7.

Bröckellöcher, Pl., n. → Wabenverwitterung.

Brockenlava, f. → Aa-Lava.

Brodelboden, m., **Brodeltheorie,** f. → Kryoturbation, Strukturboden.

Bronzezeit (wg. d. Verwendung v. Bronze für Gebrauchsgegenstände), f., Tab. IIa C.

Bronzit (da er oft bronzeartig schillert), m., (?*D. L. G. KARSTEN), rhombischer Pyroxen (s. d.): $(Mg,Fe)_2\ [Si_2O_6]$. – Weitere rhombische Pyroxene sind: Enstatit, $Mg_2\ [Si_2O_6]$ und Hypersthen, $(MgFe)_2\ [Si_2O_6]$.

Brørup-Interstadial (n. d. Ort Brørup/Mittel-Jütland), n., (*V. NORDMANN, 1921), Tab. IIa A.

Brotkrustenbombe, f. → Bombe (vulkanisch).

Bruch, 1. m. → Brechen; 2. n. → Moor.

Bruchblatt, n. → Horizontalverschiebung.

Bruchbrekzie (-breccie), f. → Kakirit.

Bruchbündel, n., **Bruchsystem,** n., **Sprungsystem,** n., **Bruchschar,** f., (‚Sprungsystem, n., Bruchschar, f., ‚Sprungbündel' *E. SUESS, 1883), Anzahl mehr oder weniger paralleler zusammengehöriger tektonischer Brüche. – Dagegen bildet eine Anzahl sich kreuzender Brüche verschiedener Richtung ein **Bruchnetz,** n., **Sprungnetz,** n. (*E. SUESS, 1883).

Bruchfaltengebirge, n., **Bruchfaltung,** f., → Gebirge

Bruchfläche, Bruchlinie, f. → Verwerfung.

Bruchfließen, n., (L. MÜLLER, 1948), Vorgang gleichzeitigen Brechens und Fließens von Material. – s. a. Brechen/Bruch, Fließen.

Bruchfugenhöhle, f. → Höhle.
Bruchnetz, n. → Bruchbündel.
Bruchschill, m. → Schill.
Bruchsee, m. → Austiefungssee, Stausee.
Bruchstufe, f., junge Verwerfung, die noch als morphologische Stufe erscheint, da die Abtragung sie noch nicht eingeebnet hat.
Bruchtektonik, f. → Tektonik.
Brücke (tektonisch), f., (*E. Mojsisovics in E. Suess, 1883), Zwischenscholle zw. zwei bajonettartig versetzten, annähernd parallel verlaufenden Verwerfungen.
Brückenkontinent, m., hypothetische Landmasse, die in früheren Erdperioden Kontinente miteinander verbunden hat, aber jetzt versunken sein soll. Diese Brücken können auch durch Inselketten hergestellt werden. Vgl. H. von Ihering (zusammenfassend 1927). – Durch den Nachweis von Bewegungen der Kontinentalschollen (→ Plattentektonik) ist die Annahme vieler solcher Brückenkontinente überflüssig geworden.
Brüggen-Kaltzeit (n. d. Ort Brüggen/Niederrhein), f., (*P. Woldstedt, 1958), Tab. II B.
Brunhes-Epoche (n. B. Brunhes, 1867–1910, der 1906 als Erster zeigen konnte, dass einige Lavaströme im Französischen Zentralmassiv entgegengesetzt zum heutigen Magnetfeld magnetisiert sind), f., jüngste Epoche mit normaler Magnetisierung der paläomagnetischen Zeittabelle (↗ Abb. 4 und Tab II).
B-Subduktion, f., (*A. Bally, 1975) → Subduktion.
B-Tektonit, m. → Tektonit.
Brunnen, m., Schacht- oder Rohrbrunnen, der bis in den Grundwasserbereich (**unvollkommener** B.) oder bis zur Basis des Grundwasserleiters niedergebracht wurde. B. dienen zur Wassergewinnung **(Förderbrunnen),** zur Grundwasserabsenkung **(Absenkungsbrunnen)** oder zur Einleitung von Wasser in den Untergrund (Schluckbrunnen, Schluckschacht).
Bubnoff-Einheit, (Abkürzung B) (n. d. Geologen S. von Bubnoff, 1888 – 1957), f., (* A. G. Fischer, 1969), Maßeinheit für eine Akkumulationsrate von Sedimenten 1 B = 1 mm/1000 Jahre (= 1 m/10^6 Jahre).
Bülte (niederdeutsch = Hügelchen), f., kleine, über den Wasserspiegel hinausragende Vegetationsinsel im Moor (s. d.). Die zw. den Bülten liegenden wassergefüllten Rinnen werden als **Schlenke** bezeichnet.
Buntsandstein (wg. d. Gesteinsfarbe), m., (?*A. G. Werner), Tab. III 9 A.
Burdigalien, Burdigalium, Burdigal (-Stufe), n., (n. d. lt Namen ‚Burdigala' f. Bordeaux/Frankr.), (*Ch. Deperet, 1893), Tab. III 12 D.
buried hill (v. engl. ‚begrabener Hügel'), m., (*Sidney Powers), durch jüngere Sedimentation eingedecktes älteres Relief. Infolge unterschiedl. Sedimentation und vor allem auch Setzung über dem ‚verschütteten Hügel' und seinen Flankenpartien ergeben sich faltenähnliche Verbiegungen der jüngeren Sedimente. In solchen Hochlagen können sich, bei entsprechenden Bedingungen, Erdöl- und Erdgas-Lagerstätten bilden.
Büßerschnee, m. → Penitentes.
Bysmalith (gr 74/193), m., (J. P. Iddings, 1898), lakkolithischer Intrusionskörper von vertikalkegelförmiger bis -zylindrischer Gestalt, mit domartig aufgewölbtem und längs peripherer Brüche emporgeschobenem Dach. – s. a. Lakkolith.
Bytownit (n. d. Ort Bytown/Kanada), m., ursprünglich von Th. Thomson, 1836, für ein vermutlich neues Mineral als Name vorgeschlagen. Später von G. Tschermak dann auf das Mischglied der Plagioklas-Reihe (→ Plagioklas) mit 70–90 Masse-% Anorthit übertragen.

C

^{14}C-Methode, f. → Kohlenstoffmethode.
cadomische Faltung (n. d. lt. Namen für Caen/Normandie/Frankr.: Cadomus), f., (*M. Bertrand, 1921), Faltung an der Wende Proterozoikum/Kambrium. Entspricht der assyntischen Faltung (s. d.).
Calabrien (n. d. Landsch. Calabrien/S-Italien), n., (*M. Gignoux, 1910), Tab. II C.
Calcit, m. → Kalkspat.
Calcrete, f., aus dem engl. Sprachgebrauch auch in die dt. Lit. übernommener Begriff für laminierte Krusten kryptokristallinen Calcits. Sie entstehen überwiegend durch physikochemische Prozesse im terrestrischen Bereich (semi)arider Gebiete bei der Verdunstung des Porenwassers im Boden. – Fossile C. gibt einen geologischen Hinweis auf Trockenfallen (subaerische Exposition) bzw. auf Sedimentationsunterbrechung. – s. a. Caliche, Krustenbildung.
Caldera, f., Pl. **Calderen** (v. span. = Kessel), f., (L. von Buch, 1825 für die ‚Caldera de Taburiente' der Kanareninsel La Palma, die aber als Erosionsform anzusehen ist), kesselartige Ein-

bruchsstruktur von mindestens 1,5 km Durchmesser über einer Magmenkammer, die entweder durch Abwandern von Magma oder durch den Ausstoß gewaltiger Aschenmassen entleert wurde. Bei Stratovulkanen (s. d.) können Gipfelcalderen (auch **Somma-C.** genannt, nach der bei dem Vesuv-Ausbruch von 79 entstandenen C., deren Rand der Mte. → Somma ist) einbrechen. Wenn der Boden der C. durch erneute magmatische Tätigkeit aufgewölbt wird, spricht man von einer **resurgenten** (engl. resurgent = wieder auflebend) C.

Caliche, f., chilenische Bergmannsbez. für salzreiche Salpeter führende Erde (z. T. bis 95% $NaNO_3$), Grundlage des chilenischen Salpeterbergbaus. – Meist auch für Kalkkrusten verwendet (→ Calcrete).

Callovien, Callovium, Kelloway (-Stufe), n., (n. der röm. Bez. f. Kelloway/England) (*A. D'ORBIGNY, 1852), → Tab. III 10 B.

Campanien, Campanium, Campan (-Stufe), n., (n. der Champagne/Frankreich) (*H. COQUAND, 1857), Tab. III 11 B.

Camptonit (n. d. Ort Campton/New Hamshire/USA), m., (*H. ROSENBUSCH, 1887), Tab. V 8.

Cancrinit (n. d. Grafen G. CANCRIN 1774–1845), m., Feldspatvertreter: $Na_6Ca_2[(CO_3)_2/(AlSiO_4)_6]$.

Cannelkohle, f. → Kannelkohle.

Canyon, Cañon, (span. = Röhre), m., durch einen Fluss sehr tief eingeschnittene steilwandige Schlucht in Tafelländern, z. B. der Colorado-C. mit Erosionstiefen bis zu 2000 m. – **Submarine** C.s laufen an vielen Küsten der großen Ozeane vom Schelf (s. d.) in den Kontinentalhang (→ hypsographische Kurve), wobei sie vielfach den jetzigen oder früheren Mündungen der heutigen Flüsse vorgelagert sind. Die Frage ihrer Entstehung ist noch strittig. – s. a. Tal.

cap rock (engl.), m. → Hutgestein.

Caradocien, Caradocium, Caradoc (-Stufe), n., (n. d. Ort Caradoc/Shropshire/Engl.), Tab. III 4.

Carbonatit, m., (wegen der Carbonatvormacht), m., (W. C. BROEGGER, 1921), im Wesentlichen aus primären Carbonaten (Calcit, Dolomit; daneben Silikate wie Feldspäte, Foide, Biotit, Pyroxene, Olivin usw.) bestehender Magmatit (s. d.). Die C.e stehen oft in engem Verband mit foidführenden magmatischen Gesteinen (Foyaite, Ijolithe, Essexite). – Charakteristisch ist das Auftreten von Niobium und Seltenen Erden. Der größte Teil der Weltproduktion an Niobium stammt aus dem Pyrochlorgehalt von C.en.

Carnallit (n. d. Berghauptmann R. VON CARNALL, 1804–1874), m., (*H. ROSE, 1856), $KMgCl_3 \cdot 6H_2O$.

Carneol, m. → Karneol.

Cassiterit (v. ‚Cassiterides insulae' = Zinninseln des Altertums), m. → Zinnstein.

Catena (lt 44), f. (*G. MILNE, 1935), kettenartige Aneinanderreihung von → Bodenprofilen, die durch topographische Beziehungen (z. B. Lage an einem Hang) und gleiches oder ähnliches Ausgangsgestein verbunden sind.

CCD (engl. **C**alcite **C**ompensation **D**epth = Calcit-Kompensationstiefe), f., Meerestiefe, in der Calcit aufgelöst wird und nur kieselige Organismen- und Sedimentreste erhalten bleiben. Ihre Lage ist regionalen und erdgeschichtlichen Schwankungen unterworfen. In heutigen Meeren liegt sie zwischen 3 500 und 5 500 m Tiefe.

Cenomanien, Cenomanium, Cenoman (-Stufe) (n. lt ‚Cenomanum' = Ort Le Mans/Frankreich), n., (*A. D'ORBIGNY, 1847), Tab. III 11 B.

Cerussit (lt 44), m., (‚Cerussa' OVID, VITRUVIUS, PLINIUS; ‚Cerussit' W. VON HAIDINGER, 1845), **Weißbleierz**, $PbCO_3$; Oxidationsbleierz.

chalkophil (gr 376/363) (*V. M. GOLDSCHMIDT, 1923, 1924), nach G. eine Gruppe von Elementen (Cu, S, Se, As, Sb, Bi, Ag, Zn, Hg, Pb), die sich nach seiner Meinung, in der sog. ‚Sulfid-Oxid-Schale' (Unterer Erdmantel, vgl. Erdaufbau) angereichert finden. Wegen ihrer Affinität zum Schwefel treten sie vor allem auch in Lagerstätten sulfidischer Erze auf. – s. a. atmophil, lithophil, siderophil.

Chalzedon, (n. der griechischen Stadt Chalkedon/Bosporus), m., mikrokristalliner Quarz (s. d.).

Chamosit (‚Chamoisit' *A. BERTHIER, 1820), m., (n. d. Tal Chamoson/Unteres Wallis/Schweiz), kleinoolithisches bis dichtes grünlich graues bis grünschwarzes Eisenerz mit 28%–37% Fe. $(Fe^{II},Fe^{III},Al)_3[(OH)_2/Al_{1-2}Si_{3-2}O_{10}] \cdot (Fe^{II},Mg,Fe^{III})_3(OH,O)_6$.

chaotisches Gefüge (gr 375), n., ungeregeltes und nach der Korngröße unsortiertes Gefüge, z. B. in Moränen (s. d.), Fanglomeraten (s. d.), Schlammströmen (s. d.) oder vulkanischen Glutwolkenablagerungen (s. d.).

Charnockit (T. H. HOLLAND, 1893 beschrieb das Gestein zuerst vom Grabstein von Job CHARNOCK, dem Gründer von Kalkutta), m., Hypersthen (s. d.) führendes granitisches Gestein, das unter granulitfaziellen Bedingungen metamorphosiert wurde. – s. a. ↗ Abb. 3 und 24.

Chattien, Chattium, Chatt (-Stufe), (n. d. german. Volksstamm der Chatten) n., (*Th. FUCHS, 1894), Tab. III 12 C.
chemische Sedimente, Pl., n., Niederschläge aus Lösungen und Dämpfen; z. B. Salz- und Gipsgesteine, Kiesel- und Kalksinter, sehr viele sedimentäre Erze, viele Kalksteine usw. – s. a. Sedimentgestein.
chemische Verwitterung, f. → Verwitterung.
Chemofossil(ien) (arab., lt 152) = biologischer Marker, Moleküle primärer org. Substanz, die die diagenetischen Veränderungen im Sediment relativ unbeschadet überstehen. Typische Beispiele sind Porphyrine als Abkömmlinge von Chlorophyll oder verschiedene Kohlenwasserstoffe, die überwiegend dem Abbau von Fettbestandteilen (Lipiden) entstammen. – s. a. Fossil.
Chenier (zuerst aus Louisiana/USA beschrieben, wo Strandwälle mit Eichen, frz. Chênes, bestanden sind), m., (* W. A. PRICE, 1955), fossiler Strandwall (s. d.).
Chert (engl.), m., umfassender Begriff für SiO_2-Gesteine wie Feuerstein (s. d.), Flint (s. d.), Hornstein (s. d.), Kieselschiefer (s. d.), aber auch Gesteine wie die sedimentären Cherts und Iron-Cherts des Präkambiums. Charakteristisch für diese Gesteine sind die extreme Feinkörnigkeit und der muschelige Bruch.
Cinder (engl.), m., vulkanischer Sand. – s. a. Asche.
CIPW-Norm, f., von W. CROSS, J. P. IDDINGS, L. V. PIRSSON, H. S. WASHINGTON (1902) entwickeltes Berechnungsverfahren, das aus der chemischen Analyse eines magmatischen Gesteins einen normierten Mineralbestand (→ Norm) rekonstruiert. Die Methode ist von A. RITTMANN (1973) verbessert worden **(RITTMANN-Norm).**
Chlorit (gr 380), m., (*A. G. WERNER, 1789), im Wesentlichen aus Mg (Fe), Al und (OH)-Gruppen bestehendes Silikat. Zur Chloritgruppe gehören zum Beispiel: Pennin, Klinochlor, Prochlorit, Thuringit, Chamosit.
Chloritoid (gr 380), m., (*G. ROSE, 1837), Sprödglimmer. Kompliziert zusammengesetztes Fe-Al-Silikat mit (OH)-Gruppen.
Chondrit (gr 381), m. → Meteoroid.
C-Horizont, m. → Bodenprofil.
Chronostratigraphie (gr 382, lt 333, gr 86), f. → Stratigraphie.
Chrysotil, m. → Serpentin.
Clarit (lt 45), m. → Streifenarten.
Coccolithenschlamm (gr 171/193), m. → Kokkolithenschlamm.
Cochiti event (Ortsbez.), n., (*COX & DALRYMPLE, 1967), geomagnetisches Polaritätsereignis in der Gilbert-Epoche (s. d.); ↗ Abb. 4.
Cocorp → Geotraverse
Coesit, m., Hochdruckmodifikation von SiO_2, mit einem dicht gepackten Kristallgitter, das nur bei höchsten Drucken entsteht. – s. a. Impaktit, Stoßwellen-Metamorphose.
collision (type) orogeny → Kollisions-Orogenese.
Colluvium, auch **Kolluvium** (lt 53), n., am Fuß von Berghängen, Gebirgswänden, Kliffen (s. d.), Riffen (s. d.) usw. von solchen Gehängen abgeschwemmtes sowie durch Rutschung oder Niederstürzen angehäuftes, ungeschichtetes, unsortiertes und wirr gelagertes Gesteinsmaterial. Entspricht etwa dem deutschen Wort ‚Schuttfuß' (→ Schutt). – s. a. Talus.
comagmatisch (lt 47, gr 202) → Petrographische Provinz.
Comendit (n. d. Ort Comende, Insel San Pietro, westl. v. Sardinien), m., (*S. BERTOLIO, 1895), Tab. IV 3.
cone-in-cone-Struktur, f. → Tutenmergel.
cone sheet, m. → Ringgang (vulkanisch).
Congeliturbation (lt 47/159/356), f. → Kryoturbation.
Coniacien, Coniacium, Coniac (-Stufe), n., (n. d. Ort Coniac/Cognac i. d. Saintonge/Westfrankr.) (*H. COQUAND, 1857), Tab. III 11 B.
convolute bedding, convolute lamination (engl.: gewundene Schichtung; seit G. EINSELE, 1963 wird die engl. Bez. auch in der deutschen Lit. verwendet), f., durch rasche Entwässerung in Silt und Feinsand gerät in einzelnen Lagen das Sediment in Bewegung und sackt unregelmäßig ein, mit scharfen Kämmen und breiten Mulden. Die darüber und darunter liegenden Bänke zeigen diese Deformation nicht. Häufig, aber nicht ausschließlich in Turbiditen (→ turbidity current, Bouma-Zyklus).
Conrad-Diskontinuität (n. d. Geophysiker V. CONRAD, der die Diskontinuität 1925 nachwies), f., seismische Unstetigkeitsfläche in 10 bis 20 km Erdtiefe, an der eine sprunghafte Geschwindigkeitsveränderung der Erdbeben-P-Wellen von 5,6 (oben) zu 6,5 km s^{-1} eintritt. Sie stellt die Grenze der Ober- zur Unterkruste dar und wurde bisher vor allem in Mitteleuropa beobachtet. – s. a. Erdkruste, Diskontinuität, ↗ Abb. 24.
Cordierit (n. d. franz. Mineralogen CORDIER), m., (*R.J. HAUY, 1813), Mineral in Metamorphiten, $(Mg,Fe)_2Al_4Si_5O_{18} \cdot n\,H_2O$.

Cordieritgneis, m. → Gneis.
Couvinien, Couvinium, Couvin (-Stufe), n., (n. d. Ort Couvin/Südbelgien), (*J. B. d'Omalius d'Halloy, 1862), Tab. III 6 B.
Covellin (n. N. Covelli, der als erster 1839 das Mineral am Vesuv als CuS bestimmte), m., (*F. S. Beudant, 1832), **Kupferindig,** CuS.
Cromer-Komplex (n. d. Ort Cromer/Norfolk/Engl.), m., (*C. Reid, 1882), Tab. II B.
Cuprit (It 78), m., (*W. v. Haidinger, 1845), **Rotkupfererz,** Cu_2O.

D

Dachfläche, f. → Schicht.
Dachschiefer (bergm.), m., feinkörniger, dunkler, harter (meist paläozoischer) Schiefer. Die Schieferungsflächen zeigen durch Auflage von neu gebildeten Phyllosilikaten (s. d.) matten Seidenglanz. Die Schieferungslamellen bilden dünne subparallele Platten. Die Teilbarkeit ist tektonisch erworben. – Der Name leitet sich von der Verwendungsmöglichkeit solcher Schiefer als witterungsbeständige Abdeckung von Hausdächern her (z. B. Dachschieferabbau über und unter Tage im Rheinischen Schiefergebirge oder in Thüringen). – Die D. werden aufgrund der Blastese von Phyllosilikaten in den Bereich der Anchimetamorphose (s. d.) gestellt.
Dachziegellagerung, f., Strömung hat das Bestreben, plattige Gesteinspartikel (am häufigsten Gerölle) auf die Unterlage zu drücken. Sie werden dadurch wie Dachziegel aneinander gestapelt, sodass sie gegen die Strömung geneigt sind. Gelegentlich wird auch der aus dem engl. (imbricate = dachziegelartig anordnen) stammende Terminus **Imbrikation** verwendet.
Dacien, Dacium, Daz (-Stufe), (n. d. röm. Bez. f. Siebenbürgen: Dacia), n., Tab. III 12 E.
Dacit, Dazit (n. d. röm. Bez. f. Siebenbürgen: Dacia), m. (* G. Stache in F. von Hauer & G. Stache, 1863), Vulkanit mit über 20% Quarz und einem Alkalifeldspat : Plagioklas-Verhältnis zwischen 35 : 65 und 90 : 10; 25% Mafite. ↗ Abb. 66 b, 67, Tab. IV 7.
Dammriff, n. → Riff.
Danien, Danium, Dan (-Stufe), (n. Dänemark), n., (*E. Desor, 1846), Tab. III 12 A.
Dasberg (-Stufe), n., (n. d. Ort Dasberg/nördl. Sauerland) (*A. Denckmann, 1901), Tab. III 6 C.
Dauerfrostboden, m., **Permafrostboden** (*S. M. Müller, 1945), **perenne Tjäle** (*B. Högbom, 1914), **Pergelisol** (*K. Bryan, 1946), Boden ständiger Gefrornis (s. d.).
Dauerhumus, m. → Humus.
Decke, f., 1. **vulkanische** D. (Deckenerguss, Eruptivdecke), vor allem beim Austritt basischer Schmelzen aus großen Spalten entstehend; z. B. Plateaubasalt, Trapp (s. d.).– 2. **Tektonische** D. (*A. Escher von der Linth, 1841) ↗ Abb. 17); die Definition der ‚Decke' ist nicht einheitlich, insbes. besteht verschiedentlich keine scharfe Abgrenzung zur ‚Schuppe' (vgl. Schuppenbau), ‚Scholle' (s. d.), ‚Klippe', ‚Deckscholle' oder ‚Deckfalte'.– Definition entspr. den Empfehlungen der Deutschen Tektonischen Kommission (1976): „Eine tektonische Decke ist ein von seiner ursprünglichen Unterlage abgelöster Gesteinskörper von größerer (regionaler) Ausdehnung, der auf einer horizontalen oder nur schwach geneigten Fläche um einen größeren, ein Vielfaches seiner Dicke ausmachenden Betrag auf seine heutige Unter-

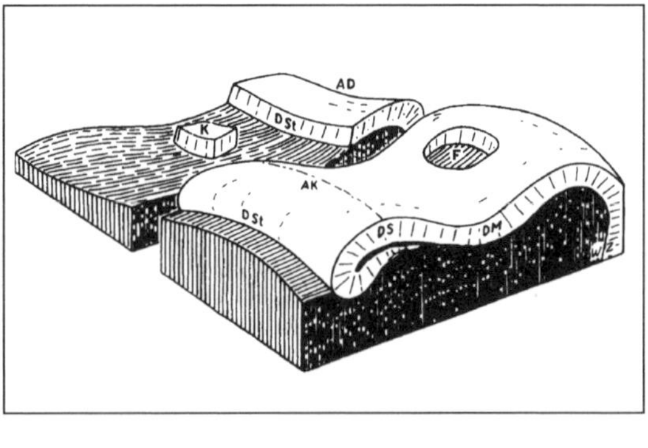

Abb. 17
Tektonische Decke. – AD Achsendepression; AK Achsenkulmination; DS Deckensattel; DSt Deckenstirn; DM Deckenmulde; F Fenster; K Klippe; WZ Wurzelzone. – W. Zacher in Deutsches Handwörterbuch der Tektonik, Stichwort: Decke; Hannover 1988.

lage transportiert (‚überschoben') worden ist. Dabei ist der innere Gesteinszusammenhang der Decke im Wesentlichen (im Gegensatz zum Olisthostrom, s. d.) erhalten geblieben."
Vielfach weisen die Decken bezüglich ihres Baustils, ihres Alters und ihrer Fazies erhebliche Unterschiede gegenüber ihrer Unterlage auf. Letzteres trifft besonders für die Faziesdecke (*E. Haug, 1906) zu, die eine einheitliche Fazies besitzt und sich damit von unter- und überlagernden Einheiten scharf unterscheidet. – Decken können aus → liegenden Falten hervorgehen (**Überfaltungsdecke,** ↗ Abb. 75) oder sich – ohne jede Faltung – vor allem in kompakten ungeschichteten Serien wie mächtige Gleitbretter übereinander schieben. – Bewegt sich die D. über eine ehemalige Landoberfläche, so spricht man von einer **Reliefüberschiebung** (*O. Ampferer, 1924). – Genetisch hat man nach **Schubdecken** und **Gleitdecken** unterschieden, wobei die Letzteren durch Schweregleitung entstanden sein sollen. Außerdem besteht noch der neutrale und rein deskriptive Begriff **Überschiebungsdecke.** – Das Ursprungsgebiet der D. wird als **Deckenwurzel,** der vordere Rand als **Deckenstirn** bezeichnet. Manchmal bewegt sich die Stirnregion (*A. Heim, 1905) einer D. an einem Hindernis aufwärts: aufgerichtete Stirn, Aufbrandungszone (*A. Heim, 1905). Solche Decken werden verschiedentlich **Brandungsdecke**, solche mit abwärts tauchender Deckenstirn **Tauchdecke** genannt. Eine in kräftige Falten aufgegliederte Deckenstirn zeigt **Digitation.** – Mehrere übereinander liegende Decken werden als **Deckenpaket,** benachbarte Decken mit weitgehender genetischer Gemeinsamkeit als **Deckensystem** bezeichnet. – Durch Erosion kann die D. durchschnitten und damit örtlich die Deckenunterlage freigelegt werden: **Deckenfenster** (vgl. Fenster). Bei sehr starker Abtragung können unter Umständen von einer D. nur noch relativ kleine, auf ihrer Unterlage ‚frei schwimmende' wurzellose (*A. Escher) Schollen übrig bleiben: **Deckscholle, tektonische Klippe** (*F. J. Kaufmann, 1875). Man hat hiervon **autochthone Klippen** (*F. Lotze, 1934) zu unterscheiden gesucht, die zwar auf jüngeren Schichten ‚schwimmen', aber noch nicht allzuweit vom ‚Heimatort' entfernt sind. – s. a. Abscherung.

Deckenabwicklung, f. → palinspastisch.

Deckenbau, m., allgem. Bez. für die Tatsache des Auftretens und der gegenseitigen Beziehungen von Decken in einem Gebiet. Ist der D. das vorherrschende Merkmal eines Gebiets, bezeichnet man dieses als **Deckenland.** – Ein entsprechend gebautes Gebirge heißt **Deckengebirge** (s. d.).

Deckengebirge, n., Bez. für ein im Wesentlichen aus tektonischen Decken (s. d.) und Deckfalten (→ Falte) bestehendes Gebirge (s. d.).

Deckenschlot (von Höhlen), m. → Schlot.

Deckensysteme (der Alpen), Pl., n. Die in ihren Sedimentfolgen und im tektonischen Bau unterschiedlichen Ostalpen und Westalpen grenzen etwa entlang des Rheintals aneinander. Die heutigen Auffassungen vom Bau der Alpen werden nachfolgend zusammengefasst. – In den Alpen werden drei Großfaziesräume unterschieden, aus denen sich im Verlaufe der alpidischen Orogenesen die Hauptdeckensysteme entwickelt haben. Allerdings verlaufen die tektonischen Grenzen nicht immer parallel zu den Faziesgrenzen.

1. Der **helvetisch-subalpine Faziesraum** ist durch eine vom Oberkarbon/Perm bis ins Alttertiär reichende Schichtfolge gekennzeichnet. Die typische helvetische Fazies setzt im Malm mit dem ‚Quintner Kalk' über germanischer Trias ein. Durch mehrere, überwiegend im Tertiär erfolgte Deformationen ist ein Teil der helvetischen Schichtenfolge in der Schweiz vom Untergrund abgeschert und in Form inkohärenter Decken (v. lt. *cohaerentia* = Zusammenhang) nach N (= nach außen) transportiert worden. Die in Gestalt der **‚autochthonen' Externmassive** (wie z. B. dem Aar-Massiv) an die Oberfläche ragende Unterlage der helvetischen Schichtfolge besteht aus einem bereits varistisch deformierten und metamorphisierten kristallinen Grundgebirge der europäischen Platte.

2. Der **penninische Faziesraum,** aus dem sich die **penninischen** D. entwickelt haben, besitzt eine kompliziertere Gliederung. Während die nord- und mittelpenninischen Deckeneinheiten ebenfalls einem schon varistisch deformierten Grundgebirge der europäischen Platte angehören, das in den **Internmassiven** (z. B. dem Gran Paradiso) zutage tritt, besteht die kristalline Unterlage der südpenninischen **(piemontesischen)** Decken aus ozeanischer Kruste, die erst ab Oberjura neu gebildet worden ist. – Die Schichtfolgen der penninischen Decken sind reich differenziert, beginnen aber meist mit germanischer Trias, um erst in Jura und Kreide

die für Teile des Penninikums kennzeichnenden Bündner Schiefer oder Schistes lustrés zu entwickeln. – In mehreren Tiefseebecken des Penninikums haben sich in der Kreide und im Alttertiär Flysche (s. d.) gebildet, die teilweise später entwurzelt und nach Norden transportiert worden sind (z. B. der Rhenodanubische Flysch). Die **Klippendecken** der Schweiz (z. B. Mythen) und die Préalpes Romandes werden heute als weit nach Norden bewegte Deckenreste betrachtet, die aus verschiedenen Teilen des penninischen Faziesraumes stammen. Im Gegensatz zu den Westalpen, wo das Penninikum große Flächen einnimmt, kommen penninische Gesteine in den Ostalpen nur in mehreren großen Fenstern (z. B. **Engadiner Fenster, Tauernfenster**) vor. –
3. Aus dem **ost-** oder **austroalpinen Faziesraum** haben sich die **ostalpinen** D. entwickelt. Kennzeichnend sind mächtige Flachwassercarbonate in der Trias, die auf einer ausgedehnten Plattform (s. d.) abgelagert wurden und Tethys-Faunen enthalten. Die Unterlage der permomesozoischen bis alttertiären Schichtfolge des Austroalpins bilden unterschiedlich mächtige und metamorphosierte paläozoische Sedimente und/oder Altkristallin, deren Position im Varistischen Gebirge derzeit diskutiert wird. – Das Austroalpin wird in drei D. gegliedert, die sich nach Schichtfolge und Metamorphose unterscheiden. Die **unterostalpinen** Decken (z. B. Radstätter Tauern) sind durch geringmächtige Trias-Ablagerungen (mit Keuper-Einfluss im NE) und klastische Jura-Ablagerungen gekennzeichnet. Für die Abtrennung eines **mittelostalpinen** D. (z. B. Ötztal- und Silvretta-Massiv) können TOLLMANN u. a. Metamorphose- und Fazies-Argumente anführen. – Zum **oberostalpinen** D. gehören vor allem die in den Ostalpen große Flächen einnehmenden Nördlichen **Kalkalpen** (= **‚Kalkalpin'**) mit ihrer aus paläozoischen Schichtfolgen bestehenden Unterlage, der Grauwacken-Zone. Obwohl die nördlichen Kalkalpen ursprünglich im südlichsten Teil des ostalpinen Faziesraumes beheimatet waren, liegen sie heute, nach sehr weiter Überschiebung, am weitesten im Norden. Die **Südalpen** haben ursprünglich, etwas seitenverschoben, die unmittelbar südliche Fortsetzung des ostalpinen Faziesraumes gebildet. Die faziellen Gemeinsamkeiten sind entsprechend groß. Die **‚periadratische Naht'** (s. d.), die als bedeutende Störungszone die Südalpen gegen die Nordalpen abgrenzt, stellt gleichzeitig die Trennlinie für das nach Norden bewegte Austroalpin und die nach Süden gegen die Adria-Platte verengten Südalpen dar. Neuere Untersuchungen und Bohrungen lassen auch in den Südalpen größere, südgerichtete Deckenüberschiebungen erkennen (n. e. Vorlage v. Prof. Dr. W. ZACHER, München).

Deckentektonik (gr 338), f., Lehre von den Erscheinungsformen und Bauverhältnissen sowie dem Verformungsstil in Deckengebirgen, aber auch von den Bewegungen und Kräften, die zum Deckenbau führen. – s. a. Tektonik.

Deckentheorie, f., Lehre, nach der viele Gebirge, z. B. die Alpen, Karpathen und andere große Gebirge aus einer Vielzahl von Überschiebungsdecken aufgebaut sind. Diese Deckenlehre geht in den Alpen vor allem auf die (‚Nappisten') M. BERTRAND, M. LUGEON, H. SCHARDT, E. SUESS, P. TERMIER u. a. zurück. Sie löste die – vor allem für die Westalpen entwickelte – **Erhebungstheorie** (*L. VON BUCH, 1827) ab, die annahm, dass durch einen sich erhebenden Kristallinkern ein Riesensattel gebildet worden sei. Dem stand die Beobachtung entgegen, dass oft stratigraphisch ältere Serien über jüngeren lagern, eine Erscheinung, welche die D. mit Überschiebungen zu erklären vermag. – s. a. Oszillationstheorie.

Deckfalte, f. → Faltentyp.

Deckgebirge, n., Gesteinskomplex, der sich im tektonischen Baustil und meist auch im Grad der Metamorphose von dem darunter liegenden Grundgebirge deutlich abhebt. Seine Basis ist durch eine mehr oder weniger deutliche Auflagerungsdiskordanz (vgl. Diskordanz) gekennzeichnet. – s. a. Basement, Grundgebirge.

Deckscholle, f. → Decke.

defensive Fazies, f. → Fazies.

Deflation (lt 82), f., (*J. WALTHER zusammen mit G. SCHWEINFURTH und P. ASCHERSON, 1924), ausblasende Tätigkeit des Windes (äolische Abtragung, Windabtragung), der, je nach seiner Geschwindigkeit, Teile verschiedener Größe fortbewegen kann. Eine solche Windtätigkeit ist in Gebieten mit starker physikalischer Verwitterung und geringer Bewachsung besonders intensiv. – s. a. Korrasion, Steinsohle.

Deformation (lt 83), **Strain** (engl.) f., Gestalts- oder Volumenveränderung, die ein Körper beim Einwirken einer äußeren Kraft erfährt. Dabei kann unterschieden werden zw. bleibender und elastischer D. Die in geologischen Körpern erkennbaren Spuren tektonischer D. geben jedoch nur einen **finiten** (= endlichen) Zustand an (engl.: finite state of strain). Man kann daraus oft nicht auf die Art des gesamten Deformationsablaufs und die während dieses Ablaufs jeweils herrschenden Spannungszustände schließen, da der finite Deformationszustand eine Folge fortschreitender D. ist. Es muss daher versucht werden, die finite D. in möglichst viele aufeinander folgende oder miteinander ablaufende Deformationsschritte (→ Inkremente, engl. incremental strain) aufzulösen. Zur geometrischen Darstellung benutzt man einen Bezugskörper, den man sich von einer Kugel zu einem Ellipsoid verformt denkt **(Deformationsellipsoid),** das durch drei aufeinander rechtwinklig stehende Achsen (**Hauptdeformationsachsen;** engl.: principal axes of finite strain) definiert ist: e1, e2, e3 oder (vor allem J. G. Ramsay, 1967) X, Y, Z. Die Verformungsbeträge auf X werden mit 1 + e1, die auf X mit 1 + e2 und die auf Z mit 1 + e3 angegeben. In diesem Achsensystem ergeben sich durch Kombination drei Hauptdeformationsebenen (engl.: principal planes of strain), bei deren Schnitt mit dem deformierten Bezugskörper sich jeweils **Hauptdeformationsellipsen** (engl.: principal strain ellipses) abbilden. – s. a. Stress.

Deformationsebene (bei Falten), f. → Falte.

Deformationsverglimmerung, f. (*B. Sander, 1911), teilweise oder völlige Umbildung von Kalifeldspat zu Muskovit und Quarz in Bereichen gerichteten Drucks.

Dehnung, f. → Zerrung.

Dehnungsfuge, f. → Fuge.

Dehydrationstheorie (lt 79/gr 355), f. → Eiskeil.

Deister-Phase (n. d. Geb. Deister in S-Niedersachsen), f., (*F. Dahlgrün, 1921), Tab. III 10 C.

dejektiv (lt 84) → injektiv.

Deklination (lt 80), f., **magnetische Missweisung,** Winkelunterschied zwischen der geographischen Nordrichtung und der Richtung der nach dem magnetischen Pol zeigenden Magnetnadel. Weicht die Nadelachse gegenüber dem geographischen Meridian nach Osten ab, spricht man von östlicher oder positiver, im anderen Fall von westlicher oder negativer D. – Auch in Gesteinen lässt sich die D. früherer Erdzeitalter mit geeigneten Methoden bestimmen: Paläodeklination (= Abweichung vom heutigen geographischen Pol). – s. a. Inklination.

DEKORP → Geotraverse.

Delta, n., **Flussdelta** (n. d. Form des gr. Großbuchstabens Delta), Sedimentkörper, gebildet durch Ablagerung der mechan. Fracht eines Flusses beim Einmünden in ein größeres Wasserbecken (See, Meer) infolge der plötzlichen Strömungsverminderung des Wassers an dieser Stelle. Das D. ist im Grundriss dreieckig fächerförmig. Der über den Wasserspiegel ragende Teil wird immer wieder von Flussarmen durchzogen und immer weiter beckenwärts vorgeschoben. An eine flache Böschung über der Wasserlinie schließt sich eine steilere unter Wasser an, wobei sich in den Sedimenten eine typische **Deltaschichtung** entwickelt (↗ Abb. 18). Man spricht von deltaischen Sedimentationsbedingungen. – s. a. Gilbert-Delta, Schwemmkegel, Vorschüttungssande.

δ-Achse, Delta-Achse, f., Schnittlinie aus Schichtung und Schieferung.

Dendrit, Pl. **Dendriten** (gr 88), m., (schon bei C. F. Naumann, 1850), feine moos- oder bäumchenförmige, dunkle Mineralabsätze (Mn- und Fe-Hydroxide und -Oxide) auf Gesteins-, Schicht- und Kluftflächen. Es handelt sich hierbei um Scheinversteinerungen. – In der Kristal-

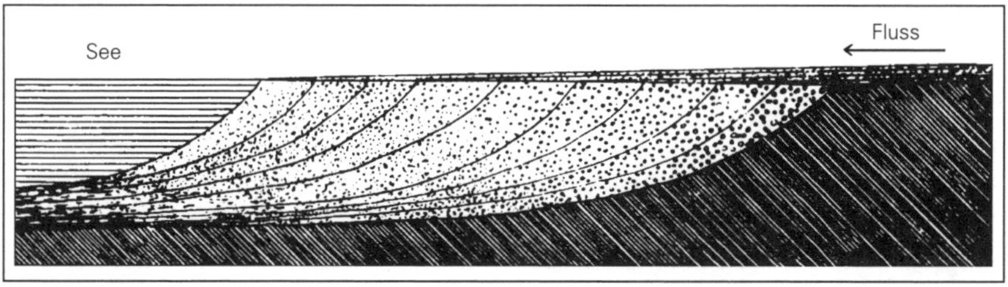

Abb. 18 Schema eines Deltakegels mit Deltaschichtung. – G. Wagner: Einführung in die Erd- und Landschaftsgeschichte. – 2. Aufl., Öhringen (Rau) 1950.

lographie spricht man von Dendriten, wenn Kristalle sich beim Wachstum astförmig ausdehnen; Beispiel: Schneekristalle.

Dendrochronologie (gr 88/382/197), f., (Prinzip: A. E. DOUGLAS, seit 1909), Altersbestimmungsmethode mittels vergleichender Dicken- und Sequenzmessung der Jahresringe von Bäumen, die charakteristische Jahresklimaeigenschaften und Klimaschwankungen zwischen den einzelnen Jahren widerspiegeln. Die Methode findet bei Jungquartär- und Vorgeschichts-Forschungen Verwendung. – s. a. Geochronologie.

Denekamp-Interstadial, (n. Ort i. Holland), n., (*T. VAN DER HAMMEN, 1951), Tab. IIa A.

Denudation (lt 85), f., (*FAREY, 1811), zumeist im Sinne einer allgemeinen Abtragung der Festlandsoberfläche (ohne die Abrasion!) gebraucht. – Die Zeit, die nötig ist, um eine D. von 1 m zu bewirken, wurde als **Denudationsmeter** (*A. PENCK & E. BRÜCKNER, 1909) bezeichnet.

Depression (lt 86), f., 1. negativ morphologisches Element der Landoberfläche, entstanden durch tektonische Senkungen, Einbrüche der Erdoberfläche oder äolische Abtragung; i. e. S. Bez. für Einsenkungen unter das Meeresniveau. – 2. Achsendepression → Querfaltung. – 3. D. der Schneegrenze → Schneegrenze.

Desertifikation (engl. aus lt 88), f., Wüstenbildung.

Desikkationstheorie (lt 89), f. → Elevationstheorie.

Desmosit (gr 89), m. → Spilosit.

Desquamation (lt 90), f., (*F. VON RICHTHOFEN), Abschuppung, Absprengung von mm- bis zu 1 m dicken Schuppen oder Schalen an Gesteinsoberflächen in Gebieten ariden und auch semiariden Klimas infolge besonders großer Temperaturgegensätze zwischen Tag und Nacht. – s. a. Verwitterung.

deszendent (lt 87), Bez. für im Boden absteigende Wässer, z. B. Sickerwässer. Lagerstätten, die sich durch Abscheidung aus solchen Wässern gebildet haben, nennt man **deszendente Lagerstätten.** – s. a. aszendent, Lagerstätte, Teufenunterschiede, Verwitterung.

Detersion (lt 92), f., **Detraktion** (lt 93), f. → Glazialerosion.

detraktiv (lt 93), Bez. für Sedimente, die aus der verhältnismäßig raschen Zerstörung älterer Gesteine hervorgehen; z. B. Molasse- (s. d.) Sedimente.

Detritus (lt 94), m., Adj.: **detritisch,** allgem. Bez. für Gesteinsschutt und Trümmer von Organismenresten.

deuterische Phase (gr 90), f., (*J. J. SEDERHOLM, 1916), „Veränderungen, die in direkter Fortsetzung der Verfestigung eines Magmas stattgefunden haben." Es handelt sich hierbei um Reaktionen hochtemperierter magmatischer Restlösungen und Dämpfe mit bereits ausgeschiedenen Mineralen unter Neubildung von Turmalin, Topas, Fluorit, Muskovit, Lithiumglimmer, Cassiterit, Wolframit usw. – Hierher gehören auch die Prozesse der Autometamorphose (vgl. Metamorphose).

Deutscher Härtegrad, m. → Wasserhärte.

Devon, Dévonien, Devonium (n. d. Grafschaft Devonshire/SW-England), n., (n. Vorarbeit von A. LONSDALE, *R. J. MURCHISION & A. SEDGWICK, 1839), Tab. III 6.

dextral (lt 95) rechtshändig.

Diabas (gr 92), m., (*A. BRONGNIART, 1807), Tab. IV 19. – In der amerik. Lit. ist ‚diabase' dagegen ein durch ophitische (s. d.) Textur charakterisiertes basaltisches Gestein, etwa unserem Dolerit (s. d.) entsprechend.

diablastisch (gr 91/70) → kristalloblastisch.

diachron (gr 91/382), vor allem für das Verhältnis des Verlaufes von Faziesgrenzen zu geologischen Zeitgrenzen verwendeter Begriff. Zeitschräg verlaufende Faziesgrenzen sind d., zeitparallele **isochron (synchron).** Gibt es im Verlauf von diachronen Faziesgrenzen auch Abschnitte mit isochronem Verlauf, spricht man insgesamt von **heterochroner** Faziesgrenze.

Diagenese (gr 91/75), f., (*K. W. VON GÜMBEL, 1868), Bez. für die Umbildung lockerer Sedimente zu festen Gesteinen durch mehr oder weniger langzeitige Wirkung von Druck, Temperatur, chemischer Lösung und Abscheidung usw. Da Druck- und Temperaturveränderungen auch bei der Metamorphose die maßgebende Rolle spielen, besteht zwischen beiden nur ein Intensitätsunterschied. Die D. kann während bzw. unmittelbar nach Ablagerung des Sediments (**Frühdiagenese** = **Syndiagenese** i. w. S.) oder zu irgendeinem Zeitpunkt danach immer wieder wirksam werden (**Spätdiagenese** = **Epidiagenese** i. w. S.). Die D. umfasst Vorgänge wie das Zusammenpressen des Sediments (Kompaktion) mit Auspressen von Wasser und Bodenluft, Auslaugung, Umkristallisation, Sammelkristallisation (s. d.), Bildung von Bindemittel (s. d.) und Konkretionen (s. d.),

Fossilisation (s. d.) usw.; auch die Bildung von Kohle (→ Inkohlung), Bitumen (s. d.) und Erdöl kann hierzu gerechnet werden. – s. a. Anchimetamorphose, ↗ Abb. 24.
Diagonalkluft, D-Kluft, f., Klüfte in Falten, die etwa 45° zum Faltenachsen-Streichen verlaufen. – s. a. Kluft.
Diagonalschichtung, f. → Schrägschichtung.
Diagonaltal, n. → Tal.
Diagonalverschiebung/-verwerfung (*R. VON CARNALL, 1835) → Verwerfung.
Diallag (gr 94), m., (?* R. J. HAUY, 1801), monokliner Pyroxen (s. d.) : CaMg $[Si_2O_6]$, stets mit Gehalten an Al und Fe.
Diamant (gr 4), m., (‚Ademant': F. HOFFMANN, 1811, ‚Demant' : M. LUTHERS Bibelübersetzung; ‚Diamant' später aus dem Frz.), C.
Diamiktit (gr 91/208), m., (*R. F. FLINT, J. E. SANDERS & J. RODGERS, 1960), generelle beschreibende Bez. für ungeschichtete und unklassierte Sedimente wie Tillite (s. d.), Pseudotillite usw. – Synonym: Symmiktit.
Diaphthorese (gr 102), f., (* F. BECKE, 1909), wenn metamorphe Gesteine eine zweite Metamorphose bei niedrigeren Druck-Temperatur-Bedingungen durchmachen, spricht man von D. (**retrograde Metamorphose** *A. HARKER, **Retrometamorphose** *F. RINNE). Auf Kosten des vorhandenen Mineralbestands entstehen neue Minerale (z. B. Sericit, Chlorit, Albit, Quarz, Karbonate), die einen niedrigeren Metamorphosegrad anzeigen. – Gestein: Diaphtorit. – s. a. Phyllonit, Metamorphose.
Diapir (gr 95), m., (*L. MRAZEC, 1907), Salzdom (a. d. amer. Lit. übernommener Begriff), **Salzhorst** (wahrscheinl. H. MONKE, 1906/07. Schon bei F. BEYSCHLAG & EVERDING, 1907), **Salzstock** (*H. STILLE, 1917), steilwandiger Salzkörper, der sein Aufdringen Faltungsvorgängen (z. B. **Durchspießungsfalte, Injektionsfalte** – s. a. injektiv) oder der Aufwärtsbewegung des Salzes auf tektonischen Spalten verdankt (→ Ekzem, Halokinese). Die Salzgesteine werden beim Aufdringen stark durchknetet und verfaltet, sprödere Gesteine zerrissen und verflößt. Die vom Salz durchwanderten Deckgebirgsserien werden an den Salzstockrändern hochgeschleppt und zerschert. Salzstöcke können in ihrem oberen Teil infolge pilzartiger Verbreiterung **Salzüberhänge** bilden (↗ Abb. 19). – s. a. Protrusion.
Diapirismus (gr 95), m., i. w. S. ein Prozess, bei welchem höher teilbewegliches oder weniger dichtes Material aus tiefen Bereichen

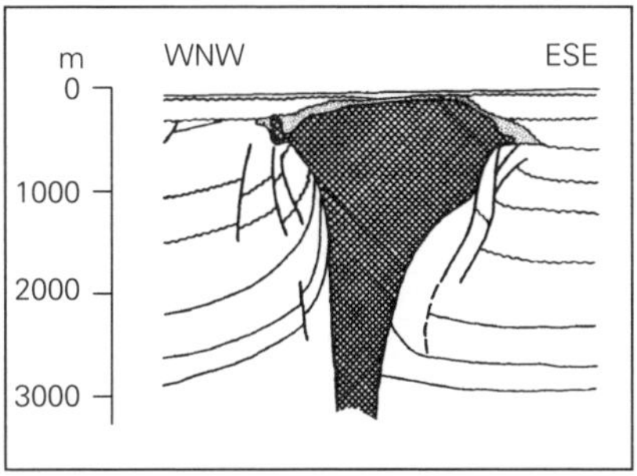

Abb. 19 Zechsteindiapir von Wienhausen bei Celle, Niedersachsen. Salzstock mit ausgeprägtem Überhang. – Nach A. BENTZ aus R. BRINKMANN: Abriß der Geologie. I.–8. Aufl., S. 178; Stuttgart.

aufdringt und sein Hangendes durchbricht (z. B. Salz-, Ton-, Torf-, Migmatit-, Manteldiapir, Asthenolith). Insbesonders ist der Begriff von C. E. WEGMANN (1930) für die intensiven Intrusionsvorgänge (Plutonite, Migmatite) im Grundgebirge verwendet worden. – s. a. Hot spot.
diaschist (gr 98) (*W. C. BRÖGGER, 1894/95), Bez. für magmatische Gesteinsabkömmlinge, meist Gänge, die eine andere chemische Zusammensetzung besitzen als ihr Muttergestein. Subst.: **Schizolith,** Beispiele: Aplit, Lamprophyr (s. d.). – s. a. aschist.
Diastem (gr 96), n. → Lücke.
Diastrophismus (gr 97), m., (*G. K. GILBERT, 1890, nach einem von J. W. POWELL gebrauchten Ausdruck), Begriff für die Gesamtheit der tektonischen Deformationen der Erdkruste; umfasst daher sowohl orogenetische (s. d.), als auch epirogenetische (s. d.) Vorgänge.
Diatexis (gr 101), f., (*G. GÜRICH, 1905), regionaler Vorgang der Mobilisation (Aufschmelzung) der hellen und auch des größten Teils der dunklen Mineralkomponenten in einem Gestein bei stark erhöhter Metamorphose. Es können sich dabei weitgehend homogenisierte, schlierig-nebulitische granitartige Gesteine in situ bilden, die in ihrem primären Gesteinsverband verbleiben: **Diatexit.** – s. a. Anatexit, Metamorphose, Metatexis, Palingenese.
Diatomeenschlamm, m., durch Reichtum an Diatomeen- (= Kieselalgen-) Schalen gekennzeichnete, kieselsäurereiche Meeressedimente. Sie treten meist in kühlerem Wasser

bei 1000 bis 4000 m Meerestiefe auf und bedecken etwa 8 % des Meeresbodens (↗ Abb. 44). – Auf dem Festland durch Diatomeen im Süßwasser gebildete Ablagerungen heißen **Kieselgur, Diatomeenerde.** – s. a. Tab. VI 24.

Diatrema (gr 100), n. → Durchschlagsröhre.

Dichte (= spez. Gew.) von Mineralen und Gesteinen; die Dichte ρ ist das Verhältnis von Masse : Volumen und wird in g · cm^{-3} angegeben. Beispiele: Orthoklas 2,56, Dolomit 2,90, Diamant 3,25, Coesit 3,01, Stishovit 4,28, Platin 21,50 (Coesit u. Stishovit: SiO_2-Höchstdruckmodifikationen; charakteristisch für Meteorkrater, s. d.).

Dichte-Inversion (lt 203), f., Überlagerung von Material geringerer Dichte durch spezifisch schwereres Material. Eine solche inverse (→ Inversion) Dichteschichtung kann Bewegungsvorgänge auslösen, die eine stabilere Dichteverteilung im Gesteinsaufbau zum Ziel haben.

Differentiation (lt 96), f., 1. **magmatische** D.: Trennung eines Stammagmas in mehrere Teilmagmen, wobei weniger die Trennung der flüchtigen Phase von der eigentlichen Schmelze, als vor allem a) die Trennung bereits fester Teile (Kristalle) von dem Schmelzanteil: **Kristallisations**-D. (*R. A. DALY, 1914) oder b) die Aufteilung einer Schmelze in zwei oder mehrere unmischbare Schmelzen (**Liquation,** *V. DUROCHER, 1857, allerdings mehr im Sinne einer Gravitationsdifferentiation gebraucht) gemeint ist. In beiden Fällen können anlässlich tektonischer Beanspruchung Schmelzen oder Schmelzanteile abgepresst und in andere Krustenteile verfrachtet werden: **abgepresste Magmen.** Bereits Ch. DARWIN (1844) hatte den Vorgang der Kristallisations-D. und die Möglichkeit der Abpressung der noch flüssigen Phase in das Nebengestein erkannt. Er vertrat auch als erster die Meinung einer Trennung durch **Schweresaigerung = gravitative Segregation** (= spezifisch schwere Kristalle sinken in der Schmelze zu Boden), ein Gedanke, der namentlich von N. L. BOWEN (vor allem 1928) stark ausgebaut worden ist: **Gravitations-**D. – P. NIGGLI (1923) und H. CLOOS (1924) vertraten die Ansicht, dass sich im Magma bei dessen Aufwärtsbewegung flüssige von schon festen Teilen oder unmischbare Schmelzen voneinander trennen: **Bewegungs-**D. – Eine D. kann durch Assimilation von Nebengestein (→ Syntexis) durch die Schmelze erfolgen. – 2. **Metamorphe** D. (*P. ESKOLA, 1933, nach einem Ausdr. v. F. L. STILLWELL), durch Metamorphose (s. d.) hervorgerufene Trennung bzw. örtliche Anreicherung von Mineralen im Gestein. Dies kann durch Metablastese (s. d.) oder innerhalb der Metatexis (s. d.) durch Trennung der stabilen von den instabilen Komponenten erfolgen: **anatektische** D. (→ Anatexis).

Diffluenz (lt 98), f., (wahrscheinl. A. PENCK & E. BRÜCKNER, 1909), Aufteilung eines Gletschers in Teilarme. Dabei kann im Felsengrund infolge Erosionsverringerung eine Gefällestufe entstehen: **Diffluenzstufe.** – s. a. Gletscher, Konfluenz.

Digitation (lt 99), f. → Decke.

Diktyogenese (gr 103/75), f., (*S. VON BUBNOFF, 1938), etwa entsprechende Begriffe: **akroorogene Bewegung** (*L. RÜGER, 1927), Großfaltung (*E. C. ABANDANON, 1914), **Spezialundation** (*H. STILLE, 1919). Diktyogenetische Bewegungen sind dadurch charakterisiert, dass sie zwar im Gegensatz zu den orogenetischen weitspannig sind, aber um Größenordnungen geringer als die epirogenetischen. Sie unterteilen epirogenetisch einheitliche Großschollen in Sonderelemente (z. B. Spezialschwellen und -becken). Weiterhin ist – im Gegensatz zur Epirogenese – ihre an sich säkulare Wirksamkeit durch episodisch stärkere Bewegungen unterbrochen. Im Allgemeinen zeigt die D. – im Gegensatz zur Orogenese – keine Strukturveränderung der Gesteine; es treten aber auch Ausnahmefälle auf, z. B. die stärker deformierte Schwelle des Thüringer Waldes. Die diktyogenetischen Bewegungen sind im Allgemeinen nicht umkehrbar, und ihre Elemente sind orts- und richtungsgebunden, d. h. also nicht autonom, da sie im tieferen Sockel vorgebildet sind. – Beispiele (n. S. VON BUBNOFF): Thüringer Wald, Flechtinger Höhenzug, Pompeckjsche Schwelle (s. d.) und entsprechende Becken (Thüringer Becken; Subherzynes Becken → Niederdeutsches Becken; Altmarkmulde).

Diktyonit (gr 103), m. → Migmatit.

Dilatation (lt 100), f. → Streckung.

Dilatationsspalte (lt 100), f. → Spalte.

Dilatationstheorie (lt 100), f. → Gletschertheorien.

Diluvium (lt 101), n., (*W. BUCKLAND, 1823, hielt die quartären Sedimente für Sintflutablagerungen; daher die Namensgebung). – Der Begriff ist heute gegen den Begriff ‚Pleistozän' (s. d.) ausgetauscht. Er hat sich allenfalls noch bei Bez. wie ‚diluviale → Nagelfluh' erhalten.

Dinantien, Dinantium, Dinant (-Stufe), n., (n. d. Ort Dinant/Maas/Belgien) (*E. MUNIER-CHALMAS & H. DE LAPPARENT, 1893), Tab. III 7 A.
Dinariden (n. d. Geb.), Pl., (*E. SUESS, 1901), durch kretazisch-tertiäre Faltung entstandener Orogenabschnitt, der zwischen den Südalpen und den kleinasiatischen Ketten vermittelt. Sie lassen sich in mehrere Zonen aufteilen, die im adriatischen Gebiet in NW-SE-Richtung streichen und in der südlichen Ägäis in die WSW-ENE-Streichrichtung der kleinasiatischen Orogenzüge umbiegen. – Der griechische Anteil der D. wird als **Helleniden** bez.
Diopsid (gr 105/258), m., (*? R. J. HAUY, 1806) monokliner Pyroxen (s. d.), CaMg $[Si_2O_6]$.
Diorit (gr 104), m., (*R. J. HAUY, 1819), Tab. IV 11.
Dioritporphyrit (gr 104/289), m., (*H. ROSENBUSCH, 1887), Tab. IV 12.
disharmonische Faltung (lt 102, gr 41), f., (*E. HAUG, 1907), die durch Unterschiede in der Verformbarkeit hervorgerufene unterschiedliche Intensität und Art der Faltung der einzelnen Schichten eines Schichtpaketes bei gleichzeitiger Faltungsbeanspruchung. Die extremste Form d. F. liegt in der Durchspießungsfalte vor (→ Diapir). – s. a. kompetent, Stauchfaltengröße.
diskonform (lt 102/62), gelegentlich gebrauchter Begriff für eine Gefügeregelung in einem Erstarrungsgestein, die nicht parallel zu dessen Nebengesteinskontakt ist.
Diskonformität (lt 102/62), f. → Lücke.
Diskontinuität (lt 102/69), f., in der Geophysik Bez. für Grenzflächen (bzw. als Grenzflächen gedachte Zonen), an denen sich irgendeine physikalische und/oder chemische Eigenschaft sprunghaft ändert; z. B. Conrad-D. (s. d.), Mohorovičić-D. (s. d.), Wiechert-Gutenberg-D. (s. d.). – Im felsmechanischen Sinne bezeichnet man alle Trennflächen (in Bezug auf die Festigkeit) als **Diskontinuitätsflächen.**
Diskordanz, f., Adj. **diskordant** (lt 104), (schon bei C. F. NAUMANN, 1850, wahrscheinlich auf E. DE BEAUMONT, 1798-1874, zurückgehend: ‚stratification discordante'), (↗ Abb. 20), i. e. S.: bei Sedimentgesteinen das winklige Abstoßen der Schichten eines Gesteinskomplexes gegenüber denjenigen seines Hangenden **(Winkeldiskordanz),** bei Magmenkörpern, Gängen, Salzstöcken usw. das winklige oder unregelmäßige Durchsetzen der Nebengesteine. I. w. S. auch gelegentlich für durch Sedimentationsunterbrechung oder Erosion erzeugte **Schichtlücken** (= Hiatus, s. a. Lücke) verwendet: **Erosionsdiskordanz.** – Durch Abscherung (Dislokation, s. d.) hervorgerufene Schichtlücke: **Dislokationsdiskordanz** (*A. HEIM, 1921), auch verschiedentlich in der Deckentektonik als ‚Schrägzuschnitt' bezeichnet. – s. a. Akkordanz, Konkordanz, Randdiskordanz.

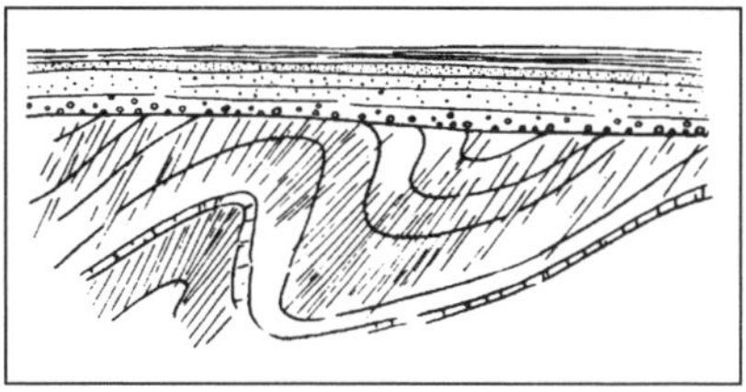

Abb. 20 Diskordanz. – Nach H. CLOOS (1944): Geologie. – Slg. Göschen, **13**, S. 37; Berlin (de Gruyter).

Dislokation (lt 102/219), f., (schon bei C. F. NAUMANN, 1850), jegliche Veränderung der normalen Lagerung eines Gesteines und jegliche Unterbrechung eines ursprünglichen Zusammenhanges. Solche Lagerungsstörungen können durch **kompressive** Bewegungen bei Einengungstektonik (s. d.) oder durch **distraktive** Bewegungen bei Zerrungstektonik hervorgerufen werden. – Finden solche Ausgleichsbewegungen auf bestimmten Flächen – z. B. Verwerfungsflächen – statt, spricht man von **Dislokationsflächen.**
Dislokationsbeben, n. → Erdbeben.
Dislokationsmetamorphose, f. → Metamorphose.
Dislokationsspalte, f. → Spalte.
distal (lt 107) → proximal.
Disthen (gr 105/326), m., (*R. J. HAUY, 1801), **Cyanit,** m. (gr 183): $Al_2[O/SiO_4]$.
distraktiv, Subst. **Distraktion** (lt 108), f. → Dislokation.
divergente Plattengrenze (lt 109), f. → Plattentektonik.
Divergenz (lt 109), f. → Vergenz.
Dogger (nach einer Gesteinsbez. aus Yorkshire/England), m., (*C. F. NAUMANN, 1854), Tab. III 10 B.
Dolerit (gr 106), m., (*R. J. HAUY, in J. F. D'AUBUISSON DE VOISINS, 1819), ältere Bez. für grobkörnige basaltische Gesteine. – s. a. Anamesit, Diabas.
Doline (slowen. Dolina = Tal), f., (*J. CVIJIC, 1893), **Karsttrichter,** schlot-, trichter- oder

schüsselartige Vertiefung der Karstoberfläche **(Schacht-, Trichter- Schüsseldoline)** mit rundem oder elliptischem, auch unregelmäßigem, Umriss. Ihr Durchmesser kann 10 m bis 1,5 km, ihre Tiefe bis 300 m betragen. – Trichterförmige Karsthohlformen mit Durchmessern von 1 bis 10 m werden als **Kleindolinen** bezeichnet. Der Boden der D. kann mit Sturzblöcken, Verwitterungssedimenten usw. gefüllt sein. – Dolinen bilden sich durch Einsinken des Gesteins über nach Gesteinsauflösung entstandenen Hohlräumen. Der Begriff **‚Einsturzdoline'** (durch Einsturz unterirdischer Lösungshohlräume entstanden) wird heute vielfach durch die Bez. **‚Einsturzkessel', ‚Einsturztrichter'** ersetzt (vgl. Fachwörterbuch f. Karst- und Höhlenkunde). – Bei Abdichtung des Dolinenbodens mit Sedimenten können **Dolinenseen** entstehen. – Größere zusammenhängende Karstflächen mit netzartig verteilten Dolinen werden als **Dolinenfelder,** reihenartig angeordnete Dolinen als **Dolinenreihen** bezeichnet. – s. a. Erdfall, Karst, Polje, Schlotte, Uvala.

Dolomikrit (v. Dolomit u. Mikrit), m. → Mikrit.

Dolomit (1796 von N. DE SAUSSURE zu Ehren des Mineralogen D. G. DE DOLOMIEU [1750–1801] benannt), m., Mineral- und Gesteinsname. Chem. Formel: CaMg $(CO_3)_2$. Tab. VI 15, 24 und VI 15, 24.

Dolomitasche, f., feinkörnige zerreibliche Massen von in Verwitterung befindlichem Dolomit. Meist von aschgrauer bis weißlicher Farbe.

Dom (lt 110), m., allgem. Bez. für eine konvexe geologische Struktur mit allseitig nach außen gerichtetem Fallen und kreisförmigem bis elliptischem Grundriss. Hierher gehören Salzdome (→ Diapir), Geantiklinen (s. d.), Anteklisen (s. d.), Brachyantiklinen (s. d.), Undationen (→ Epirogenese). – Sich aufwölbende Staukuppen (s. d.) und Quellkuppen (s. d.) werden auch als Lavadom bezeichnet. Hebt der Lavadom hangende Gesteinsserien domartig an, wird auch von einem **Kryptodom** gesprochen. Endogene Dome wachsen durch Nachrücken des Magmas von innen, exogene durch Stapelung von kurzen Lavazungen – Gebiete mit erhöhtem Wärmefluss (s. d.) und etwa konzentrischer Anordnung der Geoisothermen werden als **Wärmedom** bezeichnet.

Donau-Kaltzeit (n. d. Fl. Donau), f., (*B. EBERL, 1930), Tab. II A.

Doppelsalinar, n. → Bisalinar.

Dopplerit (Begr. aus der Moorkunde, vgl. K. VON BÜLOW, 1929), m., Braunkohlen- bzw. Torfvarietät von dunkelbrauner bis schwarzer Farbe, die Pechglanz aufweist und muschelig bricht. – H. JACOB (1958) unterscheidet außerdem: ‚Gel-Dopplerit', ‚doppleritische Kohle' und ‚doppleritischen Xylith'.

Draa (arab.), f., Stern- oder Pyramidendüne, ungerichtete Dünenform, die bei großen Sandmengen und ständig wechselnden Windrichtungen entsteht. – s. a. Düne.

Dreikanter, m. → Windkanter.

Drenthe-Stadium (n. Landschaft in NE-Holland), n., (*I. M. VAN DER VLERK & F. FLORSCHÜTZ, 1950), Tab. II B.

Driftblock, m. → glaziomarin.

Drifttheorie, f. → erratischer Block.

Dropstein (engl. dropstone), m. → glaziomarin.

Dropstein-Laminit (engl., lt 208), m., geschichtetes Tonsediment (meist marin) mit Dropsteinen (→ glaziomarin).

Druckbeanspruchung, f. → Pressung.

Druckerosion (lt 122), f. → Efforation.

Druckfestigkeit, f. → Festigkeit.

Drucklösung, f., chem. Lösung in Gesteinen, hervorgerufen durch Belastung (Auflast, tektonische Spannungen) bei Vorhandensein von Boden- bzw. Gesteinsfeuchtigkeit. Sie wirkt sich häufig an Kontaktflächen zw. Körnern oder anderen Elementen des Gefüges, aber auch – wie bei Drucksuturen (s. d.) oder Stylolithen (s. d.) – an größeren unebenen Kontaktflächen aus. – s. a. Eindruck.

Druckschieferung, f. → Schieferung.

Drucksutur (lt 332), f., dünne dunkle, im Anbruch als zackige Naht erscheinende Tonhäutchen in Kalkgesteinen. Sie entstehen durch verstärkte Lösungsintensität CO_2-haltiger Porenwässer an Schicht- oder Kluftflächen, auf denen Druck lastet. Die Tonhäutchen selber sind nur unlösliche Rückstände dieses Vorganges. – s. a. Drucklösung, Stylolith.

Druck-Temperatur-Pfad → P-T-Pfad.

Drumlin, Pl. **Drumlins** (v. irisch/gaelisch ‚druman'), n., (J. BRYCE, 1833. Übernommen von W. M. DAVIS, 1884), **Rückenberg, Drümmel** (*E. GEINITZ, 1912), in Richtung der ehemaligen Eisbewegung elliptisch gestreckte Hügel von mehreren 100 bis mehreren 1000 m Länge und bis 10, gelegentlich auch bis über 40 m Höhe in ehemaligen Gletschergebieten. Sie bestehen vorwiegend aus Grundmoränenmaterial, können jedoch einen Kern anderer Gesteine enthalten. – Sie sind oft in größerer Zahl, fächerartig und gestaffelt angeordnet, vergesellschaftet: **Drumlinlandschaft, Rücken-**

landschaft (*K. KEILHACK, 1896). – Die eigentliche Entstehungsursache ist noch umstritten; einige Autoren halten sie für Aufschüttungs-, andere für Erosionsformen durch das bewegte Eis.

Druse (Wortstamm wie ‚Drüse'), f., Kristalldruse, mit Kristallen (z. B. Quarz, Amethyst, Kalkspat usw.) ausgekleideter Hohlraum in Gesteinen mit noch verbleibendem zentralem Resthohlraum.

Dryas(-Zeit) (n. *Dryas octopetala*: Silberwurz), f., (*O. TORELL, 1872; ohne Namensgebung beschrieben: A. NATHORST, 1870), Tab. IIa A.

DSDP → Bohrung.

duktil (lt 111), dehnbar, streckbar, verformbar. Der Begriff wird bei Gesteinen verwendet, die fest sind, sich aber bei langzeitiger Beanspruchung ‚plastisch' (→ Plastizität) verhalten.

Düne (↗ Abb. 21), f., durch den Wind aufgeschüttete Sandhügel oder -wälle mit Höhen von wenigen m bis einigen hundert m, die sich an der Küste, an den Ufern großer Flüsse und im trockenen Inneren der Kontinente bilden: **Strand-, Küsten-, Binnen-, Inlanddünen.** Voraussetzung zur Bildung ist die durch schwache oder fehlende Bewachsung erleichterte, freie Angriffsmöglichkeit für den Wind. – Offenbar als Funktion hoher Windgeschwindigkeiten treten Dünen parallel **(Längsdüne, Strichdüne, Seif),** bei niedrigerer Geschwindigkeit jedoch senkrecht zur Windrichtung auf: **Querdünen** (Transversaldünen) verschiedenster Form. Die Letzteren zeigen eine dem Wind zugeneigte, flach ansteigende Luv-, und eine windabgewandte, steil geneigte Leeseite. Bei einem starken Sandtransport über die Luv- zur Leeseite entsteht die in Windrichtung voranbewegte **Wanderdüne.** Ein Großteil der Quer- und Längsdünen ist demgegenüber sehr wenig wanderfreudig. Nicht selten sind die Querdünen halbmondartig gebogen. Man unterscheidet die **Sicheldüne** oder den **Barchan** mit konvexer Luv- und konkaver Leeseite, die **Bogen**- oder **Parabeldüne** mit konkaver Luv- und konvexer Leeseite und die **Sterndüne** (**Draa,** s. d.) mit radial angeordneten Kämmen. – Auf der Oberfläche der Dünen finden sich oft Rippelmarken (s. d.), im inneren Aufbau erscheinen Diagonal- und Schrägschichtung (s. d.). – Die Schichtung innerhalb dieser Dünen **(Dünenschichtung)** fällt in Transportrichtung (nach Lee) ein. Dagegen können bei extrem raschem Transport Dünen mit in Transportrichtung aufsteigender Schichtung gebildet werden (Dünenschichtung fällt nach Luv ein). Diese Formen werden als **Antidünen** bezeichnet. Sie treten häufig in durch → base surges transportierten Pyroklastika bei → phreatomagmatischen Vulkaneruptionen auf, können aber auch bei exogen gesteuertem Sedimenttransport entstehen (engl.: antidunes, *G. K. GILBERT, 1914), – s. a. Aklé, Draa.

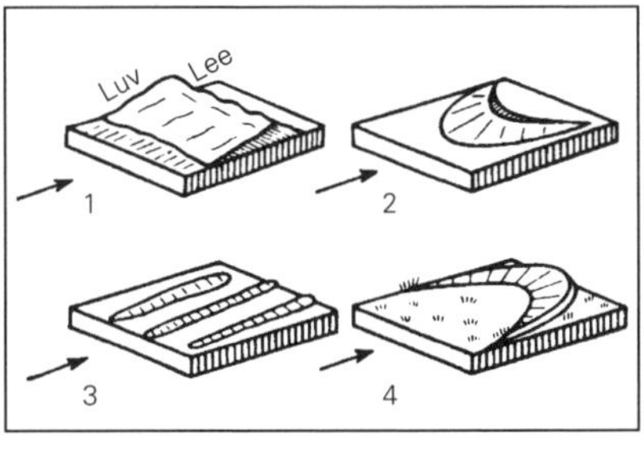

Abb. 21 Verschiedene Dünenformen. 1 Querdüne, 2 Barchan, 3 Längsdüne, 4 Parabeldüne. Pfeile geben die Windrichtung an. – Nach M. SCHWARZBACH (1954, unveröff.).

Dunit (n. d. Dun-Mts, Nelson/Neuseeland), m., (*F. HOCHSTETTER, 1859), Tab. IV 20.

Dünkirchen-Transgression (n. d. Ort Dünkirchen/NW-Frankreich), f., Tab. IIa B.

Dünnschliff (*H. C. SORBY, 1850), m., für die Durchlichtmikroskopie verwendetes, auf eine Dicke von 20 bis 30 µm (= 0,02–0,03 mm) gesägtes und geschliffenes Gesteins- oder Mineralplättchen. – s. a. Anschliff.

Duplex (lt 112), m., ausgedehnter tektonischer Strukturverband, bei dem zw. einer hangenden (roof thrust) und einer liegenden Auf- oder Überschiebung (floor thrust) ein durch kleiner dimensionierte Verschiebungsflächen stark aufgeteilter Gesteinskomplex entsteht.

Durchbruchsberg, m., → Umlaufberg.

Durchbruchstal, n. → Tal.

Durchflusssee, m., ein durch Zu- und Abfluss charakterisierter See. Dagegen bezeichnet man einen abflusslosen See als Endsee. – s. a. See.

Durchgangshöhle, f. → Höhle.

durchgreifende Lagerung, f. → Gang.

Durchlässigkeit, f., **hydraulische Leitfähigkeit** (kf; m s^{-1}), Quotient aus Filtergeschwindigkeit und zugehörigem Grundwasserspiegelgefälle. Die D. hängt von der Dichte und Viskosität des Wassers und der Permeabilität

(s. d.) des Gesteins ab. Es wird zwischen **Poren-** und **Trennfugendurchlässigkeit** unterschieden, die zusammen die **Gebirgsdurchlässigkeit** ergeben. – s. a. Grundwasserdurchfluss.

Durchläufer, m., 1. Vertreter der fossilen Tier- und Pflanzenwelt, die nahezu unverändert lange geologische Zeiträume durchlaufen haben (‚lebende Fossilien', s. a. Fossil, Leitfossil). – 2. Nicht nur in einer bestimmten Tiefenstufe (s. d.) der Metamorphose auftretendes Mineral. – s. a. typomorphe Minerale.

Durchpausungstektonik, f. → Abbildungstektonik.

Durchschlagsröhre (vulkanische), f., röhrenartiges, nahezu senkrechtes Gebilde mit unterschiedl. Durchmesser, das durch vulkanische Gase z. T. explosionsartig ausgeblasen und mit vulkanischen Lockermassen und Nebengesteinsbrocken gefüllt worden ist (= **Diatrema,** *A. Daubrée, 1890, = vulkanischer **Neck,** *A. Geikie, 1897). – s. a. Pipe, Vulkanembryo.

Durchspießungsfalte, f. → Diapir.

Duricrust (lt 113/76), f. → Krustenbildung.

Durit (lt 113), m. → Streifenarten.

Dütenmergel, m. → Tutenmergel.

Dy (schwed. volkstüml. Bez.), m., (H. von Post, 1862), **Torfmudde,** organischer Schlamm, der aus pflanzlichem Detritus mit Algenresten und ausgeflocktem Humus besteht. Tab. VI 23. – Er bildet sich meist in **dystrophen** (s. d.) Seen oder Seeteilen, bei denen das Wasser reich an eingeschwemmten Humusstoffen ist **(Braunwassersee),** sodass sich am Boden Humuskolloide ausscheiden können. Solche Seen sind selbst meist nährstoffarm. – s. a. Mudde.

Dyas (gr 107), f., (*J. Marcou, 1859, H. B. Geinitz, 1861), = Perm. (Tab. III 8).

Dyke (engl.), m. = Gang (s. d.).

Dynamik (tektonisch) (gr 108), f., die D. ist die Lehre von den bewegenden Kräften. In der Geologie versucht sie, aus Zustand und Bewegung eines geologischen Objekts Hinweise auf die wirkenden Kräfte zu bekommen. Vgl. H. Cloos (1936, S. 1): „Geologie sieht tote Formen und Strukturen (geometrisches) als Ausdruck lebendiger Bewegung (kinematisch), die sichtbare Bewegung als Ausdruck unsichtbarer Kräfte (dynamisch)." – s. a. Geodynamik, Kinematik.

Dynamometamorphose (gr 108, 215), f. → Metamorphose.

Dysodil (gr 109, 236), m., (L. Cordier, 1808), **Blätter-, Papierkohle,** sehr fein geschichtetes Faulschlammgestein, oft mit gut erhaltenen tierischen und pflanzlichen Resten.

dysphotisch (gr 109/373) → euphotisch.

dystroph (a. d. Gr., entspricht d. med. Begriff dystroph = die Ernährung störend); z. B. dystropher See, Boden. – s. a. Dy.

E

Ebbe, f. → Gezeiten.

Eburon-Komplex (n. d. Volk d. Eburonen im jetzigen Holland), m., (*W. H. Zagwijn, 1975), Tab. II B.

Echolot, n. → Seismik.

edaphisch (gr 110), bodenbedingt, bodenabhängig. – Bodenflora und -fauna werden als **Edaphon,** n., bezeichnet.

Edukt (lt 115), n., Bez. für das Ausgangsgestein bei der Metamorphose (s. d.).

Eem (-Warmzeit) (n. d. Fluss Eem, der in den S-Teil des Ijsselmeeres/Holland mündet), f., (‚Eemstelsel', ‚Eemien': *P. Harting, 1874), Tab. II B und IIa AB.

Effloreszenz (lt 116), f. → Krustenbildung.

Effluenz (lt 114/148), f. → Grundwasseraustritt.

Efforation, Eforation (lt 114/153), f., Druckerosion, Erosion unter hohem Wasserdruck.

Effusion (lt 117), f., Bez. für den Ausfluss vulkanischer Lava. – s. a. Eruption, Extrusion, vulkanische Tätigkeit.

Effusivgestein (lt 117), n. → Eruptivgestein.

eggische Streichrichtung (n. d. Egge-Gebirge, Westfalen), f., (*H. J. Martini, 1936), NNW–SSE-Streichrichtung.

EGT → Geotraverse.

Eifélien, Eifelium, Eifel (-Stufe), (n. d. Eifel-Geb., W-Deutschl.), n., Tab. III 6 B.

einachsige Beben, n. → Erdbebentypen.

Einbruchsbrekzie, f. → Brekzie.

Einbruchsgebirge, n. → Salzspiegel.

Eindruck (bei Geröllen), m., (n. A. Heim, 1919 erstm. von Hirzel 1825 verwendet), napfartige Vertiefung in Geröllen chemisch relativ leichtlöslicher Gesteine (Kalk, Dolomit usw.), die durch chemische Auflösung unter Zurücklassung dünner Häutchen unlöslichen Materials an der Stelle entstehen kann, an der ein zweites Geröll stark aufgepresst wird. – Nicht zu verwechseln mit den mechan. erzeugten **Schlagmarken.** – s. a. Drucklösung.

Einebnung, f., Versuch der exogenen Kräfte, die Oberfläche der Erde mit dem Ziel der Bildung einer **Fastebene** (→ Peneplain) auszugleichen.

Einengungstektonik, f., Tektonik (s. d.), die eine Raumverkürzung bewirkt. – s. a. Pressung.

Einfallen, n. → Streichen.

eingeschachtelte Terrasse, f. → Schotterterrasse.

Einkanter, m. → Windkanter.

Einkristall, m. → Kristall.

Einlagerung, f., lagen-, flöz-, linsen-, knollenförmige usw. Einschaltung eines besonders erwähnungswürdigen Gesteins oder Mineralaggregats in einem Gesteinspaket, z. B. Kalk-, Salz-, Pyriteinlagerung.

Einregelung, f., Bez. für die Einordnung organischer und anorganischer Körper nach bestimmten Kraftfeldern. – 1. E. von Mineralneubildungen in metamorphen Gesteinen nach dem herrschenden Beanspruchungsplan. – 2. E. von Einsprenglingen, Gasblasen, Einschlüssen in die Fließrichtung magmatischer Schmelzen. – 3. E. der verschiedensten Körper in Wasser- oder Luftströmungen. – Solche Einlagerungen sind wichtige Gefügemerkmale (→ Gefüge). – s. a. Fluidalgefüge.

Einschießen, n. → Streichen.

Einschluss, m., 1. bei **Mineralen:** während des Kristallwachstums eingeschlossene Gasblasen, Flüssigkeitströpfchen oder feste Substanzen. Gas- und Flüssigkeitseinschlüsse werden oft mit dem englischen Wort ‚Fluid Inclusions' bezeichnet. – 2. Bei **magmatischen Gesteinen:** von der Schmelze mitgerissene und eingeschlossene Stücke authigenen (s. d.) (z. B. manche Olivinknollen) oder allothigenen (s. d.) Materials (Nebengesteinsbrocken; s. a. Scholle).

Einsprengling, m., größerer, in vielen Fällen idiomorph (s. d.) ausgebildeter Einzelkristall in magmatischen Gesteinen. – s. a. porphyrisch.

Einsturzbeben, n. → Erdbebentypen.

Einsturzbrekzie, f. → Brekzie.

Einsturzdoline, f., **Einsturzkessel,** m., **Einsturztrichter,** m. → Doline.

Einsturzgebirge, n. → Salzspiegel.

Einsturzkrater, (gr 176), m. → Krater.

Einsturzsee, m. → Austiefungssee.

Einsturzspalte, f. → Spalte.

Eintauchen (eines Sattels), n. → Sattelschluss.

Einzelmagma, n. → Magma.

Einzugsgebiet (Grundwasser), n., übergeordneter Begriff für jene Gebietsfläche, aus welcher einer bestimmten Abflussmessstelle oberirdisch und unterirdisch Wasser zufließt. – Das E. muss nicht dem ‚Niederschlagsgebiet' entsprechen, denn dieses ist ja lediglich das durch morphologisch vorgegebene Wasserscheiden begrenzte Gebiet. Diese oberirdischen Wasserscheiden müssen sich keineswegs mit den geologischen Wasserscheiden des oder der für die Abflussmessstelle zuständigen Grundwasserleiter decken. – s. a. Grundwasser, Wasserscheide.

Eisberg, m., im Meer schwimmende, größere Eismasse, die durch Abbrechen (= Kalben) von einer bis an das Meer vorgeschobenen Gletscherstirn entsteht. Nur 1/9 des Eisberges befindet sich über Wasser. – s. a. glaziomarin.

Eisenglanz, m., Hämatit (s. d.).

Eisenmeteorit, m. → Meteroid.

Eisenspat, m., (*A. HAUSMANN, 1813) → Siderit.

Eisenzeit, f., Tab. IIa C.

Eiserner Hut, m. → Oxidationszone.

Eiserosionssee, m. → Austiefungssee.

Eishöhle, f. → Höhle.

Eiskeil, m., (für fossile Eiskeile: *W. SOERGEL, 1932), 1. **rezente** E.e. Mehr oder weniger vertikale, nach unten zuspitzende keilförmige, eisgefüllte Spalten in Böden von Dauerfrostgebieten. Ihre Entstehung erklärte K. LEFFINGWELL (1915, 1918) aus der Wirkung strenger Wintertemperaturen mit Bildung von Kontraktions-Frostspalten im Boden, sommerlicher Füllung dieser Spalten durch Auftauwasser und nachfolgendem Wiedergefrieren dieses Spaltenwassers unter Volumenzunahme. Eine vielfache Wiederholung dieses Vorganges soll aus Frostspalten Eiskeile entstehen lassen. – E. SCHENK (1955) stellte dieser von verschiedenen Autoren angezweifelten Theorie die **Dehydratationstheorie** gegenüber: Bei der Bildung von Eiskristallen an den Wandungen vorhandener Spalten wird kapillar Wasser aus dem Nebengestein angesaugt (Dehydratation). Diese Kristalle treiben, je nach Wachstumsintensität, schließlich die Spaltenwandungen auseinander. – 2. **Fossile** E.e (↗ Abb. 22). Mit Sedimentmaterial gefüllte, nach unten zuspitzende keilförmige Spalten. Da sie vielfach mit Löss (s. d.) oder Lehm gefüllt sind, wurden sie auch als **Löss**- oder **Lehmkeile** bezeichnet. Da diese Keile nicht mehr – wie ursprünglich – aus Eis, sondern aus Sedimentfüllungen bestehen, sprechen manche Autoren von ‚Eiskeilpseudomorphosen'. Entsprechend den Beobachtungen an rezenten Eiskeilen werden die fossilen

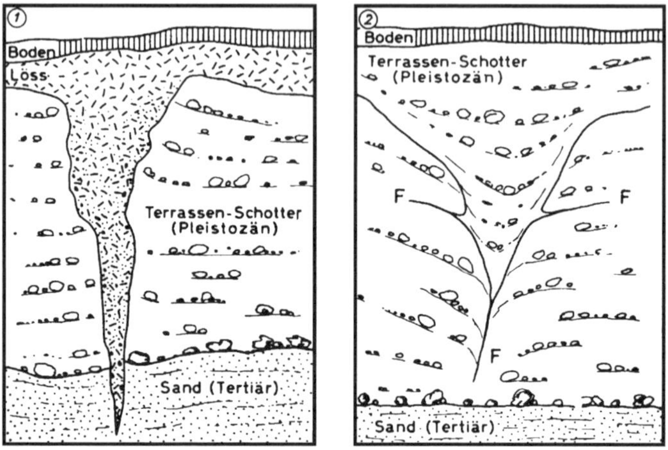

Abb. 22 Eiskeil. 1 epigenetischer Eiskeil, 2 synchroner Eiskeil, F Frostspalte. – Nach K. KAISER: Klimazeugen des periglazialen Dauerfrostbodens in Mittel- u. Westeuropa. – Eiszeitalter u. Gegenw. **11**, 121–141; Öhringen 1960.

als charakteristische Bildungen des periglazialen (s. d.) Klimabereiches aufgefasst. Man kann nach H. GALLWITZ (1949) unterscheiden: epigenetische E.e (= E.e, die sich in einem fertigen Sediment bilden) und syngenetische E.e (= E.e, die sich während des Ablagerungsvorganges in einem Sediment bilden bzw. weiterbilden. K. KAISER (1960) nannte sie daher synchrone E.e). Als Frostspalte bezeichnete H. GALLWITZ (1949) eine im Frostboden einmalig aufgerissene vertikale Spalte von meist wenigen mm Breite. Der Ausdruck ist von anderen Autoren in weniger exakt definierter Form benutzt worden. – Phänomenologisch ähnliche, jedoch genetisch stark abweichende Bilder können sich bei sandverfüllten Trockenrissen, Erosions- und Lösungsspalten, auf verschiedene Weise entstandenen Zerr- und tektonischen Spalten oder bei Durchwurzelung ergeben: **Pseudoeiskeile.**

Eislawine, f. → Lawine.

Eislinse, f., etwa horizontal lagernde, linsenförmige Eisanreicherung im Boden. Solche E.n finden sich überwiegend an der jeweils unteren Grenze des Bodenfrostes in feinkörnigen Gesteinen hoher Kapillarität (→ Kapillarwasser). Infolge starker kapillarer Saugwirkung zum Kristallisationsgebiet hin können die Linsen bis zu mehreren cm Dicke anwachsen. Sie sind selten fossil nachweisbar. – s. a. Pals, Pingo.

Eispenitentes, Pl. → Penitentes.

Eisrückzug, m. → Interglazial.

Eisschelf, m., im Meer schwimmende, flächig ausgebreitete Tafeleismassen mit relativ glatter Oberfläche, die nur gelegentlich am Grund aufliegen. Die Dicke kann mehrere 100 m betragen.

Eisschild, m. → Inlandeis.

Eissiphon, (gr 305), m. → Siphon.

Eisstausee, m. → Stausee.

Eisstromnetz, n. → Gletscher.

Eistisch, m. → Gletschertisch.

Eiszeit, f. (der deutsche Botaniker K. F. SCHIMPER prägte 1837 den Ausdruck in einer Ode zu GALILEIS Geburtstag. L. AGASSIZ führte ihn 1840 in die wiss. Lit. ein. – Dieser Begriff wurde urspr., ebenso wie ‚Great Ice Age' (J. GEIKIE, 1873) = große Eiszeit, **Eiszeitalter,** lediglich für die pleistozäne E. verwendet), Abschnitt der Erdgeschichte, in dem infolge entsprechenden Klimas (absinkende Temperaturen und Vermehrung der Niederschläge) größere Gebiete der Erdoberfläche von vorrückenden Gletschern und Inlandeismassen bedeckt werden. – **Bedeutende Eiszeiten:** verschiedentlich im Präkambrium, die eokambrische E. (vor allem auf der Nordhalbkugel), die permokarbonische E. (vor allem auf der Südhalbkugel), die pleistozäne E. (an vielen Punkten der Erde). Unsichere Eiszeitzeugen werden z. B. auch aus dem Devon erwähnt (hierzu vor allem M. SCHWARZBACH, 1974). – Eine E. kann sich durch mehrfachen langzeitigen Klimawechsel in mehrere Eiszeiten (Glaziale, s. d.) und **Zwischeneiszeiten** (Interglaziale, s. d.) aufteilen. – s. a. Kaltzeit.

Ejekta (lt 118), Pl., durch Vulkantätigkeit oder bei Meteoriteneinschlägen ausgeschleudertes Gesteinsmaterial.

Ejektadecke (lt 118), f., flächendeckendes Gesteinsmaterial, das während und unmittelbar nach einem Impaktereignis (→ Impaktit) aus dem Impaktkrater (→ Meteorkrater) herausgeschleudert und außerhalb des Kraters abgelagert wurde.

Ejektion (lt 118), f. → Eruption, Magma.

ejektiv (tektonisch) (lt 118) → injektiv.

ejektive Dauertätigkeit (lt 118), f. → vulkanische Tätigkeit.

Eklogit (gr 113), m., (*R. J. HAUY), Tab. VII 19, 20, 22, 23.

Eklogitfazies (gr 113, lt 140), f. → metamorphe Fazies.

Eklogitschale (n. d. Gestein Eklogit, s. d.), f., (*V. M. GOLDSCHMIDT, 1922), nach GOLDSCHMIDT unterer Teil der ‚Silikathülle' im → Erdaufbau. Darunter sollen nach GOLDSCHMIDT die **Sulfid-Oxid-Schale** und der **Nickeleisenkern** folgen.

Ektekt, n., **Ektexis,** f. (gr 114) → Venit.

Ekzem (gr 112), n., (*R. LACHMANN, 1910), inmitten jüngeren Gebirges steckender Salzkörper (‚Salzgeschwür'), der sowohl seine heutige geologische Position als auch seine innere Ausgestaltung nicht durch tektonische Kräfte erhalten haben soll, sondern auf autoplastem Wege (= durch Kräfte, die ihren Sitz im Salz selber haben). – s. a. Diapir, Halokinese.

Eläolithsyenit, m., (*H. ROSENBUSCH, 1877), **Nephelinsyenit**, Tab. V 1. – ‚Eläolith' (gr 102/168) = Nephelin (s. d.). – s. a. Syenit.

Elastizität, f., Adj. **elastisch,** reagiert ein Körper auf äußere Krafteinwirkungen so, dass in seinem Inneren Gegenkräfte auftreten, die bestrebt sind, die Deformation (s. d.) aufzuheben, dann ist der Körper elastisch. Bei Wegfall der äußeren Belastung versucht ein solcher Körper wieder zu seiner urspr. Form zurückzukehren. – s. a. Festigkeit, Plastizität, spröde.

Elevationstheorie (lt 119), f., 1. an Vulkanen → Erhebungstheorie. – 2. Für säkulare Schwankungen des Meeresbodens und der Festländer infolge aktiver Bewegungen der Kruste (*J. PLAYFAIR, 1802, L. VON BUCH, 1810, Ch. LYELL, 1835, Ch. DARWIN, 1842). Sie überwindet die **Desiccationstheorie** (*B. DE MAILLET, 1748, A. CELSIUS, 1743), die eine ständig fortschreitende allgem. Verminderung der Meeresflächen annahm.

Elster-Kaltzeit (n. d. rechten Nebenfl. d. Saale/Thüringen), f., (*K. KEILHACK, 1909), Tab. II B.

eluvial (lt 120), 1. → Seife. – 2. In der Bodenkunde Bez. für Verarmungsvorgänge des Oberbodens durch (chemische) Auslaugung oder (mechanische) Durchschlämmung. Derart verarmte Horizonte heißen **Eluvialhorizonte** (s. a. Bodenprofil). – Als **Eluvialboden** (‚Eluvium': H. TRAUTSCHOLD) bezeichnet man Böden, die sich vorwiegend durch e. Prozesse, wie Lessivierung (Parabraunderde) oder Podsolierung (Podsol) gebildet haben. – s. a. illuvial.

embryonale Faltung/Tektonik (entsprechend dem zool./med. Begr.), f., Bez. für die Bildung von Becken und Schwellen, die einer Orogenese (s. d.) vorangeht (frz. plissements précurseurs, E. ARGAND, 1920).

Emergenzwinkel (lt 121), m., bei Erdbeben (s. d.) der Winkel, den die vom Hypozentrum kommenden Stoßwellen mit der Erdoberfläche bilden.

Emersion (lt 121), f., (schon bei C. F. NAUMANN, 1850), Emportauchen des Landes über den Meeresspiegel, verursacht durch Landhebung oder Meeresspiegelsenkung. Dagegen wird das Untertauchen des Landes unter den Meeresspiegel als **Submersion** bezeichnet. – s. a. Immersion.

Emilien (n. d. Landschaft Emilia in Mittelitalien), n., (*G. RUGGIERI & SELLI, 1948), Tab. II C.

Emsien, Emsium, Ems (-Stufe), (n. Bad Ems/Lahn), n., (*H. DE DORLODOT, 1900), Tab. III 6 A.

Emscher (-Stufe), (n. e. rechten Nebenfl. d. Rheins in NW-Deutschland), n., Tab. III 11 B.

Enderbit (nach Enderby Land, Antarktis), m., (* C. E. TILLEY, 1936), ein → Hypersthen- →Tonalit aus der Gruppe der → Charnockite.

Endmoräne, f. → Moräne.

endobiontisch (gr 117/67), im Meeresboden lebend. – s. a. epibiontisch.

Endoblastesis (gr 117/69), f., Spät- oder Letztkristallisation bei Migmatiten (s. d.), verursacht durch eigene Restlösungen.

endogen (gr 117/76) (*A. VON HUMBOLDT, 1845), innenbürtig, Bez. für geologische Erscheinungen, die durch Kräfte aus dem Erdinneren hervorgerufen werden: **endogene Dynamik.** Hierher gehören sämtliche magmatischen, tektonischen und metamorphen Vorgänge. – s. a. exogen.

Endsee, m. → Durchflusssee.

en echelon (frz.), Bez. für tektonische Elemente (z. B. Klüfte, Falten usw.) in Staffelstellung: z. B. Fiederspalten (s. d.).

Engadiner Fenster (n. d. schweizer Region Engadin), n. → Deckensysteme.

ensialisch, ensimatisch (v. Sial u. Sima, s. d.); Ablagerungen auf kontinentaler Kruste sind ensialisch, solche auf ozeanischer Kruste ensimatisch.

Enstatit (gr 119), m., (*G. A. KENNGOTT, 1855) → Bronzit, Hypersthen.

Entablatur (engl. = Säulengebälk), f., (* S. I. TOMKEIEFF, 1940). In erkaltender Lava (s. d.) gibt es neben den regelmäßigen dicken, senkrecht zur Abkühlungsfläche stehenden Säulen (**Kolonnaden,** * S. I. TOMKEIEFF, 1940) Bereiche mit dünnen, unregelmäßig orientierten und geklüfteten Säulen, die als E. bez. und als die Zonen angesehen werden, die zuletzt relativ rasch erstarrten.

Entekt, n., **Entexis,** f. (gr 120) → Venit.

Entgasungskontraktionstheorie, f., (‚degassing theory' *T. F. W. BARTH, 1952), geht von der Beobachtung aus, dass täglich aus der Erde viele Mio. m^3 Gase versch. Art entweichen. Dieser Volumen- und Energieverlust soll Schrumpfungen der festen Erdkruste und damit gravitatives Nachsinken, Bruchbildung, Faltung und Gebirgsbildung zur Folge haben. – s. a. Geotektonische Theorien und Hypothesen.

Entlastungsgefüge, n., **Entlastungskluft,** f., infolge Nachlassens einer Belastung im Gestein aufreißende Fuge; z. B. nach Abtragung von Hangendschichten, Bildung von Fugen in einem Gesteinskörper, die etwa parallel zur Erdoberfläche verlaufen.

Entmischungspseudomorphose, f. → Pseudomorphose.

Entnahmebereich, m. **Entnahmebreite,** f., **Entnahmetrichter,** m. → Grundwasserentnahme.

entokinetische Spalte (gr 121/166), f. → Spalte.

Environment (engl.), n., Bez. für die Umgebung (Umwelt, Milieu), in der sich ein Fossil (Lebewesen), Mineral oder Gestein befindet oder gebildet hat.

Eokambrium (gr 140), n., (* W. C. BROEGGER), Bez. besonders in den Kaledoniden (s. d.) für Sedimentfolgen, die unter den fossil führenden kambrischen Schichten liegen. Der Begriff wird heute durch den Terminus Riphäikum (s. d., Tab. IIIa) ersetzt. – s. a. Infrakambrium.

Eophytikum (gr 140/371), (= Archäophytikum, K. VON BÜLOW, 1941, Begriff ist jedoch älter), n., Tab. III 1–4.

Eozän (gr 140/154), n., (*Ch. LYELL, um 1833 n. Faunenbestimmungen von P. DESHAYES a. d. Pariser Becken), Tab. III 12 B.

Eozoikum (gr 140/136), n., Tab. III 2.

Epeirophorese (gr 139/365), f., (*W. SALOMON-CALVI, 1930 und 1930–33), Bez. für Horizontalbewegungen der Kontinente, wodurch ihre Lage zueinander und zu den Polen verändert wird. – s. a. Kontinentalverschiebung, Plattentektonik.

epibiontisch (gr 125/67), auf dem Meeresboden lebend. – s. a. endobiontisch.

Epidiagenese (gr 125/91/75), f. → Diagenese.

Epidot (gr 127), m., (*R. J. HAUY, 1801): $Ca_2(Al,Fe)_3$ $[Si_2O_7]$ $[SiO_4]$ O [OH].

epigenetisch (gr 125/76), allgem. Bez. für Bildungen, die jünger sind als ihre Umgebung, z. B. epigenetische Eiskeile (→ Eiskeil), epigenetische → Erzlagerstätten . – Talanlagen bzw. Durchbruchstrecken eines Gewässers, die durch Verschüttung und Wiederausräumung eines altes Reliefs entstehen, nannte F. VON RICHTHOFEN (1886) **epigenetisches** Tal. Oft folgt die neue Talung nicht den Talungen des früheren Reliefs, sondern schneidet sich sogar in die früheren Erhebungen ein, sodass sinnwidrig erscheinende Durchbruchstalstrecken entstehen.

Epigneis, m. → Gneis.

epikontinental (gr 125/lt 69), Bez. für Flachmeere, die Teile der Festländer zeitweilig überflutet haben.

epilophisch (gr 125/200), Bez. für Tiefseeablagerungen auf submarinen Schwellen.

Epimetamorphose (gr 125/215) = niedriggradige (engl.low grade) Metamorphose, Temperaturbereich >350 °C. – s. a. ↗ Abb. 45, Anchimetamorphose, metamorphe Fazies, Metamorphose.

Epirogenese/Epeirogenese, Adj. **epirogen(etisch)** (gr 139/75), f., (*G. K. GILBERT, 1890), Bez. für tektonische Vorgänge, die über lange geologische (‚säkulare') Zeiten andauern, weitspannige Auf- und Abbewegungen der Kruste darstellen, jedoch das Gesteinsgefüge intakt lassen. Sie sind infolgedessen umkehrbar. Diese lang andauernden Bewegungen können Intensitätsschwankungen unterliegen. – Durch epirogene Bewegungen bilden sich große Schwellen (Geantiklinalen, s. d.) und Becken (Geosynklinalen, s. d.), ein Vorgang, den H. STILLE (1913) als **Undation** (= **Großfaltung**) bezeichnet hat. – Infolge der epirogenen Aufwärtsbewegungen weicht in diesen Gebieten das Meer zurück: Regression (s. d.) = **negative Strandverschiebung** (E. SUESS, 1888, n. einer engl. Bez. v. R. CHAMBERS, 1848). Epirogene Abwärtsbewegungen des Landes können Transgressionen (s. d.) des Meeres zur Folge haben: **positive Strandverschiebung** (E. SUESS, s. o.). – Als Ursachen der E. können isostatische (s. d.) Ausgleichsbewegungen oder die verschiedenartigsten Massenverlagerungen im tieferen Untergrund angesehen werden. – Um Missverständnisse auszuschalten, hielt L. KOBER (1921) für die Bildung mariner Sedimentationsbecken die Einführung des Begriffes **‚Thalattogenese'** für richtiger, jedoch hat sich der Begriff nicht durchgesetzt. – s. a. Diktyogenese, Synorogenese, Zyklentheorie.

epithermal (gr 125/145) → Erzlagerstätten.

Epizentrum (gr 128), n. → Erdbeben.

Epizone (gr 125/135), f. → Tiefenstufe.

Erbsenstein, m. → Pisolith.

Erdaufbau, m., bezüglich des materiellen Aufbaus der Erde haben zahlreiche Forscher aufgrund astronomischer, geochemischer und geologischer Daten Vorstellungen entwickelt. Hier sind z. B. zu nennen: V. M. GOLDSCHMIDT (1922), E. SUESS (1909), P. NIGGLI (1928), A. F. BUDDINGTON (1943), W. KUHN & A. RITTMANN (1941), W. H. RAMSEY (1948/49). – Die Vorstellung eines schalenartigen Aufbaus der Erde wird durch sprunghafte Laufzeitveränderungen der Erdbebenwellen in bestimmten Erdtiefen – an seismischen Diskontinuitäten – gestützt. – Aufgrund der Ergebnisse der modernen Hochdruck- und Hochtemperaturforschung wurden Modelle der Schalengliederung des Erdkörpers unter Berücksichtigung der Phasen-, Struktur- und Materiezustände bzw. -übergänge entwickelt (vgl. ↗ Abb. 23).

Erdbeben, n., aus dem Erdinneren kommende, natürliche Erschütterungen der Erdoberfläche. Solche des Meeres, die ihren Ursprung vom Meeresboden nehmen, heißen

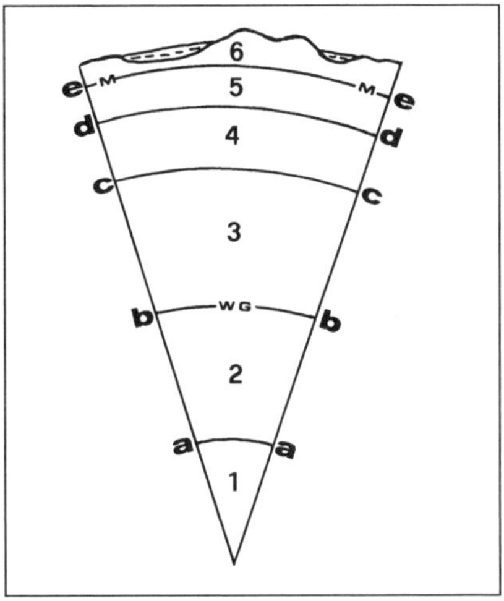

Abb. 23 Schematischer Erdquerschnitt.

1 Innerer Erdkern, fest, metallisch (Fe, Ni), siderophil. Erdmittelpunkt in 6370 km Tiefe.
2 Äußerer Erdkern, liquid (flüssig), metallisch (im wesentl. Fe, möglicherweise mit etwas S), siderophil.
3 Unterer Erdmantel, fest, Silikate, chalkophil.
4 Mittlerer Erdmantel (Übergangszone), fest, basische Silikate, Druckoxide, lithophil.
5 Oberer Erdmantel, basische Silikate, fest, lithophil.
6 Erdkruste (in der Abb. sehr stark überhöht!), lithophil; Unterkruste (basische Silikate), Oberkruste (saure Silikate). Grenze bei ca. 20 km Tiefe; dort in verschiedenen Gebieten: Conrad-Diskontinuität (Druck ca. 9 kbar, Temperatur ca. 700 °C).
a Grenze Innerer/Äußerer Erdkern bei ca. 5100 km Tiefe (Druck ca. 3100 kbar).
b Grenze Erdkern/Erdmantel = Wiechert-Gutenberg-Diskontinuität bei ca. 2900 km Tiefe (> 1300 kbar, ca. 3000 °C) = WG
c Grenze Unterer/Mittlerer Erdmantel bei ca. 900 km Tiefe. In der Übergangszone (Mittlerer Mantel) ca. 400 kbar, > 2000 °C.
d Grenze Mittlerer/Oberer Mantel bei ca. 300 km Tiefe. Viele Autoren fassen Mittleren und Oberen Mantel als ‚Oberen Erdmantel' zusammen.
e Grenze Erdmantel/Erdkruste = Mohorovičić-Diskontinuität (‚Moho') bei ca. 30 bis 40 km Tiefe (= mittlerer Wert im kontinentalen Bereich) (ca. 15 kbar, < 1000 °C) = M.

Seebeben. – Als **Erdbebenherd** (= **Hypozentrum**) wird die Stelle in der Erde bezeichnet, von der das Beben ausgeht. Senkrecht darüber liegt an der Erdoberfläche das **Epizentrum,** das im Allgemeinen auch der Bezirk der größten Bebenstärke ist. Antipodal zum Epizentrum lässt sich ein Anti-Epizentrum konstruieren. Die Herdtiefen überschreiten im allgemeinen 60 km nicht, in seltenen Fällen treten Tiefherdbeben (70–700 km Herdtiefe) auf. – Die vom Herd ausgehenden, zuerst an der Erdoberfläche erscheinenden Wellen werden als ‚erste Vorläufer' (= P-Wellen; von lt. primae undae) bezeichnet. Diesen longitudinalen folgen transversale Wellen, die etwas langsamer laufen: ‚zweite Vorläufer' (= S-Wellen; von lt. secundae undae). – Im Gegensatz zu diesen Raumwellen bilden sich, angeregt durch die Vorläuferwellen, an der Erdoberfläche Oberflächenwellen: L-Wellen (v. lt. longae undae). Sie zeichnen sich durch längere Perioden aus und bringen die Maxima der Bodenbewegung. Ihnen folgen mit immer mehr abnehmender Amplitude die ‚Nachläufer'.

Alle diese Erschütterungen werden durch fein registrierende Messgeräte **(Seismographen)** in **Seismogrammen** aufgenommen. Solche Geräte gab es als ‚Sismometer' oder ‚Sismograph' schon um 1815–1818 in Italien (vgl. F. HOFFMANN, 1838). – Auf diese Weise erhält man durch die von der Apparatur vermittelte Vergrößerung **mikroseismische** Messwerte. Dagegen bezeichnet man die Erfassung der Erdbebentätigkeit mit bloßem Auge und Ohr als **makroseismisches** Verfahren. Als mikroseismisches Maß für die Bebenintensität wird die **Magnitude** (*C. F. RICHTER, 1935, erweitert durch C. F. RICHTER & B. GUTENBERG) angegeben. Sie errechnet sich aus der maximalen Amplitude der Bebenaufzeichnung eines genormten Seismographen unter Berücksichtigung der Energieabnahme mit der Entfernung vom Herd. Ihre Skala erstreckt sich von 0 bis 8,5. Die Skala ist allerdings im Prinzip nicht mit 8,5 beendet. Daher wird häufig von der **‚nach oben offenen Richter-Skala'** gesprochen. Korrekterweise müsste die Skala **‚Gutenberg-Richter-Magnituden-Skala'** (MGR) heißen. Es ist eine logarithmische Skala. Die Amplitude der Bodenbewegung steigert sich dabei von Zahl zu Zahl (6 auf 7; 7 auf 8 usw.) um jeweils das Zehnfache. – Für die makroseismischen Bebachtungen wurde von A. MERCALLI eine zwölfgradige Intensitätsskala entworfen **(Mercalli-Skala),** deren 1. Grad nur instrumentell nachweisbar ist, deren 12. Grad jedoch große Katastrophen mit allgem. Vernichtung angibt. Diese Skala ist natürlich von zufälligen menschlichen und subjektiven Beobachtungen abhängig.

Als mechanische Wirkung der Erdbebenerschütterungen bilden sich Bodenrisse und -spalten von oft beträchtlichen Dimensionen, die gerade, gebogen, zickzackförmig oder radialstrahlig sein können. Weiterhin können sich Rundlöcher, Sandkrater, Vertikal- und Horizontalverschiebungen zeigen. Als Folgeerscheinungen können Bergstürze und -rutsche, Verlagerung von Quellen und die verschiedensten Schäden an Bauwerken oder sonstigen künstlichen Anlagen auftreten.

Erdbebentypen, Pl., m., für die Einteilung der Erdbeben kann der Bereich der instrumentellen Wahrnehmbarkeit benutzt werden. Man bezeichnet dann als **Ortsbeben** nur im Epizentralbereich, als **Nahbeben** bis 1000 km Epizentralabstand und als **Fernbeben** über 1000 km Epizentralabstand feststellbare Beben. – Zur Unterscheidung kann auch die Form des **Schüttergebietes** herangezogen werden, die durch den Verlauf der **Homoseisten** (= Linien gleichzeitiger Erschütterung an der Erdoberfläche) angegeben wird. Dabei zeigen sich: 1. **zentrale Beben** mit nahezu punktförmigem Epizentrum und etwa kreisförmigem Schüttergebiet, 2. **lineare** oder **einachsige (axiale) Beben** mit einer mehr oder weniger langen Erschütterungsachse und somit lang gestrecktem Schüttergebiet und 3. **mehrachsige Beben,** deren Schüttergebiet unregelmäßiglappig erscheint. – Weiterhin lässt sich eine Einteilung auf der Grundlage der Bebenursache durchführen. 1. **Tektonische** (*R. HOERNES, 1878) oder **Dislokationsbeben** (*F. TOULA, 1881). Hierher gehören etwa 90 % aller Erdbeben. Sie stehen, wie wohl J. D. DANA als erster erkannt hat, in unmittelbarem Zusammenhang mit tektonischen Vorgängen in der Lithosphäre (s. d.) und dem Ausgleich der durch sie hervorgerufenen Spannungen. Ein Teil von ihnen lässt sich auf Bewegungen an tektonischen Brüchen zurückführen. Selbst die so häufig in jungen Faltengebirgen auftretenden Beben zeigen sehr oft deutliche Beziehungen zu den die Falten durchschneidenden Brüchen. Bei anderen tektonischen Beben allerdings, besonders bei nicht zu seichtem Herd, ist die Erkennung der Beziehung zu bestimmten tektonischen Linien sehr viel schwieriger und oft ungeklärt. – 2. **Vulkanische Beben** (schon bei R. HOERNES, 1878), **Ausbruchsbeben.** Hier handelt es sich um zeitlich, örtlich und ursächlich mit der Vulkantätigkeit verbundene Erschütterungen, die als zentrale Beben betrachtet werden können. Als echte vulkanische Beben können nur etwa 7 % aller Erdbeben bezeichnet werden. Sehr umstritten sind die Anschauungen von W. BRANCO und R. HOERNES(1878), die annahmen, dass auch durch „... in der Tiefe steckengebliebene Ausbruchsversuche" des Magmas Erdbeben erzeugt werden können (**kryptovulkanische** (s. d.) **Beben, Intrusionsbeben**). – 3. **Einsturzbeben** (*J. SCHEUCHZER, 1718, jedoch gab es schon vorher eine ‚Einsturztheorie'). Sie sind eine Folge des Deckeneinsturzes unterirdischer Hohlräume, die auf verschiedenste Weise entstanden sein können. Es sind zentrale Beben mit nicht allzu großer Reichweite. – Besondere Schwierigkeiten für die Entstehungsdeutung bereiten die **Tiefherdbeben** und die **man-made-earth-quakes** (s. d.). – s. a. Benioff-Zone, Relaisbeben, Tsunami.

Erdfall, m., (schon bei C. F. NAUMANN, 1850), infolge unterirdischer Auslaugung von Salz oder Gips durch plötzlichen Einsturz an der Erdoberfläche entstehender Trichter. Durchmesser bis zu mehreren m. – s. a. Doline.

Erdfließen, n. → Solifluktion.

Erdgas, n. → Bitumen.

Erdgeschichte, f. → Historische Geologie.

Erdgezeiten, Pl. → Gezeiten.

Erdgletscher, m., Fließerdebildung (s. d.) von gletscherähnlicher, zungenartiger Form. – s. a. Bergrutsch.

Erdharz, n. → Bitumen.

Erdkern, m., innerster Teil des Erdkörpers unterhalb der Wiechert-Gutenberg-Diskontinuität (s. d.) in 2900 km Tiefe. Man kann zw. dem **äußeren Kern,** bei dem die Erdbeben-P-Wellen 8,1 (oben) bis 9,4 km s^{-1} (unten) erreichen und dem **inneren Kern** mit Erdbeben-P-Wellen-Geschwindigkeiten von 11,2 km s^{-1} unterscheiden (Grenze bei 5100 km Tiefe). – Spez. Gew.: 9–10 im äußeren und 11–13 im inneren Kern. – s. a. ↗ Abb. 23, Nife.

Erdkruste, f., (als ‚starre Schale des Planeten' schon bei C. F. NAUMANN, 1850), äußere Erdschale über der Mohorovičić-Diskontinuität (s. d.). Man unterscheidet die **Ober-** und **Unterkruste,** die verschiedentlich durch eine Diskontinuität (s. d.), die Conrad-Diskontinuität (s. d.), getrennt sind (↗ Abb. 24). – Während die **kontinentale Kruste** normalerweise eine Dicke von 30–50 km (unter Hochgebirgen bis zu 70 km) besitzt, hat die **ozeanische Kruste** nur Dicken von 5 bis 10 km. Beide unterscheiden sich in ihrer petrographischen Zusammensetzung. Nach heutiger Auffassung wird ozeanische Kruste in den Riftzonen (→ Rift) der → Mittelozeanischen Rücken ständig neu gebildet. – s. a. ↗ Abb. 23, 24, 42, Lithosphäre, Plattentektonik.

Erdmagnetismus, m., Eigenschaft der Erde, als großer einheitlicher Magnet zu wirken. Man zerlegt die **Totalintensität** (= Gesamtfeldstärke) des Erdfeldes in zwei Komponenten, die **Vertikalintensität** (Z) und die **Horizontalintensität** (H). Der E. ist in der Lage, in den Gesteinen – je nach der Größe ihrer Empfänglichkeit **(Suszeptibilität)** – sekundäre Felder zu induzieren (Gesteinsmagnetismus), wobei dieser Magnetismus im Wesentlichen auf bestimmte Minerale (vor allem Magnetit) zurückgeht. – s. a. Remanenz.

Erdmantel, m., zw. der Mohorovičić- (s. d.) und der Wiechert-Gutenberg-Diskontinuität (s. d.) gelegene Erdschale. Man kann zwischen einem **Oberen** und einem **Unteren** E. unterscheiden. Die Grenze liegt bei ca. 700 km Tiefe (bei anderen Autoren bei ca. 1000 km Tiefe; vgl. Abb. 23). – Spez. Gew.: 3,3 (oben) bis 6,7 (unten).

Erdnaht, f., (H. CLOOS, vor allem 1948), **Paraphore** (W. SEIDLITZ, schon ab 1931), **Transversalstörung** (S. VON BUBNOFF, vor allem ab 1931), **Lineament** (R. A. SONDER, 1939 n. einem Begriff a. d. amer. Lit.), **Geosutur** und **Geofraktur** (H. CLOOS, vor allem 1948), große, mehr oder wenige senkrecht und vielfach offenbar bis in die Zone des Gesteinsfließens hinabreichende Bewegungsflächen der Erdkruste, welche die **Grundschollen** bzw. **Felder** (*H. CLOOS, 1948) der Erdkruste seitwärts begrenzen und sich innerhalb der Erdgeschichte zu den verschiedensten Zeiten immer wieder durchpausen.

Erdöl, Erdpech, n., → Bitumen.

Erdpyramide, f., **Erdpfeiler,** m., pfeiler- bis pyramidenartiges, meist von einem größeren Gesteinsbrocken gekröntes Gebilde, das aus Grundmoränenmaterial, vulkanischen Tuffen oder ähnlichen Sedimenten an steilen Hängen durch heftige Regengüsse herauspräpariert worden ist. Berühmte Beispiele sind die bis 30 m hohen Erdpyramiden von Bozen (Ritten) und Meran.

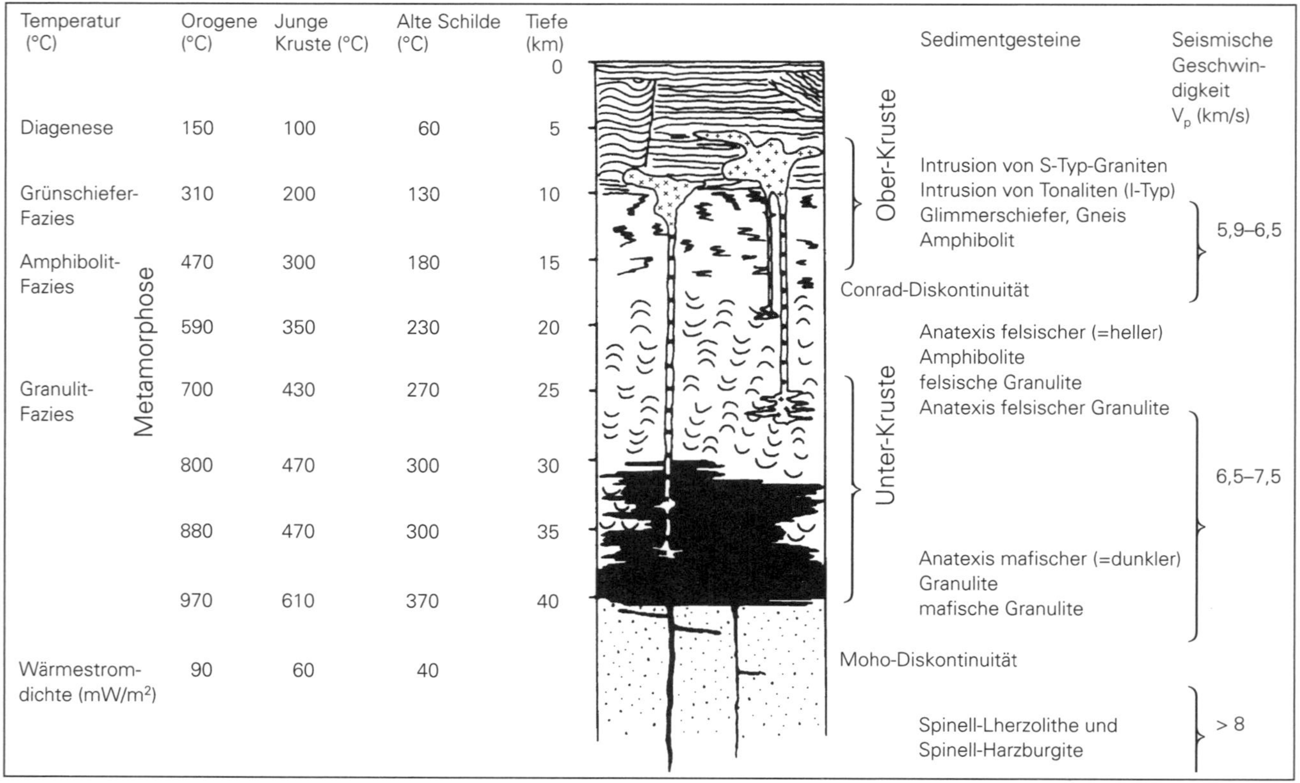

Abb. 24 Vereinfachter Schnitt durch die kontinentale Erdkruste und den obersten Erdmantel mit Angaben über Herkunft und Intrusion mafischer (schwarz), tonalitischer (x) und granitischer (+) Magmen. Die Temperaturangaben für die verschiedenen Krustentypen auf der linken Seite der Abb. entsprechen den Angaben v. D.S. Chapman (1986). – Nach K.H. Wedephol (1991): Geol. Rdsch. **80**/2, Fig. 4, S. 220.

Erdrinde, f., veralteter Synonymbegriff für → Erdkruste, bei einigen älteren Autoren auch im Sinne von ‚starrer Erdrinde' für etwa die Lithosphäre (s. d.).
Erdrutsch, m. → Bergrutsch.
Erdschlipf, Bergschlipf, Schlipf, m., (nach F. HOFFMANN, 1838: *wahrsch. A. ESCHER VON DER LINTH, 1807–1872, für ‚Bergschlipf'), an steileren Böschungen unter Zerreißen der Vegetationsdecke plötzlich abgehende, stark durchnässte Lockermassen. – s. a. Bergrutsch.
Erdsiphon, (gr 305), m. → Siphon.
Erdurzeit (= Azoikum, s. d.), Tab. III a Anmerkung.
Erdwachs, n. → Bitumen, Ozokerit.
Erdzeitalter, n., **Ära** → Tab. I.
Erg (arab.), Bez. für große Dünenfelder in Wüsten.
Ergussgestein, n. → Eruptivgestein.
Erhebungstheorie, f., **Elevationstheorie,** 1. vor allem durch L. VON BUCH (1818), E. DE BEAUMONT (1829/1833) und A. von Humboldt (1824) vertretene Annahme, dass Vulkane sich durch Emportreibung ehemals horizontal lagernder Schichten entweder ohne Bildung eines Ausbruchkraters oder durch Platzen der **‚Auftreibungsblase'** mit Entstehung eines **Erhebungskraters** (*L. VON BUCH, 1809) gebildet haben sollen. Die für diese Theorie als Beweis herangezogenen, schräg gestellten Aschen- und Tuffbänke sowie die als Berstungsrisse gedeuteten Regenrunsen der Vulkankegel haben eine andere Entstehungsweise, als es die E. fordert. – s. a. Aufschüttungstheorie, Vulkan. – 2. Bei Gebirgen → Deckentheorie.
Eria (wahrscheinl. A. E. ORTMANN, 1902; n. d. nordamerik. Landschaft Erie mit dem Eriesee), großer Festlandkomplex, der seit dem Algonkium große Teile Kanadas, des Nordatlantiks mit Grönland und des nördlichen Schottland vereinigt haben soll. Seine Ostgrenze liegt seit dem Kambrium am skandinavisch-nordenglischen Kaledonischen Orogen. Nach dessen Deformation soll im Devon-Karbon E. mit Fennoskandia (s. d.) als großer Festlandblock verschweißt worden sein. – s. a. Brückenkontinente, Permanenztheorie, Plattentektonik.
erische (Faltungs-) **Phase** (wie Eria), f., (*H. STILLE, 1924), Tab. III 5/6.
Erosion (lt 122), f., (wahrscheinl. Ch. LYELL, 1797-1875), 1. **fluviatile/Flusserosion** (*P. SCROPE, 1827), die ausfurchende und einschneidende Wirkung fließenden Wassers, deren Stärke im Wesentlichen abhängig ist a) von der Turbulenz des Wassers, b) von der Widerstandsfähigkeit der Gesteine in physikalischer und chemischer Hinsicht (daher auch **selektive** E. = auswählende Tätigkeit des Wassers gegenüber verschieden widerstandsfähigen Gesteinen) und c) von der allgem. Geländemorphologie und dem Klima. – Auf diese Weise bilden sich die verschiedensten Talformen (→ Tal); z. B. durch Einschneiden nach der Tiefe **(Tiefenerosion)** oder nach der Seite **(Seitenerosion);** vgl. auch Prallhang. – Die Erosionstätigkeit des Wassers wird durch die Aufprallwirkung mitgeführter Gesteinsbruchstücke verstärkt (s. a. Erosionskessel). – Unterhalb des Niveaus, das für die unmittelbar zum Meer fließenden Flüsse durch den Meeresspiegel, für in Seen mündende Flüsse durch den Seewasserspiegel gegeben ist, kann die E. nicht mehr wirken. Dieses Niveau wird daher als Erosionsbasis bezeichnet. Allerdings können Strömungen unter dem See- bzw. Meeresspiegel auch erodierend wirken. – Die E. arbeitet sich, oft an Gefällknicken ansetzend, in sehr vielen Fällen immer weiter talaufwärts voran: **rückschreitende** E., sodass es gelegentlich sogar zur Anzapfung (s. d.) eines benachbarten Flusssystems kommt. – 2. **Glazialerosion** (s. d.). – 3. **Marine** E.: Wirkungen von Gezeiten, Meeresströmungen und Brandung (s. d.) – 4. **Äolische** E. → Deflation.
Erosionsdiskordanz, f. → Diskordanz.
Erosionshöhle, f. → Höhle.
Erosionskessel, m., **Erosionskolk,** m., **Laugungskolk**, m., **Kolkloch**, n., **Strudelkessel**, m., **Strudelloch,** n., **Strudeltopf,** m., trichter- bis kesselförmige Aushöhlungen im Gestein. Sie können entweder vorwiegend durch die mechan. Kraft des fließenden Wassers, oft kombiniert mit der Scheuerwirkung mitgeführter Gesteinsbruchstücke, entstehen (z. B. Erosionskolke) oder ihre Entstehung vorwiegend chemischer Lösung verdanken (z. B. Laugungskolke). – Die Tätigkeit der Brandung kann **Meermühlen,** solche der Gletscherschmelzwässer **Gletschermühlen** (s. d.) erzeugen. – s. a. Evorsion.
Erosionslücke, f. → Lücke.
Erosionsmäander, m. → Mäander.
Erosionsrest, m., durch Erosionswirkungen vollkommen von seiner ursprünglichen Umgebung abgetrennter Gesteinskomplex, z. B. Klippe (→ Decke, → Brandung).
Erosionssee, m. → Austiefungssee.
Erosionstal, n. → Tal.

Erosionsterrasse, f., Felsterrasse, in anstehendes Felsgestein eingeschnittene Talterrasse (s. d.).

erratischer Block (lt 123), m., (nach C. F. NAUMANN, 1850, *A. BRONGNIART: frz. = bloc erratique), **Findling,** m., großer ortsfremder Felsblock, der durch Gletscher oder Inlandeismassen von seinem Ursprungsgebiet zu seinem heutigen Fundort transportiert worden ist, z. B. im Pleistozän von Skandinavien nach Norddeutschland. Die von Ch. LYELL (1835) aufgestellte **Drifttheorie,** die einen Transport solcher Blöcke durch marine Eisschollen annahm, hat sich seit O. TORELL (1875) als unrichtig erwiesen. – s. a. glaziomarin.

Erstarrungsgestein, n. → Eruptivgestein, Magma.

Erstausbruch (vulkanischer), m. → Initialdurchbruch.

Erstausscheidung, f., Produkt der Erstkristallisation (→ Hauptkristallisation) bei magmatischen Gesteinen.

Erstkristallisation, f. → Hauptkristallisation.

Eruption, f., Adj. **eruptiv** (lt 124) (schon bei C. F. NAUMANN, 1852), Sammelbegriff für vulkanische Ausbruchstätigkeit, z. B. Lavaeruption **(Effusion, Extrusion),** Aschen- und Schlackeneruption (Ejektion), Gas- und Dampferuption. Es handelt sich dabei, im Gegensatz zur Dauertätigkeit, um zeitweilig heftigere vulkanische Kraftäußerungen. – Je nachdem, ob die E. von einem Punkt, von mehreren auf einer Linie aufgereihten oder auf einer eng begrenzten Fläche verteilten Punkten erfolgt, spricht man von einer **Zentral-, Linear-** oder **Arealeruption.** – Unter Berücksichtigung der Lage des Ausbruchspunkts spricht man auch von **Gipfel-** und **Flankeneruptionen** an einem Vulkankegel. – Der Aufstiegsweg wird als **Eruptionskanal,** der Ausbruchspunkt, je nach Form, als **Eruptionsschlot, -krater** oder **-spalte,** der aus Aschen und Schlacken um den Ausbruchspunkt aufgeschüttete Kegel als **Eruptionskegel** bezeichnet. – s. a. Geyser, Schlot, Vulkan, vulkanische Tätigkeit.

Eruptionsbrekzie, f. → Brekzie.

Eruptionslakkolith (lt 124/gr 187/193), m. → Lakkolith.

Eruptivdecke, f. → Decke.

Eruptivgang, Eruptivgesteinsgang, m., gangartiges Auftreten magmatischer Gesteine. – s. a. Gang.

Eruptivgestein, n., (*H. ROSENBUSCH, 1877), **Erstarrungsgestein, Massengestein** (H. ROSENBUSCH, s. o.), Magmatit bzw. magmatisches Gestein, durch Auskristallisation (= Erstarrung) aus dem irdischen Schmelzfluss (Magma, s. d.) entstandenes Gestein. Verschiedentlich jedoch nur für vulkanische Gesteine (= **Vulkanit, Erguss-, Effusiv-, Oberflächengestein**), d. h. für Gesteine, die an der Erdoberfläche erstarrt sind, verwendet.

Eruptivstock, m. → Stock.

Erz (alter bergm. Ausdr., bereits aus dem Alt- u. Mittelhochdeutschen bekannt), n., Mineralaggregate oder Gesteine, aus denen Metalle oder Metallverbindungen dargestellt werden können.

Erzader, f., geringmächtige und i. a. nur auf kurze Distanzen aushaltende Spaltenausfüllung durch Erze.

Erzfall, m., Zone reicher Erze in einer Lagerstätte.

Erzgang, m., → Gang.

erzgebirgische (Faltungs-) **Phase** (n. d. Erzgebirge), f., (*F. KOSSMAT, 1927; als ‚erzgebirgisches Stadium' jedoch schon 1925), Phase der Variscischen Faltungsära, Tab. III 7 B.

erzgebirgische Richtung (n. d. Verlauf des Erzgebirges): NE–SW (Streichrichtung: 50°–70°). – s. a. eggisch, herzynisch, rheinisch.

Erzlager, n. → Lager.

Erzlagerstätte, f., natürliche Anhäufung von Erzmineralen in der Erdkruste, die nach Größe und Inhalt für eine wirtschaftliche Gewinnung in Betracht kommen könnte. Man kann eine Gliederung der Erzlagerstätten vom Erzinhalt, von der Form der Erzkörper oder von der Entstehung (Genese) her durchführen. Zur reinen Formbeschreibung des Erzkörpers dienen Begriffe wie Imprägnation, Putze, Nest, Schliere, Linse, Lager, Flöz, Gang, Trum, Platte, Stock, Stockwerk (vgl. entspr. Stichwörter). Eine genetische Gliederung (z. B. von H. SCHNEIDERHÖHN, 1941 oder P. RAMDOHR, 1955) charakterisiert die jeweiligen Erzlagerstätten in ihrem Bildungszyklus. Es werden dabei folgende Großbereiche unterschieden: 1. Lagerstätten der magmatischen Abfolge, 2. Lagerstätten der sedimentären Abfolge, 3. Lagerstätten der metamorphen Abfolge.

I. Lagerstätten der magmatischen Abfolge

A. Plutonischer Zyklus

a) Intramagmatisches Stadium: Kristallisations-Differentiate; liquidmagmatische Entmischung; intrusive Erz-Injektionen. – Sämtliche vorgenannten Prozesse finden im schmelzflüssigen Zustandsbereich statt.

b) Pegmatitisch-pneumatolytisches Stadium: Pegmatite (= Restschmelzen-Produkte); pneumatolytische Gänge, kontaktpneumatolytische Lager, pneumatolytische Imprägnationen. Das Transportmedium im pneumatolytischen Bereich ist gasförmig. Es herrschen hohe Drücke und Temperaturen zw. 500 und 350 °C.
c) Hydrothermales Stadium: wässriges Transportmedium, Temperaturen von 400 °C bis zu Normaltemperaturen. Man kann unterscheiden nach Temperaturbereichen in: katathermal (400–250 °C), mesothermal (250–150 °C), epithermal (unter 150 °C) und telethermal (sehr niedrige Temperaturen).
Nach P. RAMDOHR(1955) und C. G. AMSTUTZ lassen sich nach der chemischen Zusammensetzung folgende ‚Formationen' (= Bildungsgruppen) unterscheiden: 1. Gold-Eisen-Formation, 2. Kupfer-Arsen-Eisen-Formation, 3. Blei-Zink-Silber-Formation, 4. tieftemperierte Zink-Blei-Formation, 5. Silber-Kobalt-Nickel-Uran-Wismut-Arsen-Formation, 6. Silber-Zinn-Zink-Formation, 7. Kupfer-Siderit (= Eisenspat)-Formation, 8. sulfidarme Formation.
B. Subvulkanisch-vulkanischer Zyklus
a) Subvulkanisch-hydrothermales Stadium: nach P. RAMDOHR (1955) und C. G. Amstutz können folgende ‚Formationen' unterschieden werden: 1. Gold-Silber-Formation, 2. Kupfer-Blei-Zink-Formation, 3. Quecksilber-Antimon-Formation. – Infolge der gegenüber dem plutonischen Zyklus schnelleren Abkühlung in diesem Bereich findet hier meist Telescoping (→ zonare Verteilung von Erzlagerstätten) statt.
b) Vulkanischer Zyklus: vulkanisch-intramagmatischer Bereich, vulkanisch-exhalative Lager, z. B. auch die am Meeresgrund aus vulkanischen → Exhalationen abgeschiedenen ‚submarin-exhalativen Lagerstätten' (Lahn-Dill-Typus), Vorkommen verschiedenen Inhalts, teilweise auch heiße Quellen ohne Erzlösungen.
II. Lagerstätten der sedimentären Abfolge
A. Verwitterungslagerstätten
a) Chemische Umlagerungen an Primärlagerstätten (→ Oxidations- und Zementationszone).
b) Durch die Wirkung von Verwitterungslösungen (Zersatz, Umlagerung, Anreicherung) aus armen Lagerstätten und Vorkommen oder zum Teil sogar sehr schwach Erz führenden Gesteinen entstehende Vorkommen.
c) Chemische Rückstandslagerstätten aus kontinentaler Verwitterung; z. B. Bauxit, Kaolin.
d) Rückstandslagerstätten der mechanischen Verwitterung; z. B. eluviale Seifen und Block-Anhäufungen.
B. Eigentliche sedimentäre Lagerstätten
a) Mechanisch-sedimentäre Lagerstätten; z. B. alluviale und marine Seifen; Trümmererzlagerstätten.
b) Chemisch-sedimentäre Lagerstätten: Metallkonzentrationen in ariden Gebieten; marine Oolith-Lagerstätten; marine sulfidische Ausscheidungen, z. B. Kupferschiefer; Ausscheidungen in Seen oder Mooren, Raseneisenerz, See-Erze.
III. Lagerstätten der metamorphen Abfolge
Bei den Lagerstätten der metamorphen Abfolge muss man metamorphosierte und metamorph-neugebildete Lagerstätten unterscheiden, wobei manche Vorkommen im Rahmen der letztgenannten Gruppe bezüglich ihrer Genese stark umstritten sind.
Bei der erstgenannten Gruppe können durch die Umkristallisation sowohl Veredlungen auftreten, wie z. B. die Umwandlung von Limonit oder Hämatit in Magnetit, als auch Verschlechterungen durch gemeinsame Umwandlung und Verwachsung von Erz- und Nebengesteinsmaterial unter Bildung z. T. unerwünschter (schwer und nur mit hohen Kosten aufbereitbarer) Minerale.
In den verschiedenen Stadien von I A und B können auch durch Reaktion mit dem Nebengestein Verdrängungslagerstätten (→ Metasomatose) gebildet werden. Das Gleiche kann bei II durch absteigende (deszendente) Verwitterungs-Lösungen verursacht sein. – s. a. sekundär-hydrothermal.

Erzspender, m., bei Lagerstätten der magmatischen Abfolge der magmatische Körper, aus dem die Erze stammen. Der Begriff wird im Wesentlichen bei Erzlagerstätten (s. d.) pneumatolytischer (s. d.) oder hydrothermaler (s. d.) Genese verwendet. – s. a. zonare/zonale Verteilung von Erzlagerstätten.

Erzstock, m. → Stock.

Erzstockwerk, n. → Stockwerkvererzung.

eskaladierend (frz. überkletternd), selten gebrauchter Begriff für das Übergreifen höherer über die nächsttieferen Falten in einem Faltenpaket.

Esker (engl. Bez., entstanden Mitte d. 19. Jh., schon verwendet bei J. D. DANA, 1895, und W. M. DAVIS, 1896), m., Kiesrücken, entspricht dem Begriff ‚Os' (s. d.).

Essexit (n. Essex-County, Massachusetts/USA), m., (*J. H. SEARS, 1891), Tab. V 4.

Essexitporphyrit, m., (*W. C. BROEGGER, 1906), Tab. V 5.
Esskohle (bergm. v. ‚Esse' abzuleiten), f. → Steinkohle.
Estavelle, f., in den Poljen (s. d.) des Karstes auftretendes Wasserspeiloch, in dem u. U. zeitweilig auch Wasser versinken kann. – s. a. Katavothre.
esterelische (Faltungs-) **Phase** (n. d. Esterel-Gebirge westl. v. Cannes/Südfrankr.) f., Phase der Varistischen Faltungsära, Tab. III 8 A.
Etagenpluton, m. → Pluton.
Etroeungtien, Etroeungtium, Etroeungt (n. d. Ort in Nordfrankr., 45 km südl. Mons), n., (*J. GOSSELET 1857), Tab. III 6 C. Nach dem römischen Namen für den Ort auch als **Strunium** bezeichnet.
eugeosynklinale Zone (gr 131/80/315), f. → Geosynklinale.
euhalin (gr 131/20), Wasser mit einem Salzgehalt von 3 %–4 %. – s. a. hyperhalin, mixohalin.
Eukrit (gr 131/178), m., Gabbro mit anorthitreichem Plagioklas.
eulitoral (gr 131/lt 218) → litoral.
eupelagisch (gr 131/270), Bez. für Meeresablagerungen, die in einer Tiefe >2700 m zur Ablagerung gekommen sind. – s. a. Meeressedimente, pelagisch.
euphotisch, photisch (gr 131/373) (*A. F. W. SCHIMPER, 1898), gut durchlichteter Bereich in Gewässern, in denen Pflanzenwachstum und -entwicklung möglich ist. – Dagegen heißt der schwach durchlichtete Bereich mit kümmerlichem oder fehlendem Pflanzenwuchs **dysphotisch,** der lichtlose Bereich **aphotisch.**
eurybath (gr 132/59), Bez. für Meeresorganismen, die in Bezug auf ihre Tiefenverbreitung **tolerant** sind. – s. a. stenobath.
euryhalin (gr 132/20), Bez. für Organismen, die Salzgehaltschwankungen in weiten Grenzen ertragen können. – s. a. stenohalin.
eurytherm (gr 132/144), Bez. f. Organismen, die Temperaturschwankungen in weiten Grenzen ertragen können. – s. a. stenotherm.
eustatische Meeresspiegelschwankung (gr 131/329), f., (*E. SUESS, 1888), Eigenschwankung des Meeresspiegels, wie z. B. die durch Wasserstapelung in großen Eis- und Schneemassen und nachfolgendes Abschmelzen großer Teile derselben bedingten Meeresspiegelschwankungen im Pleistozän und Postpleistozän, die weltweite Hebungen und Senkungen des Meeresspiegels um 100 m (und mehr) hervorgerufen haben. – E. SUESS sah allerdings ihre Ursachen bei den positiven eustatischen Bewegungen (= Meerestransgressionen, s. d.) in einer langsamen Auffüllung der Meeresbecken durch Sedimente und bei negativen eustatischen Bewegungen (= Meeresregression, s. d.) im Einbrechen neuer Meeresbecken und Abzug des Wassers in diese Becken. – Neuerdings wurden Kurven der Meeresspiegelschwankungen für das ganze Phanerozoikum konstruiert (z. B. P. R. VAIL et al., 1977); daraus ergeben sich **Zyklen** 1.Ordnung (2 Zyklen im Phanerozoikum), 2. Ordnung (etwa von der Dauer der einzelnen → Systeme), 3. Ordnung (1–5 Millionen Jahre umfassend). – s. a. Ablagerungssequenz.
Eustratigraphie (gr 131/lt 336/gr 86), f. → Stratigraphie.
eutroph (gr 131/350) (*C. A. WEBER, 1907), Bez. für nährstoffreiche Gewässer, in denen infolge geringer Sauerstoffversorgung größere Mengen an organischer Substanz abgelagert werden. – Dagegen zeigen **oligotrophe** Gewässer Nährstoffarmut ohne Sauerstoffmangel. Zwischenstufe: **mesotroph.**
Eutyrrhenien (gr 131; v. Tyrrhenisches Meer), n., (*BONIFAY & MARS, 1959), Tab. II C.
euxinisch (v. lt. *pontus euxinus* = Schwarzes Meer), (schon bei K. KREJCI-GRAF, 1930), Bez. für Sedimente, die in sehr sauerstoffarmen Teilen des Meeres abgelagert werden. Dabei steigt H_2S aus dem Sediment in das Wasser auf und macht höher organisiertes Leben in seinem Bereich unmöglich. Es bilden sich Faulschlammsedimente (→ Sapropel), wie heute in tieferen Teilen des Schwarzen Meeres. Analoge Sedimente der geologischen Vergangenheit dürften der Kupferschiefer, viele Graptolithenschiefer und ein Großteil der Erdölmuttergesteine sein. – s. a. Schwarzschiefer.
Evakuation (lt 126), f. → Höhle.
Evaporat (lt 114/368), n., bei der Verdunstung (= Evaporation) aus wässrigen Lösungen ausgeschiedene Stoffe. Das so entstandene Gestein heißt Evaporit.
Evapotranspiration (lt 114/368/318), f. → Verdunstung.
Event (engl.) m. od. n., Pl. Events, relativ kurzfristiges geologisches Ereignis, das sowohl globale als auch lokale Auswirkungen haben kann und sich in einer Schichtenfolge als ein gegenüber dem umgebenden Sediment durch seine Zusammensetzung, sein Gefüge oder sonstige Eigenschaften deutlich unterscheidbarer Gesteinskörper dokumentiert **(Event-**

stone). Es kann sich bei Events um relativ lokale Ereignisse wie Stürme (→ Tempestit), aber auch um weltweite Erscheinungen wie z. B. magnetische Polaritätswechsel (↗ Abb. 4) oder Meteoritenkatastrophen handeln. Dann kann eine Event-Stratigraphie entwickelt werden.

Evolution (lt 128), f., generell: allmähliche Änderung eines Systems. – Entwicklung des Organismenreiches innerhalb der Erdgeschichte: Bio-Evolution. Entwicklungsgeschichte der Erde → Zyklentheorie.

Evorsion (lt 127), f., (*E. F. GEINITZ, 1886), Bez. für die auskolkende Tätigkeit des Wassers. – s. a. Gletschermühle, Erosionskessel.

Exaration (lt 130), f. → Glazialerosion.

Exhalation (lt 132), f., Ausströmen vulkanischer Dämpfe und Gase.

Exinit (lt 129/191), m. → Streifenarten.

exogen (gr 123/76) (*A. VON HUMBOLDT, 1845), außenbürtig, Bez. für geologische Erscheinungen, die durch von außen auf die Erdoberfläche und Erdkruste einwirkende Kräfte hervorgerufen werden: **exogene Dynamik.** Hierher gehören alle durch die Sonne, den Mond oder allgemein kosmische Kräfte hervorgerufenen und die durch die verschiedensten klimatischen Vorgänge gesteuerten Erscheinungen. Angeschlossen sind der Wirkungskreis und die Kräftegruppen der Hydrosphäre (s. d.). – Insgesamt wird durch die exogenen Kräfte ein komplizierter vielschichtiger Kreislauf in Bewegung gehalten, der durch Verwitterung, Abtragung und Ablagerung gekennzeichnet ist.

Exogeosynklinale (gr 123/80/315), f., entspricht dem Begriff der Vortiefe (s. d.).

exokinetische Spalte (gr 123/166), f. → Spalte.

exotisch (lt 133), (‚exotischer Block' *J. BACHMANN, 1863), fremdartig in Bezug auf die Gesteine der Umgebung, z. B. manche tektonische Schubfetzen (→ Quetschling) oder auch fremdartige, z. T. kristalline Blöcke im Flysch (→ Wildflysch) oder auch gegenüber dem übrigen Geröllbestand stark abweichende Gerölle in der Molasse (s. d.). – s. a. Decke, Olistholith.

Expansionstheorie (lt 134), f., eine auf Gedanken von J. D. DANA, M. READE, F. VON RICHTHOFEN zurückgehende geotektonische Hypothese, die – im Gegensatz zur Kontraktionstheorie – die tektonischen Erscheinungen der Erdkruste mit einer Ausdehnung von Teilen derselben infolge innerer Erwärmung der Erde erklärt. – Die Theorie wurde in abgewandelter Form neuerdings von P. JORDAN (1966) aufgegriffen, allerdings unter anderer Begründung der Expansion. Er geht von der Diracschen Hypothese aus, wonach die irdische Gravitationskonstante zeitlichen und räumlichen Veränderungen unterliegen kann. Infolge solcher Schwankungen sollen sich Volumenänderungen der Erde ergeben, die innerhalb der Erdgeschichte zu verschiedenen tektonischen Prozessen (Hebungen, Senkungen, Bildung von Faltengebirgen, Gräben usw.) geführt haben sollen. – s. a. geotektonische Theorien und Hypothesen.

experimentelle Tektonik, f. → Tektonik.

Exploration (lt 135), f., allgem. Begriff für Erkundung; hier: Aufsuchen und Bewerten neuer bergbaulicher Abbaufelder. – s. a. Lagerstätten, Prospektion.

Explosionskrater, m. → Krater.

Explosivitätsindex, m., (* A. RITTMANN, 1936), bei Vulkanausbrüchen:

$$E = \frac{\text{geförderte Tephra}}{\text{Gesamtförderung}} \cdot 100$$

Exsudation (lt 136), f., Verdunstung der Bodenfeuchtigkeit durch die Sonneneinstrahlung in Trockengebieten. – Der Begriff wird jedoch auch für Mobilisationsvorgänge im Bereich der höheren Metamorphose bis Ultrametamorphose (→ Metamorphose) verwendet. – s. a. Migmatit.

Extension (lt 137), f., Dehnung. – H. STILLE (1924) bezeichnete die Erweiterung eines nichtmarinen Sedimentationsraumes als Extension. (s. a. Transgression). – Der Begriff E. wird heute statt dessen als Synonym für Dehnung (s. d.) verwendet (z. B. G. H. EISBACHER, 1991).

externes Anlagerungsgefüge (lt 138), n. → Anlagerungsgefüge.

externes Reliktgefüge (lt 138), n. → internes Reliktgefüge.

Externiden (lt 138), Pl. → Orogen.

Externrotation (lt 138/290), f., Bez. für die Rotation eines Körpers um eine Achse ohne Deformation des Körpers selbst. Hierbei ereignen sich keine Relativbewegungen der einzelnen Massenpunkte im Inneren des Körpers. – Im Gegensatz dazu finden bei der Internrotation Bewegungen von Massenpunkten im Körper statt, sodass dieser eine damit zusammenhängende Deformation erleidet.

Extrusion (lt 139), f., (*A. GEIKIE, 1897 als Sammelbegriff für Ausfluss von Lava und Auswurf von Lockermaterial aus Vulkanen), heute meist für das Herauspressen zähflüssiger Schmelzen aus Vulkanen verwendet: z. B. Quellkuppe, Staukuppe, Stoßkuppe (sämtlich → Quellkuppe). – Der Begriff wird auch für das freie Ausfließen von Salzmassen zu Tage verwendet: **Salz-Extrusion** (z. B. Salzgletscher, s. d.). – s. a. Eruption.

Exzeptionalismus (lt 131), m., Anschauung, dass bestimmte Gesteine, Gebirge, tektonische Gebilde usw. durch außergewöhnliche, heute nicht mehr beobachtbare Prozesse gebildet worden sind. – s. a. Aktualismus, Kataklysmentheorie, Urgebirge.

F

Facettengeschiebe (frz.), n. → Geschiebe.

Fächerfalte, f. → Faltentyp.

Fahlband, n., (*K. F. Böbert, 1846, n. bergm. Ausdr.), durch Kiese (vor allem Schwefel- und Kupferkies) mehr oder weniger stark imprägnierte Zone in metamorphen Gesteinen.

Fährte, f., Bewegungsspur eines Tieres auf einer Sedimentoberfläche. – s. a. Marken.

Falle, f., (bergm.), bei Erdöl- oder Erdgaslagerstätten spricht man von einer stratigraphischen F., wenn sich durch stratigraphisch bedingte Gegebenheiten (z. B. Faziesänderungen, Diskordanzen) Permeabilitätsunterschiede (→ Permeabilität) ergeben und dadurch Erdöl- oder Erdgasspeicher gebildet werden. – Von einer tektonischen F. spricht man, wenn solche Permeabilitätsunterschiede bzw. Speicherbildungen durch tektonische Strukturen (Faltungen, Verwerfungen) hervorgerufen werden. – s. a. Migration, Speichergestein.

Fallen, n., **Fall-Linie,** f. → Streichen.

Fall-Richtung, f., **Fall-Wert,** m. → Geologenkompass, Streichen.

Fallout-Ablagerung (engl.), f. → Asche.

Falte (↗Abb. 25 a, b), f., beschreibende Bez. für die Verkrümmung einer ehemals geraden Vorzeichnung. Man kann drei Falten-Grundtypen unterscheiden, 1. **Biege**- bzw. **Knickfalte.** Durch die Wirkung tangentialer Einengungskräfte werden Gesteinsschichten wellenartig verbogen (‚geknickt‘), wobei ein Großteil der Bewegung durch Verschiebung, Gesteinsschicht gegen Gesteinsschicht, auf den Schichtfugen erfolgt: **Biegegleitung**. Schichtpakete mit Schichten verschiedenen Kompetenzgrades (→ kompetent) können die ‚Regel der Stauchfaltengröße‘ (→ Stauchfaltengröße) oder Wandern inkompetenten Materials in die Faltenscharniere während der Faltung **(Biegungsfließen)** aufweisen: **Scharnierver-**

Abb. 25a Schematische Darstellung von Faltentypen: 1 Anatomie einer Falte (S Sattel, M Mulde, Sch Faltenschenkel, A_M Muldenachse, A_S Sattelachse, E_A Achsenebene); 2 stehende Falte; 3 überkippte Falte; 4 liegende Falte; 5 Isoklinalfalte; 5a Zickzackfalte; 6 Fächerfalte; 6a Pilzfalte; 7 Kofferfalte; 8 Schema einer Biege-(Knick-)Falte; 9 Schema einer Scherfalte; 10 Fließfalte.

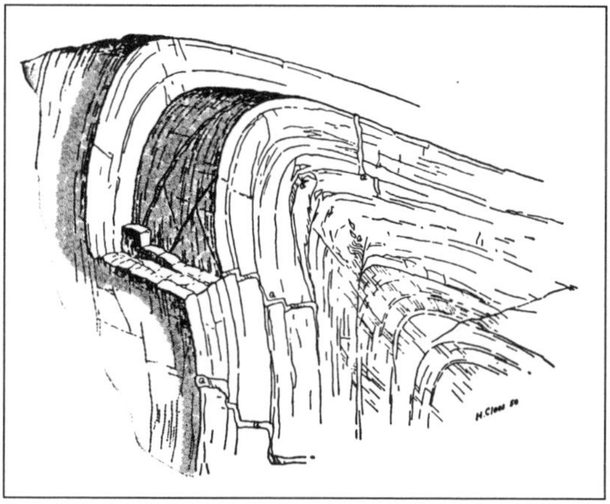

Abb. 25b
Sattel aus unterdevonischen Sand- und Siltsteinen, nach links vergent. Im Kern Schieferung parallel zur Achsenfläche. Altenahr-Altenburg (Rheinland). Nach H. CLOOS (1950): Gang und Gehwerk einer Falte. Z. dt. geol. Ges. **100**, 290–303; Hannover.

dickung. – 2. **Scherfalte.** Durch Zerscherung eines Gesteinspaketes an engen, senkrecht zur Einengung liegenden Flächenscharen und Partialbewegung der einzelnen Scherblätter zueinander. Dies tritt vor allem bei pelitischen Gesteinen (→ klastisch) auf (s. a. Schieferung). – Zwischen den Typen 1 und 2 gibt es zahlreiche Übergänge: **Biegescherfalte.** – 3. **Fließfalte.** Sie entsteht durch unregelmäßige ‚Faltung' in hochteilbeweglichen Medien, bei denen z. B. einmal erzeugte Krümmungen erneut gekrümmt, aufgewickelt oder verwirbelt werden können, wie etwa Ölhäute auf Wasser. Man beobachtet sie in magmatischen Schmelzen (s. a. Fluidalgefüge), hoch- bis ultrametamorphen Gesteinen und auch Salzgesteinen. – s. a. Beule, Flexur, Salztektonik.

Geometrie der F. (↗ Abb. 26). (Sämtliche Spezialbegriffe für den Ausdruck ‚Falte' gelten sinngemäß auch für die Begriffe ‚Sattel' und ‚Mulde'). 1. **Faltenachse** (entsprechend E. HAARMANN, 1923, und O. WILCKENS, 1912), längs des **Faltenscheitels** (*A. VON LASAULX, 1883, als ‚Scheitel'), **Scharnier** (von frz. ‚charnière' *E. DE MARGERIE & A. HEIM, 1888) verlaufende gedachte Linie, um welche die Krümmung erfolgt zu sein scheint. C. F. NAUMANN (1850) bezeichnet sie als **Sattel-** bzw. **Muldenlinie,** ein Begriff, der allerdings heute (A. PILGER & R. ADLER, 1958) lediglich für die Schnittspur der Achsenfläche mit der Kartenebene verwendet wird **(Sattel-, Mulden-, Achsenlinie).** Die Faltenachse kann horizontal liegen oder in jedem Winkel bis zur Senkrechten geneigt sein: **horizontal-, geneigt-, saigerachsig** (*E. HAARMANN, 1923). – 2. **Faltenachsenfläche** (von engl. axis plane *W. B. & H. D. ROGERS, 1840/42): gedachte Fläche, in der die Faltenachsen sämtlicher in einer F. verbogenen Schichten liegen. Im Idealfall ist die Faltenachsenfläche eine Ebene **(Faltenachsen-Ebene).** – Dagegen ist die Winkelhalbierende der F. die **Mittel-** oder **Medianebene**. – 3. **Faltenschenkel**, **-flanken, -flügel** sind Flügel, die den **Faltenkern** (Gewölbe-, Sattel-, Muldenkern; *A. HEIM, 1878) umschließen. Der Winkel, den die beiden Flanken einer F. miteinander bilden, heißt **Öffnungswinkel.** Vom Scheitel nach unten divergierende Flügel erzeugen einen **Sattel** (s. a. Antiklinale), nach oben divergierende eine **Mulde** (s. a. Synklinale). – Der bei S-förmigen liegenden F. durch inverse (→ Inversion) Lagerung gekennzeichnete mittlere Flügel wird **Mittelschenkel** genannt. Der Umbiegungsbereich solcher liegenden F. heißt **Faltenstirn.**

Zur geometrischen Darstellung kann eine F. in ein Koordinatensystem (a : b : c) so eingeordnet werden, dass die Faltenachse parallel b (= **B-Achse;** bei Scherfalten: **Scherungs-B**), die Richtung stärkster Einengung parallel a und die Richtung des Faltenhoch- und -tiefgangs parallel c liegen. Die Deformationsebene ac (**ac-Ebene**) entspricht dann der senkrecht zur Faltenachse liegenden Profilebene (vgl. ↗Abb. 26, 1). Schräg zu diesem Achsensystem a-b-c liegende Flächen können nach dem h-k-l-System beschrieben werden (vgl. ↗Abb. 26: 2–4). – s. a. Apex, Kluft.

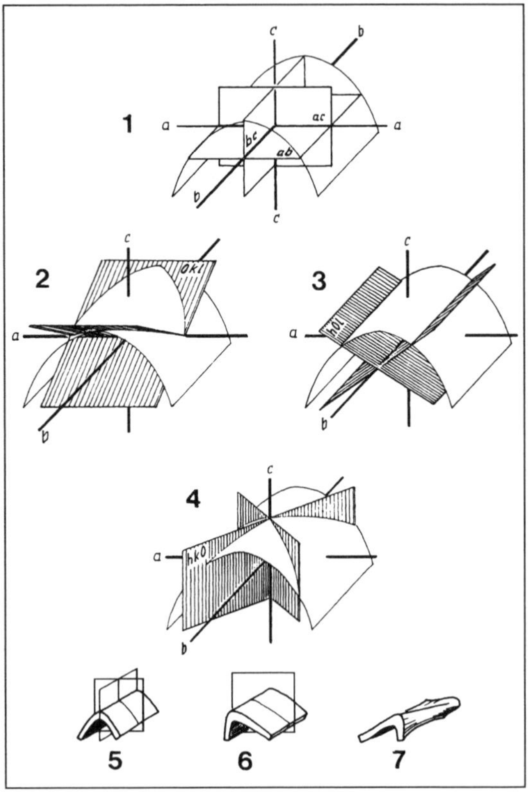

Abb. 26
Geometrie der Falte. – 1 Koordinatensystem a:b:c und zugehörige Flächen. 2–4 Diagonalflächen zum System a:b:c, angegeben im System hkl. 5 rhombische Falte. 6 monokline Falte. 7 trikline Falte. – 1 bis 4: Zeichnung A. Prüfert.

Fältelung, f. → Spezialfalte etc.

Faltenamplitude (aus der Physik übernommen, lt amplitudo = Weite), f., im Querprofil Abstand zw. Sattel- und Muldenscheitel, in Richtung der Achsenfläche gemessen (dem entspricht in der Physik der Begr. „Doppelamplitude"). – s. a. Faltenhöhe.

Faltengebirge, n. → Gebirge.

Faltenhöhe, Faltentiefe, f., die Höhe eines Sattels ist im Querprofil die kürzeste Entfernung zwischen der Verbindungslinie der Wendepunkte auf den beiden Flügeln und dem Sattelscheitel, entsprechendes gilt für die Tiefe der Mulde.

Faltenhorst, m. → Horst.

Faltenlänge, f., entsprechend der Wellenlänge in der Physik umfasst der Begr. im Querprofil die Entfernung von Sattel- zu Sattelachse bzw. Mulden- zu Muldenachse.

Faltenspiegel, m., eine in einem gefalteten Bereich jeweils über die Sattelfirsten der gleichen Bezugsschicht gedachte Fläche (vgl. dazu ↗ Abb. 71).

Faltentektonik, f. → Tektonik.

Faltentyp, m., (↗ Abb. 25 a). **A. Einzelformen.** 1. Nach der Lage der Achsenfläche: a) **stehende** (*A. Heim, 1878) oder **aufrechte Falte** (*A. Baltzer, 1873) bei senkrechter Achsenfläche; E. Haarmann (1923) schränkt den Begriff auf senkrechte Achsenfläche und Horizontalachsigkeit ein. b) **Schiefe** (*A. Heim, 1878) oder **geneigte Falte** (A. Baltzer, 1873) bei geneigter Achsenfläche; **überkippte Falte** bei geneigter Achsenfläche und gleicher Einfallsrichtung der Faltenschenkel, wenn auch mit verschiedenen Winkeln (s. a. Vergenz). c) **Liegende Falte** (*A. Heim, 1878), bei stark geneigter bis horizontaler Achsenfläche; bei weiter

Überlage eines Sattels auf die vor ihm liegende Mulde als **Deckfalte** bezeichnet. d) **Tauchfalte** bei unter die Horizontale gekippter Achsenfläche. e) **Nickfalte** (beschrieben von A. HEIM, 1905, Namensgebung durch O. WILCKENS, 1912), extrem entwickelte Tauchfalte, die dann im Scharnierbereich wie eine aufrechte Mulde erscheint. Hier wäre dann z. B. ein geologischer Sattel eine Synform (vgl. Synklinale). – Darüber hinaus lassen sich geometrisch die Falten in drei Großgruppen zusammenfassen (↗ Abb. 26): 1. **rhombische** Falten (2 Symmetrie-Ebenen), 2. **monokline** Falten (1 Symmetrie-Ebene), 3. **trikline** Falten (keine Symmetrie-Ebene).
2. Spezialformen: a) **Isoklinalfalte** (*H. ABICH, 1858; bei Falten definiert von A. HEIM, 1878), bei starker Einengung entstandene, bis auf das Scharnier parallel-schenklige Falte. b) **Fächerfalte** (‚fächerförmige Schichtenzone' C. F. NAUMANN, 1850), im Schenkelbereich stärker als im Scharnier zusammengepresste enge Falte. Ein durch Scherbrüche in den Schenkeln modifiziertes Bild derselben ist die **Pilzfalte.** c) **Zickzackfalte, Spitzfalte** mit scharf geknicktem Scharnier. d) **Kofferfalte** (wahrscheinlich *A. GERTH, 1911) mit flachem Scheitel und mehr oder weniger senkrechtem Schenkelabfall. e) **Kulissenfalte** (‚Kulisse' *E. SUESS, 1909, ‚Kulissenfalte' H. VON STAFF, 1910), **Relaisfalte,** untereinander parallel, jedoch schräg hintereinander gestaffelt verlaufende Falten. In der Salztektonik bezeichnet man dagegen kulissenartig hintereinander und nebeneinander gestaffelte Falten mit mehr oder weniger vertikaler Achse als Kulissenfalten. – Gleichschenklige Falten werden als **symmetrische,** ungleichschenklige als **asymmetrische** Falten bezeichnet.
B. **Faltengemeinschaften.** a) **Faltenbündel, Faltenbüschel,** mit ungefähr gleichem Streichen nebeneinander herlaufende, eng verbundene Falten. b) **Faltenstamm,** große zusammengehörige Gebirgsstränge, z. B. Pyrenäen, Alpen, Karpathen usw. c) Faltengebirge → Gebirge.

Faltenvergitterung, f. → Querfaltung.

Faltenverwerfung, f., (*A. HEIM, 1873), zu einer tektonischen Gleitfläche entarteter Mittelschenkel einer S-förmigen Falte. Aus ihr kann sich bei entsprechend flacher Lagerung der F. eine **Faltungsüberschiebung** (*E. DE MARGERIE & A. HEIM, 1888) entwickeln, bei der der obere Teil der S-förmigen Falte über den unteren geschoben wird (z. B. ↗Abb. 75).

Faltung, f., allgem. Ausdruck für die Faltenbildung. Um den Vorgang der F. zu verdeutlichen, spricht man auch von einem **Faltungsprozess** (m.).

Faltungsära, f., Zeitraum, in dem eine Anzahl zusammengehörender Faltungsphasen (s. d.) abläuft, z. B. kaledonische, variscische, alpidische Ära. – Vgl. Kaledoniden, variscisches Gebirge, alpidische Ära.

Faltungsbeben, n., gelegentlich für Erdbeben in Faltungsgebieten verwendeter Begriff. Dabei ist zu beachten, dass diese Beben offenbar mit der Faltung selber nicht zusammenhängen, sondern meist auf bruchtektonische Effekte zurückgehen. – s. a. Erdbeben.

Faltungshorst, m. → Horst.

Faltungsphase, f., Zeiten bes. verstärkter orogenetischer (s. d.) Tätigkeit. Zur Identifizierung sind vor allem Winkeldiskordanzen (→ Diskordanz) von Bedeutung. – Die vor allem von H. STILLE postulierte, weltweite Gleichzeitigkeit der tektonischen Phasen wird heute stark angezweifelt.

Faltungsreife, f. → Geosynklinale.

Faltungssee, m. → Austiefungssee.

Faltungsspalte, f. → Spalte.

Faltungstiefgang, Faltentiefgang, m., Bez. für den Grad des Hinabreichens einer Faltung oder einer Einzelfalte in der Erdkruste.

Faltungsüberschiebung, f., → Faltenverwerfung.

Faltungsvorschub, m., (*R. HOEPPENER, 1953), Verschiebungen, die beim Faltungsvorgang auf den Schichtflächen stattfinden.

Famennien, Famennium, Famenne (-Stufe), n., (n. d. Famènne-Geb., östl. v. Givet/S-Belgien) (*H. A. DUMONT, 1855), Tab. III 6 C.

Fanglomerat (v. engl. fan = Fächer), n., (*A. C. LAWSON, 1913), Schlammbrekzie, Ablagerungen aus mit Sinkstoffen stark überladenen Schichtfluten, die durch Ruckregen im ariden Klimabereich verursacht werden (→ Ruckregen). Im Ablagerungsgebiet bilden sich große Schlammfächer unsortierten Materials, dessen Gerölle sehr oft eckig sind. Sie sehen damit Gletscher-Moränenmaterial sehr ähnlich. – Tab. VI 3 u. 6.

Fango (it. = Schlamm), m., Mineralschlamm in der Umgebung von heißen vulkanischen Quellen; wird zu medizinischen Umschlägen und Bädern verwendet.

Faserkohle, f. → Streifenarten.

Fastebene, f. → Peneplain.

Faulschlamm, m. → Sapropel.

Fauna (n. d. röm. Gott Faunus), f., Bez. für die an einem gegebenen Ort oder zu einer gegebenen Zeit vorhandene Gesamtheit der Tiere. – Für Pflanzen gilt sinngemäß der Begriff: **Flora.**

Fayalit (n. d. Vulkaninsel Fayal/Azoren), m., (*J. F. GMELIN, 1840) → Olivin.

Fazies (lt 140), f., (*A. GRESSLY, 1838, jedoch schon von N. STENO, 1669, erwähnt), Bez. für den Habitus, den ein Sediment bei seiner Bildung bezüglich seines petrographischen Aufbaus **(Lithofazies)** oder seines, oft durch bestimmte Faziesfossilien charakterisierten, Fossilinhaltes **(Biofazies)** erhalten hat. Mittels der genauen Aufnahme der einzelnen Faziesmerkmale ergibt sich die Möglichkeit, die bei der Ablagerung des Sediments herrschenden Bedingungen zu ermitteln und Aussagen über die damaligen ‚Umwelt-Bedingungen', die Palökologie (→ Ökologie) und die Paläogeographie (s. d.) des betreffenden Raumes zu machen. – Der Wissenschaftszweig, der sich mit der Untersuchung der F. befasst, wird als **Fazieskunde** bezeichnet. – Großfaziesbereiche (z. B. marine, kontinentale F.) können in kleinere Faziesgebiete unterteilt werden, z. B. im Bereich des Meeres: Strand-, Litoral- (= Küsten-), neritische (= Flachmeer-), pelagische (= Hochsee-), abyssische (= Tiefsee-) F. Weitere Unterteilungen wären z. B. Salzwasser-, Brackwasser-, Riff-, Korallen-, Cephalopoden-F. usw. Die kontinentale (Land-) F. lässt sich z. B. unterteilen in Süßwasserfazies mit fluviatiler (= Fluss-) und limnischer (= See-) F., Moorfazies, lagunäre, glaziale, fluvioglaziale, Wüsten-F. – E. MOJSISOVICS (1908) unterschied gleichartige **(isotopische)** und verschiedenartige **(heterotopische)** Bildungsräume. – W. SALOMON (1908) nannte eine gegen die Nachbarfazies vorrückende Fazies **aggressiv,** eine zurückweichende **defensiv.**

Das von J. WALTHER (1893/94) aufgestellte Gesetz der Korrelation der F. besagt, „... dass primär sich nur solche Fazies und Faziesbezirke geologisch überlagern können, die in der Gegenwart nebeneinander zu beobachten sind" (WALTHERsches Prinzip). – s. a. metamorphe Fazies, Mikrofazies, Petrofazies, Randfazies, tektonische Gesteinsfazies.

Faziesdecke, f. → Decke.

Faziesfossil, n. → Leitfossil.

Faziesrekurrenz (lt 140/270), f., die Erscheinung, dass in einem Profil die gleiche Fazies mehrfach in verschiedener Höhe (d. h. zu verschiedenen Zeiten) wiederkehrt.

Faziesstockwerk, n. → tektonische Gesteinsfazies.

Feinkies, m. → Korngrößentabelle der klastischen Gesteine.

feinkristallin → kristallin.

Feinsand, m. → Sand.

Feinstratigraphie, f. → Stratigraphie.

Feintektonik, f. → Tektonik.

Feinton, m. → Ton.

Feldkapazität (Bodenwasser), f. → ungesättigte Zone.

Feldspat (*A. G. WERNER, – weil diese Minerale in ‚Feldsteinen' Norddeutschlands durch ihre Spaltbarkeit besonders auffielen), m., Gruppe gesteinsbildender Silikate, die unterteilt wird in Alkalifeldspäte (s. d.) und Plagioklase (s. d.).

Feldspatisierung, (Feldspatisation) f., metasomatische (s. d.) Sprossung (Blastese) von Feldspat.

Feldspatvertreter, m. → Foid.

Fels, m., Pl. **Felse** (mit Zusatz des Hauptmineralbestandes), metamorphes Gestein ohne Paralleltextur, z. B. Granatfels, → Hornfels.

Felsenmeer, n., (schon bei C. F. NAUMANN, 1852), **Blockmeer**, Anhäufungen von Felsblöcken meist massiver Gesteine auf Kämmen und Hängen der Mittelgebirge, wobei die Blockbildung durch die an den Blockfugen ansetzende Verwitterung erfolgte. Ein Teil solcher Blockmeere befindet sich noch am Ort seiner Bildung, ein größerer Teil hat in Form von Blockströmen in Verknüpfung mit Solifluktionserscheinungen (s. d.) hangabwärtige Bewegungen durchgemacht und befindet sich daher nicht mehr unmittelbar am Bildungsort. – s. a. Blockgipfel.

Felsentor, n. → Brandung.

Felsfulgurit, m. → Fulgurit.

felsisch (Name kommt von Feldspat und Silikate), im Gegensatz zu ‚mafisch' (s. d.) Bez. für helle Minerale (Quarz, Feldspäte, Feldspatvertreter) und magmatische Gesteine, die diese vorrangig enthalten. – s. a. ↗ Abb. 24.

felsitisch, Adj. (Name wie felsisch) (*M. GERHARD, 1815), Bez. für ein feinkörniges bis dichtes Gefüge in hauptsächlich aus Quarz- und Feldspatkörnern bestehenden Magmatiten.

Felsmechanik, Gebirgsmechanik, f., (L. MÜLLER, 1943, 1963), derjenige Teil der Geomechanik (s. d.), der sich vor allem mit dem Verhalten der Gesteinsmassen in künstlichen Bauten (Bauwerke, Fundamente, Tunnel, bergbauliche Hohlräume) befasst. Die praktisch-technische Anwendung der Felsmechanik erfolgt durch

den Felsbau. – s. a. Bodenmechanik, Geomechanik.
Felspediment, n. → Pediment.
Felsterrasse, f. → Erosionsterrasse.
Felswüste, f. → Hamada.
femisch (von Fe und Mg) (wahrscheinl. *A. JOHANNSEN, 1911), Bez. für die Fe- und Mg-reichen Standardminerale der normativ-chemischen Klassifikation der Gesteine. Gegensatz: salisch (s. d.). – s. a. felsisch, mafisch.
Fenit, (nach der Fen-Region, Telemark, Norwegen) (*W. C. BRÖGGER, 1921), m. In der Umgebung von → Alkaligesteins- oder → Carbonatit-Intrusionen durch → Metasomatose umgewandeltes Gestein (Ausgangsmaterial: Magmatite oder Sedimente), in dem alkalireiche Minerale in großer Mannigfaltigkeit gebildet wurden. Der Vorgang dieser Metasomatose wird als **Fenitisierung** bezeichnet.
Fennosarmatia (v. Finnland und lt. Sarmata = poln.-russ. Tiefland) (* H. STILLE, 1926), aus der Russischen Tafel, dem Baltischen Schild (s. d.) und dem Asow-Podolischen Block bestehender präkambrischer Schild, der seit dem Algonkium (s. d.) besteht.
Fennoskandia (n. Finnland und Skandinavien), f., (*W. RAMSAY, 1900 bis 1910), zusammenfassender Name für den Baltischen Schild (s. d.) und die Kaledoniden (s. d.). – Nach K. O. KRATZ et al. (1968) gliedert sich F. in mehrere, durch Faltungs- und Rejuvenationsalter bestimmbare Zonen.
Fenster, Deckenfenster, tektonisches Fenster, n., (schon bei E. SUESS, 1901), in einer tektonischen Decke oder einem Deckensystem vorhandene Öffnung, in der die Unterlage der Decke sichtbar wird. – Das Gleiche gilt sinngemäß bei Teildecken, Schuppen und Schollen. – Im Allgemeinen entstehen die Fenster durch Erosion. – s. a. Decke.
Ferallit (lt 143), m. → allitisch.
Fergusit (n. d. Fergut County Highwood Mts./Montana/USA), m., (*L. V. PIRSSON, 1905), Tab. V 16.
Fernbeben, n. → Erdbebentypen.
Ferner, m. → Gletscher.
Fernüberschiebung, f. → Schubbahn.
Ferricrete (lt 143/75), f. → Krustenbildung.
Festigkeit, f., Widerstandsfähigkeit gegen den Bruch bei mechanischer Belastung (Druck-, Zug-, Scherfestigkeit). – s. a. Scherung, Zerrung.
Festungsachat (da in der Figurierung wie eine Festung), m., (? *J. F. GMELIN, 1777), m. → Achat.
Fettkohle, f. → Steinkohle.
Feuchtschneelawine, f. → Lawine.
Feuerstein (beim Aufschlagen von Stahl auf F. können Funken, d. h. ‚Feuer', geschlagen werden), m., knollige bis plattige Konkretion (s. d.), aus SiO_2 bestehend (dichter undurchsichtiger Chalcedon, oft mit Opal verwachsen). F.e haben eine schwarze, graue oder bräunliche Farbe und muscheligen Bruch, bei dem meist scharfkantige Bruchstücke entstehen. Wegen dieser Eigenschaft z. B. in der Steinzeit zur Herstellung von Werkzeugen und Waffen verwendet. Vorkommen vor allem in der oberen Kreide Europas. – Die Feuersteinkonkretionen entstanden in marinen Kalksedimenten (‚Schreibkreide') offenbar frühdiagenetisch (→ Diagenese). Sehr oft umschließen sie Fossilreste. – s. a. Chert.
Fiederspalte, f., (*H. CLOOS, Beschreibung und Deutung erstmals 1922, Namensgebung später; sicher vor 1928), **Fiederkluft,** auf Scherzonen an der Grenze zweier bewegter Schollen – diagonal zur eigentlichen Scherrichtung – auftretende Fugen und Spalten in gestaffelter Anordnung (↗ Abb. 27). Oft gefüllt mit Quarz, Kalkspat und anderen Mineralien. – s. a. en echelon.
Filtergeschwindigkeit (Grundwasser), f. → Grundwasserdurchfluss.
Fimmenit (benannt zu Ehren d. oldenbg. Moorbeamten FIMMEN), m., (*J. FRÜH, 1885), Anhäu-

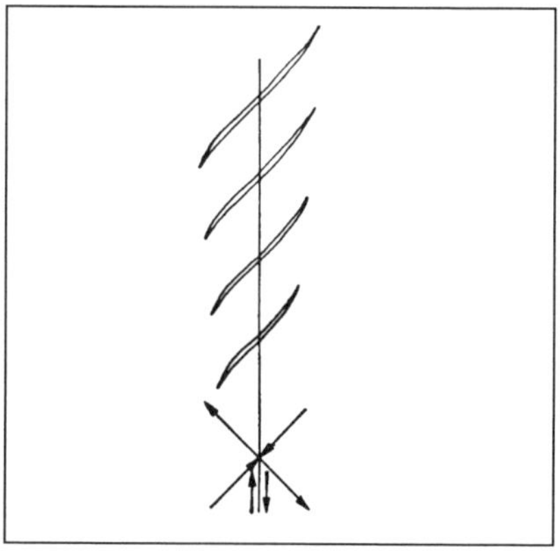

Abb. 27 Fiederspalten (nach W. SCHMIDT aus T. F. W. BARTH, C. W. CORRENS u. P. ESKOLA: Die Entstehung der Gesteine. – Berlin [Springer] 1939).

fungen von Blütenstaub in Braunkohlen- (u. Torf-)Lagern.

final (lt. 144), (*H. STILLE, vor allem 1940) → magmat(olog)ischer Zyklus.

Findling, m. → erratischer Block.

finite Deformation (engl. finite = endlich; lt 83) → Deformation.

Firn (Volksausdr.), m., bedeutet so viel wie ‚alter Schnee', der durch versch. Vorgänge, wie z. B. Schmelzen und Wiedergefrieren, sowie unter der Druckwirkung auflagernder Schneemassen seine feinen, sperrig gelagerten Kristallskelette zu gröberen, dichter gelagerten Kristallkörnern umgewandelt hat. Auf diese Weise wird aus 8 m Neuschnee 1 m F. – Durch Fortsetzung dieses Verfirnungsvorganges entsteht schließlich das weiße Firneis und als Endprodukt schließlich das feste Gletschereis.

Firnfeld, n., **Firnmulde,** f., **Firnplateau-Gletschertyp,** m. → Gletscher.

Firnlinie, f. → Schneegrenze.

First, m., topographisch höchster Teil eines → Sattels.

Firstlinie, f. → Sattelfirst.

Fixismus (lt 145), m., (*E. ARGAND, um 1922, als frz. ‚tectonique fixiste'), Bez. für die Anschauung, dass großtektonische Prozesse ortsständig sind, d. h., dass die Kruste als Ganzes oder in ihren Teilen mit dem Untergrund verbunden ist. Dagegen sieht der **Mobilismus** (frz. ‚tectonique mobiliste') Bewegungen von Krusten- oder Lithosphären-Teilen über dem Untergrund. – s. a. Geotektonische Hypothesen und Theorien, Plattentektonik.

Fjeld-Gletschertyp, m. → Gletscher.

Fjord (norweg.), m., steilwandiger, weit in das Land greifender, schmaler Meeresarm, der durch transgressives Vordringen des Meeres in ein Gletschertal entstanden ist.

Flächenabtrag, m. → Denudation.

Flächengefüge, n. → Gefüge.

Flächenspülung, f., flächenhafte Abspülung von Boden- oder Schuttmaterial durch Wasser, Teilprozess der Denudation (s. d.).

flache Sprunghöhe, f. → Sprunghöhe.

Flachgang, m., Gang mit flachem Einfallen. – s. a. Gang.

flachgründig, allgem. Bez. für Erscheinungen und Vorgänge in geringer Tiefe unter der Erdoberfläche im Gegensatz zu **tiefgründig;** z. B. flachgründige Verwitterung. Die Bodenkunde benutzt in Bodenprofilen ebenfalls diesen Begriff bei Bodendicken von nur wenigen dm über dem unverwitterten Untergrund.

Flachküste, f. → Küste.

Flachmoor, n. → Moor.

Flachmoräne, f. → Ablationsmoräne.

Fladen-, Gekröse-, Seil-, Strick-Lava, f., (= Pahoehoe-Lava; s. d.), gasarme Lava (s. d.), die bei ihrer Erstarrung den oben erwähnten Typ-Benennungen ähnliche äußere Formen annimmt. – s. a. Aa-Lava, Schollenlava.

Flammkohle, f. → Steinkohle.

Flandrische Transgression (n. d. Landschaft in Belgien), f., (‚Flandrien' *A. DUBOIS, 1924), Tab. IIa B.

Flankeneruption, f. → Eruption.

flaserig, Bez. für ein muskelfaserähnliches Gesteinsgefüge; sehr oft bei Gneisen **(Flasergneis),** aber auch bei Sedimentgesteinen (z. B. ‚Sandflaserschichten'). – s. a. Gneis.

Flaserschichten, Pl., f. → Linsenschichten.

Fleckenriff, n. → Riff.

Fleckschiefer, m., ebenso wie **Frucht-, Knoten-** und **Garbenschiefer** (sämtliche Begriffe schon bei C. F. NAUMANN, 1850) rein beschreibende Bez. für kontaktmetamorphe (→ Metamorphose) Schiefergesteine. Die ‚Flecken', ‚Knoten' oder ‚Garben' werden durch die Neubildung einzelner größerer Kristalle bestimmter Minerale hervorgerufen. Tab. VII 35. – s. a. Spilosit.

Fledermausguano, m. → Guano.

Flexur (lt 146), f., (*E. SUESS, 1883), s-förmige Schichtenverbiegung, die durch gegenläufige relative Verschiebung zweier Schollen ohne Bildung größerer Bruchfugen erfolgt (↗ Abb. 28). Nach der Tiefe oder der Seite können Flexuren in tektonische Brüche übergehen. „Die Linie, welche die Umbiegung **(Scharnier)** einer flektierten Schicht begleitet," kann nach E. HAARMANN (1923) als **Flexurachse** bezeichnet werden. – Bei vertikaler Richtung der Schubkräfte entstehen **Vertikalflexuren**, bei horizontaler Richtung **Horizontalflexuren** (= **Flexurblatt**). – Bei Ersatz der Randverwerfungen von tektonischen Gräben oder Horsten durch F. spricht man von **Flexurgräben** und **-horsten** (beide Begriffe von E. DE MARGERIE & A. HEIM, 1888). – Seltener gebrauchte Synonyma: **Monoklinalfalte** und **Kniefalte** (*F. LÖWL, 1885). – s. a. Horizontalverschiebung, Monokline/Monoklinalfaltung.

Fließen, n., im tektonischen Sprachgebrauch jede Deformation (s. d.), die abläuft, ohne dass im jeweiligen Betrachtungsmaßstab einzelne Bewegungsflächen erkennbar werden. Das wesentliche Kriterium des Fließens liegt in der

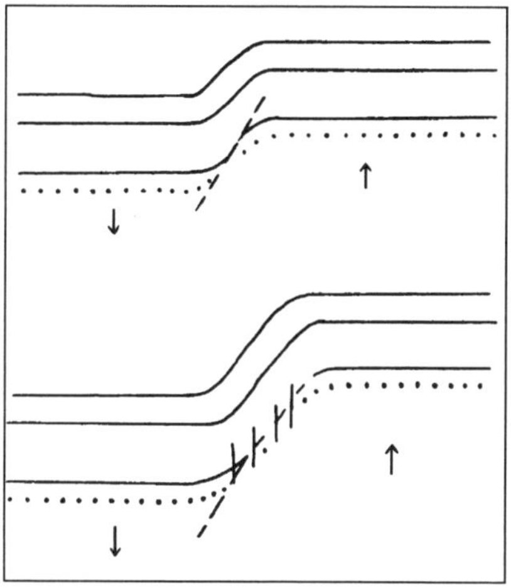

Abb. 28 Flexur (nach K. Metz: Lehrbuch der tektonischen Geologie. – Stuttgart [Enke] 1957).

Raumstetigkeit der Teilbewegung bei gleichzeitiger bleibender Formänderung. – s. a. Brechen, Bruchfließen.

Fließerde, f., infolge starker Durchnässung sich bildender Bodenbrei, der bereits bei geringen Gefällswinkeln bergabwärts fließt. – s. a. Solifluktion.

Fließfalte, f. → Falte.

Fließgefüge, n. → Fluidalgefüge.

Fließhypothese, f., (*B. GUTENBERG, 1927), mobilistische tektonische Theorie wie diejenige A. WEGENERS (1912) (→ Kontinentalverschiebungs-Theorie). Hier sollen jedoch Fließbewegungen des Sials (s. d.) über dem Sima (s. d.) kein Zerreißen der Urkontinentalscholle (wie bei WEGENER) erzeugen, sondern eine Fließ-(Dehn-)Bewegung. Sie soll im Bereich des heutigen Atlantik und Indik ein Ausdünnen der Scholle und damit die Bildung dieser Meeresbecken bewirkt haben. – s. a. Geotektonische Theorien und Hypothesen.

Fließrippel, f. → Rippel.

Fließwulst, m., wulstige Bildungen, die vor allem am unteren Ende von Fließerde- oder Hangrutschmassen, aber auch subaquatischen Gleitungen und auf der Oberfläche von Lavaströmen auftreten.

Flint (german. – F. wurde beim Gewehrbau zum Funkenschlagen verwendet, daher der Name ‚Flinte' für Gewehr), m., kryptokristalliner (→ kristallin) Quarz, oft mit Opal verwachsen. Hierher gehören auch Feuersteine (s. d.), Hornsteine (s. d.) usw.

Flinz, m., 1. (wahrscheinl. H. VON DECHEN, 1884) dunkle feinkörnige, meist bituminöse Plattenkalke **(Flinzkalk)** und Schiefer **(Flinzschiefer)** des unteren Oberdevons mit vorwiegend pelagischer (s. d.) Fauna (im rechtsrheinischen Schiefergebirge). – 2. Feinsandige und mergelige Serien der Oberen Süßwassermolasse (→ Molasse) im bayerischen Alpenvorland.

Flora (n. d. röm. Blumengöttin Flora), f. → Fauna.

Flottlehm, Flottsand, m., im Fläming, der Lüneburger Heide und im übrigen Norddeutschland vorkommendes Mischsediment von Löss (s. d.) und Flugsand. Die Flottsande sind im Allgemeinen viel stärker verwittert als die Lösse und bis in größere Tiefen kalkfrei.

Flöz (bergm., wahrscheinl. abzuleiten von althochdeutsch ‚flezzi' = flach), n., Gesteinsschicht, die wirtschaftlich wichtige Stoffe enthält oder fast gänzlich aus ihnen besteht (Kohle-, Salz-, Erz- usw. Flöz).

flüchtige Bestandteile, 1. Gasgehalt einer Kohle bei der trockenen Destillation. – 2. bei Magmen → Mineralisator.

Fluchtscholle, f., rhomben- oder keilförmige Scholle zwischen sich scharenden → Seitenverschiebungen mit entgegengesetztem Verschiebungssinn. – ↗ Abb. 29.

Flügel, m. → Falte, Verwerfung.

Fluid, n., Adj.: **fluid** (lt 147), Bez. für den Zustand von Gasen in der überkritischen Phase (z. B. Wasser über 374 °C und 225 kg cm^{-2} Druck). In diesen Fluiden können nichtflüchtige Substanzen gelöst und in diesem Zustand auch transportiert werden: Fluidmigration.

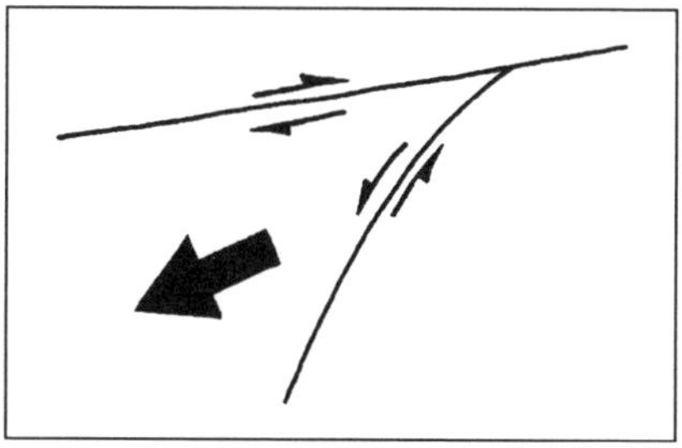

Abb. 29 Fluchtscholle.

Fluid Inclusions (engl.) → Einschluss.
Fluidalgefüge (lt 147), n., **Fließgefüge** (‚Fluidalstructur' *H. P. J. Vogelsang, 1867), ein durch Einregelung von Kristallen, Gasbläschen, Einschlüssen oder Schlieren in magmatischen Gesteinen erzeugtes Gefüge, das die Fließrichtung der Schmelze zum Zeitpunkt der Erstarrung wiedergibt.
Fluidisation (lt 147), f., (*D. L. Reynolds, 1954, entspr. dem Fluid-Verfahren = ‚Fließstaub-Verfahren' i. d. Technik), Prozess der Bildung eines Gas-Feststoff-Gemischs, das sich dynamisch wie eine Flüssigkeit verhält. Vor allem bei vulkanischen Prozessen auftretend; vgl. Glutwolke, Maar, Tuffgang.
Flussdelta, n. → Delta.
Flusserosion, f. → Erosion.
Flussgeschiebe, n. → Geröll.
Flusshöhle, f. → Höhle.
Flussmarsch, f. → Marsch.
Flussschwinde, f. → Schwinde.
Flusssiphon, m. → Siphon.
Flussspat, Fluorit (‚fluores' G. Agricola, 1529; ‚Flussspat' A. F. von Cronstedt, 1758; ‚Fluorite' Napione, 1797), m., CaF_2.
Flusstrübe, f., **Schweb,** durch die Turbulenz des fließenden Wassers schwebend fortgetragene und im ganzen Wasser verteilte, feinste Korngrößenanteile des transportierten Materials.
Flut, f. → Gezeiten.
Flutbasalt, m. → Trapp.
fluviatil (lt 149), (*C. Prevost, 1838), von Flüssen ausgearbeitet (→ Erosion), fortgetragen, abgelagert (→ Sedimentation) oder angereichert (→ Seife).
fluvioglazial (lt 149/164), (A. Penck, 1884), Bez. für Wirkungen und Ablagerungen der Gletscherschmelzwässer. – P. Woldstedt (1954) hält den Begriff glaziofluviatil/glazifluviatil für besser.
fluviomarin (lt 149/226), (C. Prevost, 1838), Bez. für die von Flüssen unmittelbar in den marinen Bereich eingebrachten Sedimente.
Fluxoturbidit (lt 150/360), m., (*S. Dzulynski et al., 1959), dickbankige grobkörnige Turbidite bzw. Sandsteinbänke mit sehr geringem Tongehalt. Sie weisen kaum oder nur sehr mäßig entwickelte gradierte Schichtung und, abgesehen von load casts (s. d.), keine gut ausgebildeten Sohl- und Strömungsmarken auf. Ihre Mächtigkeit ist meist größer und unregelmäßiger als die typischer Turbidite. Sie können sowohl aus turbidity currents (s. d.) als auch aus Rutschmassen hervorgehen. Rezent häufig in submarinen Canyons.
Flysch, m., (n. e. Volksausdruck a. d. Simmenthal/Schweiz für schiefrig-tonige Gesteine; verwandt m. d. deutsch. Wort ‚Fließen' wegen der Instabilität der Flysch-Berghänge; in die Lit. eingeführt v. B. Studer, 1827), im Wesentlichen marine, oft glimmer- und glaukonitreiche Sandsteine, Mergel, Schiefertone und Kalke in Wechsellagerung. Typisch ist die Fossilarmut (zumeist kleinwüchsige Formen), jedoch häufig Lebensspuren. Verbreitet treten Turbidite (→ turbidity currents) und Sohlmarken (s. d.) auf. – Es handelt sich um Sedimente, die während der Gebirgsbildung von über den Meeresspiegel herausgehobenen Schwellenzonen in schmale Tröge verfrachtet worden sind. – Flyschsedimentation der Alpen: höhere Unterkreide bis Ausgang des Eozäns. – s. a. Deckensysteme, Orogen, Wildflysch.
Foid (Abk. v. ‚Feldspatoid'), n., Feldspatvertreter (Namensgebung, weil sie in SiO_2-untersättigten Magmatiten die Feldspäte ‚vertreten'); hierher gehören: Leucit, Nephelin, Analcim, Nosean, Sodalith, Hauyn, Cancrinit (vgl. jeweiliges Stichwort).
Folge (stratigraphische), f. → Stufe.
Folgefluss, m. → konsequent.
Foliation (lt folium = Blatt), f., relativ engständiges Flächengefüge im Gestein. Die Bezeichnung wird meist für Gefüge tektonisch-metamorphen Ursprungs verwendet (→ Schieferung), aber auch für Strukturen sedimentärer Entstehung oder für Fließstrukturen in Magmatiten.
Förde, f., Pl. **Förden,** an der Ostküste Dänemarks und Schleswig-Holsteins sowie an der Nordküste von Long Island (USA) auftretende, vom Meer überflutete, subglaziale Schmelzwasserrinnen des Pleistozäns. – Die Boddenküste Pommerns und Mecklenburgs stellt dagegen eine von der Ostsee überflutete Grundmoränenlandschaft dar.
Förderbrunnen, m. → Brunnen.
Förderlänge, f. → Schubbahn.
Forearc-Becken (engl. fore-arc basin), n. → Inselbogen.
Formation (lt 152), f., (wird zumeist auf G. Chr. Füchsel, 1722–1773, zurückgeführt. F. Hoffmann (1838) gibt das Originalzitat Füchsels, jedoch ohne Angabe der Arbeit, wieder. O. H. Schindewolf [1960] stellt die Urheberschaft Füchsels in Frage. Bei A. G. Werner, 1749–1817, tritt der Begriff ‚Formationskunde' auf),

durch paläontologische, verschiedentlich auch petrographische Definition festgelegter stratigraphischer (s. d.) Zeitabschnitt. Er wird für eine kartierbare lithostratigraphische Grundeinheit verwendet (vgl. Tab. I). – Entsprechend dem internationalen Sprachgebrauch ist auch in der deutschen Nomenklatur der stratigraphische Begriff ‚Formation' durch den Begriff ‚System' ersetzt worden, wie vielfach bereits seit langem in der außerdeutschen Literatur üblich. – Der Begriff wird auch als Bez. für einen genetisch zusammengehörigen Gesteinsverband verwendet; z. B. Erzformation, Ophiolithformation usw.

Formationsglied, n. → Member.

Forschungsbohrung (KTB) → Bohrung.

Forsterit (n. d. Mineralogen J. Forster), m. → Olivin.

Fortbau (in Orogenen), m., (*H. Stille, 1924), eine im Laufe der einzelnen Faltungsphasen sich vollziehende Verlängerung der Gebirge in Richtung des Streichens. – s. a. Anbau.

Fossil (lt 154), n., Adj. **fossil,** (G. Agricola, 1494–1555: ‚Fossilium', allerdings unter Einschluß der Minerale. – Im Gegensatz dazu hielt sie der englische Konchyliologe M. Lister noch 1671 für Naturspiele und gruppierte sie als *‚lapides sui generis'* seinem System ein), **Petrefakt, Versteinerung,** Überreste von Tieren und Pflanzen der geologischen Vergangenheit. Der Vorgang der Fossilwerdung wird als **Fossilisation** bezeichnet. Die Überlieferung solcher Reste kann in verschiedener Erhaltungsform erfolgen. 1. Erhaltung der urspr. Form, meist mit gewissen chem. Substanzumwandlungen: Schalen-, Knochen- usw. Erhaltung. 2. Erhaltung der Negativabdrücke im Gestein: **Abdruck.** 3. Erhaltung des Innenraumes des F. durch Sedimentfüllung: **Steinkern.** 4. Rückabdruck des Negativabdruckes auf einen Steinkern nach Weglösung der Schale: **Skulptursteinkern** (*W. E. Schmidt). 5. In vielen Fällen finden sich nur Zeugen der Fortbewegungs-, Wohn-, Fress-, Ausscheidungs- usw. -Tätigkeit oder der Ruhestellung von fossilen Lebewesen: **fossile Lebensspuren (Spurenfossil).** – Je nach Größe der Fossilien kann man unterscheiden nach **Makrofossilien** (> 10 mm), **Mesofossilien** (1–10 mm), **Mikrofossilien** (< 1 mm) und **Nannofossilien** (< 0,05 mm). – Fossil erhaltungsfähig sind meist nur die widerstandsfähigen Teile, während Weichteile zumeist der Auflösung anheim fallen. Verschiedentlich werden die Substanzen vollkommen umgewandelt, sodass ihre Herkunftsdeutung schwierig wird, z. B. Kohle oder, besonders extrem, Erdöl. Relativ selten lässt sich die Existenz früherer Lebewesen durch chemisch nachweisbare organische Substanzen (z. B. Chlorophyll, Hämoglobin oder deren Derivate) erkennen: **Chemofossil** (s. d.). – Der Begriff ‚fossil' kann auch als Gegensatz zum Begriff ‚rezent' (s. d.) ganz allgem. für Überlieferungen aus der geologischen Vergangenheit verwendet werden (vgl. dazu z. B. nachfolgende Stichwörter).

fossile Regentropfen, m.Pl., (schon bei C. F. Naumann, 1850), in Gesteinsschichtflächen eingedrückte rundliche Spuren. Sie wurden von Regentropfen erzeugt, die auf das noch unverfestigte Sediment gefallen sind. Sie sind damit paläoklimatologische (s. d.) Zeugen.

fossiles Grundwasser, n., Grundwasser, das schon vor langem in niederschlagsgünstigen Zeiten in seinen jetzigen Grundwasserleiter gelangt ist. Vielfach erfolgt heute kein Nachfluss mehr, sodass bei Wasserentnahme keine Regeneration des Grundwasserkörpers erfolgen kann. – Der Nachweis der Fossilität solcher Wässer erfolgt durch Einsatz physikalischer Methoden, z. B. ^{14}C-Methode (→ Kohlenstoffmethode) oder Überprüfung des Vorhandenseins von Isotopen mit kurzer Zerfallszeit, z. B. Tritium. – s. a. Grundwasser.

Fossilhorizont, m. → Horizont.

Fossley (im rhein. Dialekt: Foss = Fuchs, Ley = Schiefer), m., Bez. für die oberdevonischen Rotschieferserien des Sauerlandes; wurde von R. Wedekind (1911) als stratigraphischer Begriff eingeführt, der jedoch heute nicht mehr verwendet wird.

Fotogeologie, f., Ausdeutung fotografischer, von Flugzeugen oder Satelliten aus durchgeführter Aufnahmen der Erdoberfläche im Hinblick auf geologische Strukturen und Schichtgrenzen. Erfasst werden z. B. einzelne größere Störungen **(Fotolineament)** oder aber die Gesamtheit geradliniger oder schwach gekrümmter Elemente im Landschaftsbild **(Fotolineation).** – Sehr wichtiges Hilfsmittel in geologisch noch nicht ausreichend kartierten Räumen, insbesondere im Rahmen der Lagerstättenprospektion. Besonders günstig in Gebieten mit geringem Pflanzenwuchs. In Gebieten mit Vegetationsüberdeckung oder ständiger Wolkendecke (Venus) führen hochauflösende Radaraufnahmen zu ähnlich guten Ergebnissen. – Neben der reinen Fotografie werden technisch hoch entwickelte Auswerteverfahren angewendet, z. B. durch Auswahl bestimmter Wellenbereiche des Lichtes (Bildbetrachtung in bestimmten Farbbereichen, Herstellung von ‚Falschfarben'-Bildern, Ausnutzung von Infrarot-Wärme-Effekten usw.).

Foyait (n. d. Berg Foia, Monchique in Südportugal), m., (* R. BLUM, 1861), Nephelin-Syenit (s. d.) mit tafligen Alkalifeldspat-Kristallen.

Frana (ital.), f. → Bergrutsch.

Frankfurter Stadium (n. Frankfurt/Oder), f., (*P. WOLDSTEDT, 1929), Tab. IIa A.

frankonische (Faltungs-) **Phase** (n. d. Landschaft Franken), f. → saalische Phase.

frankonische Streichrichtung, f., (*J. WEIGELT & E. VOIGT, 1932), SE–NW (150–170 °).

Fransenriff, n. → Riff.

Frasnien, Frasnium, Frasne (-Stufe) (n. d. Ort Frasne/Brabant/Belgien), n., (*J. B. D' OMALIUS D' HALLOY, 1862), Tab. III 6 C.

Freigleitung, f. → Oszillationstheorie.

Frittung (v. frz. frire = backen), f., (schon bei C. F. NAUMANN, 1850), Vorgang der z. T. mit Schmelzung verbundenen Härtung und Farbveränderung von Sand- und Tonsteinen im Rahmen der Kontaktmetamorphose. – s. a. Metamorphose.

Frostaufbruch, m., Schäden an Straßen, die auf Übernässung der Schichten unter der eigentlichen Straßendecke bei Tauwetter und Belastung durch Fahrzeuge entstehen. Sie sind also keine unmittelbaren Frostschäden!

Frosthebungstheorie, f., **Frostmusterboden,** m. → Strukturboden.

Frostschutt, m., durch mechan. → Verwitterung bei Gefrier- und Gefrier/Auftau-Vorgängen gebildeter Gesteinsschutt. – s. a. Schutt.

Frostspalte, f. → Eiskeil.

Frostwirkung, f., physikalische Tätigkeit des Frostes an Gesteinen und Böden: **Frostverwitterung.** Die Wirkung kann allein auf den Frost beschränkt sein, wie z. B. bei der Frosthebung **(Frosthub),** dem **Frostdruck** und dem **Frostschub.** Diese Prozesse gehen auf die Bildung von Eiskristallen, Eislagen oder Eislinsen im Boden zurück. Letztere, die oft eine erhebliche Vergrößerung des Gesamtvolumens (u. U. um 20–24 %) hervorrufen, zeigen sich in Böden, die kapillar Wasser von unten aufsaugen können: **frostgefährdeter Boden.** – Vielfach verstärkt der mehr- oder vielfache Wechsel von Gefrieren und Auftauen die F. erheblich. Das gilt sowohl für die F. auf die Gesteine selber (Frost bewirkt Volumenverringerung), als auch für die Wirkung auf das Bodenwasser (Frost bewirkt bei Wasser Volumenvergrößerung). – Sämtliche Prozesse, die zu einer Frostsprengung von Gesteinen führen, werden unter der Sammelbezeichnung **Gelifraktion** zusammengefasst. – s. a. Eiskeil, Schutt, Solifluktion.

Fruchtschiefer, m. → Fleckschiefer.

Frühdiagenese, f. → Diagenese.

Fucoiden, Fucoides (lt 156, gr 111), n., (schon bei C. F. NAUMANN, 1850), in Ton- und Mergelsteinen (namentl. Flyschsedimenten) auftretende pflanzenähnliche verzweigte Spuren ohne kohlige Substanz, die offenbar keine Pflanzenreste, sondern Lebensspuren von Tieren darstellen.

Fuge, Gesteinsfuge, f., von B. SANDER (1948) als übergeordneter Begriff für alle Trennflächen (s. d.) im Gestein verwendet. Sind die Fugen durch mechan. Beanspruchung entstanden, bezeichnet er sie auch als ‚Ruptur' (s. d.). Nach den Randbedingungen unterscheidet SANDER **‚Reißfugen'** (bei Zerrbeanspruchung) und **‚Gleitfugen'** (bei Gleitung oder Scherung). Zur Verdeutlichung des Bildungsvorganges wird auch von **‚Zerrfugen', ‚Dehnungsfugen', ‚Scherfugen'** gesprochen. Mechanisch gesehen unterbrechen Fugen die Kontinuität des Gesteinskörpers. Es wird daher in diesem Sinne oft von → Trennflächen oder Trennfugen gesprochen. – Bei Sedimentgesteinen wird von **Schichtfugen** gesprochen, die die einzelnen Schichten voneinander trennen. – s. a. Entlastungsfuge, Gleitungsbruch, Kluft, Scherbruch, Scherfläche, Trennbruch, Verschiebungsbruch.

Fulgurit (lt 158), m., (Begriff und genetische Deutung bereits seit Anfang des 18. Jh.), **Blitzröhre, Blitzverglasung,** Blitzeinwirkung auf den Erdboden, verbunden mit Schmelzerscheinungen des vom Blitz getroffenen Gesteinsmaterials. Gelegentlich wird nach **Sand-** und **Felsfulguriten** – je nach betroffenem Gestein – unterschieden. Es handelt sich um röhrenartige Gebilde, die bis wenige cm weit und bis mehrere m lang sind. Sie verzweigen sich oft nach unten. – Bei Nachweis geologischen Alters spricht man von **Paläofulgurit.** – Bei ähnlich aussehenden, aber auf andere Ursachen zurückgehenden Gebilden spricht man von **Pseudofulguriten.**

Fumarole (it. fumare = rauchen), f., (wahrscheinlich * SAINTE CLAIRE DEVILLE, um 1855), vulkanische Gas-Dampf-Exhalationen (→ Exhalation) unterschiedlicher Temperaturen. Diese Dämpfe zersetzen durch chemische Umsetzungen das umliegende Gestein, und es können sich verschiedene Stoffe abscheiden (= sublimieren). – s. a. Mofette, Solfatare, vulkanische Tätigkeit.

Furchenstein (Volksausdr.), m., Kalkgeröll aus Seen, das an der Oberfläche mit zahlreichen, gewunden verlaufenden Rillen versehen ist. Die Entstehungsursache ist umstritten; wahrscheinlich handelt es sich um Anätzungen durch Algen, Bohrgänge von Insektenlarven oder ähnliche Bildungen.

Fusit (lt 160), m. → Streifenart.

Fußfläche, f. → Pediment.

G

Gabbro (n. einer alten Gesteinsbezeichnung in der Toskana), m. (zuerst erwähnt von G. Targioni-Tozzetti, 1768, definiert von * L. von Buch, 1810), Plutonit, hauptsächlich aus anorthitreichem Plagioklas und Pyroxen bestehend, Abb. 66 a, Tab. IV 17.

Gabbropegmatit, n. → Pegmatit.

Gagat (n. d. Fluss Gages in Lykien/Kleinasien), m., (alter Begriff, bereits von Plinius d. Ä. erwähnt und wahrscheinlich von R. J. Hauy wieder eingeführt), meist isolierte Massen in Tonsedimenten. Es handelt sich dabei um eine dichte, harte, tiefschwarze Kohlesubstanz, die aus humusdurchtränktem Holz entstanden ist. Da sich G. gut bearbeiten und auch polieren lässt, wird er verschiedentlich als Schmuckstein verwendet.

Galenit (galena: lt. u. neu-lt. Bez. f. Blei-Erze), m., (bereits bei Plinius d. Ä.; wieder aufgenommen von F. von Kobell, 1832, und J. D. Dana, 1868), = Bleiglanz (s. d.), PbS.

Galmei, m., (v. gr. u. lt. Quellen übernommen, findet sich bereits bei A. G. Werner), wichtiges Zinkoxidationserz, z. T. in carbonatischer, z. T. in hydrosilikatischer Form auftretend.

Gandecke (schweiz. Volksausdruck von Gand = Schutt u. Eck oder Egg = Gebirgskamm), f. → Moräne.

Gang (bergm.), m., Ausfüllung von Spalten **(Spaltenfüllung, Gangspalte, Antiklase)** in der Erdkruste durch Mineralabsätze oder Gesteine in Gestalt meist plattenförmiger Körper (**Eruptivgang, Erzgang, Mineralgang;** gelegentlich **Tuffgang** [s. d.]; sehr selten **Sedimentgang,** z. B. ‚Sandsteingänge'). Mineral-

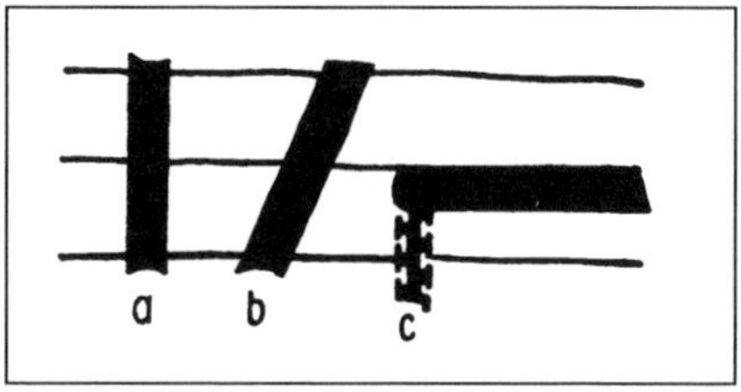

Abb. 30 Gänge. a saigerer Gang, b steiler Gang, c Lagergang

gänge können mit Quarz, Fluss-, Schwer-, Kalkspat usw. gefüllt sein, Erzgänge mit einer Gangfüllung von Erzmineralen und **Gangmitteln** (= Erzbegleiter). Als Eruptivgänge **(Ganggesteine)** treten in geringerem Maße Tiefengesteine, in starkem Maße dagegen ihre Abkömmlinge **(Ganggefolge),** wie Pegmatite, Aplite, Lamprophyre sowie vulkanische Gesteine auf. – Je nach Lage und Gestalt lassen sich verschiedene Gangtypen unterscheiden (↗ Abb. 30). Die meisten Gänge besitzen durchgreifende Lagerung, indem sie ihr Nebengestein unter verschiedenen Winkeln schneiden. Daneben treten aber auch schichtparallele **Lagergänge (Sills)** auf. **Schwebende Gänge** fallen mit Winkeln von 0°–15°, **flache** mit 15°–45°, **tonnlägige** mit 45°–75°, **steile** mit 75°–89°, **saigere** (stehende) mit 90° ein. **Ringgänge** umschließen steil stehende zylindrische oder konische Gesteinskörper auf peripherischen Brüchen (*C. Deffner in E. Suess, 1883).

Mehrere Gänge können zu (etwa parallelen) **Gangscharen** (vgl. jedoch ‚Gangscharung' beim Stichwort ‚Scharung'!) oder (verschieden streichenden) **Gangsystemen** zusammentreten, parallele, aber hintereinander liegende Gänge werden als **Gangzug** bezeichnet. Vielfach einander kreuzende Gänge erzeugen ein **Gangnetz.** Der Schnitt zweier Gänge wird als **Gangkreuz,** bei rechtwinkligem Schnitt verschiedentlich als **Winkelkreuz,** bei spitzwinkligem Schnitt als **Scharkreuz** bezeichnet. – s. a. Mantelgang.

Gangart (bergm.), f., Sammelbez. für die eine Erzlagerstätte begleitenden, nichtmetallischen Minerale.

Ganggestein, n., → Gang, Tab.V.

Ganglagerstätte, f., Lagerstätte, bei der die Gangfüllung aus abbauwürdigen Minerale n besteht.

Gangstern, m. → Kluftrose.
Gangstock, m. → Stock.
Gangtrum, n. → Trum.
Garbenschiefer, m. → Fleckschiefer.
Gase, Pl., n., 1. magmatogene G. → Erzlagerstätten, Magma, Vulkan. – 2. Erdgas (→ Bitumen). – 3. G. im Bergbau → Grubenwetter.
Gasflammkohle, f. → Steinkohle.
Gaskappe (bergm.), f., Ansammlung der gasförmigen Stoffe einer Erdöllagerstätte, die sich – entsprechend ihrem geringeren spez. Gew. – über das Erdöl geschichtet haben. – s. a. Ölfeldwasser.
Gaskohle, f. → Steinkohle.
Gasvulkan, m. → Vulkanbauten.
Gaultium, Gault (-Stufe), n., (n. e. Gesteinsbez. a. d. Umgebung von Cambridge/England), Tab. III 11 A.
Gauss-Epoche, (n. C. F. Gauss, 1777–1855, der als erster eine globale Erdmagnetfeld-Vermessung durchführte), f., Epoche mit normaler Magnetisierung der paläomagnetischen Zeittabelle (↗ Abb. 4 und Tab. II).
Geantiklinale, Geantikline (gr 80/35), f., (*J. D. Dana, 1873) durch säkulare, weitspannige Aufwölbung entstandenes Schwellengebiet, das bei starker Heraushebung zum Abtragungsgebiet werden kann. – s. a. Epirogenese, Geosynklinale, Schwelle.
gebänderte Eisenerze, Pl., n., **gebänderte Hämatitquarzite,** Pl., m. **gebänderte Jaspilite, banded iron ores,** Pl., m. → Itabirit.
Gebirge, n., 1. in der geologischen und bergmännischen Umgangssprache Bez. für einen Abschnitt der Erdkruste, der durch jeweils bestimmte genetische Gemeinsamkeiten gekennzeichnet ist (z. B. Steinkohlengebirge), ohne dass unbedingt ein G. im orographischen Sinne erkennbar wäre. Daher spricht man auch von den verschiedenen Gesteinen gelegentlich als **Gebirgsarten.** – 2. Im geographisch-orographischen Sinne wird als G. eine ausgedehnte Landschaft mit einem anschaulichen Wechsel von Hoch und Niedrig und einem deutlichen Fuß bezeichnet, der sich von der tieferen Umgebung absetzt.
Gebirgstypen: 1. Einteilung nach der Gestalt der Gipfelregion: Grat-, Kamm-, Kuppengebirge. Den gedrungenen, geschlossenen G. stehen die langgestreckten **Kettengebirge** gegenüber. – 2. Einteilung nach der Höhe: **Hoch-** und **Mittelgebirge,** die jeweils durch einen bestimmten morphologischen Formenkreis charakterisiert sind. – 3. Einteilung nach der Entstehung. a) **vulkanische** G.; sie entstehen durch die Tätigkeit der Vulkane (s. d.). Dabei muss man zw. solchen unterscheiden, die ihre primäre Gestalt noch mehr oder weniger besitzen (z. B. die heutigen Vulkane oder die quartären Vulkane der Eifel, der Auvergne usw.), und solchen, die durch Abtragung und Verwitterung nur noch als Härtlinge (s. d.) erscheinen (z. B. die versch. tertiären Vulkanbauten usw.). – b) **tektonische** G.; sie stellen Großschollen der Erde mit in sich gleichartigem Bau dar. Sie lassen sich nach H. Stille (1918) vom ‚höheren' zum ‚niederen' tektonischen Typ folgendermaßen gliedern: **Deckengebirge,** in denen durch starke Einengung (auf etwa 1/3 bis 1/4 der urspr. Breite) Deckentektonik (→ Decke) in bes. ausgeprägter Weise erkennbar ist, z. B. die Alpen. **Faltengebirge,** deren Entstehung und tektonische Formgebung auf Faltung ohne wesentliche Beteiligung von Deckenschüben zurückgeführt werden kann, z. B. der Schweizer Faltenjura. **Bruchfaltengebirge,** bei denen Dehnungs- und Pressungsformen (Bruchbildung und Faltung = Bruchfaltung) nebeneinander auftreten, sodass Auf- neben Abschiebung, Falte neben Beule und Flexur treten. Horste können im Streichen in zerrissene Sättel oder Flexurhorste, Gräben in versenkte Mulden oder Flexurgräben übergehen. Beim Vorhandensein von Salzlagern im Untergrund finden sich Salzstöcke (→ Diapir), z. B. in NW-Deutschland. **Blockgebirge,** bei denen Dehnungsformen wie: Bruchtektonik mit vertikaler und horizontaler Komponente, Gräben, Horste, Schollentreppen usw. vorherrschen. Einengungsfalten fehlen, dagegen treten Flexuren und Beulen häufiger auf. Beispiele: Thüringer Wald, Südschonen usw. c) **Abtragungsgebirge,** dessen Formenschatz sich aus jeglichem Grundbau durch Kräfte der Verwitterung und Abtragung entwickelt. – s. a. germanotyp, Schollengebirge.
Gebirgsbildung, f. → Orogenese.
Gebirgsdurchlässigkeit, f. → Durchlässigkeit.
Gebirgsgletscher, m. → Gletscher.
Gebirgsmassiv, n. → Massiv.
Gebirgsmechanik, f. → Fels- oder Gebirgsmechanik.
Gebirgsschlag, m., n. L. Müller (1963) spontanes, meist mit weitgehender Gesteinszertrümmerung verbundenes Ausbrechen von Flözen im Streb (= Abbauraum). – s. a. Bergschlag, Flöz.

Gebirgswurzel, f., tief in den Untergrund eintauchende Krustenverdickung unter Orogenen. Diese Massierung spezifisch leichteren Gesteinsmaterials hat für solche Stellen der Erdkruste ein Schweredefizit zur Folge. – Erstbeschreibung solcher Erdkrustenverdickungen (für den Himalaya) durch G. B. AIRY (1855). Erster Nachweis einer Gebirgswurzel unter den Ostalpen durch B. GUTENBERG (1933). – s. a. Isostasie.

Gedinnien, Gedinnium, Gedinne (-Stufe), n., (n. d. Ort Gedinne/S-Belgien) (*A. DUMONT, 1848), Tab. III 6 A.

Geest, f., (niederdt.) → Marsch.

Gefrornis, f., Bez. für den durch den Frost betroffenen Bodenbereich. Es gibt Gebiete dauernder (Permafrost) und solche zeitweiliger **(annueller)** G. Beide unterscheiden sich vor allem durch die Tiefe der G. und die Intensität der Frost/Auftau-Wechselwirkungen. In den Gebieten mit Permafrost bildet sich ständiges Bodeneis (= **perenne Tjäle**). Hier werden Frosttiefen bis über 200 m erreicht. – s. a. Dauerfrostboden.

Gefüge (*C. F. NAUMANN, 1850, präzisiert durch B. SANDER, 1911), n., ungenetische, rein beschreibende Darstellung der Lage bestimmter Gesteinsbestandteile oder anderer definierbarer Gesteinsteile im Raum. „Die Raumdaten im Inneren eines betrachteten Bereiches beschreiben dessen Gefüge" (B. SANDER). – Die Raumlage eines Gefügeelementes ist Abbild der letzten Bewegung, die dieses Gefügeelement betroffen hat. Da die Gesamtbewegung eines zu betrachtenden Bereiches als die Summe der Teilbewegungen aller Gefügeelemente angesehen werden kann, sind auch Rückschlüsse vom „... Gefüge der Gesteine auf die Bewegung" möglich (B. SANDER): **Gefügekunde.** – Während die Analyse der geologischen Strukturen (etwa im Sinne von H. STILLE, 1918) die Erfassung von „... Gang und Gehwerk" (H. CLOOS, 1950) des orogenen Geschehens zum Ziel hat, versucht die **Gefügeanalyse**, die Zuordnung des beobachteten Gefügebildes zu einem bestimmten Bewegungstypus durchzuführen. – Neben dem Gesteinsgefüge im kleinen Bereich (B. SANDER: **Korngefüge**) wird auch das Großgefüge erfasst (B. SANDER: „... Bereich Handstück bis Profil"). Man kann hier **Primärgefüge** (bei Sedimenten z. B. Schichtung und Bankung, bei Magmatiten Absonderungsformen) von **Sekundärgefügen** trennen. Letztere sind meist tektonische G., die bei der Faltung, Schieferung, Klüftung usw. erworben werden. Beschreibend kann man von flächenhaftem **(Flächengefüge, planares Gefüge)** und linienhaftem G. **(Lineargefüge)** sprechen. – s. a. Linear, s-Fläche, Struktur, Textur.

Gefügekompass, m., nach Vorschlägen von E. CLAR bes. für gefügekundliche Geländeuntersuchungen eingeführter Geologenkompass (s. d.). Mit ihm ist es z. B. möglich, in einem Messvorgang Fallrichtung und -winkel von Flächen und Linearen (vgl. dazu Streichen) zu ermitteln.

gegensinnig → antithetisch.

Gehängelöss, m., **Proluvium** (lt 259/220), m., Schwemmlöss der Gehänge; oft geschichtet, indem Löss- und Lehmlagen miteinander abwechseln.

Gehängeschutt, m. → Gekriech.

geköpftes Tal, n. → Hängetal.

Gekriech, n., (G. GRÖTZINGER, 1907), langsame Bergab-Bewegung der oberen Gehängepartien, vor allem bei Vorhandensein toniger Gesteine und entsprechender Durchfeuchtung; die Hangneigung ist von großer Bedeutung. Ist in starkem Maße ein aus Gesteinsbruchstücken bestehender Gehängeschutt beteiligt, dann spricht man von Wanderschutt. Die Bewegungen betragen einige cm bis dm pro Jahr. – s. a. Hakenschlagen, Solifluktion.

gekritztes Geschiebe, (*H. CREDNER, 1879), n. → Geschiebe.

Gekrösefalte/-faltung, f. → Quellfaltung.

Gekröselava, f. → Fladenlava.

Gel-Dopplerit, m. → Dopplerit.

Gelenkquarzit (*D. L. G. KARSTEN, 1800), m. → Itacolomit.

Gelifraktion (lt 161/155), f. → Frostwirkung.

Geliturbation (lt 161/360), f. → Kryoturbation.

gemischter Vulkan, m. → Vulkanbauten.

geneigtachsig → Falte.

Generalstreichen, n., allgem. Streichrichtung geologischer Strukturen für ein bestimmtes Gebiet. Abweichungen von diesem Generalstreichen werden als **Spezialstreichen** bezeichnet.

Genese (gr 75), f., Entstehung, Entwicklung.

Geochemie (gr 78, arab.), f., Wissenschaftszweig, der sich mit der Untersuchung der chemischen Zusammensetzung der Gesteine, Minerale, Böden, Wässer und Gase der Litho-, Pedo-, Hydro- und Atmosphäre sowie z. T auch der Biosphäre (→ Biogeochemie) befasst. Erforscht wird die relative und die absolute

Häufigkeit sowie die Verteilung und Wanderung der Elemente und ihrer Isotope in Raum und Zeit mit dem Ziel, z. B. Gesetzmäßigkeiten bei den versch. gesteins- und lagerstättenbildenden Prozessen zu ergründen. Gleiche Untersuchungen an extraterrestrischem Material (z. B. Meteoriten, Mondproben usw.) hat man auch als **Kosmochemie** bezeichnet.

geochemischer Inkohlungsprozess, m. → Inkohlung.

Geochronologie (gr 80/382/197), f., Methode innerhalb der Stratigraphie (s. d.) zur zeitlichen Einstufung mittels im Gesteinskörper vorhandener Zeitmarken; z. B. Zerfallsdaten radioaktiver Elemente, Daten aus der Evolution der Lebewesen, Daten aus bestimmten Gesteinsfolgen wie z. B. Bändertonen (s. d.), Daten aus biologischen Wachstumsprozessen wie z. B. Jahresringen von Bäumen (→ Dendrochronologie). – Erfolgt die zeitliche Gliederung anhand von paläontologischen Daten, spricht man von **Biochronologie.** Hier ergeben sich stets relative Zeitskalen. – Lässt sich ein regelrechtes Maßsystem (das Jahr oder ein Vielfaches davon) zugrunde legen, sodass eine ‚absolute' Zeitskala entwickelt werden kann, dann wird von **Geochronometrie** gesprochen. Hierher gehören in erster Linie alle Methoden, die die Zerfallszeit-Daten radioaktiver Elemente benutzen. Die Maßeinheit der geochronometrischen Skala ist das Jahr. – Die Standardskala des Präkambriums (s. d.) ist geochronometrisch datiert, während bei der Gliederung des Phanerozoikums (s. d.) im Wesentlichen biochronologische Einheiten zugrunde gelegt worden sind. Dabei wird auch hier versucht, die biochronologischen Einheiten geochronometrisch zu eichen (vgl. Tab. III u. VIII). – s. a. Altersbestimmung, Stratigraphie, Tab. I.

Geochronometrie (gr 80/382/217), f. → Geochronologie.

Geode (gr 79), f. (schon aus gr. und lt. Quellen bekannt, später als ‚Gäode' bei B. COTTA, 1847), nicht einheitlich verwendeter Begriff. Manche Autoren beschränken das Wort ‚Geode' lediglich auf die durch Sekretion (s. d.) entstandenen Hohlraumausfüllungen (→ Mandelstein). Andere verwenden ihn für die verschiedenartigsten Konkretionen (s. d.).

Geodepression (gr 80/lt 86), f. → Oszillationstheorie.

Geodynamik (gr 80/108), f., (*G. H. DARWIN, 1887; im heutigen Sinne vor allem seit dem Vorschlag des internationalen und interdisziplinären Programmes ‚Geodynamic Project', 1968), Wissenschaftsgebiet, das sich mit den Antriebsmechanismen der beobachteten Bewegungen in der Erde, z. B. auch der globalen Plattenbewegungen (→ Plattentektonik) befasst. – Der Begriff ‚Geodynamik' findet sich vielfach in der geol. Lit. fälschlich auf tektonische Bewegungen und Deformationen aller Art in rein kinematischem Sinne angewendet.

Geofraktur (gr 80, lt 155), f. → Erdnaht.

Geognosie (gr 80/84), f., (*A. G. WERNER um 1780), früher verwendete Bez. für den heutigen Begriff ‚Geologie' (s. d.); bis 1780 von WERNER ‚Gebirgskunde' genannt. Geologen wurden zu jener Zeit als Geognosten bezeichnet. – C. F. NAUMANN (1850) unterschied G. und **Geogenie.** Erstere gibt eine ‚Naturbeschreibung', Letztere eine ‚Naturgeschichte' der Erde. – Sämtliche vorgenannten Begriffe sind heute ungebräuchlich.

Geohydrologie (gr 80/355/197), f. → Hydrogeologie.

Geoid (gr 78), n., (*J. B. LISTING, 1872), Gestalt der Erde ohne Berücksichtigung des Reliefs. Es handelt sich dabei um eine aus dem Schwerefeld der Erde abgeleitete, mathematisch vereinfachte Erdfigur, die als Bezugsfläche für geodätische Höhenmessungen verwendet wird. Es ist die Fläche, die das von Temperatur-, Salzgehaltunterschieden und Gezeiten unbeeinflusste Meer bilden würde, wenn man es in die Bereiche der Kontinente ausdehnen würde.

Geoisotherme (gr 80/151/145), f. → zonare/zonale Verteilung von Erzlagerstätten.

Geokratie, f., Adj. **geokrat** (gr 80/175) (n. H. STILLE, 1924, ein von A. PAWLOW geprägter Begriff), Zeit, in der durch regressive (s. d.) Tendenzen des Meeres die Größe der Festlandskomplexe erheblich wächst. – s. a. Epirogenese, Thalattokratie.

Geologenkompass, m., Gerät zur raumrichtigen Messung des Streichens (s. d.) und Fallens von Flächen (Schicht-, Schieferungs-, Kluftflächen usw.) oder Linearen (Faltungslineare, Gleitstriemung [s. d.]). Die Himmelsrichtungen werden auf einem Kreis von 360° oder 400 gon im Uhrzeigersinn gemessen und angegeben (Streichwert). Zur Messung des Fallwinkels dient ein stets auf die Senkrechte einspielender Senkel: Klinometer mit einer Einteilung von 0° (= horizontal) bis 90° (= saiger). Dieser Winkelwert, zusammen mit der Angabe der Himmelsrichtung des Einfallens (Fallrichtung), wird als Fallwert bezeichnet. – s. a. Gefügekompass.

Geologie (gr 80/197), f., (von J. A. DE LUC, 1778, einmal gebraucht, von H. B. DE SAUSSURE, 1779, als feststehende Bez. eingeführt. – Zudem von R. DE BURY, 1473, gebraucht als ‚Geologia' zur Unterscheidung der Lehre von den irdischen und denen der göttlichen Rechtsordnungen (Theologie). Der Begriff ‚Geologia' tritt außerdem bei versch. Autoren Ende des 16. bis Mitte des 17. Jh. auf; Näheres bei H. HÖLDER, 1960), urspr. weit gefasster Begriff, der G. im heutigen Sinne = Geognosie (s. d.), Geographie, Hydrographie, Geogenie = Entstehungsgeschichte der Erde als Teilgebiet der Kosmogenie (→ Kosmos) usw. umfasste; im heutigen dt. Sprachgebrauch jene Wissenschaft, die durch Untersuchung der durch natürliche oder künstliche Aufschlüsse zugänglichen Teile der Erdkruste mit ihren Gesteinen, deren Lagerungs- und Umwandlungserscheinungen sowie ihrem Fossilinhalt versucht, ein Bild von der Geschichte der Erde und des Lebens zu entwerfen. Durch dieses Denken in ‚Raum und Zeit' stellt sie innerhalb der Naturwissenschaften eine historisch ausgerichtete, jedoch mit naturwissenschaftlichen Mitteln arbeitende Wissenschaft dar.

geologische Karte, f., enthält alle bei der Geländeuntersuchung (= **geologische Kartierung**) planmäßig aufgenommenen geologischen Daten, eingetragen in eine **topographische Karte.** Als wichtigste Objekte werden erfasst: der Verlauf von Schichtgrenzen, bruchtektonische Spuren, Streichen und Fallen der Schichten (evtl. auch der Schieferung), Fossilfundpunkte, Kontakthöfe magmatischer Körper, Quellen jeder Art, die verschiedensten Vorkommen und Lagerstätten nutzbarer Stoffe usw. – Bei den Sedimentgesteinen werden die Ausstriche gleichalter Gesteine in jeweils gleichen Farben eingetragen, wobei zur besseren Unterscheidung nach dem geologischen Alter entsprechende Signaturen in kleinen Buchstaben eingesetzt werden. Magmatische Gesteine erhalten ebenfalls besondere Farben, werden jedoch außerdem noch mit Großbuchstaben-Signaturen versehen. Das Gleiche kann auch für bes. herauszuhebende Einzelgesteinsvorkommen innerhalb der Sediment- oder Metamorphit-Areale geschehen. Alle Farben und Signaturen werden in einer besonderen Legende erläutert. – M. LISTER (1684) schlug als erster ‚Mineral Maps' vor, die jeweilige Felder gleicher Bodenbeschaffenheit farbig bezeichnen und gegeneinander abgrenzen sollten.

G. K.n spezieller Thematik. Eine g. K., bei der jüngere Serien (meist Verwitterungsböden, Flussalluvionen, aber auch, je nach Bedarf, andere Schichtengruppen) nicht eingetragen werden, sodass die unter diesen jüngeren Serien anstehenden geologischen Schichten und ihre Lagerungsverhältnisse ohne Bedeckung erkennbar werden, wird als **abgedeckte Karte** bezeichnet. – Eine g. K., die weniger die Gesteinstypen als die tektonischen Strukturen erkennen lässt, heißt **Strukturkarte.** Hierher gehören vor allem die **Schichtlagerungskarten,** in denen die Lagerungsverhältnisse ausgewählter Schichten dargestellt sind. – Weiterhin lassen sich mittels Isolinien bestimmte berechnete Größen auf Karten darstellen, z. B. auf einer **Isopachenkarte** (→ Isopachen), bei der die Mächtigkeit ausgewählter Gesteinsserien oder -schichten in ihrer regionalen Verteilung wiedergegeben wird. – s. a. Paläogeographie (darin: paläogeographische Karte).

geologische Orgel, f. → Schlotte.

geologische Struktur, f. → Struktur.

geologisches Thermometer, n., (*J. H. VAN'T HOFF, 1905 u. 1909), durch die Verwendung von Experimenten oder durch Berechnung festgestellte Schmelz- bzw. Erstarrungs-, Umwandlungs- oder Entmischungstemperaturen von Mineralen, die damit Bildungs- oder Umbildungstemperaturwerte für die betreffenden Gesteine, Erze usw. darstellen. Weiterhin können verwendet werden: der Innenbau von Kristallen, die Aufnahme und Beschaffenheit von Gas- oder Flüssigkeitseinschlüssen (→ Einschluss) und das Auftreten bestimmter Mineralgesellschaften (→ Paragenese). – Unsicherer sind die Angaben über Bildungs- und Umbildungsdrücke mit Hilfe geologischer Manometer bzw. Barometer (*H. SEIFERT, 1930).

geomagmatischer Zyklus, m. → Zyklentheorie.

geomagnetischer Pol, m. → magnetischer Pol.

Geomechanik, f., (L. MÜLLER, 1963), Wissenszweig, bei dem das mechanische Verhalten des Gebirges gegenüber tektonischen oder technischen Krafteinwirkungen oder Formungsakten untersucht wird. Die Fels- oder Gebirgsmechanik (s. d.) und die Bodenmechanik (s. d.) können somit als Teile der G. betrachtet werden.

Geomorphologie, f., (gr 80/222/197), Lehre von den auf die Erdoberfläche gestaltend wirkenden physischen Vorgängen und den durch sie geschaffenen Formen. Neben der Beschreibung und Klassifizierung der Formen besteht in der **morphologischen Analyse** (*W. PENCK, 1920) der Versuch, die Entstehung dieser Formen zu erklären: Morphogenese. – s. a. Klimamorphologie, Tektogenese.

geopetales Gefüge (gr 80/273), n., (*B. SANDER, 1936), Gefüge-Raumdaten eines Gesteins, die ‚oben' und ‚unten' zur Zeit der Gesteinsbildung ablesen lassen. – s. a. Gradierung, Schrägschichtung.

Geophon, (gr 80/372), n. → Seismik.

Geophysik (gr 80/369), f., im umfassenden Sinne die Physik der festen Erde, des Meeres und der Lufthülle, i. e. S. die Physik der festen Erde. Die G. befasst sich mit der Schwerkraft, den seismischen, thermischen, magnetischen und elektrischen Erscheinungen der Erde und dem physikalischen Aufbau des Erdinneren. – Die **Angewandte** G. sucht diese Erkenntnisse für das Aufsuchen von Lagerstätten (s. d.) nutzbar zu machen. Dabei wird entweder ein abweichendes Verhalten einzelner Gesteine oder Gesteinskomplexe vom normalen physikalischen Feld ausgewertet oder das Verhalten natürlicher Gesteine gegenüber künstlichen Impulsen gemessen. Abweichungen vom Normalfeld werden mit gravimetrischen (Schwere), magnetischen, thermischen und strahlungsmessenden Verfahren erfasst; bei den seismischen und den meisten elektrischen Methoden werden künstliche Impulse verwendet.

geophysikalische Bohrlochmessungen, Pl., f., **Logging** (engl.); in allen Tiefbohrungen, in manchen Fällen auch in Flachbohrungen, werden während und nach Beendigung des Bohrens Bohrlochmessungen durchgeführt. Dabei werden Messsonden in das Bohrloch eingelassen, um mit ihnen in der Regel fortlaufend die Gesteinsformation oder aber das Bohrloch selbst auf Eigenschaften oder Zustand zu untersuchen. Im Wesentlichen ergeben sich folgende Aufgabenstellungen: Geologie – Korrelation (→ Bohrung), Schichtneigung (→ Streichen), Sedimentologie (→ Sediment), Tektonik (s. d.), Mineralogie, Lithologie (s. d.); **Lagerstätte** – Mächtigkeit (s. d.) der einzelnen Schichten, Porosität (→ Porenvolumen) der einzelnen Gesteine, Inhalt des Porenraumes, Produktionsverhalten; **Technik** – Bohrlochverlauf, Zementation, Korrosion, Sicherheit. Zur Erfüllung solcher Aufgaben dienen folgende Messarten: 1. **Elektrische Leitfähigkeits-** bzw. **Widerstandsmessungen** zur Bestimmung des spezifischen Widerstandes von Gesteinen im unverrohrten Bohrloch. Gleichzeitig erfolgt hiermit die Messung eines möglichen elektrischen Eigenpotenzials im Gestein. 2. **Schallmessungen** zur Ermittlung der exakten Laufzeit des Gesteins, der Rohre oder des Zements hinter den Rohren. 3. **Radioaktive Messungen** zur Bestimmung der Eigenstrahlung des Gesteins bzw. Messung der entstehenden sekundären Strahlung nach Beschuss mit radioaktiver Strahlung. 4. **Lagerstätten-** und **technische Messungen** zur Bestimmung des Bohrlochinhalts, des Zuflusses (Flüssigkeiten z. B. Erdöl, Wasser, ggf. auch von Gasen), der Drücke, Korrosionsschäden, Richtung und Neigung des Bohrlochs u. Ä. – Die heutigen technischen Grenzen für die Messsonden liegen bei Temperaturen von 160–250 °C, Drücken von $1–1{,}5 \cdot 10^5$ MPa und Gerätedurchmessern von (max.) 24 und (min.) 3 Zoll. – In der Entwicklung sind kabellose Messmethoden, wobei die Datenübertragung durch Druckimpulse über die Spülung (→ Bohrung) erfolgt. – (Text n. e. Vorlage v. E. BRADEL, Hannover).

Georgien, Georgium (n. Georgia, Staat i. d. USA), n. → Tab. III 3.

Geosutur, f. → Erdnaht.

Geosynklinale, Geosynkline (gr 80/315), f., (‚Geosyncline' *J. D. DANA, 1873. – Von J. HALL bereits 1859 als ‚great syncline' bezeichnet), nach K. HSÜ (1982) und R. TRÜMPY (1984) ausgedehnte Zonen starker Absenkung mit mächtigen Sedimenten und unterschiedlichem Auftreten von Magmatiten. – Nach dem Grad der Vollkommenheit ihrer Ausbildung spricht H. STILLE (1936) von **Parageosynklinale,** wenn unregelmäßig geformte epikontinentale (s. d.) Becken infolge ihrer, gegenüber **Orthogeosynklinalen,** geringeren Senkungsintensität mit entsprechend geringmächtigeren Sedimentpaketen gefüllt sind. Als Orthogeosynklinalen bezeichnet er dagegen die der obigen Hauptdefinition entsprechenden Senkungsräume. Im Sinne dieser Einteilung können sich aus den Orthogeosynklinalen Gebirge mit alpinotyper (s. d.), aus den Parageosynklinalen nur solche mit germanotyper (s. d.) Tektonik entwickeln. Innerhalb der Orthogeosynklinalen können meist durch kräftigen submarinen (initialen) Vulkanismus gekennzeichnete vollgeosynklinale Bereiche **(eugeosynklinale Zone)** von solchen unterschieden werden, denen dieser Magmatismus (fast) völlig fehlt (**miogeosynklinale** = mindergeosynklinale Zone, H. STILLE, 1940). – Ch. SCHUCHERT (1923) bezeichnete dagegen als **Parageosynkline** Sedimentationsräume großer Tiefe, die den Rand von Kontinenten begleiten und vom offenen Ozean durch Inselketten **(borderlands)** getrennt sind, wie z. B. die heutigen randlichen Meeresbereiche an der Ostküste Asiens. – Aus Sicht der Plattentektonik (s. d.) wird darauf hingewiesen, dass der Bildung von Orogenen (s. d.) keineswegs unbedingt ein Geosynklinalstadium vorausgegangen sein muss. – s. a. Inselbogen, Kollisionsorogenese.

Geotektonik (gr 80/338), f., (*C. F. NAUMANN, 1850), Forschungsgebiet der Geologie, bei dem versucht wird, unter Heranziehung geophysikalischer und geochemischer Erkenntnisse den Entwicklungsgang von Krustenbewegungen und Massenverlagerungen unserer Erde theoretisch zu erklären. – s. a. Tektonik.

geotektonische Theorien und Hypothesen: 1. Entgasungskontraktionstheorie (s. d.). – 2. Expansionstheorie (s. d.). – 3. Fließhypothese (s. d.). – 4. Kontinentalverschiebungstheorie (s. d.). – 5. Kontraktionstheorie (s. d.). – 6. Oszillationstheorie (s. d.). – 7. Plattentektonik (s. d.). – 8. thermische Zyklen (s. d.). – 9. Undationstheorie (s. d.). – 10. Unterströmungstheorie (s. d.). – 11. Verschluckungshypothese (→ Unterströmungstheorie).

geotektonischer Zyklus, m. → Zyklentheorie.

geothermische Energie (gr 80/145/118), f., wirtschaftlich nutzbare, durch die natürliche Erdwärme erzeugte Energie. Ein Gebiet, in dem g. E. ausgenutzt werden kann, wird als **geothermisches Feld** bezeichnet. Solche geothermischen Felder sind gebunden an Gebiete mit entsprechend günstiger geothermischer Tiefenstufe (s. d.). Die g. E. kann durch geothermische Dampf- oder Heißwasserkraftwerke ausgenutzt werden.

geothermische Tiefenstufe, G.T. (gr 80/145), f., (als erster sprach offenbar KUPFER von „Isogeothermen", erste gründliche Untersuchung von G. BISCHOF, 1837), Angabe des Tiefenabschnitts in m, bei dem die Temperatur um 1 K zunimmt. Die g. T. liegt durchschnittlich bei 33 m (ca. 3 °C Temperaturzunahme auf 100 m Tiefe). Regional gibt es erhebliche Abweichungen von diesem Wert, z. B. Schwäbische Alb 11 m, Kanada, Südafrika 125 m. Die g. T. ist abhängig vom jeweiligen geologischen Bau, der thermischen Leitfähigkeit und der Lagerung der Gesteine, von besonderen Wärmequellen (z. B. Magmatismus) und der Morphologie der Erdoberfläche. Die Temperatur nimmt mit der Tiefe nicht linear zu, sondern in einer Kurve. Deshalb benutzt man auch den Begr. **geothermischer Gradient;** der Gradient ist die Neigung der Tangente an diese Kurve. – s. a. Wärmefluss.

Geothermobarometrie (gr 80/145/63/217), f., Ableitung von Druck und Temperatur bei der Metamorphose aus der Mineralzusammensetzung.

Geotraverse (gr 80, frz.), f., über ein geowissenschaftlich interessierendes Gebiet gelegter ‚Musterstreifen' von mehreren km Breite und vielen km Länge. Hier wird in interdisziplinärer Zusammenarbeit ein möglichst vollständiges geowissenschaftliches Bild der Beschaffenheit und Entwicklungsgeschichte dieses Raumes erarbeitet. Dabei finden nicht nur geologische, paläontologische, petrographische, geochemische, geodätische, geomorphologische und andere Untersuchungen an der Erdoberfläche, sondern auch geophysikalische Untersuchungen verschiedenster Art im Gesteinsuntergrund (wenn möglich, bis in den Erdmantel [s. d.] hinein) statt; z. B. COCORP (Consortium for Continental Reflection Profiling), DECORP (Deutsches Kontinentales Reflexions-Programm) oder EGT (Europäische Geotraverse).

Geotumor (gr 80/lt 357), m. → Oszillationstheorie.

Geowissenschaften, (gr 80), Pl., f., umfassen alle jene Naturwissenschaften, die sich der Untersuchung des Aufbaus der Erde und ihrer Gesteine, ihrer Morphologie und Besiedelung sowie der irdischen Wasser- und Lufthülle widmen. Ggf. werden solche Untersuchungen auch für entsprechende Fragestellungen auf anderen Himmelskörpern durchgeführt (s. a. Selenogeologie). – Zu den G. gehören: Geologie, Paläontologie, Mineralogie, Kristallographie, Petrologie, Geophysik, Meteorologie, Hydro(geo)logie, Geographie, Lagerstättenkunde, Geochemie, Bodenkunde, Meereskunde, Gletscherkunde, Geodäsie u. a.

Germanisches Becken, n., Bez. für jenen Sedimentationsraum, der – nach der variskischen Orogenese, vor allem seit dem Zechstein – große Teile Deutschlands überzog. Dieser häufig von epikontinentalen Meeren bedeckte Trog wurde durch eine mitteldeutsche Landbrücke in zwei Teiltröge unterteilt, den nord- und den süddeutschen Trog. Diese Tröge besaßen zeitweilig (z. B. Zechstein bis zum mittleren Jura, Mitteloligozän) eine Verbindung über die ‚Hessische Senke' (s. d.).

germanotyp (n. d. außeralpinen Mitteleuropa, gr 351), (* H. STILLE, 1920), Typusbez. für tektonische Formen (Bruchtektonik, Bruchfaltentektonik) in konsolidierten (s. d.) Gebieten. – s. a. alpinotyp, andinotyp.

Geröll, n., durch bewegtes Wasser transportiertes und abgelagertes Gesteinsbruchstück (Bach-, Fluss-, Strandgeröll). Durch gegenseitiges An- und Aufschlagen auf den Untergrund erfolgt ein mehr oder weniger starker Abrieb, der mit einer Kantenrundung beginnt. Diese erfolgt vor allem bei rollendem und springendem, sehr viel weniger bei schwebendem Transport. Ebenfalls gering ist die Abrollung, wenn größere Gesteinsstücke im Flussbett durch das Wasser übereinander geschoben oder gekantet werden. Da letzterer Transport in Flüssen häufiger auftritt, bezeichnen manche Autoren – vor allem im technischen Sprachgebrauch – die Flussgerölle als **Flussgeschiebe** (‚Geschiebe', ‚Rollsteine' *L. VON BUCH, 1810, 1813). Allerdings kann diese Bez. leicht Verwechslungen mit den Gletschergeschieben (→ Geschiebe) ergeben. – Eine Anhäufung von Geröllen wird als **Schotter** oder **Kies**, eine größere natürliche Schottermasse als **Schotterkörper** bezeichnet. – s. a. Abrollungsgrad, Kies.

Gesamthärte, f., → Wasserhärte.

Gesamtporosität, f. → Grundwasser.

Geschiebe, n., (‚Scheuerstein': *H. CREDNER, 1879), Gesteinsbrocken, der vom Gletschereis transportiert wird und infolge Entlanggleitens am Gesteinsbett des Gletschers verschiedenste mechanische Beanspruchungen erleidet. Er kann Kritzung/Schrammung erleiden: → **gekritztes Geschiebe** oder auch einen ein- oder mehrseitigen facettenartigen Abrieb: **Facettengeschiebe.** – G., deren Herkunftsort infolge ihrer besonders typischen Zusammensetzung rekonstruierbar ist, werden als **Leitgeschiebe** bezeichnet (schon als ‚Ledeblocke' bei V. MILTHERS, 1913, als Beobachtungstatsache jedoch schon vorher). Auf diese Weise lassen sich Rückschlüsse auf die Richtung der Eisbewegung ziehen. – s. a. Geröll, Gletscherschliff, Moräne.

Geschiebemergel, m., (wahrscheinlich *L. MEYN, 1820–1878), Sediment der Gletschergrundmoräne. Es besteht aus einer Grundmasse von ungeschichtetem Zerreibsel tonig-kalkiger Gesteine, das mehr oder weniger stark mit Geschieben (s. d.) verschiedener Größe durchsetzt ist. Verwitterungsbedingte Kalkabfuhr, aber auch primärer Kalkmangel erzeugen den **Geschiebe-** oder **Blocklehm** (s. a. Tillit). Nicht selten sind die Geschiebe mehr oder weniger eingeregelt (Geschieberegelung), sodass sich damit aus fossilen Grundmoränen Rückschlüsse auf die damalige Gletscherbewegung ziehen lassen. – s. a. Till.

gespanntes Grundwasser, n. → Grundwasser.

Gestaltungs-Wühlgefüge, n. → Wühlgefüge.

Gestein, n., natürliche Bildungen, die aus Mineralen, Bruchstücken von Mineralen oder Gesteinen, Organismenresten usw. aufgebaut werden. Je nach ihrer Entstehung unterscheidet man magmatische (→ Eruptivgestein, Magma), Sediment- (s. d.) und metamorphe (→ Metamorphose) Gesteine. – Sedimente werden als Lockermassen abgesetzt **(Lockergestein)** und dann in den meisten Fällen im Vorgang der Diagenese (s. d.) verfestigt (Sedimentgestein). Die ein G. im Wesentlichen aufbauenden Teile heißen **Hauptgemengteile,** die in geringeren Prozentsätzen auftretenden **Nebengemengteile,** und die oft weniger als 1 % ausmachenden **Übermengteile** (→ akzessorischer Gemengteil). – Besteht ein G. aus einer einzigen Mineralart, spricht man von einem **monomineralischen** G. (z. B. Gips, Quarzit). Ist es aus verschiedenen Mineralarten zusammengesetzt, wird es als **polymineralisches** G. (z. B. Arkose, Granit) bezeichnet.

Gesteinsbindemittel, n. → Bindemittel.

Gesteinsfuge, f. → Fuge.

Gesteinsglas, n. → hyalin, Tab. IV 4.

Gesteinsgrus, m., eckiges Schuttmaterial von Sand- bis Feinkiesgröße, das sich bei der physikalischen Verwitterung aus körnigen Gesteinen bildet; z. B. Granitgrus. – Vorgang: Vergrusung, Abgrusung.

Gesteinskunde, f. → Petrologie, Petrographie.

Gesteinsmagnetismus, m. → Erdmagnetismus.

Gesteinsmetamorphose, f. → Metamorphose.

Gesteinsspreu, f. → Quetschling.

Gesteinsstamm, m. → Petrographische Provinz.

Gewölbe, n., Begriff für eine sattelartig aufgebogene Struktur. Der Begriff ist unscharf, da er nicht erkennen lässt, ob es sich um eine Falten-

oder Beulenstruktur handelt. – s. a. Beule, Falte.

Gewölbescheitelbruch, m. → Verwerfung.

Geyser, Pl. **Geysir** (Benennung nach dem ‚Großen Geyser' in Island. – isld. ‚geysa' = wild strömen. – Das Wort ist schon seit dem 12. Jh. bekannt, eingedeutscht auch ‚Geiser'), m., heiße Quelle, die periodisch (intermittierend) Wasser springquellartig auswirft. Der schlotartige Wasserzufuhrkanal erweitert sich an der Erdoberfläche zu einem Trichter. Schon H. O. LANG (1880) sprach die Vermutung aus, dass das Wasser der G. vadosen (s. d.) Ursprungs sein müsse. Untersuchungen von R. BUNSEN und A. DES CLOISEAUX (1846) führten zur Bunsenschen Geysirtheorie. Durch vulkanische Wärme erhitztes Grundwasser kann wegen des Drucks der darüber stehenden Wassersäule bei 100 °C nicht zum Sieden kommen. Erst beim Erreichen der diesem Druck entsprechenden Siedetemperatur wird durch eine kleine Eruption ein Teil des Wassers ausgeworfen. Infolge dieser Druckentlastung liegt die Wassertemperatur nun über dem, diesem neuen Druck entsprechenden, Siedepunkt. Das überhitzte Wasser wird zu Dampf. Infolge solcher ruckartigen Dampfentwicklung wird in einer großen Eruption das Wasser aus dem Quellrohr nach oben gestoßen. – Auch die Form des Quellrohres spielt eine große Rolle. Von einigen G.en ist bekannt, dass ihre Förderkanäle siphonförmig gebogen sind. Es kann sich dann an der nach oben gerichteten Umbiegungsstelle unter Umständen so viel Dampf ansammeln, dass dessen Innendruck den der überlagernden Wassersäule überwindet, sodass eine Eruption erfolgt. – Wirkung und Lebensdauer der G.e sind also sowohl von der Wärmespende, als auch vom Wasserzustrom abhängig. – Aus dem Wasser der G.e scheiden sich oft Kalk- oder Kieselsinter **(Geysirit)** ab. Heute tätige G.e finden sich z. B. in Island, Neuseeland und im Yellowstone-Park/USA.

Gezeiten, Pl., f., Tiden, Pl., f., durch Mond und Sonne hervorgerufene, regelmäßig sich wiederholende Wasserstandsschwankungen, die als Gezeitenwelle die Ozeane durchlaufen. In geringerem Maße reagieren die übrigen Teile der irdischen Wasserhülle und in noch viel geringerem Maße die Gesteinsverbände der festen Erde (Erdgezeiten) auf diese extraterrestrischen Anziehungskräfte. Für jeden irdischen Beobachtungspunkt kommt es täglich zu ein- oder zweimaliger Hebung (Tidehochwasser, THW) und Senkung (Tideniedrigwasser, TNW) des Meeresspiegels. Als Ebbe wird der Zeitraum zwischen Hoch- und Niedrigwasser (= ‚ablaufendes Wasser'), als Flut der Zeitraum zwischen Niedrig- und Hochwasser (= ‚auflaufendes Wasser') bezeichnet. Wenn diese Erscheinung auch vor allem an den großen Ozeanen und ihren Randmeeren beobachtbar ist, so lässt sie sich doch auch, wenn auch nur in sehr viel geringerem Maße, an Nebenmeeren und Binnengewässern erkennen. Während auf offener See der **Tidenhub** (= Differenz zwischen Niedrig- und Hochwasser) gering ist, wächst er mit Annäherung an die Küste infolge Stauwirkung am Festland. – s. a. tidal, Watt.

Gezeitenschichtung, f., (*G. FORCHAMMER, 1841), durch den Gezeitenvorgang im Küstengebiet hervorgerufene Feinschichtung der Meeressedimente; vor allem in Wattengebieten beobachtbar. – Die auf- und ablaufenden Gezeitenwässer üben jedoch auch flächen- und linienhafte Abtragungstätigkeit aus – bes. extrem in den Prielen des Wattenmeeres: **Gezeitenerosion.**

G-Horizont, m. → Bodenprofil, Gley.

Gilbert-Delta (n. G. K. GILBERT, der diesen Typ 1885 zuerst aus Nordamerika beschrieb), n., Delta (s. d.), das in ein tiefes Becken mündet und daher steile Vorschüttungsschichten (s. d.) zeigt.

Gilbert-Epoche (n. dem englischen Arzt und Naturforscher, Leibarzt d. Königin Elisabeth I., W. GILBERT, 1544–1603, der zuerst die Meinung vertrat, dass die Erde ein magnetischer Dipol sei), paläomagnetische Epoche mit reverser Magnetisierung; ↗ Abb. 4.

Gilsa event (Fl. i. Ost-Island), n., (*MCDOUGALL & WENSINK, 1966), geomagnetisches Polaritätsereignis in der Matuyama-Epoche (s. d.); ↗ Abb 4.

Gipfeleruption, f. → Eruption.

Gipfelflur (*A. PENCK, 1919), f., gedachte Tangentialfläche, die in einem Gebirge die jeweils höchsten selbstständigen Gipfel berührt. Sie ist vom geologischen Bau unabhängig.

Gips (alter Begriff, schon bei Herodot und Plato), m., $CaSO_4 \cdot 2\ H_2O$, Mineral- und Gesteinsname. – Ebenfalls seit dem Altertum wird ein Gipsgestein mit mikroskopisch feiner Körnigkeit als **Alabaster** (s. d.) bezeichnet.

Gipshut, m. → Salzspiegel.

Gipskeuper (wegen des darin enthaltenen, meist aus Gips bestehenden Salinars), m., 1.

im Sinne von Mittlerem Keuper (*A. TORNQUIST, 1892), 2. im Sinne von Unterem Mittelkeuper (W. BENECKE & E. COHEN, 1864). – Tab. III 9 C.

Gipsrose/Gipsrosette, f. rosettenartige Verwachsungen mehrerer Gipskristalle. In ähnlicher Weise können Baryt- (→ Schwerspat) Kristalle verwachsen **(Barytrose).** Sehr häufig enthalten solche Kristalle in mehr oder weniger großer Menge Sandkörner (Sandrose, Sandbaryt). Heute bilden sich solche ‚Rosen' in ariden bis semiariden Gebieten (z. B. Sahara, SW-Afrika): **Wüstenrosen.**

Girlandenboden, m. → Kryoturbation.

Girlanden-Schichtung, f. (* K. SCHÄDEL, 1957), Bez. für die zwischen Riffkuppeln durchhängende Schichtung.

Givetien, Givetium, Givet (-Stufe) (n. d. Ort Givet/Maas/Nordfrankr.), n., (*J. B. D' OMALIUS D' HALLOY, 1839), Tab. III 6 B.

Glacis (v. frz.), n. → Pediment.

Glanzkohle, f., (*R. POTONIÉ, 1910), Bez. für hochglänzende Kohlenarten: 1. bei Steinkohlen = Vitrit (→ Streifenart), 2. Bez. für besonders hoch inkohlte, dichte, splittrig brechende Braunkohlen **(Glanzbraunkohlen),** z. B. Pechkohlen (s. d.) oder Kontaktkohlen (→ Hartbraunkohle, Naturkoks, Stängelkohle). – s. a. Kontaktmetamorphose bei → Metamorphose.

Glaskopf, m., nierige, traubige, an der Oberfläche glänzend-glatte Ausbildungen verschiedener Minerale. – Roter Glaskopf: Roteisenerz; Brauner Glaskopf: Grüneisenerz (eisenhaltiges Phosphat); Schwarzer Glaskopf: Manganerz (Psilomelan: MnO_2).

Glasmeteorit, m. → Meteroid, Tektit.

Glastuff, m. → Tuff.

Glaukonit (gr 82), m., (*C. KEFERSTEIN, 1828), dunkelgrünes, im marinen Bereich gebildetes Mineral. Ein sehr wechselnd zusammengesetztes Fe-Al-Silikat mit 2 bis 15% K_2O. Glaukonitführende Sedimente finden sich im heutigen tieferen Schelfmeer in ca. 200 m Wassertiefe: **Grünsande, Grünschlicke.** Es wird angenommen, dass sich ein Teil der Glaukonite durch Halmyrolyse (s. d.) des Biotits, ein anderer Teil unter Mitwirkung von Organismen (z. B. im Darmtrakt von Meerestieren) gebildet hat. – s. a. Meeressediment, Tab. VI 8.

Glaukophan (gr 82/359), m. → Amphibol. – s. a. ↗ Abb. 45.

Glaukophanschiefer, m. → Blauschiefer.

Glazial, n., Adj.: **glazial** (lt 164) (als ‚Glacialformation' im Sinne von Gletscherbildungen bei J. VON CHARPENTIER, 1841), Eiszeit, eiszeitlich. – Das Adj. ‚glazial' wird in zweierlei Sinn verwendet. 1. Bez. für die Tätigkeit des Gletschereises und die daraus resultierenden Formen und Sedimente. Im gleichen Sinne werden **glaziär** und **glazigen** gebraucht (beide Begriffe: *R. GRAHMANN, 1932). – 2. Allgem. als Bez. von Erscheinungen innerhalb von Eiszeiten; vgl. dazu → Kaltzeit.

Glazialerosion, (lt 164/122) f., **Gletschererosion,** Bez. für die Abtragungstätigkeit der Gletscher. Auf diese Weise entstehen Gletscherschliffe, -schrammen, Rundhöcker, Trogtäler usw. Oft üben die Gletscher nur eine modifizierende, weniger selbstschaffende Tätigkeit aus. Vielfach ist überhaupt das Vorhandensein echter G. bestritten worden. Andere Autoren nahmen an, dass nicht der Gletscher selber, sondern die unter ihm **(subglazial)** fließenden Schmelzwässer erosiv wirksam seien. – Um die Vielzahl der Wirkungskräfte aufzuzeigen, hat H. PHILIPP (1929) nach vorhandenen Begriffen folgende Hauptformen unterschieden: 1. **thermische** G.: a) Frostabwitterung, b) Frostsprengung; 2. **mechanische** G.: a) Exaration (auspflügend), b) splitternde Erosion, c) Detraktion (aushebend), d) Detersion (schleifend).

Glazialgeologie (lt 164/ gr 80/197), f., Zweig der geologischen Forschung, der sich mit der Erfassung der eiszeitlichen Zeugen befasst und versucht, aus der Interpretation dieser Zeugen Aussagen über Bildungsablauf und -mechanismus der Glazialzeiten zu machen.

glazial-klimatische Terrasse, (lt 164/gr 168/lt 344) f. → Schotterterrasse.

Glazialtektonik (lt 164/ gr 338), f., (*G. SLATER, 1930: glaziale Tektonik; bei P. WOLDSTEDT, 1954: Glazialtektonik), allgem. Bez. für alle durch die Wirkung von bewegten Eismassen (Gletscher, Inlandeis) auf bzw. im Untergrund erzeugten Lagerungsstörungen (Falten, Überschiebungen, Schuppen, Aufpressungs-, Zerrungsstrukturen usw.). Versch. Autoren rechnen hierzu auch Deformationen im Boden durch reine Eisauflast. – s. a. Moräne.

glaziär, glazigen (lt 164) → Glazial.

glazio-fluvial, glazio-fluviatil (lt 164/149) → fluvioglazial.

glaziomarin (lt 164/226), Bez. für im Meer abgelagertes Sedimentmaterial, das, von Treibeismassen mitgeführt, bei deren Abtauen zu Boden sinkt. Hierher gehören auch die **Driftblöcke** (**Dropstein,** engl.: **dropstone**), die allerdings nicht nur aus marinem, sondern auch fluviatilem Treibeis stammen können. – s. a. erratischer Block, Moräne.

glazio-obsequent (lt 164/238), Bez. für Flüsse, die nicht als Gletscherschmelzwässer aus dem Gletscher austreten, sondern auf ihn, vom Vorland kommend, zulaufen. – s. a. obsequent.

Gleiboden, m. → Gley.

gleichkörnig → homophan.

gleichsinnig (bei Verwerfungen) → synthetisch.

Gleitbrett, n. → Schuppenbau.

Gleitbrettschieferung, f. → Schieferung.

Gleitdecke, f. → Decke.

Gleitfaltung, f., Faltung von Sedimenten, die auf schiefer Ebene ins Rutschen geraten, z. B. subaquatische Gleitung (s. d.). – G. in größerem Maßstabe hat E. Reyer (1888, 1907) zur Grundlage einer Theorie gemacht, nach der große Faltungen durch Zusammenschub von auf schrägem Untergrund abgleitenden Schichten erzeugt worden sind. – s. a. Oszillationstheorie, Undationstheorie.

Gleitfuge, f. → Fuge.

Gleithang, m., in Flusskrümmungen das sanfter geneigte Ufer, an dem sich infolge langsamer Wasserbewegung größere Mengen mitgeführten Sedimentmaterials ablagern. – s. a. point bar, Prallhang.

Gleitstriemung, f., **Gleitstreifung,** f., **Rutschstreifen** (‚Frictionsstreifung' bei C. F. Naumann, 1850), eine durch das Aneinandervorbeigleiten der Grenzflächen zweier Gesteinskomplexe entstandene **Rillung,** z. B. bei Verwerfungen (→ Harnisch) oder bei Biegegleitung (→ Falte) auf den Schichtflächen. – s. a. Verwerfung.

Gleitung, f., allgem. Bez. für die Bewegung eines Körpers entlang einer Fläche (Gleitfläche). Diese Flächen können sehr unterschiedliche Dimensionen besitzen (z. B. hinunter bis in den Bereich des Kristallgitters). W. Schmidt (1925) unterschied zwei Vorgänge bleibender Deformation (s. d.), nämlich solche, die auf Zerreißen (mit Trennung), und solche, die auf G. (mit Aufrechterhalten des Zusammenhanges) zurückgehen. In diesem Sinne ist G. ein Verformungsvorgang bei der plastischen Deformation von Körpern. Andere Autoren bezeichnen auch die Bewegung großer Gesteinskörper entlang Bewegungsflächen als G.: z. B. Gleitmasse, Gleitdecke, Schweregleitung. – s. a. Fuge.

Gleitungsbruch, m., n. L. Müller (1963) eine Bewegungsfläche, die in Materialien entsteht, welche sich unter der herrschenden Beanspruchung, also z. B. bei sehr langsamer Formänderung, weitgehend plastisch verhalten und deren Scherfestigkeit (→ Scherung) vergleichsweise gering ist. Die Oberfläche solcher Flächen ist glatt und oft erstaunlich eben. Sie besitzen oft Harnisch-Rillung (→ Gleitstriemung). – s. a. Bruch, Fuge, Trennbruch, Verschiebungsbruch.

Gleitungstheorie, f. → Gletschertheorien.

Gletscher, Ferner, m., (↗ Abb. 31), geschlossene Eismassen, die sich – dem allgemeinen Gefälle entsprechend – voranbewegen. Als eigentliche G. werden, im Gegensatz zu den Inlandeismassen (s. d.), meist nur die **Gebirgsgletscher** bezeichnet. Diese können als **Talgletscher*** in einzelnen Tälern auftreten oder sich über Pässe und andere niedrige Gebirgsteile hinweg zu einem **Eisstromnetz** (*A. Penck & E. Brückner, 1909) vereinigen. Verschiedentlich fließen sie aus den Gebirgstälern

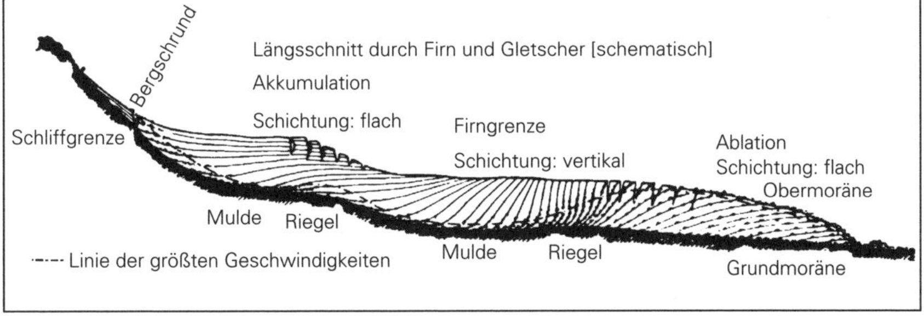

Abb. 31 Längsschnitt durch einen Gebirgsgletscher mit eingezeichneter Zone der Hauptbewegungen (nach R. Streiff-Becker aus P. Woldstedt: Das Eiszeitalter. – 2. Aufl. Stuttgart [Enke] 1954).

als **Vorlandgletscher** (= Piedmont-Gletscher, Malaspina-Gletscher) in das Vorland hinaus. Daneben finden sich im Gebirge auch die kurzen, im Wesentlichen nur in den Firnmulden auftretenden **Kar-** (schon bei E. RICHTER, 1888), **Hang-** oder **Hängegletscher***. – Bei einem G. unterscheidet man zw. dem oberhalb der Schneegrenze liegenden **Nährgebiet (Akkumulationsgebiet),** das entweder eine Hochfläche **(Firnfeld)** oder eine muldenartige Senke **(Firnmulde)** darstellt, und dem unterhalb der Schneegrenze liegenden **Zehr-** oder **Abschmelzgebiet (Ablationsgebiet),** das den größten Teil der **Gletscherzunge** einnimmt. Nach der Form dieser Gletscherzunge lassen sich der **alpine Typ*** (mit langer stromartiger Gletscherzunge) und der **norwegische Typ*** **(Fjeld-** oder **Firnplateau-Typ,** da mit tafelförmigem Firnfeld und mehreren, voneinander getrennten, kurzen, aber breiten Gletscherzungen) unterscheiden. Das untere Ende des G. ist die **Gletscherstirn,** – Gletscherlängen: Aletschgletscher (Alpen) 22–23 km, Fedschenko-Gletscher (Pamir) über 60 km. – Gletscherdicken: von einigen Zehner bis mehreren 100 m und auch mehr. – Gletschergeschwindigkeit: in den Alpen mehrere 100 m pro Jahr, aber auch sehr viel weniger. Die Geschwindigkeit ist abhängig von Gefälle und Eismenge (vgl. dazu: Gletschersturz; Eislawine bei → Lawine). – Die G. der Alpen nehmen z. Z., zusammengenommen, über 3 000 km^2 an Fläche ein. – Alle vorgenannten Werte können je nach Klimagestaltung schwanken. Konkrete Angaben sind nur unter Angabe des Jahres der Messung von Wert. – (Begriffe mit *-Signatur werden bereits bei A. HEIM, 1885, verwendet). – s. a. Diffluenz, Inlandeis, Kar, Konfluenz, Moräne.

Gletscherbach, m., das am unteren Ende des Gletschers nicht selten aus einem bis mehrere m hohen, höhlenartigen Eisgewölbe **(Gletschertor)** austretende Schmelzwasser. Es ist meist durch mitgeführte feine Schwebeteilchen **(Gletschertrübe)** milchig trübe: **Gletschermilch.**

Gletscherbruch, m. → Gletschersturz.

Gletschererosion, f. → Glazialerosion.

Gletscherfall, m. → Gletschersturz.

Gletscherhöhle, f. → Höhle.

Gletscherlauf, m. → vulkanische Tätigkeit.

Gletscherlawine, f. → Lawine.

Gletscherlobus (gr 196), m. → Moräne.

Gletschermilch, f. → Gletscherbach.

Gletschermühle, f., **Gletschertopf,** m., **Gletschertrichter,** m., Schächte oder Röhren im festen Gestein mit rundem oder ovalem Querschnitt, die durch das in Gletscherspalten herabstürzende Schmelzwasser, meist verstärkt durch in Wirbelbewegung versetzte Steine, ausgekolkt werden. Gletschermühlen größeren Ausmaßes heißen **Riesentöpfe** (schon bei C. F. NAUMANN, 1850). – s. a. Erosionskessel.

Gletscherschliff, m., **Gletscherschramme,** f., glatt geschliffene Fläche bzw. durch im Eis mitgeführte Gesteinsbruchstücke (→ Geschiebe) während der Eisbewegung am Felsgrund eingekritzte Schrammen. Die Richtung der Letzteren kann bei fossilen Gletscherbetten einen Hinweis auf die Bewegungsrichtung des damaligen Gletschereises geben.

Gletschersee, m. → Stausee.

Gletscherspalte, f., (schon bei H. & A. SCHLAGINTWEIT, 1850, und A. HEIM, 1885, beschrieben und benannt), während der Gletscherbewegung infolge Querschnittsverengung, Unebenheiten des Bettes oder versch. hoher Geschwindigkeit der einzelnen Teile des Eiskörpers im Eis aufreißende Scher- und Dehnungsrisse. Bei Dehnung in Bewegungsrichtung, etwa über Gefällsknicken: **Querspalten.** Bei Dehnung quer zur Bewegungsrichtung: **Längsspalten.** Bei differenzierter Geschwindigkeit zwischen Zentral- und Randzonen des Gletschers infolge der Reibung zwischen Eis und Feld entstehen die mit etwa 45° stromauf gerichteten **Randspalten.**

Gletscherstirn, f. → Gletscher.

Gletschersturz, m., **Gletscherfall,** m., über einen steilen Felshang abbrechender Gletscher, bei dem das Eis stückweise herabfällt und sich sehr oft zu einem neuen Gletscher regeneriert: **regenerierter Gletscher.** – Tritt lediglich durch einen stärkeren Gehängeknick eine starke Zerspaltung und Stufung des Gletschers ein, so spricht man von einem **Gletscherbruch.**

Gletschertal, n. → Trogtal.

Gletschertheorien, Theorien über den Mechanismus der Gletscherbewegung. 1. Als aufgegeben gilt die schon von J. J. SCHEUCHZER (1705) im Prinzip entwickelte, vor allem aber von J. DE CHARPENTIER (1841) vertretene **Dilatationstheorie.** Hier wird die Gletscherbewegung durch die Ausdehnung des in Spalten oder andere Hohlräume des Gletschers eindringenden und gefrierenden Wassers erklärt.

– 2. Die **Regelationstheorie** gründet sich auf das Eiskornwachstum und den damit zusammenhängenden Wachstumsdruck (z. B. F. J. HUGI, 1843, besonders F. A. FOREL, 1882), (s. a. Regelation). – Eine weitere Gruppe von Forschern sieht bereits seit Mitte des 18. Jh. die Gravitation als treibende Kraft an: **Gravitationstheorien** (A. HEIM, 1885: wichtig z. B. die **Gleitungstheorie** von H. B. DE SAUSSURE, 1779). 3. **Plastizitätstheorien:** a) ‚plastisches Fließen' des Gletschers in Richtung des Gefälles infolge kurzfristigen Auftauens des Eises an bes. unter Druck liegenden Gletscherpartien (seit J. THOMSON, 1849); b) ‚plastisches Fließen' des Eises infolge Eigenplastizität. Einige Autoren (z. B. R. VON ANNECY, 1839/41) begründen dies mit der Duktilität (→ duktil), andere mit Verschiebungen, z. T. molekularer Art, im Gletscherkorn: 4. **Translationstheorie.** A. HEIM (1885) hat eine Translation durch Regelation (s. d.) nicht ausgeschlossen. – 5. Im Gegensatz dazu nahm H. PHILIPP (1915) ein Übereinandergleiten von in sich fest zusammenhängenden plattenartigen Gletscherteilen an dem Untergrund angepassten Scherflächen an (= ‚laminares Fließen'): **Scherflächentheorie.** Diese Bewegungen sollen nicht kontinuierlich, sondern ruckartig erfolgen (s. a. Blaublätter). – Mit hoher Wahrscheinlichkeit findet in einem Gletscher sowohl ‚Plastisches Fließen', z. B. in seinen druckintensiven tieferen Teilen, als auch ‚laminares Fließen', z. B. in den höheren, starren Teilen statt. – In früherer Zeit hat B. F. KUHN (1787) die Bewegung des Grindelwaldgletschers (Schweiz) durch den Druck der Firnmassen erklärt. Er hat auch als erster aus dem Vergleich der Lage früherer Moränen zu der des heutigen Gletschers eine ungewöhnlich große, frühere Ausdehnung der Gletscher gefolgert. – s. a. Surge.

Gletschertisch, m., **Eistisch,** einzelne, oft mehrere m hohe, von einem Steinblock gekrönte Eissäulen auf der Gletscheroberfläche. Sie entstehen durch die Schutzwirkung der Steinplatte für ihre Eisunterlage während der → Ablation.

Gletschertopf, m. → Gletschermühle.

Gletschertor, n. → Gletscherbach.

Gletschertrichter, m. → Gletschermühle.

Gletschertrübe, f. → Gletscherbach.

Gletscherzunge, f. → Gletscher.

Gley, m., Boden in Niederungen und Senken, bei dessen Entwicklung das Grundwasser entscheidenden Einfluss hat. Unter dem vom Grundwasser nicht beeinflussten A-Horizont (→ Bodenprofil) liegt der rostfleckige **Oxidationshorizont** (Go-Horizont). Dieser befindet sich im Bereich des Kapillarsaums (s. d.), in dem zeitweilig ein oxidierendes Milieu herrscht. Darunter folgt der im ständigen Grundwasserbereich liegende **Reduktionshorizont** (Gr-Horizont), der oft fahlgrau, graugrün oder blauschwarz gefärbt ist. – s. a. Pseudogley.

Glimmer, m., (schon bei G. AGRICOLA, 1546), Mineralgruppe innerhalb der → Phyllosilikate (sehr gute Spaltbarkeit in einer Richtung). Hierher gehören: Paragonit, Muskovit, Phlogopit, Biotit, Lepidolith, Zinnwaldit.

Glimmerschiefer (wegen seines Glimmerreichtums und schiefrigen Gefüges), m., Tab. VII 14.

Globigerinenschlamm, m., hellbräunlich bis hellrötlich gefärbtes marines Sediment mit einem Kalkgehalt von 40–90 %, im Wesentlichen aus Schalen von Foraminiferen – vor allem der Gattung *Globigerina* – bestehend. Er tritt im Tiefseebereich zw. 2000 und 5000 m Tiefe auf. Hier ist die Kalkauflösung noch gering, während terrigenes Material in verhältnismäßig geringem Maße zur Ablagerung kommt (↗ Abb. 44). – s. a. Meeressediment, roter Tiefseeton.

Globulit (lt 165), m. → Mikrolith.

Glutlawine, f., größere Gleitmassen an Vulkanflanken, die aus noch heißen Pyroklastika (s. d.) bestehen.

Gluttuff, m., (* R. WEYL, 1954) → Tuff.

Glutwolke, f., (engl. glowing cloud * T. ANDERSON & J. S. FLETT, 1903, frz. nuée ardente * A. LACROIX, 1904, port. nuvem ardente * P. J. I. DA SILVEIRA, 1808), wolkenartige Akkumulationen heißer vulkanischer Gase, die große Mengen von Feststoffen und Schmelztröpfchen in Suspension halten. Diese Wolken sind relativ schwer, steigen deshalb nicht auf, sondern strömen mit hohen Geschwindigkeiten (bis 200 km/h beobachtet) hangabwärts und richten dabei starke Verwüstungen an (Montagne Pelée, Mt. St Helens). Aus ihnen lagern sich verschiedene Typen von Tuffen, bes. Ignimbrite (s. d.) ab. – s. a. Vulkan.

Gneis (alt. sächs. Bergmannsausdruck a. d. 16. Jh.), m., Metamorphit (→ Metamorphose) mit Paralleltextur, der mehr als 20 % Feldspat enthält. Die Paralleltextur kann planar (flächenhaft, schiefrig) oder linear (linienhaft, z. B. flaserig: **Flasergneis**) sein. Durch bes. große Einzelmineral-Sprossungen, um die sich das Grundgewebe herumlegt, bildet sich **Augengneis.** Die

Hauptgemengteile der Gneise sind Feldspat, Quarz und Glimmer. Treten dazu noch in größerem Umfang Übergemengteile auf, so können die Gneise nach ihnen benannt werden: z. B. Cordieritgneis, Hornblendegneis usw. – Heute wird der Begriff ‚Gneis', wie oben, nur beschreibend verwendet. Früher wurden vorzugsweise nur katazonale Metamorphite als Gneise bezeichnet. Darüber hinaus hat U. GRUBENMANN nach (hochmetamorphen) Kata- und (niedrig-metamorphen) Epigneisen unterschieden. – s. a. Orthogestein, Paragestein. Tab. VII, 1, 7, 13, 19, 25, 31.

Goethit, m., (von H. A. ACHENBACH zu Ehren von J. W. VON GOETHE benannt; später von J. G. LENZ, 1806, aufgenommen, und zwar ursprünglich für den Rubinglimmer), Nadeleisenerz (*A. BREITHAUPT, 1823), FeOOH.

Goldlauter-Formation (n. d. Ort Goldlauter/Thüringen), Pl., (*F. BEYSCHLAG, 1891), Tab. III 8 A.

Gondwana (n. d. Königreich d. Gonden/Zentralindien, heute Staat Madhya Pradesh), n., als stratigraphischer Begriff erstmalig von H. B. MEDLICOTT 1872 in einem Bericht gebraucht; in d. Lit. eingeführt von O. FEISTMANTEL, 1876. – E. SUESS (1908) wies darauf hin, dass die Südkontinente eine Gemeinsamkeit durch die permokarbonische *Glossopteris*-Flora hätten und bezeichnete daher Indien, Madagaskar, Afrika (mit Ausnahme von Nordafrika und den südafrikanischen Cap Mts.) und Südamerika (ohne die Anden) zusammen als ‚Gondwana-Land'. A. WEGENER (1912) übernahm den Terminus ‚Gondwana-Land' dann für eine Landmasse mit charakteristischer Florenentwicklung, sowie Spuren der großen permo-karbonischen Vereisung, der die alten Kerne Südamerikas, Afrikas, Vorderindiens, Australiens und der Antarktis früher zusammengefasst hat. Nach versch. Zerteilungen zerfiel dieser Großkontinent im Mesozoikum vollkommen zu den heutigen Landmassen der Südhalbkugel. Es wird, schon aus Gründen besserer internationaler Verständigung, empfohlen, den Terminus ‚Gondwana-Land' zu Gunsten von ‚Gondwana' zu streichen und andererseits stratigraphische Bezeichnungen wie ‚Gondwana-Formationen' zu verwenden. – s. a. Kontinentalverschiebung, Plattentektonik.

Gosau (nach d. Ort Gosau/Salzkammergut/Österreich), f., (*A. E. REUSS, 1854), Schichtengruppe oberkretazischer, meist fossilreicher Mergel, Mergelsandsteine, Kalke und Konglomerate in den Ostalpen. – Tab. III 11 B.

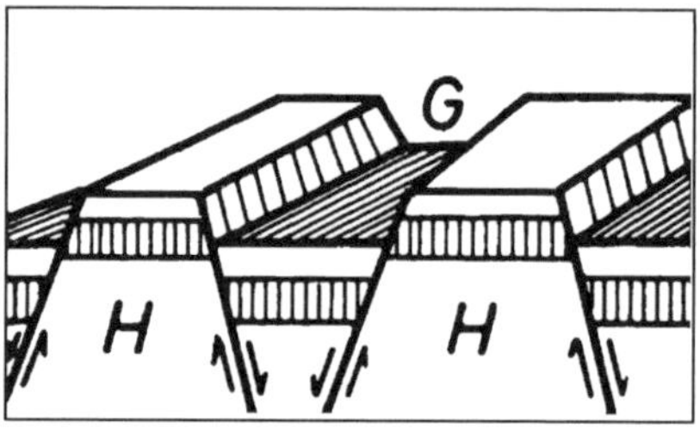

Abb. 32 Graben (G) und Horst (H).

Gotlandien, Gotlandium (n. d. Ostseeinsel Gotland), n., (*E. MUNIER-CHALMAS & H. DE LAPPARENT, 1893), als stratigraphischer Systembegriff heute durch den Begriff ‚Silur' ersetzt; Tab. III 5. – s. a. Silur.

Graben (a. d. Bergm.-Sprache eingef. v. J. K. G. JACOBSON, 1781), m., **tektonischer** G., ein gegenüber seiner Umgebung an mehr oder weniger parallel streichenden Verwerfungen eingesunkenes Krustenstück (↗ Abb. 32). Gräben können im cm- wie km-Bereich auftreten; Großgräben sind z. B. die ostafrikanische Grabenzone, das Rote Meer, der Oberrheingraben, der Oslograben. – Die Grabenbildung geht auf Zugbeanspruchungen in der Erdrinde zurück. H. CLOOS (1939) betrachtete die Gräben als **Scheitelgräben** über schildartigen Aufbeulungen der Erdkruste. Wahrscheinlich besitzt aber der größte Teil der Gräben andere Entstehungsursachen. – Gräben, die nur auf einer Seite Verwerfungen, auf der anderen Seite jedoch Flexuren besitzen, werden als **Halbgräben** bezeichnet. Gräben, bei denen die Randverwerfungen durch Flexuren ersetzt sind, werden **Flexurgräben** genannt. – E. E. MILANOVSKY (1972) unterschied: a) ozeanische Gräben (auf beiden Seiten flankiert von ozeanischer Kruste; Beispiel: Gräben der → Mittelozeanischen Rücken, b) intrakontinentale Gräben (auf beiden Seiten flankiert von kontinentaler Kruste; Beispiel: Oberrheingraben), c) interkontinentale Gräben (Grabeninneres ozeanisch, Grabenflanken beidseitig kontinental; Beispiel: Rotmeergraben). – Es ist zu beachten, dass Tiefseegräben (s. d.) nicht als ozeanische Gräben zu bezeichnen sind. – s. a. Flexur, Horst, Reliefumkehr, Rift, Taphrogenese.

Grabenrandverwerfung (als ‚Randverwerfung' bei F. MOESTA, 1884), f., Verwerfung, die den eigentlichen Graben (s. d.) von der Grabenschulter abgrenzt. Grabenwärts erscheint meist noch eine Anzahl verschiedener Verwerfungen, die je nach ihrer Fall- und Streichrichtung eine Reihe von Rand-, Leisten- oder Klemmschollen begrenzen, die nur geringere Abwärtsbewegungen durchgeführt haben als das Grabeninnere. Teilweise – wie in der Vorbergzone des Oberrheingrabens – treten sie auch morphologisch hervor.

Grabensee, m. → Austiefungssee.

Gradierung (bei Sedimenten), f., (lt 166) (v. engl. ‚graded bedding' Ph. H. KUENEN & C. I. MIGLIORINI, 1950), Ablagerungsart, bei der von der Basis bis zur Oberkante einer Schicht die Größe der sedimentierten Körner abnimmt. Häufig bei Grauwacken (s. d.) zu beobachten.

Granat (möglicherweise aus lt. abgeleitet von der Frucht des Granatbaumes: *granatum malum*), m., (als ‚Granatus' bereits bei ALBERTUS MAGNUS), Gruppe von Inselsilikaten mit der Grundformel: X_3Y_2 $[SiO_4]_3$. Im Wesentlichen können eintreten: für X: Mg, Fe, Mn, Ca und für Y: Al, Fe. – Hierher gehören: Pyrop, Almandin, Spessartin, Grossular, Andradit, Uwarowit.

Granit (lt 167), m., (* CAESALPINUS, 1596; schärfer definiert von A. G. WERNER, 1787), Tab. IV 1. – B. W. CHAPELL & A. J. R. WHITE (1974) haben folgende inzwischen allgemein gebräuchliche Unterscheidung vorgeschlagen: **I-Typ-Granite** (v. engl. **i**gneous) sind magmatische Differentiate oder Aufschmelzungsprodukte magmatischer Ausgangsgesteine. Sie variieren von mafitreichen bis zu sehr hellen Gesteinen, oft Hornablende führend, ohne Muskovit. **S-Typ-Granite** (v. engl. **s**ediment) sind anatektische Produkte von Metasedimenten. Es sind relativ SiO_2-reiche Gesteine, oft Muskowit, Granat und/oder Cordierit führend. Seltener werden auch die Begriffe **A-Typ-Granit** (M. C. LOISELLE & D. R. WONES, 1979) (v. engl. **a**norogenic) für stärker alkalischere Typen in Rift-Zonen und im Innern von Kontinentalplatten und **M-Typ-Granit** (A. J. R. WHITE, 1979) (v. engl. **m**antle) für Granite an Subduktionszonen (s. d.) verwendet. A-Typ-Granite haben relativ geringe Gehalte an CaO, MgO und Al_2 O_3, dagegen hohe an Na_2O + K_2O. M-Typ-Granite enthalten verschiedene Isotope, die von Gesteinen der Inselbögen bekannt sind. – s. a. Anatexis, ↗ Abb. 24.

Granitgrus, m. → Gesteinsgrus.

Granitisation, Granitisierung, f., (schon E. SUESS, 1909 sieht für manche Granitkörper eine Entstehung „durch Aufschmelzen und Aufzehren des Nebengesteins"). Bildung granitischer Gesteine durch Umwandlung anderer Gesteine. Dies kann durch Alkalimetasomatose (→ Metasomatose) oder durch Aufschmelzung infolge starker Temperaturerhöhung (→ Palingenese) geschehen. Ferner gehören hierher die Vorgänge der Migmatisierung (→ Migma). – s. a. Metamorphose, Ultrametamorphose.

Granitpegmatit, (lt 167/gr 276) m. → Pegmatit. – Tab. IV 2.

Granitporphyr, (lt 167/gr 289) m., (*C. W. NOSE, 1798), Tab. IV 2.

Granittektonik, (lt 167/gr 338) f. → Pluton.

granoblastisch (lt 167/gr 70) → kristalloblastisch.

Granodiorit (weil als Zwischenglied zw. Granit und Diorit aufgefasst), m., (*G. F. BECKER in W. LINDGREN, 1893; schärfer definiert von W. LINDGREN, 1900), Tab. IV 1.

Granulometrie (lt 167/gr 217), f., Methode der Korngrößenmessung in Gesteinen.

Granulit (lt 167), m., (n. K. C. VON LEONHARD, 1824, v. Ch. S. WEISS, 1803 eingeführt. Der Begriff findet sich jedoch bereits vorher bei J. W. VON GOETHE), Tab. VII 7 u. 10. – Im frz. Sprachgebrauch früher für feinkörnigen Muskovitgranit gebraucht (*A. MICHEL-LEVY, 1874). – s. a. ↗ Abb. 24.

Graphit (gr 86), m., (*A. G. WERNER, 1789), C; hexagonal, schuppig, sehr weich (Härte 1), entsteht bei Metamorphose aus kohligem Material. – **Graphitgneis,** Tab. VII 31.

Gratgebirge, n. → Gebirge.

Grauerde, f. → Podsol.

Grauwacke, f., (Bergbaubegriff aus dem Harz, mind. seit 1780, z. B. 1784: ‚graue Wacke des Harzes'), graue bis graugrüne Sandsteine, aus 28–53% Quarz, 25–47% Feldspat, 4–21% Glimmer, 4–25% Chlorit, 0–6% Carbonaten und 1–3% Akzessorien bestehend (Werte n. H. G. HUCKENHOLZ, 1963). Charakteristisch ist ein hoher Anteil von Gesteinsbruchstücken (Quarzit, Phyllit, Tonschiefer usw.). Der Begriff wird in der Literatur meist lediglich für paläozoische und vorpaläozoische Gesteine dieser Art verwendet. – Tab. VI 9.

Grauwackenzone, f. → Deckensysteme.

Gravettien (n. d. jungpaläolithischen Höhlen-Station La Gravette i. d. Dordogne/Frankreich), n., Tab. IIa C.

Gravimetrie (lt 168/gr 217), f. → Schwere.

Gravitationsdifferentiation (lt 169/96), f. → Differentiation.

Gravitationstheorien (lt 169) → Gletschertheorien.
gravitative Segregation (lt 169/303), f. → Differentation.
gravitative Tektonik (lt 169/gr 338), f., (?*C. F. NAUMANN, 1849), Schwerkraftbedingte (= gravitative) Gleitungen (= **Schweregleiten**) erzeugen Deformationen des abgleitenden Gesteinsmaterials, z. B. Gleitfalten, Gleitdecken (→ Decke), Olisthostrome (s. d.). – Gravitation spielt als ‚Quelle der Tektogenese' bei der Oszillationstheorie (s. d.) von E. HAARMANN (1930) und der Undationstheorie (s. d.) von R. W. VAN BEMMELEN (1933, 1935) eine wesentliche Rolle.
Greenstone belt (engl.), m. → Grünsteingürtel.
Greisen, m., (*K. C. VON LEONHARD, 1823, n. einem sächs. Bergm.-Ausdr.), durch spätmagmatische Agentien umgewandelter Granit im Bereich von Zinnstein-Wolframit-Lagerstätten. Hauptbestandteile: Quarz, helle Glimmer (vor allem Muskovit); daneben: Topas, Flussspat, Turmalin, Apatit; ferner: Zinnstein, Wolframit, sulfidische Erze usw. – s. a. Zwitter.
Grenzpluton, m. → Pluton.
Griffelschiefer, m., (*H. LORETZ, zw. 1875 u. 1895), eine durch Zerspaltung nach zwei Ebenen hervorgerufene Griffelung bei Schiefern; Schnitt Schieferung/Schichtung, Schnitt zweier Schieferungsflächensysteme usw. – s. a. Schieferung, Streckung.
Grobkies, m. → Korngrößentabelle der klastischen Gesteine.
grobkristallin → kristallin.
Grobsand, m. → Sand, Korngrößentabelle der klastischen Gesteine.
Grobton, m. → Ton.
Grödner Schichten (n. d. Grödner Tal zw. Brixen und Bozen/Südtirol), Tab. III 8 A.
Großfaltung, f. → Diktyogenese, Epirogenese.
Großgefüge, n. → Gefüge.
Großrippel, f. → Rippel.
Grossular (n. d. neult. Bez. f. Stachelbeere: *Ribes grossularia*), m., (*A. G. WERNER, 1811), Ca-Al-Granat (→ Granat).
Großzyklus, m. → Sedimentationszyklus, Zyklentheorie.
Grotte (v. ital. grota), f., natürliche oder künstliche → Höhle. Verschiedentlich wird der Begriff als Synonym für Höhle verwendet (z. B. Adelsberger Grotten), gelegentlich aber auch nur für eine gewölbte Höhle von meist geringer Tiefe. – s. a. Abri.
Grubenwetter, Pl., im Bergbau unter Tage auftretende Gasgemische ohne Rücksicht auf ihre Zusammensetzung. Sind sie etwa wie atmosphärische Luft zusammengesetzt und daher für die Atmung gut geeignet, heißen sie **frische** oder **gute Wetter,** enthalten sie dagegen größere Anteile nicht-atembarer Gase (CO_2, N, CH_4, H_2), heißen sie **matte** oder **stickende Wetter.** Führen sie giftige Beimengungen, werden sie **böse** oder **giftige Wetter** genannt. Besitzen sie infolge Auftretens brennbarer Gase (CH_4, höhere Kohlenwasserstoffe) explosive Eigenschaften, so bezeichnet man sie als **schlagende Wetter (Schlagwetter).** Bei einem Mischungsverhältnis von 5–14 % Methan in Luft besteht Explosionsgefahr.
Grundeis, n., Eisbildungen am Grunde flacher Gewässer jeder Art, von wo sie als Treibeis häufig an die Oberfläche kommen. Solches Treibeis kann dann eingefrorenes Bodensediment mehr oder weniger weit transportieren. – s. a. glaziomarin.
Grundfalte, f., (*E. ARGAND, 1924 als ‚plis de fond'), im Gegensatz zu den Oberflächenfalten schwellenartige Aufwölbungen in tiefen Stockwerken. Neben der allgem. Tiefenlage unterscheiden sie sich auch von den Oberflächenfalten durch ihre größere Dimension. – s. a. Diktyogenese.
Grundgebirge, n., 1. i. w. S.: die unter dem Deckgebirge (s. d.) jeweils befindlichen Gebirgskomplexe. Sie unterscheiden sich vom Deckgebirge durch höheres geologisches Alter, stärkere und im Typ andere Deformation und/oder durch höhere Metamorphose. – 2. i. e. S.: das kristalline Grundgebirge (→ Urgebirge). – s. a. Basement
Grundkörper, m. → Klüftigkeit.
Grundluft, f. → ungesättigte Zone.
Grundlawine, f., **Grundlehne,** f. → Lawine.
Grundmasse (eines Gesteines), f. → porphyrisch.
Grundmoräne, f. → Moräne.
Grundquelle, f. → Quelle.
Grundscholle, f. → Erdnaht.
Grundwasser, n., Wasser, das infolge Versickerung (s. d.) von atmosphärischen Niederschlägen und Versinkung (s. d.) oberirdischer Gewässer in die Gesteine eindringt und dort Hohlräume (Poren, Klüfte und Karsthohlräume) zusammenhängend füllt. Die Grundwasserbewegung wird (nahezu) ausschließlich von der Schwerkraft und den durch die Bewegung selbst ausgelösten Reibungskräften bestimmt.

Ein Gestein, das in der Lage ist, auf diese Weise G. aufzunehmen und ihm eine dem Gefälle entsprechende Bewegung zu gestatten, wird **Grundwasserleiter (Aquifer)** genannt. Hierbei werden **Porengrundwasserleiter** (Locker- oder Festgestein mit überwiegend durchflusswirksamen Porenanteilen), **Kluftgrundwasserleiter** (Festgesteine mit überwiegend durchflusswirksamen Klüften und anderen Gesteinsfugen) und **Karst-(Höhlen-) Grundwasserleiter** (Festgesteine mit überwiegend durchflusswirksamen Höhlen und Klüften) unterschieden. Grundwasserleiter weisen günstige Verhältnisse zwischen durchflusswirksamen Hohlraumanteilen **(Nutzporosität),** die von G. durchflossen werden können, und Gesamthohlraumanteilen **(Gesamtporosität)** auf. Wasserundurchlässige Gesteinskörper werden als **Grundwassernichtleiter (Aquifuge, Aquiclude)** und Gesteinskörper, die im Vergleich zu einem benachbarten Gesteinskörper gering wasserdurchlässig sind, als **Grundwasserhemmer (Aquitarde)** bezeichnet. Die einen Grundwasserkörper nach unten abgrenzende Gesteinsschicht heißt **Grundwassersohlschicht;** die Obergrenze des Grundwasserkörpers wird als **Grundwasserspiegel** bezeichnet, der je nach dem Grundwasservorrat in seiner Höhe variieren kann. Durch künstliche Wasserentnahme kann der Grundwasserspiegel abgesenkt werden. Sein Gefälle, das aus den Linien gleicher Standrohrspiegelhöhen **(Grundwassergleichen)** konstruiert werden kann, wird als **Grundwassergefälle** bezeichnet; aus ihm lässt sich die Grundwasserbewegungsrichtung ermitteln. – Treten infolge mehrfacher Wechsellagerung von besser und schlechter wasserdurchlässigen Gesteinen mehrere eindeutig abgrenzbare Grundwasservorkommen **(Grundwasserkörper)** übereinander auf, so spricht man von **Grundwasserstockwerken.** – Wird ein Grundwasserspiegel nach oben durch eine schlecht durchlässige Gesteinsschicht am weiteren Aufsteigen gehindert, so kann **gespanntes** G. entstehen, bei dem die aus den Standrohrspiegelhöhen konstruierte Grundwasserdruckfläche über der Obergrenze des Grundwasserleiters liegt (Gegensatz: **freie Grundwasseroberfläche**). Ein hierher gehörender Sonderfall ist das **artesische Wasser** (s. d.).

Da die Grundwassermenge abhängig ist vom Zufluss (eindringende Wassermenge, Porenraum, Gefälle usw.) und von der natürlichen und künstlichen Entnahme des Wassers (Verdunstung, Quellaustritte, Entnahme durch Pflanzen, Brunnenentnahme usw.), lässt sich bei der Beachtung dieser Faktoren eine **Grundwasservorratswirtschaft** betreiben, bei der die Wasserentnahme auf die Regenerationsfähigkeit des Grundwassers abgestimmt ist. – Die **Grundwasserbeschaffenheit** hängt davon ab, welche und wie viele Stoffe das Wasser auf seinem Weg aufnehmen und in welchem Maße die natürliche Filterwirkung des Bodens solche aufgenommenen Stoffe wieder dem Wasser entziehen konnte. – In vielen Fällen ist das G. von einer bestimmten Tiefe ab versalzen bzw. hoch mineralisiert: **Tiefenwasser** bzw. **tiefes** G. Die Tiefenlage hängt von verschiedenen Faktoren ab, z. B. geologischer Bau, Morphologie oder Klima. Sie kann einige 100, aber auch einige 1000 m betragen. – s. a. fossiles Grundwasser.

Grundwasserabsenkung, f. → Grundwasserentnahme.

Grundwasseraustritt, m., natürlicher Austritt von Grundwasser, das entweder in ein oberirdisches Gewässer eintritt (Effluenz) oder eine eng begrenzte Quelle (s. d.) bildet.

Grundwasserblänke, f., eine natürliche oder künstliche Geländevertiefung, die vom Grundwasser durchflossen wird, ohne einen wesentlichen oberirdischen Zufluss oder Abfluss aufzuweisen.

grundwasserbürtiger Abfluss, m. → Abfluss.

Grundwasserdurchfluss (Q), m., das Grundwasservolumen, das einen bestimmten Grundwasserquerschnitt in der Zeiteinheit durchfließt ($m^3\ s^{-1}$). Daraus wird die **Filtergeschwindigkeit** (v_f, f) als Quotient aus Grundwasserdurchfluss und der zugehörigen Grundwasserquerschnittsfläche abgeleitet ($v_f = Q/A_{Gw}$ [$m\ s^{-1}$]). Diese integrierende Geschwindigkeit unterscheidet sich von der **Abstandsgeschwindigkeit** (v_a, f), dem Quotienten aus der Länge eines Stromlinienabschnitts und der vom Grundwasser beim Durchfließen benötigten Zeit ($v_a = \Delta s/\Delta t$ [$m\ s^{-1}$]). Die durch Markierungsversuche bestimmbare Abstandsgeschwindigkeit ist in guter Näherung gleich dem Quotienten aus Filtergeschwindigkeit und durchflusswirksamem Hohlraumanteil. Sie ist nicht identisch mit der Bahngeschwindigkeit eines Grundwasserteilchens entlang seines tatsächlichen Weges.

Grundwasserentnahme, f., Entnehmen von Grundwasser durch technischen Eingriff. Hierbei entsteht meist ein **Entnahmetrichter** als Eintiefung in der Grundwasseroberfläche oder -druckfläche im engeren Entnahmebereich. Als **Entnahmebereich** kann der abgesenkte Teil des Einzugsgebietes bezeichnet werden. Dieser ist durch seine Breite (Entnahmebreite) und seinen unteren Kulminationspunkt charakterisiert, dem tiefsten Punkt auf der Begrenzungslinie des Entnahmebereiches. Jede Grundwasserentnahme erzeugt eine örtliche, und bei Ansatz von mehreren oder vielen Entnahmestellen eine regionale **Grundwasserabsenkung** (= Absenkung des Grundwasserspiegels).

Grundwasserflurabstand, m., vertikaler Abstand zw. Erdoberfläche und Grundwasseroberfläche. – s. a. ungesättigte Zone.

Grundwassermessstelle, f., Anlage zur Ermittlung hydrologischer Werte des Grundwassers, z. B. Grundwasserbeschaffenheit, **Grundwasserstand** (Höhe des Grundwasserspiegels über oder unter einer waagerechten Bezugsebene, in der Regel Normalnull-Niveau) und **Grundwasserflurabstand** (Höhenunterschied zw. einem Punkt der Erdoberfläche und der Grundwasseroberfläche des oberen Grundwasserstockwerks).

Grundwasserneubildung, f., Zugang von infiltrierendem Wasser zum Grundwasserkörper. Meist als Rate in mm pro Zeiteinheit (mm a^{-1}) oder in l s^{-1} km^{-2} angegeben.

Grundwasseroberfläche, f., Oberfläche des freien Grundwassers, entlang der der hydrostatische Druck gleich dem Luftdruck ist. Diese Fläche ergibt sich annähernd aus der Höhenlage von Wasserspiegeln in Brunnen, die nur wenig in das Grundwasser eintauchen.

Grundwasserscheide, f. → Wasserscheide.

Grundwasserüberdeckung, f. → ungesättigte Zone.

Grünsand, m., **Grünschlick,** m. → Glaukonit.

Grünschiefer (wegen der durch Chlorit und ± Epidot hervorgerufenen Grünfärbung), m., Tab. VII 24.

Grünschieferfazies, f. → metamorphe Fazies.

Grünstein, m., durch Alteration von Diabasen, Porphyriten oder sonstigen basischen oder ultrabasischen Gesteinen entstandenes Gestein. Die Grünfärbung erfolgt durch Umwandlung des Augits zu Chlorit (z. T. auch Hornblende). Feldspäte werden trüb oder mehr oder weniger saussuritisiert (→ Saussuritisierung) und epidotisiert (→ Epidot). Darüber hinaus entstehen noch andere Umwandlungsprodukte. – s. a. Propylitisierung.

Grünsteingürtel (engl. greenstone belt), m., ausgedehnte und langgestreckte Vorkommen von Grünsteinen. Sie werden, bes., wenn eine Vergesellschaftung mit Radiolariten und anderen Tiefseesedimenten nachweisbar ist, als Reste ehemaligen Ozeanbodens angesehen. Typisch für Suturen (s. d.) im Sinne der Plattentektonik. – s. a. Komatiit.

Gruppe (Stratigraphie), f. → Tab. I.

Grus, m. → Gesteinsgrus.

Guano (v. peruanisch ‚huano': Mist), m., oft recht mächtige (bis zu 60 m), vorwiegend aus Vogelexkrementen, aber auch Kadavern, Knochen- und Federresten der Vögel bestehende Ablagerungen warmer Klimate (z. B. Südseeinseln, Westindien, einige peruanische Inseln). Durch Umsatz mit unterlagerndem Kalk werden schwer lösliche, apatitähnliche Calciumphosphate gebildet. Wichtiger P-Rohstoff, vor allem für die Düngemittelindustrie. – Von Fledermäusen erzeugte Ablagerungen ähnlicher Art sind als ‚Fledermausguano' bezeichnet worden.

Gufferlinie (‚Gufer', ‚Guffer': Volksausdr. im Berner Oberland/Schweiz für Felsschutt), f. = Mittelmoräne (→ Moräne).

Günz (-Kaltzeit) (n. e. rechten Nebenfl. d. Donau, östl. v. Ulm), f., (*A. Penck & E. Brückner, 1909), Tab. II A.

Gurgensteine (‚Gur-' wie ‚Kieselgur'), Pl., m., ungebräuchliche Bez., vgl. Tab. Biolithe bei ‚Silikolithe'.

Gutenberg-Richter-Magnitudenskala, f. → Erdbeben.

Guyot, m., Pl. **Guyots** (*H. H. Hess, 1946, n. d. Namen des Geographen A. Guyot), submariner Tafelberg, nicht selten bis in 2000 m Meerestiefe. Vielfach wird angenommen, dass die Gipfelplattform durch frühere Brandungswirkung hervorgerufen wurde, eine Annahme, die eine früher andere Lage dieses Tafelberges zum Meeresspiegel voraussetzt.

Gyttja, f., Pl. **Gyttjen** (schwedisch.), (*H. von Post, 1862), grünlich grauer, subhydrischer Boden **(Grauschlammboden).** Besteht aus organischen Resten und bildet sich am Grund von gut sauerstoffversorgten Stehgewässern. Er weist daher einen hohen Zersetzungsgrad auf. – Tab. VI 23; → Mudd.

Gzelian, Gzhelium, Gschel-Stufe bei S. von Bubnoff, 1952; Gsel bei K. Krömmelbein, 1976. – (nach einer geogr. Bez. aus Russland), n. → Tab. III 7 B. In das Gzhelium gehört der unterste Teil der früher in Mitteleuropa ins Rotliegende (Perm) gestellten Schichtenfolgen.

H

habituelles Stoßgebiet (lt 170), n., (*O. VOLGER, 1858), Gebiet, in dem immer wieder Erdbebentätigkeit auftritt. – s. a. Erdbeben.
hadal (v. gr. ‚Hades' = Unterwelt), Adj., Bez. für die Meerestiefen in Tiefseerinnen (s. d.).
Haff (v. mittelhochdt. ‚haf'= Meer), n., **Liman,** (v. russ.), m., durch eine Nehrung (s. d.) zum größten Teil oder vollkommen vom Hauptmeer abgetrennte Meeresbucht. – s. a. Lagune.
Haftwasser, n. → ungesättigte Zone.
Haken, m. → Nehrung.
Hakenschlagen, Hakenwerfen, n., hangabwärtiges Umbiegen der Schichtköpfe des Gebirges infolge Hangbewegung (Gekriech, s. d.). Die Bäume zeigen Säbelwuchs (↗ Abb. 33). Hinweis auf aktive Hangbewegungen.
Halbfaulschlamm, m. → Gyttja.
Halbgraben, m. → Graben.
Halbhorst, Halbinselhorst, m. → Horst.
Halde, f., künstliche oder natürliche Anhäufung von Gesteinsbruchstücken (Schutt) aller Art; z. B. Steinbruchshalde, Schutthalde (im Gebirge).

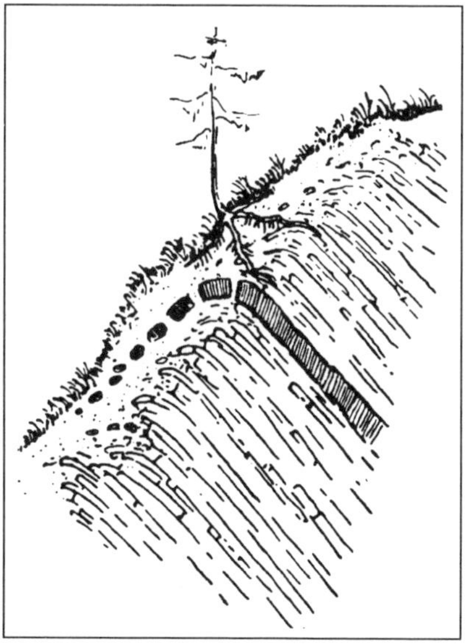

Abb. 33 Hakenschlagen der Gesteinsschichten und Säbelwuchs der Bäume (nach J. WALTHER; Vorschule der Geologie. – Jena [Fischer] 1920).

Haliplankton (gr 20/281), n. → Plankton.
Halit (gr 20), m. → Steinsalz.
Hälleflinta (schwed.), f., (schon bei C. F. NAUMANN, 1854), Tab. VII 7.
Halmyrolyse, f., Adj. **halmyrolytisch** (gr 19/201) (*K. HUMMEL, 1922), Bez. für die der Verwitterung (s. d.) grundsätzlich vergleichbare, untermeerische Mineralzersetzung und -neubildung. – Als **halmyrogen** wurden dagegen vielfach Sedimente bezeichnet, die durch Ausfällung aus dem Meerwasser entstanden sind.
Halokinese (gr 20/166), f., (*F. TRUSHEIM, 1957), zusammenfassender Begriff für alle Vorgänge, die ursächlich mit der schwerkraftbedingten Salzbewegung verknüpft sind. Es entstehen dabei Strukturen, die ganz oder zum größten Teil von autonomen Salzwanderungsvorgängen in der Tiefe ohne wesentliche Mitwirkung orogenetisch-tektonischer Kräftegruppen erzeugt werden. Salzstrukturen, deren Entstehung ursächlich auf orogenetisch-tektonische Vorgänge zurückgeführt werden können, werden hier als **halotektonische** Strukturen bezeichnet. – Die Entwicklung aller halokinetischen Strukturen soll mit der Ausbildung eines **Salzkissens** (= uhrglas- bis kuppelförmig plankonvexe Salzanschwellung) an einer bevorzugten Stelle des Salzlagers beginnen. Synchron zu den Salzabwanderungen in der Tiefe bilden sich an der Oberfläche durch Nachsinken über den Rändern der Salzakkumulationen **Randsenken,** und zwar ‚primäre Randsenken' schon im Salzkissenstadium, ‚sekundäre Randsenken' bei der Bildung der eigentlichen Diapire (s. d.). Solchen Randsenken kommt bei der Bildung von Erdöllagerstätten große Bedeutung zu. – s. a. Ekzem.
Hamada (arab.), f., **Fels-** oder **Steinwüste,** relieflose, durch die ausblasende Kraft des Windes der feineren Schutt-Teilchen beraubte, nur noch aus gröberem Gesteinsschutt und nacktem Felsgestein bestehende Wüste. – s. a. Serir.
Hämatit (gr 7), m., (‚Haematites' PLINIUS SECUNDUS: Naturalis historiae, libr. 36), **Eisenglanz** (*G. AGRICOLA, 1546), **Roteisenerz,** Fe_2O_3. Wichtiges Eisenerz.
Handstück, n., Bez. für eine auf Handgröße (etwa 8,5 × 11,5 cm) formatierte Gesteinsprobe.
Hangboden, m., Bez. für einen durch starke Abtragungserscheinungen an Gehängen in seiner Bodenbildung gehemmten oder vollkommen behinderten Boden.

Hangendes (bergm.), n., das eine Bezugsschicht überlagernde Gestein. Die Verwendung der Bez. ‚Hangendpartien' oder ‚Hangendschichten' für den oberen Teil eines betrachteten Schichtenpaketes ist wegen der Doppelsinnigkeit dieser Ansprache nicht zu empfehlen. – Benutzt man die Bez. ‚stratigraphisch Hangendes', dann soll damit ausgedrückt werden, dass diese Gesteinsserien tatsächlich geologisch jünger als die Bezugsschicht sind. – s. a. Liegendes.

hängendes Kapillarwasser, n. → Kapillarsaum.

Hangendschenkel, Hangendflügel, m., der bei vergenten Falten (→ Vergenz) gegenüber dem Faltenkern (→ Falte) hangende Schenkel/Flügel einer Falte.

Hanggletscher, Hängegletscher, m. → Gletscher.

Hängetal, geköpftes Tal, n., Seitental, dessen Sohlenniveau bei der Einmündung höher als dasjenige des Haupttales liegt. Häufige Erscheinung bei glazial überformten Tälern, verschiedentlich aber auch bei starker, plötzlicher Erosionsverstärkung im Haupttal. – An hebungsaktiven Meeresküsten können sich **litorale H.er** bilden. – s. a. Trogtal, ↗ Abb. 74.

Hangzerreißungskluft, -klüftung, f., → Talzuschub.

Hangzerschneidung, f. → Runse.

Harker-Diagramm (A. HARKER, 1859–1938), n., A. HARKER (1909) wählte binäre Diagramme zur Veranschaulichung von Entwicklungen in der chemischen Zusammensetzung von magmatischen Gesteinen, in denen Masse-% von Metalloxiden (Ordinate) gegen Masse-% SiO_2 oder andere Komponenten (Abzisse) dargestellt werden. – ↗ Abb. 12.

Harnisch, m., (alt. bergm. Ausdr.), durch Bewegung im Gestein an Verwerfungsflächen erzeugte, oft in Bewegungsrichtung infolge Schrammung mit Rutschstreifen (→ Gleitstriemung) versehene, verschiedentlich sogar blank polierte Fläche (= **Spiegel,** Spiegelfläche).

Harpolith (gr 42/193), m., **Sichelstock, Phakolith** (gr 360/193) (*A. HARKER, 1909), konvexkonkaver, subvulkanischer (s. d.) Körper.

Hartbraunkohle, f., Braunkohlen (s. d.), bei denen sich, je nach Aussehen und Festigkeit, zwei Gruppen unterscheiden lassen: **Mattbraunkohlen** und **Glanzbraunkohlen.** Die Mattbraunkohlen sind dunkelbraun bis schwarz, stumpf bis matt glänzend. Die Festigkeit ist größer, Porenvolumen und Wassergehalt (25–35 %) sind geringer als bei den Weichbraunkohlen (s. d.). Heizwert: ca. 16 bis $22 \cdot 10^6$ J kg^{-1}. – Die Glanzbraunkohlen besitzen einen hohen Festigkeitsgrad, spröden Bruch, schwarze Farbe, Glanz und einen relativ geringen Wassergehalt (8–10 %). Heizwert: 22 bis $29 \cdot 10^6$ J kg^{-1}. Hierher gehören z. B. die Pechkohlen (s. d.) und die Stängelkohlen (s. d.).

Härte, f., 1. Wasserhärte (s. d.), 2. Härteskala für Minerale, f., (nach F. MOHS, 1822: Mohs'sche Härteskala), relative Ritzhärteskala, bei der jeweils die Minerale mit höherer Rangordnungszahl diejenigen der niedrigeren Rangordnungszahl an Ritzhärte übertreffen:

1	Talk	mit dem Fingernagel ritzbar
2	Halit	
3	Calcit	mit dem Messer ritzbar
4	Fluorit	
5	Apatit	
6	Orthoklas	ritzen Fensterglas
7	Quarz	
8	Topas	
9	Korund	
10	Diamant	

Hartgrund (engl.: hard ground), m., durch chemische Lösung und Umsetzung gehärtete (lithifizierte) Sedimentschicht (meist Kalk- oder Mergelbank), inkrustiert, entfärbt und von bestimmten Organismen angebohrt. Es handelt sich hierbei um einen einstigen Meeresboden in einer Zeit stark verlangsamter (→ Kondensation) oder unterbrochener Sedimentation **(Omission).** Anzeichen für eine mehr oder weniger große Schichtlücke (→ Lücke). – In heutigen Meeren bei Wassertiefen von 20 bis 3500 m beobachtet.

Härtling, m., **Monadnock** (n. einem Bergnamen in SW-New-Hampshire/USA) (‚Monadnock' *W. M. DAVIS, 1898, 1899; ‚Härtling' als dt. Bez. *H. SPETHMANN, 1908), auf Grund seiner Widerstandsfähigkeit gegenüber Abtragung und Verwitterung über seine Umgebung herausragender Einzelberg.

Hartsalz, n., Salzgestein aus Sylvin (s. d.) mit Steinsalz (s. d.) und/oder Kieserit (s. d.) und/oder Polyhalit (s. d.).

Harzburgit (n. d. Ort Harzburg, Niedersachsen), m., Gestein der Peridotit-Familie wie Dunit (s. d.) und Lherzolith (s. d.). Enthält 10–60

Vol.-% Orthopyroxen (s. d.) und weniger als 5 Vol.-% Klinopyroxen (s. d.). – s. a. ↗ Abb. 24.

Haselgebirge, n., (alter österr. bergm. Ausdr.), brekziöses Gemenge von Steinsalz, Gips und Ton; wird von den meisten Autoren als tektonische Brekzie gedeutet.

Hauptdeformationsachse, f., **Hauptdeformationsebene,** f., **Hauptdeformationsellipse,** f. → Deformationsellipsoid.

Hauptgemengteil, m., auch n. → Gestein.

Hauptkristallisation, f., während der Erstarrung der Magmen (s. d.) der Zeitabschnitt, in dem der größte Teil der gesteinsbildenden Minerale auskristallisiert. Vor der H. liegt die **Erstkristallisation,** nach ihr die **Restkristallisation.** – s. a. Restschmelze.

Hauptnormalspannung, f., die Normalspannung (s. d.) kann gedanklich in drei aufeinander senkrecht stehende Richtungen, die Hauptnormalspannungen (σ_1, σ_2, σ_3), aufgeteilt werden. (↗ Abb. 34). Dies ergibt eine räumliche Vorstellung von der Spannungsverteilung (Spannungs-, Stress-Ellipsoid). Sind die drei Hauptnormalspannungen gleich groß, dann ergibt sich – so weit möglich – eine Volumenänderung bei gleich bleibender Körpersymmetrie. Sind die Hauptnormalspannungen unterschiedlich groß, dann ergeben sich Volumenänderungen und Gestaltdeformationen. – s. a. Deformationsellipsoid.

Häutchenwasser, n. → ungesättigte Zone.

Hauterivien, Hauterivium, Hauterive (-Stufe), n., (n. dem Ort Hauterive bei Neuchâtel/Schweiz), (*E. RENEVIER, 1873), Tab. III 11 A.

Hauyn (n. d. Abbé R. J. HAUY, 1743–1822), m., (*T. Ch. B. NEERGARD, 1807), Feldspatvertreter: $Na_6Ca\,[AlSiO_4]_6\,[SO_4]$.

hawaiianische Tätigkeit, (nach der Insel Hawaii) f. → vulkanische Tätigkeit.

Hawaiit (nach der Insel Hawaii) (*J. P. IDDINGS, 1913), m., → Basalt mit Oligoklas oder Andesin als Plagioklas. Im → TAS-Diagramm im Feld des Trachybasalts (S1 in ↗ Abb. 67). – s. a. Basalt

heat flow unit (engl.) → Wärmestrom.

Hedenbergit (* J. J. BERZELIUS, 1819 n. d. schwed. Chemiker HEDENBERG), m., Mineral der Pyroxengruppe (s. d.): $CaFe\,[Si_2O_6]$.

Heliummethode, f. → Uranmethoden.

Helleniden, Pl. → Dinariden.

Helvétien, Helvetium, Helvet (-Stufe), n., (n. lt. ‚Helvetia' = Schweiz) (*K. MAYER-EYMAR, 1875), Tab. III 12 D.

Helvetiden → Deckensysteme.

Hembergium, Hemberg (-Stufe), n., (n. d. Hemberg b. Iserlohn/Sauerland), (*W. PAECKELMANN, 1924, und H. SCHMIDT, 1924), Tab. III 6 C.

hemipelagisch (gr 138/270), Bez. für Meeressedimente (s. d.) in Wassertiefen von 200 bis 4000 m. Der Bereich deckt sich etwa mit dem des Kontinentalhanges (→ hypsographische Kurve).

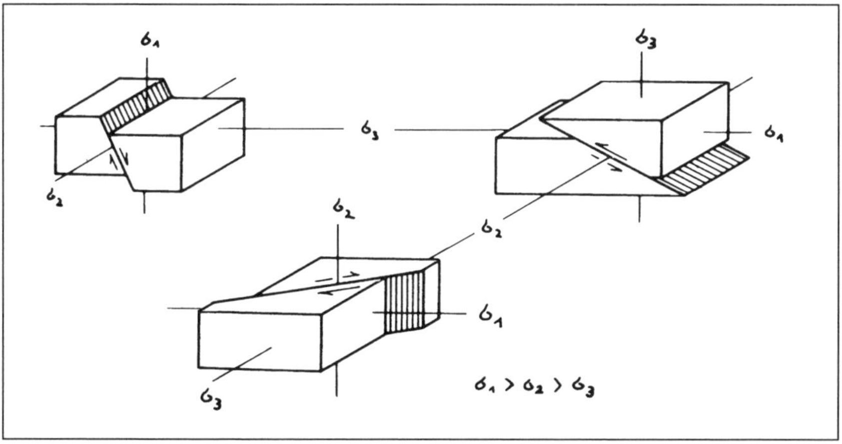

Abb. 34 Tektonische Brüche und zugehörige Hauptnormalspannungen. – Aus G. GREINER in Geol. Rundschau, **65**, S. 60, Stuttgart 1976.

Hengelo-Interstadial (n. d. Ort in Holland), n., (*T. VAN DER HAMMEN, 1967), Tab. IIa A.
Herd, m., 1. Erdbebenherd → Erdbeben. – 2. Vulkanherd (s. d.).
hercynisch, herzynisch (n. lt. ‚Hercynia silva'; antiker Name f. d. dt. Mittelgeb., bes. d. böhm. Randgeb.; hier vielfach auch für den Harz, z. B. ‚subhercynes Becken'), (*L. VON BUCH, ‚herzynisches System' = SE–NW-Dislokationen; im gleichen Sinne für Falten und Brüche: E. SUESS, 1883, 1909), in Deutschland allgem. Begriff für SE–NW-Streichrichtungen, wobei zur Benennung die Längserstreckung des Harzes, nicht sein Schichtenstreichen verwendet wurde. In anderen Ländern – vor allem in Frankreich seit M. BERTRAND und E. HAUG – wird anstelle der Bez. ‚Varistische Faltung' (s. d.) der Begriff **‚Hercynische Faltung'** verwendet. – Als **‚hercynische Fazies'** wird die kalkige Fazies des Unter- und Mitteldevons mit Beteiligung böhmischer Faunenelemente bezeichnet (E. KAYSER in mehreren Arbeiten von 1878 bis 1898). Sie steht im Gegensatz zur wesentlich mächtigeren und sandigeren **‚rheinischen Fazies'.**
Hessische Senke, Hessische Straße, f., eine zw. dem Rheinischen Schiefergebirge und dem Harz/Thüringer Wald liegende Senke, die sich ab Perm als Sedimentationsraum und Verbindungsstraße zwischen dem Nord- und Süddeutschen Becken bemerkbar macht. Sie besitzt jedoch schon Vorzeichnungen im varistischen Orogen und wurde früher als Teilstück einer Mittelmeer-Mjösenzone (s. d.) angesehen.
heteroblastisch (gr 130/70) → kristalloblastisch.
heterochron (gr 130/382) → diachron.
heterotopisch (gr 130/344) → Fazies.
Hettangien, Hettangium, Hettange (-Stufe) (n. d. Ort Hettange/Lothringen/Frankr.) (*E. RENEVIER, 1864), Tab. III 10A.
Hiatus (lt 171), m. → Diskordanz, Lücke.
Hils- (Faltungs-) **Phase** (n. d. Geb. Hils in Südniedersachsen), f., (*F. DAHLGRÜN, 1921), Tab. III 11 A.
Hiltsche Regel (*C. HILT, 1873), f., Erfahrungsregel, dass der Inkohlungsgrad der Steinkohle nach der Tiefe zunimmt. Ohne Eintritt von Störeffekten kann als Mittelwert eine Abnahme von etwa 2 % der flüchtigen Bestandteile in der Reinkohle auf je 100 m Schichtenmächtigkeit angenommen werden.
Historische Geologie, f., Erdgeschichte, umfassende Übersicht der Entwicklung der Erde und des Lebens mit Hilfe der in den Gesteinen überlieferten Zeugen. Sie schließt außerdem paläogeographische (s. d.) und paläoklimatologische (s. d.) Forschungen ein.
Historische Zeit, f. → Tab. IIa C.
Hochdruckmetamorphose, (gr 215) f., Bereich der Glaukophanschiefer- und Eklogitfazies (↗ Abb. 3). – s. a. Abukuma-Typ, Barrow-Typ der Metamorphose, Blauschiefer.
Hochgebirge, n. → Gebirge.
Hochkraton, m. → Kraton.
Hochmoor, n. → Moor.
Hochterrasse, f. → Schotterterrasse.
Höhenschichtlinie, f. → Isohypse.
Höhle, f., natürlicher unterirdischer Hohlraum im Gestein, der ganz oder teilweise von gasförmigen, flüssigen oder festen Stoffen erfüllt ist. Er kann gleichzeitig mit dem Gestein als **primäre** H. entstehen, z. B. Blasen- und Lavahöhlen. Sie bilden sich aus Gashohlräumen, leer gelaufenen Lavatunneln (s. d.), Hohlräumen bei locker gepackten Schweißschlacken usw. In Kalktuffen und Sintern bilden sich primär **Kalktuffhöhlen** (gelegentl. **Tuffhöhlen** genannt) oder **Sinterhöhlen.** Hierher gehören auch natürliche Hohlräume in Riffen (Korallenriffe usw.): **Riffhöhlen.** – Die meisten H.n sind jedoch **sekundäre** H.n. Sie können sich z. B. auf Schichtfugen oder auch tektonischen Vorzeichnungen bilden: **Schichtfugenhöhle, tektonische H., Klufthöhle, Spaltenhöhle, Bruchfugenhöhle, Zerklüftungshöhle.** Verschiedene H.n können auf Verwitterungsvorgänge **(Verwitterungshöhle),** auf nachbrechendes Gestein **(Versturzhöhle)** oder auf Bergstürze **(Trümmerhöhle)** zurückgeführt werden. Bei den **Erosionshöhlen** bildet die Tätigkeit der Brandung die **Brandungshöhlen,** diejenige der Gletscherwässer die **Gletscherhöhlen.** Einen sehr großen Raum, vor allem im Karst (s. d.) **(Karsthöhle),** nehmen die **Korrosions-** oder **Auslaugungshöhlen** ein, bei denen man **Sickerwasserhöhlen, Flusshöhlen** und ähnliche Gebilde unterscheiden kann. Auch bei Bildung der Karsthöhlen tritt neben die Korrosionswirkung die Erosionsfähigkeit des Wassers. – Alle diese Höhlen können einen **(Blindhöhle)** oder mehrere Zugänge **(Durchgangshöhle)** besitzen. Bei den Karsthöhlen bilden meist die Klüfte, Schichtflächen und andere Schwächestellen Angriffspunkte für CO_2-haltige Sickerwässer. So bildet sich ein erster Lösungshohlraum: **Evakuation.**

Der Höhlenraum wird von den **Höhlenwänden,** der **Höhlendecke** und der **Höhlensohle** umschlossen. Die Aneinanderreihung einzelner Höhlenräume wird als **Höhlenzug,** eine Anzahl zusammengehörender Einzelhöhlen oder Höhlenzüge als **Höhlensystem** bezeichnet. – H.n können trocken liegen, von einem fließenden **Höhlengewässer** durchströmt **(Höhlenfluss, -bach)** oder z. T. von einem stehenden Gewässer mehr oder weniger gefüllt sein **(Höhlensee).** Es handelt sich bei diesen Wässern um Versickerungs- und Versinkungswässer von der Erdoberfläche.

Der Höhleninhalt kann gasförmig **(Höhlenluft, Höhlenwetter),** flüssig **(Höhlenwässer)** oder fest sein. Als feste Stoffe treten auf: Höhlenlehm (= feinkörnige, eingeschwemmte und Lösungsrückstand-Sedimente), **Knochenbrekzien** und die verschiedenartigsten Schuttsedimente (herabgestürzte Blöcke, eingeschwemmtes Material usw.). Weiterhin kann chemische Ausscheidung aus Lösungen (vor allem Kalkausscheidung) zur Bildung von Sintern (s. d.), Tropfsteinen **(Tropfsteinhöhle)** und Höhlenperlen führen. Manche Höhlen enthalten das ganze Jahr hindurch oder über lange Zeiten des Jahres hinweg Höhleneis **(Eishöhlen).** – s. a. Grotte, Karst, Speläologie.

Höhlengrundwasserleiter, m. → Grundwasser.

Höhlenquelle, f. → Quellentypen.

Hohlkehle, f., durch Wasserbewegung, chemische und biologische Verwitterung oder Wind am Fuß einer Bergwand oder eines Felsens erzeugte, mehr oder weniger horizontal verlaufende Einkerbung; z. B. Brandungshohlkehle an einem Kliff. – s. a. Brandung, Kliff.

Hohlraumanteil, m. → Porenvolumen.

holokristallin (gr 242/182), **vollkristallin,** Bez. für Gesteine, deren sämtliche Gemengteile kristallin sind, z. B. Tiefengesteine (→ Plutonit). – s. a. hyalin.

Holozän (gr 242/154), n., (*H. Gervais, 1867/69), Tab. II A/B, Tab. IIa, Tab. III 13 B.

Holstein-Warmzeit (n. Schleswig-Holstein), f., (*A. Penck, 1922), Tab. II B.

Holzkohle, f. → Verkohlung.

homöoblastisch (gr 244/70) → kristalloblastisch.

homöoklastisch (gr 244/167) → Kataklase.

homophan (gr 245/361), gleichkörnig, Bez. für Gesteine mit ungefähr gleicher Korngröße ihrer Komponenten.

Homoseiste (gr 245/301), f. → Erdbebentypen.

homotax (gr 245/334) (*Th. H. Huxley, 1825–1895), Bez. für Schichtenserien, die an verschiedenen Fundpunkten zwar bezüglich ihrer Reihenfolge und Fossilführung gleichwertig, aber nicht unbedingt gleichzeitig gebildet sind, z. B. ‚zeitschräge' Faziesgrenzen bei Trans- oder Regression (W. Simon, 1948).

homothetisch (gr 245/343) → synthetisch.

Horizont (gr 252), m., kleinste geologische Zeiteinheit, durch einheitliche, definierbare Fauna (Fossilhorizont) oder bestimmte Gesteine (z. B. Salzhorizont) charakterisiert.

horizontalachsig → Falte.

Horizontalflexur, (gr 252/lt 146) f. → Flexur.

Horizontalintensität, (gr 252) f. → Erdmagnetismus.

Horizontalstylolith, (gr 252/333/193) m. → Stylolith.

Horizontalverschiebung, f., **Seitenverschiebung, Transversalverschiebung** (*H. Quiring, 1913), horizontale Seitenverschiebung zweier Gesteinspakete an geneigter oder senkrechter Fläche (↗ Abb. 35). Relativ kurze Verschiebungen werden **Blatt** (Pl. Blätter) oder **Blattverschiebung** (E. Suess, 1885, n. e. österr. bergm. Ausdr.), weite Verschiebungen **Paraphore** (Pl. Paraphoren, → Erdnaht) genannt. Die beiden Schollen rechts und links der Verschiebungsfläche heißen **Blattflügel.** – E. de Margerie & A. Heim (1888) unterscheiden noch: **Bruchblatt** (mit glatter Trennung der beiden Blattflügel), **Schleppblatt** (mit → Schleppung der Schichten an der Bewegungsfläche), **Flexurblatt** (= Horizontalflexur → Flexur). – Eine Schar mehr oder weniger paralleler Blätter nennen dieselben Verfasser **Blätterbündel,** F. von

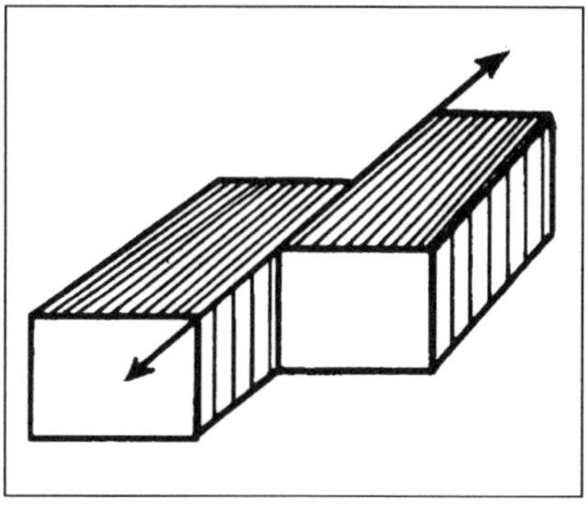

Abb. 35 Horizontalverschiebung.

RICHTHOFEN (1886) **Staffelverschiebungen, Staffelblätter.** – s. a. rechtshändig.

Hornblende (Name erscheint erstmals i. d. Mineralogie in der 2. Hälfte d. 18. Jh.), f., Vertreter der Amphibol- (s. d.) Gruppe.

Hornblendegneis, m., Tab. VII 16/19. – s. a. Gneis.

Hornblendit (wg. d. Vorherrschens d. Hornblenden), m., (*J. D. DANA, 1880, neu def. v. H. ROSENBUSCH, 1906), Tab. IV 20.

Hornfels (Name bereits seit d. 18. Jh.), m., feinkörniges kontaktmetamorphes Gestein des inneren Kontakthofes (→ Metamorphose) mit muscheligem bis splittrigem Bruch. Seine urspr. Schichtung ist durch Umkristallisation und innere Stoffverschiebung verwischt oder – ebenso wie die Fossilien – vollkommen vernichtet. – Tab. VII 39.

Hornito (span.), m., (i. d. Lit. von A. VON HUMBOLDT um 1803 eingeführt), kleiner schornsteinartiger, durch vulkanische Gase geöffneter Ausbruchskegel auf Lavaströmen. Seine Wandungen sind aus Lavafetzen, Schweißschlacken und herausgequollenen Lavateilen aufgebaut.

Hornstein (Name bereits seit dem 16. Jh.), m., knollige dichte Kieselausscheidung von grauer bis gelblicher Farbe. H. ist vor allem aus dem Mesozoikum bekannt geworden. Die Herkunft des SiO_2 ist vielfach ungeklärt (vulkanogen, biogen, in manchen Fällen diagenetisch). – s. a. Chert, Flint, Kieselschiefer, Radiolarit.

Horst, m., (*E. SUESS, 1883, nach einem bergm. Ausdr.), mehr oder weniger lang gestrecktes Stück der Erdkruste, das einseitig – z. B. aus einer schräg gestellten Scholle (**Halbhorst,** *H. ECK, 1891) – oder beidseitig an Ab- oder Aufschiebungen gegenüber seiner Nachbarscholle herausgehoben erscheint (↗ Abb. 32). – Der H. kann quer zu seiner Längserstreckung von Abschiebungen an einer (= **Halbinselhorst**) oder an zwei Seiten (= **Inselhorst**) begrenzt sein (O. WILCKENS, 1912). – Weniger gebräuchlich sind die Begriffe **Faltenhorst** für einen aus gefalteten und **Tafelhorst** für einen aus ungefalteten Schichten aufgebauten H. (O. WILCKENS, s. o.). Hier ergeben sich Verwechslungen mit dem Faltenhorst im Sinne von E. DE MARGERIE & A. HEIM (1888), einer bei der Faltung durch zusätzliche lokale Vertikalbewegung entstandenen Form. – s. a. Graben.

Hot spot (engl. = heißer Fleck), m., durch starke Temperaturerhöhung, infolge Aufsteigens von **Manteldiapiren (Plumes)** erzeugte und über 10 Mio. Jahre und länger existente örtliche Aufschmelzungszone **(‚melting spot')** im Erdmantel unterhalb der Lithosphäre (s. d.) mit Durchmessern von einigen 100 km. Solche Aufschmelzungsbereiche machen sich an der Erdoberfläche durch Gebiete starker vulkanischer Aktivität bemerkbar. – H.s. sind ortsstabil, während die über ihnen befindlichen Lithosphärenplatten (→ Plattentektonik) sich bewegen können. In diesem Fall veranlasst der H. immer wieder an neuen Stellen der Platte das Entstehen vulkanischer Eruptionspunkte, sodass sich auf diese Weise eine Kette von Vulkanzentren mit sukzessive abnehmendem geologischen Alter ergibt.

Höttinger Brekzie, f., (n. einem Ort bei Innsbruck), rötlicher bis weißlicher, durch → Kalksinter fest verkitteter Gehängeschutt einer pleistozänen Warmzeit an der Inntalnordflanke bei Innsbruck/Österreich.

Huckepack-Becken (engl. **piggyback basin**), n., Becken, das im Hangenden von flachen Überschiebungen in deren Bewegungsrichtung mitgeschleppt wird.

Hufeisenmarke, (engl. **crescent mark**), f., hufeisenförmige Vertiefungen, die stromaufwärts (in Luv) um kleine Strömungshindernisse (Schalen, Gerölle) in Lockersedimenten entstehen.

humid (lt 172) (*A. PENCK, 1910), Bez. für die Klimazonen, in denen die Verdunstung geringer als der Niederschlag ist. Dieser Wasserüberschuss bildet die ober- und unterirdischen Wässer. Diese Wässer üben sowohl mechanische (z. B. Erosion, Schutt-Transport, Sedimentation) als auch chemische Wirkungen auf die Gesteine aus. Für Pflanzen und Tiere ergeben sich in diesem Klimabereich günstige Lebensbedingungen. – Man unterscheidet **vollhumide** (= ganzjährlich feucht) von **semihumiden** Bereichen (mit sommerlicher Trockenheit). – Klimabereiche dieser Typen finden sich im tropischen und in den beiden gemäßigten Gürteln.

Humolith (lt 173/ gr 193), m., (A. HEIM & R. POTONIE, 1932). – Tab. Biolithe.

humos (lt 173), Bez. für humushaltige Böden.

Humus (lt 173), m., nach F. SCHEFFER (C. F. SCHEFFER & P. SCHACHTSCHABEL, 1960) Bez. für die Gesamtheit „... aller abgestorbenen organischen Stoffe, die sich in und auf dem Boden befinden und einem stetigen Ab-, Um- und Aufbauprozess unterliegen oder unterlegen haben". – Als organische Ausgangsstoffe sind im Wesentlichen pflanzliche, in ganz untergeordnetem Maße auch tierische Substanzen vertreten. – F. SCHEFFER (s. o.) teilt die Humusstoffe in die zersetzungsempfindlichen, heller gefärbten **Nichthuminstoffe** (wegen ihrer Zersetzbarkeit für die Bodenlebewesen wichtig, daher **Nährhumus** genannt) und die schwer zersetzbaren, dunkel gefärbten organischen Substanzen **(Dauerhumus)** ein. – Als **Rohhumus** (*H. GREBE, 1886) wird ein aus nährstoffarmem, ligninreichem Ausgangsmaterial (Nadeln) entstandener H., als **Mull** (*P. E. MÜLLER, 1887) ein aus Resten üppiger Vegetation (Gras, Wiesenkräuter) gebildeter H. bezeichnet. **Moder** (*C. A. WEBER, 1903), eine lockere Humusform aus mehr oder weniger zersetzten Pflanzenresten, nimmt eine Zwischenstellung dazu ein. – s. a. Vermoderung.

Humuscarbonatboden, (lt 173/43) m. → Rendzina.

Humuskohle, f., aus Pflanzenmaterial über die Bildung von Torf entstandene Kohle (→ Inkohlung). Bei diesem Prozess ist kein völliger Sauerstoffabschluss vorhanden. Eine solche Kohle besteht zumeist aus verschiedenen → Streifenarten. – s. a. Sapropelkohle.

Humusortstein, Humuseisenortstein, m. → Ortstein.

Hungerquelle, f., (volkstüml.), von den Schwankungen der Niederschläge oder des Grundwasserspiegels in ihrer Schüttung abhängige Quelle, die infolgedessen nur zeitweise fließt. Bei entsprechendem Verhalten von Brunnen: **Hungerbrunnen,** m. – s. a. periodische Quelle, Quelle.

Huppererde, f., weißlicher oder gelblichgrauer toniger Sand (s. d.); meist in Verbindung mit Bohnerzen und offenbar bei lateritischen Verwitterungsvorgängen gebildet. Wird örtlich für die feuerfeste Industrie oder – nach Schlämmung – zur Herstellung von Spezial-Feinsanden gewonnen.

Hut, Eiserner Hut (bei Lagerstätten) m. → Oxidationszone.

Hutgestein (bergm.), n., infolge unterirdischer chemischer Lösung durch Grundwässer (→ Subrosion) in den obersten Teilen von Salzstöcken (→ Diapir) nach Auflösung der leichtlöslichen Salze (Steinsalz, Kali- und Magnesiumsalze) übrigbleibende, schwerer lösliche Gesteine wie Anhydrit, Gips (,Gipshut'→ Salzspiegel), verschiedentlich auch Kalk. Diese Gesteinsmassen sitzen dann dem Salzstock gewissermaßen wie ein Hut auf. – In der Praxis wird hier oft auch der engl. Ausdruck gleicher Bedeutung **,cap rock'** verwendet.

hyalin (gr 353) (schon bei C. F. NAUMANN, 1850), Bez. für die bei schneller Abkühlung magmatischer Schmelzen entstehende glasige (nichtkristalline) Ausbildung: **Gesteinsglas.** – Tab. IV 4. – s. a. kristallin, Vitrophyr.

Hyaloklastit, Adj. **hyaloklastisch** (gr 353/167), m., (*A. RITTMANN, 1958), Gestein, das aus Massen erstarrter zerbrochener glasiger Lava (s. d.) besteht.

hyalokristallin (gr 353/182) → Vitrophyr.

hybrid (gr 354), durch Vermischung zweier verschiedener Magmen entsteht ein Mischmagma: **hybrides Magma.** – Verschiedene Autoren gebrauchen die Begriffe ,hybrides Magma' und ,syntektisches Magma' (→ Syntexis) synonym.

hydatogen (gr 355/76) (schon bei C. F. NAUMANN, 1852), Bez. für sämtliche aus Wasser abgelagerte oder ausgeschiedene Sedimente oder Minerale von Lagerstätten, auch, wenn sie dem magmatischen Zyklus entstammen. – Gelegentlich auch für magmatische Gesteine gebraucht, die aus wasserreichen Schmelzen ausgeschieden werden.

hydatothermisch (gr 355/145) → Metamorphose.

Hydratation (gr 355), f., Wasseraufnahme. Hierbei werden Wassermoleküle an einzelne vorhandene Ionen angelagert. Im idealen Fall – in Lösungen – können sie mantelartig das Ion umlagern. Ähnliche Prozesse können an Grenzflächenionen von Kristallen, Mineralbruchstücken usw. stattfinden. Der Prozess kann nach und nach ganze Minerale oder gar Gesteine erfassen, indem er allmählich von außen nach innen fortschreitet. Mit der H. sind Volumenvergrößerungen verbunden. So vergrößert z. B. der Anhydrit ($CaSO_4$) bei der Umbildung zu Gips ($CaSO_4 \cdot 2H_2O$) sein Volumen um 60 % . – s. a. Quellfaltung.

hydratisch (gr 355) → allitisch.

Hydrogeologie, Geohydrologie (gr 355/80/197), f., Wissenschaft von den Erscheinungen des Wassers in der Erdrinde je nach der Gewichtung der Betrachtungsweise. – s. a. Grundwasser.

Hydrolakkolith (gr 355/187/193), m. → Pingo.

Hydrolyse (gr 355/201), f., eine durch Wasser hervorgerufene Veränderung, meist Aufspaltung von chemischen Verbindungen, z. B. von Mineralen.

hydromagmatische Explosion (gr 355/202), f., (*G. A. MACDONALD & ABBOT, 1970), heftige Dampfexplosion bei submarinen Ausbrüchen basaltischer Magmen oder beim Einströmen von dünnflüssigen Basaltströmen ins Meer. Die Lava zerspratzt dabei zu Hyaloklastit (s. d.). Solche Explosionen sind in der Tiefsee wegen der hohen Wasserauflast nicht möglich.

Hydrosphäre (gr 355/322), f., die Wasserhülle der Erde, bestehend aus dem Wasserinhalt der Meere, Seen, Flüsse, Bäche, Schnee- und Eismassen sowie dem Grundwasser. – s. a. Atmosphäre, Lithosphäre.

hydrothermal (gr 355/145), Stadium im Bereich der magmatogenen Erzlagerstättenbildung, für das ein wässriges Transportmedium mit Temperaturen unter 400 °C und unterschiedliche Drücke charakteristisch sind. – s. a. Erzlagerstätten.

hypabyssisch (gr 357/2), Bez. für die in geringerer Tiefe erstarrten magmatischen Schmelzen. – s. a. abyssisch.

hyperhalin (gr 356/20), Wasser mit einem Salzgehalt von > 4 %. – s. a. euhalin, mixohalin.

Hypersthen (gr 356/326), m., (*R. J. HAUY, 1802), orthorhombischer Pyroxen (s. d.): $(Mg, Fe)_2 [Si_2O_6]$.

hypidiomorph (gr 357/149/222) (*H. ROSENBUSCH), Bez. für die nur teilweise eigengestaltige Ausbildung von Mineralen in magmatischen Gesteinen. – s. a. idiomorph.

hypogen (gr 357/76) → Magma.

Hypozentrum (gr 357/162), n. → Erdbeben.

hypsographische Kurve (gr 358/86), f., (*A. PENCK, 1894), statistisch-schematische Kurvendarstellung der Erdoberfläche mit Höhenwerten n. H. WAGNER (1895) und Meerestiefenwerte n. E. KOSSINA (1921) (↗ Abb. 36). Als höchste Erhebung gilt der Mt. Everest/Himalaya mit +8848 m NN, die größte Tiefe wurde mit etwa –11034 m NN im Marianengraben/W-Pazifik festgestellt. – Es lassen sich im Einzelnen unterscheiden: 1. Die **Kontinentaltafel** (bis –200 m) mit 34,7 % Anteil an der Kurve. Sie schließt den Schelf (±0 bis –200 m) ein. – 2. Der **Kontinentalhang** (**Kontinentalböschung, aktische Stufe;** bis –3000 m) mit 7,9 % Anteil. – 3. Die **Tiefseetafel** (**abyssische Stufe,** Tiefen tiefer als –3000 m) mit 57,4 % Kurvenanteil. Sie enthält auch die Tiefseegräben (s. d.). – s. a. Meeressediment, Schelf.

I

Iapetus (n. einem Titanen, dem Vater des Atlas, in der gr. Mythologie), m., Ozean zwischen dem Eurasiatischen und dem Nordamerika-Kraton vor der kaledonischen Faltung. Er wurde im Zeitraum Obersilur/Unterdevon geschlossen. – s. a. Avalonia.

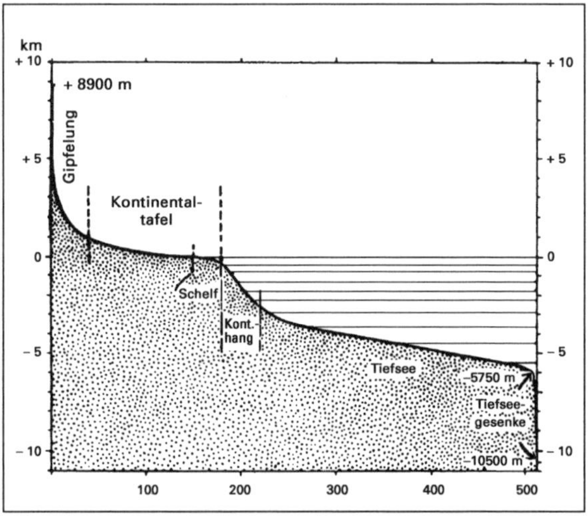

Abb. 36
Hypsographische Kurve der Erdoberfläche (n. E. KOSSINA, 1923).

IBB (= **I**nsel**b**ogen**b**asalt), entsteht an konvergenten Plattenrändern. Charakteristisch ist ein hoher SiO_2-Gehalt bis 53 %. TiO_2 ist dagegen gering (0,30–1,43 %). Unklar ist, ob es sich dabei um primitive Schmelzen oder um Produkte partieller Schmelzbildung handelt. – s. a. MORB, OBB, OIB, Plattentektonik.

Ichnologie (gr 150/197), f., (J. BUCKLAND um 1830; bei C. F. NAUMANN, 1850 der Begr. Ichnite = Tierfährten), Fährtenkunde. Fossile Lebensspuren werden als **Ichnofossilien** (= **Bioglyphe**) bezeichnet. – s. a. Marken.

Ichor (gr 153), m. → Migma.

idioblastisch (gr 149/70) → kristalloblastisch.

idiomorph (gr 149/222), Bez. für Minerale, die bei der Auskristallisation ihre Eigengestalt voll entwickelt haben, z. B. Erstausscheidungen und Einsprenglinge in magmatischen Schmelzen. – s. a. allotriomorph, hypidiomorph.

IGCP (International Geological Correlation Program), betrieben von IUGS (International Union of Geological Sciences) und UNESCO, um geologische Grunddaten und Themen geowissenschaftlicher Art von überregionaler Bedeutung im internationalen Verbund zu erarbeiten. Deutsches IGCP-Nationalkommitee: Arbeitsgruppe der DFG (Deutsche Forschungsgemeinschaft). – (Nach e. Vorlage von Herrn Prof. Dr. W. ZIEGLER, Frankfurt/M.).

Ignimbrit (lt 175 und nicht 235, wie vielfach angegeben wird, sondern lt. imber = Regen), m., (*P. MARSHALL, 1935), ist nach der Def. von A. MAUCHER (1960) „... ein saures – bis selten intermediäres – Gestein, das aus hochfluiden Suspensionen feiner, heißer Magmateilchen in hoch erhitzten Gasen entstanden ist, wobei die Temperaturen zumindest über dem Erweichungspunkt der Glasanteile lagen und damit die plastische Verformung und das Verkitten der Scherben und Splitter bei und nach dem Absatz ermöglichten." Makroskopisch können solche Ignimbrite vulkanischen Laven sehr ähnlich werden. Die obige Def. entspricht auch der des Schmelztuffes (*R. WEYL, 1954) und auch etwa der der **welded tuffs** (G. R. MANSFIELD & C. S. ROSS, 1935). – Erstautor, im Sinne von über sehr heißen Lavaströmen abgesetzten verbackenen Bimssteinen, ist jedoch J. P. IDDINGS (1899). – Die Bez. I. wird aber auch dann angewandt, wenn die einzelnen Fragmente nicht zusammengeschweißt wurden. – s. a. Glutwolke.

Ijolith (n. d. Fundpunkt Parish Ijo/Finnland), m., (*W. RAMSAY, 1891), Tab. V 10.

Illit-Kristallinität (n. d. Mineralgruppe der Illite; gr 182), f., röntgendiffraktometrisch ermittelter Mess- und Vergleichswert, mit dem der zunehmende (oder – z. B. bei Verwitterung – abnehmende) kristalline Ordnungsgrad illitischer Glimmerminerale im Bereich Diagenese bis niedriggradige Metamorphose dargestellt werden kann. Konventionell verwendetes Maß ist die Breite (früher in mm, heute in $\Delta° 2\,\theta$) des ersten Illit-Basisreflexes bei ca. 10 Å auf halber Intensitätshöhe. Damit bedeuten breite Basisreflexe niedrige kristalline Ordnung (= große Werte der ‚Halbhöhenbreite'), schlanke Basisreflexe dagegen gute kristalline Ordnung (= kleine Werte der ‚Halbhöhenbreite'). – Die Methode ermöglicht bei kritischer Anwendung die Erkennung und (regionale) Gliederung niedriggradiger (Temperatur-)Einflüsse auch in Gesteinen und Temperaturbereichen, in denen fazieskritische Mineralumwandlungen (noch) nicht auftreten, z. B. in Tongesteinen und tonigen Carbonatgesteinen. Der Ausdruck ‚Epizone' soll auf die Anwendung der oben def. ‚Illit-Kristallinität' beschränkt werden. – Weitere methodische Möglichkeiten zur Untergliederung des (Temperatur-)Bereiches zwischen Diagenese und niedriggradiger Metamorphose bieten: die Intensität der Lichtreflexion an Vitrit (→ Streifenart, Inkohlung), Flüssigkeits-, Gas- und Festkörper-Einschlüsse in Mineralen (→ geologisches Thermometer) und bei entsprechendem Edukt bzw. ausreichender Beanspruchungsintensität auch fazieskritische Minerale (→ Metamorphose). – Weiterführende Literatur: M. FREY (ed., 1987): Low temperature metamorphism. – Glasgow, London (Blackie). – (Nach einer Vorlage von Prof. Dr. H. KRUMM, Frankf./M.).

illuvial (lt 181/220), Bez. in der Bodenkunde für Vorgänge, bei denen durch ein mechan. Festhalten, Ausfällen oder Ausflocken eine Anreicherung von Stoffen (Illuvialhorizont) im → Bodenprofil erreicht wird. – s. a. eluvial.

Ilmenit (n. d. Ilmen-Geb., südl. d. Ural), m., Titaneisen, n.: $FeTiO_3$.

ILP → Lithosphäre.

Ilseder (Faltungs-) **Phase** (n. d. Ort Ilsede, Niedersachsen), f., (*H. STILLE, 1924), Tab. III 11 B. – s. a. subhercynische Faltungsphase.

Imbibition (lt 176), f., verschiedentlich gebrauchte Bez. für eine durch diffus vordringende Gase oder heiße Wässer erfolgte ‚Durchtränkungs'-Metamorphose. – s. a. Injektion.

Imbrikation (engl. imbricate = dachziegelartig anordnen), f. → Dachziegellagerung.

Immersion (lt 177), f., **Inundation,** Bez. für den Zustand und die Zeit der Überflutung eines Landgebietes durch das Meer. – s. a. Emersion.

Impaktit (v. engl. ‚Zusammenstoß'), m., **Kraterglas,** n., Glasbildungen, die mit einem Meteoriteneinschlag (Impakt) in Beziehung stehen. Von den Tektiten (s. d.) unterscheiden sie sich vor allem mineralogisch u. a. durch ihren Gehalt an mannigfachen Mineraleinschlüssen, wodurch sie chemisch-analytisch sehr viel stärker variieren als die Tektite. – Ein Beispiel für Impaktite ist der **Suevit** des Nördlinger Ries, eine Impaktbrekzie mit montmorillonitischer Matrix (s. d.). In dieser Brekzie finden sich Minerale, die bei der beim Impakt abgelaufenen Stoß-(Schock-)wellenmetamorphose umgewandelt oder neu gebildet wurden, neben ungeschockten Mineral- und Gesteinsfragmenten aus dem kristallinen Untergrund, Glaspartikel und – in geringerer Menge – Fragmente von Sedimentgesteinen. Der Suevit wurde früher für einen vulkanischen Tuff (s. d.) gehalten, wodurch das Ries als ein ungewöhnlich großer vulkanischer Krater (s. d.) besonderer Entstehung erschien. Durch Auffindung der nur aus Impaktbereichen bekannten Höchstdruck-Quarz-Minerale → Coesit und → Stishovit im Suevit musste die vulkanische Hypothese zugunsten eines Meteoriten-Impaktes aufgegeben werden. Die ‚Forschungsbohrung Nördlingen 1973' stützt mit ihren Ergebnissen diese genetische Vorstellung.

Impaktstruktur (engl./lt 320), f., Bez. für alle bei einem Meteoriteneinschlag (Impaktereignis) verursachten konzentrischen oder radialen Reliefmerkmale wie Impaktkrater, Kraterwall, aber auch Ejekta-Decken. – s. a. Astroblem, Meteorkrater.

impermeabel (lt 178) → Permeabilität.

Imprägnation (lt 179), f., (schon bei B. Cotta, 1866), diffuse Verteilung von infiltrierten Stoffen im Gestein, wobei Gefügehohlräume verschiedenster Art und Größe gefüllt werden; Erz-, Öl- usw. Imprägnation. – s. a. Erzlagerstätten.

Incluse (lt 183), f. → Bernstein.

Indexfossil (lt 184/154), n. → Leitfossil.

Indexmineral (lt 184, provençalisch), n. → typomorphes Mineral.

Infiltration (lt 185), f., allgem. das Eindringen oder Einsickern flüssiger oder gasförmiger Substanzen in Gesteine.

Influenz (lt 186), f., **Uferfiltration,** f., Bildung von Grundwasser (Seihwasser, Uferfiltrat durch den Übertritt von Fluss- oder Seewasser).

Infrakambrium (lt 187), n., R. Furon (1960) bezeichnete den Zeitabschnitt im Präkambrium Afrikas, der etwa 600–1000 Millionen Jahre zurückliegt, als I. – s. a. Eokambrium, Riphäikum.

Ingenieurgeologie, f., Zweig der Angewandten Geologie, der sich mit der Untersuchung und Ausdeutung geologischer Verhältnisse für die Zwecke der Technik, vor allem des Bauingenieurwesens, befasst.

Ingression (lt 188), f., Bez. für ein langsames, tastendes Vordringen des Meeres in festländische Räume. Charakteristisch ist das Fehlen von Transgressionskonglomeraten und ein allmählicher Übergang von festländisch/limnisch-fluviatilen zu marinen Sedimenten in der Ablagerungsfolge solcher Ingressionen. – s. a. Transgression.

Ingressionsküste, f., durch Vorgreifen des Meeres infolge Hebung des Meeresspiegels oder Senkung des Landes erzeugter ‚ertrunkener Küstenbereich'. – s. a. Riasküste.

initial (lt 190) (*H. Stille, vor allem 1940) → magmatischer/magmatologischer Zyklus.

Initialdurchbruch, (lt 190) m., Erstausbruch, n. A. Rittmann (1936) „... der Geburtsakt eines neuen Vulkans", wobei hier im Gegensatz zum Initialausbruch, der lediglich einen neuen Eruptionszyklus nach mehr oder weniger langer Ruhezeit einleitet, kein ehemaliger und zeitweilig verstopfter Schlot, sondern ein unabhängiger neuer Förderweg benutzt wird.

Injektion (lt 189), f., (schon bei C. F. Naumann, 1850), Bez. für das Eindringen (‚Einspritzen') von magmatogenen Lösungen, magmatischen Schmelzen oder anderen mobilen Gesteinsmassen (z. B. Salzen) in Gesteinsfugen oder -spalten. – Die Stoff- und Wärmezufuhr bei solchen Injektionen führte zu den Vorstellungen der **Injektionsmetamorphose** (vor allem V. M. Goldschmidt, 1920, aber bereits schon 1897), bei der durch Einwanderung eines granitisch-aplitischen ‚Saftes' in ein ‚aufblätterndes Schichtenpaket' eine **lit-par-lit-Textur** erzeugt worden ist. Dabei erfolgt ein Umkristallisationsvorgang, durch den sich, je nach Intensität, **Injektionsschiefer** oder **Injektionsgneise** bilden sollen. – s. a. Imbibition, Metamorphose.

Injektionszunge, f., **Injektionstopf,** m. (lt 189) → Kryoturbation.

injektiv, Injektivfaltung (lt 189), f., (* H. STILLE, 1917), Faltungsform, bei der einzelne Faltenelemente einen gesteigerten Vortrieb erleiden (**Injektivfalte;** s. a. Diapir), bei verstärktem Vortrieb ins Liegende: **dejektiv** (= abwärts injektiv), bei solchem ins Hangende: **ejektiv** (= aufwärts injektiv). Erscheinungen solcher Art glaubte H. STILLE (s. o.) in der Saxonischen (s. d.) Scholle in Abhängigkeit von der Mächtigkeit des postvaristischen Deckgebirges und der Beteiligung von Salzgesteinen zu erkennen: ‚dejektiver Typ' in Niederhessen als ‚Schmalgraben-Breitsattel', ‚ejektiver Typ' in Nordhannover als ‚Breitmulde-Schmalhorst'. Diesen inkongruenten Typen stellte er in Südniedersachsen den kongruenten Typ als gleichförmige Mulden-/Sattelbildung gegenüber. – Diese tektonischen Deutungen sind nicht unwidersprochen geblieben.

Inklination (lt 182), f., Neigung des erdmagnetischen Feldes gegenüber der Horizontalen. Die I. ist positiv, wenn das nach Norden gerichtete Ende einer Magnetnadel abwärts gerichtet ist. – Verschiedentlich wurde die Bestimmung der I. aus der geologischen Vergangenheit **(Paläoinklination)** aus Gesteinen bei der Rekonstruktion der Lage eines oder mehrerer Messpunkte zu dem entsprechenden Paläopol (s. d.) verwendet.

Inkohlung, f., (*C. W. VON GÜMBEL, 1883. Grundsätzliche erste Erkenntnis des Vorganges: F. FREIHERR VON BEROLDINGEN, 1778), Umbildungsprozess pflanzlicher Stoffe vom Torf über die verschiedenen Braunkohlen- und Steinkohlen- bis zum Meta-Anthrazit (→ Steinkohle). Innerhalb dieses Prozesses wird der Kohlenstoff gegenüber den ebenfalls in der Ursprungssubstanz befindlichen Mengen von Wasserstoff und Sauerstoff (und Stickstoff) immer stärker relativ angereichert. Auf diese Weise erhält man eine durch **Inkohlungsstufen** gekennzeichnete **Inkohlungsreihe:**

Inkohlungs-stufe	C (%)	H (%)	Wasser (%)
Holz	50	6	44
Torf	55–64	5–7	35–39
Braunkohle	60–75	4–8	17–34
Steinkohle	78–90	4–6	4–19
Anthrazit	94–98	1–3	1–3
Graphit	100	–	–

Als Maßstab für den Grad der I. lässt sich auch das von der Braunkohle bis zum Meta-Anthrazit ständig steigende Reflexionsvermögen des Vitrits (→ Streifenart) bei auffallendem Licht unter dem Mikroskop verwenden (s. a. Illit-Kristallinität).

Die Bereiche der Braunkohlen (s. d.), vor allem aber der Steinkohlen (s. d.) können sinngemäß weiter unterstuft werden. – Innerhalb der I. werden auch Steinkohlengase wie CO_2 und CH_4 freigesetzt (s. a. Grubenwetter). Allerdings stammt bei abnormer Anreicherung von CO_2 dieses Gas zum allergrößten Teil aus postvulkanischen Exhalationen (→ postvulkanisch). – Sprunghafte Veränderungen des Inkohlungsgrades bei Erreichen bestimmter Temperatur/Druck-Grenzbereiche werden als **Inkohlungssprung** bezeichnet. – Die Inkohlungsreihe ist bezüglich ihrer Bildungskräfte nicht einheitlich. Während im ersten Teil (bis zum Weichbraunkohlen-Stadium) biochemische Prozesse vorherrschen, kann im zweiten Teil eine Weiterführung des Inkohlungsvorganges nur bei Eintritt besonderer geologischer Verhältnisse (Einwirkung von Versenkung in größere Tiefen, stärker gesteigerte Temperaturen und Druckerhöhung) erfolgen: geochemischer Prozess. Umwandlung zu Graphit erfolgt erst beim Einwirken besonders kräftiger geologischer Mittel. – s. a. Streifenart, Verkohlung, Vermoderung, Verwesung.

inkompetent (lt 180/55) → kompetent.

Inkrement (engl. ‚increment' = Zuwachs), n., einzelner Deformationsschritt. Aus vielen Inkrementen setzt sich die finite Deformation zusammen.- s. a. Deformation.

Inkrustation (lt 181/76), f., (wahrscheinl. *N. STENO, 1638–1686), durch chem. Ausscheidung von Kalk, Brauneisen, Manganverbindung usw. erzeugte Krustenbildung um Fossilien, Gerölle oder sonstige auf oder im Boden befindliche Körper. – s. a. Intuskrustation.

Inlanddüne, f. → Düne.

Inlandeis, n., **Binneneis,** große schildförmige Eiskalotte, die das Festland überdeckt und meistens nur in den Randpartien einzelne hohe Bergspitzen als **Nunatak** (s. d.) frei herausragen lässt. Unebenheiten des Bodens können sich in Spalten oder flachwelligen Oberflächenformen des Eises darstellen. In den zentralen Teilen des grönländischen I. sind durch Echolotungen Eisdicken von über 3000 m festgestellt worden. Offenbar liegt hier eine – vielleicht durch die Eislast bedingte – flachschüsselartige Einbiegung des Felssockels vor. – Das grönländische I. greift mit Gletscherzungen randlich bis an das Meer vor (**Schreit-** oder **Abflussgletscher**). Bei großen Inlandeismassen **(Eisschild)** zeigen sich erhebliche Eisgeschwindigkeitsunterschiede zwischen dem Eiszentrum und den peripheren Teilen. Eine Berechnung von W. S. B. PATERSON (1969) ergab z. B. für einen stationären Eisschild mit parabolischer Oberfläche am Eiszentrum keine Bewegung, in 400 m Entfernung davon 16 m a^{-1} und in 950 m Entfernung vom Zentrum 135 m a^{-1}. – In den großen Inlandeismassen (Antarktis ca. 13 Mio. km^2, Grönland 1,8 Mio. km^2) sind gewaltige Mengen von Wasser in Eisform festgelegt. Starke Zu- und Abnahme des I. kann für den Wasserhaushalt der Weltmeere und damit für die eustatischen Meeresspiegelschwankungen (s. d.) von großer Bedeutung sein.

innenbürtig → endogen.

Innenmoräne, f. → Moräne.

Innensenke, f., 1. Senke innerhalb eines Orogens (s. d.), die infolge ihrer ständigen Senkungstendenzen als Sedimentationsbecken, vielfach sogar Kohlenbildungsbecken (limnisches [s. d.] Kohlenbecken) fungiert. – 2. Allgemeine Bez. für (oft sogar abflusslose) Senken innerhalb der Kontinente. – s. a. Becken.

Inselberg, m., (*W. BORNHARDT, 1898), inselartig isolierter Rumpfrestberg in den wechselfeuchten Tropen und Subtropen. Es handelt sich dabei um aus dem Flachland aufsteigende Erhebungen mit meist wandartigen Steilabstürzen. Solche Bildungen gehen zurück auf die Wirkungen chem. Verwitterung (vor allem Wechsel von Benetzung und Wiederaustrocknung), auf mechan. (Temperatur-)Verwitterung (Abgrusen, Abschuppen) und auf Absturz und Abspülung bereits gelockerter Gesteinsfragmente.

Inselbogen (engl. island arc [system]), m., bogenförmig angeordnete Reihe (meist vulkanischer) Inseln. An der konvexen (ozeanwärtigen) Seite befinden sich in der Regel Tiefseegräben (s. d.). Zwischen dem I. und dem Tiefseegraben treten oft große Sedimentationsbecken auf (Inselbogen-Außenbecken, Forearc-Becken). Verschiedentlich bilden sich zwischen einem aktiven und einem inaktiven (= rückwärtigen) I. **Inselbogen-Zwischenbecken** (engl. interarc basin). Zwischen dem I. und dem Kontinent liegt ein Meeresbecken mit erheblichen Wassertiefen: **Inselbogen-Rückbecken** (engl. backarc basin), gelegentlich auch **Randmeer-** oder **Marginalbecken** genannt. – Auf engem Raum zeigen sich gegensätzliche Schwereanomalien; z. B. am konvexen Außenrand oder im Bereich des Tiefseegrabens (s. d.) hohe negative Schwere. – Die Inselbögen zeichnen sich durch hohe seismische Aktivität aus. Die Tiefenlage der Hypozentren nimmt kontinentwärts zu (→ Benioff-Zone). – Beispiele: Aleutenbogen, Japanische Inseln, Sumatra-Sunda-Bogen (↗ Abb. 37). – s. a. Plattentektonik, Subduktion.

Inselhorst, m. → Horst.

Inselorogen, n., (*L. KOBER, 1921), Bez. für ein Orogen (s. d.), das samt seinen Vortiefen und Teilen des Vorlandes so tief versenkt worden ist, dass zwar die Gipfel seiner Randketten oberhalb, Zwischengebirge, Vortiefen und Teile des Vorlandes jedoch unterhalb des Meeresspiegels zu liegen kommen.

Insequenz (lt 192), f. → Lücke.

Insolation (lt 181/313), f., Bez. für die Sonneneinstrahlung. Infolge solcher Wärmeeinstrahlung treten in den Gesteinen Dehnungserscheinungen auf, die bei entsprechender Intensität der Einstrahlung und Beschaffenheit des Gesteins zu zerstörender Auflockerung im Gesteinsgefüge führen können. **(Temperaturverwitterung).** – s. a. Desquamation, Kernsprung, Verwitterung.

instantan (lt 193) (*W. SARTORIUS VON WALTERSHAUSEN), Bez. für eine beschleunigte (‚ruckartige') Bodensenkung, wie sie oftmals auch für die Bildung von Sedimentationszyklen (s. d.) in Kohlenlagerstätten angenommen worden ist. – s. a. säkular.

Interglazial (lt 194/164), n., (*O. HEER, 1865), **Zwischeneiszeit**, durch wärmeres Klima **(Warmzeit)** und dadurch bedingtes starkes Abschmelzen des Eises (= **Eisrückzug**) charakterisierter Zeitraum zwischen zwei Vereisungsperioden (= Glaziale, s. d.). Man kennt kontinentale Interglazialablagerungen, vor allem in Flüssen, Seen und Mooren, aber auch als Kalktuffablagerungen, Verwitterungsböden, Bergrutschmassen usw. Daneben finden sich marine Interglazialbildungen, die durch transgressive Tendenzen des Meeres infolge eustatischer Meeresspiegelschwankungen (s. d.), Wiederinbesitznahme vom Eis freigegebener Räume oder durch verschiedenste tektonische Ereignisse ausgelöst worden sind. z. B. Eem-Meer, Holstein-See (Tab. II B). – s. a. Interstadial, Kaltzeit, Paläotemperaturen.

intergranular (lt 194/167), zwischen den Korngrenzen.

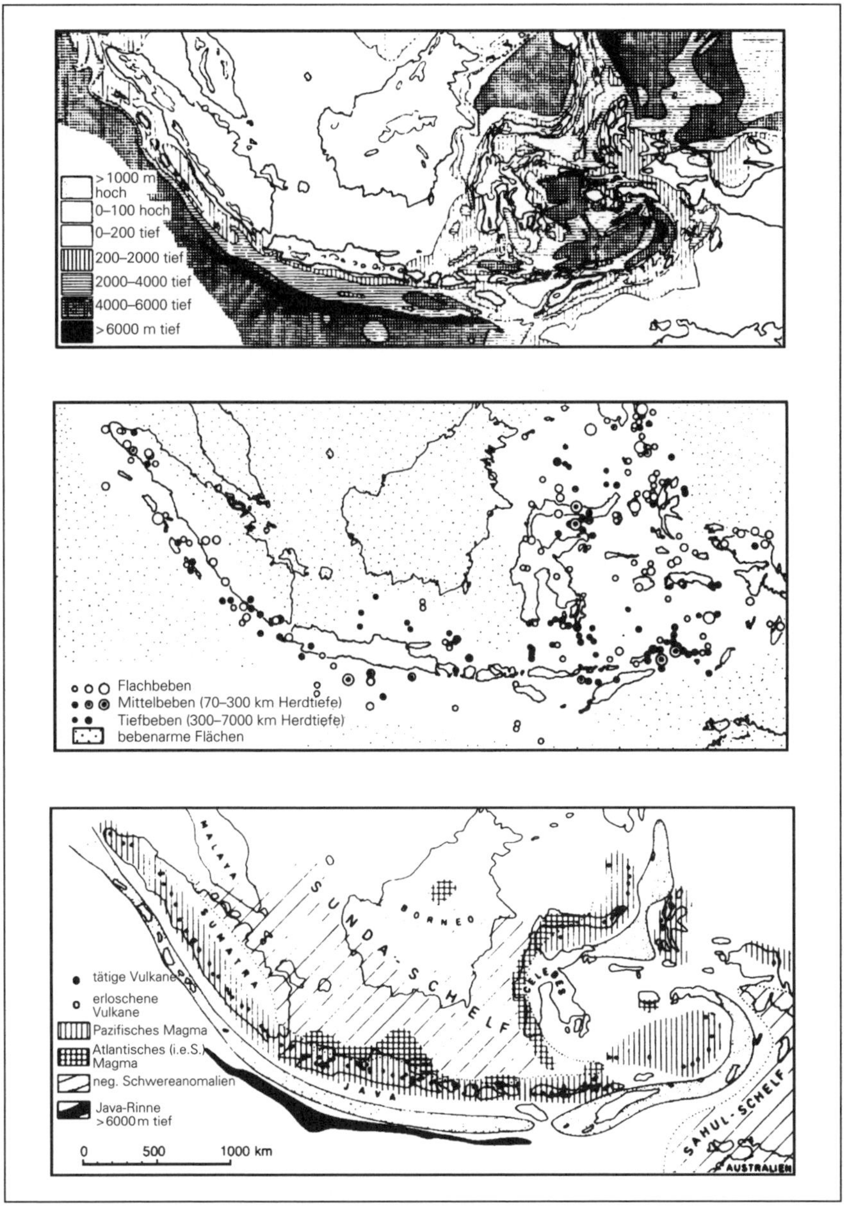

Abb. 37 Inselbogen. – Indonesischer Archipel. – Oberes Bild: Meerestiefen; mittleres Bild: Erdbeben; unteres Bild: Magnetismus und Schwere. – Nach F. A. Vening Meinesz et al. aus: P. Schmidt-Thome: Tektonik. – Lehrbuch der Allgemeinen Geologie, II; Stuttgart (Enke) 1972.

interkontinentaler Graben (lt 194/69), m. → Graben.

intermediär (lt 194/228), Bez. für jene Gruppe der Magmatite, die sich zwischen den sauren (mit einem Gesamt-SiO_2-Gehalt von >65 Vol.-%) und den basischen Magmatiten (mit einem Gesamt-SiO_2-Gehalt von <52 Vol.-%) befindet. – s. a. ultrabasisches Gestein.

intermittierende Quelle (lt 196), f. → Quellentypen.

internes Anlagerungsgefüge (lt 197), n. → Anlagerungsgefüge.

internes Reliktgefüge (= **interne Reliktstruktur**) (lt 197), n., (*B. SANDER, 1912), bei Metamorphiten (→ Metamorphose) Bez. für das von neu gesprossten Kristallen umschlossene frühere Gesteinsgefüge, das gelegentlich gegenüber dem außerhalb solcher Kristalle erkennbaren **externen Reliktgefüge** (= **externe Reliktstruktur**) verstellt sein kann **(verlegte Reliktstruktur).** Hiermit zeigt sich eine Teilbewegung des Kristalls gegenüber seiner Umgebung während der Blastese (→ Metablastese) und damit ein Hinweis auf parakristalline Deformation (s. d.); z. B. die ‚Granate mit Einschlusswirbeln' von Val Piora/Tessin.

Internfaltung (lt 197), f., (*F. HERITSCH, 1923), Bez. für eine Klein- oder Spezialfaltung, die nur auf eine einzelne Gesteinsbank beschränkt bleibt.

Interniden (lt 197), Pl. → Orogen.

Internmassiv (lt 197, frz.), n. → Deckensysteme.

Internrotation (lt 197/290), f. → Externrotation.

Intersertalgefüge (lt 198), n., Gesteinsgefüge bei Ergussgesteinen, wobei feinkörnige oder glasige Grundmasse die Räume zwischen großen, sperrig gelagerten Plagioklasleisten einnimmt. – s. a. ophitisch, poikilitisch.

Interstadial (lt 194/334), n., (*A. PENCK, E. BRÜCKNER & L. DU PASQUIER, 1894), verhältnismäßig kurze Wärmeschwankung zwischen zwei kälteren Zeiten innerhalb einer Eiszeit. Weist im Gegensatz zum Interglazial (s. d.) nur kälteliebende Pflanzen und Tiere auf.

Intertidal (lt 194, engl.), n., Gezeitenzone zwischen der Hochwasser- und der Niedrigwasserlinie; im Wechsel der Gezeiten regelmäßig überflutet und trockenfallend. Auf Carbonatplattformen (→ Plattformcarbonate) charakterisiert durch ökologisch angepasste Organismen (z. B. Algenmatten), Bioturbationen (s. d.) (oft Vertikalbauten), typische Sedimentpartikel (z. B. Ooide [s. d.], Rindenkörner), Sedimentgefüge (z. B. Schrägschichtung, Erosionsgefüge) und lateral rasch wechselnde Faziestypen. – Ein häufig verwendetes Synonym ist **Litoral** (s. d.). – s. a. Fazies, Subtidal, Supratidal.

Interzeption (lt 195), f. → Verdunstung.

intraformational (lt 199/152), innerhalb einer Schichtlage auftretend und mehr oder weniger gleichzeitig mit dem einschließenden Sediment entstanden. Ursprünglich für ‚intraformationale Gerölle bzw. Konglomerate oder Brekzien' verwendet: Gerölle, die synsedimentär (s. d.) im Vorgang der Resedimentation (s. d.) abgelagert werden. Aber auch auf synsedimentäre Faltung (wie subaquatische Rutschung/Gleitung/Faltung) übertragen. – s. a. subaquatisch.

intrakontinentaler Graben, (lt 199/69), m., → Graben.

intramagmatische Lagerstätte (lt 199/gr 202), f. → Erzlagerstätten.

intramontanes Becken (lt 199/233), n. → Becken, Innensenke.

Intraplattentektonik (lt 199/gr 338), f. → Plattentektonik.

Intraplatten-Vulkanismus, m. → Plattentektonik.

intratellurisch (lt 199/341), Bez. für Bildungen, die im Erdkörper entstanden sind, z. B. Plutone.

Intrusion (lt 200), f., (bereits bei Ch. LYELL, 1837), Eindringen fließfähigen Materials in andere Gesteinsverbände. Zumeist für das Eindringen von Magma (s. d.) in einen Erstarrungsraum. Die auf diese Weise gebildeten Gesteine heißen **Intrusivgesteine.** Verschiedentlich wird aber auch das Einströmen hochteilbeweglicher Sedimente (Salze, Ton usw.) in überlagernde Schichten als I. bezeichnet.

Intrusionsbeben (lt 200), n. → Erdbebentypen.

Intuskrustation (lt 201/76), f., Ausfüllung und Ersatz abgestorbener pflanzlicher oder tierischer Körper durch mineralische Ausscheidungen, z. B. Kieselhölzer. – s. a. Inkrustation.

Inundation (lt 202), f. → Immersion.

Inversion, f., Adj. **invers,** (lt 203) 1. Reliefumkehr (s. d.), 2. Überkippung (s. d.), 3. für Aufwölbung und Heraushebung ehemaliger Sedimentationströge (z. B. Randtröge, s. d.) verwendet. 4. Umkehr der natürlichen Dichteverteilung in der Erdkruste (→ Dichte-Inversion).

Isanomale (gr 151/37), f., Linie gleicher Abweichung vom erdmagnetischen Normalfeld.

Isobase (gr 151/62), f., (*G. DE GEER, 1890), Linie gleicher Hebung.

Isobathe (gr 151/59), f., Linie gleicher Wassertiefe.
isochemisch (gr 151, arab.), → allochemisch
Isochione (gr 151/379), f. → Schneegrenze.
Isochrone (gr 151/382), f., Linie gleichzeitigen Eintreffens einer Erscheinung, z. B. Erdbebenwellen; andererseits auch Linie gleicher Bildungszeit in Gebieten mit verschiedener Faziesentwicklung. – Bei der radiometrischen → Altersbestimmung bezeichnet man Linien, die im Diagramm bestimmte Isotopenverhältnisse von Gesteins- oder Mineralproben miteinander verbinden, als **Isochronen** (→ Isotopenmethode). – s. a. diachron.
isofaziell (gr 151, lt 140), zur gleichen Fazies (s. d.) gehörig. Meist bei der Beschreibung metamorpher Faziesbereiche verwendet.
Isogamme (gr 151 u. $\gamma = 10^{-3}$ Dyn · g^{-1}, bzw. 10^{-8} N · g^{-1}) f., Linie gleicher Abweichung vom irdischen Normalfeld der Schwerkraft; bei anderen Autoren Linien gleicher Schwerkraftwerte der Erde.
Isograde (gr 151, lt 166), f., in metamorphen Arealen die Linie in der Karte, welche die Punkte miteinander verbindet, die unter gleichen Druck-Temperatur-Bedingungen gestanden haben.
Isohaline (gr 151/20), f., Linie gleichen Salzgehaltes im Wasser.
Isohypse (gr 151/358), f., 1. Linie gleicher Meereshöhe (= Höhenschichtlinie); 2. Grundwasserhöhengleiche (= Linie gleicher Grundwasserspiegelhöhe).
Isokatabase (gr 151/157), f., Linie gleicher Senkung.
Isoklinalfalte (gr 151/169), f. → Faltentyp.
Isoklinaltal (gr 151/169), n. → Tal.
Isokryme (gr 151/179), f., Linie gleicher Minimaltemperatur.
Isomorphie, Adj. **isomorph** (gr 151/223), f., Bez. für Minerale mit gleicher äußerer Gestalt.
Isopache (gr 151/268), **Isopachyse,** f., (*G. DE GEER, 1893), Linie gleicher Schichtenmächtigkeit.
Isopachenkarte, f. → geologische Karte.
Isoplethe (gr 151/plethos = Umfang, Größe), f., die Linie in der Karte, die Punkte gleicher Größe von Partikeln (z. B. Korngrößen in Sedimenten, Geröllgrößen, Durchmesser vulkanischer Bomben) verbindet.
Isoseiste (gr 151/300), f., Linie gleicher Erdbebenstärke.
Isostasie (gr 151/329), f., (*E. DUTTON, 1889), das Einspielen eines Schweregleichgewichtszustandes einzelner Schollen der Erdkruste. Für die Erklärung der Mechanik dieses Vorganges lassen sich 4 Vorstellungen anführen. – 1. Die Theorie von G. B. AIRY (1855) nahm an, dass große Krustenteile in einer mindestens säkular (s. d.) flüssigen Unterzone mit höherer Dichte ‚schwimmen', sodass sie – je nach Gewicht – mehr oder minder tief darin eintauchen. Auf diese Weise kam AIRY auch zu der Vorstellung des besonders tiefen Eindringens der leichten oberen Kruste in die Unterzone bei den hoch aufragenden Gebirgen (s. a. Gebirgswurzel). – 2. A. WEGENER nahm darüber hinaus an – unter Beachtung der ‚Überschwere' im Bereich der Tiefsee gegenüber den Kontinenten –, dass in der Tiefsee das schwere Sima (s. d.) unmittelbar (ohne Vorhandensein von Sial) auftritt. Später hat er allerdings eine Abschwächung durch Anerkennung einer Dunitschale (→ Dunit) im Bereich der Tiefsee vorgenommen. – 3. Diesen beiden Anschauungen steht diejenige von J. PRATT (1871) gegenüber, die annahm, dass die verschiedene relative Höhe der einzelnen Krustenabschnitte durch eine verschieden hohe Dichte der sie aufbauenden Gesteine bedingt sei. Somit müssten Gesteinskomplexe mit geringerer Dichte höher aufragen als solche mit großer Dichte. Dabei würde dann der Druck auf die Unterlage überall derselbe sein, wodurch diese Auflage also eine Art Ausgleichsfläche für die darüber befindliche Massenverteilung darstellen würde. – 4. B. GUTENBERG, E. TAMS und andere Autoren haben die Meinung vertreten, dass die beiden Prinzipien von AIRY und PRATT gleichzeitig nebeneinander wirksam sein könnten.
Isotherme (gr 151/145), f., Linie gleicher Temperatur.
Isotopenmethode (gr 151/344), f., (unabhängig voneinander *A. HOLMES, 1947, und *F. G. HOUTERMANNS, 1946, jedoch auf erste Untersuchungen von A. O. NIER, 1938, zurückgehend), Methode zur Altersbestimmung von Gesteinen, bei der man versucht, aus dem im Gestein festgestellten relativen Mengenverhältnis der einzelnen, verschieden schnell zerfallenden Isotopen eines oder mehrerer radioaktiver Elemente zueinander das Alter des Gesteins festzustellen. So kann man z. B. das Mengenverhältnis der Blei-Isotopen ^{206}Pb, ^{207}Pb, ^{208}Pb zueinander und vor allem zur Menge des vorhandenen ‚Urbleis' (^{204}Pb) feststellen (Blei/Blei-Methode). – Auch zur Bestimmung von Paläotemperaturen (s. d.) angewendet.

isotopisch (gr 151/344) → Fazies.
isotrop (gr 151/ 349), → anisotrop.
Isovolen (gr 151, lt 377), f., Linien gleicher Prozent-(%-)Zahlen flüchtiger Bestandteile bei Kohlen.
Itabirit (n. Itabira [= heller Stein] i. d. Minas Gerais/Brasilien), m., (*W. L. von Eschwege, 1822), festes, massiges bis dünnbankiges, präkambrisches Eisenerz (ca. 68% Fe). Als Minerale treten auf: Hämatit und Martit (= Pseudomorphose von Hämatit nach Magnetit) und untergeordnet Magnetit. Die Erze sind in Brasilien einer Schichtenfolge quarzitischer Metamorphite eingeschaltet. Kieselige Eisenerze ähnlichen Typs (Bändererze, gebänderte Eisenerze [banded iron ores], Hämatitquarzite wie z. B. die Jaspilite) treten im Präkambrium an verschiedenen Stellen der Erde als charakteristische Sedimente auf. Sie zeichnen sich oft durch große Mächtigkeit und weite Ausdehnung aus. – s. a. Hämatit, Magnetit, Metamorphose.
Itacolomit (n. d. Pico Itacolomi, Berg in Brasilien), m., (*W. L. von Eschwege, 1822), dünnplattiger biegsamer Sandstein. Auch als **Gelenkquarzit** bezeichnet, da die das Gestein aufbauenden Quarzkörner gelenkartig miteinander verzahnt sind, ein Bindemittel fehlt und daher die Platten dieses Gesteins bis zu einem gewissen Grade verbiegbar sind, ohne zu zerbrechen.
I-Typ-Granit, m. → Granit, ↗ Abb. 24.
IUGS → IGCP.
Ivrea-Zone (Ort am Alpen-Südrand, nördl. v. Turin/Italien), f. → periadriatische Naht.

J

Jacupirangit (n. d. Ort Jacupirango/Provinz São Paulo/Brasilien), m., (*O. A. Derby, 1891), Tab. V 19.
Jade, f., (m.), aus mikrokristallin verfilztem Jadeit (s. d.) oder Nephrit, einem zur Aktinolith-(s. d.) Gruppe gehörenden Amphibol bestehendes grünliches, dichtes und zähes Gestein. Bes. in China zu Schmuckstein verarbeitet.
Jadeit (sprich Jade-it), m., Mineral der Alkalipyroxen-Gruppe: NaAl [Si_2O_6]. – s. a. ↗ Abb. 45.
Jahresschichtung, f., Bez. für das aus Art und Zusammensetzung der Sedimente erkennbare Abbild des jährlichen Klimarhythmus, z. B. Bänderton (s. d.).
Jaramillo event (Ortsbez. a. New Mexico), n., (*R. R. Doell & G. B. Dalrymple, 1906), geomagnetisches Polaritätsereignis in der Matuyama-Epoche; ↗ Abb. 4.
Jaspilit (lt 174), m. → Itabirit.
jungkaledonische Faltung (= kaledonische Faltung i. e. S.), f., (*H. Stille, 1919, 1924) umfasst die ardennische (s. d.) und die erische (s. d.) Faltungsphase, wobei heute die Trennung beider Phasen infolge der unsicheren Stellung des ‚Downton' (= oberstes Silur?) sehr fraglich geworden ist. – s. a. Kaledoniden.
jungkimmerische Faltungsphase (= kimmerische Faltungsphase i. e. S.), (*H. Stille, 1924), wird unterteilt in Deister-, Osterwald-, Hils-Phase (s. d.). – s. a. Kimmerische Faltungsphase.
Jungpräkambrium (lt 254) (= Proterozoikum), n. → Tab. III 2.
Jungtertiär, n. → Neogen (s. d.), Tab. III 12.
Jura (n. d. Schweizer Jura), m., Adj. **jurassisch,** (‚Jurakalk' A. von Humboldt, 1795, entspricht dem heutigen Malm. – ‚Jura' A. Brongniart, 1829, als Altersbezeichnung. – Einteilung in ‚Schwarzer', ‚Brauner' und ‚Weißer Jura' L. von Buch, 1837), Tab. III 10.
Juranagelfluh, f. → Molasse.
Jütische (Jütländische) Insel, (n. d. Halbinsel Jütland) f. → Pompeckjsche Schwelle.
juvenil (lt 204), (*E. Suess, 1909, als ‚j. Wasser', ‚j. Thermen', ‚j. Gase'), 1. **juveniles Wasser** entstammt Magmenherden und ist im magmatischen Zyklus neu gebildet. – 2. **juveniles Magma:** irdische Gesteinsschmelze, die nicht durch palingenetische (→ Palingenese) Aufschmelzung entstanden ist. Oft ist eine reelle Unterscheidung zwischen palingenem und juvenilem Magma sehr schwierig, wenn nicht unmöglich. – 3. **juvenile Pyroklastika,** unmittelbar aus der vulkanischen Schmelze gebildetes Auswurfmaterial. – s. a. pyroklastisch, vados.

K

Kaena event (n. Kaena point, Oahu/Hawaii), n., (*I. Mc Dougall & F. H. Chamalaun, 1966), geomagnetisches Polaritätsereignis innerhalb der Gauss-Epoche; ↗ Abb. 4.
Kainit (gr. 154), m., (v. W. Schöne, 1865, in Staßfurt-Leopoldshall entdeckt und im gleichen Jahr von I. C. L. Zincken benannt), Salzmineral: $KMg[Cl/SO_4] \cdot 3H_20$.

Kakirit (n. d. Kakirsee/Lappland), m., (* F. SVENONIUS, 1911, P. J. HOLMQUIST, 1911), dicht von tektonisch erzeugten Rutsch- und Kluftflächen durchzogenes Gestein, das wegen seines Gefüges von H. CLOOS (1936) als **Bruchbreccie** bezeichnet worden ist. Gehen die Brucherscheinungen bis in das einzelne Korn der Gesteine hinein, bilden sie **Kataklasite.** – s. a. Kataklase.
Kalben, n. → Eisberg.
Kaledoniden (n. ‚Caledonia': kelt.-röm. Name f. Nordschottland), Pl., (‚Caledonisches Gebirge' *E. SUESS, 1888), die in der **Kaledonischen Faltungsära** (mit der Salair-, sardischen, takonischen, ardennischen und erischen Faltungsphase, s. d.) – zwischen Mittelkambrium und Unterdevon – gebildeten Gebirge. Sie treten vor allem in Irland, Wales, Schottland und im Westteil Skandinaviens (Skandinavisches Hochgebirge) in Erscheinung. Im mitteleuropäischen Raum sind sie im Brabanter Massiv, im Ardennisch-Rheinischen Schiefergebirge und im Harz, weiterhin in der Lausitz und in den Sudeten zu erkennen. Im zentralasiatischen Raum umranden kaledonische Faltenzüge den Sibirischen Schild. Ferner sind sie von Spitzbergen und der Ost- und Nordküste Grönlands bekannt. In Amerika erscheinen sie nur in Alaska, Neufundland und den nördlichen Appalachen. In Ostaustralien treten neben jüngeren auch kaledonische Faltenzüge auf. – s. a. Fennoskandia, jungkaledonische Faltung.
Kalifeldspat, m. → Alkalifeldspat.
Kalium-Argon-Methode, f., (vor allem auf Arbeiten von L. T. ALDRICH, W. GENTNER, A. A. NIER, F. SMITS seit 1948 zurückgehend), Bestimmungsmethode für das Alter von Gesteinen unter Verwendung des Mengenverhältnisses des radioaktiven K-Isotops ^{40}K und seines Zerfallsprodukts ^{40}Ar. Vorteile: relativ große Häufigkeit des Kaliums (^{40}K ist zu 0,0118% im natürlichen K enthalten!) in allen Gesteinen der Erdkruste, auch in geologisch eichbaren Sedimenten. Weiterhin: günstiges Verhältnis der Größe der Halbwertszeit ($1{,}27 \cdot 10^9$ a) zur Länge erdgeschichtlicher Zeitabschnitte. Eine Hauptfehlerquelle ist die Möglichkeit von Ar-Verlusten durch Diffusion.
Kalk, m. → Kalkstein.
Kalkalabaster, m. → Alabaster.
Kalkalkaligestein, n. → Alkaligesteine.
Kalkalpin, n. → Deckensysteme.
Kalkarenit (lt 30), m. → Arenit.
Kalkbauxit, m. → Bauxit.
Kalkglimmerschiefer, m. → Tab. VII 26.
Kalklutit (lt 221), m. → Lutit.
Kalkmudde, f. → Mudde.
Kalkpelit (gr 277), m., sehr feinkörniger Kalkschlamm.
Kalkphyllit (gr 367), m. → Tab. VII 27.
Kalkrudit (lt 291), m. → Rudit.
Kalksilikatfels, m. → Tab. VII 25 und 36.
Kalksilikatgneis, m. → Tab. VII 25.
Kalksiltit (angels.), m. → Siltit.
Kalksinter, m. → Sinter.
Kalkspat, m., (schon bei G. AGRICOLA, 1657, als ‚Spatum'), Calcit: $CaCO_3$. – s. a. Aragonit.
Kalkstein, m. → Tab. VI 13, 15, 24.
Kalksteinbraunlehm, m. → Terra fusca.
Kalktuff, m. → Sinter, Tuff.
Kalktuffhöhle, f. → Höhle.
Kalktuff-See, m. → Stausee.
Kältewüste, f. → Wüste.
Kaltzeit, f., allg. Bezeichnung für einen Zeitabschnitt, dessen Jahresdurchschnittstemperaturen deutlich niedriger liegen als die des vorangegangenen und nachfolgenden Zeitabschnitts. Eine solche Zeit braucht nicht unbedingt durch die Existenz großer Gletscher- oder Inlandeismassen charakterisiert zu sein. – In ähnlicher Weise wurde für einen zwischen kälteren Zeiten liegenden, wärmeren Zeitabschnitt der Ausdruck **Warmzeit** geschaffen, der auf Grund der Allgemeingültigkeit seiner Aussage auch nicht nur auf Interglazialzeiten beschränkt ist. – s. a. Eiszeit, Glazial, Interglazial, Interstadial.
Kalziolith (lt 41/gr 193), m., → Tabelle Biolithe.
Kambrium (n. ‚Cambria': röm. Bez. für Nordwales), n., (*A. SEDGWICK in A. SEDGWICK & R. I. MURCHISON, 1835), Tab. III 3.
Kame, Pl. **Kames** (engl.), n., (*T. F. JAMIESON, 1865, jedoch zuerst definiert von T. C. CHAMBERLIN, 1883, 1884), Hügel aus geschichteten Sanden und Kiesen fluvioglazialer (s. d.) Herkunft. Sie werden in Spalten und anderen Lücken im Gletschereis, vor allem aber auch in Toteisgebieten, abgelagert. Die K. treten immer in regellos angeordneten Gruppen auf, wobei die einzelnen Hügel durch tal- oder schüsselförmige Einsenkungen voneinander getrennt sind: **Kameslandschaft.** – Sie können terrassenartige Körper bilden **(Kameterrassen).** Verschiedentlich kann auch durch Eisauflast hochgepresstes Grundmoränenmaterial am Aufbau von K. beteiligt sein: Aufpressungs-Kames. – s. a. Os.
Kammgebirge, n. → Gebirge.

Kanadischer Schild, m., (*E. SUESS, 1888), Ostkanada und die vorgelagerten Inseln des arktischen Meeres umfassender, ausschließlich aus präkambrischen Gesteinen bestehender Festlandskern. – s. a. Laurentia.

Kannelierung (v. frz.), f., **Riefelung,** Furchen- und Rinnenbildung auf der Oberfläche von Gesteinen, durch das Ablaufen von Niederschlagswasser entstanden (s. a. Karre). – Der Begriff wird aber auch für die ähnlich aussehende **Windkannelierung** oder **Windriefelung** verwendet, die durch Treibsand führenden Wind auf Gesteinsoberflächen hervorgerufen werden kann.

Kannelkohle/Cannelkohle (engl. ‚candle': Kerze; daher ausgesprochen: Kennelkohle), f., (alter Begriff, schon bei J. LELAND, 1538, erwähnt), im Wesentlichen aus pflanzlichen Sporen aufgebaute und wegen des hohen Bitumengehalts gut brennende Steinkohle. – s. a. Bogheadkohle, Steinkohle, Streifenart.

Känozoikum (gr 154/134), n., Tab. III 12, 13.

Kant-Laplacesche Theorie (I. KANT, 1755, P. S. LAPLACE, 1795), f., Entstehungshypothese für die Erde, die sich unter ständiger Rotation aus einer Zusammenballung gasförmigen Materials über den flüssigen Zustand unter allmählicher Abkühlung und Verdichtung ganz oder doch zum größten Teil zu einem festen Körper entwickelt haben soll. – s. a. Planetesimaltheorie.

Kaolin (n. d. chines. und jap. Lit. abgeleitet vom Namen des Berges Kaoling = Hohes Gebirge im Kreis Fuliang/Prov. Kiangsi. Dort wurde die hervorragende Porzellanerde zur Herstellung des berühmten Porzellans von Cing-tê-chen gewonnen. Während die Erfindung des Porzellans auf die Chinesen zurückgeht, wurde sein Name durch MARCO POLO nach der Porzellanschnecke *porcellana* wegen der Farbähnlichkeit eingeführt), m., (seit dem 18. Jh. in der europ. Fachsprache), Tab. VI 10.

Kaolinisierung, f. → siallitisch.

Kaolinit, m., silikatisches Tonmineral: $Al_4[Si_4O_{10}]\,[OH]_8$.

Kapillaraszension (lt 42/32), f. → Kapillarwasser.

Kapillarsaum, m., **Kapillarzone,** f., (lt 42/gr 135), Bodenzone über dem Grundwasser, die mit Kapillarwasser (s. d.) angefüllt ist. Die Mächtigkeit dieser Zone ist von der Korngrößenzusammensetzung des Gesteins abhängig. – **Hängendes Kapillarwasser** ist dagegen im Kapillarraum des Bodens angereichertes Niederschlagswasser, das nicht mit dem Grundwasser und dessen K. in Verbindung steht.

Kapillarwasser (lt 42) n., **Porensaugwasser,** n., das in feinsten Rissen (Haarrissen) zwischen den Bodenteilchen durch Adhäsionskräfte festgehaltene Wasser. Im Vorgang der **Kapillaraszension** kann in entsprechenden Haarrissen auch Wasser entgegen der Schwerkraft aufsteigen. Die **Kapillarität** ist bei den einzelnen Lockergesteinsarten verschieden: bei feinkörnigen generell größer als bei grobkörnigen. – s. a. Haftwasser, ungesättigte Zone.

Kar, n., Pl. **Kare** (volkstüml. Ausdruck, z. B. ‚Karwendelgebirge', in d. wiss. Literatur schon bei H. & A. SCHLAGINTWEIT, 1850) (in Norwegen als **Botner** bez.), nischenartige Hohlformen in Gebirgshängen, mit steilen Rück- und Seitenwänden, einem flachen **Karboden** und einer oft aus Schuttmaterial oder festem Fels aufgebauten **Karschwelle** nach der Talseite. Mehrere an einem Hang übereinanderliegende Kare bilden eine **Kartreppe.** Bei Wasserfüllung spricht man von einem **Karsee.** – Kare finden sich in Hoch-, als fossile Formen auch in Mittelgebirgen (z. B. Schwarzwald, Riesengeb.; vgl. dazu ↗ Abb. 76). Es handelt sich bei ihnen um durch Glazialerosion (s. d.) modifizierte, ehemalige Talanfänge oder andere negative morphologische Formen. Sie sind als Sammelbecken Nährgebiete für Gletscher, können aber auch – bei geringer Vergletscherung – kleine Lokalgletscher **(Kargletscher)** beherbergen. – s. a. Firn, Gletscher.

Karat/Carat (arab. Cirat = Johannisbrotbaum, dessen Samenkorn etwa 200 mg = 1 K. wiegt), n., Maßeinheit für Edelmetalle, Schmuck- und Edelsteine.

Karbon (lt 43), n., (*R. J. MURCHISON, 1839), Tab. III 7.

Karbonathärte, f. → Wasserhärte.

Karbonatit m. → Carbonatit

Kargletscher, m. → Kar.

Karling, m., (*A. PENCK & E. BRÜCKNER, 1909), Berg mit scharfkantiger und mehr oder weniger pyramidenförmiger Gestalt (z. B. Matterhorn), der durch die zwei- oder mehrseitige Anlage von Karnischen an seinen Hängen entstanden ist.

(Karnien), (Karnium), Karn (-Stufe), n., (n. d. Karnischen Alpen), Tab. III 9 C.

Karneol, Carneol, m., gelbliche bis blutrote Chalcedon-(SiO_2-)Massen.

Karre, f., Pl. **Karren,** Schratten (Volksausdrücke), ‚Karre' (*W. HIRZEL, 1829, aber auch bei A. ESCHER VON DER LINTH, 1841), Rinnen und napfartige Löcher verschiedener (bis zu m-)Tiefe auf freiliegenden Kalksteinoberflächen, aber auch unter Bodenbedeckung; vor allem auf reinen und nicht allzu feingeschichteten Kalken bei flacher oder schwach geneigter Schichtlage. Es handelt sich um chemische Auslaugungs-, in viel geringerem Maße um mechanische Spülwirkungen von Regen- und Schmelzwässern. – Beim Auftreten vieler solcher Rinnen entstehen **Karren-** oder **Schrattenfelder,** bei denen die Rinnen oft durch messerscharfe Grate getrennt sind. Sehr viel unregelmäßigere Formen bilden sich an Meeresküsten als **Brandungs-, Küsten-** oder **litorale K.n.** – Karrenähnliche Erscheinungen bei Graniten, Sandsteinen usw. sind zum Teil auf rein mechanische Wasserspülung zurückzuführen.

Karschwelle, f., **Karsee,** m. → Kar.

Karst (n. d. Karst-Geb. d. nordost-adriatischen Raumes), m., bildet sich in Gebieten mit chemisch angreifbaren (‚löslichen') Gesteinen, vor allem Kalken. Hier überwiegt – infolge starker Versickerung der Niederschlags- und weitgehender Versinkung vorhandener Oberflächenwässer – die unterirdische Entwässerung bei weitem gegenüber der oberirdischen. Auf diese Weise resultiert die typische **Karsthydrographie:** oberirdisch oft ein Netz von Trockentälern, unterirdisch eines aus Spalten- und Höhlenwässern. Dieses **Karstwasser** (*A. GRUND, 1903) bzw. Karstgrundwasser (s. d.) tritt an günstigen Stellen als meist stark schüttende **Karstquelle** zutage. – Die durch das Wasser hervorgerufenen Korrosionserscheinungen kennzeichnen das morphologische Bild: **Karsttopographie** (Formen: Dolinen, geologische Orgeln, Schlotten, Karren, Poljen, Uvalas usw., s. jeweiliges Stichwort). – Es kann zwischen dem durch eine Verwitterungsdecke überzogenen, in Mitteleuropa oft auftretenden **bedeckten K.** und dem vor allem im Hochgebirge erscheinenden **nackten K.** unterschieden werden. – Eine Sonderform der Tropen und der sommerfeuchten, tropennahen Gebiete ist der **Turm-** oder **Kegelkarst** (‚Turmkarst' *H. VON WISSMANN, ‚Kegelkarst' übers. von O. LEHMANN, 1925, aus der frz. Lit). Es sind steile, bienenkorbartige bis halbkugelige oder kegelartige Berge, die sich als isolierte Gebilde über einer Ebene erheben. Diese Ebene weitet sich an den Rändern eines solchen Gebietes zu einer **Karstrandebene.** H. LEHMANN (1953, 1954) hat als Ursache für die Isolierung der einzelnen Berge und die Steilheit ihrer Hänge eine durch zeitweilig gestautes Wasser nach schweren tropischen Regen erfolgende Lösungsunterschneidung der Hänge angenommen. Auf diese Weise würden dann die Karstrand- und Karstinnenebenen immer weiter in das Karstgebiet vorrücken. – Eine verkarstete Gesteinsschicht, bei der nur eine Verkarstung in geologisch vergangener Zeit nachweisbar ist, heißt ‚**fossiler** K.' oder auch **Paläokarst.** – s. a. Katavothre, Speläologie, Verkarstung.

Karstbrunnen, m. → Naturschacht.

Karstgrundwasser, n., Kluft- oder Höhlengrundwasser in Karstgebieten.

Karstgrundwasserleiter, m. → Grundwasser.

Karsthöhle, f. → Höhle.

Karsthydrographie (gr 355/86), f. → Karst.

Karstquelle, f. → Karst, Quellentypen.

Karstrandebene, f. → Karst.

Karstsee, m., See in Karstgebieten. Periodische Seen entwickeln sich dort, wo zu Zeiten starker Zuflüsse die Schwundlöcher der Niederungen das heranfließende Wasser nicht schnell genug aufnehmen können. – Wenn die Schwundlöcher durch Sedimentmaterial verstopfen und abgedichtet werden, können ständige (perennierende) K.n entstehen.

Karsttopographie (gr 344/86), f. → Karst.

Karsttrichter, m. → Doline.

Kartreppe, f. → Kar.

Kasimovian, n. → Tab. III 7 B.

Kaskade (frz.), f. → Wasserfall.

Katagneis, m. → Gneis.

Kataklase (gr 158), f., (‚Kataklasstruktur' * Th. KJERULF, 1885), tektonisch bedingte Zerbrechungserscheinungen in und an Einzelmineralen eines Gesteins. Sie kann selektiv sein, indem sie nur einzelne spröde Minerale betrifft und andere Minerale völlig intakt lässt, oder aber sämtliche Gefügebestandteile des Gesteins erfasst. Durch K. geprägte Gesteine werden **Kataklasite** genannt. Bei ihnen handelt es sich nach P. HEITZMANN (1985) um feste Gesteine, die „... durch Brecciierung des gesamten Gesteinsvolumens bis in das einzelne Korn hinein geprägt sind und meist ein richtungsloses Gefüge zeigen" (= **kataklastisches Gefüge**). Man hat von **homöoklastischer** bei gleichkörniger Struktur und von **porphyroklastischer** Struktur gesprochen, wenn einzelne große Kristallbruchstücke in einer kleinkörnigen Trümmermasse liegen. – s. a. Mylonit, Protoklase.

Kataklysmentheorie (gr 159), **Katastrophentheorie,** f., eine besonders von G. CUVIER (1769–1832) vertretene Anschauung, dass der Unterschied der Faunen und Floren zwischen den einzelnen geologischen Zeiten nur durch das Eintreten großer Katastrophen erklärbar wäre, die „... plötzlich und ohne alle Zwischenstufen" die Mehrzahl der Lebewesen eines Gebietes vernichtet hätten. Im Anschluss daran wäre durch Neuschöpfung und vielleicht auch Einwanderung aus anderen Gebieten eine neue Tier- und Pflanzengesellschaft entstanden. – s. a. Aktualismus.

Katarakt (gr 160), m. → Wasserfall.

Katarchaikum (gr 161), n., Bez. für bes. alte archaische (→ Archaikum) Gesteinsverbände. – s. a. Tab. III a Anm.

katathermal (gr 156/145) → Erzlagerstätten.

Katavothre (‚Katavothra': volkstüml. Ausdruck aus den gr. Karstgebieten), f., **Ponor** (kroat.), m., **Schluckloch, Schlundloch, Schwundloch,** trichter- oder schachtförmige Löcher im Karst, in die das Oberflächenwasser hineinströmt oder -stürzt, um die unterirdischen Wasserwege zu erreichen. – s. a. Schwinde.

Katazone (gr 156/135), f. → Tiefenstufe.

Katzengold (Volksausdruck), n., goldgelb bis bräunlich verwitternder Glimmer, meist Biotit; erscheint er silbrig: **Katzensilber.**

kaustische Metamorphose (gr 155/215), f. → Metamorphose.

Kaustobiolith (gr 155/67/193), m. → biogenes Sediment.

kavernös (lt 45), Bez. für ein an Hohlräumen reiches Gestein, wobei die Hohlräume primär vorhanden (z. B. beim Kalktuff → Sinter), oder sekundär durch selektive Auslaugung (z. B. Zellendolomit → Rauhwacke) entstanden sein können. – s. a. Höhle.

Kazanien, Kazanium, Kazan (n. d. Ort Kazan a. d. Wolga), n., Tab. III 8 B.

Kegelfalte, f. → Zylinderfalte.

Kegelkarst, m. → Karst.

Kegelpluton, m. → Pluton.

Kegelsander, m. → Sander.

Kennelkohle, f. → Kannelkohle.

Keratophyr (gr 163/368), m., (* W. VON GÜMBEL, 1874), saurer Vulkanit, hauptsächlich aus Alkalifeldspat und Albit bestehend, stark chloritisiert, Tab IV 16.

Kerbtal, n. → Tal.

Kern, m. → Erdkern, Sattelkern.

Kernpluton, m. → Pluton.

Kernsprung, m., das – oft mit lautem Knall erfolgende – Zerbersten von Steinen oder Felsblöcken, verursacht durch den schnellen Temperaturwechsel zwischen Tag und Nacht oder Sonneneinstrahlung und Abkühlung durch Regengüsse im ariden Klimabereich.

Kernwüste, f., (im Sinne von H. MORTENSEN, 1929), Wüste (s. d.) mit extremaridem Klima.

Kerogen (gr 164/75), n., feste bituminöse Substanz fossilen Ursprungs, die in organ. Lösemitteln wie Benzol unlöslich ist und aus höheren Kohlenwasserstoffen besteht. K. ist ein charakteristischer Bestandteil der Ölschiefer (s. d.). – s. a. Bitumen.

Kersantit (n. d. Ort Kersanton bei Brest/Bretagne), m., (*A. DELESSE, 1851), Tab. IV 9, 12.

Kesselbruch (*E. SUESS, 1883), m., **Kesseleinbruch** (*F. VON RICHTHOFEN, 1886), konzentrisch von Brüchen (‚peripherische Brüche' *C. DEFFNER in E. SUESS, 1883) umgebenes und daher mehr oder weniger rundliches bis polygonales Senkungsfeld relativ geringen Umfangs. Besitzt es dagegen ein größeres Ausmaß, so wird es als **Senkungsbecken** bezeichnet (‚Beckensenkung', ‚Schüsselsenkung' bei F. VON RICHTHOFEN, s. o.).

Kettengebirge, n. → Gebirge.

Keuper (fränk. „Kipper" bzw. „Keiper"), m., (* F. HOFFMANN, 1825), Tab. III 9 C.

Kies, m., 1. klastisches Lockergestein mit Korndurchmessern zwischen 2 und 63 mm, bei einigen Autoren auch noch gröber (vgl. Tab. → Korngrößen). – Syn.: Schotter. – 2. Sulfidische Erze, z. B. Kupferkies, Schwefelkies, Arsenkies. – s. a. Geröll.

Kiesbank, f. → Bank.

Kieselgalle, f., durch konkretionäre SiO_2-Ausscheidung in Tongesteinen entstandenes Gebilde mit rundlichem bis ovalem Querschnitt von cm- bis dm-Größe (z. B. ‚Kieselgallenschiefer' im Unterdevon des Rheinischen Schiefergebirges). – s. a. Geode, Tongalle.

Kieselgur, f., (niederdt. Volksausdruck) → Diatomeenschlamm.

Kieselschiefer, m., paläozoisches Kieselsediment, das zu einem großen Teil aus den Kieselskeletten von Radiolarien aufgebaut wird. Oft im gleichen Sinne, vielfach aber bei besonders festen, rot bis – durch Einschluss kohliger Substanzen – schwarz gefärbten Kieselgesteinen, wird der Ausdruck **Lydit** (= **Probierstein**) verwendet. – Tab. VI 24. – s. a. Radiolarit.

Kieselsinter, m. → Sinter.
Kieserit (n. d. Arzt D. G. Kieser, 1779–1856), m., (*E. Reichardt, 1860), $MgSO_4 \cdot H_2O$; Salzmineral.
Kimberlit (n. d. Ort Kimberley, Südafrika), m., (*H. C. Lewis, 1887) → Pipe.
Kimméridgien, Kimmeridgium, Kimmeridge (-Stufe), n., (n. d. Ort Kimmeridge, S-England) (*J. Thurmann, 1832), Tab. III 10 C.
kimmerische Faltung (n. d. Kimmerischen Halbinsel, dem Ostzipfel der Krim/Schwarzes Meer), f., (*H. Stille, 1910, unter Verwendung der Bez. ‚Kimmerisches Gebirge' von A. Mrazec; vgl. E. Suess, 1909, der den von Mrazec bezeichneten Raum als „... ein Gebiet, in dem alle Faltung älter als Neokom ist", charakterisierte); wird unterteilt in alt- und jungkimmerische Faltung (s. d.).
Kinematik (tektonische) (gr 165), f., n. H. Cloos (1936): „Der systematische Versuch, aus dem Neben- und Ineinander von ruhenden Tatsachen ein In- und Nacheinander von Bewegungen abzuleiten". – Man spricht daher auch von einer **kinematischen Analyse.** – s. a. Dynamik.
kinetische Metamorphose, Kinetometamorphose (gr 166/215), f. → Metamorphose.
kink bands (engl.), Pl., n. → Knickzonen.
Kissenlava, f. → Pillowlava.
Klamm, f., enges, tief eingeschnittenes Tal, das nahezu senkrechte, oft sogar überhängende Wände besitzt und auf eine sehr rasche und kräftige Tiefenerosion des zugehörigen Gewässers hinweist. – s. a. Klinge, Tal.
klastisch (gr 167) (*A. Brongniart, 1813), Bez. für Sedimente, deren Material aus der mechanischen Zerstörung anderer Gesteine stammt (Trümmergestein). Man unterscheidet grobklastische **(Psephite),** mittelklastische **(Psammite)** und feinklastische Gesteine **(Pelite).** Vgl. Tab. → Korngrößen und Tab. VI 1 bis 12.
Klei(boden) (Volksausdruck), m., durch Alterung gesetzter, bindig gewordener Marschboden. – s. a. Marsch.
Kleintektonik, f. → Tektonik.
Kleinzyklus, m. → Sedimentationszyklus, Zyklothem.
Klemmscholle, f. → Grabenrandverwerfung.
Kliff, n., durch die Tätigkeit der Brandung (s. d.) an Steilküsten erzeugte Steilwand, die durch Unterspülung und Nachsturz der Überhänge immer weiter landeinwärts gelegt werden kann: **Arbeitskliff** (↗ Abb. 16). Dabei bildet sich vor dem K. eine schwach seewärts geneigte felsige Plattform, die **Brandungsplatte** oder **Schorre** (J. Walther, 1893/ 94), die bei Ebbe größtenteils freiliegt. Durch den seewärtigen Abtransport von Gesteinsschutt findet sich am seeseitigen Fuß dieser Platte die **Meereshalde.** Je weiter das K. zurückverlegt wird, um so mehr schwächt sich die Kraft der Wellen ab. Dieser Vorgang kommt dann zu einem Ende, wenn nicht durch Senkung o. Hebung des Landes bzw. Meeresspiegels neue Impulse gegeben werden. Bei Hebung des Landes (bzw. Senkung des Meeresspiegels) kann die Brandungsebene aus dem Bereich des Wassers herausgehoben werden, sodass sich eine neue Brandungsplatte in tieferer Lage vor ihr bildet: **gehobene Strand-** oder **Küstenterrassen.** – s. a. Abrasion, Brandung, eustatische Meeresspiegelschwankung, Küste.
Klima, (gr 168), n. → arid, humid, nival.
Klimamorphologie, (gr 168/223/197), **klimatische Morphologie,** f., Untersuchung der atmosphärischen Einflüsse auf die Formenbildung an der Erdoberfläche für Gegenwart und Vergangenheit. – s. a. Geomorphologie.
Klinenz (gr 169), f., **Klinenzwinkel,** m. → Vergenz.
Klinge, f., kleines Tal ohne Talsohle und mit steilen Wänden. – s. a. Klamm.
Klinometer (gr 169/218), n. → Geologenkompass. – s. a. Tiltmeter.
Klinopyroxen (-Gruppe) (gr 169/293/233), m., monokline Pyroxene wie Diopsid (s. d.), Hedenbergit (s. d.), Augite (s. d.), Alkalipyroxene (z. B. Jadeit, s. d.; Ägirin, s. d.). – s. a. Pyroxen, Orthopyroxen.
Klinozoisit (gr 169) (n. d. österr. Baron von Zois), m., Aluminium-Epidot: $Ca_2Al_3O|OH|SiO_4|Si_2O_7$. – s. a. Epidot, Zoisit, ↗ Abb. 46.
Klippe (tektonische), f. → Decke.
Klippenbrandung, f. → Brandung.
Klippendecke, f. → Deckensysteme.
Kluft, f., feine, nicht oder nur wenig geöffnete Gesteinsfuge, an der keine wesentliche Bewegung stattgefunden hat. Sie entwickelt sich zur **Spalte,** wenn die beiden **Kluftflächen** breiter auseinander klaffen. Auf den Kluftflächen können **Kluftminerale** auskristallisieren. – In ungefähr gleicher Richtung verlaufende Kluftgemeinschaften werden **Kluftschar,** die Zusammenfassung gleich alter, jedoch verschieden streichender Scharen **Kluftsystem** genannt; ein **Kluftpaar** besteht aus aufeinander etwa senkrecht (orthogonal) stehenden Kluftscharen. – Zwei genetisch zusammenge-

hörige und auch in erkennbarer Symmetriebeziehung zueinander stehende Kluftscharen werden auch als **konjugierte Kluftscharen** bezeichnet. – Vielfach lassen sich nach dem Studium des **Kluftnetzes** eines Gebiets Aussagen über die tektonischen Beanspruchungspläne machen. Bei faltenbezogenen Klüften kann man z. B. folgende Klüfte (bezogen auf ihre Lage zur Faltenachse) unterscheiden: **Querklüfte** (Q-Klüfte H. CLOOS, ac-Klüfte B. SANDER), **Längsklüfte** (S-Klüfte H. CLOOS, bc-Klüfte B. SANDER) und außerdem **Diagonalklüfte.** – s. a. Falte, Fuge, Lithoklase, Schlechte, Spalte.

Kluftdichte, f. → Klüftigkeit.

Kluftgrundwasser, n., **Kluftgrundwasserleiter,** m. → Grundwasser.

Klufthöhle, f. → Höhle.

Klüftigkeit, f., Aussage über die Stärke der Zerklüftung eines Gesteinskörpers **(Kluftzahl).** Quantitativ kann der Abstand der Klüfte **(Kluftdichte)** durch die **Klüftigkeitsziffer** angegeben werden. Diese Zahl gibt die Kluftschnitte pro Messstreckenmeter an und ist dadurch auch ein Maß für die Anzahl der durch jeweils zwei Klüfte begrenzten Felskörper **(Kluftkörper, Grundkörper).**

Kluftkörper, m. → Klüftigkeit.

Kluftlänge, f., Aussage über die Länge einer Kluft in der Vertikalen.

Kluftletten, m. → Letten.

Kluftmineral, n., **Kluftnetz,** n., **Kluftpaar,** n. → Kluft.

Kluftquelle, f. → Quellentypen.

Kluftrose, f., (schon von J. PHILLIPS, 1836, verwendet; W. SALOMON, 1927, schlug die später nicht eingeführten Bez. **Kluftstern** u. **Gangstern** vor), prozentuale Darstellung einer beliebigen Anzahl von Kluftrichtungsmessdaten, wobei der jeweilige Prozentanteil auf einer der gemessenen Himmelsrichtung entsprechenden Gradlinie einer Windrose vom Kreismittelpunkt nach außen abgetragen wird (↗ Abb. 38). Daher spricht man auch von einer **Richtungsrose,** die natürlich auch für die statistische Erfassung linearer Elemente wie Gang-, Talrichtungen, Fotolineationen (→ Fotogeologie) usw. verwendet werden kann. – Will man jedoch nicht nur die statistische Verteilung der Kluftstreichrichtungen, sondern auch die genaue gesamte Raumlage graphisch darstellen, dann überträgt man das Datenmaterial in das Schmidtsche Netz (s. d.).

Kluftschar, f., **Kluftsystem,** n. → Kluft.

Klüftung, f., **Zerklüftung,** f., allgem. Bez. für das Vorhandensein von Klüften in einem Gestein; z. B.: „Die Klüftung in dem Granit ist deutlich", aber auch: „Der Granit ist stark zerklüftet". – s. a. Klüftigkeit.

Kluftwasser, n., Grundwasser, das in Klüften bzw. Spalten zirkuliert. – s. a. Grundwasser, Karst, Karstgrundwasser.

Kluftweite, f., Größe für die Angabe der Klaffweite (= lichte Weite zw. den Kluftflächen) einer Kluft.

Kluftzahl, f. → Klüftigkeit.

Knickfalte, f. → Falte.

Knickzonen, Pl., f., Knitterung, f., in s-Tektoniten (→ Tektonit) auftretende (sub)parallele Kluftpaare, zwischen denen die s-Flächen (Schichtung, Schieferung) rotiert wurden. Die einzelnen Klüfte sind dann immer die Knickscharniere. – Während der Vorgang als ‚Knitterung' bezeichnet wird, nennt man das geometrische Ergebnis ‚Knickzone' bzw. ‚Knickzonen' (= **kink bands**).

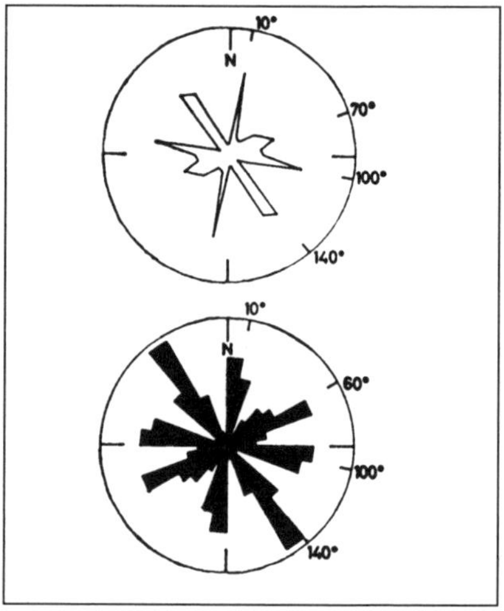

Abb. 38 Kluftrose. – Oben: Die Strahlen der Rose enden in der Mitte des gewählten Intervalls; z. B. 10° für das Intervall 5° bis 14°. – Unten: Die Strahlen der Rose nehmen die gesamte Intervallbreite ein; z. B. 1° bis 10°. – Beiden Diagrammen liegt die gleiche Analyse (200 Trennflächenmessungen) zugrunde. (Aus: Clausthaler Tektonische Hefte **2**, Abb. 19 und 20, S. 51, Clausthal Zellerfeld, 1962).

Kniefalte, f. → Flexur.
Knochenbreccie, f. → Bonebed, Höhle.
Knotenschiefer, m. → Fleckschiefer; Tab. VII 35.
Knottenerz, n., bergm. Ausdruck für einen besonderen Bleierztyp aus der Trias von Mechernich-Maubach/Eifel. Als ‚Knotten' werden hier Ansammlungen von Bleiglanzkristallen oder einzelne große PbS-Kristalle bezeichnet, die eine Anzahl von Sandkörnern des Sediments in ihrer Mitte einschließen. Der Sandstein ist bereichsweise mit Knotten verschiedenster Größe und Lagerungsdichte erfüllt.
Kofferfalte, f. → Faltentyp.
Kohle, f. → Braunkohle, Inkohlung, Steinkohle; Tab. VI 22.
Kohlenkalk, m., im Gegensatz zum klastischen (s. d.) Kulm die kalkige Fazies des Unterkarbons.
Kohlenstoffmethode, ^{14}C-Methode, Radiocarbonmethode, f., (W. F. Libby et al., 1946; erste zusammenfassende Darstellung: W. F. Libby, 1952), Methode zur Altersbestimmung mittels der relativ kurzen Halbwertszeit des Kohlenstoffisotops ^{14}C (5730 a). Dieses bildet sich permanent in der Stratosphäre innerhalb einer durch kosmische Strahlung hervorgerufenen Kernreaktion aus dem Stickstoff der Luft. Durch Gleichgewichtseinstellung enthält die Atmosphäre ein Verhältnis des stabilen ^{12}C zu dem radioaktiven ^{14}C von 10:1. Dieses teilt sich somit auch allen tierischen und pflanzlichen Körpern der Biosphäre sowie anorganisch-chemischen Prozessen auf der Erde mit. Infolge der kurzen Zerfallszeit des ^{14}C können nur Objekte (Gesteine, Fossilien, Hölzer, Grund- und Oberflächenwässer) mit einem Bildungsalter bis max. 50 000 Jahren, in Ausnahmefällen bis 70 000 Jahren erfasst werden. Die Methode reicht damit also allenfalls bis zum Anfang der Würmeiszeit zurück (Tab. II A). – Die Werte werden meist mit dem Zusatz b. p. **(before present)** angegeben, d. h. vor 1950. – s. a. Tritium-Methode, Silizium-Methode.
Kokardenerz, n. → Ringelerz.
Kokkolithen- (Coccolithen-) **Schlamm** (gr 171/193), m., Kalkschlamm der Tiefsee, der zu großen Teilen aus den mikroskopisch kleinen scheibenförmigen Kokkolithen besteht. Diese kleinen Kalkscheiben saßen zu Lebzeiten den kugeligen gallertigen Körpern planktonischer (→ Plankton) mariner Flagellaten auf.
Kolk, m., **Kolkloch,** n. → Erosionskessel.
Kollaps-Struktur (lt 50/320), f., (*J. V. Harrison & N. L. Falcon, 1934, 1936), schwerkraftbedingte Zergleitung und Fältelung von Schichten, auch Zurücksinken und Einbrechen von Hangendschichten anlässlich von Salz- oder Magmenbewegungen im Untergrund.
Kollisions-Orogenese (lt 51/gr 253/76), f., (engl. collision type orogeny), eine Orogenese, die durch Kontinent–Kontinent- oder Kontinent–Mikrokontinent-, Terrane–(s. d.) Inselbogen- oder sogar Inselbogen–Inselbogen-Kollision verursacht ist. Typisch ist das Vorhandensein von Resten ozeanischer Kruste. – Beispiele für Kollisonsgebirge: Ural (≈ 350 · 10^6 a), Alpen (≈ 150 · 10^6 a), Himalaya (≈ 65 · 10^6 a).
Kollisions-Plattengrenze (lt 51), f., = konvergente Plattengrenze → Plattentektonik.
Kolluvium, n. → Colluvium.
Kolonnade (engl. colonnade = Säulengang), f., → Entablatur.
Komatiit (n. d. Komati-Fluss, Südafrika), m., ultrabasisches magmatisches Gestein. Leisten von Olivin und/oder Klinopyroxen liegen in einer feinkörnigen Grundmasse von Olivin und Pyroxen: **Spinifexstruktur.**
Kompaktion (v. engl.), f., (*B. Sander, 1936, n. einer Bez. in der amerik. Lit.), Vorgang der mit Volumenverkleinerung verbundenen Setzung eines Gesteins. Die Stärke dieser Zusammendrückung ist abhängig von der Zeitdauer des Vorgangs und dem Überlagerungsdruck, aber auch von der Beschaffenheit und Anordnung der Poren und Gefügebestandteile des Gesteins selbst. Das zugehörige Gefüge nennt Sander Kompaktionsgefüge. – s. a. Diagenese, Setzung.
kompetent (lt 55), Bez. für solche Gesteine in Schichtpaketen, die zur Fortleitung gerichteten Drucks befähigt sind, z. B. härtere Kalk- und Sandsteinbänke. – Im Gegensatz dazu stehen die **inkompetenten** Gesteine, die sich leichter ‚plastisch' verformen lassen, z. B. Tone, Salze.
kompressiv (lt 57) → Dislokation.
Kondensation (stratigraphische) (lt 60), f., zeitweilige Verlangsamung der Sedimentationsgeschwindigkeit (Rate < 1 cm pro 1000 a), wodurch in einer Zeiteinheit nur sehr geringmächtige Sedimentbänke entstehen. Innerhalb einer solchen Bank kann eine größere Anzahl biostratigraphischer Zonen konzentriert sein. Die kondensierten Faunen sind durch die Mischung altersverschiedener Faunenelemente gekennzeichnet. Kondensationsflächen können mit Omissionsflächen (→ Hartgrund) verknüpft sein.

Konfluenz (lt 61), f., (vermutl. A. PENCK & E. BRÜCKNER, 1909), Zusammenfluss zweier oder mehrerer Gletscher. Dabei kann im Felsgrund infolge Erosionsverstärkung eine Gefällestufe (= **Konfluenzstufe**) entstehen. – s. a. Diffluenz, Gletscher.

Konglomerat (lt 63), n., (schon bei C. F. NAUMANN, 1850), diagenetisch (→ Diagenese) verfestigter Schotter, dessen Geröllkomponenten deutlich zugerundet sind. Tab. VI 6. – s. a. Brekzie, Puddingstein.

Konglomeratgneis, m. → Tab. VII 1.

kongruente Falte (lt 64), (engl.: similar fold, *C.R. VAN HISE, 1896; H. CLOOS, 1936: ähnliche oder kongruente Falten), f., Falten, bei denen die einzelnen Bänke gleichen Krümmungsgrad haben, also kongruent sind. Die Schichtdicke ist auf den Faltenflanken deutlich geringer als im Faltenscharnier. – Abweichend davon spricht H. STILLE (1917) in Niedersachsen von kongruenter Faltung, wenn Sättel und Mulden etwa gleiche Form und Spannweite haben (→ injektiv). – Gegensatz: → konzentrische Falte.

konische Falte (gr 186), f. → Zylinderfalte.

konjugierte Kluftscharen (lt 65), Pl., f. → Kluft.

Konkordanz, f., Adj. **konkordant** (lt 58) (schon bei C. F. NAUMANN, 1850), Bez. für die ungestörte Übereinanderlagerung verschiedener Schichten gleichen Streichens und Fallens. Damit ist in den meisten Fällen ein Hinweis auf mehr oder weniger ununterbrochene Sedimentation – wenn auch oft mit wechselnder Intensität – gegeben. – s. a. Akkordanz, Diskordanz, Parallelschichtung.

Konkretion (lt 59), f., (schon bei C. F. NAUMANN, 1850), unregelmäßig geformter (kugelig, knollig, linsenförmig, plattig), aus Mineralaggregaten zusammengesetzter Körper im Gestein; z. B. Lösskindel (→ Löss), Feuersteinknolle (→ Feuerstein), Markasitknolle (→ Markasit), Toneisensteingeode (→ Geode, Toneisenstein), Septarie (s. d.) usw. – Wesentlich für alle Konkretionen ist, dass sie sich aus zirkulierenden Lösungen bilden, die an irgendeiner Stelle infolge des Vorhandenseins von örtlichen Keimen oder bestimmter chemischer Tönungen Stoffe zur Ausscheidung bringen. Solche Vorgänge können bereits bei der Sedimentation ihren Anfang nehmen, treten aber während der gesamten Diagenese (s. d.) vielfach in starker Weise auf.

konsequent (lt 66), (*J. W. POWELL, 1875), Bez. für Flüsse, die der ursprünglichen Abdachung des Landes, neu geschaffenen Abdachungen oder den von der Struktur geschaffenen Tiefenlinien folgen; daher auch **Folgeflüsse** genannt.

Konsolidation (lt 68), f., (*H. STILLE, 1920), Grad der Krustenversteifung (durch Tektonik, Metamorphose oder magmatische Durchschwärmung), der höchstens noch germanotype (s. d.), aber nicht mehr alpinotype (s. d.) Tektonik zulässt. Endzustand (nach H. STILLE): **Vollkonsolidation.**

konstruktiver Plattenrand (lt 49/337), m., → Plattentektonik.

Kontakthof (lt 70), m., Zone (= Hof) in der unmittelbaren Umgebung eines magmatischen Körpers, innerhalb derer die Nebengesteine mehr oder weniger starke Kontaktmetamorphose (→ Metamorphose) erlitten haben.

Kontaktlagerstätte, kontaktmetasomatische Lagerstätte, f. → Metasomatose.

Kontaktmetamorphose (lt 70/gr 215), f. → Metamorphose.

Kontaktpneumatolyse (lt 70/gr 285/201), f. → Pneumatolyse.

Kontamination (engl.), f. → Syntexis.

Kontinent, (lt 69), m., Erdteil einschließlich des Schelfes (s. d.).

kontinentale Kruste, (lt 69/76), f. → Erdkruste.

kontinentale Platte, f. → Platte.

Kontinentalhang, m., **Kontinentalböschung,** f. → hypsographische Kurve.

Kontinentaltafel, f. → hypsographische Kurve.

Kontinentalverschiebung, -drift (Theorie der K.), f., (*A. WEGENER, 1912, zusammenfassende letzte Darstellung: 1929), Theorie, die von der Annahme möglicher horizontaler Driftbewegungen der leichteren Landmassen (Sial, s. d.) auf der schwereren Unterschicht (Sima, s. d.) und dem Vorhandensein eines großen geschlossenen Urkontinents **(Pangaea)** gegenüber dem sehr großen Tiefseebereich eines pazifischen Urmeeres ausgeht. Diese bis in das Jungpaläozoikum vorhandene Pangaea begann ab dem Mesozoikum auseinander zu driften, wenn auch nicht an allen Stellen gleichzeitig und in gleicher Intensität, was aus dem Vergleich von Floren- und Faunenbildern oder demjenigen tektonischer Bilder ablesbar sein soll. Auf solche Weise sollen sich z. B. Ozeane, wie der Atlantik, neu gebildet haben. Während der Driftbewegung werden an der Vorderseite der Kontinentalmasse große Faltenzüge im

Bereich der pazifischen Küsten Nord- und Südamerikas aufgestaucht. – Wesentliche Unterschiede zur Plattentektonik: Dort lückenlose Aufteilung der Lithosphäre (Kruste und Teile des oberen Mantels!) in große und kleine Platten, die sowohl aus kontinentaler als auch ozeanischer Lithosphäre bestehen können. Diese Platten können die verschiedensten Bewegungen zueinander ausführen, sie können sich sogar untereinander (Subduktion, s. d.) oder auch übereinander schieben (Obduktion, s. d.). Bei der Theorie der K. gleiten dagegen Kontinentalblöcke (Sial) auf ihrem Substrat (Sima) auseinander. – Plattentektonische Vorgänge können sich zu allen Zeiten der Erdgeschichte und mehrfach ereignen. Die Bewegungsvorgänge der K. gehen nur auf ein einmaliges postpermisches Zerbrechen von Pangaea zurück. – Die Antriebs- und Bewegungsmechanismen der Plattentektonik: Sea-floor-spreading (→ Mittelozeanischer Rücken), Konvektionsströme (s. d.) etc. Die Bildungs- und Antriebsmechanismen der K.: Polflucht, Gezeitenreibung, Präzession der Erdrotation etc. Sie wurden bereits zu WEGENERS Zeiten von geophysikalischer Seite abgelehnt. – s. a. Geotektonische Theorien und Hypothesen.

Kontraktionsspalte (lt 71), f. → Spalte.

Kontraktionstheorie (lt 71), f., (*E. DE BEAUMONT, 1829/30 und 1852; R. DESCARTES soll nach F. NÖLKE, 1924, als erster ähnliche Gedanken geäußert haben, allerdings hat auch H. B. DE SAUSSURE, 1770, eine ähnliche Theorie verfochten), **Schrumpfungstheorie.** Diese auf der Voraussetzung einer Abkühlungsschrumpfung der Erde basierende Theorie wurde weiterhin von J. D. DANA und E. SUESS („... der Zusammenbruch des Erdballes ist es, dem wir beiwohnen", 1883) verwendet und ausgebaut und als Grundlage für geotektonische Interpretationen immer wieder von H. STILLE beansprucht. Die Theorie geht davon aus, dass sich die infolge der Abkühlungskontraktion des Erdballs entstehenden, vertikalen Bewegungen in der Erdkruste in horizontale Spannungen umsetzen. Hierdurch ergeben sich Runzelungen und Faltungen, jedoch konzentriert auf bestimmte Zeiten und Krustenfelder. Die Episodizität dieser Ereignisse ist dabei offenbar das Resultat des mehrfachen Erreichens bestimmter Grenzspannungen. – Ein starkes Gegenargument ist das Vorhandensein einer auf den Zerfall radioaktiver Stoffe zurückgehenden ständigen Wärmestrahlung im Erdkörper, die zumindest die Abkühlungsgeschwindigkeit sehr stark herabsetzt. – s. a. Expansionstheorie, Geotektonische Theorien und Hypothesen.

Konturstrom, m. (Strömungen folgen den Konturen der Kontinente), Tiefenstrom, der am Fuß des Kontinentalhangs fließt und feines Sediment **(Konturit)** verfrachtet.

Konvektionsstrom (lt 72), m., Wärmeströmung im Erdmantel (s. d.) = **Mantelkonvektion**, die nicht auf Wärmeleitung oder Wärmestrahlung (→ Wärmefluss) zurückgeht, sondern an materielle Träger, wie etwa Schmelzen, gebunden ist. Es besteht zumeist die Vorstellung von zirkulären Strömungen (Strömungswalzen, Konvektionszellen etc.), die durch unterschiedliche Wärmeproduktion, z. B. unter Kontinenten und Ozeanen, angetrieben werden. – s. a. Thermische Zyklen, Unterströmungstheorie.

Konvektionstheorie (lt 72), f. → Strukturboden.

konvergente Plattengrenze (lt 72), f. → Plattentektonik.

konzentrische Falte (v. mittellat. concentricus), f., (*H.CLOOS, 1936) engl.: parallel fold (*C.R. VAN HISE, 1896), Falte mit etwa konstanter Schichtdicke und gleicher Lage des Krümmungsmittelpunkts. Spannweite und Faltenform ändern sich für die einzelnen Schichten von innen nach außen. – Gegensatz: → kongruente Falte.

Koprolith (gr 173/193), m., **Kotstein** (*W. BUCKLAND, 1824), versteinertes tierisches Exkrement. – **koprogen:** aus Kot entstanden.

Korallenriff, n., durch die Skelette von Korallen aufgebaute Kalkmassen verschiedenster Form. Das optimale Korallenwachstum und damit die Riffbildung ist an eine Reihe von Bedingungen geknüpft: günstige Wassertemperaturen, Reinheit, Salinität, Durchlüftung und Durchlichtung des Wassers. Letzteres ist namentlich für die Kalkalgen-Begleitflora wichtig. Daher bilden sich rezente Korallenriffe vor allem in dem Bereich zwischen 30° südlicher und nördlicher Breite; bankbildende Korallen siedeln auch jenseits dieser Marke. Einzelne **Korallenrasen** können bis in die norwegischen Fjorde und in relativ große Wassertiefen vordringen. – Die Bildung vor allem der atollartigen Riffe (→ Riff) ist durch einige Theorien zu erklären versucht worden. Vor allem haben diese Theorien zu erklären, wie die zum Teil in große Tiefen gehenden, jetzt toten Riffteile entstanden sind, die oft unter die optimale Lebenszone von etwa 20 bis 50 m herunterreichen. Ch. DARWIN (1842, 1874) und J. D. DANA (1872, 1885) haben insbesondere den Gedanken entwickelt, dass hier Senkungserscheinungen des Bodens vorhanden gewesen sind, welche die Korallen mit ihrem Höhenwachstum ausgeglichen hätten (↗ Abb. 39). – Andere Autoren, wie etwa J. C. ROSS (1855) oder H. FORBES (1879), widersprachen dieser Theorie und hielten eher die Schwankung des Meeresspiegels für möglich. R. A. DALY (1910) hat solche Meeresspiegelschwankungen mit den eustatischen Meeresspiegelschwankungen (s. d.) des Pleistozäns in Zusammenhang gebracht (Glacial-control theory, 1915). – Eine zusammenfassende Betrachtung der zahlreichen Theorien und vieler eigener Beobachtungen gab W. DAVIS (1928).

Korallensand, m., zu Sandkorngröße zerriebener Detritus; Korallenschlick, m., schlammartiger, sehr feiner Detritus in unmittelbarer Umgebung der Korallenriffe.

Korallenstock, m. → Stock.

Korngefüge, n. → Gefüge.

Korngrößen (klastischer Sedimente) → Korngrößen-Tabelle (s. S. 111).

Korrasion (lt 73), f., bei W. PENCK (1924) für jeglichen mechanischen Angriff bewegter Medien auf Gesteine gebraucht. Bei vielen Autoren jedoch nur für den Angriff des sandbeladenen Windes auf Gesteine angewendet: **Sandschliff, Windschliff.** Solche Erscheinungen treten vor allem im ariden, aber auch vielfach im periglazialen (s. d.) Bereich auf. – s. a. Kannelierung, Windkanter. – Die Korrasionswirkung windtransportierten Schnees wird als **Schneeschliff** bezeichnet.

Korrosion (lt 74), f., 1. chemischer Angriff des Wassers auf Gesteine. 2. Anätzungserscheinungen an Erstausscheidungen (s. d.) in magmatischen Schmelzen infolge gestörten chemischen Gleichgewichtsverhältnisses zwischen Einsprenglingen und Schmelze. – s. a. porphyrisch.

Korrosionshöhle, (lt 74), f. → Höhle.

Korund (indisch), m., Al_2O_3.

Kosmochemie (gr 174, arab.), f. → Geochemie.

Kosmogenie (gr 174/77), f., Lehre oder Hypothese von der Entstehung der Welt.

Kosmos (gr 174), m., Weltall. – **kosmisch:** im Weltall, aus dem Weltall stammend. – **kosmogen:** im Weltall entstanden.

Kotstein, m. → Koprolith.

Kramenzelkalk (n. e. sauerländ. Dialektausdruck für ‚Ameise', da die ausgewitterten Kalkknollenlagen einem Ameisenbau im Holz ähneln), m., (*H. VON DECHEN, 1855), Bez. für einen Knollenkalk, bei dem die in Lagen angeordneten Knollen in feinsandige Mergel eingebettet sind. Verschiedentlich im deutschen Oberdevon, jedoch als stratigraphischer Begriff (wie bei VON DECHEN) nicht zu verwenden.

Krater (gr 176), m., (schon im Altertum verwendeter Begriff), Bez. für den obersten, trichter-, kessel- oder schachtförmigen Teil des Förderkanals eines Vulkans. Er ist die Austrittsstelle vulkanischer Eruptionen. – Liegt ein Krater unmittelbar über dem Hauptförderkanal, dann wird er als **Zentralkrater** bezeichnet. Seitwärts am Hang eines Vulkans auf Nebenspalten auftretende kleinere K. heißen: **Adventiv-, Lateral-, Parasitär-, Nebenkrater, Schmarotzerkegel.** Erreicht ein Nebenkrater die gleiche Dimension wie der ursprüngliche Hauptkrater, spricht man von einem **Zwillingskrater.** Ein von einem Aschenwall umgebener K. wird als **Umwallungskrater** bezeichnet. –

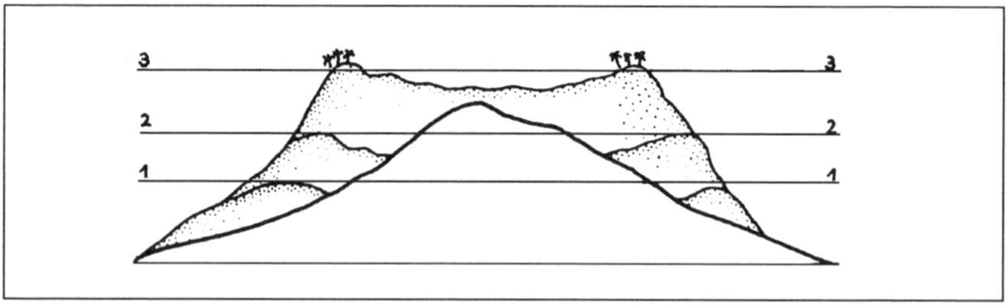

Abb. 39 Korallenbauten. Bildung eines Atolls nach den Anschauungen von Ch. DARWIN. – Meeresspiegellagen in 3 Stadien.

Korngrößentabelle der klastischen Gesteine
aus E. Köster (1964): Granulometrische und morphometrische Messmethoden an Mineralkörnern, Steinen und sonstigen Stoffen. – Stuttgart (Enke).

<table>
<tr><td rowspan="2"></td><td rowspan="2"></td><td rowspan="2"></td><td colspan="2">DIN 4188 (1957)
bzw. ISO-Tc 24</td><td colspan="4" rowspan="2">Benennungen nach
von Engelhardt (1948/1953)</td></tr>
<tr><td>mm</td><td>mm</td></tr>
<tr><td rowspan="5">Psephite</td><td rowspan="2">Stein</td><td rowspan="2">Stein</td><td rowspan="2">>63</td><td rowspan="2"></td><td></td><td rowspan="2"></td><td></td><td>Blockwerk</td></tr>
<tr><td rowspan="4">Kies</td><td rowspan="2">Grobkies</td><td>Blockkies</td></tr>
<tr><td></td><td>Grob-
kies</td><td>63–20</td><td>63–36
36–20</td><td rowspan="2">Mittelkies</td><td>Grob-
Mittelkies</td></tr>
<tr><td rowspan="2">Kies</td><td>Mittel-
kies</td><td>20–6,3</td><td>10–11,2
11,2–6,3</td><td rowspan="2">Feinkies</td><td>Fein-
Mittelkies</td></tr>
<tr><td>Fein-
kies</td><td>6,3–2,0</td><td>6,3–3,56
3,56–2,00</td><td rowspan="2">Grand</td><td>Klein-
kies</td></tr>
<tr><td rowspan="4">Psammite</td><td rowspan="3">Sand</td><td>Grob-
sand</td><td>2,0–0,63</td><td>2,00–1,12
1,12–0,63</td><td rowspan="4">Sand</td><td rowspan="2">Grobsand</td><td>Kies-
sand</td></tr>
<tr><td>Mittel-
sand</td><td>0,63–0,2</td><td>0,63–0,355
0,355–0,20</td><td rowspan="2">Mittelsand</td><td>Grob-
Mittelsand</td></tr>
<tr><td>Fein-
sand</td><td>0,2–0,063</td><td>0,20–0,112
0,112–0,063</td><td rowspan="2">Feinsand</td><td>Fein-
Mittelsand</td></tr>
<tr><td rowspan="3">Schluff</td><td>Grob-
schluff</td><td>0,063–0,02</td><td>0,063–0,036
0,036–0,02</td><td rowspan="3">Silt</td><td>Staub-
sand</td></tr>
<tr><td rowspan="3">Pelite</td><td>Mittel-
schluff</td><td>0,02–0,006</td><td>0,02–0,011
0,011–0,006</td><td rowspan="2">Schluff</td><td rowspan="2">Schluff</td><td rowspan="2">Schluff</td></tr>
<tr><td>Fein-
schluff</td><td>0,006–0,002</td><td>0,006–0,0036
0,0036–0,002</td></tr>
<tr><td>Ton</td><td>Ton</td><td><0,002</td><td><0,002</td><td>Ton</td><td></td><td>Ton</td><td>Ton</td></tr>
</table>

Nach ihrer Entstehung kann man unterscheiden nach **Explosionskratern,** die durch explosionsartige Ausbrüche entstanden sind, und **Einsturzkratern,** die durch Einsturz bzw. Nachsinken über einem seichten, durch Eruptionen weitgehend entleerten Vulkanherd verursacht werden. – s. a. Bocca, Caldera, Pit-Krater, Meterorkrater.

Kratersee, m., mit Wasser gefüllter vulkanischer (oder auch Meteor-) → Krater.

Kraton, m., Adj. **kratonisch** (gr 175), (*H. Stille, 1933), konsolidierter Krustenteil, der nicht mehr alpinotyp (s. d.), sondern höchstens noch germanotyp (s. d.) verformt werden kann. Als **Hochkratone** werden die Kontinentalblöcke – mit überwiegend sialischer Zusammensetzung -, als **Tiefkratone** die ozeanischen Becken mit nur relativ geringem sialischem Deckmaterial und im übrigen simischem Unterbau bezeichnet. Stille sah in ihnen konsolidierte ‚Urozeane'. Schon in vorpaläozoischer Zeit konsolidierte Komplexe (→ Konsolidation) wurden von Stille **Urkratone** genannt. – Für die „alten erstarrten Tafeln" hatte L.

KOBER (1921) bereits die Bez. **Kratogen** vorgeschlagen.

kratogene Sippen (gr 175/76), Pl., f. → Alkaligesteine.

Kreide (n. d. Schreibkreide), f., Adj. **kretazisch,** (*K. VON RAUMER, 1816), Tab. III 11.

Kreide (Gestein), f., feinkörniges biogenes Kalksediment, aus Foraminiferenschalen, Resten von Kalkalgen, Bryozoen und anderen Meerestieren bestehend.

Kreuzlinie, f., Schnittlinie zweier Flächen im Raum, z. B. Schnittlinie von Schichtung und Schieferung, Ausbisslinie einer Schichtfläche an der Erdoberfläche.

Kreuznach-Formation (n. Bad Kreuznach/Nahe), Pl., (*H. GREBE, 1882), Tab. III 8 A.

Kreuzschichtung, f. → Schrägschichtung.

Kriechen (Bodenbewegung) → Gekriech.

Kristall (gr 182), m., (urspr. v. den Griechen nur f. ‚Eis' verwendet; zu PLINIUS' Zeit auch für ‚Bergkristall', da man annahm, dass er aus Eis bestünde), aus ein und derselben Substanz aufgebauter, also homogener Körper, dessen atomare Bestandteile im Gegensatz zu den amorphen Körpern eine geometrisch-regelmäßige Raumverteilung aufweisen **(Kristallgitter).** Der K. kann bei räumlich günstigen Wachstumsbedingungen seine, durch den Gitterbau vorgeschriebene, äußere Gestalt **(Kristallmorphologie)** entwickeln, gilt aber bei den obigen Definitionsgegebenheiten auch dann als kristallisiert, wenn er diese äußere Form aus Raumgründen nicht (voll) entwickeln kann. Bis auf seltene Ausnahmen bilden alle Minerale (s. d.) Kristalle. Besteht ein Festkörper nur aus einem einzigen K., spricht man von einem Einkristall. – s. a. idiomorph.

Kristalldruse, f. → Druse.

kristallin (gr 182), Bez. für Substanzen, die aus kristallisiertem Material bestehen. Man unterscheidet: **makrokristalline (grobkristalline), mikrokristalline (feinkristalline)** und **kryptokristalline** (dichte) Gesteine. – s. a. hyalin, Kristall.

Kristalliner Schiefer, m., frühere Bez. für alle metamorphen Gesteine. Da durch die Gesteinsmetamorphose jedoch keineswegs immer ein ‚schiefriges' (= planares) Gefüge erzeugt wird, empfiehlt es sich, die durch Metamorphose (s. d.) geprägten Gesteine als **Metamorphite** zu bezeichnen.

Kristallisationsdifferentiation (gr 182/lt 96), f. → Differentiation.

Kristallisationsschieferung, f. → Abbildungskristallisation.

kristalloblastisch (gr 182/70), (*F. BECKE, 1903), Bez. für ein Gefüge bei Metamorphiten, das durch mehr oder weniger gleichzeitiges Wachsen (**Kristalloblastese,** f.) neugebildeter Kristalle gekennzeichnet ist. – Ein k. Gefüge kann **granoblastisch** (gleichmäßig-körnig), **idioblastisch** (Körner mit ihrer Eigengestalt) oder **xenoblastisch** (Körner ohne Entwicklung der ihnen zukommenden Eigengestalt) sein. Weiter kann das Gefüge **porphyroblastisch** sein, wenn große Kristallneubildungen **(Porphyroblasten)** in dichter oder feinkörniger Grundmasse liegen. Ein schuppiges Gefüge wird **lepidoblastisch**, ein faseriges **nematoblastisch** genannt. Als **poikiloblastisch** bezeichnet man das Einschließen vorhandener Gesteinsbestandteile durch die wachsenden Neubildungen, als **diablastisch** das Durchdringen zweier Neubildungen. – Gelegentlich wird ein Gefüge aus annähernd gleichgroßen Neubildungskörnern **homöoblastisch,** ein ungleichkörniges **heteroblastisch** genannt. – s. a. Metablastese.

Kristalltuff, m. → Tuff.

Kritzung, f., 1. Durch tektonische Bewegungen → Gleitstriemung. – 2. Durch Gletschertätigkeit → Gletscherschliff.

Krotowine (v. russ. ‚Maulwurfshügel'), f., im Löss auftretende, schlauchartige Gebilde mit rundem oder ovalem Querschnitt von wenigen cm, deren Sedimentinhalt sich im Gefüge oder auch in der Zusammensetzung vom umliegenden Löss unterscheidet. Es handelt sich um Grabgänge kleiner Steppennager.

Krume, f. → Bodenprofil.

Krümmungsradius (lt 267), m., (schon bei A. HEIM, 1878), im Querprofil von Falten der Radius des Kreises, den man in die Faltenumbiegung hineinlegen kann (Krümmungskreis).

krustale Subduktion, (lt 76/322), f. → Subduktion.

Kruste, (lt 76), f. → Erdkruste.

Krustenbildung, f., Bildung krustenartiger Überzüge auf Gesteinen oder Bodenoberflächen; bes. intensiv im ariden (s. d.) Klimabereich wirksam. Vielfach handelt es sich nur um die Ausscheidung einer dünnen Haut, wie z. B. dem **Wüstenlack** (s. d.), in anderen Fällen jedoch um dicke Schutzrinden und Panzer **(Duricrust).** Je nach Material lassen sich unterscheiden: Kalkkrusten (**Calcrete,** s. d.), Goethitkrusten (FeOOH; **Ferricrete**), Kieselkrusten

(Silcrete), Gips- und Salzkrusten etc. – Einfache Ausblühungen werden als **Effloreszenz** bezeichnet.

Kryokonit (gr 180/172), m., feine äolische Staubablagerungen auf dem grönländischen Inlandeis.

Kryolakkolith (gr 180/187/193), m. → Pingo.

Kryopedologie (gr 180/269/197), f., (*K. BRYAN, 1946), Wissenschaftszweig, der sich mit dem Studium sämtlicher mit der Wirkung des Frostes auf den Boden zusammenhängender Fragen befasst.

Kryosphäre (gr 180/322), f., Bez. für die gesamte Eis-/Schneehülle der Erde.

Kryoturbation (gr 180/lt 359), f., (*C. H. EDELMAN, F. FLORSCHÜTZ & J. JESWIET, 1936), **Geliturbation, Congeliturbation,** unregelmäßige Verfaltungen oder schlierig-gekröseartige Verknetungen oberflächennaher Bodenschichten, die als fossile Zeugen periglazialer Klimawirkungen auf den Boden gedeutet werden. Die Bez. fasst die in der Lit. verwendeten Namen: **Brodeltopf, Girlanden-, Taschen-, Tropfen-, Wannen-, Wickel-, Würgeboden** zusammen. Hinzu kommen durch Dichte-Inversion (s. d.) bedingte gravitative autoplastische (→ Ekzem) Ausgleichsbewegungen (= **Solikinese**), z. B. **Injektionszungen, Injektionstöpfe** oder **Diapire** (vgl. ↗ Abb. 40). Verwürgungen solcher Art ergeben sich offenbar in Dauerfrostgebieten innerhalb der weichen, wasserübersättigten, sommerlichen Auftauschicht zw. dem noch verbliebenen Dauerfrostboden im Liegenden und der bei anbrechendem Winter von oben her einsetzenden Neugefrornis. In Abhängigkeit von der verschieden raschen Frosteindringtiefe in den einzelnen Teilen des Profils, von Anzahl und Art des Wechsels von Gefrieren und Auftauen, von Gefüge und Zusammensetzung des Gesteins und seiner Wasserführung, von Vorhandensein oder Fehlen einer Schneedecke oder sonstiger Bodenbedeckung, von der Expositon und vielen anderen regionalklimatischen Gegebenheiten bilden sich die mit den verschiedensten Namen (s. o.) belegten Spezialformen.

Kryptit (gr 181), m., Bez. für klastische Carbonatsedimente bzw. Sedimentanteile (Grundmasse) mit Korngrößen < 0,001 mm ø. – s. a. Arenit, Lutit, Rudit, Siltit.

Kryptodom (gr 181/lt 110), m. → Dom.

kryptogen (gr 181/76), (schon bei C. F. NAUMANN, 1850), Bez. für Gesteine, deren Bildungsweise unsicher ist. – Lagerstätten, die zwar keine sichtbaren Beziehungen zu magmatischen Körpern, jedoch magmatogene Kennzeichen besitzen, werden als **kryptomagmatisch** bezeichnet.

kryptokristallin (gr 181/182) → kristallin.

kryptovulkanisch (gr 181), (vermutl. W. BRANCO & E. FRAAS, 1905), Bez. für vulkanische Bildungen, die nicht bis an die Erdoberfläche gelangt sind (z. B. Kryptodom → Dom). Erdbeben, die mit solchen Erscheinungen zusammenhängen könnten, nannte R. HOERNES (1911) **kryptovulkanische Erdbeben.** – s. a. Erdbeben.

Kryptozoikum (gr 181/136), n. → Tab. III 1, 2.

KTB, (**K**ontinentale **T**ief**b**ohrung), f. → Bohrung.

Kuckersit (n. einem Gutshof in Estland), m., (‚Kuckersche Schicht' F. SCHMIDT, 1881; ‚Kuckerscher Brandschiefer' A. BORN, 1914; ‚Kuckersit' M. D. ZALESSKY, 1916), rotbrauner, dünnschiefriger, kalkhaltiger Bitumenschiefer (→ Bitumen) des Ordoviziums (Tab. III 4) in Estland, der in dünnbankige, faunenreiche Kalke eingelagert ist. Der K. ist offenbar aus einer marinen Gyttja (s. d.) entstanden.

Kulissenfalte, f. → Faltentyp.

Kulm, m. → Kohlenkalk.

Kulmination (lt 77), f., bei Querverbiegungen von Faltenachsen sind Kulminationen die nach oben (positiven), **Depressionen** die nach unten gerichteten (negativen) Verbiegungen.

Kungerien, Kungerium, Kungur (n. d. Ort Kungur am westl. Uralabfall, südöstl. von Perm/Russland), n., Tab. III 8 A.

Kupferglanz, m., (urspr. i. d. mittelalt. Bergmannsprache ‚Kupferglas', dann bei J. F. L. HAUSMANN, 1813, bereits ‚Kupferglanz'), Chalcosin; Cu_2S.

Kupferindig, m. → Covellin.

Kupferkies, m., (schon bei L. ERCKER, 1580), **Chalcopyrit;** $CuFeS_2$.

Kupferlasur, f., Azurit, m., (‚Lasur' G. AGRICOLA; ‚Kopper Lasur' WALLERIUS, 1747); $Cu_3[OH/CO_3]_2$. Häufig auftretendes Cu-Oxidationserz.

Kupferschiefer (bergm. Ausdruck), m., dunkler, kohlig-bituminöser Mergelschiefer des Zechsteins (Tab. III 8 B); verschiedentlich, namentlich in Richtung auf die Beckenränder, stärker mergelig werdend: **Kupfermergel, Kupferletten.** Entspricht einer Faulschlammbildung, wobei das H_2S des Meerwassers bzw. des Sediments selbst zahlreiche Metalle (nachweislich 48), vor allem aber Cu, Pb und Zn ausgefällt hat. Verschiedentlich fand in Mittel-

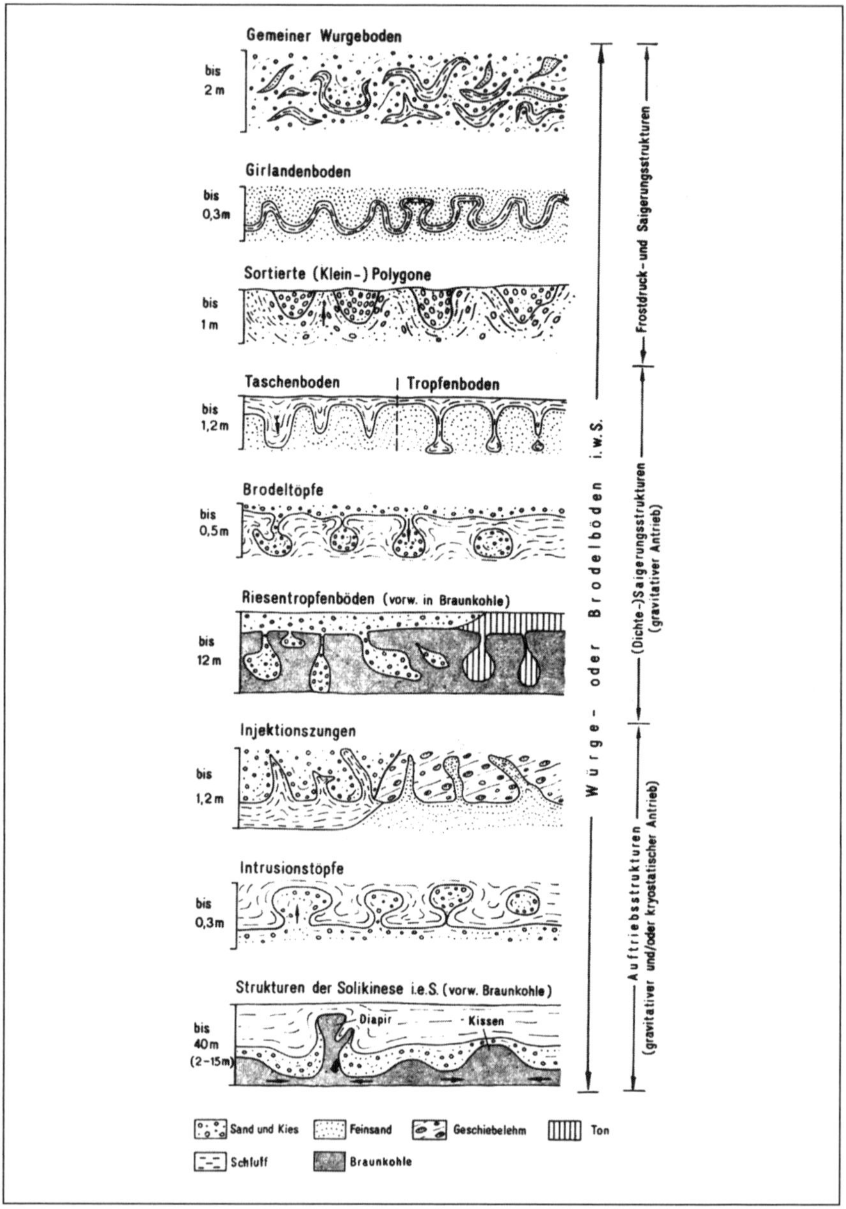

Abb. 40 Kryoturbation. – Die häufigsten Sedimentstrukturen in fossilen Frostwechsel- bzw. Auftauböden des Saale-Elbe-Gebiets. – Mit frdl. Genehmigung d. Naturkundl. Museums Mauritianum, Altenburg; aus L. EISSMANN (1981): Altenburger Naturwiss. Forsch., H. 1, S. 19, Abb. 9, Altenburg.

deutschland schon vor langer Zeit Bergbau auf K. statt. – s. a. als Gestein → Tab. VI 11.

Kuppel, f., Bez. für eine geologische Struktur, deren Flügel allseitig (periklinal) geneigt sind wie die K. eines Bauwerks. Der Grundriss solcher Strukturen ist rundlich. Bsp.: Gneiskuppel, Kuppelpluton (→ Pluton).

Kuppengebirge, n. → Gebirge.

Kupsten (ostpreußisches Dialektwort), f., metergroße Erosionsreste von Dünen (s. d.) oder kleine Sandanhäufungen im Schutze von Pflanzenbüscheln. Auch mit dem arab. Wort **Nebcha,** f. (Pl. Nebchas) bez.

Kurzsattel, m. → Brachyantikline.

Kusel-Schichten (n. d. Ort Kusel/Rheinpfalz), pl., f., (*Ch. E. Weiss, 1868), Tab. III 8 A.

Kuselit (n. d. Ort Kusel/Rheinpfalz) (*H. Rosenbusch, 1887, Cuselit), m., stark umgewandeltes Intrusivgestein von ursprünglich basischer bis intermediärer Zusammensetzung.

Küste, f., die Zone land- und seewärts der jeweiligen Berührungslinie von Wasser und Land **(Uferlinie).** Der Zonenteil landwärts der Uferlinie heißt **Ufer,** bei flacher Ausbildung **Strand.** – Rein formenmäßig kann man im Einzelnen unterscheiden: **Flach-** und **Steilküste, glatte** und **gebuchtete** K.; die **Ausgleichsküste** zeigt einen stetigen Wechsel von glatten Steil- und Flachküstenstrecken. Senkungen des Landes bzw. Ansteigen des Meeresspiegels führen zur Bildung einer **Ingressionsküste** (s. d.) mit einem großen Formenreichtum (Fjorde, Förden, Rias, Ästuare, Schären, Bodden usw., s. d.); Nach der Bildungsart kann außerdem eine **Anschwemmungs-** von einer **Abrasionsküste** (→ Abrasion) unterschieden werden.

Küstendüne, f. → Düne.

Küstenkarre, f. → Karre.

Küstenplaya, f. → Playa.

Küstenriff, n. → Riff.

Küstenseife, f. → Seife.

Küstenterrasse, f. → Kliff.

Küstenversatz, m., **-versetzung,** m., Verlagerung von Küstensedimenten längs der Küste durch das schräge Auflaufen der Brandung, den rückflutenden Sog und Küstenströmungen.

L

Labialeruption (lt 206/125), f. → Lineareruption.

Labialbitumen (lt 205/38), n. → Protobitumen.

labiler Schelf, (lt 205), m. → Schelf.

Labradorit (n. d. Halbinsel Labrador, Kanada), m., (‚Labradorstein' A. G. Werner, 1780; Labradorit F. S. Beudant, 1832), Feldspat, Mischglied der Plagioklasreihe (→ Plagioklas) mit 50–70 Masse-% Anorthit.

Lackfilmmethode, f., (E. Voigt, 1933, 1936), Methode zur Übertragung geologischer und pedologischer Profile unverfestigter Gesteine bzw. Bodensubstanz. Die Bergung geschieht durch Aufspritzen bzw. Aufstreichen eines Speziallackes, der nach dem Verdunsten des Lösemittels einen abrollbaren Film ergibt, an dem das Präparat in dünner Schicht haftet. Die Methode gestattet ebenso die Herstellung dreidimensionaler ‚Blocklackfilme', wie die Bergung von Wirbeltierskeletten auf transparenten Lackfilmen. Lackfilme ermöglichen eine mikroskopische Untersuchung im durchfallenden Licht, wodurch z. B. in der Braunkohle des Geiseltals bei Halle vorzüglich erhaltene Weichteilstrukturen (Zellen, Muskeln, Drüsen etc.) nachgewiesen werden konnten.

(Ladinien, Ladinium), Ladin (-Stufe), n., (n. einem älteren Namen f. d. Rätoromanen), Tab. III 9 B/C.

Lager, n., (schon bei A. G. Werner, 1749–1817), Bez. für eine besondere Gesteinsmasse innerhalb einer Schichtenfolge, z. B. Erzlager.

Lagergang, m. → Gang.

Lagerstätte, f., (bergm. Ausdruck), natürliche Anhäufung nutzbarer Minerale, Gesteine, aber auch Erdöl, Erdgas und anderer Gase im Boden, die nach Größe und Inhalt für eine wirtschaftl. Gewinnung in Betracht kommen könnte. Sind die Anhäufungen zu klein, um jemals abbauwürdig zu sein, werden sie als **Vorkommen** bezeichnet. – Der Wissenschaftszweig, der sich mit den Lagerstätten, ihrer Ausbildung und Entstehung befasst, ist die **Lagerstättenkunde.**

Lagerstock, m. → Stock.

Lagerungsform, f., Art und Weise, wie ein Gestein im Verhältnis zu den umgebenden Gesteinen und zum Gesamtraum im Boden lagert. Es kann in Form von Schichten, verschiedenartigen Gängen, Stöcken, Lagern, Lakkolithen, Batholithen, Kuppen, Decken, Strömen usw. (vgl. entspr. Stichwörter) in den Gesteinsschichten oder auf der Erdoberfläche liegen. Es kann eine **ungestörte** oder **gestörte** Lagerung vorliegen. Solche Lagerungsstörungen können durch tektonische Ereignisse, Hangrutsche, Einsturzerscheinungen, Gletscher-

stauchungen usw. hervorgerufen werden. – s. a. Diskordanz, Dislokation, Konkordanz.
Lagune (ital. ‚laguna'), f., durch Wälle, Barren oder Riffe vom offenen Meer abgetrenntes Wasserbecken; im Schutz von Nehrungen (s. d.) als Lagune oder Haff (s. d.), zwischen Barriereriffen (→ Riff) und dem Meeresufer als langgestreckter Küstenkanal oder als Innenbecken bei Atollen (→ Riff).
Lagunenriff, n. → Riff.
Lahar (javanisch), m., (schon bei G. DUBOIS, 1901), bei Vulkanausbrüchen entstehender Schlammstrom. Je nach Hangneigung und Dichte der Schlammsuspension erreichen Lahare Geschwindigkeiten von 100 km h^{-1}, seltener 180 km h^{-1}.
Lakkolith, Laccolith (gr 187/193), m., (*G. K. GILBERT, 1877), in relativ flacher Tiefe steckengebliebene Magmenmasse (Subvulkan), die offenbar Schichtfugen auseinander getrieben hat (W. SALOMON, 1925). Daher besitzen diese Körper in den meisten Fällen eine gerade Unter- und eine gewölbte Oberseite. Sie können flach lagern oder steil stehen, in der geringeren Zahl der Fälle bikonvex oder gar konkavkonvex sein. In manchen Fällen dringen sie von einer zentralen Aufstiegsbahn mit Apophysen und Lagergängen in das Nebengestein ein, sodass ein baumartiger Bau resultiert: **Zedernbaum-L.** (*W. CROSS, 1894, erstmalig aus dem La Plata-Gebirge in Colorado/USA beschrieben). – Bricht das Dach eines L. an einer oder mehreren Stellen auseinander, kann dort Lava ausfließen: **Eruptions-L.** – L.e bestehen aus sauren bis basischen Gesteinen. – Sie sind vielerorts bekannt geworden, z. B. in den Rocky Mts., in Mittel- und Südamerika, in den Karruschichten Südafrikas, in den nordital. Euganeen. – s. a. Subvulkan.
lakustrisch, lakusträr, lakuster (lt 207) = limnisch (s. d.).
Lamination (lt 208), f., (A. HEIM, 1921 im Sinne von Auswalzung), plattenartige Absonderung in versch. Gesteinen, die auf eine Bewegung an subparallelen Scherflächen hinweist (H. PHILIPP, 1921). Bei vulkanischen Laven und bei Schlammströmen kann eine solche Bewegungstextur erst bei Erreichen eines bestimmten Viskositätsgrads auftreten. Bei Gletschern → Gletschertheorien. – Allgem. wird als ‚laminares Fließen' die Bewegung in parallelen Stromfäden bezeichnet. Gegensatz: turbulentes Fließen (s. d.).
Lamprophyr (gr 188/368), m., (*C. W. VON GÜMBEL, 1874, stark erweitert v. H. ROSENBUSCH, 1887), Tab. IV u. V, Ganggesteine.
Landbrücke, f. → Brückenkontinent.
Landterrasse, f. → Schichtstufe.
Längsdüne, f. → Düne.
Längskluft, f. → Kluft.
Längspluton, m. → Pluton.
Längsspalte (bei Gletschern), f. → Gletscherspalte.
Längstal, n. → Tal.
Längsverwerfung, f. → Verwerfung.
Lapilli (ital. ‚Steinchen'), Pl., m., **Rapilli** (ital. Bez. a. d. Gegend von Neapel; schon bei F. HOFFMANN, 1838), festes vulkanisches Auswurfmaterial von Nussgröße und kleiner; eckige oder unregelmäßige Form. Sie können aus authigenem (s. d.) oder allothigenem (s. d.) Material bestehen. – s. a. Asche, Tephra.
laramische (Faltung) **Phase** (n. d. Laramide Mts./Wyoming/USA), (‚Laramide revolution' *G. M. DAWSON, 1901; übernommen v. H. STILLE, 1924), f., Tab. III 11 B/12.
Larvikit, Laurvikit (n. d. Ort Larvik im Oslogebiet/Norwegen), m., (*W. C. BROEGGER, 1890), Tab. IV 14. – Wichtigster Bestandteil: bis 88 % Rhombenfeldspat (→ Plagioklas).
Laschamp event (Ortsbez. a. d. Chaîne des Puys/Südfrankr.), n., (*N. BONHOMMET & J. BABIKINE, 1967), geomagnetisches Polaritätsereignis in der Brunhes-Epoche; ↗ Abb. 4.
Lasurit (wahrsch. arab.; abgeleitet hiervon: Azur, Azurblau), m., Lapislazuli (lt.); $Na_8[Al_2SiO_4]_6\ [SiO_4,S]_2$.
Latdorfien, Latdorfium, Latdorf (-Stufe), n., (n. d. Ort Latdorf b. Bernburg/Anhalt), (*K. MAYER-EYMAR, 1893), Tab. III 12 C.
Lateraleffusion (lt 210/117), **Lateraleruption** (lt 210/125), f. → vulkanische Tätigkeit.
Lateralkrater (lt 210), m. → Krater.
Lateralsekretion (lt 210/300), f., Abscheidung von mineralischen Stoffen auf Gesteinsspalten aus Lösungen, die ihren Lösungsinhalt aus im Nebengestein diffus verteilten Stoffen gewonnen haben. Hauptvertreter dieser allerdings schon vorher entwickelten Theorie war – namentlich bezügl. der Bildung der Erzlagerstätten – F. VON SANDBERGER (zusammenfassend: 1882, 1885). Wenn auch die Theorie in ihrer Generalbedeutung für die Lagerstätten abgelehnt wird, so wird sie doch für bestimmte Phänomene und Abscheidungstypen bis zu einem gewissen Grade herangezogen, z. B. Änderung der chemischen Tönung einer Erz-

lösung durch Reaktion mit dem Nebengestein oder durch Zufluss von Wässern, die im Nebengestein Stoffe chemisch gelöst haben (s. a. topomineralisch), weiterhin Ausheilung von Rissen und Klüften im Gestein durch Ausscheidungen aus ‚Nebengesteinswässern'.

Laterit (lt 209), m., (*H. Buchanan, 1807), n. W. Schellmann (1979) Produkt intensiver subaerischer Gesteinsverwitterung (vor allem im (sub)tropischen Bereich). Die Fe- und/oder Al-Gehalte sind höher als in dem lediglich kaolinisierten Muttergestein. L.e bestehen vorwiegend aus Kaolinit, Goethit, Hämatit, Gibbsit und Quarz. Für paläogeographische und paläoklimatologische Deutungen ist zw. in-situ-L.en und umgelagerten L.en zu unterscheiden.

Latit (n. d. röm. Landschaft ‚Latium'), m., (F. L. Ransome, 1898), Tab. IV 10.

Latosol (lt 209/314), m., nach I. Valeton (1983) tropischer Verwitterungsboden unter stark humiden Klimabedingungen. Entspricht heute dem Ferralsol (→ Bodentyp).

Laufzeit, f., Zeit, die eine Erdbebenwelle braucht, um vom Herd zu einem beliebigen Messpunkt zu gelangen. Maßeinheit: km/s bzw. km/min. – s. a. Erdbeben.

Laugungskolk, m. → Erosionskessel.

Laumontit (n. F. P. N. Gillet de Laumont, 1747–1834), m., zur Gruppe der Faserzeolithe gehörendes Mineral: Ca $[AlSi_2O_6]_2 \cdot 4\ H_2O$. – s. a. ↗ Abb. 45.

Laurasia (n. d. St.-Lorenz-Strom/Kanada u. Asien), Superkontinent, der Nordamerika, Grönland, Europa und Teile Asiens vor der Öffnung des Atlantiks umfasste. Er bildete zusammen mit dem Gondwana-Superkontinent in Perm und Trias die → Pangaea.

Laurentia (n. d. St-Lorenzstrom/ Kanada) (*E. Suess, 1909), f., n., seit dem Präkambrium bestehende Plattform (s. d.), zu der große Teile Nordamerikas und Grönlands gehören. Sie wurde im Altpaläozoikum mit der Plattform Baltica (s. d.) durch die kaledonische Orogenese (→ Kaledoniden) zum Kontinent **Laurussia** zusammengeschweißt; dabei wurde der zwischen L. und Baltica bestehende Iapetus-Ozean (s. d.) geschlossen. – s. a. Avalonia.

Laurentische Faltung (n. d. St.-Lorenz-Strom/Kanada), f., (*E. Blackwelder, 1914), Tab. III 1/2.

Laurussia (n. Laurentia und Russland), f., n. → Laurentia.

Lava (ital.), f., der bei vulkanischen Eruptionen austretende, hochtemperierte Gesteinsschmelzfluss, der gewisse Strecken sogar als **Lavastrom** fließend überwinden kann. Der Austritt der L. kann unter freiem Himmel (subaerisch), unter Wasser (subaquatisch) bzw. unter dem Meeresspiegel (submarin) erfolgen. Dünnflüssige L. kann sogar aus engen Öffnungen unter hohem Druck als **Lavafontäne** ausgestoßen werden (z. B. am Mauna Loa/Hawaii mit über 100 m Steighöhe!) oder über Abhänge gleich Wasserfällen als **Lavakaskaden** stürzen. Zähflüssige, erkaltende L. zeigt dagegen verschiedentlich eine Fortbewegung in Form von Lamination (s. d.). Es können sich weiterhin die auf der Oberfläche der noch flüssigen L. schwimmenden, schon erstarrten Lavastücke zu einem geschlossenen Mantel zusammenschließen, der an der Seite oder an der Stirn des Stromes von den noch flüssigen Teilen überwalzt wird. Andererseits kann die L. auch in schon festen **Lavatunneln** (s. d.) fließen und an irgendeiner Stelle aus diesen ausströmen. – Nicht selten wird der Begriff ‚Lava' nicht nur für den Gesteinsschmelzfluss, sondern auch für die daraus durch Erstarrung entstandene Gesteinsmasse verwendet. – In Abhängigkeit von Viskosität und Gasgehalt der L. zeigen sich beim Erkalten durchaus verschiedene Oberflächenformen der Lavaströme, z. B. Aa-Lava, Blocklava (s. d.) und Pahoehoe-Lava = Fladenlava (s. d.). Im Inneren der Ströme erstarrt die L. zu geschlossenen, allenfalls durch Säulen oder Pfeiler gegliederten Gesteinsmassen. – s. a. Entablatur, Pillow-Lava, Schollenlava.

Lavadom, m. → Dom.

Lavahöhle, f. → Höhle, Lavatunnel.

Lavakeil, m. → Schollenlava.

Lavanadel, f. → Quellkuppe.

Lavasee, m., eine in einem Krater in ständig brodelnder Bewegung befindliche Gesteinsschmelze, die gelegentlich sogar überfließen kann; Bsp.: der Halemaumau am Kilauea/ Hawaii. – s. a. vulkanische Tätigkeit.

Lavastromsee, m. → Stausee.

Lavaträne, f., **Lavatropfen**, m. → vulkanisches Glas.

Lavatunnel, m., wenn bei einem dünnflüssigen Lavastrom die Außenteile erstarrt sind, die Lava im Inneren jedoch noch fließfähig ist, bildet sich eine Fließröhre. Erfolgt kein Nachschub mehr an flüssiger Lava und kann die noch fließfähige Lava aus der Fließröhre ausströmen, dann bleibt eine tunnelförmige Höhle zurück, die einen hufeisenförmigen Querschnitt mit einem flachen Boden besitzt. – s. a. Höhle.

Lavavulkan, m. → Vulkanbauten.

Lawine (von rätoromanisch ‚lavina'), f., (erste wissenschaftlich-monographische Bearbeitung: J. COAZ, 1881), Schneemassen, die sich an schneeüberlasteten Gebirgshängen, vor allem solchen des Hochgebirges, lösen und sich, je nach Schneeart und Hangform, stürzend, rutschend oder gleitend hangabwärts bewegen.

Man unterscheidet **Trockenschneelawinen** aus trockenem, körnigem Schnee, die vielfach beim Abgehen aufstäuben **(Staublawine)** und starke Luftwirbel verursachen, und **Feuchtschneelawinen (Grundlawine, Grundlehne, Schlaglawine).** Letztere bestehen aus schwerem und nassem Schnee und reißen beim Abwärtsgleiten vom Untergrund ihrer Gleitbahnen Gesteins- und Bodenmaterial sowie aufragende Gegenstände wie Bäume, Felsen, Häuser usw. mit sich. Sie lösen sich bevorzugt nach Neuschneefällen und nachfolgenden Tauwetterperioden. – Neben diesen Schneelawinen treten in geringerem Maße aus Eisstücken bestehende Lawinen auf: **Eis-, Gletscherlawine.** – s. a. Gletscher.

Lawsonit (n. d. amer. Mineralogen A. C. LAWSON, 1861-1952), m., in → Blauschiefern häufiges Silikat: $CaAl_2$ $[(OH)_2|Si_2O_7] \cdot H_2O$. – s. a. ↗ Abb. 45.

Lebach-Schichten (n. d. Ort Lebach/Saargebiet), Pl., f., (*Ch. E. WEISS, 1868), Tab. III 8 A.

Lebensspur, f. → Marken.

Leberopal, m. → Menilit.

Lehm, m., gelblichbrauner bis brauner, meist kalkarmer sandig-schluffiger Ton. Als Mischform zwischen Sand, Schluff und Ton ist der L. die häufigste Bodenart (s. d.). **Lösslehm** nennt man das Verwitterungsprodukt des Lösses (s. d.).

Lehmkeil, m. → Eiskeil.

Leimenhorizont, m. → Löss.

Leistenscholle, f. → Grabenrandverwerfung.

Leitfossil (lt 154), n., (sehr wahrsch. *L. VON BUCH, 1774–1852), Indexfossil, tierische oder pflanzliche Versteinerung, die kurzlebigen Arten oder Gattungen angehört, in möglichst weiter, überregionaler Verbreitung vorkommt und möglichst weitgehende Faziesunabhängigkeit besitzt (also kein **Faziesfossil** ist!). Damit sind solche Fossilien für einen bestimmten Zeitabschnitt ‚leitend'. – s. a. Durchläufer, Fossil.

Leitgeschiebe, n. → Geschiebe.

Leithorizont, m., Schichtenglied, das aufgrund seiner Fossilgemeinschaft oder seines petrographischen Erscheinungsbilds für mehr oder weniger große Gebiete als stratigraphischer Bezugshorizont dienen kann. Man spricht hier auch von einer **Leitschicht** oder bei einem charakteristischen Gestein von einem **Leitgestein.**

Leitmineral, n., Mineral, das für bestimmte Bildungs- und Umweltbedingungen typisch (‚leitend') ist. Für Erzminerale → geologisches Thermometer, Paragenese, für Metamorphosen-Neubildungen → typomorphe Minerale.

Lemuria (*P. L. SLATER, 1874), hypothetische madegassisch-indoaustralische Landmasse, die am Ende der Trias durch Zerlegung des alten Gondwana-Kontinents (s. d.) entstanden sein und z. B. die heutige Verbreitung der Lemuren verständlich machen soll.

lentikulär (lt 212), (schon bei C. F. NAUMANN, 1850, stammt vermutl. von J. PLAYFAIR, 1748–1819), linsenförmig; vor allem bei Schichten, Gängen usw. gebraucht. – s. a. Linse.

lepidoblastisch (gr 190/70) → kristalloblastisch.

Lepidolith (gr 190/193), m., (*M. H. KLAPROTH, 1792), Glimmermineral, das im pneumatolytischen (s. d.) und pegmatitischen (s. d.) Bereich von Graniten und verwandten Gesteinen auftritt. – $KLi_{1,5}Al_{1,5}$ $[Si_3AlO_{10}]$ $[F,OH]_2$.

Leptit (gr 191), m., (* D. HUMMEL, 1875), oder Leptinit, sehr feinkörnige Gneise, Tab. VII 7, 10.

Lesestein, m., in und auf dem Boden befindliche Gesteinstrümmer, die keine unmittelbare Verbindung mehr mit dem Anstehenden (s. d.) aufweisen. Sie können vielfach als Hinweis für ein zu ihnen gehöriges Gestein in unmittelbarer Nähe dienen, bes., wenn solche Gesteinstrümmer in größeren Mengen auftreten.

Lessivierung, (v. frz. lessiver = auslaugen), f., Tondurchschlämmung, → Parabraunerde.

Letten (volkstüml., auch ‚Lett' oder ‚Latt' genannt), m., grauer, aber auch anders gefärbter, oft sandig-schluffiger Ton mit geringem Kalkgehalt. – Entsprechende Ausfüllungen von Klufträumen werden **Kluftletten,** dünne Beläge auf Kluftflächen **Lettenbesteg** genannt.

Lettenkeuper, m., (‚Lettenkohlenkeuper' *C. W. GÜMBEL, 1866); Tab. III 9 C.

Leucit, Leuzit (gr 192), m., (*A. G. WERNER, 1791); → Foid, $K[AlSi_2O_6]$.

Leucitbasanit, m., (*H. ROSENBUSCH, 1887), Tab. V 9. – s. a. Basanit.

Leucitphonolith, m., (*H. ROSENBUSCH, 1877; neu def. von F. ZIRKEL, 1894), Tab. V 3. – s. a. Phonolith.
Leucitshonkinit, m., (*L. V. PIRSSON, 1905), Tab. V 1. – s. a. Shonkinit.
Leucitsyenit, m., (*F. A. WILLIAMS, 1891), Tab. V 1. – s. a. Syenit.
Leucittephrit, m., (*H. ROSENBUSCH, 1877), Tab. V 9. – s. a. Tephrit.
leukokrat (gr 192/175), (A. JOHANNSEN, 1920), Bez. für Gesteine, bei denen helle Bestandteile wie Quarz, Feldspat, Muskovit usw. vorherrschen, sodass sie selber hell erscheinen. Hierher gehören sämtliche sauren und auch ein Teil der intermediären Magmatite. – s. a. melanokrat.
Leukosom (gr 192/325), n. → Migmatit.
Lherzolith (n. d. Lac de Lherz/Pyrenäen), m., (*A. A. DAMOUR, 1862), ultrabasisches (s. d.) Tiefengestein, zur Gruppe der Peridotite (s. d.) gehörig, enthält größere Anteile an Olivin (s. d.), Orthopyroxen (Bronzit, s. d.) und Klinopyroxen (Diallag, s. d.). Nach dem vierten Mineral sind von niedrigen zu hohen Drücken hin zu unterscheiden: Plagioklas-L., Spinell-L., Granat-L. Große Teile des obersten Abschnitts des Oberen Mantels (→ Erdmantel) dürften aus L. bestehen (s. a. Pyrolit). In Basalten finden sich verbreitet Spinell-L.-Einschlüsse (‚Olivinknollen'), in Kimberliten (→ Pipe) Granat-L.-Einschlüsse, von denen angenommen wird, dass sie beim Aufstieg aus dem Erdmantel mitgerissen wurden. – (Text n. einer Vorlage von K. VON GEHLEN, Frankfurt/M).
Liasien, Liasium, n., **Lias** (-Stufe), m. (v. engl. ‚layers'), *W. SMITH, 1809), Tab. III 10 A.
Liegendes (alter bergm. Ausdruck), n., das eine Bezugsschicht unterlagernde Gestein. Mit dem Begriff ‚stratigraphisch Liegendes' soll zum Ausdruck gebracht werden, dass diese Gesteinsserien mit Sicherheit geologisch älter als die Bezugsschicht sind. – Weitere nomenklatorische Bemerkungen → Hangendes.
Liegendschenkel, m., bei überkippten oder liegenden Falten jener Faltenschenkel, der am Beobachtungsort unter der Achsenebene liegt. – s. a. Faltentyp.
Lignit (lt 213), m. → Xylit.
Liman (slav.), m. → Haff.
Limburgit (n. d. Limburg b. Sasbach/Kaiserstuhl), m., (*H. ROSENBUSCH, 1872), Tab. V 9.
Limnaea-‚Meer' (n. d. Schnecke *Limnaea*), n. (*G. LINDSTRÖM, 1868), Tab. II a B.
limnisch (gr 194), **lakustrisch, lakusträr** (lt 207), (schon bei C. F. NAUMANN, 1850), Bez. für Vorgänge, Produkte und Ablagerungen in Süßwasserseen. Hierher gehören auch die ‚limnischen Kohlelager'. – s. a. paralisch.
Limnoplankton (gr 194/281), n. → Plankton.
Limonit, m., **Brauneisenstein**, FeOOH.
Lineament (lt 215), n., strukturell besonders markante und ausgedehnte Zone, die sich über größere Zeiträume hinweg immer wieder bemerkbar macht. Lineamente können sich durch mehrere tektonische Stockwerke bzw. verschieden alte Abschnitte der Erdkruste durchpausen. Sie machen sich u. a. bemerkbar durch Ausbildung von Schollengrenzen, Faziesgrenzen, Achsenrampen (s. d.), aber auch durch besondere Erscheinungen des Magmatismus und der Mineralisation. Größere tektonische Strukturen wie z. B. Gräben (→ Graben) können das Vorhandensein von Lineamenten im Untergrund anzeigen; Grundschollen (→ Erdnaht) im Sinne von H. CLOOS (1948) werden von Lineamenten begrenzt. In einer Reihe von Fällen stellen Lineamente Tiefenbrüche (s. d.) dar. – s. a. Fotogeologie, dort der Begriff Fotolineament.
Linear (lt 214), n., feines, linienhaftes Gefügemerkmal (→ Gefüge) auf Schicht-, Schieferungs- oder Kluftflächen. Es kann entweder durch mech. Kritzung (s. d.) entstehen (→ Gleitstriemung) oder durch den Schnitt mehrerer flächiger Gefügeelemente wie Schichtung, Schieferung und Kluftflächen (→ Falte, Griffelschiefer, Schieferung). – s. a. Fluidalgefüge.
Lineareruption (lt 214/125), f., **Spalteneruption, Labialeruption** (lt 206/125), (*A. SUPAN), eine von längeren oder kürzeren Spalten ausgehende vulkanische Tätigkeit. Je nach Viskosität und Fördermenge können sich von diesen Spalten aus magmatische Schmelzen mehr oder weniger weit ein- oder beidseitig ergießen. Beisp.: der kretazisch-tertiäre Dekkan-Trapp Indiens, viele tertiäre Basaltdecken, subrezente und rezente (s. d.) Ergüsse auf Island.
lineares Beben, (lt 214), n. → Erdbebentypen.
Lineargefüge, (lt 214), n. → Gefüge.
linksdrehend, linkshändig, Linksverwerfer, m. → rechtshändig.
Linse, f., beidseitig auskeilender Gesteinskörper. – s. a. lentikulär.
Linsenschichten, Pl., f., (*H.-E. REINECK, 1960), aus tonig-schluffiger Grundmasse bestehende Schichten, in die Sandschichten eingeschaltet sind. **Flaserschichten** (i. e. S.) enthalten dage-

gen in sandiger Grundmasse tonig-schluffige Flasern. Sie stammen von in bewegtem Wasser gebildeten Rippeln (s. d.) ab; das tonig-schluffige Material wurde in ruhigem Wasser abgelagert. Die Bildung rezenter linsen-flaserschichtiger Sedimente kann vor allem in den durch den Wechsel von bewegtem und ruhigem Wasser charakterisierten Gezeitenmeeren beobachtet werden.

Liparit (n. d. Insel Lipari bei Sizilien), m., (* J. ROTH, 1861), ein Rhyolith (s. d.), der viel Glas mit Entglasungserscheinungen enthält, Tab. IV 3.

Liptobiolith (gr 189/67/193), m., (*H. POTONIÉ, 1906), aus schwer zersetzbaren Pflanzenbestandteilen (Wachs, Harz etc.) bestehendes biogenes Sediment; z. B. Bernstein (s. d.), Pyropissit (s. d.), Schwelkohle (s. d.). – s. a. Biolith.

Liptozönose (gr 189/170), f. → Thanatozönose.

Liquation (lt 217), f. → Differentiation.

liquidmagmatisch (lt 216/gr 202), Bez. für die hochtemperierte Phase, in der sich ein Magma (s. d.) im flüssigen Zustand befindet. – liquidmagmatische Lagerstätten → Erzlagerstätten.

listrische Fläche (gr 195), f., Schaufelfläche (*E. SUESS, 1909), schaufelartig gebogene, tektonische Bewegungsfläche unterschiedlicher Dimension. Sie kann sowohl nach oben konkav als auch konvex sein. Sie kann bei Ab-, Auf- oder Überschiebungen (↗ Abb. 41) auftreten.

Lithifikation (gr 193), f., Sedimentverfestigung. Umwandlung eines unverfestigten Lockersediments in ein hartes Gestein, einhergehend mit Prozessen der Zementation, Kompaktion (s. d.), Austrocknung und Kristallisation. Die ursprüngliche Porosität wird dabei erheblich reduziert. In Kalkgesteinen spielen bei der L. z. B. die Umwandlung (→ Transformation) von Aragonit in Calcit, die Lösung kleinerer Sedimentpartikel gegenüber größeren und die Drucklösung entlang von Kornkontakten eine wesentliche Rolle. – s. a. Diagenese.

Lithiumglimmer, m., (*J. F. GMELIN, 1820), Lepidolith (s. d.), Zinnwaldit (s. d.).

Lithofazies (gr 193, lt 140), f., Gesamtheit der anorganogenen Charakteristika eines Gesteins. – Entspricht etwa dem bei einigen Autoren verwendeten Begriff der **‚Petrofazies'**. – s. a. Fazies.

Lithogenese (gr 193/75), f., (*J. WALTHER, 1902), Lehre von der Entstehung der Gesteine (hier namentlich der Sedimentgesteine).

lithogenes Magma (gr 193/76/202), n. → Magma.

Lithoklase (gr 193/167), f., (*M. A. DAUBRÉE), 1880), allgem. Bez. für eine Gesteinsfuge (ohne Schichtfugen). – s. a. Fuge, Gang, Spalte.

Lithologie (gr 193/197), f., (*E. KALKOWSKI, 1876); nach einem Vorschlag von J. WALTHER (1927) oft anstelle des Begriffes ‚Sedimentpetrographie' (s. d.) verwendet. Bei vielen Autoren umfasst der Begriff ‚Lithologie' allerdings nicht nur Angaben über den (petrographischen) Sedimentinhalt, sondern auch solche über die Art des Gefüges, der Schichtung/Bankung und besonderer Faziesmerkmale.

lithophil (gr 193/363), (*V. M. GOLDSCHMIDT, 1923, 1924), Bez. für Elemente, die vor allem in oder mit Silikaten vorkommen und dort (d. h. insbes. in der Lithosphäre, s. d.) angereichert sind; z. B. O, Si, Al, Alkalien und Erdalkalien. – s. a. atmophil, chalkophil, siderophil.

Lithosphäre (gr 193/322), f., äußere Erdschale mit dem stofflichen Charakter der Gesteine. Der Begriff wurde ursprünglich als Gegenstück zur Hydrosphäre (s. d.) und Atmosphäre (s. d.)

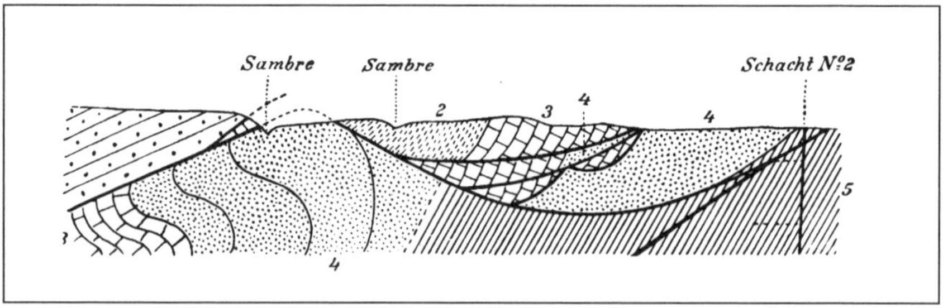

Abb. 41 Listrische Fläche: schaufelartig gebogene Überschiebungsfläche im Kohlenrevier von Charleroi/Südbelgien.

aufgestellt. – Während nach versch. Autoren Erdkruste und Erdmantel zusammen die L. bilden, wird heute im Rahmen der Plattentektonik (s. d.) als ‚Lithosphäre' eine Schicht von etwa 100 km angesprochen, welche die Erdkruste und Teile des oberen Erdmantels umfasst. Sie wird von der Asthenosphäre (s. d.) unterlagert (↗ Abb. 42). – Seit 1981 bemühen sich zahlreiche Arbeitsgruppen um die intensive Durchforschung der L.: Internationales Lithosphären-Programm (ILP). – s. a. Mesosphäre.

Lithostratigraphie (gr 193/ lt 336/ gr 86), f. → Stratigraphie.

Lithotyp (gr 193/351), m., allgem. für Gesteinstyp. Vor allem verwendet bei Kohlen für die Streifenarten (s. d.).

litoral (lt 218), (*C. PREVOST, 1838), Bez. für alle Vorgänge, Kräfte und Formen, die an einer Küste auftreten, z. B. Litoralfazies (→ Fazies), Litoralfauna und -flora, Litoral-(Küsten-)Sediment, Litoralseife (→ Seife). – Der küstennahe Bereich wird Litoral, n., genannt. Dabei unterscheidet man den Bereich oberhalb der Hochwasserlinie **(Supralitoral)**, den Bereich zwischen Hochwasser- und Niedrigwasserlinie **(Eulitoral)** und den Bereich unterhalb der Niedrigwasserlinie **(Sublitoral)**. – s. a. Gezeiten, Intertidal, neritisch.

Litorina-Meer (n. d. Schnecke *Litorina*), n., (*G. LINDSTRÖM, 1852), Tab. IIa B.

lit-par-lit-Textur (frz.), f. → Injektion.

Llandeilien, Llandeilium, Llandeilo (-Stufe), n., (n. d. Ort Llandeilo, Südwales), (*R. I. MURCHISON, 1835, ‚Llandeilo-Flags'), Tab. III 4.

Llandovérien, Llandoverium, Llandovery (-Stufe), n., (n. dem Llandovery-District/Südwales), (*R. I. MURCHISON, 1859), Tab. III 5.

load cast (engl.), f., = Belastungsmarke (s. d.).

Lochkov, Lochkovien, Lochkovium (n. d. Ort Lochkov südwestl. Prag), Tab. III 6.

Lochsaitenkalk (n. d. ‚Lochsaite' b. Schwanden im Kanton Glarus/Schweiz), m., (*A. ESCHER VON DER LINTH, 1807–1872), Reibungsbrekzie aus Malmkalk an der Basis einer tekto-

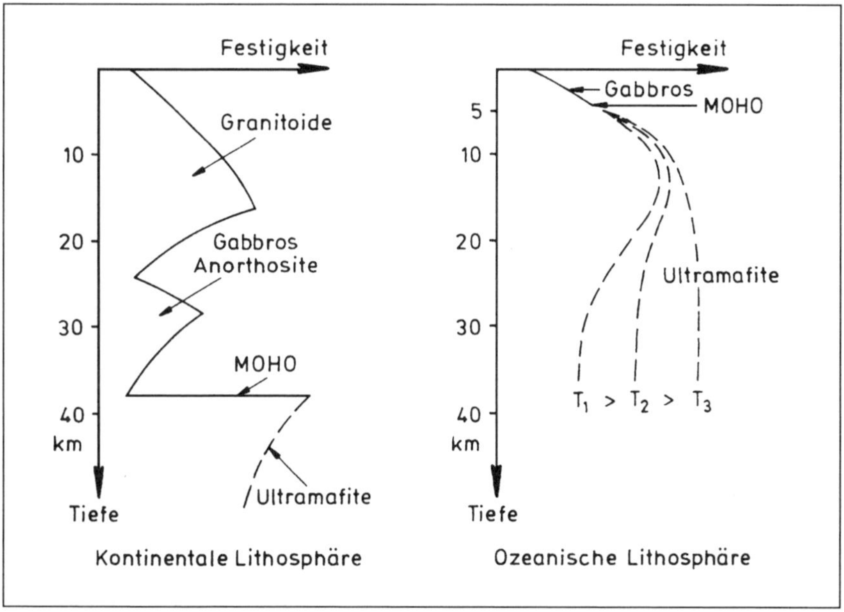

Abb. 42 Schema der Verteilung der Gesteinsfestigkeit in den oberen Bereichen der kontinentalen und ozeanischen Lithosphäre, hauptsächlich nach experimentellen Daten. T_1, T_2 und T_3 sind verschieden ausgebildete Temperaturgradienten. – Nach G.H. EISBACHER: Einführung in die Tektonik. – Abb. 14.1, Stuttgart (Enke), 1991.

nischen Decke, Ausgangspunkt vieler tektonischer Überlegungen im Rahmen der Deckentheorie (→ Decke).

Lockergestein, n., noch nicht verfestigte Gesteinshaufwerke, z. B. Sand, Kies, vulkanische Asche. – s. a. Gestein.

Logging (engl.), n. → geophysikalische Bohrlochmessungen.

Lopolith (gr 198/193), m., (*F. F. Grout, 1918), Pluton (s. d.), bzw. subvulkanischer Herd von schüssel- bis trichterartiger Form.

Löss, m., Pl. **Lösse,** seltener **Lösse** (offenbar hochdeutsche Schreibweise für ‚Loesch', ein Wort schweizerisch-elsässisch-schwäbischer Herkunft. Im Schweizerischen ‚lösch' = locker), (*K. C. von Leonhardt, 1824), gelbes bis gelbgraues, poröses, zerreibbares äolisches Staubsediment; Korndurchmesser 0,05 bis 0,01 mm stark vorherrschend. Hauptbestandteile sind Quarzkörnchen, daneben in wechselnden Mengen, je nach Herkunftsgebiet, andere Mineralfragmente. Bemerkenswert ist der hohe Kalkgehalt: 8 bis 20 %, aber auch mehr.
Der L. ist in erster Linie als pleistozänes Sediment aufzufassen, besitzt allerdings auch rezente Analoga. Die im pleistozänen L. oft auftretende **Lössfauna** enthält Landschneckenreste *(Helix hispida, Pupa muscorum, Succinea oblonga)*, aber auch Reste des Mammuts, des Wollhaarigen Nashorns, des Rentiers, zahlreicher Nager usw. Verschiedentlich werden auch Artefakte und menschliche Reste gefunden. – Im Allgemeinen ist der L. ungeschichtet, er kann jedoch bei späterer Umlagerung durch Wasser eine Schichtung erfahren (vielfach als **Schwemmlöss,** fast immer bei in Wasser abgelagertem **Seelöss**) (*F. von Richthofen, 1877). – Bei zeitlich wechselnden Windgeschwindigkeiten können Wechsellagerungen von Flugsand und L. auftreten: **sandstreifiger** L. Räume mit geringer Vegetation und kräftiger mechanischer Verwitterung (Kälte- und Wärmewüsten) sind bevorzugte Liefergebiete. Das Material der pleistozänen Lösse stammt vorwiegend von ausgedehnten Sandrflächen (→ Sandr) sowie von Schotterterrassen der großen Flüsse. Entsprechend seiner Bildung außerhalb der vergletscherten Gebiete ist der pleistozäne L. in Mitteleuropa vor allem in einer breiten Zone nördlich des Mittelgebirgsrandes sowie im Raum des Rhein-, Donau- und Elbetales anzutreffen. – Die Lössanwehung hat im Pleistozän vor allem während der Eiszeiten stattgefunden. – Die heute in Mitteleuropa beobachteten Lössmächtigkeiten liegen zwischen einigen dm und Dutzenden von m. Der L. Nordchinas kann dagegen Mächtigkeiten von mehreren hundert m erreichen.
Durch kohlendioxidhaltige Sickerwässer findet eine Entkalkung und damit Verlehmung (→ Lehm) des oberen Abschnitts des L. statt: **Lösslehm** (braun gefärbt!). In tieferen Teilen des Lössprofils scheidet sich der gelöste Kalk aus den Sickerwässern in Form bizarrer Konkretionen wieder aus: **Lösskindel, Lösspuppe, Lössmännchen.** Lösslehmhorizonte **(Leimenhorizont)** erweisen sich vielfach als interglaziale (s. d.) Bodenbildungen (‚Leimenhorizont' schon bei A. Penck & E. Brückner, 1909).
L. ist im Anschnitt sehr standfest. Daraus erklärt sich die typische, oft durch steilwandige Einschnitte charakterisierte **Lössmorphologie.** Durch ständiges Befahren und Begehen, sowie durch spätere Abschwemmung bilden sich tief eingeschnittene **Lösshohlwege.** Die bodenmechanischen Eigenschaften ändern sich jedoch bei Übergang in Lösslehm. Letzterer ist z. B. bei Feuchtigkeitsaufnahme rutschgefährdet, bei Austrocknung rissig werdend und in Stücke zerfallend. – Tab. VI 9, 12. – s. a. Flottlehm, Krotowine, Nassboden, Parabraunerde, Rhizosolenie, Steppe.

Lösskeil, m. → Eiskeil.

Lössstratigraphie (lt 336/gr 86), f., zeitliche Gliederung des Pleistozäns mittels versch. alter Lösse. Die Grundlage bot die erstmalige Feststellung von W. Soergel (1919): „Zu jeder Eiszeit gehört ein Löss". Die L. wurde seitdem erheblich verfeinert, namentlich auch bezüglich der Auffindung bestimmter Leithorizonte im Löss (z. B. Leimenhorizonte, Nassböden).

low grade (engl. = niedriggradig) → Epimetamorphose.

Low velocity layer (engl.), f., Zone deutlich verringerter Wellengeschwindigkeit (Erdbebenwellen) im Erdkörper. Diese Geschwindigkeitsabnahme betrifft im Wesentlichen die Transversal-, weniger die Longitudinalwellen. Bsp.: Gutenberg-Zone (= Asthenosphäre, s. d.) im Oberen Erdmantel.

Lücke, f., (stratigraphische), **Schichtlücke, Hiatus,** m., primärer Ausfall von Schichten infolge tektonischer Ereignisse, wie z. B. zeitweiliger Heraushebung des betreffenden Gebietes aus dem Sedimentationsbereich **(Sedimentationslücke).** Unter Umständen haben bei dieser Gelegenheit sogar noch abtragende Kräfte vorhandene Schichten entfernt und damit die zeitliche Lücke noch vergrößert **(Abtragungslücke, Erosionslücke).** – Schichtlücken, die relativ kurze Sedimentationsunterbrechungen repräsentieren, werden als **Diastem** (*J. BARELL, 1817), längere als **Insequenz** oder **Diskonformität** (*A. W. GRABAU, 1905) bezeichnet. Letztere lassen sich, im Gegensatz zu den Diastemen, bei Vorhandensein von Fossilien meist durch Faunensprünge paläontologisch nachweisen. – s. a. Diskordanz, Hartgrund, Konkordanz.

Ludien, Ludium, Lud (-Stufe), (n. d. Ort Ludes i. d. Champagne/Frankr.), n., (*A. DE LAPPARENT, 1893), Tab. III 12 B.

Ludlowien, Ludlovium, Ludlow (-Stufe), n., (n. d. Ort Ludlow in Shropshire/Engl.), (*R. I. MURCHISON, 1833, 1839), Tab. III 5.

Lufthülle (der Erde), f. → Atmosphäre.

Luftsattel, m., (alter Ausdruck unbekannter Herkunft, schon bei C. F. NAUMANN, 1850), die durch gestrichelte Linien in einem geologischen Profil über die heutige Erdoberfläche hinaus dargestellte, gedachte Ergänzung eines durch Abtragung abgeschnittenen Sattels (↗ Abb. 43).

Lügensteine, Pl., m., zur Täuschung des Würzburger Prof. Dr. J. B. A. BERINGER seit 1725 von unbekannter Hand hergestellte Versteinerungsnachbildungen (Ergänzung vorhandener Fossilien, Zusammensetzung aus mehreren Fossilien oder Einschnitzung von Phantasiegebilden in Kalke des Muschelkalks in der Umgebung Würzburgs). BERINGER hat einen Teil dieser ‚Fossilien' 1726 in einer Veröffentlichung (Lithographia Wirceburgensis) abgebildet, ohne die Fälschungen zu erkennen.

Lumachelle (ital. lumaca = Schnecke), f., (n. C. F. NAUMANN, 1854, aus der frz. Fachsprache übernommen), ein im Wesentlichen aus Mollusken- oder Brachiopodenschalen bestehender Schill-Kalk (→ Schill), der meist zahlreiche und große Porenräume besitzt und daher öfter als Speichergestein für Kohlenwasserstoffe auftritt. – s. a. Tab. VI 24.

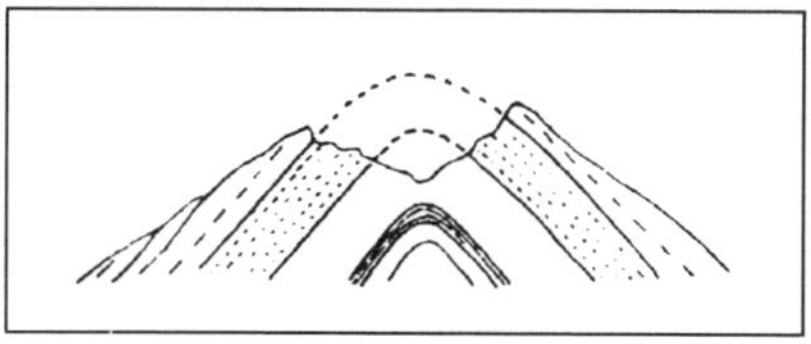

Abb. 43 Luftsattel.

Lutétien, Lutetium, Lutet (-Stufe), (n. d. röm. Bez. für Paris: Lutetia), n., (*A. DE LAPPARENT, 1883), Tab. III 12 B.

Lutit (lt 221), m., Bez. für klastische Carbonatsedimente bzw. Sedimentanteile (Grundmasse) mit Korngrößen von 0,001–0,004 mm ø. Ursprünglich als Bez. für den gesamten Feinstdetritus verwendet. – s. a. Arenit, Kryptit, Rudit, Siltit.

L-Welle, f. → Erdbeben.

Lydit (= ‚Lydischer Stein'), m. → Kieselschiefer.

Lysimeter (gr 201/217), Gerät zur Messung der Durchsickerung von Böden. Mit wägbaren L.n werden durch Wägung zusätzlich die Bodenwasservorratsänderungen bestimmt. Bei gleichzeitiger Niederschlagsmessung kann die Verdunstungshöhe berechnet werden.

M

Mäander, m., Verb **mäandrieren** (v. gr. ‚Maiandros' = Menderes-Fluss an der W-Küste Kleinasiens), stark gewundener Lauf eines Flusses bei relativ geringem Gefälle. Auf der Innenseite der Flusswindung (→ Gleithang) entstehen Ufersandbänke (engl. point bars), an der Außenseite (→ Prallhang) wird erodiert. Dadurch verlagern sich die Flussschlingen seitlich. Wenn durch einen **Mäanderdurchbruch** eine Schlinge abgeschnitten wird, entsteht ein **Altwasserarm,** der verlandet. Innerhalb der Flussschlinge liegt bei eingetieften Tälern ein → **Umlaufberg.** Man unterscheidet **freie M. (Wiesenmäander)** in flachem Gelände von **eingesenkten Mäandern (Talmäander, Erosionsmäander),** die in Gesteine eingeschnitten sind. – s. a. anastomosierender Fluss, verzweigter Fluss.

Maar (Volksausdruck i. d. Eifel), n., (*J. STEININGER, 1819, 1820, 1821), selbstständige vulkanische Bildungen von trichter- bis schüsselförmiger Gestalt, eingetieft in beliebigen Untergrund. Meist sind sie von einer Decke oder einem niedrigen Wall vulkanischer Auswurfprodukte umgeben. – Sie können auch kleine Zentralkegel besitzen. M.e können Durchmesser von einigen 100 m haben. Ein mit Wasser gefülltes M. wird als **Maarsee** bezeichnet. – Die Bildung der M.e geht auf den Kontakt von im Schlot aufsteigendem heißem Gesteinsmaterial mit Oberflächen- oder Grundwasser zurück. Dabei werden heftige Explosionen ausgelöst, die, wenn sie in Tiefen von einigen 100 m stattfinden, Hohlräume aussprengen können, in die von oben her größere Schollen einbrechen. Die größeren Maarkessel sind demnach häufig sowohl Explosions- als auch Einbruchsstrukturen.

Maastrichtien, Maastrichtium, Maastricht (-Stufe), n., (n. d. Stadt Maastricht/Niederlande), (*A. H. DUMONT, 1849), Tab. III 11 B.

Maccaluba (arab. Ursprung), f., → Schlammvulkan.

Maceral (lt 222), n. → Mazeral, Streifenart.

Mächtigkeit, f., (bergm.), Dicke eines Gesteinspakets (Schicht, Bank, Flöz, Gang usw.).

mafisch, Subst. **Mafit,** m., (vermutl. *W. CROSS, 1912), Bez. für die dunkel gefärbten Silikate – vor allem die Mg-Fe-Silikate (daher der Name) – in magmatischen Gesteinen: Glimmer, Pyroxen, Amphibol, Olivin. Gegensatz: **felsisch** (s. d.). – Ultrabasische Erstarrungsgesteine, gelegentlich auch entsprechende Metamorphite, werden wegen des Vorherrschens solcher mafischen Gemengteile als mafische Gesteine (gelegentlich auch als Mafite) bezeichnet. – s. a. femisch, salisch, ↗ Abb. 24.

Magdalénien (n. d. Grotte La Madeleine bei Tayac, Dordogne/Frankr.), n., (*G. DE MORTILLET, 1869), Tab. IIa C.

Magerkohle, f. → Steinkohle.

Magma (gr 202), n., Masse teilweise oder vollkommen geschmolzener Silikate mit gelösten Gasen, die – aus der Tiefe aufsteigend entweder in die Gesteine der Erdkruste eindringt und dort zur Erstarrung kommt (**Intrusion,** schon bei E. SUESS, 1883), oder bis zur Erdoberfläche gelangt und dort ausfließt (**Effusion,** s. d.) oder auch ausgeschleudert wird **(Ejektion).** – Besondere Bedeutung für den Aufstiegsvorgang sowie bei der Bildung von Restschmelzen und Erzlagerstätten (s. d.) **(magmatogene Lagerstätten)** und für die vulkanischen Ausbruchserscheinungen besitzen die im M. vorhandenen magmatischen Gase. Bei fortschreitender Abkühlung bilden sich durch Auskristallisation aus der Schmelze die **Erstarrungsgesteine (magmatische Gesteine, Magmatite,** vgl. Tab. IV und V), und zwar als **Plutonite** (s. d.), **Ganggesteine** (→ Gang) und **Vulkanite** (→ Eruptivgestein). Dabei ist der chemische Charakter der jeweiligen Schmelze leitend für den Chemismus des aus ihr entstehenden Gesteins. **Einzelmagmen** können aus einem **Stamm-Magma** durch die verschiedensten Vorgänge der Differentiation (s. d.) und der Assimilation (s. d.) entstehen. – Als **lithogenes** M. (H. STILLE, 1940, = **palingenes** M.) wird ein Aufschmelzungsprodukt sialischer (s. d.) Gesteine bezeichnet, als **hypogenes** M. (H. STILLE, 1940) ein Produkt tieferer basischer Bereiche. – s. a. Extrusion, Palingenese.

Magmakammer, Magmenkammer, f. → Vulkanherd.

magmatische Differentiation (gr 202/ lt 96), f. → Differentiation.

magmatischer/magmatologischer Zyklus, Magmenzyklus, m., Bez. für die mit der Bildung von Geosynklinalen (s. d.) und Orogenen (s. d.) in Zusammenhang stehenden magmatischen Prozesse. Dieser Zyklus gliedert sich nach H. STILLE (1940) im Idealfall in: 1. den initialen (Ophiolith-) Magmatismus der Geosynklinalen, 2. den synorogenen Magmatismus (basische bis saure, vorwiegend granitische Plutone) der orogenen Phasen, 3. den subsequenten Magmatismus (basaltische, andesitische, rhyolithische Vulkanite und Granitplutone), und 4. den finalen Magmatismus (vorwiegend Basalte, Andesite, Rhyolithe) der vollkratonischen Zeitperioden. – Beachte hierzu jedoch Bemerkungen bei → Geosynklinale und → Orogenese. – s. a. Kraton, Plattentektonik.

Magmatismus (gr 202), m., Bez. für sämtliche, das Magma (s. d.), seine Bildung und Tätigkeit betreffende Erscheinungen.

Magmatit, m., **magmatisches Gestein,** (gr 202), n. → Eruptivgestein, Magma.

Magnesit (n. d. antiken Stadt Magnesia, Westtürkei), m., (* CARSTEN, 1808), hexagonales Mineral, zur Herstellung hochfeuerfester Baustoffe verwendet; $MgCO_3$.

magnetische Anomalie (gr 37), f., Störung des erdmagnetischen Feldes durch in der Erdkruste befindliche Gesteinskörper mit magnetischem Eigenfeld.

magnetische Missweisung, f. → Deklination.

magnetischer Pol, m., Bez. für die Pole des relativ schwachen erdmagnetischen Feldes. Sie fallen nicht mit den geographischen Polen (= Ausstiche der ‚Erdachse') zusammen. Außerdem verändern sie durch säkulare Schwankungen ihre Lage. Lage 1945, Norden: 76° nördl. Br., 102° westl. Lg. (= physikal. Südpol); Süden: 68° südl. Br., 145° östl. Lg. (= physikal. Nordpol). Vergleichszahlen für 1960: Norden: 74,9 ° nördl. Br., 101° westl. Lg.; Süden: 67,1° südl. Br., 142,7° östl. Lg. – Diese Pole werden auch ‚dip-poles' genannt; an ihnen ist das erdmagnetische Feld unmittelbar vertikal gerichtet. – Von diesen dip-poles werden die **‚geomagnetischen Pole'** unterschieden, die die Lage der magnetischen Achse (= Achse des zentrischen erdmagnetischen Dipolfeldes) angeben. Ihre Lage spielt naturgemäß bei paläomagnetischen Untersuchungen eine Rolle. Lage der geomagnetischen Pole 1960: Norden: 78,5° nördl. Br., 69° westl. Lg.; Süden: 78,5° südl. Br., 111° östl. Lg. (Zahlenangaben für 1960 aus: S. K. Runcorn, International Dictionary of Geophysics, 1967). – s. a. Deklination, Inklination.

magnetisches Streifenmuster (engl.: magnetic stripe pattern), n., am Boden der großen Ozeane auftretendes, parallel zu den → mittelozeanischen Rücken verlaufendes Streifenmuster abwechselnd normaler (= wie heute) und reverser (= entgegengesetzt gerichteter) magnetischer Polarität, entstanden während des Ocean floor spreading (→ Mittelozeanischer Rücken). Durch Bestimmung des physikalischen Alters der einzelnen Streifen lässt sich die Spreading-Geschwindigkeit **(Spreading-Rate)** ausrechnen. – s. a. Altersbestimmung, Remanenz.

Magnetit (Namensgebung wg. d. magnetischen Eigenschaften d. Minerals), m., (‚magnes' Plinius), Fe_3O_4. Wichtiges Eisenerz. Ti-haltiger M.: Titanomagnetit.

Magnetostratigraphie (lt 336/ gr 86), f. → Altersbestimmung.

Magnitude (lt 223), f. → Erdbeben.

Makrofossil (gr 203/lt 154), n. → Fossil.

makrokristallin (gr 203/182) → kristallin.

makroskopisch (gr 203/308), mit dem bloßen Auge ohne besondere Hilfsmittel erkenn- und identifizierbar. Der Ausdruck wird von versch. Autoren zugunsten der Bez. ‚visuell' abgelehnt.

makroseismisch (gr 203/300), Bez. für die Erscheinungen bei Erdbeben, die so groß sind, dass sie von Menschen ohne Benutzung von Instrumenten empfunden werden. – s. a. Erdbeben.

Malachit (gr 204), m., (J. G. Wallerius, 1747), $Cu_2[(OH)_2/CO_3]$. Häufig auftretendes Kupfer-Oxidationserz.

Malaspina-Gletscher-Typ, (n. d. Malaspina-Gletscher in Alaska), m. → Gletscher.

Malchit (n. d. Berg Malchen = Melibocus/Odenwald), m., (*A. Osann, 1893), Tab. IV 9, 12.

Malm (n. e. Gesteinsbez. a. d. Gegend v. Oxford/Engl.), m., (*A. Oppel, 1856/1858), Tab. III 10 C.

Mammoth event (n. d. Mammoth Lake/Kalifornien), n., (*A. Cox et al., 1964), geomagnetisches Polaritätsereignis in der Gauss-Epoche; ↗ Abb. 4.

Mandelstein, m., (vermutl. *A. G. Werner, 1787), blasenreiches Ergussgestein (s. d.), dessen Blasenhohlräume sekundär durch Ausscheidung mineralischer Stoffe gefüllt werden (und dann mandelartig aussehen). Als Gesteinsbez. nur in Zusammenhang mit einem Eruptivgesteinsnamen verwendbar, z. B. Diabas-, Melaphyr-, Basalt-M. – s. a. amygdaloid, Geode, Konkretion, Sekretion.

Manebach-Formation (n. d. Ort Manebach/Thüringen), Pl., (F. Beyschlag, 1891), Tab. III 8 A.

Manganknollen, Pl. f., erstmalig durch die Challenger-Expedition (1873–1876) in Schleppnetzen vom Boden der Tiefsee geborgene Mangan-Eisen-Konkretionen. In der Folgezeit an vielen Stellen wieder gefunden. Es wird geschätzt, dass sie 10 % und mehr der Oberfläche der Ozeanböden bedecken. Der Durchmesser der Knollen beträgt wenige cm bis mehrere m. Sie besitzen einen konzentrischschaligen Bau und lassen im Zentrum einen Kern von ‚Fremdmaterial' (Bruchstücke von Magmatiten, Sedimentgesteinen oder Fossilien) erkennen. Die Konkretionen bestehen neben Ton und anderen Beimengungen im Wesentlichen aus Mn- und Fe-Verbindungen (Oxihydrate). Die Wachstumsrate beträgt weniger als 0,01 bis ca. 1 mm in 1000 Jahren. – In letzter Zeit wurden Pläne zum Abbau solcher M.-Felder in der Tiefsee zum Zwecke der industriellen Verwertung bekannt.

man-made earthquake (engl.), n., durch den Menschen verursachte Erdbeben, vor allem von Talsperrenbauten bekannt. Folgende Ursachen für solche Erdbeben sind vermutet worden: 1. Wasserauflast kann dem Untergrund Scherspannungen neu aufprägen; 2. Vorgenanntes, verstärkt bei noch existierenden Restspannungen im Boden; 3. beim Eindringen von Wasser in den Gesteinskörper erzeugt Poren- und Kluftwasserdruck u. U. Erhöhung der Bruchgefahr; 4. statische Ermüdung von Kristallen im Gestein, hervorgerufen durch Spannungskorrosion, wenn Wasser in trockene Gesteine eindringt; 5. in manchen Gebieten möglicherweise auch durch Eisdruck von gefrorenem, eingedrungenem Wasser. – s. a. Erdbeben.

Mantel, m. → Erdmantel.

Manteldiapir (gr 95), m., (engl. mantle plume) → Diapirismus, Hot spot.
Mantelgang, m., (*A. RITTMANN, 1960) → Ringgang.
Mantelkonvektion (lt 72), f. → Konvektionsstrom.
Mantelplume, Mantle Plume (engl. plume = Federbusch, Rauchwolke), m., (* W. J. MORGAN, 1971), Zone erhöhter Temperatur, die schornsteinartig oder wie eine riesige Straußenfeder (Name!) durch den ganzen Erdmantel (s. d.) bis zur Kruste aufsteigt. In ihr kommt es zu Aufschmelzungen, die Magmatismus auslösen. Diese M.s sind über längere Zeit ortsfest. Ihre Form lässt sich nur durch diffizile seismische Untersuchungen (→ Seismik) erfassen. Neben großen M.s mit 100–200 km Durchmesser gibt es auch kleinere Plumes, die nicht durch den ganzen Erdmantel hinabreichen. – s. a. Diapirismus, Hot spot.
Mare, n., Pl. **Maria** (lt 224), Bez. für die dunkel erscheinenden Tiefländer des Mondes. Es handelt sich um flache Riesenbecken, die in die hell erscheinenden Hochländer (**Terra,** Pl. **Terrae**) eingelassen sind.
marginal (lt 225), Bez. für mehr oder weniger abgeschnittene Randbuchten. Handelt es sich um Meeresrandbuchten, so spricht man von **marin-marginal.** – In solchen m. Becken können unter best. paläogeographischen Voraussetzungen und entsprechendem Klima Salzlager ausgeschieden werden. – Die zwischen einem Inselbogen und dem Kontinent liegenden Randmeerbecken (Inselbogen-Rückbecken, Backarc-Becken, engl. backarc basin) wie die Japan-See, die Java-See usw. werden verschiedentlich in der Literatur als **Marginalbecken** (engl. marginal basin) bezeichnet. – s. a. Barrentheorie, Inselbogen.
marin (lt 226), Bez. für sämtliche unter Mitwirkung des Meeres und im Meere ablaufenden Vorgänge und sich bildenden Formen.
mariner Horizont, m. → paralisch.
marine Seife, f. → Seife.
marin-marginal (lt 226/225) → marginal.
Markasit (arab.), m., orthorhombische Modifikation des FeS_2, bei niedrigen Temperaturen gebildet. Oft in Aggregaten: Kammkies, Speerkies, Strahlkies (grobstrahlig bis feinfaserig), Leberkies (dicht). – s. a. Pyrit.
Marken, Pl., f., Bez. für Spuren in Sediment(gestein)en, die 1. durch Strömungen (Wasser, Wind) und in diesen Strömungen mitgeführte feste Teile an Sedimentoberflächen erzeugt werden: **Erosions-, Gefließ-, Riesel-, Roll-, Schleif-, Schwapp-, Strömungsmarken**. – 2. Solche, die durch Eindrücke entstanden sind: **Gasblasen-, Regentropfeneindrücke, Belastungsmarken.** – 3. Durch Austrocknen oder Kristallwachstum hervorgerufene M.: **Trockenrisse** und **Netzleisten** (→ Trockenriss), **Eiskristallabdrücke, Steinsalzpseudomorphosen** (s. d.). – Auf die Tätigkeit von Organismen zurückgehende Lebensspuren: **Fraß-, Kriechspuren, Wohnbauten, Fährten, Spuren** von Tieren oder Pflanzen (s. a. Ichnologie). – Mittels solcher M. und Lebensspuren lassen sich vielfach Aussagen über Sedimentations- und Lebensbedingungen in dem jeweiligen Faziesraum machen, in dem diese Strukturen entstanden sind. – K. KREJCI-GRAF (1932) schlug vor, nur für Gebilde anorganischer Entstehung den Begriff ‚Marke', für durch Organismen erzeugte dagegen den der ‚Spur' zu verwenden.
Marmor (gr 205), m., Tab. VII 28, 29, 30, 37. – Gegenüber der in der Tab. VII angegebenen petrographischen Def. verlangt die technische Bezeichnung ‚Marmor' lediglich ein Gestein, das schleif- und polierfähig ist.
Marsch, f., **Marschen,** Pl., (v. niederdt. ‚marsch'), 1. niedriges, fruchtbares Land im nw-deutschen Küstenbereich. Flussmarsch: junge Ablagerungen im Bereich der tidebeeinflussten Flussunterläufe; Seemarsch: junge begrünte Meeresablagerungen. Im Gegensatz dazu nennt man im gleichen Gebiet die höher gelegene, trockene, unfruchtbare, glaziale Aufschüttungslandschaft mit vorwiegend sandigen, sauren Böden, Heidebedeckung oder lichtem Kiefernwald: **Geest,** f., (als Endsilbe ‚gast' häufig in Ortsnamen, z. B. Dangast). – 2. Bodenklasse der deutschen Bodensystematik mit sieben Bodentypen; Ausprägung ähnlich dem → Gley. – s. a. Gezeiten.
Martit (v. lt. *Stella Martis*: Planet Mars), m. → Itabirit.
Massengestein, n. → Eruptivgestein, aber auch ungebankte Sedimente oder Metamorphite werden gelegentlich so bezeichnet.
Maturität (engl. maturity = Reife), f., → Reife.
Massiv, (v. frz.), n., 1. **Gebirgsmassiv:** geschlossene Gebirgseinheit. – 2. **Tiefengesteinsmassiv** (= großer Plutonkörper) → Pluton. – 3. **Grundgebirgsmassiv:** durch Hebung und langzeitige Abtragung freigelegter geschlossener Komplex gefalteter und metamorphisierter Gesteine (s. a. Grundgebirge, Kraton). – 4. Im

Deckengebirge auftretendes **autochthones M.:** → Deckensysteme.
Matrix (lt 227), f., Bez. für die Grundmasse in Eruptiv- und das Bindemittel in Sedimentgesteinen.
Mattbraunkohle, f. → Hartbraunkohle.
mattes Wetter, n. → Grubenwetter.
Mattkohle, f. → Streifenart.
Matuyama-Epoche (n. d. jap. Geophysiker M. MATUYAMA, 1884–1950; wies 1929 nach, dass altquartäre Laven in ihrer magnetischen Polarität gegenüber jüngeren Laven in Japan und der Mandschurei kontrastieren und entwickelte als erster ein Konzept der magnet. Stratigraphie), f., paläomagnetische Epoche mit reverser Magnetisierung. – ↗ Abb. 4; Tab. II.
Mazeral (lt 222), n., Verb. **mazerieren,** Subst. **Mazeration,** f. → Streifenart.
M-Diskontinuität, f. → Mohorovičić-Diskontinuität.
Medianebene (lt 228), f. → Falte.
Mediterrane Sippe, f. → Alkaligesteine.
Meereis, n., im Unterschied zu dem von Gletschern oder Flüssen in das Meer gebrachten Eis das im Meer selbst gebildete Eis. Es ist ebenfalls salzfrei, da beim Gefriervorgang Salz aus dem Meer in nur sehr geringem Maße aufgenommen wird.
Meereshalde, f. → Kliff.
Meeresmolasse, f., → Molasse.
Meeresschwinde, f. → Schwinde.
Meeressediment, n., marines (s. d.) Sediment, Ablagerungen des Meeres. Ihre Zusammensetzung steht in Abhängigkeit von der Zufuhr vom Lande her (Flüsse, Wind, windtransportierte vulkan. Asche, Eis), von der Art und Menge der abgelagerten und erhaltungsfähigen organischen Massen, der Temperatur des Wassers, seiner chemischen Beschaffenheit und dem Grad der Sättigung (einschl. Gasgehalt und Gasart, z. B. O_2, CO_2, H_2S), von Art und Stärke der Meeresströmungen sowie von der submarinen Morphologie und der Küstengestaltung. – Die nachfolgende Gliederung geht zurück auf die Ergebnisse der großen Meeresexpeditionen (Challenger-, Meteor-Expedition usw.; vgl. auch ↗ Abb. 44).
I. Flachseeablagerungen (8% der Weltmeerfläche); festlandnah in geringer Wassertiefe gebildet. – 1. **litorale** (s. d.) **Sedimente:** Strand-, Delta- und Lagunenabsätze; aus Geröll, Sand und auch feineren Sedimenten, daneben auch Strandseifen bestehend. – 2. **neritische** (s. d.) **Sedimente:** Absätze auf dem Schelf; in kühleren Meeresräumen aus Sand, Schlick, Mudd, in wärmeren Bereichen aus Kalksand, Riffkalk bestehend. Hier können auch marin-sedimentäre Lagerstätten wie Eisenoolith-, Schwefelkies-, Phosphatlagerstätten usw. gebildet werden. – 3. **bathyale** (s. d.) **Sedimente:** Absätze am äußeren Schelfrand bzw. in Senken des Schelfs; aus Schlick, Sapropel, Glaukonitsand bestehend. Hierher gehören wahrscheinlich auch Bildungen wie der ‚Kupferschiefer', marine Bitumenlagerstätten (Erdöl) usw.
II. Tiefseeablagerungen (92% der Weltmeerfläche) = **pelagische** (s. d.) **Sedimente;** festlandfern in großer Tiefe gebildet. – 1. **hemipelagische** (s. d.) **Sedimente** (18% der Weltmeerfläche): Absätze am Kontinentalhang: aus Blauschlick (s. d.) (15% der Weltmeerfläche), Grünschlick und -sand (→ Glaukonit) (1% der Weltmeerfläche) und versch. zusammengesetzten hemipelagischen Sedimenten (2% der Weltmeerfläche) bestehend. – 2. **eupelagische** (s. d.) **Sedimente** (74% der Weltmeerfläche): Tiefseeabsätze; aus Globigerinen-, Kokkolithen-, Pteropodenschlamm (36% der Weltmeerfläche), Diatomeenschlamm (8% der Weltmeerfläche), Radiolarienschlamm (2% der Weltmeerfläche), rotem Tiefseeton (28% der Weltmeerfläche) bestehend.
Durch überschlägige Rechnung konnte man schätzen, dass in 1000 Jahren 5 bis 100 cm Blauschlick, 1 bis 3 cm Globigerinenschlamm, 1 bis 2 mm roter Tiefseeton zum Absatz kommen (Zahlen n. R. BRINKMANN, 1961). – Selbst in Tiefseeablagerungen lassen sich noch größere klimatische Schwankungen an der Zusammensetzung der dort abgelagerten Faunenreste nachweisen. So konnte W. SCHOTT (1935, 1952) in den Sedimenten des Atlantiks Schichten mit Globigerinen nachweisen, die wärmeres Wasser bevorzugen, und solche, die kälteres benötigen. Damit wirkten sich die Klimaschwankungen des Pleistozäns auch auf diese Sedimente aus. – s. a. hypsographische Kurve, Manganknollen, Paläotemperatur.
Meermühle, f. → Erosionskessel.
Megablast (gr 206/68), m. → Metablastese.
Megagäa (gr 206/80), f., nach den Vorstellungen von H. STILLE (1944) eine durch die präkambrischen Faltungen verschweißte, weltweit konsolidierte Kontinentalmasse, die lediglich durch die Meeresbecken (Urozeane) des **Urpazifik**, des südl. und nördl. **Uratlantik,** des **Urskandik** und des **Urarktik** unterbrochen wurde. Durch einen ‚algonkischen Umbruch',

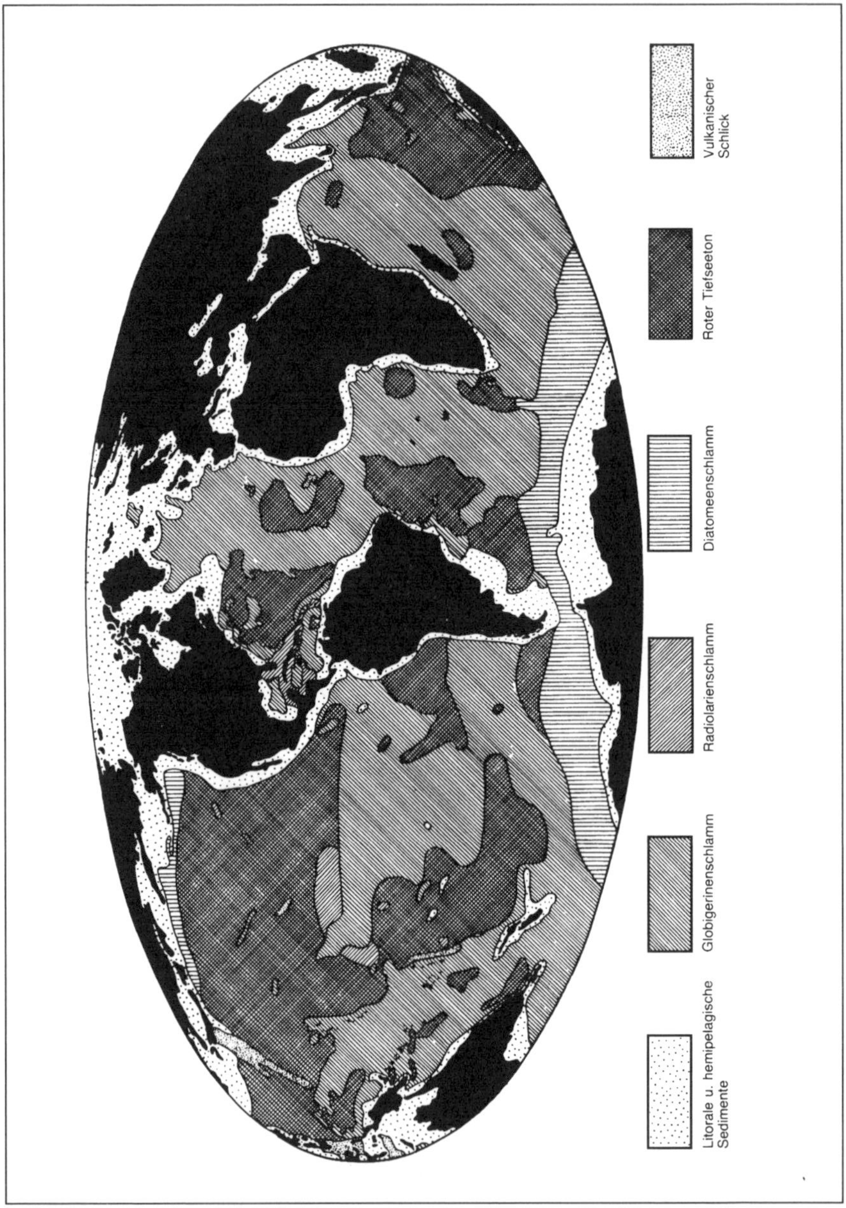

Abb. 44 Die Verteilung der marinen Sedimente in den heutigen Meeren (n. W. SCHOTT, J. MURRAY, J. HJORT, O. PRATJE u. a.; aus: R. BRINKMANN: Abriß der Geologie: Allgemeine Geologie. – 9. Aufl., Stuttgart [Enke], 1961).

mit dem die Regeneration großer Festlandsmassen zu mobilen Räumen (= **olimkontinentale Ozeangebiete, Neuozeane,** H. STILLE, 1948) verbunden gewesen sein soll, begann nach dieser Vorstellung die Bildung der **Neogäa** mit ihren alten Kerngebieten, den Urkratonen (→ Kraton). – Diesen räumlich beschreibenden Begriffen stehen die Bez. **Protogäikum** und **Neogäikum** als durch den ‚algonkischen Umbruch' getrennte Zeitabschnitte gegenüber. – Die Anschauungen STILLES entsprechen durchaus der Permanenztheorie (s. d.), lassen sich jedoch mit den Vorstellungen der Plattentektonik (s. d.) nicht vereinbaren.

megaskopisch (gr 206/308) = makroskopisch.

mehrachsiges Beben, n. → Erdbebentypen.

Meilerstellung, f., Stellung der Säulen in einem vulk. Gesteinskörper, ähnlich der Anordnung der Baumstämme in einem Kohlenmeiler, indem sie nach unten und zu den Seiten hin auseinander fächern. Eine solche Stellung kommt zumeist durch eine schüssel- bis trichterartige Form der Kontaktfläche des Schmelzkörpers zu seinem Nebengestein anlässlich der Abkühlung der Schmelze zustande. – s. a. Vergenzmeiler.

Mélange (frz.: (Ver)mischung), f., (*E. GREENLY, 1919), Gesteinskörper von erheblicher (kartierbarer) Dimension, der aus einer intensiv zerscherten, feinkörnigen – meist pelitischen – Grundmasse besteht, in der zahlreiche auto- und allochthone Gesteinsfragmente verschiedenster Dimension (cm bis km-Durchmesser) und unterschiedlichster Art (Sedimente, Vulkanite und oft auch Metamophite) ‚schwimmen'. – Die Abtrennung der M. von Olisthostromen (s. d.) – vor allem in Subduktionsgebieten – kann schwierig sein und zu Fehldeutungen führen.

melanokrat (gr 210/175), (*A. JOHANNSEN, 1920), Bez. für Magmatite (→ Magma), die aufgrund des Überwiegens dunkler Bestandteile (Augit, Hornblende, Biotit etc.) selber dunkel gefärbt erscheinen: Gabbro, Lamprophyr, Basalt, Melaphyr, Diabas usw. – s. a. leukokrat.

Melanosom (gr 210/325), n. → Migmatit.

Melaphyr (gr 210/368), m., (*A. BRONGNIART, 1813), Tab. IV 19.

Melting spot (engl.), m. → Hot spot.

Member, (engl. = Glied), n., lithostratigraphische Untereinheit einer Formation (s. d.), auch **Subformation** oder **Formationsglied** genannt.

Menap-Komplex (n. d. Volksstamm d. Menapier/Niederl.), m., (*W. H. ZAGWIJN, 1957), Tab. II B.

Menilit (n. d. Fundort Ménilmontant, Stadtt. v. Paris), m., (*H. B. DE SAUSSURE, 1795) **Leberopal,** m., (*L. VON BUCH, 1810), graue oder schwarze Knollen und Lagen aus Opal, meist im Tertiär, z. B. die ‚Menilitschiefer' Galiziens.

Mercalli-Skala, f. → Erdbeben.

Mergel, m., Sedimentgestein mit best. Mischungsverhältnis von Kalk und Ton. Nach C. W. CORRENS (1949) können unterschieden werden: hochprozentiger Kalkstein (bis 95% $CaCO_3$, 5% Ton), mergeliger Kalk (bis 85% $CaCO_3$, 15% Ton), Mergelkalk (bis 75% $CaCO_3$, 25% Ton), Kalkmergel (bis 65% $CaCO_3$, 35 % Ton), Mergel (bis 35% $CaCO_3$, 65% Ton), Tonmergel (bis 25% $CaCO_3$, 75% Ton), Mergelton (bis 15% $CaCO_3$, 85% Ton), mergeliger Ton (bis 5% $CaCO_3$, 95% Ton) und hochprozentiger Ton (bis 0% $CaCO_3$, 100% Ton). – s. a. Tab. VI.

Mesoeuropa (gr 212), n., (*H. STILLE, 1920), varistisch (→ variscisches/variszisches Gebirge) konsolidierte Teile Europas, in denen die letzte alpinotype (s. d.) Gebirgsbildung im jüngeren Paläozoikum stattgefunden hat. M. und Teile von Archaeo- und Paläoeuropa (s. d.) bildeten den Rahmen für Neoeuropa (s. d.) bei der alpidischen (s. d.) Gebirgsbildung. – s. a. Orogenese.

Mesofossil (gr 212/lt 154), n. → Fossil.

mesohalin (gr 212/20) → brackisch.

Mesolithikum (gr 212/193), n., (*M. REBOUX, 1874), Tab. II D und IIa C.

Mesophytikum (gr 212/370), n., (*K. VON BÜLOW, 1941; der Begriff ist jedoch älter), Zeit der Nacktsamer, Tab. III 8 bis 11.

Mesosiderit (gr 212/304), m. → Meteorit.

Mesosphäre (gr 212/322), f., Zone von wahrscheinlich beträchtlicher Festigkeit, von der Basis der Asthenosphäre (s. d.) bis in die Nähe des Erdkerns (s. d.) reichend.

mesothermal (gr 212/145), → Erzlagerstätte.

mesotroph (gr 212/350) → eutroph.

Mesozoikum (gr 212/134), n., (Begriff besteht seit d. ersten Hälfte d. 19. Jh.), **Erdmittelalter,** Tab. III 9 bis 11.

Mesozone (gr 212/135), f. → Tiefenstufe.

Meta-Anthrazit, m. → Steinkohle.

Metabasit (gr 213/62), m., (n. J. J. SEDERHOLM auf V. HACKMAN zurückgehend), metamorpher basischer Magmatit.

Metablastese, Metablastesis (gr 213/70), f., (*K. H. SCHEUMANN, 1936), Bez. für das bevorzugte Wachstum (Blastese) einer o. mehrerer Mineralarten (vor allem Feldspat) im Bereich der Metamorphose (s. d.). Die Neusprossung kann entweder zurückgehen auf einen, durch Temperaturerhöhung begünstigten, internen Stoffaustausch ohne weitreichende Stoffzufuhr, oder es können sich auch – offenbar in einer geringeren Zahl der Fälle – auf dem Diffusionsweg zugeführte Substanzen an ihr beteiligen. Endstadium dieses Vorgangs ist die Neukristallisation des gesamten Mineralbestandes unter Entregelung schiefriger Ausgangsgefüge und die Bildung einer mehr oder weniger richtungslos körnigen Gefügeform. – Gestein: **Metablastit.** – Das gesprosste Mineral wird als **Blast** oder **Metablast** bezeichnet. Unterscheidet es sich in der Größe deutlich vom übrigen Mineralbestand, nennt man es **Porphyroblast,** in extremen Fällen auch **Megablast.** – s. a. Anatexis, Endoblastesis, Granitisation, kristalloblastisch, Metamorphose, Migmatit.

Metagranit (gr 213/lt 167), m., (= **Migmagranit**), aus einem autochthonen Migma (s. d.) durch homogenisierende Umkristallisation entstandener, großteils oder völlig richtungslos-körniger Granit (s. d.), der somit bei seiner Bildung kein Magmenstadium durchlaufen hat.

Metallogenese (gr 214/75), f., (*L. DE LAUNAY, 1897, ‚metallogeny', ‚metallogenetic provinces'), allgem. Ausdruck für Bildung und Entwicklung von Erzlagerstätten (s. d.) eines festgelegten Beobachtungsraums. – Als metallogenetische Provinz bezeichnet man einen Bereich, dessen M. auf gleichzeitige und durch den gleichen Grundvorgang gesteuerte Bildungssprozesse zurückgeführt werden kann. – Die metallogenetische Epoche ist ein Zeitraum, in dem die metallogenetischen Vorgänge an versch. Punkten in bemerkenswerter Häufung zur etwa gleichen Zeit stattfinden, z. B. zu Zeiten eines bes. verstärkten Plutonismus während orogener Zyklen (→ Orogenese, Zyklentheorie).

Metallzone, f., (*A. BERGEAT, 1912), Gebiet, in dem vorzugsweise Lagerstätten bzw. Vorkommen gewisser Metalle auftreten, die für best. magmatische Körper charakteristisch sind, z. B. ‚Zinngranite' oder die Dazit-Rhyolith-Andesit-Gesellschaft Siebenbürgens mit Gold- und Silbererzen. – s. a. zonare Verteilung von Erzlagerstätten.

metamorphe Differentiation (gr 215/lt 96), f. → Differentiation.

metamorphe Fazies (gr 215/lt 140), f., (*P. ESKOLA, 1920), Bez. für jeweils eine Gruppe metamorpher Gesteine, die – entsprechend den Druck-Temperatur-Bedingungen bei ihrer Bildung – jeweils durch bestimmte Mineralgesellschaften charakterisiert sind. Es lassen sich auf diese Weise Großfazies-Einteilungen wie z. B. ‚Grünschiefer-Fazies', ‚Amphibolit-Fazies', ‚Granulit-Fazies', ‚Eklogit-Fazies' unterscheiden (↗ Abb. 3). Solche Großfazies-Bereiche sind – entsprechend ihrer Mineralzusammensetzung – in ‚Subfazies' unterteilbar, z. B. bei der Grünschiefer-Fazies: ‚Quarz-Albit-Muskovit-Chlorit-Subfazies', ‚Quarz-Albit-Epidot-Biotit-Subfazies', ‚Quarz-Albit-Epidot-Almandin-Subfazies' usw. – s. a. Abukuma-Typ, Barrow-Typ der Metamorphose, Fazies, Hochdruckmetamorphose, Tiefenstufe, ↗ Abb. 24.

Metamorphiden, Pl., → Orogen.

Metamorphose (gr 215), f., (vermutl. *Ch. LYELL, 1833), **Gesteinsmetamorphose,** zusammenfassender Begriff für alle jene Veränderungen, die die Gesteine unter Beibehaltung des festen Zustands durch Einwirkungen erleiden, die nicht an der Erdoberfläche stattfinden. Daher werden Verwitterungsvorgänge einerseits und völlige Aufschmelzung auf der anderen Seite nicht von diesem Begriff berührt. Auch trennt man in der dt. Lit. die ‚Diagenese' (s. d.) scharf ab. Die **Anchimetamorphose** (s. d.) ist ein Übergangsglied zwischen der Diagenese und der M. Ihr folgt die **Epimetamorphose** (s. d.). – Die wesentlichen Wirkungskräfte der M. sind durch Veränderungen der Temperatur und des Druckes gegeben. – Ein solchen Bildungsgängen entstammendes Gestein wird als **metamorphes Gestein** oder **Metamorphit** bezeichnet (Tab. VII).

Man kann die folgenden Arten der M. unterscheiden (vgl. auch ↗ Abb. 45):

A. Autometamorphose, Vorgang, der auf chemische Reaktionen flüchtiger Bestandteile einer magmatischen Schmelze mit den schon verfestigten Teilen dieser Schmelze zurückgeführt werden kann. Entspricht im Wesentlichen den Begriffen: **Autohydratation, Autopneumatolyse.** – s. a. deuterische Phase, Pneumatolyse.

B. Gesteinsmetamorphose (i. e. S. = **Allometamorphose**).

I. **Belastungsmetamorphose** (s. d.).

II. **Thermometamorphose** (wahrscheinl. J. J. SEDERHOLM, 1891), verursacht durch Temperaturerhöhungen, vor allem im Kontaktbereich magmatischer Schmelzen. Bei dieser Art von M. spielt der Belastungsdruck im allgem. nur eine untergeordnete Rolle. Andererseits wird der Überlagerungsdruck bei der in vielen Salzlagerstätten für die Umkristallisation der Salze von versch. Autoren als Ursache angesehenen ‚Thermometamorphose' als sehr wichtig erachtet. – Werden die Temperaturen stark erhöht, spricht man (n. R. BRAUNS) von **Pyrometamorphose** (gelegentlich auch **kaustische** M.). – Bei einwandfreiem Nachweis eines Magmenkontaktes spricht man von **Kontaktmetamorphose** (wahrscheinl. J. PLAYFAIR, 1802). Sie kann ohne Stoffzufuhr vom Magma erfolgen (= Thermometamorphose) oder aber wesentlich durch das diffuse Eindringen magmatogener Gase und Lösungen bestimmt sein (gelegentlich als **hydatothermische** M. bezeichnet). Hierher gehört als extremstes Glied die **Injektionsmetamorphose** (→ Injektion). – Sämtliche bisher erwähnten Typen der M. gehören in das Gebiet der **statischen** M. (im Sinne v. J. JUDD), da hier keine durch gerichteten Druck verursachten mechanischen Verformungen eintreten.

III. **kinetische Metamorphose, Kinetometamorphose** (wahrschl. J. J. SEDERHOLM, 1891), Metamorphosevorgänge, die an Verformungserscheinungen gebirgsbildender Tektonik geknüpft sind; daher wird sie auch als **Dislokations**- (*K. A. LOSSEN, 1875; jedoch vom gleichen Autor seit 1867 ohne Namensgebung erwähnt) oder **Dynamometamorphose** (*H. ROSENBUSCH, 1886) bezeichnet.

IV. **Regionalmetamorphose** (*M. A. DAUBRÉE, 1860), Metamorphosewirkungen, die weite Gebiete (Regionen!) erfassen und langzeitig andauern. Sie führen dadurch zu umfassenden und großräumigen Gesteinsumwandlungen und zeigen meist eine gute Tiefenstufen- (s. d.) Gliederung. Einige Autoren (z. B. H. G. F. WINKLER, 1965) unterscheiden hier eine a) ‚regionale Thermo-Dynamometamorphose' als Regionalmetamorphose i. e. S. von einer b) ‚regionalen Versenkungsmetamorphose'.

Trotz tiefer Versenkung sind bei b) die Temperaturen deutlich niedriger als bei a). Auch fehlt bei b) die orogene Deformation und damit meist eine während der M. entstandene Schie-

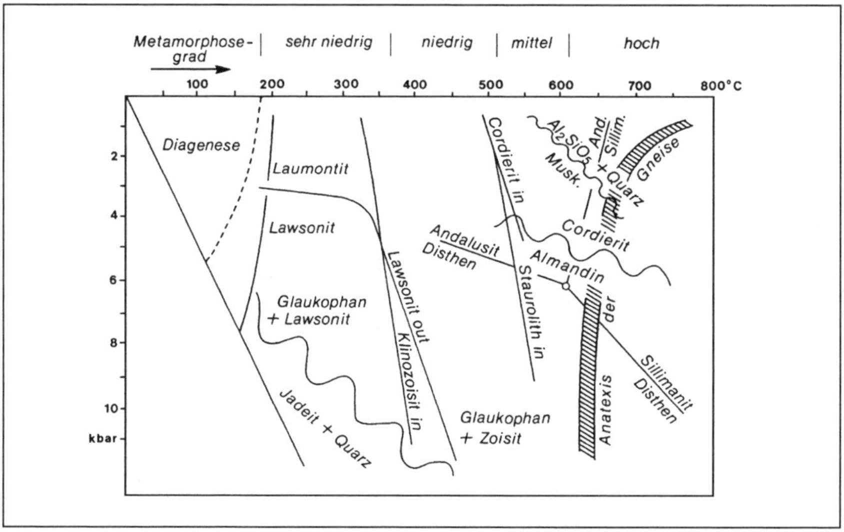

Abb. 45 Metamorphosegrade im P-T-Feld unter besonderer Berücksichtigung druckanzeigender Minerale und Mineralreaktionen (nach H.G.F. WINKLER, 1979). – Aus W. WIMMENAUER (1985): Petrographie der magmatischen und metamorphen Gesteine; Abb. 88, S. 239. – Enke, Stuttgart.

ferung. Hierher gehören z. B. die ‚Zeolith-Fazies' und die ‚Glaukophanschiefer-Fazies'(→ Blauschiefer).

V. **Ultrametamorphose** (*P. J. Holmquist, 1909), extreme Metamorphosewirkung infolge starker Steigerung von Temperatur und Druck. Hierher gehören Vorgänge wie die Anatexis, Diatexis, höhere Metablastese und Metatexis, als Extremfall die Palingenese (vgl. die entspr. Stichwörter). – s. a. Migmatit.

VI. **Stoßwellenmetamorphose,** Umwandlung von Gesteinen – in vielen Fällen bis zur Aufschmelzung – hervorgerufen durch extrem hohe Drücke und hohe Temperaturen, die beim Impakt (→ Impaktit) von extraterrestrischen Gesteinsbruchstücken (= Meteoriten → Meteroid oder Kometen) erzeugt werden. Für den Metamorphosegrad ist hier die Stärke der Kompression durch die beim Impakt erzeugten Stoßwellen verantwortlich.

Während alle bisher genannten Metamorphosetypen der **progressiven** M. (= voranschreitende, nicht umkehrbare M.) angehören, kann in Ausnahmefällen auch eine rückschreitende M.:

VII. **Retrometamorphose** (→ Diaphthorese) auftreten.

Metasom (gr 213/325), n. → Migmatit.

Metasomatose (gr 213/325), f., (in der engl. Lit. seit d. zweiten Hälfte d. 19. Jh.; allgemein gültige Def.: V. M. Goldschmidt, 1922), Vorgang, bei dem ein ganzes Gestein oder Teile davon durch ein Reaktionsprodukt (aus dem vorhandenen Gestein und einer zugeführten mobilen Phase) im Austausch ersetzt werden (= allochemischer Vorgang). – Auf diese Weise sind z. B. die **metasomatischen** oder **Verdrängungslagerstätten** (→ Erzlagerstätte) entstanden. – In der Nähe magmatischer Kontakte entstandene metasomatische Lagerstätten werden als **kontaktmetasomatische** oder **Kontaktlagerstätten** bezeichnet.

Metatexis (gr 213/342), f., (*K. H. Scheumann, 1936, 1937), Prozess der partiellen Aufschmelzung von Gesteinen. **Metatexite** (Pl., m.) sind somit Gesteine, die aus einem mehr oder weniger umgewandelten Paläosom (= Altbestand) und Neosom-Anteilen aplitischen, pegmatitischen oder leukogranitischen Typs bestehen. – Ist dieser leukokrate (= helle) Gesteinsanteil nachweislich aus einer anatektischen (→ Anatexis) Schmelze entstanden, bezeichnete Scheumann ihn als **Metatekt.** – s. a. Diatexis, Metamorphose, Migmatit.

meteorisches Wasser (gr 216), n., Niederschlagswasser aus der Atmosphäre; hat im Gegensatz zum juvenilen (s. d.) Wasser schon mindestens einmal am globalen Wasserkreislauf teilgenommen.

Meteorit (gr 216), m. → Meteroid.

Meteorkrater (gr 216/176), m., ein durch den Aufprall (= Impakt → Impaktit) eines Meteors auf die Erdoberfläche (oder diejenige eines anderen Himmelskörpers) erzeugter schüsselartiger Krater, z. B. Hoba-West in SW-Afrika, Cañon Diablo in Arizona/USA usw. Nur Meteore von großer Masse vermögen solche Krater zu bilden. – Aufgrund der Ergebnisse petrographischer Untersuchungen wird auch das Nördlinger Ries (Schwäbische Alb) heute als (fossiler) M. gedeutet, der vor ca. 15 Mio. Jahren (oberes Miozän) durch Impakt eines Meteoriten entstanden ist. Das nur etwa 20 km weiter westlich (bei Heidenheim) gelegene Steinheimer Becken wurde etwa zeitgleich durch Meteoriteneinschlag gebildet.

Meteroid, Meteorit (gr 216), m., n. H. Strunz (1988) sind M.e kosmische Körper, die in den Anziehungsbereich der Erde gelangen, in der Erdatmosphäre als Meteore aufleuchten und entweder als **Sternschnuppen** verglühen bzw. den Erdsphärenbereich tangierend wieder verlassen, oder auf die Erdoberfläche aufschlagen und dann als **Meteorite** bezeichnet werden. Erstmalige Beobachtung (leuchtender) Meteore im 7. Jh. v. Chr. in China und durch Diogenes von Apollonia 468 v. Chr. in Griechenland. – Der kosmische Ursprung wurde erstmalig von dem Physiker E. F. F. Chladni (1794) aus Bruchstücken erkannt, die P. S. Pallas gefunden hatte.

Man unterscheidet n. d. Zusammensetzung **Steinmeteorite (Meteorsteine)** und **Eisenmeteorite (Meteoreisen).** Erstere fallen zwar wesentlich häufiger als Letztere, werden aber wegen ihrer größeren Verwitterungsempfindlichkeit und ihrer Ähnlichkeit mit irdischen Gesteinen weniger oft aufgefunden. So beträgt z. B. der Anteil der Eisenmeteorite an den bisher gemachten Funden ca. 60 %, während sie bei beobachteten Meteorfällen nur 6 % ausmachen. **Glasmeteorite** oder **Tektite** (s. d.) entstehen durch Aufschmelzen und Auswerfen irdischen Gesteins beim Meteoritenaufprall. – Die Steinmeteorite bestehen im Wesentlichen aus Silikaten und können nach ihrer Struktur eingeteilt werden in **Chondrite** (gr 381, aus kleinen Kügelchen aufgebaut) und

Achondrite (gr 1/381, massiges Gefüge). – Als Übergangsglieder zu den Eisenmeteoriten sind die **Pallasite** (n. d. Forschungsreisenden P. S. PALLAS, 1741–1811), benannt) und die **Mesosiderite** zu nennen. – Bei den Eisenmeteoriten (Siderite) sind die **Hexaedrite** (< 6% Ni), die **Oktaedrite** (6 bis 14% Ni) und die **Ataxite** (> 12% Ni) zu erwähnen. – s. a. Asteroid.

miarolithischer Hohlraum (ital. ‚miarolo' = lok. Bez. für best. Granite b. Baveno/Südalpen), m., Hohlraum in Graniten oder Pegmatiten, der durch leichtflüchtige Bestandteile des Magmas gebildet worden ist. Oft finden sich darin sehr schön idiomorph entwickelte Drusenfüllungen. Ganze Randpartien eines Granitkörpers können als miarolithische Zone ausgebildet sein. – Hierher gehören auch die **mikropegmatitischen Zonen** der Harzer Granite.

Micoquien (n. d. ‚Abri' v. La Micoque/Dordogne/Frankr.), n., (*O. HAUSER, 1916), Tab. IIa C.

Migma, n., Vorgang **Migmatisierung, Migmatisation,** f., Adj. **migmatisch** (gr 207), (*M. REINHARD, 1943), mit Hilfe von intergranularen Lösungen pegmatitischen Charakters (etwa dem ‚granitischen Saft' = Ichor J. J. SEDERHOLMS, 1926, entsprechend) durch Umkristallisation entstehender Gesteinsbrei, der als Ganzes nicht intrusionsfähig ist. Ein migmatitischer Körper vermag sich jedoch hohen gerichteten Drücken durch langsames Fließen anzupassen. Bei starker Zunahme von Druck und Temperatur können in immer stärkerem Maße Stoffe in Lösung gehen, sodass sich eine den magmatischen Restschmelzen analoge Schmelzlösung bilden kann. Prozesse solcher Art können beim Aufstieg einer großräumigen **Migmatitfront** (*E. WEGMANN, 1935) durchlaufen werden. – s. a. Diapirismus, Metagranit.

Migmagranit, m. → Metagranit.

Migmatit (gr 208), m., (*J. J. SEDERHOLM, 1907), grob gemengtes Gestein, das in seinem Hauptbildungsakt aus unterscheidbaren Anteilen fester, jedoch reagierender ortsgebundener Altbestände (± hochgradige Metamorphite), dem **Paläosom** (s. a. Metatexis), und Material in geschmolzenem Zustand, dem **Neosom** (s. a. Metatexis), bestanden hat. Ist dieses Neosom an Feldspat und/oder Quarz angereichert und damit von heller Farbe, wird es als **Leukosom** bezeichnet. An dunklen Mineralen (Biotit, Hornblende, Cordierit usw.) angereicherte Teile werden **Melanosom** genannt. Für durch Metasomatose (s. d.) gebildete Migmatitanteile findet sich in der Lit. die Bez. **Metasom.** – K. R. MEHNERT (1962) schlug vor, die M.e nach ihrer Erscheinungsform wie folgt zu gliedern: 1. **Agmatit** (*J. J. SEDERHOLM, 1923), Gestein mit Brekzientextur, bei dem meist scharfkantige Bruchstücke des Paläosoms von relativ schmalem Neosom umzogen sind. – 2. **Diktyonit** (*J. J. SEDERHOLM, 1907), Gestein, bei dem das Paläosom von netzartig angeordneten Neosomen durchzogen wird. – 3. **Schollentextur,** bei der kleinere Bruchstücke des Paläosoms mit oft verwischten Konturen auftreten. – 4. **Phlebit** (*K. H. SCHEUMANN, 1936), Gestein mit unregelmäßig geadertem Neosom. Der Begriff ist rein beschreibend, während die Ausdrücke ‚Arterit' und ‚Venit' (beide Begriffe → Venit) genetisch orientiert sind. – 5. **Stromatit** (*W. G. FOYE, 1916; P. NIGGLI, 1943), Gestein, bei dem sich die Neosome lagenartig abwechselnd zwischen den Paläosom-Anteilen befinden. Auch dieser Begriff ist rein beschreibend und sagt nichts über eine evtl. Genese wie z. B. ‚lit-par-lit'-Injektion (→ Injektion), Exsudation (s. d.), metamorphe oder anatektische Differentiation (s. d.) aus. – 6. **Surreit** (*P. J. HOLMQUIST, 1920), Gestein, bei dem sich das Neosom in Zerrungsräumen des Gesteinskörpers konzentriert hat, z. B. bei Boudinage (s. d.) in den Räumen zwischen den Boudins. – 7. Faltentexturen und ptygmatische (s. d.) Texturen. – 8. **Ophthalmit** (*P. NIGGLI, 1943), Gestein, bei dem das Neosom augenartig im Paläosom verteilt ist. – 9. **Fleckentextur,** Gesteine, bei denen das Paläosom bzw. das an dunklen Mineralen stark angereicherte Melanosom fleckenartig im breiten Neosom angeordnet ist. – 10. **Schlierentextur** leitet über zu den **Nebuliten** (*J. J. SEDERHOLM, 1923). Bei diesen ist das Paläosom, soweit noch erkennbar, durch völlig verschwommene, wolkenartige Konturen vom Neosom getrennt. – 11. **Homophane** (s. d.) Textur, bei der nach J. J. SEDERHOLM (1923) der Endzustand der Reihe Paläosom – Neosom erreicht ist. Es ergibt sich ein völlig homogenes Gefüge, das den plutonischen Gefügen ähnlich bzw. analog ist.

Migration (lt 229), f., das Wandern von Erdöl oder Erdgas vom Muttergestein (→ Bitumen) zum Speichergestein (s. d.). Es handelt sich dabei um ein Durchströmen von Spalten, Rissen und Gesteinsporen. – Der Begriff ist auch auf andere Porenlösungen oder -gase übertragen worden. – s. a. Permeabilität.

Mikrit (gr 219), m., ‚mikrokristalliner Calcit', Kalkschlammsediment m. Korngrößen < 0,05 mm ø. Die einzelnen Gesteinskomponenten können durch chemische Ausfällung oder durch Absatz klastischen (s. d.) Kalkmaterials entstanden sein. – Handelt es sich bei dem Gesteinsmaterial anstatt um Kalk um Dolomit, kann man von einem **Dolomikrit** sprechen. – Als **mikritischer Kalk** wird ein Kalkstein bezeichnet, der > 90 % Mikrit enthält. – Bestehen > 10 % des Gesteins aus feststellbaren Fossilresten, spricht man von einem **Biomikrit**.

Mikrobeben (gr 219), n., Erdbeben der Magnitude < 3. Sie sind im allgem. nicht durch die menschl. Sinnesorgane unmittelbar spürbar. – s. a. Erdbeben.

Mikrofazies (gr 219/ lt 140), f., (*J. S. BROWN, 1943), Bez. für die Gesamtheit der unter dem Mikroskop im Schliffbild von Sedimentgesteinen (häufig Kalken) beschreib- und typisierbaren paläontologischen und sedimentpetrographischen Merkmale. – s. a. Ultrafazies.

Mikrofossil (gr 219/lt 154), n. → Fossil.

Mikroklin (gr 219/169), m., (*A. BREITHAUPT, 1832), $KAlSi_3O_8$; Tieftemperaturform des Kalifeldspats.

Mikroklinperthit (gr 219/169), m. → Perthit.

mikrokristallin (gr 219/182) → kristallin.

Mikrolith (gr 219/193), m., gelegentliche Bez. für sehr kleine Kristallindividuen in vulkan. Gläsern. Sie können eine rundliche **(Globulit)**, nadelförmige **(Belonit)** oder haarförmige **(Trichit)** Gestalt haben.

mikropegmatitisch (gr 219/276), Bez. für gelegentlich in Randpartien von Plutonen (s. d.) auftretende Gesteine von pegmatitischer Zusammensetzung (→ Pegmatit), aber fehlender Riesenkornausbildung. – s. a. miarolithischer Hohlraum.

Mikroperthit, (gr 219), m. → Perthit.

Mikroplatte (gr 219), f. → Plattentektonik.

mikroseismisch (gr 219/300) → Erdbeben.

Mikrotektonik (gr 219/338), f. → Tektonik.

Milazzien (n. d. Halbinsel Milazzo/Sizilien), n., (*C. DEPERET, 1918), Tab. II C.

Mindel (-Kaltzeit) (n. e. rechten Nebenfl. d. Donau bei Ulm), f., (*A. PENCK & E. BRÜCKNER, 1901–1909), Tab. II A.

Mineral, n., Pl. **Minerale,** auch **Mineralien** (provencalisch, n. W. SIMON, 1978, aus dem Keltischen übernommen), bezügl. seiner physikal. und chem. Beschaffenheit stofflich einheitlicher natürlicher Bestandteil der irdischen Gesteine, aber auch derjenigen anderer Himmelskörper (z. B. Mondgesteine). Die meisten M. ordnen ihre Atome und Ionen in Raumgittern, sind also kristallisiert. Nur sehr wenige sind nicht kristallin (s. d.), sondern amorph (→ Kristall), z. B. das Kieselgel Opal (s. d.). – s. a. Gestein.

Mineralgang, m. → Gang.

Mineralisator, m., (v. ‚agents minéralisateurs' *M. L. ELIE DE BEAUMONT, 1852), flüchtiger Bestandteil, magmatogene Gase und Dämpfe. Ihre Anwesenheit ist z. B. für das verstärkte Größenwachstum von Mineralen, etwa in Restschmelzprodukten (z. B. Pegmatiten, s. d.), maßgebend. – s. a. deuterische Phase.

Mineralquelle, f., eine Quelle, die Mineralwasser schüttet. Als solches werden natürliche Wässer mit mind. 1000 mg gelöster Stoffe im kg Wasser oder mind. 250 mg freies CO_2 im kg Wasser bezeichnet. Als gelöste Mineralstoffe treten im Wesentlichen Chloride, Sulfate und Hydrogencarbonate des Na, Ca, Mg, Fe und Al auf. Dazu treten Wässer mit bestimmten Fe-, As-, J-, S-Gehalten sowie radioaktive Wässer. – s. a. Säuerling.

minerogen (gr 76), i. d. dt. Lit. unterschiedlich gebrauchter Begriff. Im weiteren Sinne: Bez. für ein Gestein, das sich aus anorganisch gebildeten Bestandteilen zusammensetzt, z. B. auch entsprechende klastische (s. d.) Gesteine; im engeren Sinne: Bez. für chem. Sedimente.

Minette (frz.), f., 1. (n. e. frz. bergm. Ausdruck übernommen v. M. L. ELIE DE BEAUMONT, 1822), oolithische (→ Oolith) Eisenerze des unteren Doggers in Lothringen und Luxemburg. – 2. (n. e. Ausdruck d. Bergleute v. Framont, *M. VOLTZ, 1828), Ganggestein, Tab. IV 15.

miogeosynklinale Zone (gr 209/80/315/135), f. → Geosynklinale.

Miozän (gr 209/154), n., (*Ch. LYELL, 1832, n. faunistischen Untersuchungen v. P. DESHAYES im Pariser Becken), Tab. III 12 D.

Mischgneis, m., Gneis aus Material ursprüngl. gemischt magmatisch-sedimentärer Herkunft. – vgl. Migmatit.

Mischwatt, n. → Watt.

mise-en-place (frz.), → Aufstemmungshypothese.

Missourit (n. d. Staat Missouri/USA), m., (*W. H. WEED & L. V. PIRSSON, 1896), Tab. V 13.

Missweisung, f. → Deklination.

Mittel, n. → Berge.

Mitteldeutsche Festlandschwelle, f. → Niederdeutsches Becken.

Mitteldeutsche Schwelle, f., (*R. BRINKMANN, 1948), entspricht etwa der Spessartschwelle im Sinne von H. SCHOLTZ (1930) und bis zu einem gewissen Grad der Spessartachse im Sinne von Th. BRANDES (1913); entspricht dagegen nicht der Mitteldeutschen Hauptachse im Sinne von Th. BRANDES (1913), die NW der ‚Spessartachse' verlaufen soll. Auch deckt sich der Begriff nicht mit dem der wesentlich breiter gefassten Mitteldeutschen Schwelle nach W. PENCK (1925), bei der das gesamte ‚bergige' Gebiet zwischen der Norddeutschen Tiefebene und dem Alpenvorland gemeint ist. Diese Def. entspricht dann etwa der Mitteldeutschen Festlandsschwelle von H. STILLE (1910) (→ Niederdeutsches Becken). – Nach der Def. von BRINKMANN versteht man unter der Mitteldeutschen Schwelle eine NE–SW verlaufende Schwellenzone (Geantiklinale, s. d.) zwischen Harz und Thüringer Schiefergebirge, Kellerwald und Frankenwald, Taunus und Oberrheinischen Massiven, die bereits den varistischen Ablagerungsraum in einen nordwestl. (rhenischen) und einen südöstl. (thuringischen) Sedimentationstrog aufgeteilt hat. Von ihr sind besonders im Oberdevon und Unterkarbon Schüttungen nach Norden erfolgt (↗ Abb. 77, Leg. [3] ‚Mitteldeutsche Kristallinzone').

Mitteldeutsche Scharung, f. → Variscisches/Varistisches Gebirge.

Mittelebene, f. → Falte.

Mittelgebirge, n. → Gebirge.

Mittelkies, m. → Korngrößen (Korngrößentabelle klastischer Gesteine), → Kies.

Mittelland-Molasse, f. → Molasse.

Mittelmeer-Mjösen-Zone, f., (*H. STILLE, 1923/25), Zone kräftiger Bruchtektonik, vor allem gekennzeichnet durch große tektonische Gräben. Sie zieht vom Rhônegraben-System über den Oberrheingraben, die Hessische Senke (s. d.), im Untergrund Norddeutschl. entlang (erkennbar an dem ‚Einschwenken' der Salzstöcke in diese Richtung) zum Oslograben und Mjösensee in Südnorwegen. Sie ist jedoch keine einheitliche tektonische Zone, wie STILLE annahm, sondern setzt sich aus Segmenten verschiedenen Entstehungsalters zusammen (vgl. H. MURAWSKI, 1960; H. ILLIES, 1965).

Mittelmoräne, f. → Moräne.

Mittelostalpine Decken, Pl., f. → Deckentheorie.

Mittelozeanischer Rücken, m., die Ozeane werden von etwa 1500 km breiten Schwellen durchzogen, die durchschnittlich bis in 3000–4000 m Wassertiefe aufragen und sich an einzelnen Inseln über den Meeresspiegel erheben. sie enthalten 20–50 km breite und oft 3000 m tiefe **Zentralgräben** (Rifts, s. d.). An den Flanken der Schwellen leiten Bruchschollenzonen zum Tiefseeboden über. – An den sich ständig ausweitenden Zentralgräben treten in großem Umfang basaltische Schmelzen aus, die aus dem → Erdmantel stammen. Wie Altersbestimmungen und paläomagnetische Untersuchungen zeigen, wird der Ozeanboden mit zunehmender Entfernung von den Mittelozeanischen Rücken spiegelbildlich auf beiden Seiten älter. Dadurch erweitern sich die Ozeanböden (**ocean floor spreading,** sea floor spreading) und die Zentralgräben erweisen sich als Plattengrenzen. Die Driftgeschwindigkeit der Platten beträgt mehrere cm a^{-1}. – s. a. Kontinentalverschiebung, magnetisches Streifenmuster, Plattentektonik, s. ↗ Abb. 49, 50.

Mittelschenkel, m. → Falte.

Mittelterrasse, f. → Schotterterrasse.

mixohalin (gr 220/20), Bez. für Wasser mit einem Salzgehalt zwischen 0,05 und 3,0 %. – s. a. euhalin, hyperhalin.

Mobilisation (lt 230), f., Vorgang innerhalb der Prozesse der Metamorphose (s. d.) und Ultrametamorphose, bei dem zuvor immobile Gesteinskomponenten mobil werden (**Mobilisat,** n.), wobei die Art des physikal.-chem. Prozesses nicht festgelegt ist (Aufschmelzung, Auflösung, Verdrängung). – s. a. Migmatit.

Mobilismus (lt 230), m. → Fixismus.

Mobilität, f., Adj.: **mobil** (lt 230) → Stabilität.

Modalbestand, Modus (lt modus = Maß, Menge), m. → Norm.

Moder, m. → Humus, Vermoderung.

Moershoofd-Interstadial (n. einer Lokalität in Holland), n., (*W. H. ZAGWIJN & R. PAEPE, 1968), Tab. IIa A.

Mofette (neapolitanischer Volksausdruck), f., (schon bei C. F. NAUMANN, 1858), kühle vulkanogene CO_2-Exhalation (→ Exhalation). – s. a. Säuerling.

Mohorovičić-Diskontinuität (Kurzform: Moho), f., von dem kroat. Geophysiker A. Mohorovičić, 1909 entdeckte und später nach ihm benannte seismische Unstetigkeitsfläche der Erde in ca. 30–40 km Tiefe unter den Festländern (bis ca. 60 km unter den Alpen, ca. 80 km unter dem Himalaya) und ca. 10 km – oder weniger – unter den Ozeanböden (= Grenze Erdkruste/Erdmantel). An ihr erfolgt eine sprunghafte Geschwindigkeitsänderung der Erdbebenwellen von

6,5 km s^{-1} auf 8,2 km s^{-1}. – F. A. VENING-MEINESZ (1955) schlug die Kurzbez.: M-Diskontinuität vor. – s. a. ↗ Abb. 23 und 24, Conrad-Diskontinuität, Diskontinuität, Erdaufbau, Gebirgswurzel, Wiechert-Gutenberg-Diskontinuität.

Mohr'sches Spannungsdiagramm (n. d. dt. Ing. O. MOHR benannt), n., Diagramm zur Darstellung des jeweiligen Verhältnisses von Schubspannung τ (s. d.) und Normalspannung σ (s. d.) in einem Spannungsfeld, wobei die Werte der beiden Spannungsarten (τ auf der Ordinate, σ auf der Abszisse) des Diagramms aufgetragen werden. – Sind die Hauptnormalspannungen (s. d.) bekannt, so kann die Größe der Normalspannung und der Schubspannung (Tangentialspannung) für jede beliebige Schnittlage mittels der Konstruktion des **Mohr'schen Spannungskreises** angegeben werden. – Die Form der an die Mohr'schen Spannungskreise angelegten Umhüllenden, die **Mohr'sche Hüllkurve,** gibt Auskunft über den Beginn des Bruches oder Fließens im jeweiligen Material unter bestimmten Spannungsbedingungen. – Die Ableitungen wurden von O. MOHR (1882, 1887) an isotropem Material durchgeführt.

Mohs'sche Härteskala, f. → Härte.

Molasse, f., (bereits im 14. Jh. in der schweizerischen Umgangssprache verwendeter Terminus; in die wiss. Literatur eingeführt v. H. B. DE SAUSSURE (1779). Der Name wird unterschiedlich abgeleitet, entweder von (lt 231) i. S. v. ‚Mahl- oder Schleifstein' oder von (lt 232) i. S. v. ‚weicher Sandstein'. – Heute eine allgem. Bez. für die Sedimente der Rand- (Außenmolassen) und Innensenken (Innenmolassen) von Orogenen (s. d.) Vor allem als stratigraphischer und regional-geologischer Begriff für die tertiären Schichtenserien der nördl. Vortiefe (s. d.) der Alpen verwendet (↗ Abb. 46). Infolge der starken Senkungstendenzen in solchen Rand- und Innensenken bei gleichzeitiger großräumiger Hebung im Orogen werden durch Schuttzufuhr in den Senken erhebliche Sedimentmächtigkeiten von oft mehreren 1000 m erreicht. Dabei lagern sich verschiedenste klastische Sedimente mit z. T. erheblichem Kalkgehalt ab. Durch reichliche Ablagerung pflanzlicher Reste bildeten sich z. B. in der nördl. Alpenvortiefe die **Blättermolasse** oder die oberbayerische → **Pechkohle** des Chatt/Aquitan (Hausham, Peißenberg, Penzberg, südl. v. München). – Konglomeratische Ablagerungen in großen Schuttkegeln vor dem Alpenkörper werden als **Molasse-Nagelfluh** (→ Nagelfluh), die fast nur aus Jura-Material bestehenden Konglomerate im Nordteil des Beckens als Jura-Nagelfluh bezeichnet. Es wechseln ma-

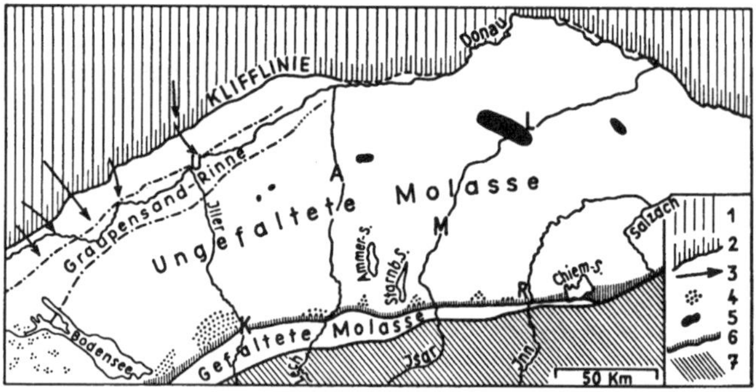

Abb. 46 Übersichtskarte des süddeutschen Molassebeckens. – 1 Nordbegrenzung (Schwäbisch-fränkischer Jura, Böhmische Masse); 2 mittelmiozäne Küstenlinie (Klifflinie); 3 Schüttungsrichtungen der Juranagelfluh; 4 alpenrandnahe Schuttkegel (Nagelfluh) des tieferen Obermiozäns; 5 Verbreitungsgebiet vulkanischer Auswurfmassen (Tuffite und Bentonite); 6 aufgebogener Südrand der ungefalteten Molasse; 7 Südbegrenzung (Alpenkörper). – A Augsburg; K Kempten; L Landshut; M München; R Rosenheim; U Ulm (vereinfacht n. O. GANSS in Z. dt. geol. Ges. **105**, Hannover, 1955).

rine Episoden **(Meeresmolasse)** mit limnischen Abschnitten **(Süßwassermolasse).** Als **Subalpine Molasse (Faltenmolasse)** bezeichnet man den Streifen unmittelbar vor dem Alpenrand, der noch von der alpinen Deformation betroffen wurde. – Entsprechende Ablagerungen aus älteren Molassebecken (z. B. Vortiefe des Varistischen Gebirges) sind ebenfalls bekannt. – s. a. Nagelfluh, Tegel.

Moldanubikum, n., **Moldanubische Zone,** f., (n. Moldau und Donau benannt); E. SUESS (1903) bezeichnete den westl. Teil des böhmischen Grundgebirges als ‚moldanubische Masse', den östl. als ‚moravische Masse'. Nach F. KOSSMAT (1927) umfasst das M. die südlichste Zone des Varistischen Gebirges (s. d.), das Französische Zentralmassiv, die oberrheinischen Massive und die Böhmische Masse. Die Zone besteht aus alten Metamorphiten mit geringmächtiger und lückenhafter Sedimenthülle. Hier hatten Bruchtektonik und ausgedehnte magmatische Intrusionen den Vorrang gegenüber der eigentlichen varistischen Faltentektonik (↗ Abb. 77). – s. a. Rhenoherzynikum, Saxothuringikum.

Moldavit, m., (erstmals 1787 in Böhmen nahe der oberen Moldau gefunden; daher der Name). → Tektit.

Mollisol (lt 232/314), m. → Auftauboden.

Molybdänglanz, m. (*D. L. G. KARSTEN, 1808), **Molybdänit** (*F. S. BEUDANT): MoS_2.

Monadnock (n. e. Berg in SW-New Hampshire/USA), m. → Härtling.

Monchiquit (n. d. Serra de Monchique, Algarve/Portugal), m., (*M. HUNTER & H. ROSENBUSCH, 1890), Tab. V 5.

Mondablösungstheorie, f., eine auf Gedankengänge von O. FISHER (1889) zurückgehende und von W. H. PICKERING (1907) ausgearbeitete Theorie, wonach sich der Mond aus der Erde im Bereich des Pazifiks abgelöst haben soll. – Die Theorie lässt sich nach den Ergebnissen der Monduntersuchungen nicht mehr vertreten.

monogenetischer Vulkan (gr 221/75), m., durch lokal begrenzte und innerhalb weniger Wochen bereits wieder beendete Eruption entstandener Vulkan. – Gegensatz: **polygenetischer Vulkan** mit langer Tätigkeitsgeschichte.

Monokline, Monoklinalfalte (gr 221/169), f., der Begriff ‚Monoklinalfalte' wird von manchen Autoren (z. B. E. KAYSER, 1912) im gleichen Sinne wie ‚Flexur' (s. d.) verwendet. Die Bez. **‚monoklinaler Schichtenbau'** (z. B. O. WILCKENS, 1912) wird für einen Gesteinsverband mit in gleicher Richtung einfallenden Schichten gebraucht. – Seltener findet der Begriff zur Bezeichnung einer halben Antiklinale bzw. halben Synklinale Berücksichtigung (z. B. K. METZ, 1968). – s. a. Faltentyp.

monomikt (gr 221/208), Bez. für Gesteine, die aus Komponenten gleicher Art zusammengesetzt sind, z. B. Gips, reiner Kalk, reiner Quarzit. – s. a. polygen.

monomineralisches Gestein (gr 221/provençalisch), n. → Gestein.

Montangeologie (lt 233/ gr 80/197), f., Zweig der Geologie, der geologische Erkenntnisse und Methoden im Bereich bergbaulicher Objekte anwendet. Das gilt sowohl für die Aufsuchung mineralischer Rohstoffe als auch für die geologische Betreuung während des bergmännischen Abbaus solcher Lagerstätten. – s. a. Angewandte Geologie, Ingenieurgeologie, Lagerstättenkunde.

Montien, Montium, Mons (-Stufe), (n. d. Ort Mons/Belgien), n., (*G. DEWALQUE, 1868), Tab. III 12 A.

Monzonit (n. d. Berg Monzoni/Südtirol), m., (*A. DE LAPPARENT, 1864; neu def. v. W. C. BROEGGER, 1895), Tab. IV 8.

Monzonitporphyr, m., (*C. DOELTER, 1902), Tab. IV 9.

Moor, n., Bruch, n., Bez. für alle natürl. Vorkommen mit Torfbildung. – Je nach Entstehung werden unterschieden: 1. **topogenes** M., das seinen Feuchtigkeitsbedarf aus (nährstoffreichen) Gewässern bezieht, 2. **ombrogenes** M., dessen Pflanzen in der Lage sind, ihren Bedarf aus der (nährstoffarmen) Feuchtigkeit der Luft zu decken. – Im ersten Fall sind es meist stehende Oberflächengewässer, die durch eingeschwemmte mineralische Stoffe und langsames Zuwachsen mit Pflanzen verlanden: **Verlandungsmoor.** Die im Wasser absinkenden, abgestorbenen Pflanzenteile werden großteils der Wirkung des Luftsauerstoffes entzogen und zu Torf umgebildet (s. a. Inkohlung). Ein solches M. wächst nicht über den Grundwasserspiegel hinaus: **Flachmoor** (*A. POKORNY, 1858), **Niedermoor, Niederungsmoor** (*E. WOLLNY, 1898). Es kann sich schließlich am Ende seiner Entwicklung mit Erlen, Birken und Kiefern bestocken. – Tritt jedoch bei günstigem Feuchtklima ein Weiterwachsen über den Wasserspiegel oder ein Wachsen ohne Vorhandensein eines geschlossenen Wasserbeckens ein, so kann das nur über die

Ansiedlung wasserspeichernder Torfmoose *(Sphagnum)* geschehen. Diese können sogar einen vorhandenen Wald zum Absterben bringen. Da die Moose infolge der günstigen Wachstumsbedingungen in der Mitte des Moorkörpers besser gedeihen als in den Randpartien, erhält das M. mit der Zeit eine diese Verhältnisse abbildende Uhrglasform: **Hochmoor.** – Jedes Wachstumsstadium und jede Standortbesonderheit wird durch entsprechende Sedimente charakterisiert, aus deren Studium sich noch nachträglich der Ablauf des Geschehens ablesen lässt.

Moorausbruch (techn. Ausdruck), m., durch starke Übersättigung mit Wasser (Regen) herbeigeführtes Aufbrechen von stark gewölbten Hochmooren, wobei öfter kilometerlange Schlammströme auftreten, die große Verwüstungen anrichten können.

Moräne (frz. ‚moraine': Geröll; walliserische Bez.: ‚moraines'), f., (vor allem durch Arbeiten v. J. DE CHARPENTIER Anfang des 19. Jh. i. d. Lit. eingeführt), Gesteinsschutt, der vom Gletscher mitgeführt und zur Ablagerung gebracht wird, wobei dieser Schutt nur zu einem Teil durch die mechan. Tätigkeit des Gletschers selbst erzeugt worden ist. Die Gletscherkonferenz von 1899 (E. RICHTER, 1900) hat folgende Moränen-Nomenklatur vorgeschlagen: I. *Bewegte Moränen:* 1. Untermoränen, 2. Innenmoränen, 3. Obermoränen, 3a Mittelmoränen, 3b Seitenmoränen. – II. *Abgelagerte Moränen:* 1. Grundmoränen, 1a Drumlins (s. d.), 1 b Grundmoränendecke, 2. Wallmoränen, 2 a Rand- oder Endmoränen, 2 a_1 Stirnmoränen, 2 a_2 Ufermoränen; 2 b Längsmoränen. – Darüber hinaus hat man bei noch in Bewegung befindlichen Moränen von **Wandermoränen,** bei bereits abgelagerten Moränen von **Stapelmoränen** gesprochen.

Der Begriff **‚Untermoräne'** wird wegen der unklaren Abtrennung von der ‚Grundmoräne' vielfach nicht mehr verwendet. – Die **Innenmoräne** besteht oft aus Grundmoränenmaterial, das auf Bewegungsflächen verschiedenster Art aufgepresst ist und somit im Gletscherkörper selbst erscheint. Verschiedentlich handelt es sich auch um oberhalb der Schneegrenze eingeschneiten Oberflächenschutt. – **Obermoränen** (*1) beziehen ihren Schutt aus herabfallendem Wandverwitterungsmaterial, Lawinen (s. d.) oder anders gearteter Zufuhr von der Seite. Dabei bilden sich entweder Schuttwälle an den Flanken der Gletscher – z. T. sogar bis auf diese herabziehend: **Seiten-** (*1), **Ufer-** (*1), **Randmoräne, Gandecke** (*1) oder beim Zusammenfließen zweier Gletscher aus den inwendigen Seitenmoränen **Mittelmoränen** (*1), **Gufferlinien** (*1) im vereinigten Gletscher. An der Gletscherbasis abgelagertes Material wird als **Grundmoräne** bezeichnet. – An der Gletscherstirn können sich die der Form der Gletscherzunge (Gletscherlobus) angepassten, bogenförmigen **Stirn-** (*1) oder **Endmoränen** (*1) bilden. Vorstoßende Gletscher vermögen aufgrund ihrer Eigenmasse und ihrer kinetischen Energie Gesteine ihres Untergrundes vor ihrer Stirn zu Falten oder Schuppen aufzustauchen: **Stauchwall, Stauchendmoräne** (*K. GRIPP, 1932). Andererseits können während eines Gletscherstillstandes die ständig vom Gletscher mitgebrachten Schuttmassen beim Abschmelzen des Eises an der Gletscherstirn abgelagert werden: **Satz-Endmoräne** (*K. GRIPP, 1932), **Aufschüttungs-Endmoräne.** Die nach Abschmelzen der Gletscher übrigbleibende, durch die Tätigkeit der Gletscher geformte Landschaft wird, namentlich im Endmoränenbereich, als **Moränenlandschaft** bezeichnet (*M. E. DESOR, 1872/73). M.n führen – ihrer Genese entsprechend – vollkommen unsortiertes Schuttmaterial. Dabei zeigen Grundmoränen oft **gekritzte** (Erkennungsmerkmal!) und häufig sogar kantengerundete Geschiebe (s. d.) in ungeschichtetem Grundmassenmaterial aller Korngrößen. In Obermoränen tritt meist eckiger Schutt auf (Frostverwitterung). – Signatur (*1) hinter dem Stichwort bedeutet: (schon bei A. HEIM, 1885). – s. a. Ablationsmoräne, fluvioglazial, glaziomarin, Gletscher, Sandr, Tillit.

Moränensee, m. → Stausee.

Moravikum, n., **Moravische Zone,** f., (n. Moravia = Mähren) → Moldanubikum.

MORB = **M**ittel**o**zeanischer **R**ücken-**B**asalt, tholeiitische Zusammensetzung mit hohen SiO_2- und niedrigen K_2O-Gehalten. Das K/Na-Verhältnis ist ebenfalls niedrig. Unterscheidung von Basalten anderer tektonischer Regime geochemisch. Charakteristisch ein $^{87}Sr/^{86}Sr$-Wert von 0,7024–0,7035. – s. a. IBB, OBB, OIB. (Sämtlich n. e. Vorlage v. Prof. Dr. PICHLER, Tübingen.)

Morphogen, n., **Morphogenese** (gr 222/75), f. → Tektogenese.

Morphogenese (gr 222/75), f., **morphologische Analyse** (gr 222/197), f. → Geomorphologie.

Morphometrie (gr 222/217), f., (J. HÖVERMANN & H. POSER, 1951), **Morphoskopie** (gr 222/ 308), f., (*A. CAILLEUX, 1947, 1952), Methode zur Erfassung der äußeren Gestalt von Bestandteilen klastischer Sedimente (Gerölle, Geschiebe, Schuttbrocken) unter Benutzung der Längenverhältnisse der drei Hauptachsen und des Zurundungsgrades. – Solche Untersuchungsmethoden sollen zur Klarstellung der mechanischen und klimatischen Bedingungen dienen, die zur Entstehung des betreffenden Sedimentes geführt haben. – s. a. Abrollungsgrad.

Moscovian, (n. Moskau) n. → Tab. III 7 B.

Moustérien (n. d. Grotte v. Moustier b. Peyzac, Vésère-Tal, Dordogne/Frankr.), n., (*G. DE MORTILLET, 1869) → Tab. IIa C.

M-Typ-Granit, m., → Granit.

Mudd, m., graues bis schwärzliches Ostsee-Sediment, bis 80% wasserhaltig und daher in frischem Zustand halbflüssig. Es ist das marine Gegenstück der limnischen Gyttja (s. d.). Seine Korngrößenmaxima liegen zw. 0,2 und 5 mm ø.

Mudde, f., (*C. A. Weber, 1902), aus organischem Material bestehendes Sediment, das unter weitgehendem O_2-Abschluss einen Fäulnisprozess durchmacht. Als Übergang zur Seekreide (s. d.) bildet sich die **Kalkmudde** (*C. A. WEBER, 1904), als Ausflockungsprodukt der im Wasser befindlichen Humuskolloide die **Torfmudde** (= Dy, s. d.).

Mudmound, (engl. mud mound = Schlammhügel), m., auch als **Stillwasser-** oder **Schlammbioherm** bez.; Bioherm (→ Riff), das in ruhigem Wasser entsteht und nicht wellenresistent ist.

Mugearit, (n. Mugeary auf der Insel Skye, Schottland) (*A. HARKER, 1904), basaltartiges Ergussgestein, das heute nach seiner chemischen Zusammensetzung als Na-reiches Glied innerhalb der Gruppe der Trachyandesite definiert wird (↗ Abb. 67, Mug.), → Basalt.

Mühlsteinlava, f., techn. Bez. für jungpleistozäne, durch das Auftreten zahlreicher Blasenhohlräume poröse, basaltische Gesteine der Eifel (vor allem bei Mayen und Niedermendig) und der Auvergne. Sie wurden früher zur Herstellung von Mühlsteinen verwendet; heute werden sie – durch große Gesteinssägen zugeschnitten – für vielerlei Bauzwecke benutzt.

Mulde (geologisch), f. → Falte, Synklinale.

Muldenkern, m. → Sattelkern.

Muldenlinie, f. → Falte.

Muldenschenkelbruch, m. → Verwerfung.

Muldenschluss, m., Mulden mit geneigter Faltenachse zeigen im Schnitt mit der Erdoberfläche ein ‚umlaufendes Streichen' ihrer Schichten (die Schichten ‚schließen sich' also!). Die Mulde **taucht auf, löffelt aus** (Subst.: **Auftauchen, Auslöffeln**), n. – s. a. Sattelschluss.

Muldental, n. → Tal.

Muldentiefstes, n., geodätisch tiefster Teil einer Mulde. Die darauf im Streichen des M. verlaufende Linie heißt **Troglinie**. Nur bei stehenden Falten entspricht die Troglinie der Muldenachse. – s. a. Sattelfirst.

Mullion-Struktur (engl. mullion = u. a. Pfeilerbündel besonders in gotischen Kirchen), f., (mullion structure * G. H. NOLAN, 1891; in die deutsche Lit. eingeführt v. A. PILGER & WO. SCHMIDT, 1957). M.-St. sind längliche, wulstartige, parallel liegende Scherkörper, die auf einer der Begrenzungsflächen einer kompetenten (s. d.) Bank innerhalb geschieferter toniger Folgen auftreten. H. BRÜHL (1969) bezeichnet sie als Verkürzungs-Halbboudins (→ Boudinage). Sie können auch als B-Tektonite (→ Tektonit) aufgefasst werden. ↗ Abb. 47.

Mündungsbarre, f. → Barre.

Mure, f. (**Murgang,** m., **Murbruch,** m., schweiz. **Ruffi**), Schlamm- und Trümmerstrom, der infolge starker Durchnässung (nach Starkregen, starker Schneeschmelze etc.) vor allem im Hochgebirge zu Tal geht. Muren können mit erheblicher Geschwindigkeit bedeutende Förderweiten erlangen und große Zerstörungen hervorrufen.

Muschelkalk (wg. seines Gehaltes an tierischen Schalenresten, die allerdings in viel größerem Maße von Brachiopoden als von Muscheln stammen), m., (*J. G. LEHMANN u. G. Chr. FÜCHSEL, um 1780), Tab. III 9 B.

Muskovit (von ‚Moskauer Glas', ein einstiger russ. Exportartikel), m., (*J. D. DANA, 1850), Hellglimmer: $KAl_2 [AlSi_3O_{10}] [OH]_2$.

Muttergestein (Erdöl), n. → Bitumen, Migration, Speichergestein.

Mya-Meer (n. d. Muschel *Mya*), n., (*H. MUNTHE, 1910), Tab. IIa B.

Mylonit (gr 224), m., (*Ch. LAPWORTH, 1885/ 86), urspr. eine allgem. Bez. für feinkörniges Gesteinszerreibsel versch. Verfestigungsgrades, das bei Bewegungsvorgängen im Gestein erzeugt wird. Heute wird unter einem M. nach einem Vorschlag v. P. HEITZMANN (1985) „... ein stark deformiertes Festgestein mit einer deutlichen Flächentextur [und stark reduzierter Korngröße], meist verbunden mit einem Stre-

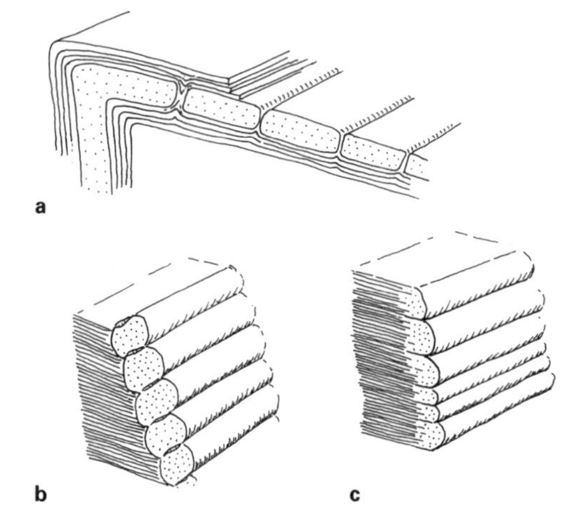

Abb. 47
Auslängungs-Boudinage (a), Verkürzungs-Boudinage (b), Mullion-Stuktur (c)

ckungslinear [in der Schieferebene], beides als Ausdruck einer Scherverformung im duktilen (s. d.) Bereich" verstanden. Typisch sind oft „... Relikte des alten Gefügebestandes als Porphyroklasten". – Ist mit der **Mylonitisierung** eine starke Temperaturerhöhung verknüpft, kann sich eine glasartige Gesteinsmasse bilden: **Pseudotachylit** (*S. J. SHAND, 1917). – Eine durch Zerbrechen und Temperaturerhöhung angeregte Neukristallisation in Myloniten erzeugt **Blastomylonite** (*B. SANDER, 1912). – s. a. Brekzie, Kataklase, Metablastese, Phyllonit.

Myrmekit (gr 225), m., (*J. J. SEDERHOLM, 1899), wurmförmige Verwachsungen mikroskopischer Dimensionen von Quarzstängeln in Orthoklas oder Albit-Oligoklas in metamorphen, aber auch spätmagmatischen Gesteinen versch. Art. Es handelt sich offenbar um Feldspat-Quarz-Reaktionsgefüge. – Dagegen erscheint die makroskopisch erkennbare, wie Buchstaben (Schriftzeichen) aussehende **schriftgranitische Verwachsung** von Quarz und Feldspat vor allem in pegmatitischen Gesteinen (**Schriftgranit:** K. C. VON LEONHARD, 1827). Sie weist auf eine gleichzeitig erfolgte Auskristallisation beider Minerale aus der Schmelze hin.

N

Nachfolgefluss, m. → subsequenter Fluss.

Nachläufer, m. **Nachläuferwelle,** f. → Erdbeben.

Nadeleisenerz, n. → Goethit.

Nagelfluh (ostschweiz. Volksausdruck), f., (*erstmals i. d. Schriftsprache durch J. Ch. ADELUNG, 1777), im Alpenraum übliche Bez. für verfestigte Schotter (die Gerölle schauen wie Nagelköpfe aus der Gesteinsmasse heraus!). Speziell auch für konglomeratische Gesteine des alpinen Molassebeckens (→ Molasse) verwendet. – Als ‚diluviale N.' werden im schwäbisch-bayerischen Alpenvorland verfestigte, löcherige pleistozäne Flussschotter bezeichnet.

Nagelkalk, m. → Tutenmergel.

Nahbeben, n. → Erdbeben.

Nährgebiet, n. → Gletscher.

Nährhumus, m. → Humus.

Nahüberschiebung, f. → Schubbahn.

Namurien, Namurium, Namur (-Stufe), n., (n. d. Ort Namur a. d. Maas/Belgien), (*J. C. PURVES, 1883), Tab. III 7 B.

Nannofossil (gr 227, lt 154), n. → Fossil.

Nannoplankton (gr 127/281), n. → Plankton.

Nappist (frz.), m. → Deckentheorie.

Narbe, Narbenzone, f. → Orogen.

Nassboden, m. (*H. FREISING, 1949, 1951), **Tundranassboden, Tundrennassboden,** vielfach auf größere Strecken horizontbeständige Lage im Löss (s. d.) mit hellgrauen, ausgewaschenen Flecken und zahlreichen ockergelben, fleckigen und streifigen Verfärbungen. N. werden verschiedentlich als stratigraphische Leithorizonte (s. d.) genutzt. Für ihre Entstehung nimmt ein Teil der Autoren ein kühles und feuchtes Klima an, andere halten sie für interstadiale (→ Interstadial) Bodenbildungen. Das oft beobachtete, lagige Gefüge wird von einigen Autoren (z. B. H. FREISING) für das Ergebnis von Verschwemmungen und Bodenfließen, von anderen (z. B. B. F. WEIDENBACH, 1956) für eine fossile ‚Frostblätterstruktur' gehalten. – s. a. Löss.

Natronsee, m. → Salzsee.

Naturkoks, m., durch Kontaktmetamorphose (→ Metamorphose) in Kohlenlagern erzeugtes Produkt, das infolge der hohen Temperatur zu einem koksähnlichen Material (mit Aufschmelzung usw.) umgewandelt wird. Die hohen Drücke des Bildungsbereiches verhindern jedoch – im Gegensatz zum künstlichen Kokungsprozess – ein Abziehen der freigesetzten Gase, die daher zum größten Teil im N. verbleiben. – s. a. Hartbraunkohle, Stängelkohle.

Naturschacht, m., **Karstbrunnen,** senkrechter oder schräger, gelegentlich bis mehrere hundert m tiefer, zylinderartiger Kanal in Karstgebieten, der durch Lösungseinwirkungen des Wassers von der Erdoberfläche her in carbonatischen Gesteinen erzeugt wird. – s. a. Karst.

Nebcha (arab.), f., → Kupsten.

Nebengemengteil, m. oder n. → Gestein.

Nebengestein, n., das einen zu betrachtenden Gesteinskörper begleitende oder umgebende Gestein, ganz gleich, ob das zu betrachtende Gestein gangartig, linsenförmig, flözartig oder als Schicht eingelagert ist.

Nebenkrater, m. → Krater.

Nebenos, n. → Os.

Nebulit (lt 234), m. → Migmatit.

Neck (engl. neck = Hals), m. → Durchschlagsröhre.

Nehdenien, Nehdenium, Nehden, n. (-Stufe), (n. dem Ort Nehden bei Brilon im Sauerland), (*E. KAYSER, 1873), Tab. III 6 C.

Nehrung, f., aus Lockersedimenten aufgebaute, langgestreckte Landzunge, die eine Meeresbucht (Lagune, s. d.; Liman, Haff, beide → Haff) zu einem großen Teil oder vollkommen vom offenen Meer abschneidet. Nehrungen entstehen infolge Küstenversatzes von Sedimentmassen durch küstenparallele Strömungen an zurückschwingenden Küstenpartien, an denen die Meeresströmung aufgrund ihres Beharrungsvermögens noch in der alten Richtung weiterläuft. Die an den Umbiegungsstellen auftretenden, spornartigen **Haken** sind Embryonalformen der Nehrungen (z. B. Halbinsel Hela/Ostsee).

Nekton, n., Adj. **nektisch** (Wortstamm nekt-, deshalb ist „nektonisch" unkorrekt) (* E. HAECKEL, 1890), Bez. für die Gesamtheit der durch Eigenbewegung schwimmenden Tiere. – Sedimente mit vielen Resten solcher Lebewesen werden als **nektogen** bez.

nematoblastisch (gr 231/70) → kristalloblastisch.

Néocomien, Neocomium, Neokom (-Stufe), n., (n. lt. ‚Neocomium' für Neuchâtel/Schweiz), (*J. THURMANN, 1835), Tab. III 11 A.

Neoeuropa, n., (*H. STILLE, 1920), der alpidisch konsolidierte Süden Europas – s. a. Mesoeuropa, Paläoeuropa.

Neogäa, f., **Neogäikum,** n., (gr 228/80) → Megagäa.

Neogen (gr 228/76), n., Jungtertiär (*M. HOERNES, 1856), Tab. III 12.

Neolithikum (gr 228/193), n., (*J. LUBBOCK, 1865), Tab. IIa C und II.

Neomorphose (gr 228/223), f., Umwandlung eines Minerals in ein anderes Mineral gleicher chem. Zusammensetzung (z. B. Umwandlung des metastabilen Aragonits in den stabilen Calcit) oder Lösung von Mineralkörnern bei gleichzeitigem Wachsen anderer Körner derselben Mineralart (→ Sammelkristallisation).

Neophytikum (gr 228/370), n., (K. VON BÜLOW, 1941; Begriff ist jedoch älter), Tab. III 11 bis 13.

Neosom (gr 228/325), n. → Metatexis, Migmatit.

Neotektonik (gr 228/338), f., (*W. A. OBRUTSCHOW, 1937), Tektonik der jüngsten Erdgeschichte, d. h. seit dem Neogen (s. d.) bis heute. – s. a. rezente Tektonik.

Neotyrrhenien (gr 228 u. v. Tyrrhenisches Meer), n., (* BONIFAY & MARS, 1959), Tab. II C.

Neozoikum (gr 228/134), n., Känozoikum, n., (Begriff besteht seit der ersten Hälfte des 19. Jh.), Tab. III 12, 13.

Nephelin (gr 229), m., (*R. J. HAUY, 1801), Feldspatvertreter: $KNa_3[AlSiO_4]_4$. – Älterer Name: **Eläolith** (→ Eläolithsyenit).

Nephelinbasanit, m., (*H. ROSENBUSCH, 1887), Tab. V 9.

Nephelinit (wg. d. Nephelin-Vormacht), m., (*F. ZIRKEL, 1866, neu def. von H. ROSENBUSCH, 1869), Tab. V 12.

Nephelinphonolith, m., (*E. BORIKKY, 1871), Tab. V 3.

Nephelinshonkinit, m., (*C. SCHMIDT in Ch. SARASIN, 1901; neu def. von A. JOHANNSEN, 1920), Tab. V 1.

Nephelinsyenit, m., (?*H. ROSENBUSCH, 1877) → Eläolithsyenit, Tab. V 1.

Nephelintephrit, m., (*H. ROSENBUSCH, 1877), Tab. V 9.

Neptunist (n. d. röm. Wassergott Neptun), die Neptunisten vertraten die hauptsächlich von A. G. WERNER (1749–1817) entwickelte Lehre, dass sämtliche Gesteine der Erdrinde aus dem Wasser abgesetzt worden seien. Den rezenten Vulkanismus hielt WERNER für eine rein örtliche und auf die heutige Zeit beschränkte Erscheinung. – s. a. Aktualismus, Plutonisten.

neritisch (n. d. Namen d. Meeresnymphe Nerine), (*E. HAUG, 1908–1911), Bez. für den gut durchlichteten Flachmeerbereich von 0–200 m (HAUG: 0–100 m) Wassertiefe. – Auch als sublitoral bezeichnet, wenn es sich um Gebiete vor den Küsten handelt. Hier entstehen die neritischen Sedimente. – s. a. abyssaler Bereich, bathyal, hypsographische Kurve, litoral.

Nest, n., **Putze** (bergm.), kleinere unregelmäßig geformte Gesteins- oder Mineralmasse in fremder Umgebung, z. B. Erze und andere Minerale, aber auch ‚Sandnester' usw.

Netzleiste, f. → Trockenriss.

Neuozean, m. → Megagäa, Permanenztheorie.

nichtaffin (lt 16) → affin.

Nichthuminstoffe (lt 173), Pl., m. → Humus.

nichtrupturelle Deformation (lt 292/83), f. → Ruptur.

Nickeleisenkern, m. → Eklogitschale, Nife (s. d.), ↗ Abb. 23.

Nickfalte, f. → Faltentyp.

Niederdeutsches Becken, n., (sämtl. Bez. v. H. STILLE, 1910), norddt. Sedimentationsbecken, das im Gegensatz zur **Mitteldeutschen Festlandschwelle** (Rheinische und Herzynisch-Böhmische Masse) auch nach dem Dogger noch Sedimentationsraum geblieben ist. – Zu ihm gehört auch das zwischen Harz und Flechtinger Höhenzug gelegene **Subherzynische Becken** als Spezialbecken. – s. a. Mitteldeutsche Schwelle, Rahmenfaltung.

Niedersachsenserie (n. d. Land Niedersachsen), f., Tab. III 8 B.

Niederschlagsgebiet, n. → Einzugsgebiet.

Niederterrasse, f. → Schotterterrasse.

Nieder(ungs)moor, n. → Moor.

Nife, n., (*E. SUESS, 1909), **Erdkern,** m., **Barysphäre,** f., nach der Auffassung der meisten Autoren aus Nickel (Ni)-Eisen (Fe) = Nickeleisenkern bestehend. – s. a. ↗ Abb. 23.

nival (lt 236), Bez. für den Klimabereich, in dem der größte Teil oder der ganze Niederschlag als Schnee fällt. Ist die Menge dieses Niederschlags größer als die durch Verdunstung oder Abtauen fortgeführte Wassermenge, so bildet sich dieser Überschuss zu Gletschereis (→ Gletscher) um. – N. Klima herrscht an den Polkappen und in den Hochgebirgsregionen der Erde.

Nördliche Kalkalpen → Deckensysteme.

Norien, Norium, Nor (-Stufe), n., (nach dem ‚Noricum' der Römer: Land zwischen Donau, Drau, Inn und Wiener Wald), Tab. III 9 C.

Norit (vgl. Nor), m., (*J. ESMARK, 1838), Tab. IV 17.

Norm (lt. norma = Richtschnur, Regel), den Mineralbestand eines Gesteins, der aus dessen chemischer Analyse errechnet wird, bezeichnet man als den Normalbestand (normierter Mineralbestand, Norm). Der durch mikroskopische Analyse quantitativ ermittelte Mineralbestand eines Gesteins ist dessen **Modalbestand** (Modus). → CIPW-Norm.

normale Lagerung, f., Bez. für die Lagerung von Gesteinsserien ohne Überkippung (s. d.) der Schichten, so dass diese Schichten in der Zeitabfolge richtig (= ‚normal') übereinander liegen.

normale Magnetisierung, f. → Altersbestimmungen.

Normalprofil, n., Darstellung der stratigraphischen Schichtenabfolge eines Gebietes mit maßstabsgetreuer Eintragung der Schichtmächtigkeiten, Angaben über Gesteinszusammensetzung, Fossilinhalt und anderer, für das betreffende Gebiet typischer, geologischer (einschl. tektonischer) Daten. In den meisten Fällen graphisch in Form von Säulenprofilen abgebildet.

Normalspannung, f., Größe der Spannung (s. d.) senkrecht (normal) zu einer Bruchfläche. Die tangential verlaufende Komponente der Gesamtspannung heißt **Tangential-** oder **Schubspannung,** hierfür meist synonym verwendet: Scherspannung. – s. a. Brechen, Fuge, Hauptnormalspannung, Mohr'sches Spannungsdiagramm.

Nosean (n. d. Mineral. u. Geol. C. W. NOSE, 1753–1835), m., (*M. H. KLAPROTH), Feldspatvertreter: $Na_8[SO_4|(AlSiO_4)_6]$.
Nuée ardente (frz. glühende Wolke), f. → Glutwolke.
Nunatak, m., Pl.: **Nunatakkr,** auch **Nunataks** (v. dän. Expedit. aus Grönland mitgebrachter Name)→ Inlandeis.
Nunivak event (n. d. Nunivak Island/Alaska), n., (*A. COX & G. B. DALRYMPLE, 1967), geomagnetisches Polaritätsereignis in der Gilbert-Epoche (s. d.); ↗ Abb. 4.
Nutzporosität, f. → Grundwasser.

O

OBB = **O**zean**b**oden-**B**asalt; sowohl im Rift (s. d.) mittelozeanischer Rücken als auch an deren Flanken und in davon ausgehenden Bruchzonen auftretender Basalt. – s. a. IBB, MORB, OIB.
Obduktion (lt 237), f., Auf- oder Überschiebung von Segmenten ozeanischer Kruste auf kontinentale Ränder in Platten-Konvektionszonen. – s. a. Plattentektonik, Subduktion.
Oberboden, m. → Bodenprofil.
Oberflächenabfluss, m. → Abfluss.
Oberflächeneis, n. → Wassereis.
Oberflächengestein, n. → Eruptivgestein.
Oberflächengewässer, n., Bez. für alle Gewässer, die a. d. Erdoberfläche fließen oder stehen.
Oberhof-Formation (n. d. Ort Oberhof, Thüringen), (*F. BEYSCHLAG, 1891), Tab. III 8 A.
Oberkruste der Erde, f. → Erdkruste.
Obermoräne, f. → Moräne.
oberostalpine Decken, Pl., f. → Deckensysteme.
obsequent (lt 238), (*W. M. DAVIS, 1895), Bez. für einen der Schichtenneigung entgegen fließenden Fluss. – s. a. glazio-obsequent, subsequent.
Obsidian (schon b. PLINIUS d. Ä. als ‚Obsianus lapis'), m., Tab. IV 4.
Ocean-floor-spreading (engl.), n. → Mittelozeanischer Rücken.
Ocker, m., n., braune, gelbe („ockerfarbene") oder rote Farberden, deren Farbe von feinverteilten Eisenoxiden (Limonit, s. d., Hämatit, s. d.) stammt.
Odderade-Interstadial (n. d. Ort Odderade in Schleswig-Holstein), n., (*F.-R. AVERSIECK, 1968), Tab. IIa A.
Odinit (n. d. Odenwald benannt), m., (*C. CHELIUS, 1892; neu def. v. B. SANDKÜHLER, 1916), Tab. IV 18.
ODP = **O**cean **D**rilling **P**rogramm (Ozean-Bohrprogramm). – s. a. Bohrung.
Öffnungswinkel, m. → Falte.
Ogive (frz. ‚ogive' = Spitzbogen), f., (*F. AGASSIZ, 1847), bogenförmige Zeichnungen an der Gletscheroberfläche, die z. T. auf urspr. Firnschichtung, z. T. auch auf andere Texturen der Gletscher zurückgehen und wegen ihrer versch. Härte bei der Ablation (s. d.) herauspräpariert werden. – Auch die senkrecht zur Strömungsrichtung auf der Oberfläche von Lavaströmen (→ Lava) entstehenden Fließwülste werden O.n genannt.
OIB = **O**zean-**I**nsel-**B**asalt, vorwiegend tholeiitisch, Alkali-Olivinbasalte nur untergeordnet. Beisp.: Hawaii. – s. a. IBB, MORB, OBB.
Ökologie (gr 238/197), f., das Wirkungsgefüge zw. Lebewesen und ihrer Umgebung. Die Paläoökologie (*R. RICHTER, 1928) gibt entspr. Aussagen für die geol. Vorzeit. – Der Begriff ‚Ökologie' wurde von H. STILLE (1954) auch auf die Geotektonik übertragen, wobei er hier die Standortgebundenheit und -eigenheit geotektonischer Gebilde erläutern soll.
Oktaedrit (gr 239), m. → Meteroid.
Old Red (‚Old Red Sandstone' W. D. CONYBEARE & W. PHILLIPS, 1822), n., Kontinentalfazies des Devons mit meist rot gefärbten klastischen Sedimenten und gelegentlich lagunären Einschaltungen (darin Eurypteriden und Panzerfische) im Festlandsbereich nördl. des mitteleuropäischen varistischen Ablagerungsraumes: **Old Red Kontinent**.
Olduvai event (n. d. Schlucht am Rande der Serengeti/Tanganyika/Ostafrika), n., (*A. COX et al., 1964), geomagnetisches Polaritätsereignis in der Matuyama-Epoche (s. d.); ↗ Abb. 4.
Ölfalle (Erdölfalle), f. → Falle.
Ölfeldwasser, n., Randwasser (techn. Begriff), das in Erdöllagerstätten auftretende Salzwasser, das sich – entspr. dem spez. Gewicht – unter das Erdöl schichtet. – s. a. Gaskappe.
oligohalin (gr 240/20) → brackisch.
Oligoklas (gr 240/167), m., (*A. BREITHAUPT, 1826), Mischglied der Plagioklasreihe (→ Plagioklas) mit 10–30 Masse-% Anorthit.
oligotroph (gr 240/350) → eutroph.
Oligozän (gr 240/154), n., (*E. BEYRICH, 1854), Tab. III 12 C.
olimkontinentales Ozeangebiet (lt 240/69), n. → Megagäa.

Olistholith (gr 241/193), m., einzelner Felsblock in fremder Umgebung, z. B. entsprechende Blöcke in Olisthostromen (s. d.) oder exotische Blöcke (s. d.) im Wildflysch (s. d.).
Olisthostrom (gr 241/332), n., (*E. BENEO, 1956), Sedimentkörper mit chaotischem Gefüge, der aus einem der Schwerkraft folgenden Schlammfluss entstanden ist. Er ist in die Sedimente des Gebietes, in denen er zur Ruhe gekommen ist, wie eine Schicht eingelagert. – s. a. Decke, Mélange.
Olivin (lt 241), m., (*A. G. WERNER, 1790), **Peridot** (frz.), $(Mg,Fe)_2[SiO_4]$, bildet Mischglieder zw. Forsterit, $Mg_2[SiO_4]$ und Fayalit, $Fe_2[SiO_4]$.
Olivinknolle, f. → Lherzolith.
Olivinleucitit, m., (*BRITISH PETROGRAPHIC COMMITTEE, 1921), Tab. V 15.
Ölschiefer, m., feinkörniges Faulschlammsediment. Es enthält bis zu 10 % Kerogen (s. d.). Durch Erhitzen kann aus dem Ö. ein flüssiges Produkt ausgetrieben werden, das dem Erdöl (s. d.) sehr ähnlich ist (Steinöl) und wie dieses zu Heizöl, Kerosin und petrochemischen Produkten weiterverarbeitet werden kann.
ombrogen (gr 243/76) → Moor.
Omission (lt 242), f. → Hartgrund.
Onkoid (gr 235), n., (*A. HEIM, 1916), versch. geformte, immer rundliche (im Schnitt meist kreisförmig bis elliptisch erscheinende) Körner mit einem anorganischen oder organischen Kern. Dieser wird von einer meist organogen gebildeten Schale umgeben. Chemische Anlagerung ist selten beim Aufbau der Schale beteiligt. Sehr oft handelt es sich bei diesen Gebilden um Algenmumien. – s. a. Oolith, Pseudo-Oolith.
Ontogenese (gr 247/75), f. → Paläontologie.
Ooid, n. → Oolith.
Oolith (gr 387/193), m., (alter Begriff; vgl. Lit.-zusammenstellung bei E. FLÜGEL & M. KIRCHMAYER, 1962), aus zahlreichen Ooiden zusammengesetztes Gestein. Als **Ooid** wird ein kugelförmiger Körper aus Kalk, FeOOH oder anderen Stoffen bezeichnet, bei dem sich um ein Fremdteilchen (Sandkorn, Schalenbruchstückchen usw.) konzentrische Schalen abgeschieden haben. Verschiedentlich sind Ooide radialstrahlig gebaut, sodass manche Autoren hier von **Sphärolithen** (s. d.) sprechen. – Ooide haben meist Durchmesser von 0,1–2 mm. Sie können nur im Wasser entstehen. Die meisten Autoren nehmen eine chem. Ausscheidung um aufgewirbelte Fremdteilchen an, während andere Autoren den Ausscheidungsprozess an den Gewässerboden verlegen. – s. a. Onkoid, Pisolith, Pseudo-Oolith, Rogenstein.
Oosparit (gr 387/lt 316), m. → Sparit.
Opal (Sanskrit ‚upala' = Stein), m., SiO_2 + aq. (amorph!); festes Hydrogel.
Ophiolith (gr 256/193), m., (?*A. BRONGNIART, 1770–1847), Gruppenbez. für submarine basische bis ultrabasische Magmatite (vor allem Serpentin) in marinen Ablagerungsräumen. Das Vorkommen ausgedehnter Ophiolithfolgen (O.-Serie) wird als Hinweis auf ehemalige ozeanische Krustenteile (→ Erdkruste) für diesen Bereich angesehen. – s. a. initial, Plattentektonik, Steinmann-Trinität, Sutur.
ophitisch (gr 256), (‚Ophit' schon bei PLINIUS; neu def. von A. PALASSOU, 1798), Strukturform basischer Ergussgesteine, bei der tafelige Plagioklase in große Augitkristalle eingelagert sind. – s. a. Intersertalgefüge.
Ophthalmit (gr 257), m. → Migmatit.
Ordovizium (n. dem keltischen Stamm der Ordovizier in Wales), n., (*Ch. LAPWORTH, 1879), Tab. III 4.
organogenes Sediment (gr 250/76/lt 302), n. → Biolith, Sedimentgestein.
orkadische Faltungsphase (v. d. röm. Bez. Orcades f. d. Orkney-Inseln), f., Phase der Varistischen Faltungsära → Variscisches/Varistisches Gebirge, Tab. III 6 A.
Orogen (gr 253/76), n., (*L. KOBER, 1921), durch Falten- und Deckentektonik gekennzeichnete, räumlich geschlossene und deutlich umgrenzbare Gebirgseinheit mit meist straffem tektonischem Bild und verschiedentlich zweiseitigem Bau. Das letztere Prinzip wurde bereits von M. L. ELIE DE BEAUMONT erkannt. Es ist dann von L. KOBER (1912) stark erweitert worden. Dabei trennt eine mittlere Scheitelung zwei nicht immer gleich kräftig entwickelte Stämme, deren Falten eine nach außen – auf das Vorland (*E. SUESS, 1875) und das Rückland – gerichtete Vergenz (s. d.) aufweisen. Die Scheitelung kann als starres **Zwischengebirge** (*E. SUESS, 1909) oder als **Narbenzone** (*L. KOBER, 1921) entwickelt sein. – L. KOBER (1931) unterschied folgende nacheinander geformte Teilstücke: 1. **Interniden** (= Zwischengebirge), 2. anschließend **Zentraliden,** die die Metamorphiden und Externiden überfahren (z. B. ostalpine Schubmasse der Alpen), 3. **Metamorphiden,** intensiv gefaltete und metamorphisierte Gesteine, von den verschiedensten magmatischen Körpern stark durchwoben (z. B. Pennikum der Alpen), 4. **Externiden,** als randlich

überschobene gefaltete oder in Decken gelegte, jedoch nicht metamorphe Außenzone, die z. T. noch das Molassegebiet der Vortiefe überfährt (z. B. Helvetiden der Alpen). – Diese Gliederung KOBERS orientiert sich sehr stark an den Verhältnissen der Alpen, vor allem der Ostalpen. Die Gliederung anderer Orogene weicht vielfach wesentlich hiervon ab.

Orogenese, f., Adj. **orogen, orogenetisch** (gr 253/76), (,Orogeny' *G. K. GILBERT, 1890), **Gebirgsbildung,** Adj. **gebirgsbildend,** im Gegensatz zur **Epirogenese** (s. d.) ein relativ engräumiger, episodischer und das Gesteinsgefüge verändernder, nicht reversibler tektonischer Vorgang. Ein bes. typisches Formenbild der O. ist die Schichtenfaltung in Sättel und Mulden: **Undulation** (*H. STILLE, 1913; Ausdruck allerdings schon bei C. F. NAUMANN, 1850). Die Form der orogenetischen Äußerung ist jedoch abhängig von der Krustenkonstitution. So können Falten- und Deckengebirge lediglich in Mobilbereichen (→ Stabilität), die durch Bruchtektonik charakterisierten Blockgebirge nur in Stabilbereichen und die Zonen mit Bruchfaltung nur in konsolidierten Krustengebieten auftreten, vor allem, wenn Letztere durch Senkung und verstärkte Sedimentation einen mobilen Charakter aufweisen. Alle diese Ausdrucksformen tektonischen Geschehens können räumlich und zeitlich miteinander verbunden sein.

Diese Def. orientiert sich sehr wesentlich an der von H. STILLE. Vielfach wird heute als O. nur jener Prozess verstanden, der zur Bildung eines Orogens (s. d.) führt. Man hat daher als Überbegriff den Terminus ,Tektogen' (→ Tektogenese) eingeführt. – Innerhalb der Erdgeschichte lassen sich mehrfach orogene Zeiten (Faltungsära bzw. -phase, s. d.) und jeweils zwischengeschaltete lange, mehr oder weniger anorogene (s. d.) Zeiträume erkennen. Namentlich von STILLE wurde die Meinung vertreten, dass die orogenen Ären und Phasen weltweit (orogenetisches Zeitgesetz: H. STILLE, 1918) und jeweils gleichzeitig stattfinden, wenn sie auch nicht überall wirksam sein müssen und ihre Intensität örtlich stark schwanken kann (orogenetisches Gleichzeitigkeitsgesetz: H. STILLE, 1922). Diese ,Gesetze' sind vielfach angezweifelt worden. Einige Autoren äußerten die Meinung, dass ein mehr oder weniger ständiger Beanspruchungsplan lediglich in den sog. orogenen Zeiten den Grenzwert der Beanspruchungsfähigkeit einzelner Krustenteile überschreite. – Die unmittelbaren Ursachen des orogenen Geschehens innerhalb der großen Faltengebirge werden in versch. Theorien behandelt (→ Kontraktions-, Oszillations-, Unterströmungs-, Zyklentheorie, Plattentektonik). – s. a. Geosynklinale, Konsolidation, Megagäa.

orogene Welle, f., (*F. DEBELMAS, 1963), Bez. für das Wandern der Faltung während der Bildung e. Orogens (s. d.) in Richtung auf das Vorland.

Orthaugit (gr 251/54), m., (*F. RINNE), Bez. für orthorhombische Pyroxene (s. d.).

Orthogeosynklinale (gr 251/80/315), f. → Geosynklinale.

Orthogestein (gr 251), n., (*H. ROSENBUSCH, 1889, 1891), Bez. für einen aus einem magmatischen Edukt (s. d.) hervorgegangenen Metamorphit (→ Metamorphose), z. B. Orthogneis, Orthamphibolit. – s. a. Paragestein.

orthogonal (gr 251/87), senkrecht zueinander stehend, z. B. Kluftscharen, Gänge.

Orthoklas (gr 251/167), m., (*A. BREITHAUPT, 1823), wichtigster Kalifeldspat, $K[AlSi_3O_8]$.

Orthophyr, Orthoporphyr (wg. der starken Orthoklasvormacht, vor allem bei den Einsprenglingen), m., (*H. COQUAND, 1857), Tab. IV 16.

Orthopyroxen (-Gruppe), m., Enstatit (s. d.), Bronzit (s. d.), Hypersthen (s. d.). – s. a. Pyroxen.

Orthostratigraphie (gr 251/lt 336/gr 86), f. → Stratigraphie.

Ortsbeben, n. → Erdbeben.

Ortstein, m., wenig verfestigt: **Orterde,** f., (v. altsächs. ,arut' = Erz), im B-Horizont (→ Bodenprofil) von Podsolen (s. d.) auftretende Verhärtung aus eingewaschenen schwarzen Humusstoffen (= Bh-Horizont) und/oder rotbraunen Al- und Fe-Oxiden (= Bs-Horizont) mit ausgeprägtem Kittgefüge. Bei wachsender Beteiligung der Humusstoffe: **Humuseisenortstein, Humusortstein** (*P. E. MÜLLER, 1887) genannt.

Oryktozönose (gr 254/170), f. → Thanatozönose.

Os, n., Pl. **Oser** [schwed. Ås, Pl. Åsar, engl. Esker (seit Mitte 19. Jh.), dt. gelegentl. **Wallberg** (*E. GEINITZ, nach 1886)], in Gebieten ehemaliger Vereisung als eisenbahndammartig langgestreckte, wallartige, schmale Rücken ausgebildete Formen, die schwach gewunden verlaufen und auch seitl. Äste **(Neben-Os, Bi-Os)** ausbilden können. Sie bestehen aus gut geschichteten abgerollten Kiesen, die durch Schmelzwässer in Höhlensystemen und größeren Spalten sub- und intraglaziär abgelagert worden sind. Verschiedentlich kann auch die durch Eisauflast hochgepresste Grundmoräne am Aufbau eines O. teilnehmen: **Aufpressungs-Os.** – s. a. Kames.

Ostalpen, ostalpine Decken, Pl., f. → Deckensysteme, Orogen.

Osteokolle, f., Pl. **Osteokollen** (gr 255/lt 52), (Bez. bereits seit ca. 1600; im Volksmund auch ‚Beinbrech' – lt. Übersetzung: *lapis ossifragus*), mit Kalk umkrustete und imprägnierte abgestorbene Wurzel.

Osterwaldphase (n. d. Osterwald in Südniedersachsen), f., (*F. DAHLGRÜN, 1921), Tab. III 10 C.

Oszillationsrippel (lt 243), f. → Rippel.

Oszillationstheorie (lt 243/gr 146), f., (*E. HAARMANN, seit 1916; zusammenfassend: 1930), Theorie zur Erklärung der großen Krustenbewegungen von Erde und Mond. Sie geht von der Annahme der Bildung großer Auf- und Abschwellungen der kristallinen Kruste aus: **Oszillation** (positiv: **Geotumor;** negativ: **Geodepression**). Solche Oszillationen sollen durch Stoffverschiebungen in der Erdkruste (s. d.) bedingt sein. Die damit verbundene starke Dehnung lässt in der sedimentären ‚Kopfhaut' der Tumoroberfläche große Brüche aufreißen. Diesem Vorgang der **Primärtektogenese** folgt, verursacht durch das schwerebedingte Abgleiten der aufgerissenen Sedimenthülle an den Tumorflanken, die **Sekundärtektogenese.** Am Fuße des Tumors können sich bei wenig behinderter Gleitung **(Freigleitung)** der Sedimenthülle bogenförmige Gebirgsstränge mit einseitigem Bau oder – bei Zusammengleiten in den Depressionen **(Volltroggleitung)** – mehr oder weniger gerade, meist zweiseitig gebaute Gebirgszüge aufstauchen. – s. a. Tektogenese, Undationstheorie.

Oszillogramm (lt 243/gr 85), n., (*S. VON BUBNOFF, 1949), offenbar erstmalig von G. GÜRICH (1896) angewendete, kurvenmäßige Darstellung der epirogenetischen Schwankungen (= Lage zum Meeresspiegel) eines Gebietes im Verlauf der Erdgeschichte. – s. a. Tektonogramm.

Ottajanit (n. d. Ort Ottajano am Vesuv/Ital.), m., (*A. LACROIX, 1917), Tab. V 9.

Oxfordien, Oxfordium, Oxford (-Stufe), n., (n. Oxford/England), (*A. BRONGNIART, 1829), in Anlehnung an den schon seit W. SMITH verwendeten Begriff ‚Oxford Clay'), Tab. III 10 C.

Oxidationszone (gr 248/135), f., oberste, vielfach bis zum Grundwasserspiegel reichende Zone bei Erzlagerstätten, die oxidativen Verwitterungsprozessen ausgesetzt ist. Daher bilden sich hier Oxidationserze wie: Brauneisenerz, Pyrolusit, Cuprit, Malachit, Kupferlasur, Galmei, Cerussit, Anglesit, Molybdänocker, Antimonblüte und eine Reihe anderer Erze. Infolge Anreicherung von Brauneisen in dieser Zone entstand der alte Bergmannsausdruck: **Eiserner Hut.** – s. a. Erzlagerstätte, Teufenunterschiede, Zementationszone.

ozeanische Kruste, f. → Erdkruste.

ozeanische Platte, f. → Platte.

ozeanischer Graben, m. → Graben.

Ozeanisierung, f., (bereits bei V. V. BELOUSSOV, 1960), Vorgang der Überführung kontinentaler Kruste in ozeanische (vgl. dazu ↗ Abb. 42). Über die Bildungsprozesse selbst besteht keine einheitliche Meinung. Einige Autoren vermuten eine flächenhafte ‚Aufzehrung' des kontinentalen Krustenmaterials von unten her (‚Basifizierung' V. V. BELOUSSOV, 1968), andere ein Absinken von kontinentalen Krustensegmenten, deren Gewicht durch Injektionen ultrabasischer Magmen und durch Eklogitisierung zugenommen hat. Eine dritte Gruppe von Autoren macht ein Auseinanderdriften von großen Blöcken kontinentaler Kruste und Aufdringen von Mantelmaterial an diesen Schwächestellen als Ursache für die O. verantwortlich. – s. a. Diapirismus, Hot spot, Sphenochasma.

Ozokerit (gr 237/164), m., (*E. F. GLOCKER, 1833), **Erdwachs,** Gemenge hochmolekularer fester Kohlenwasserstoffe der Methanreihe; von gelber bis brauner Farbe und salbenartiger bis spröder Konsistenz. – s. a. Bitumen.

P

Packeis, n., im Wesentlichen durch Winddruck zu großen Eismassen zusammengeschobene bzw. -gepresste Eisschollen.

Pahoehoe-Lava (hawaiisch; ‚Pahoj-hoj' gesprochen), f. → Fladenlava.

Palagonit (n. d. Ort Palagonia/Sizilien), m., (*W. SARTORIUS VON WALTERSHAUSEN, 1846), Tab. IV 4. – P. entsteht durch Hydratation (s. d.) vulkanischer Gläser basaltischer Zusammensetzung vor allem bei subaquatischen bzw. submarinen vulkanischen Eruptionen und unter

Gletschern (subglaziär). – s. a. vulkanische Tätigkeit.
Paläobiologie (gr 260/67/197), f., (*O. ABEL, 1912), Wissenschaftszweig, der Anpassung, Lebensform und Zusammenleben der fossilen Tier- und Pflanzenwelt untersucht.
Paläoboden (gr 260), m., **Paläosol,** m., früherer Boden, der sich infolge Sedimentüberdeckung nicht weiter entwickeln konnte, sondern fossilisiert wurde **(fossiler Boden).** – Liegen solche Böden jedoch noch oder wieder an der Erdoberfläche, dann läuft in ihnen eine Bodenentwicklung ab, die den augenblicklichen Klimabedingungen entspricht: **Reliktboden.**
Paläobotanik (gr 260/72), f. → Paläontologie.
Paläodeklination (gr 260, lt 80), f. → Deklination.
Paläoeuropa, Palaeoeuropa, n., (*H. STILLE, 1920), kaledonisch (→ Kaledoniden) konsolidierte Teile Europas, die seit Beginn des Devons keine alpinotype Orogenese mehr erlebt haben. – Nach STILLE bildet P. mit Archaeoeuropa (s. d.) zusammen den ‚Rahmen' Mesoeuropas (s. d.) bei der varistischen Gebirgsbildung.
Paläofulgurit (gr 260, lt 158), m. → Fulgurit.
Paläogen (gr 260/76), n., (*C. F. NAUMANN, 1866), Alttertiär, Tab. III 12.
Paläogeographie (gr 260/80/86), f., (*A. DE LAPPARENT, 1885; als ‚paläogeologische Geographie' oder ‚geologische Paläo-Geographie' bei A. BOUÉ, 1875), Erfassung des geologisch-morphologischen Bildes einzelner Zeitabschnitte der Erdgeschichte mit dem Ziel des Entwurfes paläogeographischer Karten. Erste Darstellung relativ eng begrenzter geologischer Zeitabschnitte bei J. D. DANA (1863); schon vorher finden sich in versch. Ländern allgemeinere Versuche. So hat nach E. DACQUÉ (1913) z. B. C. GEMMELLARO (1834) der frz. geol. Ges. zu Straßburg sechs Karten Siziliens vorgelegt, die – aufeinander gelegt – das Festland dieser Insel in sechs versch. Zeiten darstellten.
Paläoinklination (gr 260, lt 182), f. → Inklination.
Paläoklimatologie (gr 260/168/197), f., (schon seit dem 17. Jh. Interessengebiet zahlreicher Forscher, vgl. M. SCHWARZBACH, 1974), Versuch, aus den aufgefundenen petrographischen und fossil-biologischen Klimazeugen Aussagen über die klimatologischen Zeiten und Gebiete innerhalb der Erdgeschichte zu machen.
Paläokarst, m. → Karst.
Paläolithikum (gr 260/193), n., (*J. LUBBOCK, 1865), aufgeteilt in: Früh- (Tab. II D), Alt- (Tab. II D), Mittel- (Tab. IIa C, II D), Jung- (Tab. IIa C, II D) und Spätpaläolithikum (Tab. IIa C).
Paläomagnetismus (gr 260), m. → Remanenz.
paläomagnetischer Pol, m., durch paläomagnetische Untersuchungen an datierten Gesteinsproben ermittelter Pol des damaligen erdmagnetischen Feldes. – s. a. Altersbestimmung, Polwanderungskurve.
paläomagnetisches Alter, n. → Altersbestimmung.
Paläontologie (gr 260/247/197), f., (*H. M. D. DE BLAINVILLE, 1822; v. G. FISCHER VON WALDHEIM, 1834, i. d. dt. Lit. eingeführt), umfasst sämtliche Wissenschaftszweige, die sich mit der Untersuchung der vorzeitlichen Tier- (= **Paläozoologie**) und Pflanzenwelt (= **Paläobotanik**, **Paläophytologie**) beschäftigen. Ihre Forschungen sind die Grundlage für die **Biostratigraphie** (→ Stratigraphie). Andererseits vermag sie für die **Ontogenese** (= Entwicklungsgeschichte des Einzellebewesens), die **Phylogenie** (= Stammesentwicklung) und damit für die Abstammungslehre wichtige Aussagen zu machen.
Paläoökologie (gr 259/238/197), f., H. HÖLDER weist darauf hin, dass dieser Terminus korrekter sei als der statt dessen häufig gebrauchte Begr. Palökologie. → Ökologie.
Paläophytikum (gr 260/370), n., (K. VON BÜLOW, 1941; der Begriff ist jedoch älter), Tab. III 5-8.
Paläophytologie (gr 260/370/197), f. → Paläontologie.
Paläopikrit (gr 260/278), m., (*C. W. VON GÜMBEL, 1874), Tab. IV 22.
Paläosol (gr 260, lt 314), m. → Paläoboden.
Paläosom (gr 260/325), n. → Metatexis, Migmatit.
Paläotemperatur (-Bestimmung) (gr 260, wiss. Lehnwort a. d. Lt.), f., Ermittlung der Bildungstemperatur von Kalken durch Bestimmung des Verhältnisses von ^{18}O zu ^{16}O: **Sauerstoffisotopen-Methode** von H. C. UREY (1950). Am besten zur Untersuchung eignen sich kalkige Foraminiferenschalen, Belemnitenrostren und Aragonitschalen. Auf diese Weise können Paläotemperatur-Kurven für ganze Zeiträume der Erdgeschichte entworfen werden, wie etwa die ‚Emiliani-Kurve' für die Kalt- und Warmzeiten des Pleistozäns. Auch für die Bestimmung der Paläotemperatur-Entwicklung

des Gletschereises der Polregionen wurde die Sauerstoffisotopen-Methode verwendet. – Die mit astronomischen Mitteln gewonnene, jedoch heftig umstrittene Strahlungskurve von M. MILANKOVITCH (erstmalig 1920) diente ebenfalls zur Analyse der klimatologischen Entwicklung des Pleistozäns (Wechsel von Kalt- und Warmzeiten). – s. a. Eiszeit, Kaltzeit.

Paläotethys, (gr 260), f. → Tethys.

Paläozoikum (gr 260/134), n., (‚palaeozoic' in J. D. DANA, 1862), Tab. III 3-8.

Paläozoologie (gr 260/136/197), f. → Paläontologie.

Paläozän, Paleozän (gr 260/140/154), n., (‚Paléocène', Abk. aus ‚Paléo-Eocène': *W.-Ph. SCHIMPER, 1874), Tab. III 12 A.

Palimpsest-Struktur (gr 261/385), f., aus der Papyrus-Kunde übernommener Begriff. Man sieht nach Abkratzen einer Beschriftung oder Bemalung eine darunter befindliche, ursprüngliche Schrift oder Bemalung in Relikten. In der Geologie: aus einer späteren Überprägung (Tektonik, Metamorphose) noch durchschimmerndes, früheres Gefüge (Reliktgefüge, s. d.). – In der Paläontologie: bei Steinkernen (→ Fossil) verwendet, wenn bei einem Skulptursteinkern die steinkerneigene Prägung durchschimmert. – s. a. Abbildungstektonik.

Palingenese (gr 261/75), f., (*J. J. SEDERHOLM, 1907), Vorgang der Neubildung meist granitischer Magmen aus festen Gesteinen durch Aufschmelzung. Solche **palingenen** Magmen können durchaus in einen fremden Gesteinsrahmen intrudieren. – Gestein: **Palingenit.** – s. a. Anatexis, Diatexis, Magma, Metamophose, Migmatit.

palinspastisch, Subst.: **Palinspastik** (gr 261/311), f., (*G. M. KAY, 1937: ‚palinspastic map'); bei palinspastischen Rekonstruktionen werden tektonisch beanspruchte bzw. verfrachtete Gesteinskomplexe (z. B. bei Verfaltungen, Überschiebungen, Decken) gedanklich in ihre vermutete Ausgangsposition vor der tektonischen Beanspruchung zurückgeführt (z. B. Deckenabwicklung). Auf diese Weise kann ein Karten- oder Profilbild der ursprünglichen geologischen Situation hergestellt werden **(p.e Karte, p.es Profil).**

Pallasit (n. P. S. PALLAS, 1741–1811, benannt), m. → Meteroid.

Palökologie (gr 259/238/197), f., → Paläoökologie.

Pals, Pl. **Palse,** m., beträchtlich hohe Frostaufwölbung mit einem Torfmantel, der einen durch Frost deformierten Kern aus dauernd gefrorenen Schichten schlammigen oder torfigen Bodens umhüllt. – s. a. Pingo, Thufa.

Palynologie (gr 262/197), f., (*H. A. HYDE & D. A. WILLIAMS, 1945), Pollenkunde, vgl. dazu Pollenanalyse.

Pangaea, Pangäa (gr 267/80), **Pangea,** f., sowohl bei der Kontinentalverschiebungstheorie (s. d.) als auch bei der Plattentektonik (s. d.) verwendeter Begriff für die große Kontinentalmasse, in der während der Perm- und Trias-Zeit die Superkontinente → Gondwana und → Laurasia vereinigt waren.

panidiomorph (gr 267/149/222), (*H. ROSENBUSCH, 1887), Gefügebez. bei Magmatiten, bei denen alle oder doch die meisten Gemengteile mehr oder weniger gute Eigengestalt (Kristallgestalt) aufweisen.

Pannonien, Pannonium, Pannon (-Stufe), n., (n. d. Landschaft ‚Pannonia' zw. Wiener Wald, Donau und Save), (*ROTH VON TELEGD, 1879), Tab. III 12 E.

Pantellerit (n. d. Mittelmeerinsel Pantelleria), m., (*H. FÖRSTNER, 1881), Tab. IV 3.

Panthalassa (gr 267/141), auch Panthalassia, f., Zusammenfassung des gesamten Meeresraumes z. Z. der Pangaea (s. d.).

Papierkohle, f. → Dysodil.

Parabeldüne, f. → Düne.

Parabraunerde (gr 263), f., in Mitteleuropa verbreiteter → Bodentyp, bevorzugt aus Löss (s. d.) hervorgegangen. Charakteristisch ist eine mechan. Verlagerung von Feintonteilchen (< 0,2µm) durch das Sickerwasser als dispergierte Kolloide (= **Lessivierung,** f., von frz. lessiver = auslaugen) vom Oberboden in den Unterboden. Dadurch verarmt der Oberboden an Feinton (Bildung eines Al-Horizonts), der sich im Unterboden als Bt-Horizont anreichert. – s. a. Braunerde.

Paragenese, Paragenesis (gr 263/75), f., (*A. BREITHAUPT, 1849), das durch bestimmte physik.-chem. Bildungsbedingungen (z. B. Höhe der Bildungstemperatur) hervorgerufene Nebeneinander-Vorkommen bestimmter Minerale (‚Schicksalsverbundenheit': H. SCHNEIDERHÖHN, 1941).

Parageosynklinale (gr 263/80/315), f. → Geosynklinale.

Paragestein (gr 263), n., (*H. ROSENBUSCH, 1889, 1891), Bez. für einen aus einem nichtmagmatischen Edukt (s. d.) hervorgegangenen Metamorphit (s. d.), z. B. Paragneis, Paramphibolit. – s. a. Orthogestein.

parakristalline Deformation (gr 263/182/ lt 83), f., (* B. SANDER, 1912), synkristalline Deformation, Bez. für die Gleichzeitigkeit von mechanischer Deformation und Neukristallisation in Metamorphiten (→ Metamorphose). Erfolgt die Deformation später als die Neukristallisation, so spricht man von **postkristalliner** (= nachkristalliner), erfolgt sie vor der Kristallisation, von **präkristalliner** (= vorkristalliner) **Deformation.** – s. a. Deformation.

paralisch (gr 263/20), (*C. F. NAUMANN, 1845), Bez. für Kohlelager, die im Bereich der Meeresküste gebildet worden sind. Ihnen sind oft – durch Meeresversteinerungen charakterisierte – marine Horizonte eingeschaltet, die kurzfristige marine Vorstöße anzeigen. Wegen des regionalen Charakters solcher Vorstöße können marine Horizonte oftmals zur Parallelisierung von Flözgruppen über größere Strecken hinweg verwendet werden. – s. a. limnisch.

Parallelschichtung, f. = konkordante Schichtung (→ Konkordanz).

Parallelschieferung, f. → Schieferung.

Paraphore (gr 265), f. → Erdnaht, Horizontalverschiebung.

Parasitärkrater (gr 264/176), m. → Krater.

Parastratigraphie (gr 263/ lt 336/ gr 86), f., (*O. H. SCHINDEWOLF, 1950, 1970) → Stratigraphie.

Paratethys (gr 263; Name der Gemahlin des Okeanos), f., im Jungtertiär als ein im Wesentlichen epikontinentales Restmeer der Tethys (s. d.) zw. Alpen und Aralsee entstandenes Meeresgebiet, das nach und nach in einzelne Becken zerfiel, von denen heute noch der Balaton (= Plattensee), das Schwarze Meer, das Kaspische Meer und der Aralsee erhalten sind. – Zur P. gehören in der (kleineren) westl. Region: das Jungtertiär i. d. Ostalpen sowie das zentrale und östl. mittlere Donaubecken; i. d. (größeren) östl. Region: das Dazische, Pontische und Kaspische Becken.

parautochthon (gr 263/57/378) → autochthon.

Paroxysmus (gr 266), m., (*E. ARGAND, 1920; ‚geologischer Paroxysmus' W. SALOMON, 1918; ‚paroxysmal eruption' für den Vulkanismus P. SCROPE, 1825), heftige Steigerung des geologischen, insbes. des tektonischen und vulkanischen Geschehens.

pasadenische (Faltungs-) **Phase** (n. Pasadena/ Kalifornien), f., (H. STILLE, vor allem 1940), Tab. III 13 A.

passiver Kontinentalrand, m., → aktiver Kontinentalrand.

patch reef (engl. = Fleckenriff, Kuppenriff) → Riff.

pazifischer Küstentyp (wg. des Vorherrschens im zirkumpazifischen Raum), m., (*E. SUESS, 1883), Küstenverlauf entspricht der Streichrichtung der dort vorhandenen Gebirgsketten. – Der **atlantische Küstentyp** (*E. SUESS, 1883) zeigt dagegen diese Abhängigkeit nicht. – Der Unterschied beider Küstentypen im obigen Sinne weist auf die unterschiedliche Entstehung dieser Küsten hin; z. B. Plattengrenzen mit bzw. ohne Subduktionszonen (→ Plattentektonik).

pazifische Sippe, f. → Alkaligesteine.

Pechblende, f., (Wort bereits seit dem 16. Jh. bekannt); UO_2; kollomorph (= traubig-nierig); **Uraninit,** idiomorph.

Pechkohle, f., (alter Bergmannsausdruck; wg. der dunklen Farbe), steinkohlenartig aussehende tertiäre Hartbraunkohle (s. d.), die jedoch chemisch noch deutlichen Braunkohlencharakter aufweist; z. B. ‚oberbayerische Pechkohle' (→ Molasse). Der hohe Inkohlungsgrad geht vor allem auf die Kompression dieser Serien durch den Lateraldruck der Alpen zurück.

Pechstein (wg. d. Pechglanzes), m., (*Ch. F. SCHULZE, 1759), Tab. IV 4.

Pediment (engl.), n., (seit d. Ende d. 19. Jh. v. versch. amerikan. Autoren in versch. Sinne gebraucht), durch verschiedenartige Abtragungskräfte hervorgerufene terrassenartige Felsfußfläche **(Felspediment)** in Gebirgen der ariden bis semiariden Klimate. Verschiedentlich auch als **Glacis** oder **Fußfläche** bezeichnet.

Pedologie (gr 269/197), f. → Bodenkunde.

Pege (gr 275), f. → Akratopege.

Pegmatit, m., Adj.: **pegmatitisch** (gr 276), (*R. J. HAUY in A. BRONGNIART, 1813, neu def. v. A. DELESSE, 1849), groß- bis riesenkörniges magmatisches Gestein, das aus einer an flüchtigen Bestandteilen reichen Restschmelze plutonischer Magmen erstarrt ist. – **Granitpegmatit** (*W. C. BROEGGER, 1890); Hauptbestandteile: Quarz, Feldspat, Glimmer (vor allem Muskovit); Nebengemengteile: Apatit, Beryll, Granat, Molybdänglanz, Zinnstein u. a. – Sehr viel seltener: **Gabbropegmatit** (*H. FOX & J. J. TEALL, 1893) mit Plagioklas (Labrador), Augit (Diallag, Hypersthen) und Erz. – In metamorphen Gesteinen auftretende, pegmatitisch aussehende Mobilisate werden als Pegmatoide bezeichnet. – s. a. Aplit, deuterische Phase, Tab. IV unter Ganggesteinen.

pelagisch (gr 270), (*C. PREVOUST, 1838), Bez. für die landferne Hochseeregion m. entsprechender Hochsee- (= pelagischer) Fauna und -Flora. Die hier zur Ablagerung kommenden pelagischen Sedimente sind nur noch mittelbar vom Festland abhängig.

Pelagosit, m., (n. d. Insel Pelagosa, Adria) (* G. TSCHERMAK, 1878), karbonatische Sinterbildung, die im Spritzwasserbereich an Felsen warmer Meeresküsten glänzende Überzüge bildet, oft aus Aragonit bestehend.

peléanische Tätigkeit (n. d. Mt. Pelée auf Martinique/Karibik), f. → vulkanische Tätigkeit.

Peles Haar, Pelés Haar (hawaiische Bez.), n. → vulkanisches Glas.

Pelit (gr 277), m. → klastisch.

pelophil (gr 277/363), schlickliebend, z. B. p.e Organismen, p.e Fauna. – s. a. Schlick.

Peneplain (engl.), f., (*W. M. DAVIS, 1889), **Fastebene, Rumpffläche** (*A. PENCK), eine durch Verwitterung und Abtragung in Zeiten tektonischer Ruhe bis zur Abschwächung jeglichen Landschaftsreliefs entwickelte, mehr oder weniger ausdruckslose, wellige Ebene.

peneseismisch (lt 244/gr 300) → Seismizität.

Penitentes (n. e. in Argentinien übl. Volksausdruck = Büßer), Pl., (*J. M. GILLIS, 1855/56), Büßerschnee, Ablations-Restformen von Schnee- (**Schneepenitentes, Zackenschnee**) und Firnflächen (‚Zackenfirn' *R. SCHÄFER, 1903). So kann ein Schneefeld in eine Schar z. T. mehrere m hoher Schneepfeiler aufgeteilt werden, die dem Höchststand der Sonne zugeneigt sind. Ähnliche Erscheinungen bei Gletschern: **Eispenitentes, Zackeneis.** – Vorkommen: hohe Trockengebiete der südamerikan. Anden, Zentralasien, Kilimandjaro; in trockenen Jahren in geringem Umfang auch i. d. Alpen. – s. a. Ablation.

Penninisches Deckensystem (n. d. Penninischen Alpen), n. → Deckensysteme.

perenne Tjäle (lt 246 u. schwed.), f. → Dauerfrostboden, Gefrornis.

perennierende Quelle (lt 246), f., ständig schüttende Quelle. – s. a. periodische Quelle, Quellentypen.

Pergelisol (lt 246/161/314), m., → Dauerfrostboden.

Periadriatische Naht (gr 271, Adria), f., große, steilstehende Mylonit- und Zerrüttungszone, tektonische Grenze zwischen Nord- und Südalpen, aus mehreren Teilstücken bestehend. – Im Westteil befindet sich die **Ivrea-Zone,** in der Gesteine der tieferen Erdkruste und der Kruste/Mantel-Grenze infolge kräftiger tektonischer Aufwärtsbewegungen an die heutige Erdoberfläche transportiert worden sind. – s. a. Deckensysteme.

Peridotit (wg. Vorherrschens d. Olivins, s. d., = Peridot [frz.]), m., (*H. ROSENBUSCH, 1877), Tab. IV 20.

Peridotitschicht der Erde, f. (A. F. BUDDINGTON, 1943), umfasst etwa den Oberen Erdmantel. – → Tab. Erdaufbau.

periglazial, Subst. **Periglazial,** n., (gr 271/lt 164), (*W. O. LOZINSKI, 1909), periglaziär, (*R. GRAHMANN, 1932), Bez. für jene Gebiete, welche die ständig von Schnee und Eis bedeckten Regionen umrahmen. Sie sind damit in verstärktem Maße den Frost- sowie den Frostauftau-Wirkungen und der Tätigkeit des fließenden Wassers und des Windes ausgesetzt. Daher finden sich hier spezifische Erscheinungen wie Solifluktion, Kryoturbation, Bildung von Strukturböden und Eiskeilen, Erosions- und Ablagerungszeugen der Gletscherwässer und Hinweise für die ausblasende und ablagernde Tätigkeit des Windes (vgl. die jeweiligen Stichwörter).

periklinal (gr 271/169), (n. W. TOPLEY, 1875, ist der Begriff v. PAGE eingeführt worden), Bez. für das von einem zentralen (höheren) Bereich nach allen Seiten auswärts gerichtete Fallen von Schichten oder Flächen; z. B. die Flanken eines Kegelbergs oder die Schichten eines Stratovulkans (→ Vulkanbauten). – s. a. Kuppel.

Periode (erdgeschichtlich), f. → Tab. I.

periodische Quelle, f., eine nur zeitweise schüttende Quelle. – s. a. Hungerquelle, perennierende Quelle, Quellentypen.

peripherischer Bruch (gr 272), m. → Kesselbruch.

Perlit (v. frz. perle; im Dt. früher auch Perlstein genannt) (* F. S. BENDANT, 1822), m., vulkanisches Glas rhyolithischer Zusammensetzung, das durch Schrumpfrisse in bis cm große perlenartige Kugeln zerfällt.

Perm (n. d. ehem. russ. Gouvernement ‚Perm' am Ural), n., (*R. J. MURCHISON, 1849), Tab. III 8.

Permafrost (lt 247), m. →Dauerfrostboden.

permanente Härte (lt 247), f. → Wasserhärte.

Permanenztheorie (lt 247/gr 146), f., (J. D. DANA, 1846; Ch. LYELL, 1872), Lehre, nach der die Kontinente und Ozeane im Verlauf der Erdgeschichte ihre heutige Verteilung annähernd beibehalten haben (DANA: „Once a continent, always a continent; once a basin, always a basin!"). Dafür schien zu sprechen, dass echte fossile Tiefseesedimente in den Gesteinsverbänden der heutigen Kontinente kaum mit Sicherheit nachgewiesen werden können. Küstenschwankungen der Epikontinentalmeere verändern nur das paläogeographische Bild, nicht aber den grundsätzlichen Charakter der Kontinentalmassen. Daher hat H. STILLE (1948) für einen Teil der Tiefmeere ebenfalls eine gewisse Permanenz angenommen. Er unterschied **Urozeane** (Urarktik, nördl. und südl. Uratlantik, Urpazifik, Urskandik) als Weltmeere, die schon mit Ausgang des Algonkiums vorhanden waren, und **Neuozeane,** die postalgonkisch entstanden sind (z. B. Indik, Teile des Atlantik, Wedell-Meer, Philippinen-Meer). Er lehnt allerdings die Auffassung von einer Permanenz (‚Ewigkeit') der Kontinente weitgehend ab. – Die fixistische (s. d.) P. lässt sich weder mit der Theorie der versunkenen Brückenkontinente (s. d.), noch mit den mobilistischen (→ Fixismus) Theorien der Kontinentalverschiebung (s. d.) und der Plattentektonik (s. d.) vereinbaren. – s. a. Megagäa.

Permeabilität (lt 248), f., Bez. für die Durchlässigkeit von Gesteinskörpern für Flüssigkeiten oder Gase. Die Grenze zwischen durchlässigen **(permeablen)** und weniger durchlässigen **(impermeablen)** Schichten bildet für solche beweglichen Medien eine Permeabilitätsgrenze. – s. a. Falle, Grundwasser, Migration, Porenvolumen.

Perthit (n. d. Ort Perth/Ontario/Kanada), m., (vor allem F. E. SUESS 1904), lamellen- und spindelartig orientierte Durchwachsungen von Albit in Kalifeldspat. Das umgekehrte Durchwachsungsverhältnis wird als **Antiperthit** bezeichnet. Die sehr feine, mikroskopisch kleine Durchwachsung von Mikroklin mit Albitschnüren wird als **Mikroklinperthit** oder **Mikroperthit** bezeichnet (?* P. WAINDZROCK, 1906).

Petrefakt (gr 274/ lt 141), n., (*wahrsch. v. J. VON BORN, um 1780; sicher schon bei E. F. SCHLOTHEIM, 1820), Fossil (s. d.).

Petrofazies (gr 274/ lt 140), f., Bez. für die Summe aller petrographischen Eigenschaften, die es erlauben, ein Gestein einem bestimmten Bildungsmilieu zuzuordnen. – s. a. Fazies, Lithofazies, metamorphe Fazies, tektonische Gesteinsfazies.

Petrogenese (gr 274/75), f., Aussage über die Entstehungsgeschichte (= Genese) eines Gesteins.

Petrographie (gr 274/86), f., Gesteinskunde, Wissenschaftszweig, der sich mit der Zusammensetzung der Gesteine, ihren natürl. Vorkommen, ihrem Verhältnis zueinander und vor allem auch ihrer Bildung und Umbildung befasst. – s. a. Petrologie, Sedimentpetrographie.

petrographische Provinz (gr 274/86), f., (*J. W. JUDD, 1880, 1886), größeres Gebiet, dessen Erstarrungsgesteine gewisse einheitliche Merkmale ihres chem. Bestandes (‚consanguinity' *J. P. IDDINGS, 1909, **Blutsverwandtschaft**) und ihre Abstammung von einem Stamm-Magma gemeinsam haben: **komagmatische Region** (*H. S. WASHINGTON, 1906). – Die in einer solchen Region auftretenden komagmatischen Gesteine bilden einen **Gesteinsstamm** (*V. M. GOLDSCHMIDT, 1922).

Petroleum (gr 274, lt 239), n., (*G. AGRICOLA, 1546), im dt. Sprachraum nicht mehr verwendeter Name für Erdöl (→ Bitumen). Die Bez. wird lediglich noch techn. für ein bestimmtes Destillationsprodukt des Erdöls verwendet.

Petrologie (gr 274/197), f., Wissenschaft, die sich mit der Rekonstruktion der physik.-chem. Bedingungen bei der Gesteinsentstehung befasst.

Petrostratigraphie (gr 274, lt 336, gr 86), f. → Stratigraphie.

pfälzische (Faltungs-) **Phase** (n. d. Rheinpfalz), f., (*H. STILLE, 1924), Phase der Varistischen Faltungsära. → variscisches/varistisches Gebirge. – Tab. III 8, 9.

Pfeilerpluton, m. → Pluton.

Pflasterboden, m., (*W. SALOMON-CALVI, 1929), flache Steinpflaster mit dichter Lagerung. Wahrscheinlich durch Windausblasung entstanden; können in Kälte- wie in Wärmewüsten entstehen.

Phacoid (gr 360/111), n., **Phacoidisierung,** f. → Quetschling.

Phakolith (gr 360/193), m. → Harpolith.

Phanerozoikum (gr 361/136), n., Bez. für die durch Fossilien belegten Abschnitte der Erdgeschichte (= Beginn des Kambriums bis heute). Infolge des Vorhandenseins von Fossilien konnte eine biostratigraphisch gesicherte Zeitskala für diesen Zeitraum aufgestellt werden.

Phase, f. 1. → Faltungsphase; 2. chronologischer Abschnitt als Einheit auf der erdgeschichtlichen Tabelle, Tab. I.

Phlebit (gr 364), m. → Migmatit.

Phlogopit (gr phlogopos = fettig aussehend), m., braunes Mg-reiches Glimmermineral, das zur Biotit (s. d.)-Gruppe gehört; $KMg_3((F,OH)_2/AlSi_3O_{10})$.

Phonolith (gr 372/193), m., (bereits b. K. C. VON LEONHARD, 1824), (neu def. v. F. ZIRKEL, 1867), Tab. V 3.

Phosphorit (wg. seines Chemismus), m., (?*A. G. WERNER), Sammelbez. für sedimentäre kryptokristalline (→ kristallin) Apatit- (s. d.) Varietäten von erdiger, zelliger, traubig-nieriger, kugelig-knolliger oder krustenartiger Beschaffenheit.

photisch (gr 373) → euphotisch.

phreatomagmatische Eruption (gr 366/202, lt 124), f., i. e. S. Dampf- oder Schlammeruptionen, bei denen Oberflächenwasser oder Grundwasser (d. h. phreatisches Wasser) durch Kontakt mit einer magmatischen Wärmequelle explosionsartig verdampft. – s. a. base surge.

pH-Wert, m., Wasserstoffionen-Konzentration, dargestellt durch den negativen dekadischen Logarithmus von $[H^+]$. Dann entspricht 10^{-7} dem Wert 7, der eine neutrale Reaktion angibt. Werte >7 geben alkalische, <7 saure Reaktion an. – s. a. Bodenacidität.

Phyllit (gr 367), m., (*C. F. NAUMANN, 1850), Tab. VII 15. Entspricht etwa dem von J. F. D'AUBUISSON DE VOISIN geprägten Begriff ‚Phyllade'.

Phyllonit (gr 367/224), m., (*B. SANDER, 1911), Wortvereinigung aus Phyllit (s. d.) und Mylonit (s. d.). Stark mylonitisiertes, geschiefertes und – wie die Phyllite – durch Neubildung von Sericit und Chlorit charakterisiertes Gestein; Produkt der retrograden Metamorphose (→ Diaphtorese).

Phyllosilikate (gr 367/lt 310), Pl. n., Silikatminerale mit Schichtgitter, z. B. Pyrophyllit, Talk, Biotit, Muskovit, Chlorit, Glaukonit, Serpentingruppe, Tonminerale (z. B. Kaolinitgruppe, Smectit) u. a. (→ unter dem jeweiligen Stichwort). – s. a. Schieferung.

Phylogenie (gr 362/77), f. → Paläontologie.

Phytal (gr 371), n., Zone des bodenständigen pflanzlichen Lebens im Meer.

phytogen (gr 371/76) → biogenes Sediment.

Phytoplankton (gr 371/281), n. → Plankton.

Piacentien, Piacentium, Piacentin (-Stufe), n., (n. d. Ort Piacenza/Oberitalien), (*C. MAYER-EYMAR, 1857), Tab. III 12 E.

Piedmontfläche (frz. ‚Gebirgsfuß'), f., (*W. PENCK, 1924, 1925), Verebnungsfläche in einem sich erhebenden Gebirge. Sie kennzeichnet eine lang andauernde Pause innerhalb der epirogenen Hochwölbung. Wird Letztere durch mehrere Pausen unterbrochen, ergeben sich mehrere, durch Gehängeknicke getrennte Flächen übereinander: **Piedmonttreppe,** f. – Dieser Meinung von PENCK ist heftig widersprochen worden.

Piedmont-Gletscher (frz.), m. → Gletscher.

piemontesische Decken → Deckensysteme.

piggyback basin, n. → Huckepack-Becken.

Pikrit (gr 278), m., (*G. TSCHERMAK, 1866; neu def. v. H. ROSENBUSCH, 1877), Tab. IV 22, → Basalt.

Pillow-Lava (engl.), f., (*A. J. COLE & J. W. GREGORY, 1890), **Kissenlava,** f., bei basischen, vor allem den submarin geförderten Laven, auftretende wulst- bis kissenartige Gebilde mit Durchmessern bis ca. 1 m (**Pillow**, n.). Vielfach besitzen diese Pillows schlauchartige Form. Daher spricht H.-U. SCHMINCKE (1986) von ‚Schlauch-' oder ‚Röhrenlava'; nicht zu verwechseln mit Lavatunneln (s. d.). – Zwischen den Pillows finden sich als Zwickelfüllungen Tephren, von den Pillow-Außenhäuten abgespratzte Glaspartikel oder Sediment. Die glasige Außenhaut der Pillows entsteht bei der Berührung der Lava mit Wasser.

Pilzfalte, f. → Faltentyp.

Pilzfelsen, m., Felsform mit schmalem Fuß und breitem, hutartig ausladendem Oberteil. Ein solcher Fuß wird durch bodennahen Windschliff erzeugt. – Konvergenzformen können durch Brandungserosion (→ Brandung) oder bei der Verwitterung eines Paketes unterschiedlich verwitterungsempfindlicher Gesteine (s. a. Balme) auftreten.

Pinge, f., (alter bergm. Ausdruck), kleine Bodenvertiefung, die durch bergmännische Schürfarbeit über Tage oder durch Nachbruch über flachen Untertageschürfungen entstanden ist.

Pingo, Pl. **Pingos** (Inuit-Sprache a. d. Mackenzie-Delta/NW-Kanada), m., (*A. E. PORSILD, 1938), **Hydrolakkolith, Kryolakkolith**, m., linsenförmige Eisansammlung im Boden rezenter Tundren. Solche Linsen können regelrechte Hügel bis zu einigen Dutzend m Höhe aufwölben. Beim Austauen sacken sie zusammen und bilden nach Wasserfüllung der so entstandenen Bodensenke kleine, fast kreisrunde Teiche. – s. a. Pals, Thufa.

Pinolith (wg. der Ähnlichkeit mit Pinienkernen), m., (*J. RUMPF, 1873), bei Magnesitgesteinen gelegentlich auftretendes Gefüge, bei dem die Magnesitkristalle, die z. T. Größen von mehreren cm aufweisen, mit schmalovalem Querschnitt dicht gepackt aneinander liegen.

Pipe, Pl. **Pipes** (engl.), f., vulkanische **Durchschlagsröhre** (s. d.) mit kreisrundem oder ovalem Querschnitt. Sie erweitert sich oft nach oben trichterartig, während sie nach der Tiefe hin bei gleichzeitiger Verengung in Spalten übergehen kann (↗ Abb. 48). In Südafrika sind solche P. mit einer Explosionsbrekzie von Glimmerperidotit, dem Kimberlit (s. d.), (*J. V. Lewis, 1887) gefüllt. Dieser ist im oberen Teil durch Verwitterung gelbbraun (yellow ground), primär jedoch schwarzgrün (blue ground) gefärbt. Da in einer Reihe von P. in Südafrika Diamanten gefunden werden, sind durch die hierdurch verursachten, bergbaulichen Aufschlüsse bis über 1000 m Tiefe gute Kenntnisse über Form und Ausbildung solcher Durchschlagsröhren gewonnen worden.

Pisolith (lt 249/gr 193), m., aus kleinen kugeligen Körpern (bis Erbsengröße, Name!) zusammengesetztes Gestein, z. B. Ausscheidungen heißer Quellen: **Erbsen-** oder **Sprudelstein.** – Auch vulkan. Glasaschen können pisolithische Textur besitzen. – s. a. Oolith.

Pitkrater (v. engl. Loch, Grube, Abgrund; gr 176), m., **Schachtkrater,** m., steilwandiger, z. T. etagenartig aufgegliederter, runder Einbruch an Vulkanen. Solche Krater (s. d.) können einzeln oder in langen Reihen entlang Spaltenzügen auftreten. Vor allem aus Hawaii bekannt.

Plagioklas (gr 280/167), m., (*A. Breithaupt, 1847), Feldspatgruppe, Mischungsreihe der beiden Endglieder Albit, $Na[AlSi_3O_8]$ und Anorthit $Ca[Al_2Si_2O_8]$. Daher wird das prozentuale Verhältnis der einzelnen Mischungsglieder mit ‚Ab' und ‚An' bezeichnet: **Albit** ($Ab_{100-90}An_{0-10}$), **Oligoklas** ($Ab_{90-60}An_{10-30}$), **Andesin** ($Ab_{70-50}An_{30-50}$), **Labradorit** (Ab_{50-30} An_{50-70}), **Bytownit** ($Ab_{30-10}An_{70-90}$) und **Anorthit** ($Ab_{10-0}An_{90-100}$). Bei manchen P. kann das Na z. T. durch K ersetzt werden. Dann wird dessen Prozentsatz noch mit ‚Or' (v. Orthoklas) den obigen Prozentangaben angefügt. Hierher gehören z. B. relativ K-reiche Oligoklase, die infolge ihres rhombenartigen Querschnitts als Rhombenfeldspäte bezeichnet werden.

Plagiophyr (wg. d. hohen Plagioklas-Anteils), m., (*G.W. Tyrell, 1913), Tab. IV 3.

Plaisancien (Lokalität in der Po-Ebene/Italien), n., (*K. Mayer-Eymar, 1858), Tab. II C.

planares Gefüge (lt 250), n. → Gefüge.

Pläner, m., Bez. für oberkretazische (vor allem Cenoman und Turon) Sedimentserien aus

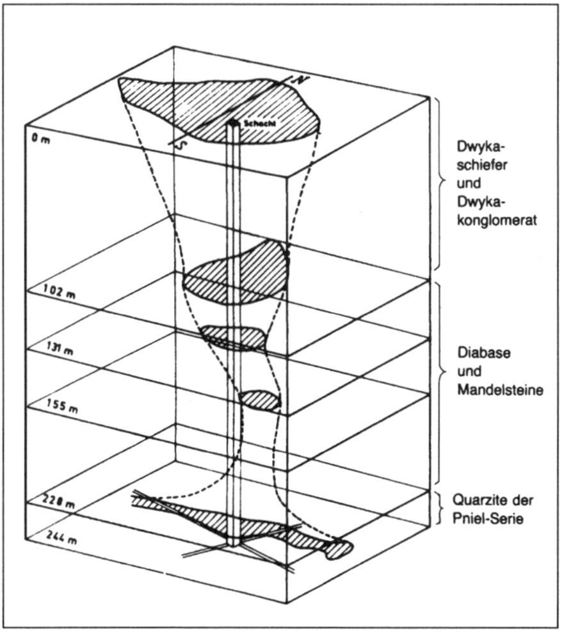

Abb. 48
Kimperlit-Pipe. – Nach A. Du Toit aus J. Frechen: Der Magmatismus. In: R. Brinkmann: Lehrbuch der Allgemeinen Geologie, III. – Stuttgart (Enke), 1967.

dünnbankigen Kalken, Mergeln und weicheren Sandsteinen, die infolge ihrer Angriffsempfindlichkeit morphologisch flache, sanfte Geländeformen erzeugen (Name!). – Im Gegensatz dazu stehen die etwa gleichaltrigen grobbankigen, steil geklüfteten **Quadersandsteine** (*F. L. HAUSMANN, 1824), die steilere Geländeformen ausbilden.

Planetesimaltheorie, f., (Th. Ch. CHAMBERLIN, 1905, ausführlich 1916, und F. R. MOULTON, vor allem 1928), Theorie zur Bildungserklärung des Planetensystems (darunter d. Erde) durch Entzug planetarischen Materials (Name!) aus einem hypothetischen Urkörper des Sonnensystems infolge der Anziehungskraft eines in rel. Nähe vorbeiziehenden Himmelskörpers. Aus Ballungen solcher planetarischer Nebel sollen sich infolge spezifischer Kondensationserscheinungen die Planeten entwickelt haben. – s. a. Kant-Laplacesche Theorie.

planktogen (gr 281/76), aus Resten planktonischer Lebewesen entstanden.

Plankton, n., Adj. **planktisch** (da Wortstamm plankt-, ist „planktonisch" nicht korrekt) (gr 281), (* V. HENSEN, 1887), Bez. für die Gesamtheit der im Wasser treibenden und schwebenden Organismen. – Man unterscheidet **Zooplankton** (Tiere), **Phytoplankton** (Pflanzen), **Haliplankton** (im Meer), **Limnoplankton** (im See, Süßwasser). – P., das aus besonders kleinen Organismen besteht, wird als **Nannoplankton** bezeichnet.

Plastizität, f., Adj. **plastisch** (gr 282), die Fähigkeit eines Stoffes zu einer bleibenden (= plastischen) Verformung vor Eintritt des Bruches. Damit ist die P. eines Stoffes einerseits gegenüber dem elastischen (s. d.) Zustand und andererseits gegenüber dem spröden (s. d.) Verhalten abgegrenzt. – H. G. WUNDERLICH (1965) bezeichnete eine über geologische Zeiträume wirksame P. fester Gesteinskörper als **Säkularplastizität.** – s. a. duktil, Festigkeit.

Plastizitätstheorie, f. → Gletschertheorien.

Plateaubasalt, m. → Trapp.

Platte (engl. plate), f., im allgem. Sinne ein Körper, dessen Breiten–Längen-Ausdehnung wesentlich größer ist als seine Dicke. – In der Plattentektonik (s. d.) ein dieser allgem. Def. entsprechender Lithosphärenkörper (→ Lithosphäre), der deutlich gegenüber seinen Nachbarplatten abgegrenzt ist **(Plattenrand, -grenze).** Man unterscheidet die im Wesentlichen aus ozeanischer Lithosphäre bestehenden **ozeanischen Platten** (z. B. Pazifische P.) von den vorwiegend aus kontinentaler Lithosphäre bestehenden **kontinentalen Platten** (z. B. Arabische P.). Die meisten P.n bestehen jedoch aus einem ozeanischen und einem kontinentalen Anteil (z. B. Amerikanische P.); vgl. hierzu ↗ Abb. 49. In der Lit. findet man außerdem die Unterscheidung nach **aktiven** (z. B. Subduktionszonen, s. d.) und **passiven** (z. B. → mittelozeanische Rücken) **Plattenrändern**. – Bei Aufteilung größerer Platten in kleinere Einheiten spricht man auch von **Mikroplatten** (engl. microplates).

Platten-Akkretion, f. → Akkretion.

Plattentektonik, f. (*J. T. WILSON, 1965; D. P. MCKENZIE & R. L. PARKER, 1967; B. ISACKS et al., 1968; W. J. MORGAN, 1968), beruht auf der Vorstellung einer globalen (= weltweiten) Tektonik, die davon ausgeht, dass die Lithosphäre (Erdkruste und Teile des Oberen Mantels; 70–200 km dick) in einige große und eine Anzahl kleinerer Platten (s. d.) zerlegt ist, die sich mehr oder weniger wie starre Körper verhalten (↗ Abb. 49). Diese Platten können horizontale Bewegungen ausführen. Sie gleiten dabei auf der Asthenosphäre (s. d.). Auf diese Weise können sie sich von ihren Nachbarplatten entfernen **(Divergenz; divergenter Plattenrand)** oder mit anderen Platten kollidieren **(Konvergenz; konvergenter Plattenrand).** Weiterhin kann an einem Plattenrand eine Platte umbiegen und unter die andere Platte absinken (**Subduktion,** s. d.; ↗ Abb. 50). Auch kann sich bei Kollision eine ozeanische Platte auf eine kontinentale schieben **(Obduktion).** Bewegungen an den Plattengrenzen sind die Ursache für tektonische Prozesse, z. B. große Horizontalverschiebungen und die Angliederung von Terranes (s. d.), aber auch für die Entstehung von Orogenen (**Kollisionsorogen;** → Kollisionsorogenese). P. ist somit Tektonik als Konsequenz der Plattenbewegungen an ihren Rändern. Nach D. P. MCKENZIE & R. L. SLATER (1973) sind ‚Plattentektonik' und ‚Plattenbewegungen' nicht dasselbe. – Vielfach erzeugen Bewegungen an den Plattengrenzen Erdbeben. Eine bes. charakteristische Verteilung der Erdbeben-Hypozentren zeigen die abtauchenden Platten in den Subduktionszonen (→ Benioff-Zone, Inselbogen).

Vielfach werden als Motor für diese Prozesse Strömungen (→ Konvektionsstrom) im tieferen Erdmantel angenommen, da an den divergierenden Plattengrenzen der → Mittelozeanischen Rücken schmelzflüssiges Man-

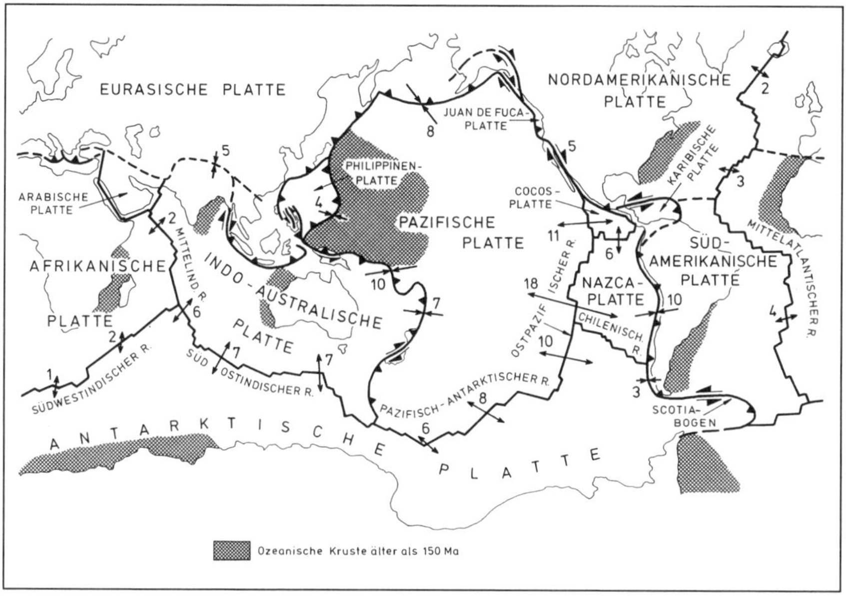

Abb. 49 Die großen Lithosphärenplatten der Erde. Zahlen: Bewegungsraten an Plattengrenzen in cm/Jahr (nach MINSTER & JORDAN, 1978). R = Rücken. – Aus G. H. EISBACHER: Einführung in die Tektonik. – Stuttgart (Enke-Verl.), 1991.

telmaterial aufsteigt und die hier angrenzenden Platten sich dabei nach außen bewegen **(konstruktiver Plattenrand).** Aus diesem Schmelzfluss wird den auseinander weichenden Plattengrenzen immer wieder neues Material angeschweißt. Da bei der Erstarrung dieser Schmelzen sich das jeweils herrschende magnetische Erdfeld abbildet (→ Erdmagnetismus, Remanenz) und sich andererseits in bestimmten Zeitabschnitten das Erdmagnetfeld umpolt, zeigt sich bei entsprechenden magnetischen Vermessungen des Ozeanbodens ein parallel und symmetrisch zu den Mittelozeanischen Rücken ver-

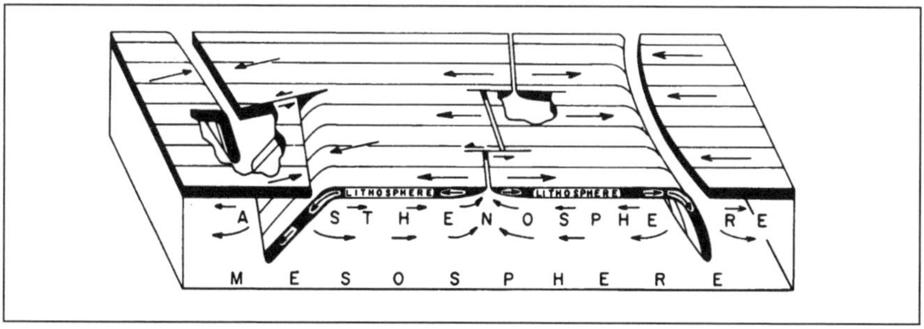

Abb. 50 Schema der Plattenbewegungen. – Nach B. ISACKES, J. OLIVER & L.R. SYKES (1968), aus Deutsch. Handwörterbuch der Tektonik ,Transformstörung'; Hannover, 1991.

laufendes Streifenmuster (→ Altersbestimmung, magnetisches Streifenmuster).
Die in den inneren Teilen der Platten stattfindende Bruchtektonik (vor allem Taphrogenese, s. d.) und Krustenverbiegungen aller Art und Dimension werden als **Intraplattentektonik** (engl. intra-plate tectonics) zusammengefasst. Der nicht an den Plattenrändern (Subduktionszonen, Mittelozeanischen Rücken), sondern im inneren Teil kontinentaler wie ozeanischer Platten auftretende Vulkanismus wird als **Intraplatten-Vulkanismus** bezeichnet. – Zum Unterschied Plattentektonik/Kontinentalverschiebungstheorie vgl. → Kontinentalverschiebung.

Plattform (v. frz. ‚plate-forme'), f., Bez. für die großen präkambrischen Kernzonen der Kontinente. Allerdings wird der Begriff nicht einheitlich gebraucht. Während einige Autoren ihn synonym zu Kraton (s. d.) oder Tafel (z. B. Russische Tafel) verwenden, ist in der russ. und einem Teil der dt. Lit. die Pl. die präkambrische Kernzone der Kontinente, die entweder schildartig (→ Schild) aufgewölbt zutage tritt (z. B. Baltischer Schild) oder unter mächtigen Schichtfolgen jüngerer Tafeln (z. B. Russische Tafel) begraben liegt. – Vgl. aber auch Verwendung des Terminus ‚Plattform' bei Plattformcarbonat (s. d.). – s. a. Anteklise, Syneklise.

Plattformcarbonat, n., sehr ausgedehntes flachmarines bis randmarines, terrigen in der Regel nur gering beeinflusstes Carbonat-Sedimentationsgebiet mit relativ einheitlichen Faziestypen (→ Fazies, Mikrofazies). Typisch sind eine ziemlich geringe Reliefierung der Plattform und eine nur geringe Neigung der Sedimentationsbasis. Das Sedimentationsgeschehen wechselt lokal zwischen subtidalen (s. d.), intertidalen (s. d.) und supratidalen (s. d.) Bedingungen. Am Plattformrand erfolgt eine abrupte Reliefänderung; mikrofaziell ist das durch lateral rasch wechselnde, meist höherenergetische Carbonatbarren oder durch Riffe gekennzeichnet. – Man kann eine isolierte, terrigen nicht beeinflusste Plattform, die im Ozean von tieferem Wasser umgeben ist, von einer landgebundenen, zeitweilig durch terrigenen Detritus (s. d.) beeinflussten Plattform unterscheiden. Ein Beispiel für eine typische isolierte Plattform ist die rezente Große Bahama-Bank. – s. a. Rampe, Schelf.

Plättung (abgeleitet v. plätten = platt machen), f., Vorgang der Gefügeumformung, bei der Gesteinskörper oder Körner in ihrer Dimension parallel zum größten Druck abnehmen und senkrecht zu dieser Druckrichtung zunehmen. – s. a. Schieferung.

Platzaustauschhypothese, f. → Aufstemmungshypothese.

Playa (span.), f., entspr. etwa den Begriffen ‚Salzsumpf' oder ‚Salzpfanne' und bezeichnet ein Gebiet in den ariden Klimazonen mit Ton-, Silt-, aber auch Sandsedimenten, die durch Salzausscheidungen inkrustiert sind. Es gibt P.s vor allem in großen Inlandbecken (z. B. Utah/USA, Tarimbecken/NW-China), aber auch solche in Küstenzonen (Küstenplaya). In der Sahara verwendet man dafür die Begriffe **Sebkha** (f.) oder **Sabkha** (f.). Die Salzabscheidungen in Sebkhas erfolgen durch kapillar aufsteigendes Grundwasser, die in P.s durch verdunstendes Oberflächenwasser. – s. a. Salar.

Pleistozän (gr 283/154), n., (*Ch. Lyell, 1839), Tab. II, IIa und III 13 A.

Pliensbachien, Pliensbachium, Pliensbach (-Stufe), (n. d. Ort Pliensbach bei Bad Boll, Göppingen/Württ.), n., (*A. Oppel, 1858), Tab. III 10 A.

plinianische Tätigkeit (n. Plinius d. J., der den Vesuv-Ausbruch 79 n. Chr. genau beschrieben hat), f. → vulkanische Tätigkeit.

Pliozän (gr 284/154), n., (*Ch. Lyell, 1832), Tab. III 12 E.

plissements précurseurs (frz.), Pl. → embryonale Faltung.

Plume (engl.), m., (* W. J. Morgan, 1971) → Hot spot, Mantelplume.

Pluton (n. d. gr. Gott d. Unterwelt), m., (*R. Kirwan, 1796: ‚plutonic system'), Tiefengesteinskörper von erheblicher Größe (bis zu mehreren 100 km ø), der innerhalb der Erdkruste aus magmatischen Schmelzen kristallisiert ist. In der Regel fällt der Bildungsraum der Schmelze nicht mit ihrem Erstarrungsraum zusammen. An solche P.e schließt sich oft ein Netz von Ganggesteinen und vielfach eine Gefolgschaft von Erzlagerstätten (s. d.) an. Je nach Möglichkeit der Raumschaffung ergeben sich versch. geformte Plutone. Neben den großen stockartigen Batholithen (s. d.) werden (n. H. Cloos, 1928, 1936) entsprechend ihrer Gestalt unterschieden: **Trichter-, Pyramiden-, Kegel-, Schüssel-, Pfeiler-, Kuppel-** und **Tafelplutone;** außerdem baumartig verzweigte **Etagenplutone.** – Auch der Krustentyp ihrer Umgebung und die allg. tektonische Stellung können Lage und Gestalt der Plutone festlegen: **Antiklinal-, Synklinal-, Kern-, Grenz-** (*H. Gall-

WITZ, 1934), **Spalten-, Längs-** und **Querplutone.** – Die Platznahme der Schmelze kann auf versch. Weise verlaufen (→ Aufstemmungshypothese).
Oft ist die Strömungsrichtung des Magmas in seiner Magmakammer aus Fließtexturen der Plutonite (s. d.) rekonstruierbar. So findet sich u. U. Einregelung früh ausgeschiedener Kristalle, Nebengesteinsschollen (→ Scholle) oder Schlieren (s. d.). Solche Fließspuren werden bei weitgehend erstarrten Schmelzen vielfach von Bruchspuren abgelöst, die entweder die unmittelbare und gleichsinnige Fortsetzung des Fließens sind, oder sich auf Spannungszustände des Gebirges einspielen. Die bes. bei granitischen Plutonen oft schön entwickelten versch. Texturbilder benutzte H. CLOOS (1921, 1922) zur Rekonstruktion der Entstehungsgeschichte solcher Plutone vom Einströmen der Schmelze bis zu ihrer endgültigen, heute zu beobachtenden Form: **Granittektonik** (↗ Abb. 51). Bruchfugen, die im Rahmen dieses Vorgangs gebildet werden, können, wenn sie zu Spalten erweitert worden sind, Restschmelzenprodukte als Ganggefolgschaft des P. aufnehmen. Solche Gänge können auch über das Plutondach nach oben, oder, nach den Seiten, aus den Plutonflanken mehr oder weniger weit ins Nebengestein hinaus reichen.

Vielfach lassen sich Altersbeziehungen zwischen Plutonismus und Tektonik durch den Nachweis des Fehlens oder verschiedengradigen Vorhandenseins von tektonischen Beanspruchungserscheinungen in den plutonischen Gesteinen aufstellen: **prätektonische** (= vortektonische), **syntektonische** (= während der Tektonik), **spät-** oder **posttektonische** (= nachtektonische) oder **atektonische** (= ohne tektonische Beanspruchungsspuren und Beziehungen) Plutone. Als Gesamtbegriff für die plutonischen Prozesse wird der Ausdruck **Plutonismus** verwendet. – s. a. Lopolith.

Plutonisten (n. d. gr. Gott der Unterwelt Pluton), Pl. m., vertraten die hauptsächlich v. J. HUTTON (1726–1797) entwickelte Lehre, dass die wesentlichen Gestaltungskräfte der Erde aus dem Erdinneren (‚Zentralfeuer') kämen, sodass von hier aus die Härtung und Verfestigung der Gesteine, ihre Faltung und Zerbrechung, die Bildung der Gebirge und Kontinente und das Aufdringen irdischen Schmelzflusses ableitbar sind. – s. a. Aktualismus, Neptunist.

Plutonit (n. d. griech. Gott der Unterwelt), m., **abyssisches Gestein, Tiefengestein,** in der Tiefe der Erdkruste erstarrtes Gestein, z. B. Granit, Diorit, Syenit, Gabbro. Gegensatz: Vulkanit (s. d.). – s. a. Tab. IV, V.

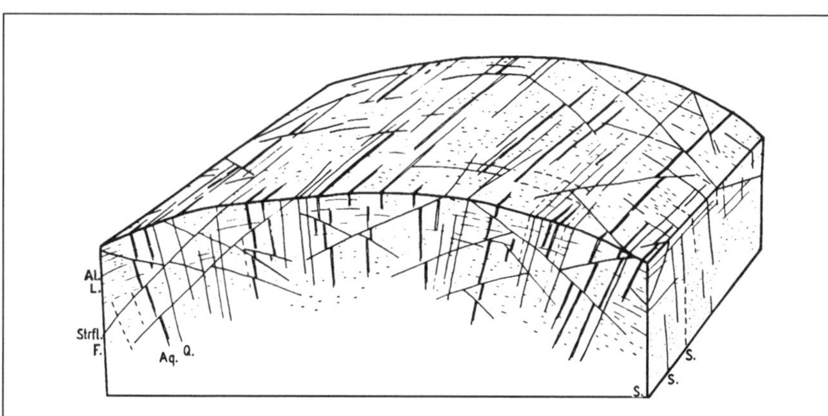

Abb. 51 Plutongewölbe mit konzentrischem Parallelgefüge (feine Striche), flachen Lagerklüften (L), steilen Längs- (S) und Querklüften (Q), mit radialen Gängen (Aq) und diagonalen Streckflächen (Str.fl.) sowie Aplitlagergängen (Al). – Aus H. CLOOS: Einführung in die Geologie. Berlin (Borntraeger), 1936.

Pluvialzeit (lt 251), f., (*E. Hull, 1884), eine den Eiszeiten des Pleistozäns (s. d.) jeweils zeitgleiche, durch verstärkte Niederschläge (‚Regenzeit!') gekennzeichnete Zeit **(Pluvial)** außerhalb der damaligen nivalen (s. d.) Bereiche. In neuerer Zeit wird von einigen Autoren die Gleichzeitigkeit von Glazialen (= Eiszeiten) und Pluvialen mind. für einige Bereiche der Erde angezweifelt.

Pneumatoklase (gr 285/167), f., (n. e. Vorschlag v. P. Eskola in H. Cloos, 1941), Vorgang der **Tuffisierung** (*H. Cloos, s. o.), bei dem das Nebengestein einer vulkanischen Spalte „... längs feiner Risse und Spalten von Tuff durchsetzt und intim mit ihm vermengt" wird. Solche **Tuffisite** (*H. Cloos, s. o.) sind Mischgesteine vulkanischer Aschen mit Nebengesteinsmaterial verschiedenster Korngrößen. Beispiel: Tuffschlote und -gänge der Schwäbischen Alb. – s. a. Fluidisation, Maar, Tephra.

Pneumatolyse (gr 285/201), f., (*R. Bunsen, 1851), Wirkung der bei der Erstarrung magmatischer Schmelzen entweichenden, hochtemperierten flüchtigen Bestandteile auf die schon erstarrten Teile der Schmelze und auf das Nebengestein (vgl. deuterische Phase). Da solche Reaktionen vor allem in unmittelbarer Nähe des Kontaktes von magmatischem Körper und Nebengestein erfolgen, spricht man für jenen Bereich auch von **Kontaktpneumatolyse** (→ Metamorphose).

pneumatolytisch (gr 285/201), Bez. für gasförmige magmatogene Transportmedien, die hohe Temperaturen (500–350 °C) und hohe Drücke besitzen, sowie die hierdurch hervorgerufenen Prozesse, z. B. p. Erzlagerstätten-Bildung (→ Erzlagerstätte).

Podsol (russ. = unter Asche), m., (* W. W. Dokutschajeff, 1879), **Bleicherde**, **Grauerde**, Bodentyp kühl-feuchter Klimate, der unter einer **Rohhumusdecke** einen im oberen Bereich meist schwarzgrauen, nach unten heller werdenden A-Horizont (= Ae-Horizont) und darunter einen durch Eisenhumus-Anreicherung und oft -Verkittung gekennzeichneten B-Horizont (Orterde, Ortstein, s. d.) aufweist. Neben dem feuchtkühlen Klima ist der Bewuchs durch Heidevegetation *(Erica, Calluna)* und Nadelhölzer, deren Streu die Entwicklung eines sauren Rohhumus begünstigt, eine wichtige Bildungsvoraussetzung. – s. a. Bodenprofil, Bodentyp.

poikilitisch (gr 286), Bez. für ein Strukturbild, bei dem präexistente kleinere Kristalle von später gebildeten größeren umschlossen werden. Erscheinungen solcher Art sind z. B. bei der Metablastese (s. d.) häufig zu erkennen (= **poikiloblastisch** → kristalloblastisch).

point bar (engl. = Uferbarre, Ufersandbank), m., Ablagerungen, die durch Strömungsabfall am → Gleithang von → Mäandern verursacht werden. In der Korngröße von Silt bis Kies reichend.

Polaritäts-Epoche, f., **Polaritäts-Ereignis,** n. ↗ Abb. 4.

Polierschiefer, m. → Tripel.

Polje, n., Pl. **Poljen** (serbokroat. = Feld), großes, geschlossenes, meist steilwandiges Becken mit ebenem Aufschüttungsboden und elliptischem oder polygonalem Umriss. Solche – nur im Karst auftretende – P. haben unterirdische Entwässerung (s. a. Katavothre); sie können dauernd trocken sein, aber auch eine periodische oder dauernde Wasserfüllung aufweisen **(Poljensee).** – Solche Formen können durch das ‚Zusammenwachsen' von Dolinen (s. d.) oder Uvalas (s. d.), aber auch durch chem. und mechan. Ausweitung tektonischer Schwächezonen versch. Art – z. T. unter Mitwirkung von Flüssen – entstehen.

Pollenanalyse, f., (auf Arbeiten von C. A. Weber und G. Lagerheim, Ende d. 19. Jh., zurückgehend, vor allem aber durch L. von Post [1916] ausgebaut), statistische Untersuchungsmethode der in Sedimenten, Böden und Mooren auffindbaren Pollenkörner (= Blütenstaub) zur Rekonstruktion der Pflanzengemeinschaften und damit auch des Klimas des fraglichen erdgeschichtlichen Zeitraums. Außer den Pollenkörnern werden auch noch die Sporen (= ungeschlechtliche Fortpflanzungskörper der blütenlosen Pflanzen) herangezogen. Für stratigraphische Zwecke bes. geeignet sind für diese Methode geologische Zeitabschnitte mit mehrfach wechselndem unterschiedlichem Klima. – s. a. Palynologie.

Polnisch-Dänisches Aulakogen, n. → Tornquistsche Linie.

Polwanderungskurve, f., (besser: **scheinbarer Polwanderweg**, m. = engl. apparent polar wandering path = APWP), die Verbindungslinie von Ortslagen paläomagnetischer Pole relativ zu einem als festliegend angenommenen Kontinent über größere geologische Zeiträume. – s. a. paläomagnetischer Pol.

Polybitumen (gr 288, lt 38), n. → Protobitumen.

polygen (gr 288/76), (schon bei C. F. Naumann, 1850), verschiedentlich im Sinne des eindeutigeren Begriffs **polymikt** (= aus Komponenten verschiedener Art zusammengesetzt) bei Sedimentgesteinen verwendet. – Der Begriff wird auch für Gesteine gebraucht, die mehrere Bildungs- bzw. Umbildungsprozesse durchlaufen haben.

polygenetischer Vulkan (gr 288/75), m. → monogenetischer Vulkan.

Polygonalfalte (gr 288/87), Falte, deren Schenkel mehrfach abknicken, sodass im Querschnitt das Bild eines Polygons entsteht.

Polygonboden (gr 288/87), m. → Strukturboden.

polyhalin (gr 288/20) → brackisch.

Polyhalit (gr 288/20), m., (*F. STROHMEYER, 1820), in Salzlagerstätten vorkommendes Mineral: $K_2MgCa_2 [SO_4]_4 \cdot 2 H_2O$.

polymetamorph (gr 288/215), (*J. KÖNIGSBERGER, 1910), Bez. für Gebiete und Gesteine, die eine mehrfache Metamorphose (s. d.) erlitten haben.

polymikt (gr 288/208) → polygen.

polymineralisches Gestein (gr 288, provençalisch), n. → Gestein.

Pommersches Stadium (n. d. Prov. Pommern), n., (*P. WOLDSTEDT, 1925), Tab. IIa A.

Pompeckjsche Schwelle (n. d. Geologen K. F. POMPECKJ, 1867–1930 [sprich: Pompetzki]), f., (*W. HAACK, 1926), paläozoische Barre, die die Nordsudeten m. d. Unterelbe-Bereich und Schleswig-Holstein verbunden hat; entspricht etwa der ‚Jütischen Insel' A. BORNS (in W. SALOMON, 1926). POMPECKJ (1896) hatte als Erster eine solche Barre zur Erklärung der Faunenunterschiede des Unter- und Mittelkambriums in Böhmen und im Baltikum angenommen. – A. BENTZ (1930, ausführlicher 1931) übertrug den Begriff auch auf das Mesozoikum für eine Schwelle, die im Jura und in der Unteren Kreide das nordwestdt. und das ostdt.-polnische Becken getrennt haben soll. E. VOIGT (1963) modifizierte nach Auswertung neuer Bohrungen diese Deutung dahingehend, dass die P. S. zu den genannten Zeiten lediglich von der Eintiefung der erwähnten Becken nicht betroffen worden sei. – Andererseits zeigt der Unterelbe-Trog z. B. für Perm, Buntsandstein, Keuper, Lias und die Zeit nach der Unterkreide synsedimentäre Senkungen mit z. T. erheblichen Sedimentmächtigkeiten, sodass hier der Schwellencharakter entfällt. A. ROLL (1949) schlug daher für diese Struktur die neutrale Bez. **Pompeckjsche Scholle** vor.

Ponor (serbokroat. = Abgrund), m. → Katavothre.

Pontien, Pontium, Pont (-Stufe), (n. d. lt Bez. ‚pontus euxinus' = Schwarzes Meer), n., (*LE PLAY, 1942), Tab. III 12 E.

Pop-up-Struktur (engl. pop up = plötzlich auftauchen), f., von Auf- oder Überschiebungen begrenzte Schollen über mechanisch schwachen Abscherungshorizonten. Sie steigen also nach 2 Seiten (bivergent → Vergenz) über ihre Umgebung empor.

Porendurchlässigkeit, f. → Durchlässigkeit.

Porengrundwasserleiter, m. → Grundwasser.

Porensaugwasser, n. → Kapillarwasser.

Porenvolumen, n., Bez. für die Porosität eines Gesteins, d. h. den mit Gasen (vor allem Luft) oder Flüssigkeiten (vor allem Wasser) ausgefüllten Raum in einem Gestein oder im Boden. Als **Hohlraumanteil** bezeichnet man das Volumen der Hohlräume einer Boden- bzw. Gesteinsprobe im Verhältnis zum Gesamtvolumen der Probe. Die Kontrolle des P. ist neben der Überprüfung der Porengestalt und -verteilung wichtig für die Angabe der Durchlässigkeit und Speicherfähigkeit (→ Permeabilität) eines Gesteins.

Porenzwickelwasser = **Zwickelwasser,** n. → ungesättigte Zone.

porphyrisch (gr 289), (‚Porphyr' seit d. 16. Jh.), Gesteinsgefüge von Magmatiten (→ Magma), bei dem einzelne größere, meist gut ausgebildete Kristalle (→ Einsprengling) in feinkörniger, dichter oder glasiger Grundmasse liegen. In randnahen Teilen der Plutone (s. d.) und bei Gang- und Oberflächengesteinen auftretend. Als Entstehungsursache kann der rasche Transport einer in langsamer Auskristallisation befindlichen Schmelze in eine kühlere Umgebung (z. B. an die Erdoberfläche) angesehen werden. Dort erstarrt dann der noch flüssige Schmelzanteil schnell. Außerdem können auch bei langsamer Abkühlung erstausgeschiedene Kristalle gegenüber jenen der Hauptkristallisation erhebliche Größenunterschiede aufweisen. – Verschiedentlich werden solche Einsprenglinge durch Änderung des Chemismus der Schmelze bei der Abkühlung durch die noch vorhandene Schmelze korrodiert, da sich Schmelze und Einsprengling nicht in chemischem Gleichgewicht befinden (s. a. Korrosion). – s. a. Tab. IV, V.

Porphyrit (gr 289), m., (*J. C. DELAMÉTHERIE, 1797), Tab. IV 13.

porphyroblastisch, Subst. **Porphyroblast** (gr 289/70), m. → kristalloblastisch, Metablastese.
Porphyroid (gr 289/111), n., (*K. A. LOSSEN, 1869; vorher jedoch bei F. L. HAUSMANN, 1842, in ‚Thonporphyroide' und bei D'HOMALIUS D'HALLOY, 1810, in ‚espèce d'ardoise porphyroide'), heute seltener gebrauchte Bez. für dynamometamorph (→ Metamorphose) beanspruchte (Schieferung und Serizitneubildung!), saure bis intermediäre Effusiva und auch deren Pyroklastika und Tuffite im paläozoischen Schichtenverband.
porphyroklastisch, Subst. **Porphyroklast** (gr 289/167), m. → Kataklase, Mylonit.
Portlandien, Portlandium, Portland (-Stufe), n., (n. d. Halbinsel Portland a. d. engl. Südküste), (*A. BRONGNIART, 1829), Tab. III 10 C.
Porzellan (ital.), n. → Kaolin.
Porzellanjaspis (ital., lt 174), Produkt einer meist von basaltischen Schmelzen hervorgerufenen Kontaktmetamorphose (→ Metamorphose). Dabei werden Tongesteinseinschlüsse aufgeschmolzen und zu harten, splittrig brechenden Gesteinsstücken von häufig heller Farbe umgewandelt.
postglazial (lt 252/164), Subst. **Postglazial**, n., (*G. DE GEER, 1890), nacheiszeitlich. → Tab. IIa (Holozän).
postkristalline Deformation (lt 252, gr 182/lt 83), f. → parakristalline Deformation.
postorogene Sippen (lt 252, gr 253/76), Pl. f. → Alkaligesteine.
posttektonisch (lt 252/gr 338), **postkinematisch** (lt 252/gr 165), Bez. für Veränderungs- und Bildungsvorgänge, die sich in Gesteinskomplexen nach der tektonischen Durchbewegung ereignet haben; z. B. posttektonische/postkinematische Kristallisation, posttektonischer Magmatismus, posttektonischer Pluton (→ Pluton). – s. a. prätektonisch/präkinematisch, synkinematisch.
postum, Subst. **Postumität** (fälschlicherweise i. d. Lit. oft: posthum, Posthumität), (lt 253), f., (*E. SUESS, 1888), urspr. für Gebirgsbildungen verwendet, die Richtungen vorangegangener Faltungen wieder aufnehmen. Heute – allgemeiner – für das Wiederaufleben älterer Strukturen bei erneuter Beanspruchung gebraucht. – Tektonische Vorgänge, die – unabhängig von früher gebildeten Strukturen – neue Richtungen wählen, hat H. STILLE (1916) **renegant** (= abtrünnig) genannt.
postvulkanisch (lt 252), Bez. für Erscheinungen, die nach den eigentlichen Vulkaneruptionen – z. T. sogar lange Zeit danach – auftreten; z. B. p.e Exhalationen wie Dampf- oder CO_2-Exhalationen, Abgabe von Wässern erhöhter oder hoher Temperaturen. – s. a. Akratotherme, Exhalation, Mineralquelle, Mofette, Säuerling.
Potsdamien, Potsdamium (n. d. Ort Potsdam, nördl. New York), n., Oberkambrium, Tab. III 3.
Präborial (lt 254/39), n., (*A. BLYTT, etwa 1876), Tab. IIa A.
präglazial (lt 254/164), voreiszeitlich.
Pragien, Pragium, Praha-Formation (n. d. Stadt Prag/Praha), Tab. III 6.
Präkambrium (= Vorkambrium), n., (?*C. R. VAN HISE, 1909, ‚pre-Cambrien'), urspr. nur für das Algonkium, heute jedoch für den gesamten Zeitraum vor dem Kambrium verwendet: Tab. III 1, 2 und Tab. IIIa.
präkristalline Deformation (lt 254/gr 182/lt 83), f. → parakristalline Deformation.
Prallhang, m., in Flusskrümmungen das Steilufer an der Außenperipherie des Flussbogens, das infolge des ‚Aufpralls' der Strömung durch Auskolkung und Unterhöhlung ständig angegriffen und somit steil gehalten wird. – s. a. Erosion, Gleithang, Mäander.
Präsalinar (lt 254/296), n. → Subsalinar.
Prasinit (neugriech. prasino = grün) (*E. KALKOWSKY, 1886), → Grünschiefer, die außer Chlorit und Epidot größere Mengen Amphibol (häufig → Glaukophan) enthalten und reich an Na sind.
prätektonisch (lt 254/gr 338), **präkinematisch** (lt 254/gr 165), Veränderungs- und Bildungsvorgänge, die sich in Gesteinskomplexen vor deren tektonischer Durchbewegung ereignet haben, z. B. prätektonische/präkinematische Kristallisation, prätektonischer Magmatismus, prätektonischer Pluton. – s. a. posttektonisch/postkinematisch, synkinematisch.
Präzipitat (lt 256), n., Ausfällungssediment. Je nach Ausfällungsvorgang unterscheidet man chemische oder thermische Präzipitate.
Préalpes Romandes (frz.) → Deckensysteme.
Prehnit, rhombisches, grünliches bis farbloses Silikat, in Blasenräumen von Laven und in schwach regional-metamorphen Gesteinen.
Pressung, f., eine Beanspruchungsart i. d. Tektonik, die durch aufeinander zu gerichtete Kräfte verursacht wird (Druckbeanspruchung). Die zugehörige Deformationsart ist die **Stauchung.**
Pressungsspalte, f. → Spalte.

Priabonien, Priabonium, Priabon (-Stufe), n., (n. d. Ort Priabona/Oberital.), (*A. DE LAPPARENT, 1893), Tab. III 12 B.
Priel, m. → Watt.
Primärbrekzie, f. → Brekzie.
Primärgefüge, n. → Gefüge.
primäre Teufenunterschiede, Pl, m. → Teufenunterschiede.
Primärtektogenese (lt 258/gr 338/75), f. → Oszillationstheorie.
Probierstein, m., (weil er als P. für den Strich von Gold- und Silberlegierungen verwendet worden ist) → Kieselschiefer.
Profil, n., **Saigerriss/Seigerriss,** m., senkrechter Schnitt durch Teile der Erdkruste; s. a. → Bodenprofil.
profund (lt 260), Bez. für Stoffe und Wirkungen, die aus der Tiefe der Lithosphäre (s. d.) oder tiefer stammen.
progressive Metamorphose (lt 261/gr 215), f. → Metamorphose.
Proluvium (lt 259/220), n. → Gehängelöss.
Propylitisierung (v. d. aus d. Gr. abgeleiteten lt. pro pyles= vor dem Tore, weil als Ersterscheinung einer neuen vulkan. Periode gedeutet), f., (*F. VON RICHTHOFEN, 1868), durch hydrothermale (s. d.) Autometamorphose (→ Metamorphose) hervorgerufene Vergrünung von Eruptivgesteinen – vor allem Daziten und Andesiten – i. d. Umgebung von subvulkanischen Gold- und Kupferlagerstätten. Die P. geht auf eine Neubildung von Chlorit, Epidot, Calcit, Pyrit und Quarz zurück. Ein so zersetztes Gestein nennt man **Propylit.**
Prospektion (lt 264), f., Suche nach bisher unbekannten Lagerstätten(bereichen), aber auch die Untersuchung bereits bekannter Lagerstätten. – s. a. Exploration.
Prostratigraphie (lt 259/336/gr 86), f. → Stratigraphie.
Proterozoikum (gr 290/134), n., (*T. C. CHAMBERLIN & R. D. SALISBURY, 1906), Tab. III 2 und IIIa.
Protethys (lt 259, n. d. Namen der Gattin des Okeanos), f. → Tethys.
Protobitumen, n., Pl. **Protobitumina** (gr 291, lt 38), (*R. POTONIÉ, 1926, ebenso Stabil- und Labilbitumen), erstes, durch keine wesentliche chem. Veränderung gekennzeichnetes Abbauprodukt der Bitumenbildung. Es besteht aus **Stabilbitumen** (Kutine, Suberine, Harze, Wachse, Kautschuk-Arten) und **Labilbitumen** (Fette, Öle, Eiweißstoffe). Durch Polymerisation kann sich außerdem stabiles **Polybitumen** (*C. ENGLER in C. ENGLER & H. VON HÖFER, 1913) bilden. – s. a. Bitumen.
Protogäikum (gr 291/80), n. → Megagäa.
Protoklase (gr 291/167), f., (*W. C. BROEGGER, 1890), Zertrümmerungserscheinungen an bereits auskristallisierten Bestandteilen und Erzeugung einer gneisähnlichen Textur durch Bewegungsvorgänge in noch nicht ganz verfestigten Magmen. Bsp.: synorogene Flasergranite und Granodiorite des Odenwaldes. – s. a. Kataklase.
Protrusion (lt 262), f., Bez. für die pilzförmigen Ausweitungen beim Aufsteigen hochteilbeweglichen Materials, z. B. Salzüberhänge in Salzstöcken (→ Diapir), aber auch ähnliche Erscheinungen bei magmatischen oder migmatischen Intrusionen. – s. a. Intrusion, Magma, Migma, Quellkuppe, vulkanische Tätigkeit.
proximal (lt 265), Bez. für randnahe Sedimente in einem Ablagerungsbecken. Randferne Sedimente werden als distal bezeichnet. Auch in der → Glazialgeologie bezüglich des Gletscherrandes gebraucht.
Psammit (gr 383), m. → klastisch.
psammophil (gr 383/363), sandliebend; z. B. p. Organismen, p. Fauna bzw. Flora.
Psephit (gr 386), m. → klastisch.
Pseudo-Eiskeil, m. → Eiskeil.
pseudoglazial (gr 384/lt 164), Bez. für Formen und Bilder, die lediglich glaziale Herkunft vortäuschen, ohne tatsächlich glazigen zu sein; z. B. Erdrutschmassen und Fanglomerate (s. d.), die Grundmoränenmaterial vortäuschen, oder Kritzung von Felsen oder Geröllen durch Bergrutsche oder Tektonik, die Gletscherschliff (s. d.) vermuten lassen könnten (vgl. M. SCHWARZBACH, 1958).
Pseudogley (gr 384), m., Boden, der durch Wechsel von Staunässe und Austrocknung eine charakteristische fahlgraue und rostfarbene Marmorierung besitzt. Staunässe tritt bei Böden mit hohem Ton- oder Schluffgehalt oder bei Böden mit schlecht wasserdurchlässigem Unterboden oder Untergrund auf. – s. a. Gley.
Pseudokonkordanz (gr 384/lt 58), f. → Akkordanz.
Pseudomoräne (gr 384, frz.), f. → Tillit.
Pseudomorphose (gr 384/223), f., (*R. J. HAUY. – A. G. WERNER gebrauchte hierfür den Begriff ‚Afterkristall'), Gebilde, bei dem die äußere Form einem urspr. Kristall entspricht, der Inhalt jedoch eine Neubildung ist. Man kann Umwandlungs-P.n (chem. Umwandlung ohne wesentl. Stoffzufuhr) und Verdrän-

gungs-P.n (chem. Austausch = ,Verdrängung' durch Materialzufuhr von außen) unterscheiden. Daneben gibt es **Ausfüllungs-P.n** (Ausfüllung eines vorhandenen Hohlraumes), **Entmischungs-P.n** usw.

Pseudo-Oolith (Pseudoolith), (gr 384/388/193), m., (*J. G. BORNEMANN, 1886), Gestein, das aus **Pseudo-Ooiden,** Pl., n., besteht. Während sich der Begriff urspr. nur auf abgerollte Gesteins- bzw. Mineralfragmente bezog, wurde er später erweitert. Er bezeichnet heute nahezu alle gehäuft auftretenden, gut gerundeten, struktur- und schalenlosen Körner, die keine echten Ooide sind. – s. a. Oolith, Onkoid.

Pseudoplankton (gr 384/281), n., Organismen, die an im Wasser treibenden anderen Lebewesen oder Objekten festhaften und so – mittelbar – im Wasser schweben.

Pseudotachylit (gr 384/337), m. → Mylonit.

pseudotektonisch, Subst. **Pseudotektonik** (gr 384/338), f. → atektonisch.

Pseudotillit (gr 384, engl.), m. → Tillit.

Pteropodenschlamm, m., durch das Vorherrschen der Schalen von Pteropoden (Schwimmschnecken) gekennzeichneter Schlamm in der Tiefsee. Nimmt 0,3% des Meeresbodens ein. – s. a. Globigerinenschlamm, Meeressedimente.

P-T-Pfad (P = Druck, T = Temperatur), m., in einem Druck-Temperatur-Diagramm die Kurve, welche die zeitliche Abfolge der Druck- und Temperatur-Bedingungen während der Metamorphose nachzeichnet; es muss also exakt heißen Druck-Temperatur-Zeit-Pfad (P-T-t-Pfad). ↗ Abb. 3.

ptygmatisch (gr 292), (*J. J. SEDERHOLM, 1907, ausführl. 1913), urspr. nur für schlangenartige Windungen und Knitterungen im ,granitischen Geader' von Migmatiten (s. d.) verwendet. Die eigenartige, z. T. fließfaltenähnliche Formung wurde von SEDERHOLM auf einen allgem. ,Erweichungszustand' des Gesteins zurückgeführt. Es zeigte sich jedoch in der Folgezeit, dass die Genese wesentlich komplexer ist. Heute wird angenommen, dass die p. Adern im überwiegend festen Zustand gefaltet worden sind, wobei gleichzeitig oder nachträglich Umkristallisationen und/oder Mobilisationen beteiligt waren.

Puddingstein (v. engl. ,puddingstone'), m., (schon bei C. F. NAUMANN, 1850), grobes Konglomerat (s. d.) mit sehr feiner Grundmasse; urspr. in England nur für eozäne Feuerstein-Konglomerate mit kieseligem Bindemittel verwendeter Begriff.

Pull-apart-Becken (Aufreißbecken), n., Becken an großen Seitenverschiebungen, das sich dort bildet, wo die Störung stark gekrümmt ist oder bajonettartig verspringt. Bsp.: Golf von Aquaba, Totes Meer, See Genezareth. (↗ Abb. 52). – s. a. Transtension.

Putze, f. → Nest.

Pyramidenpluton, m. → Pluton.

pyrenäische (Faltungs-) **Phase** (n. d. Pyrenäen-Geb.), f., (entspr. d. Bez. ,mouvements pyrénéens' v. H. DOUVILLÉ [1906] *H. STILLE, 1924), Tab. III 12 B/C.

Pyrit (gr 293), m., (,pyrites' Dioskorides und Plinius), Schwefelkies, FeS_2. – s. a. Markasit.

pyroklastisch, Subst. **Pyroklastit** (gr 293/167), m., (*B. JUKES, 1962), Sammelbez. für

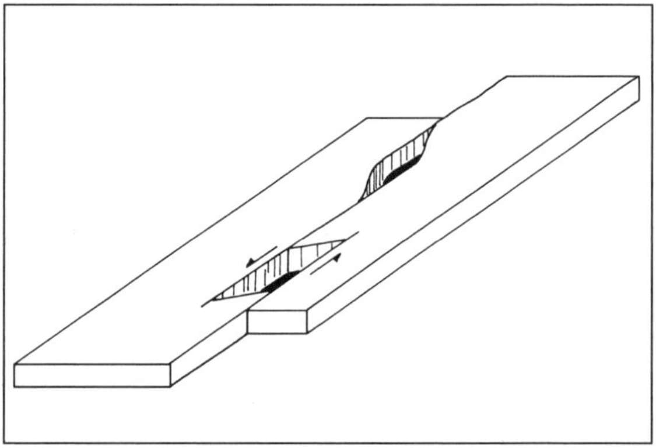

Abb. 52
Pull-apart-Becken an einer sinistralen Seitenverschiebung.

sämtl. klastischen vulkanischen Produkte (Aschen, vulkan. Brekzien usw.). – s. a. Tephra.

Pyrolit (**Pyr**oxen-**Ol**ivin-Gestein), m., (*A. E. RINGWOOD, 1962), theoretisches Modellgestein für die mittl. Zusammensetzung des Oberen Mantels (→ Erdmantel), aus dem sich Basaltschmelzen durch partielle (= teilweise) Aufschmelzung theoretisch ableiten lassen. P. wird chemisch meist einer Mischung von drei Teilen Dunit (s. d.) und einem Teil Basalt (s. d.) gleichgesetzt; in größerer Tiefe würde er als Granat-Lherzolith (→ Lherzolith) kristallisiert vorliegen. – (Text nach einer Vorlage von K. VON GEHLEN, Frankfurt/M.). – s. a. ↗ Abb. 24.

Pyrolusit (gr 293/199), m., (W. HAIDINGER, 1826/27/28), wichtiges Manganerz: MnO_2.

Pyrometamorphose (gr 293/215), f. → Metamorphose.

Pyrop, m., Magnesium-Aluminium-Granat (→ Granat).

Pyrophyllit (gr 293/367), m. → Talk.

Pyropissit (gr 293/279), m., (*G. A. KENNGOTT, 1850), helle wachs-, harz- und pollenreiche Braunkohle; oft in Schwelkohlenlagern (s. d.).

Pyroxen (gr 293/233), m., (*R. J. HAUY, 1799), Gruppe silikatischer Minerale, die in eine monokline Gruppe, die Klinopyroxene (Diopsid, Hedenbergit, Diallag, Augit), und eine orthorhombische Gruppe, die Orthopyroxene (Enstatit, Bronzit, Hypersthen), unterteilt werden kann. – s. a. Augit, Bronzit, Diallag, Diopsid, Hedenbergit.

Pyroxenit (wg. der vorherrschenden Pyroxene), m., (*H. COQUAND, 1857; neu def. v. F. A. WILLIAMS, 1890), Tab. IV 20.

P-Welle, f. → Erdbeben.

Q

Quadersandstein, m. → Pläner.

quantitative Tektonik, f. → Tektonik.

Quartär (lt 266), n., (*A. MORLOT, 1858, vorher – 1854 – ‚quaternär'. Letzterer Begriff als ‚Quaternaire', allerdings unter Einbeziehung größerer Teile des Tertiärs *J. DESNOYERS, 1829), Tab. II, II a; III 13.

Quarz, m., (mittelalterl. bergm. Ausdruck: BASILIUS VALENTINUS, G. AGRICOLA, 1556): SiO_2.

Quarzdiorit (gr 104), m., (*F. ZIRKEL, 1866), Tab. IV 5.

Quarzglimmerschiefer, m. → Tab. VII 11.

Quarzit (wg. des Aufbaus aus Quarz), m., Tab. VII 4–6.

Quarzkeratophyr (gr 163/368), m., (*K. A. LOSSEN, 1882), Tab. IV 3.

Quarzphyllit (gr 367), m., Tab. VII 12.

Quarzporphyr (gr 289), m., (v. L. VON BUCH, 1824, in Südtirol gebraucht; def. v. F. ZIRKEL, 1873), → Rhyolith, Tab. IV 3.

Quarzporphyrit (gr 289), m., (*H. ROSENBUSCH, 1877), → Porphyrit, Tab. IV 7.

Q-Kluft, f. → Kluft.

Quelle, f., örtlich begrenzter, natürlicher Grundwasseraustritt, auch wenn er eine künstliche Fassung erhalten hat. – Unter dem Wasserspiegel stehender und fließender Gewässer und des Meeres austretende Quellen heißen **Grundquellen** oder **Vrulјes.** – Die einer Q. entströmende und in ls^{-1} gemessene Wassermenge wird **Quellschüttung** genannt. – s. a. Quellentypen.

Quellenabsätze, Pl. m., Abscheidungen aus dem Lösungsinhalt der Quellenwässer infolge Temperaturänderung des Wassers, Entzug oder Zufuhr lösungsbeeinflussender Medien, chem. Ausfällung, ausfällender Wirkung von Pflanzen, Bakterien usw. Hierher gehören: Sinter, Travertin, Kalktuff (alle drei Begriffe → Sinter), Seekreide (s. d.) u. a.; in Höhlen finden sich Tropfsteine (→ Stalagmit).

Quellentypen, Pl. m., (↗ Abb. 53, 54); das Auftreten von Quellen steht in sehr enger Abhängigkeit von der geologischen Gestaltung des Untergrundes. Im Einzelnen ergeben sich – bedingt durch den geol. Bau des Untergrundes – folgende Q.: 1. **Schichtquelle** (↗ Abb. 53a), die an der Grenze durchlässiger gegen unterlagernde, weniger durchlässige Schichten auftritt. – 2. **Überfall-** o. **Überlaufquelle** (↗ Abb. 53b), deren undurchlässige Sohlschicht (→ Grundwasser) vor dem Quellenaustritt ansteigt, sodass das Wasser seitwärts überfließen kann. – 3. **Stauquelle** (↗ Abb. 53c), entsteht durch verschiedene Einlagerungen, sowie Vor- oder Auflagerung schlecht wasserdurchlässiger Gesteine. – 4. Q.n, die aus Spalten oder Klüften austreten, werden **Spalten-** oder **Kluftquellen** genannt, solche, die aus Verwerfungen entspringen, **Verwerfungsquellen** (↗ Abb. 54). Letzterer Fall tritt dann bes. ein, wenn die Verwerfung auf der einen Seite durch ein abdichtendes Medium verschlossen ist. – 5. Im Karst treten die stark schüttenden **Karstquellen** (→ Karst, Vaucluse-Q.) auf, hier und anderwärts auch **Höhlenquellen** (→ Höhle). – 6. Q.n, die aus Schuttmassen austreten, heißen **Schuttquellen.** Man unter-

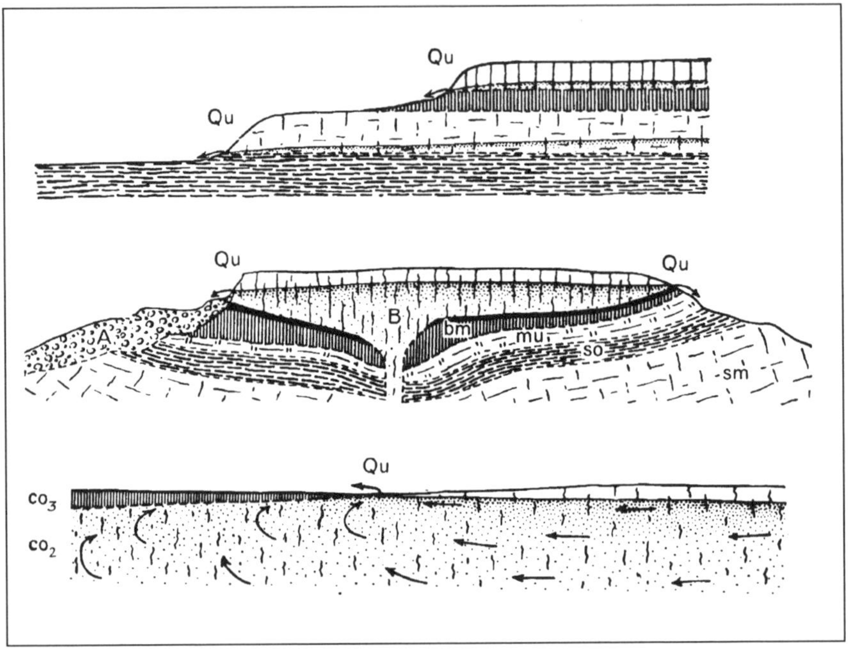

Abb. 53 Quellen-Typen (Qu). – a Schichtquellen in zwei Stockwerken. – b Überlaufquellen (Bsp.: Hoher Meißner/Nordhessen), B = klüftiger Basalt, bm = mittl. Tertiär (schwarz = Kohle), mu = unt. Muschelkalk, so = ob. Buntsandstein, sm = mittl. Buntsandstein. – c Stauquelle (Paderquellen b. Paderborn), co_3 = Emschermergel, co_2 = klüftiger Plänerkalk des Turons. – Sämtl. n. R. Brinkmann, Abriß der Geologie, Bd. I, 9. Aufl.; Stuttgart (Enke), 1961.

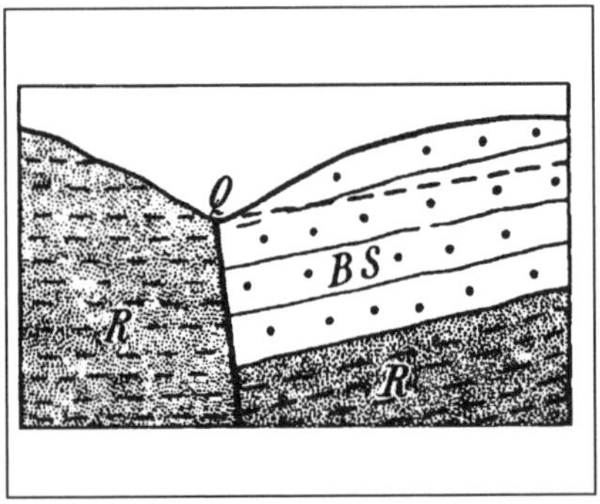

Abb. 54 Verwerfungsquelle (Q). – R Rotliegendes (mit starker Tonschieferkomponente), BS Buntsandstein.

scheidet ständig laufende **(perennierende)** und periodisch schüttende **(periodische)** Q.n. Bei **intermittierenden** Q.n wird Wasser eruptionsartig in rhythmischen Abständen gefördert. – Weitere Unterscheidungsmerkmale sind die Temperatur (→ Akratotherme, Akratopege), der Lösungs- (→ Mineralquelle) und der Gasinhalt (→ Säuerling, Schwefelquelle). – s. a. Hungerquelle.

Quellfaltung, f., Faltungsvorgänge, die auf Volumenvergrößerung durch Aufnahme von Wasser im Gestein zurückgehen. – Für den meist eng gefältelten Schlangengips des dt. Zechsteins ist von versch. Autoren die Entstehung von Q. bezweifelt worden. Die Fältelung wird von ihnen als Produkt subaquatischer Rutschung (→ subaquatisch) gedeutet. Daher schlagen sie den neutralen Begriff: **Gekrösefalte/-faltung** für diese Strukturen vor.

Quellkuppe, f., (*E. Reyer, 1879), **Staukuppe** (*A. Bergeat, 1907) durch Aufstauung zähflüssiger magmatischer Schmelze in Vulkanbauten entstehende, keulenförmige Gesteinsmasse. H. Cloos (1936) schlug vor, als ‚Quellkuppen' nur unter Tuffbedeckung gebildete und als ‚Staukuppen' nur unter freiem Himmel aufgestauchte Körper zu bezeichnen. Die extremste Form der Staukuppe ist ein durch vulkanische Gase nach oben ausgepresster, schon fast erstarrter **Lavapfropf: Lavanadel, Stoßkuppe, Belonit** (*K. Schneider, 1911); klassisches Bsp.: Stoßkuppe der Mt. Pelée auf Martinique beim Ausbruch von 1902.

Quellschüttung, f. → Quelle.

Querdüne, f. → Düne.

Querfaltung, f., (*A. Heim, 1878), Kreuzung (‚Vergitterung') zweier Faltensysteme versch. Richtung, wobei diese Systeme gleich oder verschieden alt sowie gleich- oder verschiedenwertig sein können. Auf diese Weise ergeben sich Verbiegungen von Faltenachsen, wobei eine muldenartige Verbiegung (mit einem aufeinander zulaufenden Achsen-/Axialgefälle) als **Achsendepression** bezeichnet wird, eine solche mit von einer Kulmination nach beiden Seiten abtauchenden Achsen als **Achsenkulmination** (s. a. Achsenrampe). – Es ist vorgeschlagen worden (H. Cloos, 1936), bei Faltenachsen-Verbiegungen, die nicht auf eine zweite (= erneute) Beanspruchung zurückgeführt werden können, den Begriff **‚Querwellung'** zu verwenden. Nach diesem Vorschlag soll dann der Begriff ‚Querfaltung' (bzw. ‚Faltenvergitterung') für die ein Faltensystem querenden Falten vorbehalten bleiben, die einem neuen Bewegungsakt und einem neuen Beanspruchungsplan zugehören.

Querkluft, f. → Kluft.

Querspalte, f. → Gletscherspalte.

Querplattung, f. → Sigmoidalklüftung.

Querpluton, m. → Pluton.

querschlägig (bergm.), Bez. für Richtungen, die quer zum Schichtenstreichen verlaufen.

Quertal, n. → Tal.

Querverwerfung, Querstörung, f. → Verwerfung.

Querwellung, f. → Querfaltung.

Quetschling, m., **Phacoid** (schon bei E. Suess, 1905; nicht zu verwechseln mit ‚phacoidal structure' = linsenartige Struktur), Rest einer verquetschten tektonischen Decke (s. d.). – E. Voigt (1962) übernahm den Ausdruck ‚Phacoid' für offenbar bereits frühdiagenetisch angelegte, linsenartige Gleitkörper in mesozoischen marinen Sedimenten. Den Bildungsvorgang nannte er **Phacoidisierung**. – Im Bereich der Schub- bzw. Gleitbahn tektonischer Decken (s. d.) mitgeschleppte und abgeschürfte Gesteinsfetzen werden dagegen, je nach Größe, als **Schubfetzen, Scherling** oder **Schürfling** für die größeren (*V. Uhlig, 1907), **Schubsplitter** oder **Schubspan** für mittlere (*V. Uhlig, 1908) und gelegentlich **Gesteinsspreu** (*V. Uhlig, 1907) für kleine und kleinste Gesteinsstücke bezeichnet. Für die mylonitisch-brekziösen Massen der letzteren Kategorie haben O. Ampferer & W. Hammer (1911) den Begriff **‚Reibungsteppich'** geprägt.

Quickerde, f., (*E. Ackermann, 1948), Böden mit quicker Konsistenzform (*E. Ackermann, 1950), die zwischen plastischem und flüssigem Bereich liegt. Sie erscheinen ‚quasifest' und werden nur bei mechan. Beanspruchung vorübergehend flüssig. – s. a. Thixotropie.

Q-Wert, m., **Q,** n. (Qualitätsfaktor, Gütefaktor), gibt an, wie gut ein Medium seismische Wellen leitet. Der Kehrwert $1/Q$ ist proportional zur Dämpfung der Wellen und beschreibt, wie viel Wellenenergie innerhalb einer Wellenlänge verloren geht, d. h. in eine andere Energieart (Reibungswärme, Korngrenzengleitung usw.) umgewandelt wird (R. Schick & G. Schneider, 1972). – Nicht zu verwechseln mit dem hydrologischen Begriff Q (= Abfluss, s. d.). – s. a. Grundwasserdurchfluss.

R

Rachel, f. → Runse.

Radialfurche, f., **Radialschlucht,** f., **Radialtal,** n., (lt 267), durch rinnendes Wasser in Berghänge radial eingeschnittene Furchen bzw. Täler.

Radialsprung (lt 267), m., (*C. Deffner in E. Suess, 1883), Bez. für von einem Zentralbereich (z. B. einem Vulkanschlot) nach allen Seiten ausstrahlende Brüche **(Radialspalten).** Enthalten diese Brüche Spaltenfüllungen, spricht man von **Radialgängen.**

Radiocarbonmethode (lt 267/43), f. → Kohlenstoffmethode.

Radiolarienschlamm, m., ein etwa 2 % des Meeresbodens einnehmendes, an Kieselskeletten von Radiolarien reiches Tiefseesediment (Wassertiefe 4000–8000 m). – s. a. ↗ Abb. 44, Meeressediment.

Radiolarit (da reich an Radiolarien), m., Tab. IV 24. – s. a. Kieselschiefer.
Radiolith (lt 267/gr 193), m. → Sphärolith.
radiometrische Altersbestimmung → Altersbestimmung.
Rahmenfaltung, f., (*H. STILLE, 1910); E. SUESS (1909) bezeichnete geschlossene Aufragungen eines in sich gefalteten alten Gebirges als ‚Rahmen', zwischen ihnen liegende, abgesunkene Räume als ‚gerahmte Felder'. Unter ‚R.' versteht daher STILLE die Entstehung von Falten und faltenähnlichen Strukturen in den abgesenkten gerahmten Feldern. Dabei sind diese Strukturen in ihrer Richtung abhängig von denen des Rahmens, in ihrer Formungsintensität einerseits von der Absenkungstiefe der gerahmten Felder und andererseits von der Entfernung der Struktur vom Rahmen. Bsp.: Niederdeutsches Becken, Subherzynisches Becken (→ Niederdeutsches Becken), Thüringisches Becken (zwischen Thüringer Wald und Harz).
Rampe, f., sehr einheitlich mit weniger als 1° einfallende Plattform (z. B. Carbonatrampe), auf der ohne markante morphologische Unterbrechungen der Hangneigung eine flachmarine, küstennahe Bewegtwasser-Fazies (z. B. Untiefen mit Ooiden und Biodetritus) sukzessive in eine küstenferne, niedrig-energetische Tiefwasser-Fazies (z. B. pelagischer Carbonatschlamm) übergeht. Riffkomplexe fehlen meist oder sind lediglich auf eng beschränkte Areale begrenzt. – s. a. Achsenrampe, Plattformcarbonat, Rampentektonik, Schelf.
Rampentektonik (engl. ‚ramp tectonics'), f., bei Überschiebungen jener Teil der Störung, an der sie sich versteilt und somit die Gesteinsverbände wie auf eine Rampe auffahren lässt.
Randdiskordanz, (lt 104), f., (*H. SCUPIN, 1936), Diskordanz (s. d.), die sich nur an den Beckenrändern durch Schichtlücken bemerkbar macht, während im Beckeninneren die Sedimentation nicht unterbrochen wird.
Randfazies (lt 140), f., 1. bei Sedimenten (→ Fazies), 2. bei Plutonen oft für die Sonderausbildung der magmatischen Gesteine in den Randzonen des Tiefengesteinskörpers gebraucht, z. B. ‚porphyrische (s. d.) Randfazies'.
Randmeer, Randmeerbecken, n., **Randmeeröffnung,** f. → Backarc-Becken, marginal.
Randmoräne (frz.), f. → Moräne.
Randscholle, f. → Grabenrandverwerfung.
Randsenke, f., 1. eines Orogens → Vortiefe; 2. eines Salzstocks → Halokinese.
Randspalte, f. → Gletscherspalte.
Randtrog, m., (*E. VOIGT, 1963), größeres Sedimentationsbecken, das älteren Massiven oder Schollenrändern vorgelagert ist; z. B. das Westniederländische und das Niedersächsische Becken vor der ‚Rheinischen Masse'. – s. a. Inversion.
Randwasser, n. → Ölfeldwasser.
Rapakivi (finn.), m., (schon bei L. GMELIN, 1777), grobkörniger skandinavischer Hornblende-Biotit-Granit, der nicht selten als pleistozänes Glazialgeschiebe in Norddeutschland auftritt. Dieser Granit zeigt als besonderes Kennzeichen rote Kalifeldspäte mit einem grünlichen Oligoklasrand (→ Plagioklas).
Rapilli (ital.), Pl., m. → Lapilli.
Raseneisenerz, n., Anreicherungen von Eisenhydroxiden, die Gras- und Moosteile inkrustiert haben. Sie kommen zustande, wenn durch Humussäuren gelöstes Eisen (z. B. in Moorgebieten) bei Zutritt von Sauerstoff ausgefällt wird. – In Seen werden auf gleiche Weise, z. T. noch unter Mitwirkung von Bakterien, See-Erze (s. d.) ausgeschieden.
Rät, n. → Rhétien.
Rattendorfer Schichten (n. d. Ort Rattendorf im Gailtal/Kärnten), Pl., Tab. III 8A.
Rauchgasverwitterung, f., Säureverwitterung durch Rauchgase wie CO_2 und SO_2.
Rauhwacke, f., **Rauchwacke,** f., **Zellendolomit,** m., **Zellenkalk,** m., allgem. beschreibender Begriff für zellig-poröse Dolomite und Kalke. Die Hohlräume in diesen Gesteinen sind durch sekundäre Auslaugung relativ leichtlöslicher Bestandteile entstanden. Die primäre Entstehung dieser Gesteine wird verschieden gedeutet. Einige Autoren sprechen von verkitteten ursprünglichen Brekzien. Vorkommen: z. B. im Mittleren Muschelkalk, im Zechstein oder in der alpinen Trias.
Rautenboden, m. → Strukturboden.
rechtfallende/rechtsinnige Verwerfung, f., (*S. VON CARNALL, 1835), tektonische Bewegungsfuge (Auf- oder Abschiebung), bei der Schicht- und Verwerfungsflächen nach der gleichen Seite geneigt sind (↗ Abb. 55a). – Der umgekehrte Fall tritt bei der widersinnig fallenden/widersinnigen Verwerfung auf (↗ Abb. 55b). – s. a. antithetisch, synthetisch.
rechtshändig, Gegenteil: **linkshändig**, aus dem Bergbau übernommener Begriff zur Beschreibung des Bewegungssinnes von Blattverschiebungen (→ Horizontalverschiebung). Blickt man von einer Scholle einer solchen

Verschiebung auf die jenseits der Verschiebung liegende Scholle, dann wird eine Verschiebung als r. bezeichnet, wenn die gegenüberliegende Scholle nach rechts bewegt erscheint. Würde ↗ Abb. 55 b das Kartenbild einer Blattverschiebung darstellen, dann wäre das rechte Bild eine ‚rechtshändige', das linke eine ‚linkshändige' Verschiebung. Im gleichen Sinne werden folgende Begriffe verwendet: **rechtsdrehend (dextral),** Gegenteil: **linksdrehend (sinistral),** Rechtsverwerfer/Linksverwerfer.

Reduktion (lt 271), f. → Regression.

Reflektor, m., **Reflexionsseismik,** f., (lt 272) → Seismik.

Reflexionsvermögen (Kohle), n. → Inkohlung.

Refraktionsseismik, (lt 273/gr 300), f., → Seismik.

Regelation (lt 268/161), f.; M. Faraday (1791–1867) fand 1850, dass die zwischen zwei angefeuchteten und aneinander gelegten Eisstücken befindliche dünne Wasserschicht alsbald gefriert, sodass die Stücke fest zusammenhaften. Er nannte diese Erscheinung ‚R.' So kann auch in einem Gletscher Schmelzwasser, das durch temperaturbedingtes Auftauen oder druckbedingtes Schmelzen erzeugt wurde, wieder gefrieren. – s. a. ‚Regelationstheorie' bei → Gletschertheorien.

Regelung, f. → Einregelung.

regenerierter Gletscher (lt 268/163), m. → Gletschersturz.

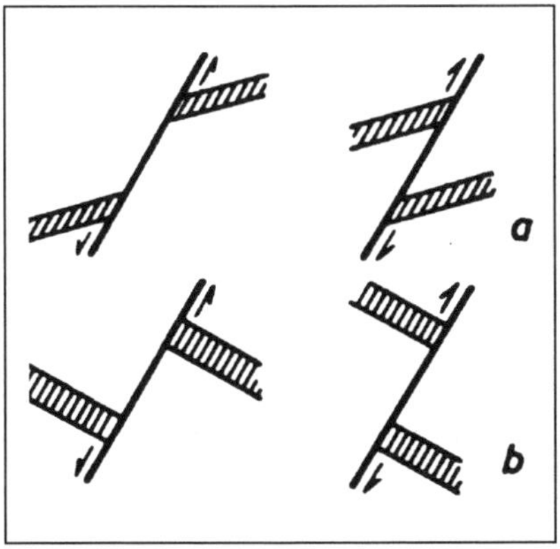

Abb. 55 Rechtsfallende/rechtssinnige Verwerfung (a) und widersinnig fallende/widersinnige Verwerfung (b).

Regenfurche, Regenriefe, Regenrille, f. → Rinne.

Regionalmetamorphose (lt 274/gr 215), f. → Metamorphose.

Regolith (a. d. G.r abgeleitet, etwa Steinteppich bedeutend), m., aus Schutt, Sediment und Böden bestehende Verwitterungsdecke der Erdoberfläche. Auch für die aus Gesteinsbruchstücken verschiedener Art, Herkunft und Größe (Mondgesteins-, Meteoriten-Bruchstücke) bestehende Gesteinsdecke der Mondoberfläche verwendet.

Regression, f., Verb **regredieren** (lt 275), (der Begriff taucht Ende d. 19. Jh. in d. Lit. auf), Rückzug des Meeres aus vorher von ihm beherrschten Gebieten. Bei nichtmarinen Sedimentationsbecken spricht H. Stille (1924) von **Reduktion;** andere Autoren verwenden auch hier die Bez. ‚Regression'. – s. a. Epirogenese, Geokratie, Transgression.

Reibungsbrekzie, f. → Brekzie.

Reibungsteppich, m. → Quetschling.

Reife (eines Sediments), f., bei klastischen Sedimenten ein Maß dafür, wie lange und wie oft das Material umgelagert wurde. Man kann nach dem Vorschlag von F. J. Pettijohn (1957) zwischen der kompositionellen R., die desto größer ist, je kleiner der Anteil an verwitterungs- und transportempfindlichen Komponenten ist und der strukturellen R., die desto größer ist, je besser die Sortierung und Rundung der Körner ist, unterscheiden. – Der Begr. **Maturität** (engl. maturity = Reife) wird auch dafür verwendet.

Reihenvulkan, m. → Vulkanreihe.

Reißfuge, f. → Fuge.

Rejuvenation (lt 268/204), f., (*G. Berg, 1928), Erscheinung bei Erzlagerstätten, bei der – entgegen der allgem. Temperaturabnahme – plötzlich wieder höherthermale Paragenesen (s. d.) einsetzen. – Der Begriff wird auch in ähnlichem Sinne für erneute Metamorphose (s. d.) verwendet. – Sind dagegen die jüngeren Generationen niedriger thermal als die älteren, spricht man von **Rekurrenz.**

Rekurrenz (lt 270), f. → Rejuvenation, Salzzyklen.

Relaisbeben (frz.); n., Auslösungsbeben (beide Begriffe ?*A. von Lasaulx, 1882), Sekundärbeben, das außerhalb des engeren Schüttergebiets eines Erdbebens durch dieses angeregt wird. – s. a. Erdbeben, Erdbebentypen.

Relaisfalte (frz.), f. → Faltentypus.

relative geologische Altersbestimmung, f. → Altersbestimmung.

Reliefenergie (frz.), f., (i. d. geographischen Lit. seit Ende d. 19. Jh.), Aussage über den Charakter des Reliefs, wobei lebhaftes Relief eine hohe, schwaches Relief eine niedrige R. besitzt. Sie wird oft in Karten der R. dargestellt.

Reliefüberschiebung, f. → Decke.

Reliefumkehr, f., (seltener als **Inversion** bezeichnet), durch die versch. Widerstandskraft der Gesteine gegenüber den exogenen (s. d.) Kräften erzeugtes Bild, bei dem z. B. eine geologische Mulde oder ein tektonischer Graben morphologisch als Erhebung und ein geologischer Sattel oder ein tektonischer Horst als morphologische Vertiefung auftreten (↗ Abb. 56, 57).

Reliktboden (lt 276), m. → Paläoboden.

Reliktgefüge (lt 276), n., Bez. für Gefügemerkmale in einem metamorphem Gestein (→ Metamorphose), die auf das urspr. Gefüge des Eduktes (s. d.) hinweisen.

Remanenz (lt 277), f., physikalischer Begriff für den Magnetismus in einem elektromagnetischen Feld, den ein Körper behält, wenn der Strom abgeschaltet wird. Da der Magnetismus in bestimmten Mineralen (und damit auch bestimmten Gesteinen) auf die Induktion des erdmagnetischen Feldes während der Auskristallisation dieser Minerale zurückgeht **(Paläomagnetismus),** kann infolge Lagerungsveränderung des erdmagnetischen Feldes die Richtung des remanenten Magnetismus in Gesteinen früherer Erdperioden gegenüber der

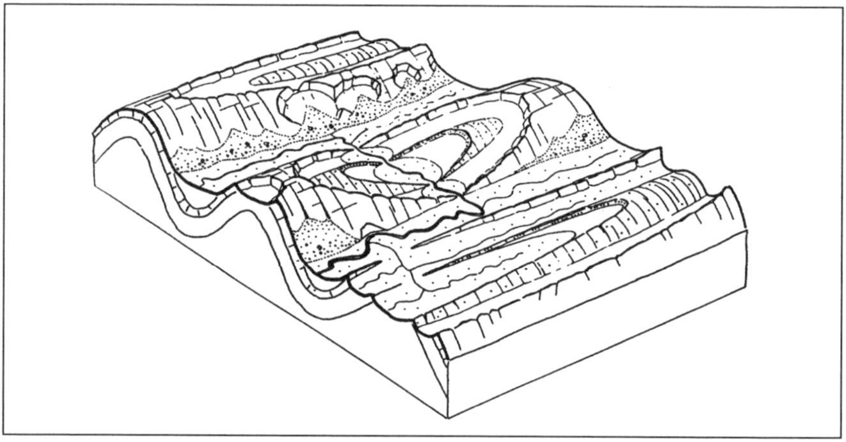

Abb. 56 Reliefumkehr bei gefalteten Schichten. – Nach P. Wurster: Zeichnungen zur Geologie Europas (Hrsg. W. Meyer u. E. Wurster); Wiehl (Galunder), 1997.

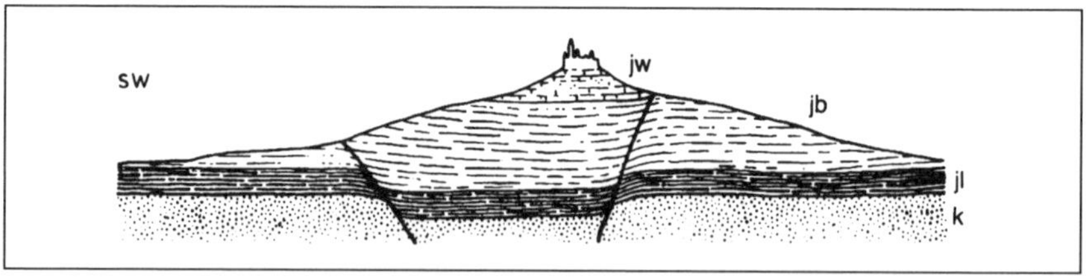

Abb. 57 Reliefumkehr bei einem Grabenbruch (Hohenzollerngraben bei Hechingen/Schwäbische Alb); k Keupermergel, jl und jb Tone des Lias und Dogger, jw Malmkalk (nach R. Brinkmann: Abriß der Geologie. – Bd. I, 9. Aufl.; Stuttgart [Enke], 1961).

heutigen Richtung abweichen. – s. a. Magnetostratigraphie unter → Stratigraphie, ↗ Abb. 4, Thermoremanenz.

Rendzina (poln., etwa: Scharren des Pfluges in steinreichen Böden), f., (*N. M. SIBIRZTZEFF, 1895), Humuscarbonatboden, meist auf Kalkstein entwickelter, dunkler Boden humider (bzw. stark humider) Klimate. Da kein B-Horizont ausgebildet wird, handelt es sich um A/C-Böden, die nur bei genügender Tiefgründigkeit fruchtbar sind. – s. a. Bodenprofil.

renegant (lt 278) → Postum.

Repetitionsschichtung (lt 279), f., (*wahrsch. A. HEIM), Bez. für einen regelmäßigen und sich vielfach wiederholenden Gesteinswechsel in einer Schichtenfolge mit zwei oder mehreren Gliedern; bes. deutlich bei chemischen Sedimenten.

Repetitionsverwerfungen (lt 279), Pl., f., (C. F. NAUMANN, 1850), gegensinnig zur Schichtenneigung einfallende Verwerfungsschar, die aufgrund der Bewegung der einzelnen Schollen mehrfach die gleichen Schichten an die Erdoberfläche bringen (= Repetition; ↗ Abb. 58).

Reptation (lt 280), f. → Sedimentation.

Resediment (lt 268/302), n., Sediment, das durch d. Vorgang der Resedimentation (Aufarbeitung vorhandener Sedimente und erneute Ablagerung) gebildet worden ist.

Residualgebirge (lt 281), n. → Salzspiegel.

Residuat (lt 281), n., unlösliches (‚unverdauliches') Rückstandsgestein einer chem. Verwitterung. – s. a. Verwitterungslagerstätte, Tab. VI 1, 4, 7, 10.

Resistat (lt 282), n., (?*V. M. GOLDSCHMIDT, 1934), Sediment, das aus unzersetzt umgelagerten Feststoffen besteht.

Resorption (lt 283), f., Aufnahme von Fremdmaterial in eine magmatische Schmelze.

Restgeosynklinale (gr 80/315), f. → Vortiefe.

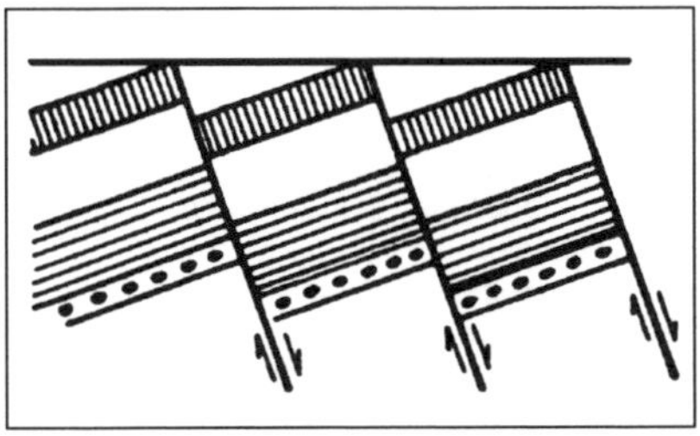

Abb. 58 Repetitionsverwerfungen.

Restkristallisation, f. → Hauptkristallisation.

Restit (lt 284), m., **Restbestand,** m. → Anatexis.

Restschmelze, Restlösung, f., bei der Erstarrung magmatischer Schmelzen (→ Magma) als letzte Phase auftretende Schmelze oder Lösung.

Resurgenz (lt 285), f., Adj. **resurgent,** Bez. für die Wiederverwendung früher ausgeschiedener oder abgelagerter Produkte in nachfolgenden Prozessen. Hierher gehört z. B. die Mobilisation älteren Materials durch Auflösung oder Aufschmelzung. Verschiedentlich wird der Begriff auch gebraucht für die Wiederverwendung von Material älterer magmatischer Gänge, älterer Schlotfüllungen oder älterer vulkanischer Lockermassen als Auswurfsmaterial bei Vulkaneruptionen. – **Resurgente Caldera** → Caldera.

retrograde Metamorphose, Retrometamorphose (lt 286/166/gr 215), f. → Diaphthorese, Metamorphose.

reussische (Faltungs-) **Phase** (n. d. thüringischen Fürstentum Reuß), f., (*H. R. VON GAERTNER, 1951), Tab. III 6 B/C.

reverse Magnetisierung (lt 287), f., → Altersbestimmung (paläomagnetische Altersbestimmungen).

Revolution (geotektonische), f. → Zyklentheorie.

rezent (lt 269), Bez. für Lebewesen oder Bildungen der Gegenwart. – s. a. Fossil, subrezent.

rezente Tektonik (lt 269, gr 338), f., tektonische Prozesse, die gegenwärtig noch andauern; verschiedentlich auch als ‚lebende' oder ‚lebendige Tektonik' bezeichnet. – s. a. Neotektonik.

Rheia-Ozean, m., → Avalonia.

rheinische Fazies, f. → hercynisch.

rheinische Streichrichtung (n. d. Fließrichtung des Rheins zw. Basel und Mainz), f., (‚Rheinische Brüche' *E. SUESS, 1909), etwa NNE–SSW (Mittelwert: 15°).

Rheinische Masse, f., (*H. STILLE, 1908 i. e. S., 1909 i. w. S.), Bez. für die bes. durch varistische und ältere Faltungen charakterisierte Gebirgsmasse rechts und links des Rheins. Das geographisch umrissene ‚Rheinische Schiefergebirge' ist nur ein Torso der größeren postvariscischen ‚Rheinischen Masse'.

Rheinischer Schild, m., (*H. CLOOS, 1936), große schildartige Schichtenaufbeulung, die der Rhein vom Gebiet südl. des Schwarzwaldes bis in den Raum von Duisburg durchfließt. CLOOS definierte den Umriss des Schildes mit der Schnittlinie Oberfläche Jura bzw. Unterfläche Kreide und ± 0 NN. Diese Großstruktur umschließt damit außer dem Rheinischen Schiefergebirge (i. w. S.) große Teile der Südwestdeutschen Großscholle und des Gebietes westl. des Oberrheingrabens. – Den Oberrheingraben, die Hessische Senke und den Niederrheingraben (= Niederrheinische Bucht) betrachtet CLOOS im Rahmen seiner Synthese ‚Hebung-Spaltung-Vulkanismus' als Scheitelgraben-System dieses Schildes. – s. a. Graben, Schild.

rhenischer Trog (n. lt. für ‚Rhein'), m. → Mitteldeutsche Schwelle.

rhenodanubischer Flysch (v. ‚Rhein' und ‚Donau'), m. → Deckensysteme.

Rhenohercynikum/Rhenoherzynikum, n., **Rhenohercynische Zone,** f., (n. lt. für ‚Rhein' und ‚Harz'), (*F. KOSSMAT, 1927), Teil des Varistischen Gebirges zwischen der nördl. Vortiefe und dem Saxothuringikum (s. d.). Er umfasst den Harz und das Rheinische Schiefergebirge mit seiner Fortsetzung nach Westen und wird vorwiegend aus devonischen und unterkarbonischen, in geringerem Maße aus älteren Schichten aufgebaut. Größere varistische Granitplutone sind unmittelbar nur aus dem Harz bekannt (↗ Abb. 77).

Rheologie (gr 294/197), f., Wissenschaft, die sich mit d. Verhalten der Materie unter d. Einfluss von formverändernden Kräften befasst, wobei das jeweilige Materialverhalten durch definierbare rheologische Begriffe wie ‚Sprödigkeit', ‚Plastizität', ‚Festigkeit', ‚Fließen' usw. ausgedrückt werden kann. Bei techn. Untersuchungen gewonnene rheologische Ergebnisse lassen sich sinngemäß auf geotektonische Fragestellungen anwenden. – s. a. obige Begriffe.

Rheomorphose (gr 294/223), f., (*H. G. BACKLUND, 1937), Gesamtheit der durch Temperaturerhöhung bedingten Prozesse partieller oder gänzlicher Verflüssigung eines präexistenten Gesteins. Dabei findet auf dem Diffusionswege eine Zufuhr kleinerer oder größerer Mengen neuen Materials statt. – s. a. Anatexis.

Rhétien, Rhätium, Rät (-Stufe), n., (n. d. Rhätischen Alpen, daher die alte Schreibweise: Rhät), (*A. OPPEL & E. SUESS, 1856), Tab. III 9 C.

Rhexistasie (gr 295/329), f., (*H. ERHARDT) → Biostasie.

Rhizosolenie, f., Pl. **Rhizosolenien** (gr 296/324), (*H. HILTERMANN, 1952), Wurzelröhrchen im Löss mit 0,2 bis mehreren mm Durchmesser; nicht selten mit Kalkhäutchen ausgekleidet. – s. a. Löss.

rhodanische (Faltungs-) **Phase** (n. d. Fluss Rhône), f., (*H. STILLE, 1924), Tab. III 12 E.

Rhombenfeldspat, m. → Plagioklas.

Rhombenporphyr (wg. d. Rhombenfeldspat-Einsprenglinge), m., (*L. VON BUCH, 1810), Tab. IV 16.

rhombische Falte, f. → Faltentyp.

Rhyodazit (da als Zwischenglied zw. Rhyolith und Dazit aufgefasst), m., (*W. D. WINCHELL, 1913), Tab. IV 3.

Rhyolith (gr 294/193), m., (*F. VON RICHTHOFEN, 1861), Vulkanit mit über 20 % Quarz und Alkalifeldspat : Plagioklas-Verhältnissen zwischen 90 : 10 und 65 : 35. Prätertiäre Rhyolithe wurden früher in Europa als **Quarzporphyre** bez. Abb. 66 b, 67, Tab. IV 3.

Rhythmit (gr 297), m., feingeschichtetes Sediment, dessen sehr gleichmäßiges Schichtungsgefüge sich in vertikaler Wechselfolge häufig wiederholt. Die Aufeinanderfolge kann regellos **(azyklisch)** oder durch ein Wiederkehren ähnlicher Sequenzen **(rhythmisch, zyklisch)** gekennzeichnet sein. R.e können durch das Alternieren zweier lithofaziell unterschiedlicher Zufuhren (**alternierende** R.e) o. durch die periodische Überlagerung einer gleich bleibenden Hintergrundsedimentation **(Überlagerungsrhythmite)** entstehen. Jedoch sind auch diagenetisch verursachte R.e bekannt. – s. a. Zyklotheme.

Riasküste (portugiesisch ria = seeartige Flussmündung), f., (*F. VON RICHTHOFEN, 1886), Bez. für eine stark gegliederte, durch ‚ertrunkene' Kerbtäler (‚Rias') gekennzeichnete Meeresküste (Ingressionsküste, s. d.).

Richter-Skala, f. → Erdbeben.

Richtschnitt, m., **Richtprofil,** n., (a. d. Montangeologie, namentl. des Ruhrkohlenbergbaus stammender Begriff), Profil zur eindeutigen Def. einer stratigraphischen Grenze, auf das andere Profile bezogen werden können (Bezugsprofil). Die Schichtglieder eines solchen R. sollen petrographisch gut gekennzeichnet und die Grenzen paläontologisch begründet sein.

Richtungsrose, f. → Kluftrose.

Riebeckit (nach A. RIEBECK), m. → Amphibol.

Riedel, m., (*A. PENCK, 1899), schmaler, niedriger Landrücken zw. zwei Tälern.

Riedel-Scherflächen, Pl., f. (Nach W. RIEDEL, der 1929 auf diese Strukturen aufmerksam machte), Begleitscherflächen einer Verschiebungsfläche, die spitzwinklig zu ihr verlaufen und mit ihr gleichsinnige Bewegung haben.

Riefelung, f. → Kannelierung.

Riege, f. → Strandwall.

Riesenboden, Paläoboden (s. d.), der durch große Entwicklungstiefe und extremen Ausbildungsgrad charakterisiert ist. Der Begriff wird vor allen Dingen für Interglazialböden des Pleistozäns (s. d.) verwendet.

Riesenquelle, f. → Vauclusequelle.

Riesenrippeln, Pl., f. → Rippel.

Riesentopf, m. → Gletschermühle.

Riff, n., untermeerische turm- oder barrenartige Erhebung **(Untiefe)** mit meist steilen Hängen, aus freiliegendem Felsgestein **(Felsriff),** Kies oder Sand **(Schaar)** oder – vor allem – koloniebildenden Organismen (Korallen, Algen, Schwämmen usw.) bestehend. – Für die biogene Gruppe schlugen E. R. Cumings & R. R. Shrock (1928) den Namen **Bioherm** (mit kräftigem Höhenwachstum) und E. R. Cumings (1932) den Namen **Biostrom** (für flache, lagerartige Riffe) vor. – Bei den Riffen lassen sich im Einzelnen noch die verschiedensten Formen unterscheiden: 1. **Saum-, Fransen-, Küsten-** oder **Strandriffe,** die sich an den Küsten als dammartige Riffe bilden. – 2. **Wall-, Barriere-** oder **Dammriffe,** die als lange (das Große Barriere-Riff an der NE-Küste Australiens ist etwa 1800 km lang!), niedrige, ebenfalls dammartige Riffe die Küste in einiger Entfernung begleiten und damit einen langgestreckten Strandkanal (Lagune) zwischen sich und dem Festland frei lassen. – 3. **Atoll, Lagunenriff,** bei denen ein flaches inneres Wasserbecken (Lagune) über einer heute überfluteten Insel von nach außen steil abfallenden, ringförmig die Lagune umschließenden Riffen bis auf gelegentliche Riffkanäle vollkommen umgeben ist (vgl. ↗ Abb. 38). – 4. Einzelne Korallentürme können, vor allem in Lagunen, bis dicht unter die Wasseroberfläche hochwachsen. – 5. **Fleckenriff** (engl. ‚patch reef'), kleine kuppenförmige Riffareale meist geringer Ausdehnung (wenige Zehner m), gelegentlich aber auch bis zu 1 km mit einer vom umgebenden Carbonatsediment abweichenden Fazies (s. d.). Sie sind häufig in geschützten Lagunen bzw. im Hinterriff-Bereich **(back reef)** im Schutze eines zentralen Riffgürtels verbreitet. Es kann sich jedoch auch um kleinere Riffe eines insgesamt ausgedehnten Riff-Komplexes oder um Frühstadien eines späteren größeren R. handeln. – Synonym: **Kuppenriff.** – s. a. Korallenriff, Lagune, Mudmound, Talus.

Riffbrezie, f. → Brekzie, Tab. VI 24.

Riffhöhle, f. → Höhle.

Rift (engl. = Spalte, Riss), n., (*J. W. Gregory, 1894), Senke von großer (regionaler) Länge, deren Absenkung an mehr oder weniger parallelen tektonischen Brüchen erfolgt. In den allermeisten Fällen ist ihre Bildung mit vulkanischer Aktivität verbunden. Auch die → Mittelozeanischen Rücken besitzen in ihrer zentralen Achse große Riftsysteme (= **Zentralgraben**). Vor allem an sie sind die Austrittstellen submariner vulkanischer Schmelzen gebunden (s. a. Plattentektonik). – Tektonische Gräben (→ Graben) können dagegen auch geringere Dimensionen besitzen als R. Vielfach fehlt ihnen auch die vulkanische und seismische Aktivität. – Der Vorgang der Bildung von R. wird **Rifting,** n., genannt.

Righeit (lt 286), f., Bez. für die elastische Widerstandsfestigkeit fester Körper gegenüber Formveränderungen.

Rillung, f. → Gleitstriemung.

Ringelerz, n., Kokadenerz (bergm.), konzentrische Ausscheidungen von Erzen um Nebengesteinsbrocken in Gängen.

Ringgang, m., 1. allgemein → Gang. – 2. vulkanisch: Ringgang, Ringdyke, m., (*E. B. Baily, 1924), einen senkrechten Gesteinszylinder oder einen nach oben konischen Kegel (**Mantelgang,** *A. Rittmann, 1960) umschließende, mit magmatischen Gesteinen gefüllte Gangspalte, die möglicherweise durch Nachsacken des Daches über einer stark entleerten Magmenkammer entsteht. – **Cone sheets** (engl.), m., (*E. B. Baily, 1924) sind dagegen ringförmige, nach unten konisch zulaufende, magmatische Gänge, die möglicherweise beim Aufstieg eines Magmas und dem damit verbundenen Zerbersten der Kruste aufgerissen und mit Magma gefüllt worden sind.

Ringstruktur, f., Strukturen von oft gewaltigen Ausmaßen (bis zu vielen hundert km) auf den Kontinenten. Vielfach wegen ihrer Bedeckung durch junge Sedimente und infolge ihrer großen Ausdehnung nur im Satellitenfoto erkennbar. Es handelt sich offenbar um Strukturen aus der Frühzeit der Erde (durch vulkan. Explosionen oder Meteoritenimpakt entstanden).

Rinnensander, m. → Sander.

Rinnensee, m., Wasserfüllung von Rinnentälern ehemals vergletscherter Gebiete. Für die Bildung solcher Täler kann Gletschererosion, die erosive Tätigkeit subglaziärer Wässer oder eine Kombination beider Kräfte angenommen werden.

Riphäikum (lt Ripaeus/Riphaeus = Gegend in Sarmatien oder Scythien; evtl. der Ural), n., Tab. IIIa. – s. a. Eokambrium, Infrakambrium.

Rippel, f., (Ch. LYELL, 1838, Begriff jedoch schon vorher bekannt), **Rippelmarke** (v. engl. ‚ripplemark', Lit. wie vorher), **Wellenfurche** (schon bei C. F. NAUMANN, 1850), wellenartige Gliederung einer Sedimentoberfläche mit annähernd parallel verlaufenden Erhebungen (Kämme) und Vertiefungen (Furchen). Sind diese Bildungen bedingt durch die Übertragung der Pendelschwingung des Wassers auf das Sediment, wodurch scharfe, im Bau symmetrische Kämme entstehen, bezeichnet man sie als **Oszillationsrippeln.** Bei richtungsgebundenem, über das Sediment hinwegbewegtem Medium (Wasser, Wind) entstehen die asymmetrischen (Luvseite: flach, Leeseite: steil) **Strömungs-** oder **Fließrippeln.** Mit zunehmender Strömungsgeschwindigkeit und bestimmter optimaler Wassertiefe bilden sich statt der **Kleinrippeln** (< 0,6 m) die **Großrippeln** (0,6–30 m) oder die **Riesenrippeln** (> 30 m). – Durch Wind erzeugte Rippeln heißen **Windrippeln.** – s. a. ↗ Abb. 62.

Rippelindex, m., Verhältnis von Rippellänge zu Rippelhöhe (L : H). Bei asymmetrischen Rippeln tritt noch der **Asymmetrie-Index** hinzu, der eine Aussage über die Größe der Asymmetrie erlaubt. Er ergibt sich aus dem Verhältnis der Horizontalprojektion des Luvhanges zu der des Leehanges (↗ Abb. 59). Im Falle einer vollkommen symmetrischen Rippel ist der Asymmetrie-Index = 1 (beide Index-Definitionen nach H.-E. REINECK & F. WUNDERLICH, 1968). – Es empfiehlt sich, die früher verwendete Def. für den R. nicht mehr zu verwenden (Verhältniszahl zwischen Abstand von Kammhöchstem zu Kammhöchstem zweier benachbarter Rippeln und dem Abstand zwischen Kammhöchstem und Furchentiefstem der zwischen dem beiden Rippelkämmen liegenden Furche).

Rippstrom, m., **Rippströmung,** f., im strandnahen Bereich auftretende kräftige Brandungsrückströmung. Sie kommt dadurch zustande, dass bei vorherrschendem, auf das Land zu gerichtetem Wind das Wasser angestaut wird und dann an einzelnen Stellen konzentriert an der Oberfläche nach außen (seewärts) bricht.

Riss(-Kaltzeit) (n. d. rechten Nebenfluss d. Donau, westl. v. Ulm), f., ‚Riss-Vergletscherung' (*A. PENCK & E. BRÜCKNER, 1909), Tab. II A.

Rittmann-Norm, f., → CIPW-Norm.

Rizzonit (n. d. Rizzoni-Bergen/Südtirol), m., (*C. DOELTER, 1902, u. K. WENT, 1903), Tab. IV 18.

Rogenstein (wg. der Ähnlichkeit mit Fischrogen), m., (Name bereits seit d. 16. Jh. bekannt), sandiger Kalkoolith des Unteren Buntsandsteins in NW-Deutschland – bes. charakteristisch am Harz-Nordrand mit großen Ooiden bis zu mehreren mm Durchmesser.

Rohböden, m., Bodenklasse (Bodentypen: Syrosem, Lockersyrosem), die durch beginnende Bodenbildung gekennzeichnet ist. Das Ausgangsgestein ist durch physikalische Verwitterungsprozesse soweit gelockert, dass Pflanzen wurzeln können. Die unbedeutende Humusproduktion lässt (noch) keinen geschlossenen, humusartigen Oberboden zu.

Rohhumus, m. → Humus, Podsol.

Röhrenlava, f. → Pillowlava.

Röt (-Stufe), (wg. der vorherrschenden roten Farbe), n., (*W. GUTBERLET, 1847), Tab. III 9 A.

Roteisenerz, n. → Hämatit.

Roter Tiefseeton, m., Tonsediment der Tiefsee, aus Lösungsrückständen des Globigerinenschlamms (s. d.) und eingeschwemmtem klastischem Material bestehend; die Rotfär-

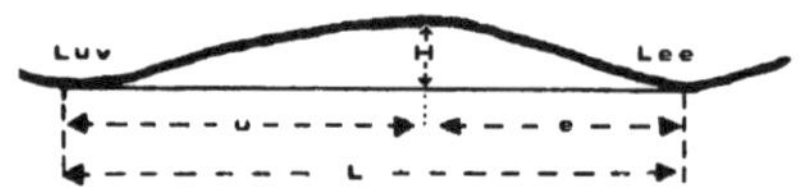

Abb. 59 Rippelindex (aus H.-E. REINECK & F. WUNDERLICH: Zur Untersuchung von asymmetrischen Oszillationsrippeln und Strömungsrippeln. – Senckenbergiana leth. **49,** 321–345; Frankfurt M., 1968). – L Rippellänge, H Rippelhöhe, u Projektion Luvhang, e Projektion Leehang.

bung geht auf die Oxidation der Eisenverbindungen durch das sauerstoffreiche Tiefenwasser zurück. Er findet sich in Wassertiefen über 5000 m und nimmt etwa 28 % des Meeresbodens ein (↗ Abb. 44). – Vielfach finden sich an seiner Oberfläche Brauneisen- und Mangankonkretionen (→ Manganknollen). – s. a. Meeressediment.

roter Mittelmeerboden, Rotlehm, m. → terra rossa.

Rotkupfererz, n., (A. G. WERNER) → Cuprit.

Rotliegendes (alter Mansfelder Bergmannsausdruck: ‚rotes totes Liegendes' als Bez. f. d. rote, erzfreie Liegende des Kupferschieferflözes), n., Tab. III 8 A.

Rotschlick, m. → Blauschlick.

Rubidium-Strontium-Methode, f., Methode zur Altersbestimmung von Gesteinen, bei der der Gehalt des radioaktiven Mutterisotops ^{87}Rb (Halbwertszeit: $4{,}72 \cdot 10^{10}$ Jahre) im Verhältnis zum Tochterisotop ^{87}Sr benutzt wird. Die Methode geht auf die Arbeiten von A. HEMMENDINGER & W. R. SMYTHE (1937), O. HAHN, F. STRASSMANN & E. WALLING (1937) und J. MATTAUCH (1937) zurück. Ihr besonderer Vorteil liegt darin, dass Rb in vielen gesteinsbildenden Mineralien (Feldspäte, Glimmer) auftritt.

Rückenberg, m., **Rückenlandschaft,** f. → Drumlin.

Rückfalte, f., (* E. SUESS, 1883), eine Falte, deren Vergenz (s. d.) entgegen gerichtet zur Vergenz benachbarter Falten ist.

Rückland, n. → Orogen.

Ruckregen, m., plötzlicher, starker Regen in sonst niederschlagsarmen Gebieten. Er kann Wasserabflüsse mit katastrophalen Schadenswirkungen auslösen, die, schnell voranrückend, erhebliche abspülende und abtragende Wirkung ausüben können; so bilden sich die mit Sinkstoffen stark beladenen **Schichtfluten** der Wüstengebiete (*W. J. MCGEE, 1897 ‚Sheetflood') mit ihren Sedimenten, den Fanglomeraten (s. d.).

rückschreitende Erosion, f. → Erosion.

Rückstandslagerstätte, f. → Verwitterungslagerstätte.

Rücktiefe, f. → Vortiefe.

Rudit (lt 291), m., Bez. für klastische Carbonatsedimente mit Korngrößen > 1 mm (bei anderen Autoren > 2 mm). Zur Kennzeichnung des Chemismus spricht man von Kalk-, Dolomit- etc. Ruditen. – s. a. Arenit, Kryptit, Lutit, Mikrit, Siltit.

Ruffi (schweiz.), n. → Mure.

Rumpffläche, f. → Peneplain.

Rumpfgebirge, n., (*F. VON RICHTHOFEN, 1886), ältere Faltengebirge, die infolge der starken Abtragung nur noch Rümpfe des ehemaligen Gebirges darstellen; z. B. die in der Varistischen Faltung geformten deutschen Mittelgebirge.

Rundbuckel, Rundhöcker, m., (‚montagnes moutonnées', Rundhöcker H. B. DE SAUSSURE, 1779, 1786, 1796; ‚roches moutonnées' L. AGASSIZ, 1847), durch die Bewegung des Gletschereises hervorgerufene Abrundung einer Felserhebung, die dann in der Regel auf der Stoßseite flach ansteigt und mit Schliffen und Schrammen bedeckt ist, dagegen auf der Leeseite steiler abfällt und Verwitterungs- und Abbruchsflächen zeigt. Daher lässt sich oft in einem von einem Gletscher verlassenen Gebiet eine regelrechte **Rundhöckerlandschaft, -flur** (*O. FLÜCKINGER, 1934), erkennen.

Rundung, f. → Abrollungsgrad.

Runse, Spülrinne, Rachel, Regenrinne, -rille, -furche, f., durch abfließende Niederschlagswässer in Berghänge eingeschnittene langgestreckte und im Gefälle verlaufende Furchen. Der Vorgang wird als **Runsenspülung** bezeichnet. Weiterhin existieren sowohl für den Vorgang als auch für das Erscheinungsbild folgende Begriffe: **Zerrachelung, Zerrunsung**. Es handelt sich hier um lineare Formen der Spül- oder Hangdenudation. Bei bes. tiefgreifender Zerrunsung spricht man auch von **Hangzerschneidung**. – s. a. Badlands, Denudation.

Runzelschieferung, f. → Schubklüftung.

Runzelung, f. → Spezialfalte.

Rupélien, Rupelium, Rupel (-Stufe), (n. d. rechten Nebenfluss der Schelde, südl. Antwerpen/Belg.), n., (*A. DUMONT, 1849), Tab. III 12 C.

Ruptur (lt 290), f., (schon bei C. F. NAUMANN, 1850), durch tektonische Vorgänge im Gestein erzeugte Trennfläche, durch welche die präexistente und mechanische Kontinuität des Gesteins unterbrochen worden ist. Der Begriff ‚R.' ist damit der Oberbegriff für Klüfte, Spalten und Störungen aller Art. Er gilt auch für den mikroskopischen Bereich. – Man unterscheidet daher die **rupturelle** von der durch ‚fließende' Formung lediglich die Kontinuität modifizierenden, **nichtrupturellen** Deformation. – s. a. Fuge.

Ruschel, Ruschelzone, f. (alter bergm. Ausdruck a. d. Oberharz), mehr oder weniger breite tektonische Zerrüttungszone mit Gesteinsverbänden, die intensiv gefältelt oder durch

krummflächige Quetsch- und Gleitflächen zerlegt sind. – s. a. Störungsbegleitgefüge.
Rutil (lt 293), m., (*A. G. WERNER, 1801), TiO_2. Wichtiges Titanerz.
Rutschstreifen, m. → Gleitstriemung, Harnisch.

S

s → s-Fläche.
Saale-Kaltzeit (n. d. Fl. Saale/Thüringen), f., (*K. KEILHACK, 1909), Tab. II B.
saalische (Faltungs-) **Phase** (n. d. Fl. Saale/Thüringen), f., (*H. STILLE, 1920), Phase der varistischen Faltungsära; entspricht der **frankonischen Faltung** nach J. WALTHER (1921), Tab. III 8 A.
Sabkha (arab.), f. → Playa.
Säbelwuchs (von Bäumen), m. → Gekriech.
saiger/seiger (alter bergm. Ausdruck), Bez. für die ungefähr senkrechte Stellung von Flächen (Schicht-, Kluft-, Verwerfungsflächen usw.), von länglichen und plattigen Körpern (Flöze, Gänge, Schlote usw.) oder Achsen (Falten-, Flexurachsen usw. = **saigerachsig**). – s. a. söhlig.
Saigerriss/Seigerriss, m. → Profil.
Saigerung/Seigerung, f. → Schweresaigerung.
Sakmarien, Sakmarium, Sakmara (n. e. Nebenfluss des Ural/Russland), n., (*A. P. KARPINSKY, 1874), Tab. III 8 A.
säkular (lt 294), (*W. SARTORIUS VON WALTERSHAUSEN, 1880), Vorgänge, namentlich Krustenhebungen und -senkungen, die über lange Zeiträume hinweg andauern. – s. a. instantan.
Säkularplastizität (lt 294/gr 282), f. → Plastizität.
Sal, n. → Sial.
Salair-Phase (n. d. Salair-Geb./Südsibirien), f., (*A. TSCHURAKOFF, 1933), Tab. III 3.
Salar (Bez. aus Lateinamerika), n., großräumige Bodensenke, in welcher bei wüsten- oder halbwüstenartigem Klima Salzkrusten aus verdunstendem Regen- oder Grundwasser ausgeschieden worden sind (= **Salzpfanne**). – s. a. Caliche, Playa.
Salband (bergm.), n., (schon bei A. VON SCHÖNBERG, 1698), Grenzfläche zwischen einem Gang und seinem Nebengestein. Verschiedentlich wird auch die äußerste Partie des Ganges (der Saum) und der anhaftende Besteg bzw. Gangletten in den Begriff mit eingeschlossen.
Salinar (lt 296), n., Bez. für Gesteinskomplexe, die überwiegend aus Salzgestein bestehen. Der Begriff wird sowohl für das Verbreitungsgebiet, als auch für einen salzführenden Teil innerhalb der Schichtfolge verwendet. – s. a. Subsalinar.
Salinität (lt 296), f., Salzgehalt des Wassers, ausgedrückt in Prozent (%) oder Promille (‰) **(Salinitätsgrad),** z. B. hyperhalin (s. d.), euhalin (s. d.), mixohalin (s. d.).
salisch (v. Kieselsäure ‚si' und Aluminium ‚al'; wahrscheinl. *A. JOHANNSEN, 1911), Bez. für die SiO_2- und Al-reichen Standardminerale der normativ-chemischen Klassifikation der Gesteine, z. B. Quarz, Feldspäte. – Gegensatz: femisch, s. d. – s. a. felsisch, mafisch.
Salse, f. → Schlammvulkan.
Saltation (lt 298), f. → Sedimentation.
Salzdom, m. → Diapir.
Salz-Extrusion (lt 139), f. → Extrusion.
Salzgarten, m., (Volksausdr.), an Meeresküsten mit hoher Verdunstungsrate künstlich angelegte flache Becken, in denen Meerwasser zum Zwecke der Speisesalzgewinnung eingedunstet wird.
Salzgletscher, m., (erstmalig v. G. M. LEES, 1927, aus Südpersien bekannt gemacht), an Salzbergen frei zutage tretende Salz- und Gipsmassen in Gebieten trockenen Klimas, die – der Schwerkraft folgend – gletscherzungenartig hangabwärts ‚fließen'. – s. a. Extrusion.
Salzhang, m. → Salzspiegel.
Salzhorst, m. → Diapir.
Salzkissen, n. → Halokinese.
Salzpfanne, f. → Salar.
Salzsee, m., abflussloses Binnengewässer in Trockengebieten, bei dem der im Zuflusswasser sich befindende, geringe Salzgehalt durch die starke Verdunstung im See stärker konzentriert wird und teilweise zur Ausscheidung gelangt. – Man kann eigentliche Salzseen (mit NaCl), **Natronseen** (neben NaCl auch Na_2SO_4 und Na_2CO_3) und **Boraxseen** (neben NaCl auch $Na_2B_4O_7$) unterscheiden. – Bsp.: Kaspisches Meer, Aralsee, Totes Meer, Großer Salzsee in Utah/USA). – s. a. See.
Salzspiegel, m., (*E. FULDA, 1909), durch Ablaugungstätigkeit des Grundwassers an Salzlagern, vor allem Salzstöcken, erzeugte horizontale Fläche. Meist liegt auf dem S. als schwerer löslicher Rückstand ein **Residualgebirge (Gipshut).** – Seitliche Subrosion (s. d.) erzeugt am Salzlager den **Salzhang** (*E. FULDA, 1924). – Durch Massendefizit infolge der

Lösungswirkungen tritt oft über dem S. und neben dem Salzhang ein stark zerrissenes, z. T. verstürztes Einsturz- bzw. Einbruchsgebirge auf. – s. a. Diapir.

Salzsprengung, f. → Salzverwitterung.

Salzstock, m. (bereits bei J. E. VON FICHTEL, 1780) → Diapir.

Salztektonik, f., Bez. für tektonische Strukturen oder Vorgänge, an deren Ausgestaltung das Salz ursächlich oder doch maßgeblich beteiligt ist. Das gilt für das Salzgebirge selbst, aber auch für die durch solche Vorgänge entstandenen Deformationen (s. d.) des Deckgebirges. – Lagerungsstörungen, die durch Salzauslaugung entstanden sind, werden nicht als S. bezeichnet. – s. a. Diapir, Halokinese, Subrosion.

Salzton, m. → Tab. VI 11.

Salzüberhang, m. → Diapir.

Salzverwitterung, f., durch die Auskristallisation von Salzen in Hohlräumen und Rissen der Gesteine hervorgerufene Salzsprengung, die in ihrer mechan. Wirkung der Frostsprengung (s. a. Frostwirkung) entspricht. Solche Vorgänge spielen vor allem in trockenen Klimaten eine Rolle, wo durch die starke Oberflächenverdunstung Lösungen kapillar an die Oberfläche gesaugt werden und dort infolge Verdunstung ihren Lösungsinhalt abscheiden. – s. a. Verwitterung.

Salzzyklen (z. B. F. LOTZE, 1938; G. RICHTER-BERNBURG, 1955), Pl., m., Entwicklung in salinaren Sedimentationsbecken, bei der durch Evaporationsvorgänge (→ Evaporation) eine Ausscheidung salinarer (s. d.) Gesteine entsprechend ihrer Löslichkeit in Wasser erfolgt. Rückläufige Vorgänge, z. B. von Kali- zu Steinsalzausscheidung, werden als **Rekurrenz** (→ Rejuvenation) bezeichnet. – Bsp.: Norddeutsches Zechsteinbecken (s. a. Tab. III 8 B):

Zechstein 5–7	nur lokal entwickelt
Zechstein 4 (Aller-Serie)	Grenzanhydrit Aller-Steinsalz Pegmatit-Anhydrit Roter Salzton
Zechstein 3 (Leine-Serie)	Leine-Steinsalz mit den Kalisalzflözen ‚Riedel' und ‚Ronnenberg' Hauptanhydrit Plattendolomit Grauer Salzton
Zechstein 2 (Staßfurt-Serie)	Anhydrit und Steinsalz Kalisalzflöz ‚Staßfurt' Basalanhydrit Hauptdolomit oder Stinkschiefer Braunroter Salzton
Zechstein 1 (Werra-Serie)	Oberer Werra-Anhydrit Werra-Steinsalz mit den Kaliflözen ‚Hessen' und ‚Thüringen' Unterer Werra-Anhydrit Zechsteinkalk Kupferschiefer Zechstein-Konglomerat

Sammelkristallisation, f., (*F. RINNE & E. BOEKE, 1908), Größenwachstum einzelner Kristalle in Gesteinen durch ‚Aufzehrung' kleinerer, weniger stabiler Minerale oder durch Kornvergrößerung (Verringerung der Kornzahl) einer Mineralart. Kann bei diagenetischen und metamorphen Prozessen, aber auch bei langsamer magmatischer Kristallisation erfolgen.

Sand, m., klastisches Lockergestein mit Korndurchmessern von 0,02–2 mm. Unterteilung: 0,02–0,2 mm = **Feinsand**; 0,2–2 mm = **Grobsand**. – s. a. klastisch, Tab. VI 9.

Sandbank, f. → Bank.

Sandbarre, f., langgestreckte, aus Sand bestehende, rückenartige Untiefe in Gewässern.

Sandfulgurit (lt 158), m. → Fulgurit.

Sandr (isld.) m., **Sander** (?*K. KEILHACK, 1883/1884), vor den Endmoränen der Gletscher durch Schmelzwässer abgelagerte breite Sand- und Schotterfläche **(Kegelsander).** Die Schmelzwasserablagerungen können auch Rinnen ausfüllen **(Rinnensander)** oder Säume am Hang bilden **(Bortensander).**

Sandrose, f., **Sandbaryt**, m. → Gipsrose/Gipsrosette.

Sandschliff, m. → Korrasion.

Sandschwemmebene, f. → Schwemmkegel.

Sandstein, m. → Tab. VI 9.

sandstreifiger Löss, m. → Löss.

Sandwatt, n. → Watt.

Sanidin (gr 298), m., (* C. W. NOSE, 1789), monokline Hochtemperaturform von Kalifeldspat: $K(AlSi_3O_8)$.

Sannoisien, Sannoisium, Sannois (-Stufe), n., (n. d. Ort Sannois, NW v. Paris), (*A. DE LAPPARENT & E. MUNIER-CHALMAS, 1893), entspricht der Latdorf-Stufe (s. d.), Tab. III 12 C.

Santonien, Santonium, Santon (-Stufe), n., (n. d. Landschaft Saintonge/W.-Frankr.), (*H. COQUAND, 1857), Tab. III 11 B.

Saprolit (gr 299/193), m., silikatisches Gestein, das unter humiden Bedingungen einer tiefgründigen chemischen Verwitterung unterworfen war, wodurch Stoffe weggeführt und verschiedene Mineralien, vor allem Glimmer, umgewandelt wurden. Das Gefüge, bei Sedimenten auch der Fossilinhalt, bleibt oft bei diesem in-situ-Gesteinszersatz vollkommen erhalten. Auch durch → aszendente Minerallösungen kann S. gebildet werden.

Sapropelith, (gr 299/193), m., (*H. POTONIÉ, 1908) → Sapropel.

Sapropel (gr 299/277), m., (*H. POTONIÉ, 1904), Faulschlamm, Vollfaulschlamm, unter Sauerstoffabschluss biochem. umgewandelte organische Reste in Gewässern. Sie bilden feinkörnige, graue bis tiefschwarze Massen. Ein Faulschlammgestein wird als **Sapropelith** (m., *H. POTONIE, 1908) bezeichnet. – s. a. Gyttja, Tab. VI 23.

Sapropelkohle (gr 299/277), f., unter völligem Sauerstoffabschluss gebildete Kohle. Sie ist meist sehr wasserstoffreich, ungeschichtet und dicht. Wichtige Sapropelkohlen sind die Kannelkohle (s. d.) und die Bogheadkohle (s. d.). – s. a. Humuskohle.

sardische (Faltungs-) **Phase**, (n. d. Insel Sardinien), f., (*H. STILLE, 1935, 1939), Tab. III 3, 4. – F. KOSSMAT (1936) hatte sie ‚Böhmische Phase' genannt.

Sarmatien, Sarmatium, Sarmat (-Stufe), n., (n. d. röm. Landschaftsbez. ‚Sarmatia' am Schwarzen Meer), (*BARBOT DE MARNY in E. SUESS, 1883), Tab. III 12 D.

Sattel (geol.), m. → Antiklinale, Falte (dort sind auch sämtl. geometrischen Einzelelemente besprochen).

Sattelfirst, m., geodätisch höchster Teil eines Sattels. Die darauf im Streichen des S. verlaufend gedachte Linie ist die **Firstlinie**. Nur bei stehenden Falten entspricht die Firstlinie der **Sattelachse**. – s. a. Falte, Muldentiefstes.

Sattelkern, m., das Innere eines Sattels wird als Sattelkern, das einer Mulde als **Muldenkern** bezeichnet. – s. a. Mulde, Sattel.

Sattellinie, f. → Falte.

Sattelschenkelbruch, m. → Verwerfung.

Sattelschluss, m., Sättel mit geneigter Sattelachse zeigen im Schnitt mit der Erdoberfläche ein ‚umlaufendes Streichen' ihrer Schichten (die Schichten ‚schließen sich' also). Der Sattel taucht ein (Subst. **Eintauchen,** n.). – s. a. Muldenschluss.

Satteltal, n. → Tal.

Saturationsschelf (lt 299), m. → Barrentheorie.

Satz-Endmoräne, f. → Moräne.

Sauerkalk, m. → Sinter.

Säuerling, Sauerbrunnen, m., (Volksausdr.), Mineralwasser mit einem natürl. Gehalt von mind. 1000 mg freiem CO_2 in 1 kg Wasser. – s. a. Mineralquelle.

Sauerstoff-Isotopen-Methode, f. → Paläotemperatur.

Säulenbildung (bei Erstarrungsgesteinen), f. → Absonderung.

Saumriff, n. → Riff.

Saumsenke/Saumtiefe, f. → Vortiefe.

Saussuritisierung (Bez. **‚Saussurit'** v. Th. DE SAUSSURE zu Ehren seines Vaters H. B. DE SAUSSURE, 1740–1799, geprägt, jedoch i. d. Lit. eingeführt von D. GRATET DE DOLOMIEU, 1750–1801), f., Umbildungsvorgang bei Ca-reichen Plagioklasen, deren Substanz in steigendem Maße durch einen feinen Filz von (im Wesentl.) Zoisit (s. d.) ersetzt wird. Dadurch erhalten diese Plagioklase bzw. die durch sie aufgebauten Gesteine eine grüngraue bis grüne Farbe.

savische (Faltungs-) **Phase** (n. d. Fluss Save/Südostalpen), f., (*H. STILLE, 1924), Tab. III 12 C, D.

Saxonien, Saxonium, Saxon (n. d. Prov. Sachsen), n., Tab. III 8 A.

saxonisch (n. d. lt. Bez. für den german. Stamm der Sachsen im heutigen Niedersachsen), (*A. TORNQUIST, 1908); TORNQUIST bezeichnete die zwischen dem Baltisch-russischen Schild und der ‚Mittelgebirgsscholle' im Untergrund Nordhannovers, Mecklenburgs und Pommerns liegende Gebirgsscholle als ‚Saxonische Scholle'. H. Stille (1910) verstand, in Erweiterung des Begriffs, unter ‚Saxonien' den Raum zwischen der ‚Tornquistschen Linie' (s. d.) im Norden und dem nördl. Außenrand der Alpiden im Süden. – Der heute nicht mehr verwendete zeitgebundene Begriff der ‚Saxonischen Faltung' (*H. Stille, 1910), umfasst die „... gesamte, in einer Anzahl von Phasen verlaufene mesozoisch-känozoische Faltung im Bereich der deutschen Mittelgebirge". – Als ‚saxonische Tektonik' ist dann in der Folgezeit die innerhalb von ‚Saxonien' und in dem genannten Zeitraum charakteristische Bruch- und Bruchfaltentektonik bezeichnet worden. –

s. a. alpidische Faltungsära, alpinotyp, germanotyp.
Saxothuringikum, n., **saxothuringische Zone,** f., (n. d. lt. Begriffen f. Sachsen und Thüringen), (*F. KOSSMAT, 1927), Teil des Varistischen Gebirges zwischen dem Rhenohercynikum (s. d.) und dem Moldanubikum (s. d.). Umfasst die nördlichsten Teile der Vogesen und des Schwarzwaldes, vor allem aber die sächsisch-thüringischen Gebirge. Mächtige kambrische und ordovizische Serien erscheinen neben solchen des Devons und Unterkarbons. Außerdem treten große Grundgebirgskomplexe im nördl. Teil der Zone (Rheinpfalz, Spessart, Odenwald, Ruhla-Brotterode/Thüringen – s. a. Mitteldeutsche Schwelle) und im Granulit-, im Fichtel- und im Erzgebirge Sachsens auf. Hinzu kommen noch große varistische Granitplutone. ↗ Abb. 77.
Schaar, n. → Riff.
Schacht, m. → Schlot.
Schachtdoline, f. → Doline.
Schachtkrater, m. → Pitkrater.
Schalenbau der Erde, m. → Erdaufbau.
Schalstein (wg. der schaligen Ablösung beim Abbau), m., (*J. L. BECHER, 1789, n. e. alten bergm. Ausdruck), grünliche, graue, auch rotbraun bis rotviolett gefärbte, geschieferte Diabas- und Keratophyr-Tuffe und -Tuffite mit z. T. erheblichem Ca-Gehalt. Sie treten vor allem als Begleitgestein der devonischen Eisenerze des Lahn-Dill-Gebietes auf. – In der Praxis und durch einige Autoren ist der Begriff auch auf die in die Tuffe eingelagerten Diabasmandelsteine und Sedimente ausgedehnt worden. E. LEHMANN (1941; vor allem auch 1949/51) fasst dagegen mindestens einen größeren Teil des S. als ein Gestein auf, das durch nachträgliche Injektion und Infiltration einer aus basaltischem Magma stammenden Schmelzlösung in einen vorhandenen Sediment-Tuff-Komplex entstanden ist (**‚Weilburgit'**).
Schäre (schwed.), f., kleine, vom Inlandeis überschliffene, buckelartige Insel, vor allem in den Küstengebieten Skandinaviens **(Schärenküste).**
Scharkreuz, n. → Gang.
Scharnier, n. → Falte, Flexur.
Scharnierverdickung, f. → Falte.
Scharniervulkanismus, m., (*H. MURAWSKI, 1950/51), Bez. für das gehäufte Auftreten vulkanischer Eruptionspunkte in Gebieten tektonischer Zerrung, z. B. Scharniere von Flexuren, Beulen oder Kippschollen versch. Dimensionen. Die sich hier öffnenden (oder wieder öffnenden) Spalten erleichtern den vulkanischen Medien den Aufstieg.
Scharung, f., Verb: **scharen** (sich), 1. **Gangscharung,** Vereinigung zweier etwa in gleicher Richtung streichender Gänge unter spitzem Winkel. – 2. S. von selbstständigen Faltengebirgsästen oder ganzen Faltensträngen kommt durch das Zusammenraffen von Ketten auf engem Raum zustande. – s. a. Gang, Virgation.
Schaufelfläche, f. → listrische Fläche.
scheinbarer Polwanderweg, m. → Polwanderungskurve.
Scheinversteinerung, f. → Dendrit.
Scheitel (einer Falte), m. → Falte.
Scheitelgraben, m. → Graben.
Scheitelung, f. → Orogen, Vergenz.
Scheitelungslinie, f. → Vergenz.
Schelf, m., (a. d. Engl. übern. von O. KRÜMMEL, 1907), im urspr. Sinne (engl. ‚shelf', frz. ‚plateau continental') der den ‚Kontinentalsockel' (EM. KAYSER, 1912) umgebende Meeresbereich zwischen 0 und 200 m Wassertiefe. Die dort abgelagerten Sedimente werden als Schelfsedimente bezeichnet. Der S. gehört noch zu den Kontinentalmassen, sein Untergrund besteht aus kontinentaler Kruste. – In der geol. Lit. wird der Begriff auch für Gebiete auf dem Kontinentalsockel verwendet, die im Verlauf der Erdgeschichte mehrfach zwischen Flachland und Flachmeer gependelt haben. Es wurde dabei zwischen tektonisch ruhigen stabilen und tektonisch unruhigen **labilen Schelfen** unterschieden. – s. a. epikontinental, hypsographische Kurve.
Schelfeis, n., (*H. PHILIPP, 1924), auf einem Schelf lagernde, unbewegliche Eismasse aus zusammenhängendem Inlandeis oder aus einem Gemisch von Meereis und zerbrochenem Inlandeis.
Schenkel (einer Falte), m. → Falte.
Schenkelbruch, m. → Verwerfung.
Scherbruch, m., **Scherkluft,** f., durch ebene, meist glatte Flächen gekennzeichnete Fuge, die (bei tektonischer Beanspruchung) in bestimmten wiederkehrenden Winkeln zu den Normalspannungen im Gestein steht und auf scherende Kräfte zurückgeht. Neutraler deskriptiver Begriff: Scherfläche (s. d.). – s. a. Scherung.
Scherfalte, f. → Falte.
Scherfestigkeit, f. → Festigkeit, Scherung.
Scherfläche, f., durch Scherung (s. d.) entstandene Fläche, fast stets in parallelen Flächen-

scharen auftretend. Nach der Anzahl der jeweils auftretenden Scherflächenscharen unterscheidet man ein-, zwei- oder mehrscharige Scherung. – s. a. Bruch, Fuge.

Scherflächentheorie, f. → Gletschertheorien.

Scherling, m. → Quetschling.

Scherspannung, f. → Normalspannung.

Scherung, f., Vorgang der Deformation (s. d.) bzw. Gefügeumformung (→ Gefüge), bei der durch Scherspannungen parallele Flächenscharen (**Scherungs-s**) in gesetzmäßiger Anordnung zu den Normalspannungen (→ Hauptnormalspannungen) entstehen. An diesen Flächen (**Scherflächen** i. e. S.) erfolgen gerichtete Gleit- bzw. Teilbewegungen, ohne dass der Gesteinszusammenhang im Ganzen verloren geht. – Den Widerstand des Materials gegen S. bezeichnet man als **Scherfestigkeit**.

Scherungs-B, n. → Falte.

Scheuerstein, m. → Geschiebe.

Schicht, f., tafel- oder plattenförmiger Gesteinskörper, dessen Dicke (= Mächtigkeit, s. d.) gegenüber seiner horizontalen Ausdehnung gering ist. Die einzelnen Schichten werden durch **Schichtfugen** – als Flächen günstiger Teilbarkeit – voneinander getrennt (C. F. Naumann, 1850, führte den Begriff ‚Schichtungsfuge' statt ‚Schichtungskluft' ein). Die obere Grenze einer Schicht ist die **Dachfläche**, die untere die **Sohlfläche**. – Mehrere übereinander lagernde Sch. fasst man als **Schichtfolge, Sequenz, Schichtenkomplex, Schichtenreihe, Schichtpaket** zusammen. Will man die Zusammengehörigkeit zu einem geschlossenen System andeuten, spricht man von **Schichtengruppe** oder **Schichtenserie**. – s. a. Hangendes, Liegendes, Sedimentation.

Schichten (stratigraphische), Pl., f. → Stufe.

Schichtenbau der Erde, m. → Erdaufbau.

Schichtflut, f. → Ruckregen.

Schichtfuge, f. → Fuge, Schicht.

Schichtfugenhöhle, f. → Höhle.

Schichtgestein, n. → Schichtung.

Schichtkamm, m. → Schichtstufe.

Schichtkopf, m., das Ausgehende (s. d.) geneigter Schichten an der Erdoberfläche.

Schichtlagerungskarte, f. → geologische Karte.

Schichtlücke, f. → Lücke.

Schichtquelle, f., Austritt von **Schichtwasser** (= Grundwasser, das in durchlässigen Gesteinen über einem relativ undurchlässigen Horizont strömt) an der Erdoberfläche. – s. a. Grundwasser, Quellentypen.

Schichtrippe, f. → Schichtstufe.

Schichtstoß, m., freiliegender Anschnitt eines Schichtenpaketes.

Schichtstufe, f., (erste eingehende wiss. Bearbeitung durch A. C. Ramsay, 1863), Geländestufe, deren Steilwand als **Stufenstirn** (auch **Trauf**), deren Fläche als **Stufenlehne (Stufenfläche, Landterrasse)** bezeichnet wird. Hervorgerufen wird sie durch Abtragungsvorgänge versch. Art an den Schichtköpfen von Gesteinsverbänden unterschiedlicher Widerstandsfähigkeit in flach geneigten Schichtpaketen; z. B. die **Schichtstufenlandschaft** der Schwäbischen und Fränkischen Alb. – Häufig ist die Stufenstirn durch die erosive Tätigkeit von Flüssen zerschnitten, wodurch sich lange, ins Vorland vorgreifende Gebirgssporne **(Bastionen)** und mehr oder weniger weit in die Sch. eingreifende Buchten ergeben können (s. a. Auslieger). – Bei stark geneigten Schichten spricht man nicht von Stufenstirnen, sondern von **Schichtkämmen**, bei etwa senkrechter Lagerung von **Schichtrippen.**

Schichtung, f., die Absonderung von Gesteinen in Schichten (→ Schicht). Von dieser Eigenschaft leitet sich die Bez. **Schichtgesteine** ab. Sie entsteht durch Änderung in den Sedimentationsbedingungen, z. B. durch Zufuhr verschiedenartigen Materials, Schwankung der Korngröße der sich absetzenden Substanzen, bei (bio)chemischen Sedimenten durch Änderung des Ausfällungstyps und eine ganze Reihe anderer mechanischer, physikal.-chem. oder biologisch bedingter Ursachen. – s. a. Diskordanz, Gradierung, Jahresschichtung, Konkordanz, Schrägschichtung.

Schichtungs-s, n. → Anlagerungsgefüge.

Schieferton, m., Ton mit ‚schiefriger' Textur, die jedoch primär angelegt ist (keine echte Schieferung im heutigen Sinne), Tab. VI 12. – s. a. Tonschiefer.

Schieferung, f., (neuerdings von einigen Autoren nur für den Schieferungsvorgang verwendet; der allgem. Gefügecharakter wird dann als **Schiefrigkeit** bezeichnet), Bez. für ein makroskopisch im Wesentlichen parallel gerichtetes, engständiges Flächengefüge in Gesteinen (**Schieferungs**-s; sf). Es erzeugt oft eine gute Teilbarkeit in dünne bis dünnste Platten. Solche von zwei Schieferungsflächen begrenzten dünnen Gesteinsscheiben heißen **Schieferungslamellen**. Die S. geht, im Gegensatz zur Schichtung, auf sekundäre Prozesse (Tektonik, Metamorphose) zurück. Die sf-Flächen sind zumeist durch eingeregelte Mineralneubildungen gekennzeichnet (meist Phyllosilikate; s. d.). – Da vielfach die S., ebenso wie die Faltung, auf tangentiale Beanspruchung zurückzuführen ist, zeigen die zur S. besonders geeigneten Gesteine (vor allem Tonsteine) entsprechende, d. h. meist parallel den Achsenflächen der Falten verlaufende S. **(Dachschiefer).** Liegen die sf-Flächen in versch. Winkeln zur Schichtung (ss), spricht man von **Transversalschieferung.** Ein Grenzfall der Letzteren ist die **Achsenflächenschieferung,** bei der die s-Flächen subparallel zur Faltenachsenfläche verlaufen. Liegen sf und ss parallel, wird das auch als **Parallelschieferung** bezeichnet. – Mechanisch handelt es sich bei der S. im Wesentlichen um eine **Scherflächenschieferung**, wie H. Scholtz (1930) wohl als erster klar nachgewiesen hat. Er trat damit der Meinung von A. Born (1929) entgegen, der die Transversalschieferung als **Druckschieferung** bezeichnet hatte. Sie sollte auf eine statische Gefügeregelung entsprechend der Kristallisationsschieferung (→ Abbildungskristallisation) zurückgehen. – Schieferungsgefüge können durch einscharige (**Gleitbrettschieferung,** A. Born, 1929) oder durch gleichzeitige mehrscharige Zerscherung (**Plättung,** s. d.) erzeugt werden. – s. a. Griffelschiefer.

Schiefrigkeit, f. → Schieferung.

Schild, m., (*E. Suess, 1888), Festlandskern aus präkambrischen Gesteinen, die durch orogenetische (→ Orogenese) und Metamorphosevorgänge (→ Metamorphose) zusammengeschweißt worden sind. Solche Sch. zeigen seit dem Präkambrium eine überwiegende Hebungstendenz, sodass heute im zentralen Teil die präkambrischen Gesteine aufgeschlossen sind, während ihre nur wenig veränderte Sedimentdecke lediglich in randlichen Bereichen erhalten geblieben ist. Beispiele: Kanadischer, Baltischer, Sibirischer (Angara-), Äthiopischer, Indischer, Australischer, Guayana-, Amazonas-, Patagonischer S. – s. a. Plattform, Rheinischer Schild.

Schildvulkan, m., (*H. Reck, 1910, n. d. Bez. ‚schildförmiger Lavavulkan' v. von Knebel, 1906, der sie v. d. Namen d. isländ. Vulkans ‚Skjaldbreid' = Schildbreit übernahm), wie der „... Buckelschild römischer Krieger aussehender" (H. Cloos, 1936) Vulkan, bei dem aus Eruptionsstellen im Scheitelgebiet immer wieder Lava abgegeben wird, die dann außen am Schild herabströmt. Es handelt sich um reine Lavavulkane ohne Ascheförderung. Man hat den (kleiner dimensionierten) isländischen von dem (sehr groß dimensionierten) Hawaii-Typus unterschieden. – s. a. Vulkanbauten.

Schill, m., Anhäufungen von vollständigen und/oder zerbrochenen **(Bruchschill)** Schalen, Klappen oder Gehäusen von Organismen; vor allem in der Flachsee und im Küstenbereich auftretend. – s. a. Lumachelle, Tab. VI 24.

Schistes lustrés (= Bündner Schiefer), Pl., m. → Deckensysteme.

Schizolith (gr 323), m. → diaschist.

Schlacke (vulkanische), f., raues, rissiges bis zackiges vulkanisches Auswurfprodukt oder Teil eines Lavastroms von stark poröser bis blasiger Beschaffenheit. – Wird in einem Vulkan vor allem S. gefördert, spricht man von einer **Schlackeneruption**. Hierbei können regelrechte **Schlackenkegel** aufgeschüttet werden. Wenn die Schlacken eine kraterähnliche Hohlform umgeben, spricht man von **Schlackenring**. – Der Begriff ‚S.' für solche vulkanischen Produkte ist an sich terminologisch unzutreffend, da es sich hier nicht um ein bei einer Verbrennung entstandenes Restprodukt handelt. – s. a. Agglomerat, Eruption, Schweißschlacke, vulkanische Tätigkeit.

Schlackenagglomerat, n. → Agglomerat.

Schlaglawine, f. → Lawine.

Schlagmarke (an Geröllen), f. → Eindruck.

Schlagwetter, schlagende Wetter, Pl., n. → Grubenwetter.

Schlammbioherm, n., → Mudmound.

Schlammbrekzie, f. → Fanglomerat.

Schlammstrom, m., durch Wasserübersättigung von Sedimenten, Bodenmaterial oder vulkanischen Aschen z. T. mit erheblicher Geschwindigkeit hangabwärts fließende Schlamm-Massen. – s. a. Lahar.

Schlammvulkan, Schlammsprudel, m., **Salse,** f., **Maccaluba** (Lokalbez. bei Agrigent/Sizilien), f., an Austrittsstellen von Gasen (Methan, CO_2) in Erdölgebieten und Vulkanzonen durch Auswurf von mitgerissenem Grundwasser und Schlamm erzeugtes Gebilde.

Schlangengips, m. → Quellfaltung.

Schlauchlava, f. → Pillow-Lava.

Schlechte (bergm.), f., alle natürlichen und nicht schichtparallelen Trennfugen in der Kohle. Entsprechende Fugen im Nebengestein werden auch im Kohlenbergbau als Klüfte (s. d.) bezeichnet. – Etwa senkrecht zur Flözebene liegende Schlechten werden als **bankrecht,**

mehr oder weniger schräg liegende als **bankschräg** bezeichnet (G. SEIDEL, 1951).

Schleifmarke, f. → Marken.

Schlenke (im Moor), f. → Bülte.

Schleppblatt, n. → Horizontalverschiebung.

Schleppung (bergm.), f., Schichtenverbiegung an Bewegungsfugen. Bei Verwerfungen werden z. B. die Gesteinsschichten des relativ abgesenkten Flügels als aufwärts, die des relativ gehobenen Flügels als abwärts gebogen (= geschleppt) bezeichnet (↗ Abb. 60). – Solche Schichtenverbiegungen können sich zu kleinen Falten **(Schleppfalte, Schleppfaltung)** entwickeln.

Schlick, m., (*H. VON POST, 1861, n. e. Volksausdr.), feinkörniges schlammartiges Sediment in Gewässern jeder Art. Enthält organogene Substanzen, z. T. in erheblichem Umfang **(Biopelit).** Durch stärkere Aufnahme sandiger Komponenten entsteht Schlicksand; → Tab. VI 23, Tab. Biolithe.

Schlickwatt, n. → Watt.

Schlier (nach ,Schlier', ,Schlierf', oberösterr. Lokalausdruck), m., (*C. KEFERSTEIN, 1828), aus dunkel- bis mittelgrauen, feinschichtigen, sandigen Mergeln mit Feinsandlagen bestehende marine ,Becken'-Fazies randferner Bereiche des Molassetroges. Sie findet sich in dem oberbayerischen und österreichischen Molassetrog, dem Wiener Becken und den Molassetrögen der Beskiden und Karpaten. – s. a. Molasse.

Schliere, f., mehr oder weniger große, länglich gestreckte oder streifige Zone in magmatischen Gesteinen, die eine andere Zusammensetzung als die Schmelze besitzt. Sie zeichnet in den meisten Fällen deutlich das Fließgefüge (→ Fluidalgefüge) nach. – s. a. Pluton.

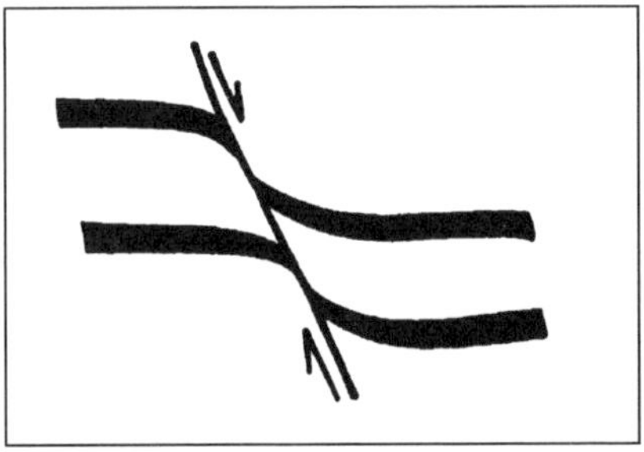

Abb. 60 Schleppung von Schichten an einer Verwerfung.

Schließungstemperatur, f. → Abkühlungsalter.

Schliffkehle, Schliffgrenze, f. → Trogtal.

Schlingenbau, m., (*O. SCHMIDEGG, 1933), Großfaltenbau um vertikal bis steil stehende Achsen. Die einzelnen Großfalten **(Schlingen)** können Ausdehnungen von mehr als 10 km erreichen. – B. SANDER sprach bereits 1914 von ,Schlingen' mit steilstehenden ,Achsen'. – s. a. Faltentyp (Kulissenfalte).

Schlinger, m. → Schwinde.

Schlipf, m. → Erdschlipf.

Schlot, m., 1. Aufstiegskanal vulkanischer Produkte in Vulkanbauten (**Eruptionsschlot,** → Eruption). Eruptionen, die aus solchen Schloten unmittelbar erfolgen, werden als **Schloteruptionen (Zentraleruptionen)** bezeichnet. Im S. zur Erstarrung oder zum Absatz kommende Produkte nennt man **Schlotfüllung;** hierher gehören auch die **Schlotgänge.** 2. Verschiedentlich werden auch vertikale Höhlenstrecken, die sich von der Höhlendecke nach oben entwickeln, als Schlote **(Deckenschlot)** bezeichnet. Man kann hiervon solche vertikalen Gebilde unterscheiden, die etwa durch Erweiterung einer Bruchfuge von oben her entstanden sind. Sie werden als Schacht bezeichnet. – s. a. Höhle, Vulkan.

Schlotbrekzie (vulkanische), f. → Brekzie.

Schlotte, f., infolge Auslaugung durch eindringende Sickerwässer am Ausgehenden (s. d.) von Kalk-, Dolomit- oder Gipsgesteinen gebildete, steilstehende bis saigere (s. d.), zylindrische, kessel-, schacht- oder trichterartige Vertiefung, die im Wesentlichen durch Lösungserweiterung vorhandener Spalten oder Klüfte entstanden ist. Eine ganze Serie solcher Schlotten wird auch als **geologische Orgel** bezeichnet. – s. a. Karst.

Schlucht, f., tief eingeschnittenes Erosionstal. – s. a. Canyon, Tal.

Schluckbrunnen, Schluckschacht, m. → Brunnen.

Schluckloch, Schlundloch, n. → Katavothre.

Schluff, m. → Korngröße (Tabelle).

Schluffstein, m. → Tonstein.

Schmarotzerkegel, m. → Krater.

Schmelztuff, m., → Ignimbrit.

Schmidt'sches Netz, n., flächentreue Azimutalprojektion (stereographische Projektion) der unteren Hälfte einer Lagenkugel (eingeführt v. W. SCHMIDT, 1925). Die Projektionsebene steht senkrecht auf der (geographischen) Äquatorialebene, sodass alle Himmelsrichtungen eingetragen werden können. – Hilfsmittel zur Anwendung geometrischer und statistischer Untersuchungs- und Darstellungsmethoden für Korn- und Gesteinsgefüge (Schichtung, Schieferung, Klüftung, Stängelung usw.). Zur Darstellung werden alle zu messenden linearen und planaren Element durch den Mittelpunkt der Lagenkugel raumrichtig gelegt. Lineare Elemente zeigen dann einen auf dem Kreisnetz ablesbaren ‚Durchstoßpunkt', planare Elemente schneiden das Gradnetz in Form von ‚Großkreisen'. Planare Elemente können jedoch auch mit den Durchstoßpunkten ihrer im Kugelmittelpunkt angesetzten Flächennormalen dargestellt werden.

Das **Wulff'sche Netz** stellt dagegen die winkeltreue Azimutalprojektion einer Lagenkugel dar; dieses Netz wird vor allem in der Kristallographie verwendet. – s. a. Kluftrose.

Schmirgel (ital.), m., (schon bei ZEDLER, 1743), Gemenge von Korund (s. d.) mit anderen Mineralen. Bereits seit dem Altertum wegen seiner Härte als Schleif- und Poliermittel benutzt. Berühmter Fundort: Kykladeninsel Naxos/Ägäis.

Schmitze (bergm.), f., geringmächtige, nach den Seiten rasch auskeilende Einlagerung von einer anderen Zusammensetzung als das Nebengestein, z. B. Kohlenschmitze.

Schneegrenze, f., Firnlinie, (‚Schneelinie' *J. W. VON GOETHE, 1813; **‚Firnlinie'** *F. J. HUGI, 1842, jedoch speziell bezogen auf Gletscher), untere Grenze des Bereiches, in dem auch im Sommer der Schnee nicht vollständig abschmilzt (**‚Schneeregion'** *A. HEIM, 1885). Linien gleicher Höhenlage der S.: **Isochionen**. – Klimaänderungen – vor allem langzeitige Änderungen der Durchschnittstemperaturen und u.U. auch der Niederschläge – können Hebungen oder Senkungen **(Depressionen)** der S. hervorrufen. Für das Pleistozän hat F. SIMONY (1872) als erster die Schneegrenzenlagen aus der heutigen Lage der Glazialzeugen rekonstruiert.

Schneepenitentes, Pl. → Penitentes.

Schneeregion, f. → Schneegrenze.

Schneeschliff, m. → Korrasion.

Scholle, f., 1. ‚Nebengesteinsscholle': in einem Magmatit (→ Magma) eingeschlossener Nebengesteinsbrocken (s. a. Pluton). – 2. ‚tektonische Scholle' (A. v. LASAULX, 1883): durch tektonische Fugen umgrenztes Stück der Erdkruste, wobei vielfach die einzelnen Schollen in den verschiedensten Richtungen zueinander bewegt wurden **(Schollenverschiebung)**. Die Grenze zw. solchen Schollen wird oft als **Schollennaht** bezeichnet. Bereiche der Erdkruste, die ihre Entstehung solcher Schollenbildung verdanken, werden als **Schollengebirge** bezeichnet (vgl. H. QUIRING, 1914). – s. a. Gebirge, Staffelbruch.

Schollenlava, f., bei einer fließenden Lava wird häufig die bereits erstarrte Haut bei der Weiterbewegung in Schollen zerrissen. Bei abnehmender Fließgeschwindigkeit werden diese zu wirren Haufwerken aufgetürmt: Schollenlava. Auf ähnliche Weise kann sich auch ein **Schollendom (= Tumulus)** oder ein **Schollenrücken** bilden. An den Schollenrändern kann Lava aus dem Inneren des Stromes in Spalten eindringen und beim Erstarren einen Lavakeil bilden.

Schollentreppe, f. → Staffelbruch.

Schorre (von ‚scheren'), f. → Kliff.

Schotter, m. → Geröll, Kies.

Schotterkörper, m. → Geröll, Schotterterrasse.

Schotterterrasse, f., **Aufschüttungsterrasse, Akkumulationsterrasse**, eine durch das erneute Einschneiden eines Flusses in seinen vorher aufgeschütteten Schotterkörper erzeugte Terrasse. In bes. starkem Maße sind solche Terrassen im Pleistozän gebildet worden. W. SOERGEL (1921, 1939) sah ihre Bildung im Klima begründet **(glazialklimatische Terrassenauffassung)**. Nach dieser Auffassung hat während der Interglazialzeiten das ständig strömende Flusswasser Erosionswirkungen ausgeübt, wohingegen in den Glazialzeiten die Flüsse vorwiegend aufschotterten, da mehr Schutt zugeführt wurde, als die Flüsse abtransportieren konnten. Andere Autoren hoben die Bedeutung der Meeresspiegelschwankungen (= Schwankungen des Erosionsniveaus) hervor: **thalassostatische Terrassenauffassung** (F. ZEUNER, vor allem 1959). Außerdem können auch tektonische Hebungen und Senkungen eine bedeutende Rolle spielen **(tektonische Terrassenauffassung)**, wie für den Rhein z. B. von C. MORDZIOL (1910) und H. QUIRING (1926) gezeigt wurde. – Ein solcher, oft mehrfacher Wechsel von Akkumulation und Erosion erzeugt **‚eingeschachtelte Terrassen'**, wobei die ältesten hoch, die jüngsten tief liegen: **Hoch-, Mittel-, Niederterrasse**.

Schrägabschiebung, Schrägaufschiebung, f. → Abschiebung, Aufschiebung.

Schrägschichtung, f., nicht horizontale (schräge) Schichtung, die im Bereich von Deltabildungen und in fließenden Gewässern an der Leeseite von Hindernissen, in bewegter Luft (etwa an der Leeseite von Dünen) in den sich ablagernden Sedimentmassen ausgebildet wird. – S. des Brandungsschuttes am seewärtigen Fuß von Riffen wird oft Übergussschichtung genannt. – Durch Veränderung oder Verlagerung der Strömung können Aufschüttungsvorgänge mehrfach hintereinander stattfinden, wobei die einzelnen Phasen durch mehr oder weniger horizontale Diskordanzen (s. d.) voneinander getrennt sind (↗ Abb. 61, 62). Vielfach wird hier von **Diagonalschichtung** gesprochen. Letztere mit mehrfachem Wechsel der Schüttungsrichtung wurde öfter als **Kreuzschichtung** bezeichnet, obgleich sich die Schichten ja in Wahrheit nicht kreuzen. – Da sich bei allen diesen Bildungen die Schichten jeweils der Basis anschmiegen, im oberen Teil jedoch von der jeweiligen ‚Diskordanz' gekappt werden, lässt sich, selbst bei stark gefalteten oder überkippten Schichten, das wahre Hangende und Liegende vielfach ermitteln. – s. a. Schichtung.

Schrägzuschnitt, m. → Diskordanz.

Schratte, f., **Schrattenfeld,** n. → Karre.

Schreitgletscher, m. → Inlandeis.

Schriftgranit, m. → Myrmekit.

Schrumpfungstheorie, f. → Kontraktionstheorie.

Schubbahn, f., (*V. Uhlig, 1909), allgem. Bez. für den Weg (Bahn) einer tektonischen Decke (s. d.). Die eigentliche Grenzfläche zwischen Unterlage und Basis der Decke heißt **Überschiebungsfläche** oder **Sohle** (*V. Uhlig, 1907), ihr Schnitt mit der Erdoberfläche ist die **Überschiebungslinie**. Das Ausmaß der Überschiebung **(Schubweite)** wird als **Förderlänge** bezeichnet (*O. Ampferer, 1906), womit sich Decken mit großer Förderlänge: **Fernüber-**

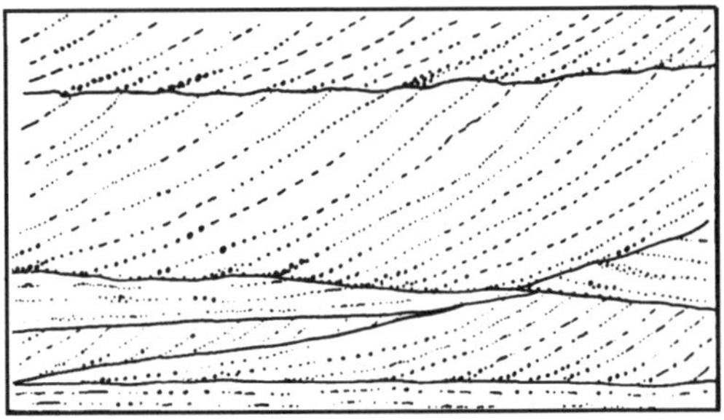

Abb. 61
Schrägschichtung in Werra-Kiesen bei Meiningen (nach F. Frantzen).

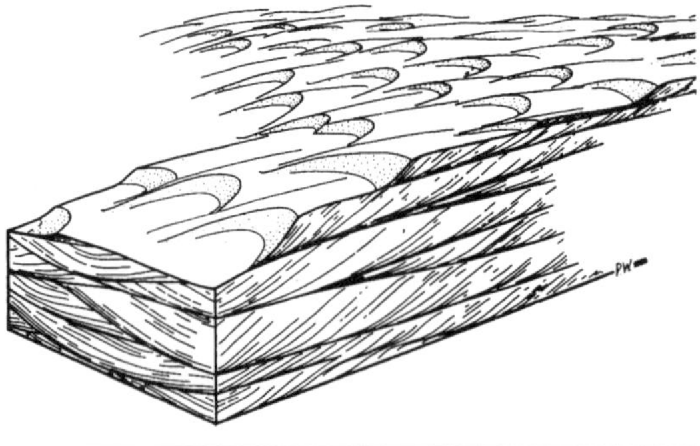

Abb. 62
Rippelschichtung und Schrägschichtungsgefüge im Blockbild; Transportrichtung von rechts (nach P. Wurster: Geometrie und Geologie von Kreuzschichtungskörpern. – Geol. Rundsch. **47**, 322–359; Stuttgart, 1958).

schiebung (*V. Uhlig, 1907) von solchen geringerer Förderlänge: **Nahüberschiebung** (*V. Uhlig, 1908) unterscheiden lassen. – s. a. Aufschiebung, Quetschling.
Schubdecke, f. → Decke.
Schubfetzen, Schubspan, Schubsplitter, m. → Quetschling.
Schubklüftung, f., System von Scherflächen, das eine bereits vorhandene Schieferung (s. d.) durchschneidet und dabei die Schieferungsflächen der ersten Schieferung s-förmig schleppt. Bei Engständigkeit kann durch die zahlreichen winzigen Flexuren eine Runzelung entstehen; dann auch das Synonym: **Runzelschieferung.**
Schubmasse, f., soviel wie Decke (s. d.).
Schubspannung (= Tangentialspannung), f. → Normalspannung.
Schubweite, f. → Schubbahn.
Schungit (n. d. Ort Shunga/Karelien/NW-Russland), m., (*A. Inostranzeff, 1880, 1886), in präkambrischen Serien Ostfinnlands, vor allem aber am Nordufer des Onega-Sees auftretende, unreine, z. T. in Graphit umgewandelte anthrazitische Kohle, die sich wahrscheinlich aus Sapropeliten (→ Sapropel) gebildet hat. Als organisches Ursprungsprodukt können Meeresalgen angesehen werden.
Schuppenbau (‚Schuppenstructur', *E. Suess, 1883), m., durch mehrere Aufschiebungen schuppenartig aufeinander gelegte Gesteinspakete (↗ Abb. 63). Dieser Vorgang wird als **Verschuppung** oder **Schuppung** bezeichnet (die Schichten sind verschuppt). Das jeweils zwischen zwei Aufschiebungen liegende Gesteinspaket heißt Schuppe **(Gleitbrett);** mehrere Schuppen bilden ein **Schuppenpaket.**
Schürmannsche Regel, f., (*H. M. Schürmann, 1927), besagt, dass bei Braunkohlen der Wassergehalt mit zunehmender Mächtigkeit des Deckgebirges gesetzmäßig abnimmt, nämlich bei 100 m Schichtenmächtigkeit um 1 %.
Schüsseldoline, f. → Doline, Uvala.
Schüsselpluton, m. → Pluton.
Schutt, m., unverfestigte Masse von Gesteinsbrocken versch. Größe, die durch die Wirkung mechan. Verwitterung erzeugt worden sind; z. B. **Schuttfuß, Schutthalde, Schuttkegel** am Fuß steiler Felspartien und Berghänge.
Schüttergebiet, n. → Erdbebentypen.
Schuttquelle, f. → Quellentypen.
Schuttstrom, m. → Solifluktion.
Schüttung (Quelle), f. → Quelle.
schwäbische Streichrichtung (wg. ihrer Bedeutung im schwäbischen Raum), f., (*H. Philipp, 1931), entspricht einer ENE–WSW-Streichrichtung. – In dieser Richtung verläuft auch das bruchtektonisch gut nachweisbare **Schwäbische Lineament** (*E. Seibold, 1951) vom Raum Freudenstadt-Dornstetten bis in das Nördlinger Ries.
Schwarmbeben, n., zahlreiche, in kurzen Abständen hintereinander erfolgende Erdbeben (s. d.).
Schwarzerde, f., **Tschernosem** (v. russ. ‚Chernosiom'), m., (M. I. Afonin, 1771), braunschwarzer bis schwarzer, stark humushaltiger, fast immer auf Löss gebildeter Boden der Langgrassteppe. Durch die hohe Biomasseproduktion entwickelt sich ein mächtiger Ah-Horizont, der von zahlreichen bodenwühlenden Tieren (Ziesel) ständig durchmischt wird (Ah/C-Profil, s. a. Bodenprofil); typisch sind deren verfüllte **Grabgänge** (= → Krotowine). An der Grenze Ah/C (= **Kalklösungsfront**) kommt es zu konkretionären Kalkanreicherungen, oft in Form von Lösskindln (→ Löss). – Dieser Boden-

Abb. 63 Schuppenbau. Gleitbretter von Muschelkalk (t_2); dazwischen als Gleitmittel salzführender Keupermergel (t_3); t_1 = Buntsandstein. Keltiberische Ketten/Spanien. – Nach G. Richter & R. Teichmüller: Die Entwicklung der Keltiberischen Ketten. Abh. Ges. Wiss. Göttingen, Math.-Phys. Kl., H. **7**, 118 S.; Göttingen, 1933.

typ (s. d.) findet sich in durch kühle Winter und trockene Sommer gekennzeichneten Steppengebieten mit Kontinentalklima (vor allem Ukraine, Südrussland, südamer. Pampa).

Schwarzer Jura (wg. der vorherrschenden Gesteinsfarbe u. n. d. Schweizer Jura), m. = Lias (s. d.).

Schwarzkohle, f. → Steinkohle.

Schwarzschiefer, m., allgem. Bez. für ein feingeschichtetes, durch organische Restbestände (Bitumen, s. d.) und sulfidische Erze dunkel gefärbtes (aquatisches) Sediment (Sapropelit → Sapropel). Indiz für schlechte Wasserdurchlüftung. – s. a. euxinisch.

Schweb, m. → Flusstrübe.

schwebend (bergm.), Bez. für eine mehr oder weniger waagrechte Lagerung von geologischen Körpern.

schwebendes Kapillarwasser, n., → ungesättigte Zone.

Schwefelkies, m. → Pyrit.

Schwefelquelle, f., H_2S-führende Quelle. – s. a. Quelle.

Schweißschlacke, f., bei vulkan. Eruptionen ausgeschleuderte glutflüssige Lavafetzen, die – teils noch im Innern zähflüssig – zu Boden fallen und dort festschweißen. – s. a. Wurfschlacke, Agglutinat.

Schwelkohle (bergm.), f., (*W. GOTHAN, 1922), bitumenreiche, zum Verschwelen (!) geeignete Braunkohle, die bei trockener Destillation mehr als 6% Teer liefert.

Schwelle, f., in einem Becken auftretende rückenartige Erhebung, die bei Wasserfüllung eine Untiefe oder einen langgestreckten Inselzug erzeugen kann. Solche Schwellen teilen Großbecken in Teilbecken und sind somit Faziesscheiden. Sie können aber auch so weit über den Wasserspiegel ragen, dass sie Abtragungsgebiete werden. – s. a. Barre, Geantiklinale.

Schwemmkegel, Schwemmfächer, m., fächerartige Ablagerungen eines Flusses, der z. B. in ein Sammelbecken (See, Meer) einmündet. Wegen Abnahme der Wassergeschwindigkeit wird ein Großteil der mitgeführten Fracht abgelagert. Weit ausgedehnte Fächer mit sehr geringem Oberflächengefälle werden, soweit sie wesentlich aus Sand bestehen, als **Sandschwemmebene** bezeichnet. – s. a. Delta.

Schwemmlöss, m. → Löss.

Schwere, Gravitation, f., Bez. für den jeweiligen Charakter des irdischen Schwerefeldes. Dieses ist, infolge des Vorhandenseins spezifisch schwerer oder leichter Gesteinskomplexe in der Erdkruste, nicht einheitlich **(Schwereanomalie).** Diese Schwereunterschiede äußern sich durch die Stärke der Beschleunigung, die sie einem frei fallenden Körper verleihen. Positive Anomalien (bezogen auf eine mittlere S.) werden **Schwereüberschuss**, negative Anomalien **Schweredefizit** genannt. – Die Schweremessung und -auswertung wird als **Gravimetrie** bezeichnet.

Schweregleiten, n. → gravitative Tektonik.

Schweresaigerung, f. → Differentiation.

Schwermineral, n., Mineral mit einem spez. Gewicht >2,9; z. B. Rutil, Zirkon, Granat, Turmalin.

Schwerspat (wg. seines hohen spez. Gew.), m., (v. A. G. WERNER übernomm. bergm. Ausdr.), Baryt: $BaSO_4$.

Schwimmsand, m., (techn. Ausdr.), natürliches Feinsand-Bodenwasser-Gemisch, das infolge geringer innerer Reibung fließfähig ist.

Schwinde, f., Stelle an der Erdoberfläche, an der Wasser ausschließlich infolge seiner Schwerkraft in unterirdische Gerinne abfließt. Je nach ihrer Lage werden sie als **Bach-, Fluss-, See-** oder **Meeresschwinde** bezeichnet. Daneben findet sich auch die Bez. **Schlinger,** m.

Schwingmoor, n., Wasseransammlung **(Wasserkissen)** unter der Vegetationsdecke eines Moores, wodurch diese beim Begehen ‚schwingt'.

Schwundkluft, f. = Kontraktionsspalte (→ Spalte).

Scythien, n. → Skythium.

Sea-Floor-Spreading (engl.), n. → Mittelozeanischer Rücken.

Seamount (engl.), m., untermeerische Erhebung vulkanischen Ursprungs. Wenn ihre Gipfelregion durch Erosion abgeplattet ist, spricht man von → Guyot.

Sebcha (arab.), f. → Playa.

sedentär (lt 301), (*C. W. HAYES, 1895: ‚sedentary soil'), Bez. für Sedimente, die durch ‚Aufwuchs' entstanden sind, z. B. Torf.

Sediment (lt 302), (als ‚sedimenta' schon bei N. STENO, 1638–1686), n., Bez. für die im Rahmen der Sedimentation (s. d.) abgelagerten oder ausgeschiedenen Gesteinsmassen. – Durch mechanischen Absatz fester Teilchen aus Luft oder Wasser entstehen die **klastischen Sedimente** (→ klastisch). Die durch chem. Abscheidung gebildeten werden als

chemische und diejenigen organischer Herkunft als **organogene** oder **biogene Sedimente** (s. d.) bezeichnet. In vielen Fällen ist eine scharfe Trennung nach diesen Typen nicht möglich, da zwei oder mehrere der genannten Vorgänge Mischtypen erzeugen können. → Tab. VI.

sedimentäre Lagerstätte (lt 302), f., Anhäufung nutzbarer Stoffe durch Sedimentationsprozesse; beispielsweise Salze, Kohlen, sedimentäre Erze sowie zahlreiche Lagerstätten der Steine und Erden. – s. a. Lagerstätte.

Sedimentation (lt 302), f., Vorgang des Absatzes sowie des chem. oder biochem. Ausscheidens von Sedimenten. Sehr häufig sind Sedimente geschichtet (s. a. Schicht, Schichtung). Die S. ist abhängig von den im Sedimentationsraum herrschenden physikal.-chem. Bedingungen. Sie hängt z. B. beim Absatz von Festteilchen von der jeweiligen ‚Tragkraft' des transportierenden Mediums und den Eigenschaften der Teilchen selbst ab (spez. Gew., Größe, Gestalt usw.). Bei chem. Ausfällung spielen Sättigungsgrad, Temperatur, Vorhandensein von Lösungsgenossen und Gasen usw. eine ausschlaggebende Rolle. Die S. organogenen Materials setzt wiederum entsprechende Lebensräume voraus. Hier ist allerdings zu unterscheiden zwischen der sedimentären Eigenleistung von Organismen (biochemisch) und der – teilweise in gänzlich anderen Räumen erfolgenden – Ablagerung abgestorbenen Tier- oder Pflanzenmaterials (biogen, organogen).

Je nach Art des transportierenden Mediums unterscheidet man: 1. **äolische** S. aus bewegter Luft. Hier erfolgt Auffüllung von Hohlformen des Bodens, aber auch Aufhäufung von Dünen (s. d.); hierher gehört auch die Ablagerung des Löss (s. d.). – 2. **aquatische** S., im Wasser abgesetzt. Hierher gehören: a) Absatz aus Quellen (Sinter, Kalktuff, Erbsenstein usw.), b) Ablagerung in Flüssen (**fluviatile** S.), z. B. als Schotterkörper oder Deltaschüttung, c) Ablagerung in Seen (**limnische/lakustre** S.), d) Ablagerung im Meer (**marine** S.), e) durch das Eis oder seine Schmelzwässer (**glaziäre** und **fluvioglaziale** S., Bildung von Moränen, Drumlins, Oser, Sandr usw.). 3. **Vulkanogene** S. (→ vulkanische Tätigkeit). – Der **Transport** kann auf dreierlei Weise erfolgen: 1. Schieben von Sedimentteilchen am Boden **(Reptation),** 2. hüpfende oder springende Bewegung von Sedimentteilchen **(Saltation),** 3. schwebender Transport **(Suspension).** – s. a. äolisch, aquatisch, fluviatil, fluvioglazial, glazial, limnisch, marin.

Sedimentationsbecken, n., Senke, in der Sedimentation stattfindet. Die Dimension solcher Becken kann sehr verschieden sein. Die größten S. finden sich aber im marinen Bereich. – Charakteristisch ist, dass – bei unveränderter Lagerung – die obersten Schichten immer die geologisch jüngsten Absätze darstellen.

Sedimentationslücke, f. → Lücke.

Sedimentationszyklus (lt 302/gr 184), m., (‚Sedimentations-Cyclus' *W. KLÜPFEL, 1917), die mehr oder weniger regelmäßige, vielfache Wiederholung bestimmter Gesteinsfolgen in einer größeren Anzahl von Stadien oder Phasen bei der Sedimentation. Auf solche Weise können sich **zyklische Sedimente** bilden. Hierher gehört z. B. die bei den chem. Sedimenten im deutschen Zechsteinbecken so typisch entwickelte Abfolge: Kalk/Dolomit – Anhydrit – Steinsalz – Kali- und Magnesiumsalze (vgl. Salzzyklen). – Bes. typische Sedimentationszyklen sind aus den varistischen Vortiefen bekannt geworden (vgl. Zyklothem). – Neben Kleinzyklen der Zyklotheme lassen sich Großzyklen (→ Zyklentheorie) und mittlere Zyklen **(Pulsationen)** unterscheiden.

Sedimentgang, m. → Gang.

Sedimentgestein (lt 302), n., **Sedimentit,** anlässlich von Vorgängen der Sedimentation (s. d.) und des biologischen Wachstums gebildetes und durch Diagenese (s. d.) verfestigtes Gestein. – s. a. Tab. VI.

Sedimentologie, (lt 302/gr 197), f., Wissenschaftszweig, der sich mit den Sedimenten (s. d.) und Sedimentgesteinen (s. d.) und ihrer Entstehung befasst.

Sedimentpetrographie (lt 302/gr 274/86), f., Wissenschaftszweig der Petrographie (s. d.), der sich mit der Untersuchung der Sedimente, Sedimentgesteine und ihrer Bildung befasst.

See, m., Ausfüllung einer negativen morphologischen Form der Erdoberfläche mit Wasser. Seen können durch Austiefung (→ Austiefungssee) oder durch Abdämmung (→ Stausee) entstehen. Seebecken können einen oder mehrere Abflüsse besitzen oder als Endsee (→ Durchflusssee) abflusslos sein. Die Zuflüsse können ober- und unterirdisch erfolgen. Man kann nach dem Salzgehalt des Wassers zwischen Süßwasser- und Salzseen (s. d.) unterscheiden. – In einigen Fällen (z. B. im Karst,

s. d.) können sich auch unterirdische Seen bilden; z. B. Höhlensee (→ Höhle). – Der Begriff **(die) See**, f., wird im Dt. für marine Wasserbecken gebraucht, z. B. die Nordsee, Ostsee.

Seebeben, n. → Erdbeben.

See-Erz, n., Anhäufung schaliger Knollen von Goethit (Nadeleisenerz, FeOOH), die unter Mitwirkung von Eisenbakterien in natürlichen Wasserbecken zur Ausscheidung gelangen. – s. a. Raseneisenerz.

Seegangsrippel, f. → Rippel.

Seekreide, f., limnische (s. d.), unter Mitwirkung v. Pflanzen entstandene, kreideartige Ablagerung m. hohem Kalkgehalt (bis fast 100 %), meist noch mit Molluskenschalen durchsetzt. – s. a. Tab. VI 22.

Seelöss, m. → Löss.

Seemarsch, f. → Marsch.

Seeschwinde, f. → Schwinde.

Segregation (lt 303), f., Trennung, Abtrennung; z. B. magmatische S. (→ Differentiation).

Seif (arab., sprich Se-if), m. → Düne.

Seife, f., (durch B. VON COTTA in d. Lit. eingef.; alter bergm. Ausdruck), örtliche Anhäufung von spezifisch schweren oder besonders widerstandsfähigen Mineralmassen im Verwitterungs- oder Sedimentationsprozess, z. B. Diamant-, Gold-, Zinnstein-, Zirkonseife. – Bei der Verwitterung eines Gesteins kann die Anreicherung dadurch erfolgen, dass die weniger widerstandsfähigen Komponenten zerstört und zusammen mit den spezifisch leichten Bestandteilen fortgeführt werden. So bildet sich am Ort der Verwitterung die **eluviale** S. – Entweder durch selektive (auswählende) Ausblasung oder durch Absatz aus der bewegten Luft bildet sich die **äolische** S. – Eine Anreicherung kann aber auch durch Schweresaigerung in Flüssen (**alluviale, fluviatile** S.) oder in Seen (**limnische** S.) erfolgen. Im Küstenbereich können sich in der Brandungszone S.n durch Schweresaigerung in Form von Brandungssäumen bilden **(Litoral-, Küsten-, Strandseife).** – s. a. alluvial, äolisch, eluvial, fluviatil, limnisch, litoral, marin.

Seifenlagerstätte, f., Bez. für eine abbauwürdige Seife nutzbarer Stoffe.

seiger → saiger.

Seigerriss, m. → Profil.

Seigerung, f. → Schweresaigerung (s. → Differentiation).

Seihwasser, n. → Influenz.

Seillava, f. → Fladenlava.

Seismik (gr 300), f., Verfahren der Angewandten Geophysik, bei dem durch kleine künstliche Sprengungen **(Sprengseismik)** oder Bodenerschütterungen mit Vibratoren **(Vibroseis/ Vibroseismik)** elastische Wellen in der Erdkruste hervorgerufen werden, die sich in den einzelnen Gesteinsschichten aufgrund deren unterschiedlicher physikalischer Beschaffenheit mit unterschiedlicher Geschwindigkeit fortpflanzen. Die Wellen werden mit **Seismographen** oder **Geophonen** aufgefangen und in **Seismogrammen** aufgezeichnet. – Beim Refraktionsverfahren **(Refraktionsseismik)** werden neben den direkten und reflektierten Wellen noch die an Schichtgrenzen gebrochenen (= indirekten) Wellen erfasst; beim Reflexionsverfahren **(Reflexionsseismik)** vorwiegend die von tektonisch und geologisch relevanten Flächen **(Reflektor)** zurückgeworfenen Wellen. Solche Flächen (z. B. Diskontinuitäten, s. d.) begrenzen Gesteinskörper mit unterschiedlichen physikalischen Eigenschaften. Ein ähnliches Verfahren findet beim **Echolot** zur Feststellung z. B. von Meerestiefen Anwendung.

seismische Woge, f. → Tsunami.

Seismizität (gr 300), f., Ausdruck für die Erdbebenhäufigkeit und -stärke eines Gebietes. Man unterscheidet daher **seismische** Gebiete (mit starker Erschütterung und großer Bebenhäufigkeit), **peneseismische** Gebiete (Erdbeben nicht selten, aber meist schwach) und **aseismische** Gebiete (erdbebenfrei).

Seismograph (gr 300/86), m., **Seismogramm** (gr 300/85), n. → Erdbeben.

Seismologie (gr 300/197), f., Erdbebenkunde. – s. a. Erdbeben.

Seismotektonik (gr 300/338), f., während der Begriff ‚Seismizität' (s. d.) als Aussage für das Vorhandensein, die Stärke und Häufigkeit von Erdbeben für ein betrachtetes Gebiet verwendet wird, versucht die ‚Seismotektonik' die Beziehung zwischen Erdbebenereignissen und tektonischen Strukturen bzw. Bewegungen zu erfassen. Vielfach lassen sich Erdbeben zwanglos bestimmten tektonischen Brüchen zuordnen (z. B. San Andreas Fault/Kalifornien oder ‚fortlebende Tektonik' an jungen Brüchen im Gebiet des Oberrheingrabens und der Niederrheinischen Bucht). In anderen Gebieten lässt sich für den einzelnen Fall eine solche unmittelbare Beziehung nicht herstellen. Dagegen kann eine genaue Analyse der Häufigkeit und der Häufung von Erdbeben wenigstens

Hinweise auf ein z. Z. aktives tektonisches Gebiet geben.
Seitenerosion, f. → Erosion.
Seitenmoräne, f. → Moräne.
Seitenverschiebung, f. → Horizontalverschiebung.
Sekretion (lt 300), f., (schon bei C. F. NAUMANN, 1850), teilweise oder gänzliche Ausfüllung von Gesteinshohlräumen durch chem. Ausscheidung von Stoffen aus eingewanderten Lösungen, z. B. Druse, Mandel (→ Mandelstein), Gang, Ader (vgl. jeweiliges Stichwort). – s. a. Geode, Imprägnation, Konkretion.
sekundäre Teufenunterschiede, Pl. → Teufenunterschiede.
Sekundärgefüge, n. → Gefüge.
sekundär-hydrothermal (gr 355/145), (*H. SCHNEIDERHÖHN, 1941), Bez. für die Wiederauflösung früher ausgeschiedener Minerale durch jüngere, erzleere, aszendente (s. d.) Thermalwässer, die diesen Lösungsinhalt nach einem mehr oder weniger langen Transportweg wieder ausscheiden. Auf diese Weise könnten z. B. ältere Erzgänge nach oben in Spalten des Deckgebirges ‚durchgepaust' werden. – s. a. Erzlagerstätte, Lateralsekretion.
Sekundärtektogenese (gr 338/75), f. → Oszillationstheorie.
selektiv (lt 304) → Erosion, Verwitterung.
Selenogeologie, Selenotektonik (n. d. gr. Mondgöttin Selene), f., Mondgeologie, Mondtektonik. – s. a. Geologie, Tektonik.
semiarid (lt 305/31) → arid.
semihumid (lt 305/172) → humid.
Senkungsbecken, n. → Becken, Kesselbruch.
Sénonien, Senonium, Senon (-Stufe), n., (n. d. gallischen Volksstamm d. Senonen; vgl. heute Sens/Yonne/Zentralfrankreich), (*A. D'ORBIGNY, 1842), Tab. III 11 B.
Septarie (lt 306), f., (schon bei C. G. A. v. WEISSENBACH in B. COTTA, 1847), Konkretion (s. d.) von teilweise erheblicher Größe in kalkhaltigen Tonen. Im Inneren sind solche Septarien durch radiale Spalten aufgeteilt. Im Zentrum des Gebildes findet sich meist irgendein organ. Einschluss. Die Radialrisse sind Austrocknungs-Schrumpfungsrisse. Oft scheiden sich auf ihnen Minerale aus vagabundierenden Lösungen ab (‚Septenbildung'). – Zur Entstehung kann man mit F. LIPPMANN (1955) annehmen, dass aus der Zersetzung von organischer Substanz freiwerdender Ammoniak und Amine im umliegenden Sediment alkalische Reaktionen (= Erhöhung des pH-Werts) hervorrufen. Der steigende pH-Wert setzt die Löslichkeit von Carbonaten herab, sodass Kalk zu dem Fossil hinwandern und sich dort abscheiden kann. Der auf diese Weise um das Fossil entstehende Untersättigungshof für Kalk lässt neue Carbonatlösungen von außen zuwandern. So scheidet sich immer mehr Kalk ab, bis die Ammoniakproduktion oder die Kalkzufuhr aufhören.
Septarienton, m., Bez. für den mitteloligozänen Rupelton (→ Rupélien), wenn er reich an Septarien (s. d.) ist.
Sequenz (lt 307), f. → Schicht.
Sequenz-Stratigraphie (lt 307/336/gr 86), f. → Ablagerungssequenz.
Serie, f., stratigraphischer Begriff; Tab. I.
Serir, Sserir (arab.), m., Wüste, die mit Geröll (d. h. oft nur schwach abgerollten Gesteinsstücken) bedeckt ist: Kieswüste. – s. a. Hamada.
Serizit/Sericit (gr 303), m., (*K. G. E. LIST, 1850), feinschuppiger Muskovit (s. d.).
Serpentin (lt 308), m., (sehr alter Begriff; Namensgebung wg. seiner oft schlangenhautähnlichen Flecken und weil der S. als Mittel gegen Schlangenbiss galt), Mineral: $Mg_6[Si_4O_{10}]\ [OH]_8$. Tritt als ‚Blätterserpentin' **(Antigorit)** oder ‚Faserserpentin' (zumeist **S.-Asbest, Chrysotil**) auf.
Serpentinit (lt 308), durch **Serpentinisierung** aus olivinreichen Tiefengesteinen entstandenes Gestein.
Serpukhovian, n. → Tab. III 7 A.
sessil (lt 309) → Benthos.
Setzung, f., Senkungen, die ein Bauwerk infolge Nachgebens des Baugrundes erfährt. Dabei werden die betroffenen Teile des Baugrundes meist verdichtet. – In der geol. Lit. wird öfter auch der Begriff ‚S.' im gleichen Sinne wie ‚Kompaktion' (s. d.) verwendet.
sf (v. ‚Schieferung' und ‚Foliation'), n. → Schieferung.
s-Fläche, f., (*B. SANDER, 1911), ungenetischer neutraler Begriff für mechanisch wirksame Flächen. – Gesteine, deren tektonische Beanspruchung sich namentlich durch s-Flächenbildung dokumentiert, werden als **S-Tektonit** bezeichnet. – s. a. B-Achse, Gefüge.
Shatter cone (engl. = Trümmerkegel), m., strahlig gestriemte Kluftflächen, die einen oder mehrere ineinander geschobene Kegel in homogenen, feinkörnigen Gesteinen bilden **(Strahlenkegel).** Sie gehen auf Stoßwellenbeanspruchung beim Aufschlagen von → Meteoriden zurück.

Shonkinit (n. d. indian. Namen Shonkin für d. Highwood Mts./Montana/USA), m., (*L. V. Pirsson, 1895), Tab. V 1.

Shonkinitporphyr, m., (*W. Freudenberg, 1907), Tab. V 2.

Shoshonit (n. dem Shoshone River, Yellowstone Park, USA), m., (*J. P. Iddings, 1895), ein olivinführender Augitlatit. Mit dem Begriff Shoshonit-Assoziation werden K_2O-reiche andesitische Gesteine mit leichter Quarz-Untersättigung bezeichnet. – Tab IV 10.

Sial, n., Oberkruste der Erde (→ Erdkruste) mit starkem Vorherrschen von Si- und Al-Verbindungen (Name!). – Urspr. Benennungsvorschlag von E. Suess (1909): Sal. G. Pfeffer in A. Wegener: Die Entstehung der Kontinente und Ozeane (2. Aufl., 1920) schlug den Begriff ‚Sial' vor, um die Nähe des Wortes ‚Sal' mit dem lt. Namen für Salz zu vermeiden. – Spez. Gew.: 2,7.

siallitisch (*H. Harrassowitz, 1926), Bez. für die typische Verwitterungsform des gemäßigthumiden Klimabereichs. Hier hemmen der reichlich vorhandene Humus der Böden sowie die gemäßigten Temperaturen und Niederschläge die Abfuhr von SiO_2. Daher können sich silikatische Tonminerale wie Illit oder Montmorillonit bilden (daher der Name!). Bei den Böden entstehen, je nach Niederschlagsmenge, Podsole, Braunerden, Parabraunerden, Schwarzerden (s. d.). – allitisch.

Sicheldüne, f. → Düne.

Sichelstock, m. → Harpolith.

Sicilien (n. Sizilien), n., (*P. Döderlein, 1872), Tab. II C.

Sickerwasser, n., → ungesättigte Zone.

Sickerwasserhöhle, f. → Höhle.

Siderit (gr 304), m., (*A. Haidinger, 1845), 1. $FeCO_3$ (wichtiges Eisenerzmineral) = Eisenspat, Spateisen. – 2. → Meteroid.

Siderolith (gr 304/193), m. → Biolithe (Tabelle).

siderophil (gr 304/363), (*V. M. Goldschmidt, 1923, 1924), Bez. für Elemente mit besonderer Neigung zum Eisen. Hierher gehören: (Fe), Co, Ni, C, P, Au, Pt. – s. a. atmophil, chalkophil, lithophil.

Siegénien, Siegenium, Siegen (-Stufe), n., (n. Siegen/Westfalen), (*E. Kayser, 1885), Tab. III 6 A.

Sigmoidalklüftung (n. d. gr. Buchst. Sigma, Σ), f., (*O. Reis, 1910), **Querplattung** (*R. Wagner, 1897), in Kalkmergelbänken auftretende, schräge, S- oder zickzackartige feine Klüftung, die das Gestein in dünne (um 1 cm schwankende), meist wellenförmige Lamellen zerlegt. B. Engels (1956) führt die S. auf tektonische Beanspruchung zurück.

Sigmoide (n. d. gr. Buchst. Sigma, Σ), f., (*E. Suess), örtliches, knieförmiges Umbiegen des Streichens von Faltenzügen.

Silberglanz, m., (*K. C. von Leonhardt, 1821; Wallerius, 1750, ‚Silberglas'), Ag_2S; wichtiges Silbererz.

Silcrete (lt 310/75), f. → Krustenbildung.

Silésien, Silesium (n. lt. Silesia: Schlesien), n., umfasst die Stufen Namurium, Westfalium und Stefanium (→ Tab. III 7 B). Der Begriff wurde während des 4. Congr. Avancem. Stratgr. Carbon (Heerlen 1958) auf Empfehlung der Unterkommission für Karbon-Stratigraphie eingeführt, um die im internat. Bereich aufgetretene Mehrdeutigkeit des Begriffes ‚Oberkarbon' zu beseitigen. Im dt. stratigr. Sprachgebrauch entspricht das S. dem Oberkarbon. – Verschiedentlich findet sich die Kurzbez. ‚Siles' für das S.

Silifizierung (lt 310), f. → Verkieselung.

Silikatbauxit, m. → Bauxit.

Silikathülle, f. → Eklogitschale.

Silikolith (lt 310/gr 193), m. → Biolithe (Tabelle).

Silizium-Methode, f., zur Altersdatierung von Grundwässern mit Hilfe des Si-Isotops ^{32}Si verwendete Methode. Das ^{32}Si wird durch kosmische Strahlung erzeugt und gerät durch Niederschläge in den Boden. Die Halbwertszeit von ca. 500 Jahren ist für die Altersbestimmung von Grundwässern günstig, die für die Tritium-Methode (s. d.) zu alt sind, deren Alter jedoch für die ^{14}C-Methode (→ Kohlenstoff-Methode) zu gering ist, um eine exakte Datierung zu gewährleisten. Nachteile der S.: 1. große Mengen an Wasser (mehrere t), 2. sehr lange Analysendauer (mehrere Monate).

Sill, Pl. **Sills** (engl.), m., **Lagergang** → Gang.

Sillimanit (n. d. amer. Mineralogen B. Silliman, 1779–1864), m., (*G. T. Bowen, 1830): $Al_2[O/SiO_4]$.

Silt (angelsächs.), m. → Korngröße (Tab.).

Siltit, m., Bez. für klastische Carbonatsedimente mit Korngrößen zwischen 0,004 und 0,063 mm (bei anderen Autoren ab 0,006 mm). – Zur Kennzeichnung des Chemismus spricht man von Kalk-, Dolomit- usw. Siltit. – s. a. Arenit, Kryptit, Lutit, Mikrit, Rudit.

Siltstein, m., → Tonstein.

Silur (n. d. kelt. Volksstamm d. Silurer in Shropshire/England), n., (*R. T. Murchison, 1835), früher als eine das Ordovizium und Gotlandium zusammenfassende Formation betrachtet. Heute als Systembez. anstelle des Begriffes ‚Gotlandium' in Gebrauch. – Tab. III 5.

Sima, n., (*E. SUESS, 1909), Unterkruste der Erde mit starkem Vorherrschen von Si- und Mg-Verbindungen (Name!). – Spez. Gew.: 3,0.

Sinémurien, Sinemurium (n. d. lt. Bez. ‚Sinemurium' f. d. heutigen Ort Sémur in Burgund/Frankr.), n., (*A. D' ORBIGNY, 1842), Tab. III 10 A.

Sinia (lt. Name f. China), (‚sinisch' in vielfacher Wortverbindung schon bei E. SUESS, 1883–1909), kratonischer (→ Kraton) Bereich im chinesischen Raum.

sinistral (lt 311) → rechtshändig.

Sinter, m., mineralische Ausscheidung an Quellaustritten, die sich durch Entweichen von CO_2, Änderungen von Druck und Temperatur oder durch Mitwirkung von Pflanzen bildet; z. B. Kalktuff, Kalksinter, Travertin, Sauerkalk, Kieselsinter. – Tab. VI 13.

Sinterhöhle, f. → Höhle.

Sintersiphon, m. → Siphon.

Sinuosität (lt 312), f., Maß für die Krümmung von Flussläufen; sie ergibt sich aus dem Verhältnis von Flussbett- zu Tallänge.

Siphon (gr 305), m., bei Höhlen jener Abschnitt, in dem die Höhlendecke so weit absinkt, dass sie mit dem Höhlenboden Berührung hat oder in vorhandenes Höhlengewässer eintaucht, sodass zusammengehörende freie Höhlenteile voneinander getrennt werden. Solche S. können durch Sedimente **(Erdsiphon)** oder Eis **(Eissiphon)** gebildet werden. Findet ein Verschluss durch Wasser statt, spricht man bei Fließgewässern von einem **Flusssiphon** oder Siphon i. e. S. und bei stehenden Gewässern von einem **Siphonsee**.

Sippe (magm.), f. → Alkaligesteine.

Skarn, m., (alter schwed. Bergmannsausdruck, etwa ‚Lichtschnuppe'), Gesteine, die reichlich faserig-stängelige Minerale wie Tremolit, Diopsid, Wollastonit und weiter Granat, Vesuvian, Epidot usw. enthalten. Als Erzminerale finden sich Eisenglanz, Magnetit, Molybdänglanz und versch. Kiese. Solche Kalksilikatfelse bilden sich im Bereich von Kontaktlagerstätten (→ Metasomatose) infolge Temperaturerhöhung und Einwirkung magmatisch-pneumatolytischer Agentien auf Kalke, Dolomite, Mergel usw.

SKE → Steinkohleneinheit.

Sklerosphäre (gr 307/322), f., starrer Bestandteil der festen Erde oberhalb der Asthenosphäre (s. d.). Entspricht dem Begriff ‚Lithosphäre' (s. d.) im Sinne der Plattentektonik (s. d.) und dem der ‚Tektonosphäre' (s. d.).

S-Kluft, f. → Kluft.

Skulptursteinkern, m. → Fossil.

Skythium, Skyth (-Stufe), **Scythien** (n. einer altertüml. Völkerschaft in Südrussland/Ukraine), n., Tab. III 9 A.

Skythischer, Scythischer Wall (wie bei Skythium), m., (*C. KUZNIAR und A. ARCHANGELSKI), **Scythische Brücke** (D. SOBOLEFF, 1911), ausgedehnter Schwellenbereich am Westrand der Russischen Tafel, grenzt praktisch das Moskauer vom ostdeutsch-polnischen Becken ab.

Slab of lithosphere (engl.) → Subduktionszunge.

Smirgel, m. → Tab. VII 38.

Sodalith, m., (*Th. THOMSON, 1811), Feldspatvertreter: $Na_8\,[Cl_2|AlSiO_4)_6]$.

Soffione (ital.), f., postvulkanische Exhalation (s. d.) borsäurehaltiger Wasserdämpfe, z. B. Maremmen/Toskana/Italien.

Sohle (bei tekton. Decken), f. → Schubbahn.

Sohlental, n. → Tal.

Sohlfläche, f. → Schicht.

söhlig (bergm.), Bez. für horizontale Lagerungsform. – s. a. saiger.

Sohlmarke, f., Wulste an den Unterseiten von Sandstein- und Kalksteinschichten, die im Allg. Ausgüsse von Strukturen sind, die auf der Oberfläche der (meist feinkörnigen) Sedimentschicht im Liegenden der vorgenannten Schicht durch Strömungen, Tierfährten oder andere Bewegungsvorgänge entstanden sind. – s. a. Belastungsmarke.

Sohlschicht, f. → Grundwasser (‚Grundwassersohlschicht').

Sole, f., Salzwasser mit mind. 14 g gelöster Stoffe (meist NaCl) in 1 kg Wasser.

Solfatare (ital. n. d. Solfatara/Phlegräische Felder bei Neapel), f., (schon bei C. F. NAUMANN, 1850), Fumarole (s. d.) mit Temperaturen von 100 bis 250 °C, die H_2S enthält. H_2S wird bei Oxidation an der Luft zu elementarem Schwefel und H_2SO_3 umgewandelt. Der Schwefel, und gelegentlich Eisensulfide, setzen sich an der Austrittstelle ab, die schweflige Säure kann die umliegenden Gesteine zersetzen. – s. a. vulkanische Tätigkeit.

Solifluktion (lt 314/148), f., (*J. G. ANDERSON, 1906), **Bodenfließen, Erdfließen,** hangabwärtige Bewegung von Schutt- (Wanderschutt) und Bodenmassen, vor allem in periglazialen (s. d.) Gebieten. Solche Bewegungen können sich vor allem in der stark durchnässten Auftauzone über Frostböden ereignen. Andererseits können sie aber auch durch Frosthub bedingt sein, der sich infolge ‚Aufblähung' beim Gefrieren wasserdurchtränkten Bodens – vor allem verstärkt infolge Eislinsenbildung (s. d.) – ereignet. – Die S. kann sich bis zur Bildung von Schutt- und Blockströmen verstärken.

Solikinese (lt 314/gr 166), f., (?*L. Eissmann, 1978) → Kryoturbation.

Soll, n., Pl. **Sölle** (plattdt., etwa: ‚Wasserloch'), kleine Bodensenke von oft kreisrundem Umriss, nicht selten mit Wasser gefüllt. – Solche Gebilde kommen durch Nachsacken des Bodens über Toteisblöcken zustande, die beim Rückzug der Gletscher zurückgeblieben waren. Einige wenige können auch Ausstrudelungsbildungen sein.

Somma (n. d. Somma des Vesuvs; gleicher Wortstamm wie ital. sommo = Gipfel), f., nach dem klass. Bsp. am Vesuv wird der dort noch erhaltene, halbkreisförmige Caldera-Teil **Somma-Wall** genannt. Der übrige Teil des früheren Caldera-Randes ist durch einen jüngeren Vulkanbau, der exzentrisch zum Caldera-Mittelpunkt liegt, überdeckt bzw. zerstört worden. Vulkane dieser Art werden von A. Rittmann (1960) **Somma-Vulkane** genannt. – s. a. Caldera, Krater, Vulkan, ↗ Abb. 64.

Sonnenbrand (Volksausdr.), m., Verwitterungsform bei Basalten, die unter Bildung zahlreicher charakteristischer weißer Flecke in wenigen Jahren zum Bröckelzerfall des Gesteinsverbandes führt. Ein vom S. befallener Basalt wird **‚Sonnenbrenner'** oder **‚Sonnenbrennerbasalt'** genannt. Die Fleckbildung wird vielfach auf Einschaltungen witterungsinstabilen Gesteinsglases zurückgeführt (A. von Moos & F. de Quervain, 1948). Th. Ernst & K. Drescher-Kaden (1940; Th. Ernst, 1960) führten diese Bildungen jedoch auf Spannungserscheinungen zurück, die sich im Gestein durch Umbildung des Nephelins zu Analcim ergeben hätten.

Sortierung, f., **Sortierungsgrad,** m., in Sedimenten die Güte der Trennung von Sedimentmaterial nach Zusammensetzung, Korngröße usw. in den jeweiligen Schichten oder Lagen während des Sedimentationsprozesses (z. B. gut, schlecht sortiert).

Spalte, f., klaffende Fuge im Gestein. A. von Lasaulx (1882) versuchte eine umfassende Gliederung der ‚Gesteinsspalten' in folgender Weise: I. entokinetische Spalten, bei denen der Anlass zur Spaltenbildung im Gestein selbst liegt; a) Dilatationsspalten, die bei Volumenvergrößerung, und b) Kontraktionsspalten (*A. von Groddeck, 1879), die bei Volumenverminderung des Gesteins infolge Abkühlung oder Austrocknung entstehen. – II. exokinetische Spalten, bei denen der Anlass zur Spaltenbildung außerhalb des Gesteins liegt; a) Einsturzspalten, entstanden b. Einsturz unterirdischer Hohlräume, b) Aufbruchsspalten, z. B. durch Dehnung des Daches über einem magmatischen

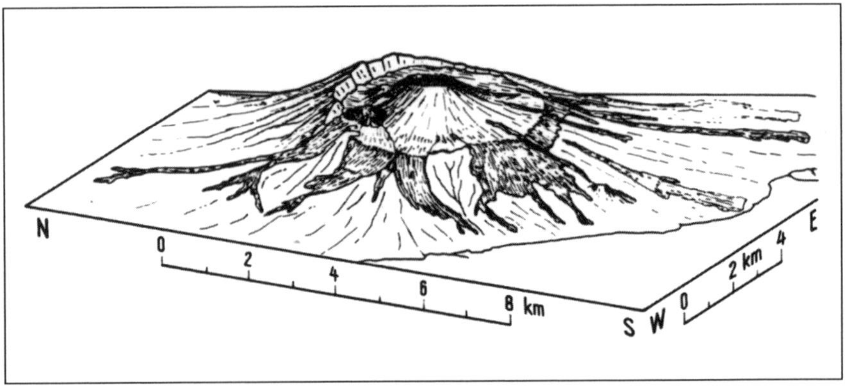

Abb. 64 Vesuv – Somma. Aus A. Rittmann: Vulkane und ihre Tätigkeit. – 3. Aufl., Stuttgart (Enke), 1981.

Körper, c) Biegungsspalten, wie z. B. Faltungsspalten während Faltungsvorgängen, d) Pressungsspalten, bes. oft in ‚spröden' Gesteinen auftretend. – (Die Begriffe IIa bis d wurden schon von A. VON GRODDECK, 1879, in gleicher Weise bezeichnet und als **Dislokationsspalten** zusammengefasst). – s. a. Gang, Kluft, Lithoklase.

Spalteneruption, f. → Lineareruption.

Spaltenfrost, m., Bez. für die mechanische Sprengwirkung des Wassers in Gesteinsfugen. Sie wird durch die Volumenvergrößerung beim Gefrieren des Wassers hervorgerufen.

Spaltenfüllung, f. → Gang.

Spaltenhöhle, f. → Höhle.

Spaltenpluton, m. → Pluton.

Spaltenpolygon, m. → Strukturboden.

Spaltspuren-Methode, f., (* G. A. WAGNER, 1967), engl.: fission track dating method (P. B. PRICE & R. M. WALKER, 1963). Wenn in Gesteinsglas oder Mineralen wie Apatit, Zirkon und anderen eingeschlossenes ^{238}Uran zerfällt, entstehen Störungen im Kristallgitter entlang der Spuren von Ionenbewegungen im Gestein. Deren Dichte ist von der Menge des vorhandenen Urans und von der nach der Abkühlung unter eine bestimmte Temperatur vergangenen Zeit abhängig. Die Spuren können durch komplizierte Ätzverfahren mikroskopisch sichtbar gemacht werden. Damit ergibt sich die Möglichkeit der Altersbestimmung von Gesteinen, aber auch von künstlichen Produkten (z. B. von Keramik).

Spaltenquelle, f. → Quellentypen.

Spannung, f., unter dem Einfluss äußerer Kräfte gerät die Substanz eines Körpers in einen Zwangszustand (Spannungszustand), unter dessen Wirkung sie in dem Maße umgeformt wird, wie diese S. den Widerstand zu überwinden vermag. Man kann also von Grad und Art der Verformung auf den erzeugenden Spannungszustand, seltener allerdings auf die eigentlichen erzeugenden Kräfte zurückschließen. – Das Wort ‚Spannung' entspricht dem Begriff ‚Stress'. – s. a. Deformation, Kinematik.

Spannungsellipsoid, n., → Hauptnormalspannung.

Sparagmit (gr 310), m., **Sparagmitformation,** f., (* J. ESMARK, um 1825), im Wesentlichen aus schwach metamorphen fossilleeren Sandsteinen, Arkosen und – wahrscheinlich glazigenen – Konglomeraten des späten Proterozoikums (Infrakambrium, s. d.) bestehende, sehr mächtige Serie in den Kaledoniden Norwegens.

Sparit (lt 316), m., umkristallisierte spätige Grundmasse (Matrix) bei Carbonatsedimenten. Wenn Bioklaste (s. d.) bei weitem überwiegen, spricht man von **Biosparit.** Ausschließlich aus Ooiden bestehender S.: **Oosparit.**

Spätpaläolithikum, n. → Tab. IIa C.

spättektonischer Pluton, m. → Pluton.

Speichergestein (techn. Begriff), n., aufgrund günstigen Hohlraumanteils (Poren- oder Kluftvolumen) zur Aufnahme (Speicherung) von Erdöl, Erdgas oder Grundwasser (s. d.) geeignetes Gestein. – s. a. Bitumen, Migration.

Speläologie (gr 312/197), f., Lehre von den Naturhöhlen, ihren Erscheinungsformen und den in ihnen stattfindenden Vorgängen (Höhlenkunde). Dementsprechend spricht man auch von **Speläogenese** (Höhlenentstehung, Entwicklung von Höhlenräumen) oder **Speläographie** (Höhlenbeschreibung). – s. a. Höhle, Karst.

Spessartachse, -schwelle, f. → Mitteldeutsche Schwelle.

Spessartin (n. d. Spessart, wo das Mineral i. d. Nähe v. Aschaffenburg durch den Fürsten D. A. GALLITZIN, 1738–1803, erstmals gefunden wurde), m., (Namensgebung: J. F. L. HAUSMANN, 1813; F. S. BEUDANT, 1832: Spessartine), Mn-Al-Granat (→ Granat).

Spessartit (n. d. Spessart), m., (* H. ROSENBUSCH, 1896), dunkelgrau bis schwarz gefärbtes Ganggestein, ein Lamprophyr (s. d.) der Kersantit-Spessartit-Reihe.

Spezialfalte, f., **Spezialsattel,** m., **Spezialmulde,** f., (M. NÖGGERATH, 1856), auf den Schenkeln größerer Falten auftretende, zugehörige Kleinfalten (‚Fältelung', *K. Th. LIEBE, 1875, für Schichtungsfältelung, ‚Runzelung' für Schieferungsfältelung). Runzelung i. w. S. kann auch durch den Schnitt versch. tektonischer Flächenelemente erzeugt werden.

Spezialstreichen, n. → Generalstreichen.

Spezialundation (lt 364), f. → Diktyogenese.

Sphalerit (gr 309), m. → Zinkblende, ZnS.

Sphärizität (gr 322), f. → Abrollungsgrad.

Sphärolith, m., Adj. **sphärolithisch** (gr 322/193), (‚Sphärulith' *H. VOGELSANG, 1862), rundliche, im Aufbau körnige, schalige oder oft radialstrahlige Gebilde. W. H. BRYAN (1965) unterscheidet zwei Gruppen: 1. die eigentlichen Sphärolithe, bei denen die äußere (rundliche) Form als bes. wesentlich betrachtet wird, und 2. die **Radiolithe,** die im Wesentlichen durch das radialstrahlige Wachstumsgefüge in ihrem Inneren charakterisiert werden. – Bei Eruptivgesteinen – namentlich Quarzporphyren und Lipariten – können ein oder mehrere Gemengteile sphärolithisch ausgebildet sein. Beim Sphärolithporphyr treten sphärolithische Einsprenglinge auf. – Der Begriff wird darüber hinaus auch verschiedentlich für radialstrahlig aufgebaute Ooide (→ Oolith) verwendet. – s. a. Onkoid.

Sphenochasma (gr. sphen = Keil; chao = klaffen, gähnen), n., (*S. W. CAREY, 1958), keilförmige Scholle ozeanischer Kruste, die von zwei an einem Punkt zusammenlaufenden tektonischen Brüchen gegen zwei kratonische Blöcke (= kontinentale Kruste) begrenzt wird. Diese Scholle soll bei Rotation der beiden Kontinentalschollen um einen gemeinsamen Drehpunkt entstanden sein, wobei die Bewegung der beiden Schollen gegensinnig war.

Spiderdiagramm (engl. spider = Spinne, gr 91/85) (*D. A. WOOD et al., 1979), Diagramme, in denen die Gehalte an Spurenelementen verschiedener Gesteine vergleichend dargestellt werden. Die zu einem Gestein gehörenden Punkte werden miteinander verbunden, wodurch sich ein spinnwebartiges Muster ergeben kann.

Spiegel (bergm.), m., 1. → Harnisch; 2. → Faltenspiegel.

spießeckig → Verwerfung.

Spilit (gr 313), m., (*A. BRONGNIART, 1827; neu def. von F. P. DEWEY & J. S. FLETT, 1911), Sammelbegriff für basische magmatische Gesteine verschiedener Genese. Es handelt sich um Gesteine mit meist überdurchschnittlichen Na_2O- und CO_2-Gehalten. Der Mineralbestand zeigt ein Vorherrschen von Albit und Chlorit; wichtige Nebengemengteile: Carbonate, Epidot, Eisenoxide. Entstehung entweder als tieftemperierte Bildungen aus wasserreichen basischen Magmen, als ‚Metabasalte' vom Grünsteintyp (→ Grünschiefer) oder durch Autometamorphose (→ Metamorphose) von basischen Magmatiten. – Beispiel: Gesteine der algonkischen ‚Spilitserie' der Prager Mulde.

Spilosit (gr 314), m., (*C. F. ZINCKEN, 1845), Metamorphit an Diabaskontakten mit Schiefern, wobei im Gestein in Sericit und Chlorit umgewandelte Cordierit-Neubildungen auftreten. Letztere können als beliebig verteilte Einzelkristalle den S. **(Fleckschiefer)** oder als in Bändern aneinander gereihte Kristalle den **Desmosit (Bänderschiefer)** charakterisieren. – Tab. VII 35. – s. a. Adinole, Fleckschiefer.

Spinell (lt 317), m.: $MgAl_2O_4$.

Spinifexstruktur (lt 317/142/320), f. → Komatiit.

Spitzfalte, f. → Faltentyp.

Spore, f. → Pollenanalyse.

Spreading-Center, n., **Spreading-Achse,** f., Bereich, an dem ein symmetrisches Ocean-floor-spreading (→ Mittelozeanischer Rücken) am Ozeanboden beidseitig erfolgt. Ein solches kann sich allerdings auch unter Kontinenten bilden, z. B. die Afar-Senke in Ostafrika.

Spreading-Pol, m., Pol, um den die Rotation zweier benachbarter Platten auf der Erdkugel während eines Spreading-Prozesses (→ Ocean-floor-spreading) erfolgt ist.

Spreading-Rate, f., Betrag des Abstands eines magnetischen Streifens (→ magnetisches Streifenmuster), dessen Alter bestimmt wurde, vom Spreading-Center (s. d.). Die Beträge werden in cm a^{-1} angegeben.

Sprengseismik (gr 300), f. → Seismik.

Springquelle, f. = Geysir (s. d.).

spröde, Materialeigenschaft eines Gesteins, das bereits bei geringer Belastung bruchhaft reagiert. – s. a. elastisch, Festigkeit, plastisch.

Sprudelstein, m. → Pisolith.

Sprung, m. → Verwerfung.

Sprunghöhe, f., (*C. F. NAUMANN, 1850), **Verwurf** (*E. SUESS, 1883), Größe der Vertikalkomponente des Verwerfungsbetrages an einem tektonischen Sprung. Als **flache** S. (*A. VON GRODDECK, 1879) wird dagegen der unmittelbar auf der Verwerfungsfläche gemessene Verschiebungsbetrag bezeichnet (↗ Abb. 80).

Sprungnetz, Sprungsystem, n. → Bruchbündel.

Sprungweite, f., (*G. KÖHLER, 1886; ‚Horizontalsprungweite' *E. DE MARGERIE & A. HEIM, 1888), Größe der horizontalen Abweichung einer Schicht bei Verwerfungen (↗ Abb. 80).

Spülprobe, f. → Bohrung.

Spülrinne, f. → Runse.

Spur, f. → Marken.

Spurenfossil, n. → Fossil.

ss (v. ‚**S**chichtung' und ‚**s**-Fläche', s. d.), n., Bez. für Schichtflächen.

Sserir (arab.), m. → Serir.

Stabilbitumen (lt 333/38), n. → Bitumen.

stabiler Schelf, m. → Schelf.

Stabilität, f. Adj. **stabil** (tektonisch) (lt 333), (*H. STILLE, 1917), Begriff für die Widerstandsfähigkeit eines Gesteinskörpers „gegen den tektonischen Druck". Dagegen werden nach STILLE „gegen tektonischen Druck nachgiebige Körper" **mobil** genannt (Subst. **Mobilität**). Der Begriff wird auch auf größere Räume ausgedehnt. Geosynklinalen stellen nach dieser Auffassung ‚mobile', Kontinentalblöcke ‚stabile Räume' dar.

Staffelblatt, n., **Staffelverschiebung,** f. → Horizontalverschiebung.

Staffelbruch, m., (*F. VON RICHTHOFEN, 1886), Schollentreppe, Bruchsystem, bei dem die einzelnen, durch Verwerfungen begrenzten Schollen (Staffeln) durch relative Absenkung treppenartig zueinander abgestuft sind (↗ Abb. 65). Man unterscheidet synthetische (s. d.) und antithetische (s. d.) Systeme.

Stalagmat (gr 327), m., besonders im slowenischen Karst werden Tropfsteinsäulen, die durch das Zusammenwachsen von → Stalagmit und → Stalaktit entstehen, als St. bez.

Stalagmit (gr 327), m., (*N. GREW, 1681; aufgenommen v. W. BUCKLAND, 1823), Tropfstein, der in Höhlen durch Ausscheidung von Kalkstein ($CaCO_3$) aus $Ca(HCO_3)_2$-haltigen Tropfwässern an der Aufschlagstelle solcher Wässer am Höhlenboden infolge CO_2-Abgabe dieser Wässer an die Höhlenluft oder auch durch Wasserverdunstung entsteht; er wächst vom Boden nach oben.

Stalaktit (gr 328), m., (‚stalactite' *R. PLOT, 1677), wie bei → Stalagmit, jedoch von der Höhlendecke abwärts wachsend.

Stamm-Magma, n. → Magma.

Stampien, Stampium, Stamp (-Stufe), (n. d. röm. Bez. Stampium für d. heut. Ort Étampes südl. v. Paris), n., (*A. D' ORBIGNY, 1852), Tab. III 12 C.

Stapelmoräne, f. → Moräne.

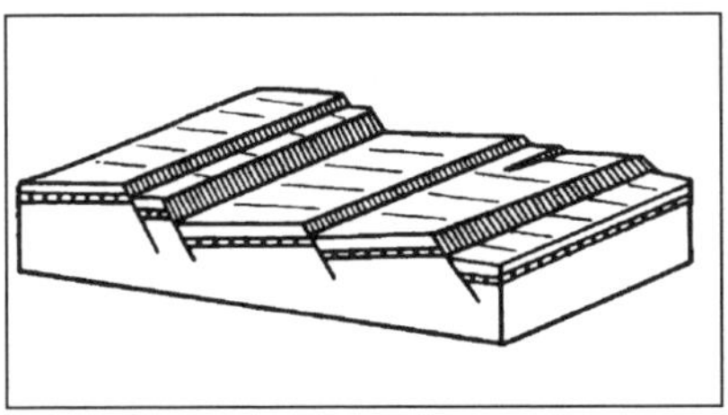

Abb. 65 Staffelbrüche. Antithetische Schollentreppe (vereinfacht nach H. CLOOS: Einführung in die Geologie. – 503 S.; Berlin [Borntraeger], 1936).

Staßfurt-Serie (n. d. Ort Staßfurt/Sachsen-Anhalt), f., (‚Staßfurter Zone' m. d. Kaliflöz ‚Staßfurt' *A. TINNES, 1928), Tab. III 8 B. – s. a. Salzzyklen, Werra-Serie.

statische Metamorphose (gr 329/215), f. → Metamorphose.

Staublawine, f. → Lawine.

Staubtuff, m. → Tuff.

Stauch-Endmoräne, f., **Stauchwall,** m. → Moräne.

Stauchfaltengröße, f., (Gesetz der S.), (*B. SANDER, 1911), das Gesetz der S. besagt, dass bei der Faltung geringmächtige Gesteinsschichten in engere, mächtigere in größere Falten gelegt werden. – s. a. disharmonische Faltung, kompetent.

Stauchung, f. → Pressung.

Staukuppe, f. → Quellkuppe.

Stauquelle, f. → Quellentypen.

Staurolith (gr 330/193), m., (*J. C. D. DELAMÉTHERIE, 1792), in Metamorphiten vorkommendes Silikat: $2\ FeO \cdot AlOOH \cdot 4\ Al_2\ [O/SiO_4]$.

Stausee, m, **Abdämmungssee**, durch einen Staudamm gebildeter See. Verursacht die Abstauung ein Gletscher, eine Moräne, ein Bergsturz, ein Lavastrom bzw. eine sich bildende Kalktuff-Barre, spricht man v. einem **Gletscher-, Eisstau-, Moränen-, Bergsturz-, Lavastrom-** bzw. **Kalktuff-See.** Stauseen können jedoch auch durch tektonische Brüche gebildet werden (Bruchsee) oder durch künstliche Staudämme. – s. a. See.

Steilküste, f. → Küste.

Steineis, n. → Bodeneis.

Steingitter, n. → Wabenverwitterung.

Steinkern, m. → Fossil.

Steinkohle, f., **Schwarzkohle,** urspr. nur aufgrund ihrer schwarzen Farbe, größeren Festigkeit und ihres höheren Glanzes von den Braunkohlen unterschieden. Sie zeigt aber, vor allem wegen ihres höheren Inkohlungsgrades (→ Inkohlung), andere physikal.-chem. Eigenschaften als die Braunkohle. – Mit steigendem Inkohlungsgrad kann man folgende Inkohlungsstufen der S. unterscheiden: **Flammkohle** (40–43% flüchtige Bestandteile, s. d.), **Gasflammkohle** (35–40%), **Gaskohle** (28–35%), **Fettkohle** (19–28%), **Esskohle** (14–19%), **Magerkohle** (10–14%), **Anthrazit** (< 10%) und **Meta-Anthrazit** (< 4%). – s. a. Bogheadkohle, Humuskohle, Kannelkohle, Sapropelkohle, Streifenarten.

Steinkohleneinheit (SKE), f., statistische Bezugsgröße in techn. Angaben und Statistiken zum Vergleich der versch. Energieträger (Holz, Torf, Braunkohle, Steinkohle, Erdöl, Erdgas, Kernbrennstoffe, Wasserstoff) untereinander. Eine SKE repräsentiert den Wärmewert von $2{,}93 \cdot 10^4$ kJ kg^{-1} (= 7000 kcal kg^{-1}). Bsp.: mittl. statist. Wert für Erdöl: 1,43, für Erdgas: 1,29, für Trockentorf: 0,43, für Holz: 0,5.

Steinmann-Trinität (n. G. STEINMANN, der 1905 auf die Bedeutung dieser Gesteinsfolgen hingewiesen hat; von gr. ‚Dreiheit'), f., Gesteinsfolgen in Orogenen, die aus serpentinisierten ultrabasischen Gesteinen und Pillow-Laven (= Ophiolith-Serie, s. → Ophiolith), kombiniert mit Tiefwasser-Sedimenten, oft Radiolariten (s. d.), bestehen. Bereits STEINMANN wies darauf hin, dass es sich offenbar um Bildungen vom Boden tieferer Ozeanbereiche handeln müsse. Heute werden, vor allem im Rahmen der Plattentektonik (s. d.), solche Ophiolith-Serien als ehemalige ozeanische Kruste angesehen. Sie sind bes. Kennzeichen der Sutur-Zonen (s. d.). – s. a. Erdkruste.

Steinmeteorit, m. → Meteroid.

Steinöl, n. → Ölschiefer.

Steinring-, Steinnetzboden, m. → Strukturboden.

Steinsalz, n., (alter Begriff; i. d. wiss. Lit. schon seit Ende d. 17. Jh.), NaCl. – Mineral- und Gesteinsbez. Für das Salzgestein wird auch die Bez. **‚Halit'** verwendet (*J. D. DANA, 1868; jedoch schon als ‚Halites' bei E. F. GLOCKER, 1847).

Steinsalzpseudomorphose (gr 384/223), f., Ausfüllung des bei der Auflösung eines Steinsalzkristalls entstandenen Hohlraumes durch Ton, Schluff oder Sand. – s. a. Pseudomorphose.

Steinsohle, f., **Steinpflaster,** n., meist für aus Windkantern (s. d.) bestehende Steinlagen gebrauchter Begriff. Sie stellen Ausblasungsrückstände des Windes dar und können in Wärme- wie Kältewüsten auftreten. Fossile Steinsohlen finden sich oft an der Basis von Lössablagerungen. – s. a. Hamada.

Steinwüste, f. → Hamada.

steirische (Faltungs-) **Phase** (n. d. Steiermark), f., (n. österr. Arbeiten, z. B. A. WINKLER-HERMADEN, 1913, 1914, W. PETRASCHECK, 1915, von H. STILLE, 1924, eingeführt), Tab. III 12 D.

S-Tektonit, m. → s-Fläche, Tektonit.

Stängelkohle, f., durch Kontaktmetamorphose (→ Metamorphose) infolge Volumenschwunds stängelig ausgebildeter Naturkoks (s. d.), wobei die Stängel senkrecht auf der Kontaktfläche stehen. – s. a. Hartbraunkohle.

stenobath (gr 331/59), Bez. für Organismen, die mit ihrem Lebensraum an eine bestimmte Wassertiefe gebunden sind. – s. a. eurybath.

stenohalin (gr 331/20), Bez. für Lebewesen, die nur bei Salzgehalten des Wassers zwischen 3 und 4 % leben können. – s. a. euryhalin.

stenotherm (gr 331/144), Bez. für Organismen, die nur in einem eng begrenzten Temperaturbereich existieren können. – s. a. eurytherm.

Stéphanien, Stefanium, Stefan (-Stufe), (n. d. röm. Bez. ‚Stefanus' für die Stadt St.-Etienne/Loire/Frankr.), n., (*J. MUNIER-CHALMAS & A. DE LAPPARENT, 1894), Tab. III 7 B.

Steppe, f., niederschlagsarme (400–600 mm a^{-1}) Gebiete semiarider Klimate mit sommerlicher Trockenzeit, während die Winter kalt und schneereich sind. Es dominiert eine Pflanzendecke aus Gras und Kräutern. Dominierender Bodentyp: Tschernosem (→ Schwarzerde) mit grabenden und wühlenden Nagern (Ziesel). Seltener: Baumsteppe mit vereinzeltem Baumbewuchs. Verbreitung: Ukraine, Südrussland, nordamerikanische Prärien, ostargentinische Pampa.

Sternschnuppe, f. → Meteroid.

Stillwasserbioherm, n., → Mudmound.

Stinkschiefer, m., bituminöse – und daher beim Anschlagen ‚stinkende' – dünnschiefrige, meist kalkig-mergelige Gesteine.

Stirnmoräne, f. → Moräne.

Stirnrand, m., durch Erosion hervorgerufener Rand in der Stirnregion (→ Decke) einer tektonischen Decke.

Stishovit, m., Hochdruckmodifikation von SiO_2 mit dicht gepacktem Kristallgitter. – s. a. Impaktit, Stoßwellen-Metamorphose.

Stock, m., (seit d. 18. Jh. in der dt. Lit.), unregelmäßig geformte Gesteinsmasse, die als Fremdkörper in ihrer Umgebung erscheint; z. B. **Eruptivstock** (plutonisch, subvulkanisch), **Salzstock** (→ Diapir), **Erzstock** (für größere Erzmassen), kurzer mächtiger Erzgang: **Gangstock** (schon bei C. F. NAUMANN, 1850), liegender Gangstock: **Lagerstock.** – Bei Korallenbauten spricht man von **Korallenstöcken.**

Stockwerkvererzung, f., (bergm.), Füllung eines engmaschigen Netzes von Klüften in einer breiten Gesteinszone **(Erzstockwerk).**

Stockwerktektonik, f., (*O. AMPFERER, 1906), die unterschiedliche tektonische Reaktionsform mechanisch verschiedenartiger, übereinander liegender Gesteinskomplexe bzw. Erdkrusten-Niveaus bei gleichzeitiger tektonischer

Beanspruchung. Im jeweiligen tektonischen Stockwerk (Begriff schon bei F. LOTZE, 1931) reagieren bei einer best. Beanspruchung alle Gesteinskomplexe tektonisch gleichartig und gleichmäßig. Die Stellung der Schichten in der stratigraphischen Skala spielt dabei keine Rolle.

Stoping (engl.), n. → Aufstemmungshypothese.

Störung, f., allgem. Ausdruck für eine Trennfuge im Gebirge, an der eine Verstellung der beiden angrenzenden Schollen stattgefunden hat. Das Ausmaß der Verstellung kann vom cm- bis km-Bereich gehen. – Verschiedentlich wird auch der Bewegungsvorgang selbst – und nicht nur das Ergebnis dieses Vorgangs – als Störung bezeichnet. – s. a. Verwerfung.

Störungsbegleitgefüge, n., (H. MURAWSKI, 1978), anlässlich der Bewegungen an Störungen (s. d.) neu gebildete oder wiederverwendete Deformationsspuren (Trenn-, Scherfugen, Brekzien, Mylonite, Schleppungen etc.). Solche S. können als mehr oder weniger breite Zonen Störungen umgeben. Im Extremfall kann eine Störung vollkommen durch ein solches Deformationsgefüge ersetzt sein: **Ruschel** (s. d.).

Stoßkuppe, f. → Quellkuppe.

Stoßstrahl, m., der Weg, den ein Erdstoß vom Hypozentrum (→ Erdbeben) zur Beobachtungsstelle zurücklegt.

Stoßwellen-Metamorphose, f., beim Einschlag von Meteoriten (→ Meteorid) kurzzeitig entstehende sehr hohe Drucke. Dabei können Flächenscharen in Mineralen, die Hochdruckmodifikationen von Quarz → Coesit und → Stishovit, Schmelzglas im Gestein oder → Shatter-cones entstehen. – s. a. Impaktit.

Strahlenkegel, m. → Shatter-cones. Treten häufig in Kalken auf: **Strahlenkalk**.

Strahlstein, m., (*A. G. WERNER) → Aktinolith.

Strahlungskurve, f., eine von M. MILANKOVITCH erstmalig 1920 und später in versch. Veröffentlichungen (vor allem 1930, 1938, 1941) behandelte graphische Darstellung der Strahlungsintensität der Sonne in den letzten 600 000 bis 1 Mio. Jahren. Den Berechnungen liegen die Veränderungen durch langperiodische Schwankungen der Erdbahnelemente zugrunde (Neigung der Erdachse [= Schiefe d. Ekliptik], Exzentrizität der Erdbahn und Präzession [= Vorrücken] der Tagundnachtgleiche [= Umlauf des Perihels]). – Durch W. KÖPPEN & A. WEGENER (1924) wurde diese S. der Eiszeitgliederung von A. PENCK & E. BRÜCKNER (1909) gegenübergestellt, wobei sich durch die Parallelisierung der Minima mit Kaltzeiten (Glaziale) und der Maxima mit Warmzeiten (Interglaziale) eine gute Übereinstimmung ergab. Seitdem erfuhr die astronomische wie auch die geologische Interpretation neben starker Zustimmung auch erhebliche Kritik (vgl. dazu M. SCHWARZBACH, 1974). – s. a. Paläotemperatur.

Strain (engl.), m., (G. F. BECKER, 1893) → Deformation.

Strain-Ellipsoid, n. → Deformationsellipsoid.

Strand, m., flacher, von Sand, Schlamm oder Geschieben bedeckter Uferstreifen oberhalb der Uferlinie (→ Küste) im Küstenbereich.

Strandbrandung, f. → Brandung.

Stranddüne, f. → Düne.

Strandriff, n. → Riff.

Strandseife, f. → Seife.

Strandterrasse, f. → Kliff.

Strandverschiebung, f. → Epirogenese.

Strandwall, m., an der Flachküste durch die auflaufenden Meereswellen aufgeschütteter flacher Sedimentwall, der landwärts durch eine flache Rinne **(Riege)** begrenzt wird. In dieser Rinne läuft das über den Wall schwappende Meereswasser zunächst wallparallel ab, um an irgendeiner Stelle zum Meer durchzubrechen. – s. a.

stratiform (lt 336/151), Bez. für schichtparallele oder in bestimmten Schichten auftretende Lagerstätten; z. B. s. Erzlager, Kohlenflöze.

Stratigraphie (lt 336/gr 86), f., (wahrscheinl. *W. SMITH, 1817), geologischer Wissenschaftszweig, der die Gesteine unter Betrachtung aller ihrer anorganischen und organischen Merkmale und Inhalte nach ihrer zeitlichen Bildungsfolge ordnet und eine Zeitskala zur Datierung der geologischen Vorgänge und Ereignisse aufstellt. Damit bildet die S. die Grundlage für die Rekonstruktion der Geschichte der Erde und des Lebens, aber auch in entscheidender Weise für Fragen der regionalen Geologie. – Erfolgt die Zeit- und Altersbestimmung mit Hilfe der aufgefundenen Fossilien, spricht man von **Biostratigraphie** (*L. DOLLO, 1910). Auf diese Weise ergibt sich eine bezüglich der zeitlichen Aufeinanderfolge relative, biochronologische Skala der Erdgeschichte **(Chronostratigraphie).** – Wegen der meist unscharfen Zeitbestimmung unter lediglicher Verwendung petrographischer, geochemischer oder anderer Methoden ohne Benutzung von Fossilien muss die **Lithostratigraphie** (gelegentl. synonym verwendeter Begriff: **Petrostratigraphie**) in den allermeisten Fällen als gegenüber der Biostratigraphie ungleichwertig betrachtet werden. Daher wurde sie verschiedentlich auch als **Prostratigraphie** (z. B. O. H. SCHINDEWOLF, 1950, 1970) im Gegensatz zur **Orthostratigraphie** oder **Eustratigraphie** (Datierung durch Fossilien und/oder geochronologische Belege) bezeichnet. Die Lithostratigraphie ist jedoch in der Lage, örtlich oder regional auftretende Gesteinseinheiten zu beschreiben und fazielle, räumliche oder zeitliche Beziehungen der einzelnen Fundpunkte zueinander darzustellen. Für die Gliederung des Präkambriums, aber auch anderer Zeitabschnitte (z. B. norddt. Zechstein, mitteleurop. Rotliegendes oder mitteleurop. Buntsandstein) ist sie das wesentliche Hilfsmittel zur stratigraphischen Gliederung. Außerdem bildet sie bei geländegeologischen Arbeiten oft die einzige Unterscheidungsmöglichkeit zur Darstellung auf der geologischen Karte. – Bezüglich stratigraphischer Parallelisierungen mit Hilfe von Bohrprofilen über mehr oder weniger große Gebiete hinweg vgl. → Bohrung. – Als **Parastratigraphie** bezeichnet man stratigraphische Gliederungen in abweichenden Faziesbereichen, wobei es dann die Aufgabe des Stratigraphen ist, diese jeweiligen Gliederungen in die Standardgliederung (= Orthostratigraphie) einzupassen. – Bei sehr starker Untergliederung von Gesteinspaketen spricht man von **Feinstratigraphie**. – Als Grundlage für alle zeitlichen Aussagen der S. dienen chronologische und chronometrische Methoden (→ Geochronologie). Hierher gehört auch die **Magnetostratigraphie** (↗ Abb. 4). – s. a. Ablagerungssequenz (Sequenz-Stratigraphie), Tab. I.

stratigraphische Falle, f. → Falle.

Stratinomie (lt 336/gr 232), f., (*J. WEIGELT, 1927), Lehre von der Einregelung anorganischer Körper in das Sediment.

Stratovulkan (lt 336), m. → Vulkanbauten.

Streckeisen-Diagramm, n., von A. L. STRECKEISEN (1964, 1967) vorgeschlagenes Doppeldreieck-Diagramm zur quantitativen Darstellung von Magmatiten nach ihrer mineralogischen Zusammenstellung (↗ Abb. 66). – Es gibt auch Diagramme, in denen die Zuordnung von Magmatiten nach einfachen chemischen Parametern vorgenommen werden kann, z. B. das binäre Diagramm $Na_2O + K_2O$ (Ordinate) gegen SiO_2 (Abzisse) nach R. W. LE MAITRE (1984) (**TAS-Diagramm**, s. d., ↗ Abb. 67).

Streckung, f., Verformungsart, bei der ein Mineralkorn, Kornaggregat, Fossil oder ein größerer Gesteinskomplex unter Zugspannung und wesentlicher Beteiligung von Gleitvorgängen eine Längsausdehnung in vorwiegend einer Richtung (einaxial) erfährt. – Die Griffelstruktur (→ Griffelschiefer) gehört nicht hierher. – Erfolgt die Verformung allseitig, spricht man von **Dilatation**.

Streichen (alter bergm. Ausdr.) n., (schon bei C. F. NAUMANN, 1850), Schnittspur einer natürl. Fläche (Schicht-, Schiefer-, Kluft-, Verwerfungsfläche usw.) mit einer gedachten Horizontalebene (↗ Abb. 68) bzw. bei linearen Gebilden die Horizontalprojektion der Lineare. Zur genauen Raumlagebestimmung wird außerdem noch das **Fallen** oder **Einfallen** (ält. Ausdr.: **Einschießen**) gemessen, das den Neigungswinkel der zu messenden Fläche gegenüber der Horizontalen angibt. Zur Kennzeichnung abtauchender Lineare verwendet man häufig nicht die Bez. ‚Fallen' und ‚Fallwinkel', sondern ‚Neigung' und ‚Neigungswinkel'. Bei Flächen wird die Linie stärksten Gefälles als **Fall-Linie** bezeichnet; sie verläuft immer senkrecht zur **Streichlinie**. Die Projektion der Fall-Linie in die Horizontale ist die Fall-Richtung. – Zum Messen der Streich-, Fall- und Fallrichtungswerte wird der Geologenkompass (s. d.) bzw. der Gefügekompass (s. d.) verwendet. – s. a. Generalstreichen.

Streifenart, f., (*R. POTONIÉ, 1910), Bez. für die bei den meisten Steinkohlen im Querbruch als ‚Streifen' erscheinenden Lagen versch. zusammengesetzten Materials. Man unterscheidet: 1. **Vitrit,** die Glanzkohle, 2. **Clarit,** Glanzkohle mit Seidenglanz, 3. **Durit,** hart und von mattem Glanz, 4. **Fusit,** zerreiblich, schwärzend; (sämtl. Bez.: *R. POTONIÉ, 1924). POTONIÉ hatte schon 1910 die Bez. **Faserkohle** (später Fusit) und **Mattkohle** (später Durit) eingeführt. Die Streifenarten sind aus bestimmten Gefügebestandteilen **(Mazeralen/Maceralen)** zusammengesetzt, die durch die Endsilbe ‚-init' gekennzeichnet werden. Es ergeben sich so Mazeralgruppen wie Vitrinite, Exinite, Inertisite, die sich wiederum aus Einzelmazeralen, Submazeralen und Mazeralvarietäten zusammensetzen. – Das Ausgangsmaterial des Vitrits und Clarits ist vor allem Holzsubstanz, das des Durits besteht aus den verschiedensten organischen und anorganischen detrigenen Massen (er ist daher der Aschenträger der Kohle!). Der Fusit ist möglicherweise aus Waldbränden

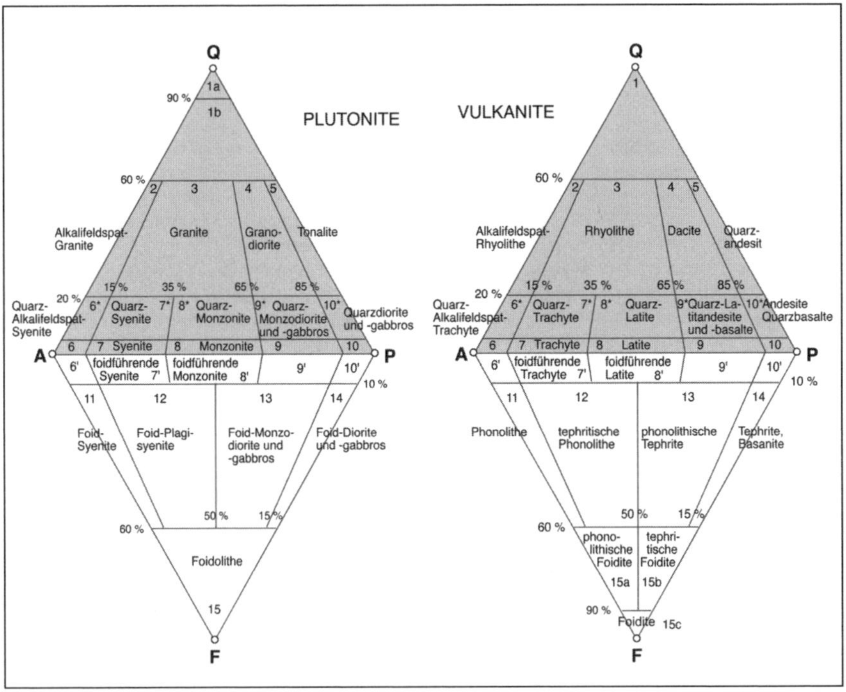

Abb. 66 Streckeisen-Diagramme für Plutonite (links) und Vulkanite (rechts. Q = Quarz, A = Alkalifeldspat, F = Foidit, P = Plagioklas (Anorthit). – Nach A. L. Streckeisen: To each plutonic rock its proper name. – Earth Sci. Rev., **12,** 1–33; Amsterdam, 1976.

oder bestimmten chem. Zersetzungsprozessen hervorgegangen. In den höheren Abschnitten der Inkohlungsreihe (→ Inkohlung), d. h. bei den Glanzbraunkohlen (→ Hartbraunkohlen) und Steinkohlen (s. d.), wird eine immer stärkere Angleichung der Streifenarten und damit ein immer höherer Glanz der Kohle erreicht. Man hat das daher auch **Vitrinisation** genannt. – s. a. Bogheadkohle, Kannelkohle.

Streifenboden, m. → Strukturboden.

Stress (engl.), m., (*G. F. Becker, 1893) → Spannung.

Stressellipsoid, n. → Hauptnormalspannung.

Stressmineral, n., (*A. Harker, 1932); Minerale, die sich bei ihrem Wachstum einseitig gerichtetem Druck anpassen können, heißen Stressminerale (z. B. Staurolith, Disthen, Chloritoid, Zoisit/Epidot), solche, die im Stressfeld unbeständig sind, **Antistressminerale** (z. B. Andalusit, Cordierit). Die Stressabhängigkeit kann jedoch bei versch. Druck-Temperatur-Bedingungen unterschiedlich sein.

Strichdüne, f. → Düne.

Stricklava, f. → Fladenlava.

Striemung, f., Bez. für ein scharf ausgeprägtes, engständiges Fältelungs-, Scherungs- oder Streckungslinear, aber auch verschiedentlich für die Runzelung (s. d.) verwendet. – s. a. Linear.

Strom, m., ein nach den Seiten und nach unten deutlich begrenzter Körper, der durch Voranbewegung seines Materials entstanden ist. Dabei können die verschiedensten Fließ- und Gleitvorgänge stattfinden. Hierher gehören: Lava-, Schlamm-, Schutt-, Block-, Eisströme usw.

Stromatactis (gr 332/334), f., beim Riffwachstum entstandene Hohlräume, die teilweise mit Schlamm und Riffdetritus gefüllt sind. Der Rest

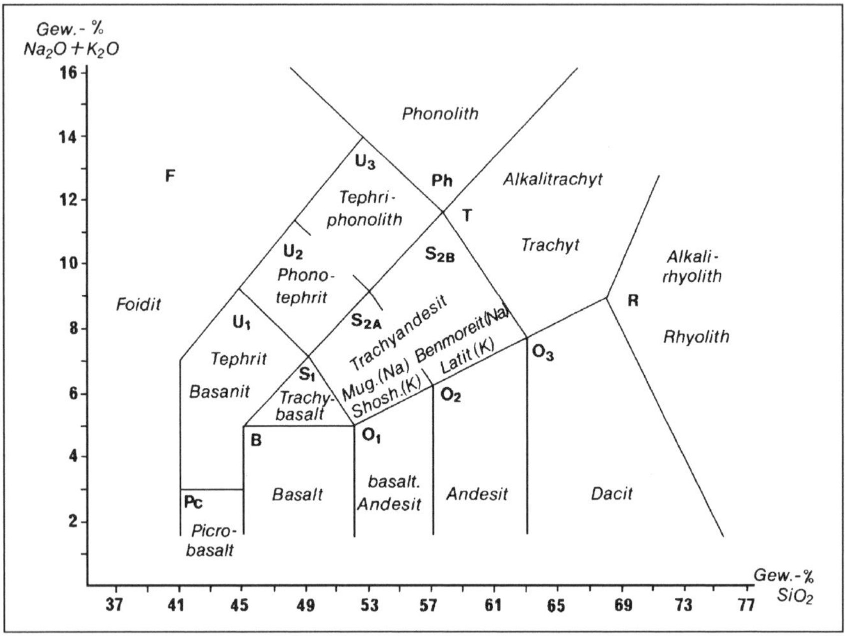

Abb. 67 Gliederung der Vulkanite im binären Diagramm (TAS-Diagramm). Die einzelnen Felder enthalten neben den Gesteinsnamen Buchstabensymbole. Mug. = Mugearit, Shosh. = Shoshonit. – Nach R. W. LE MAITRE (1984) aus W. WIMMENAUER; Petrographie der magmatischen und metamorphen Gesteine. – 382 S.; Stuttgart (Enke), 1985.

des Hohlraumes wird später mit Calcit ausgefüllt, sodass eine zuerst waagerechte Materialgrenze erhalten bleibt (→ geopetales Gefüge). – s. a. Riff.

Stromatit (gr 332), m. → Migmatit.

Stromatolith (gr 332/193), m., (*E. KALKOWSKI, 1908), Kalkgebilde mit blumenkohlartiger oder nieriger Oberfläche und schalig-blättrigem Aufbau. Es handelt sich um lithifizierte Reste benthonischer Bakterien- und Algenkolonien. Derartige ‚biosedimentäre' Strukturen bilden bereits die ältesten morphologischen Lebenszeugnisse der Erdgeschichte (über 3,5 Mrd. Jahre), sind aber auch aus jüngeren Formationen bekannt.

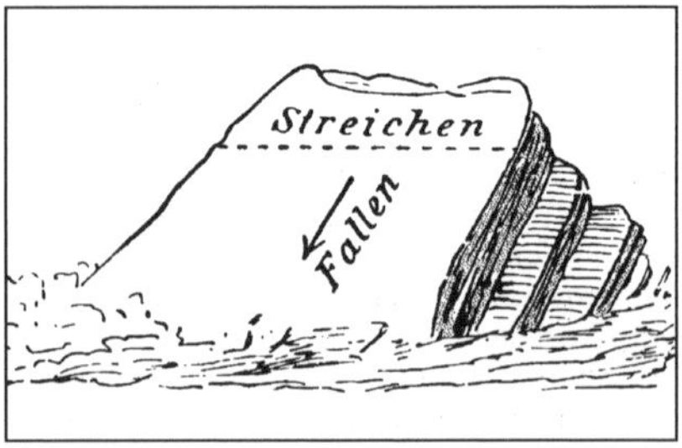

Abb. 68 Streichen und Fallen.

strombolianische Tätigkeit (n. d. ital. Vulkaninsel Stromboli), f. → vulkanische Tätigkeit.

Stromschnelle, f. → Wasserfall.

Strömungsmarke, f. → Marke.

Strömungsrippel, f. → Rippel.

Strudelkessel, m. **Strudelloch,** n. **Strudeltopf,** m. → Erosionskessel.

Struktur (lt 320), f., 1. bei Gesteinen (schon bei L. VON BUCH, Ch. LYELL, D' AUBUISSON DE VOISINS Anfang des 19. Jh. verwendet), entsprechend der Def. von U. GRUBENMANN (1904) im dt. Sprachraum zumeist als rein beschreibende Bez. für die Gesteinsausbildung in Bezug auf

Form und gegenseitige Abgrenzung der einzelnen Gemengteile im Gestein verwendet; z. B. glasige, körnige, porphyrische (s. d.), ophitische (s. d.) S. – Die S. eines Erstarrungsgesteins ist Ausdruck der bei seiner Erstarrung herrschenden physikal.-chem. Bedingungen. – 2. In der Tektonik: **geologische** S. (erweitert n. C. F. NAUMANN, 1850), Bez. für geol. Bauformen wie Falten (s. d.), Brachyantiklinen (s. d.), Salzstöcke (→ Diapir), große tektonische Bruchzonen usw.

Strukturboden, m., (*W. MEINARDUS, 1912), **Frostmusterboden** (*C. TROLL, 1944), „Boden, der durch Scheidung der steinigen und erdigen Bodenbestandteile bestimmte Strukturformen angenommen hat." (W. MEINARDUS, 1912). Durch Sonderung der Bodenteilchen in Ringe gröberen Materials, die jeweils ‚Beete' von Feinerde umschließen, entstehen im ebenen Gelände **Steinring**- oder **Steinnetzböden**, am Hang – in Richtung des Gefälles – Streifen von Erde und Steinen: **Streifenböden**. – Solche Strukturböden sind typische Erscheinungsformen in den periglazialen (s. d.) Gebieten. – Zur Entstehungserklärung sind versch. Theorien entwickelt worden: 1. Die **Konvektions-** oder **Brodeltheorie** (A. R. LOW, 1925, K. GRIPP, 1927 und später) erklärt die Sonderung durch eine beim Gefrier- und Auftauvorgang verursachte Brodelbewegung im Boden. – 2. Die **Frosthebungstheorie** (vor allem H. POSER, 1933), bei der die aktive Hubkraft des gefrorenen Wassers im Boden eine Rolle spielt.

Nicht zu den Strukturböden i. e. S. gehören die auf Spaltennetzbildung zurückgehenden Spaltenpolygone, Polygonböden i. e. S. (W. MEINARDUS, 1912) und die langachsigen Rautenböden (*F. R. KJELLMANN, 1879, 1882).

Strukturgeologie (lt 320/gr 80/197), f., vielfach synonym zum Terminus ‚Tektonik' (s. d.) gebrauchter Begriff, verschiedentlich aber nur dann verwendet, wenn der Bildungsmechanismus tektonischer Strukturen besonders betrachtet werden soll. Einige Autoren verwenden den Begriff – entspr. dem engl. Sprachgebrauch – für die Untersuchung von Art, Geometrie und Kinematik tektonischer Gefüge in Gesteinen.

Strukturkarte, f. → geologische Karte.

Strunien, Strunium, n. → Etroeungtien.

Stubbenhorizont, m., (bergm.), in Kohlenlagern auftretender Horizont mit noch aufrecht stehenden Baumstümpfen (Stubben, Pl., m.). Sie entstehen beim Ansteigen des Wasserspiegels in Waldmooren und Abfaulen der Baumstämme in Höhe des Wasserspiegels nach Absterben der Bäume. Daher besitzen die Stubben eines solchen S. oft etwa die gleiche Länge.

Stufe, f., (engl. stage), 1. in der Stratigraphie (s. d.): definierter stratigraphischer Abschnitt, wichtigste Unterteilung der Systeme (s. d., Tab. I), der – beim Vorhandensein von Art-Zonen – entsprechend der Def. von. R. WEDEKIND als der Zeitraum betrachtet werden kann, welcher der Lebensdauer jener Tier- oder Pflanzengattung entspricht, der die Zonenfossilien entnommen sind. – Die Stufen können in Unterstufen unterteilt werden (die Bez. ‚Gruppe' für solche Unterstufen von G. SOLLE, 1937, birgt eine Verwechslung in sich; vgl. Tab. I). Z. B. wird die Ems-Stufe im Mittelrheingebiet in Ulmen-, Singhofen-, Vallendar-, Lahnstein-, Laubach- und Kondel-Unterstufe untergliedert. – Die Bez. ‚Schichten' benennt örtlich entwickelte stratigraphische Einheiten. – F. KUTSCHER (1960) hat als Bez. für Einheiten in zyklischen oder rhythmischen Sedimenten, die nicht den stratigraphisch definierten Einheiten ‚Stufe' oder ‚Gruppe' entsprechen, den Begriff ‚Folge' vorgeschlagen. – 2. in der Morphologie → Schichtstufe.

Stufenfläche, Stufenlehne, Stufenstirn, f. → Schichtstufe.

Sturmflutsediment, n. → Tempestit.

Sturzbahn, f. → Bergsturz.

Stylolith (gr 333/193), m., (*F. KLÖDEN, 1828, 1834), zapfenähnliches, meist seitlich längsgerieftes Gebilde in Kalksteinen. **Vertikalstylolithen** erzeugen Verzahnungen zwischen den Schichten, indem sie von der einen in die angrenzende Schicht eindringen (↗ Abb. 69). **Horizontalstylolithen** (i. S. von G. H. WAGNER, 1958) liegen mit ihren Achsen annähernd horizontal und deuten eine gerichtete Verkürzung der Schichtplatte an. Sie sind daher in letzter Zeit mehrfach zur Rekonstruktion großregionaler Spannungsfelder herangezogen worden (vgl. dazu ↗ Abb. 70). – Die Bildung der S.en erfolgt unter verstärkter chem. Auflösung unter Druck im festen Gestein (‚Auflösungstheorie'). Die als Kappen auf den S.en sitzenden Tonhäutchen erklären sich dann zwanglos als unlösliche Tonrückstände. Die rein mechanische ‚Drucktheorie', bei der Unebenheiten einer Schicht bei noch nicht ganz erfolgter Verfestigung mechanisch in eine andere Schicht eingepresst worden wären, wird heute abgelehnt. – s. a. Drucklösung, Drucksutur.

S-Typ-Granit, m. → Granit, ↗ Abb. 24.

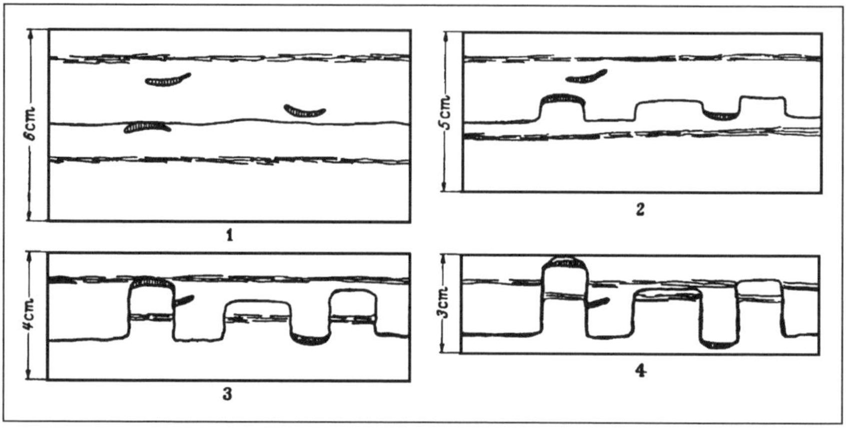

Abb. 69 Entstehung von Stylolithen. – Stadium 1: vor der Zusammenpressung und Stylolithenbildung. Stadium 4: weit fortgeschrittene Stylolithenbildung. – Nach G. WAGNER: Einführung in die Erd- und Landschaftsgeschichte. – 3. Aufl., 694 S.; Öhringen (Hohenlohesche Buchhandlg., 1960).

subaerisch (lt 321/gr 6), (?*W. WHITAKER, 1867), an der Erdoberfläche, an freier Luft gebildet, auftretend usw.

subalpine Molasse, f. → Molasse.

subaquatisch (lt 320/28), unter dem Wasserspiegel gebildet, auftretend usw. – Rutschungen gering verfestigter, wasserdurchtränkter Sedimente an s. Hängen: **subaquatische Rutschung/Gleitung.** Hierbei können die Schichten aufgestaucht, gefältelt oder verwirbelt werden **(Wickelschichtung).** – s. a. convolute bedding.

Subatlantikum (lt 321), n., (*A. BLYTT, um 1876), Tab. IIa A.

Subboreal (lt 321/39), n., (*A. BLYTT, um 1876), Tab. IIa A.

Subduktion, Subduktionszone (lt 322), f., im Rahmen der Plattentektonik (s. d.) ver-

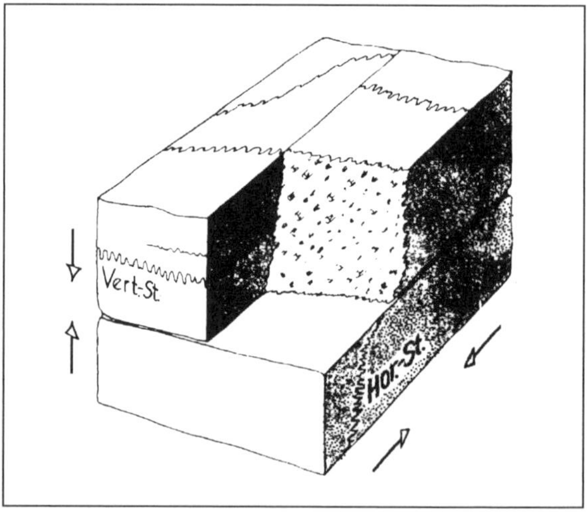

Abb. 70 Vertikalstylolithen (Vert.-St.) und Horizontalstylolithen (Hor.-St.). – Aus: G. H. WAGNER: Kleintektonische Untersuchungen im Gebiet des Nördlinger Rieses. – Geol. Jb. **81**, 519–600; Hannover, 1964.

wendete Begriffe. Subduktionszonen sind Gebiete, in denen eine Lithosphärenplatte unter eine andere absinkt. Auf diese Weise wird sialisches Material in die Tiefe transportiert. Rezente Beispiele: westpazifische Inselbögen (→ Inselbogen, Benioff-Zone). – Bei einer **Lithosphären-Subduktion** (= S. der Gesamtmächtigkeit der Lithosphäre) spricht man von **B-Subduktion** (zu Ehren von H. BENIOFF). Eine S., die nur Krustenteile erfasst (= **krustale S.**), wird als **A-Subduktion** (zu Ehren von O. AMPFERER bzw. zur Charakterisierung des alpinen Typs der S.) bezeichnet. – Der absteigende Teil einer subduzierten Platte heißt **Subduktionszunge** (engl. = slab of lithosphere, subduction slab); vgl. ↗ Abb. 50. – s. a. Tiefseegraben.

Subduktionsmetamorphose (lt 322/gr 215), f., metamorphe Umwandlungen der Gesteine einer Subduktionszunge (→ Subduktion) unter Hochdruck-Niedertemperatur-Bedingungen während eines Subduktionsvorgangs. – s. a. ↗ Abb. 3, Metamorphose.

Subfazies (lt 321/140), f. → metamorphe Fazies.

Subfluenz (lt 321/148), f., [*O. AMPFERER, 1906 (Vorgangsbeschreibung); E. KRAUS, 1935 (Namensgebung)], urspr. verwendet für subkrustale (= unmittelbar unterhalb der Erdkruste) erfolgende Massenströmungen, die zeitweilig beschleunigt werden (→ Unterströmungstheorie). Der Begriff der S. wurde in letzter Zeit von K. WEBER und H. J. BEHR (1978) wieder aufgegriffen und für intra- bzw. infrakrustale Massenverlagerungen verwendet, die in der Erdkruste die verschiedenartigsten Deformationen hervorrufen. Von der B-Subduktion (→ Subduktion) unterscheidet sich die S. nach den vorgenannten Autoren u. a. durch ihre engere regionale Begrenzung, geringere Tiefenerstreckung der Subfluenzbahnen, weitgehendes Fehlen von in die Bewegung einbezogener ozeanischer Kruste und fehlendes Auftreten der für B-Subduktionen typischen Magmatite. S. erzeugt A-Subduktion (→ Subduktion).

Subformation (lt 321/152), f., → Member.

subfossil (lt 321/154), zwischen rezent (s. d.) und fossil (s. d.) vermittelnder Begr. ohne eine genauere Fixierung. – s. a. subrezent.

Subfusion (lt 327), f., (‚Subeffusion, subeffusiv' *W. AHRENS, 1934), **subvulkanische Injektion,** erdoberflächennahe (flache) Intrusion magmatischer Schmelzen.

subglazial, subglaziär (lt 321/164) = unter dem Eis.

subglazialer Ausbruch, m. → vulkanische Tätigkeit.

Subhercynisches Becken, n. → Niederdeutsches Becken.

subhercynische (Faltungs-) **Phase,** f., (vgl. hercynisch), (*H. STILLE, 1924; vorher von STILLE als ‚intrakretazische Faltung' bezeichnet), enthält die Ilseder und Wernigeröder Phase (s. d.) als Teilphasen. – s. a. Tab. III 11 B.

subkrustal (lt 321/76) = unterhalb der Erdkruste.

Sublimation (lt 323), f., Niederschlag fester Stoffe aus Dämpfen; hier vor allem aus vulkanischen Dämpfen.

sublitoral (lt 321/218) → litoral, neritisch.

submarin (lt 321/226), (?*SARTORIUS VON WALTERSHAUSEN) = unter d. Meeresspiegel; – **submariner Canyon** → Canyon; – **submarine Erosion**, Abtragung durch Meeresströmungen, vor allem in Meerengen und der Flachsee, in tieferen Meeresbereichen seltener; – **submarine Gleitung**: subaquatische (s. d.) Gleitung im Meer.

Submersion (lt 328), f. → Emersion.

subrezent (lt 321/269), Bez. für Vorgänge und Ablagerungen unmittelbar vor der Gegenwart. – s. a. subfossil, rezent.

Subrosion (lt 321/289), f., (*E. SEIDL, 1926), unter der Erdoberfläche stattfindende Ablaugung an leichtlöslichen Gesteinen, insbesondere Salzen, durch Grundwässer. – Solche unterirdische Ablaugung kann ein Nachsinken des darüber liegenden Gebirges zur Folge haben, sodass sich an der Erdoberfläche eine Senke **(Subrosionssenke)** bildet. – s. a. Auslaugung, Salzspiegel.

Subsalinar (lt 321/296), n., Gesteinsschichten, die unter einem salzführenden Gebirge (Salinar) liegen. Bei normalen Schichtenverbänden entspricht das S. dem **Präsalinar** (= Gesteinsschichten, die älter als das Salinar sind). Bei vielen Salzstöcken können jedoch Gesteine unter dem Salz liegen, die jünger als dieses sind. – s. a. Salinar.

subsequent (lt 324), unmittelbar nachfolgend.

subsequenter Fluss, m., (*W. M. DAVIS, seit 1895), **Nachfolgefluss,** Nebenfluss eines konsequenten (s. d.) Flusses, der sich etwa senkrecht zum Hauptfluss, in leicht zerstörbare Gesteine besonders kräftig einschneidet.

subsequenter Magmatismus (lt 324/gr 202), m., (H. STILLE, vor allem 1940) → magmatischer/magmatogener Zyklus.

Subsidenz (lt 325), f., örtliche oder regionale Absenkung der Erdoberfläche.

Subsolution (= subaquatische Solution; lt 321/28/315); f., (*A. Heim, 1959), chem. Lösungserscheinungen am Boden von Gewässern, die vor allem an carbonatischen Gesteinen erfolgen. – s. a. Thololyse.

Substrat (lt 321/336), n., allgem. Begriff für einen Gesteinskörper, der unmittelbar unter einem anderen lagert.

subterran (lt 321/344) = unter der Erdoberfläche.

Subtidal (engl.), n., flachmariner Bereich unterhalb der Gezeitenzone (Niedrigwasserlinie) bis etwa 200 m Wassertiefe (s. a. neritisch). Er ist charakterisiert durch bestimmte Gesteinsbestandteile, oft hohe Organismendiversität und -häufigkeit, typische Biogene (z. B. Kalkalgen) und Spurenfossilien (oft Horizontalbauten) sowie ein breites Spektrum versch., auf schwankende Wasserenergien zurückgehender Faziestypen. Anhand bestimmter Fazieskriterien und Organismen-Vergesellschaftungen ist eine Differenzierung nach flacherem und tieferem S. möglich. – s. a. Intertidal, Supratidal.

Subvulkan (lt 321), m., (*H. Cloos, vor allem 1936), magmatische Schmelzmasse, die in einer Krustentiefe bis zu wenigen km erstarrt ist. Solche Körper besitzen mannigfaltige Formen und vielfache Verbindungen zu Oberflächenvulkanen. Hierher gehören: Quellkuppen (s. d.), Lagergänge (→ Gang), Lakkolithe (s. d.) und andere subvulkanische Stöcke. – s. a. Stock.

subvulkanische Injektion (lt 321/189), f. → Subfusion.

Südalpen, Pl. → Deckensysteme.

sudetische (Faltungs-) **Phase** (nach den Sudeten), Phase der Varistischen Faltungsära, (*H. Stille, 1920, nach der Erstbenennung durch F. Frech, 1897–1902), Tab. III 7 A/B.

Suevit (lt 326), m. → Impaktit.

Sulfathärte, f. → Wasserhärte.

Sulfid-Oxidschale, f. → Eklogitschale.

Sumpf, m., allgem.: Gelände mit stark durchfeuchtetem Boden, in dem Sumpfpflanzen (Sauergräser, Schilf, versch. Moose usw.) gedeihen. – Oft wird im dt. Sprachraum der Begriff ‚Sumpf' synonym zum Terminus ‚Moor' verwendet.

Sumpfgas, n., Methangas (CH_4), das sich bei Gärungsprozessen in Torfsubstraten (Moor) oder faulendem Schlamm stehender Gewässer bildet.

Supralitoral (lt 329/218), n. → litoral.

Supratidal (engl.), n., Spritzwasserbereich oberhalb der normalen Gezeitenzone, gekennzeichnet durch langandauerndes Trockenfallen. In ariden Klimaten entstehen dabei Inlandtümpel und Salzseen, die in unregelmäßigen Abständen befeuchtet oder sporadisch kurzzeitig überflutet werden. Lithofaziell (s. d.) ist das Nebeneinander feinkörniger (mikritischer) Kalke und Dolomite in Verzahnung mit Evaporiten (→ Evaporat) typisch; terrigene Klastika können eingeschaltet sein. In solchen Gebieten können auch evaporitische Lösungsbrekzien (→ Brekzie) und Caliche-Krusten (→ Calcrete, Caliche) entstehen, ebenso Trockenrisse und bankparallel verlaufende Schrumpfrisse. Charakteristisch ist die seltene Gegenwart oder das Fehlen von Organismen, jedoch treten häufiger Algenmatten bzw. unregelmäßige Laminationen im mm-Bereich (→ Stromatolith) und Pflanzenhäcksel auf. – s. a. Intertidal, Subtidal.

Surge (engl.), f., eine S. ist ein quasiperiodischer Wechsel in der Bewegung von Gletschern von einer ‚normalen' Geschwindigkeit (= über längeren Zeitraum andauernd) zu einer deutlich schnelleren Fortbewegung der Eismassen in einem vergleichsweise kurzen Zeitabschnitt. – Auch sich rasch ausbreitende gemischt zusammengesetzte Wolken vulkanischen Ursprungs werden als Surges bezeichnet. – s. a. base surge, Gletschertheorien.

Surreit (gr 321), m. → Migmatit.

Suspension (lt 331), f. → Sedimentation.

Suspensionsstrom (lt 331), m. → turbidity current.

Suszeptibilität (lt 330), f. → Erdmagnetismus.

Sutur, Suturzone (lt 332), f., im allgem. Sinne eine langgestreckte tektonische Grenzzone zwischen zwei Großschollen der Erdkruste (→ Erdnaht). – In der Plattentektonik: Bez. für eine langgestreckte lineare Zone, die typische Gesteinsverbände enthält (Ophiolithe, Tiefseesedimente, Mélangen), welche auf Beteiligung von ozeanischer Kruste hinweisen. Solche S.en werden als Kollisionsgrenzen zweier Platten interpretiert.

S-Welle, f. → Erdbeben.

Syenit (n. d. Ort Syene, heute Assuan in Ägypten, das Gestein dort ist allerdings ein Hornblendegranit), m., (* Plinius d. J., 77 für das Gestein von Syene; A. G. Werner, 1788 für Gestein aus dem Plauenschen Grund bei Dresden), Plutonit, hauptsächlich aus Alkalifeldspat bestehend, untergeordnet aus albitreichen Plagioklasen und Mafiten, eventuell auch Foiden; ↗ Abb. 66 a, Tab. IV 14, V 1.

Syenitporphyr (*J. Esmark, 1797), m., Tab. IV 15.

Sylvin (benannt n. d. Mediziner F. de la Boe Sylvius, 1614–1672, der dem S. besondere medizin. Eigenschaften zuschrieb), m., (*F. S. Beudant, 1832): KCl. – Gestein: **Sylvinit**.

Symmiktit (gr 316), m., (*R. F. Flint et al., 1960) → Diamiktit.

symmetrische Falte (gr 317), f. → Faltentyp.

Synärese (gr 318/58), f., (* H. Jüngst, 1934), Vorgang, bei dem unter Wasserbedeckung Tonen Wasser entzogen wird (z. B. bei Zunahme des Salzgehalts im Wasser). Es bilden sich Risse und Spalten, die mit Sand gefüllt werden können, entweder durch Injektion von unten oder durch Füllung von oben. Sie bilden im Gegensatz zu Trockenrissen (s. d.) kein polygonales Netz, sondern einzelne Spalten, die oft von Belastungsmarken (s. d.) begleitet werden.

Synaptit (gr 318/lt 27), m., Bez. für alle aus stark verschweißten Lavafetzen aufgebauten vulkanischen Ablagerungen, mit Ausnahme der nur lokalen Hornitos (s. d.).

synchron (gr 318/382) → diachron, Eiskeil.

Syndiagenese (gr 318/91/75), f. → Diagenese.

Syneklise (gr 318/169), f., (*A. P. Pawlow, 1903), weitspannige Strukturen mit extrem flach einfallenden Flanken, z. B. Moskauer S. (über 1 Mio km²) oder das Interior Basin Nordamerikas (500 000 km²). Diese großen flachen Schüsseln im kristallinen → Grundgebirge werden von Sedimenten bis zu mehreren 1000 m Mächtigkeit gefüllt. – s. a. Anteklise.

Synepirogenese, f., Adj. **synepirogenetisch** (gr 318/139/75), (*H. Stille, 1922), Bez. für tektonische Erscheinungen orogenetischen (→ Orogenese) Charakters, die sich während epirogenetischer (→ Epirogenese) Zeiten ereignen. Betroffen werden hier besonders empfindliche (‚mobile') Gesteine, etwa Salze. – s. a. Diktyogenese, Synorogenese.

Synform (gr 318/lt 151), f. → Synklinale.

syngenetisch (gr 318/75), Bez. für Bildungen, die gleichzeitig mit ihrer Umgebung entstanden sind; z. B. s. → Eiskeil, s. Lagerstätten wie Kohlen, Salze und sedimentäre Erze. – Sinngemäß auch für s.e Bewegungen verwendet. – s. a. Synepirogenese, Synorogenese.

synkinematisch (gr 318/165), **synkristallin** (gr 318/182), **syntektonisch** (gr 318/338), Bez. für Vorgänge, die während tektonischer Beanspruchungen stattfinden (Kristallisation, Deformation). – s. a. parakristalline Deformation, synsedimentär.

Synklinale, Synkline, f., Adj. **synklinal** (gr 315), (n. Ch. Lyell, 1833; zuerst von A. Sedgwick [1785–1873] gebraucht; ‚synklin' auch bei W. Buckland & W. D. Conybeare, 1824; (geologische) Mulde, *A. G. Werner, 1750–1817), durch Faltung entstandene tektonische Form mit nach oben divergierenden Faltenschenkeln. – Einige Autoren benutzen den Begriff ‚Synklinale/Mulde' nur bei gesicherter Altersfolge der Schichten. Ist das nicht der Fall, sprechen sie, rein geometrisch, von einer **Synform.** – Sämtl. geometrischen Einzelelemente vgl. → Falte. – s. a. Antiklinale.

Synklinalpluton (gr 315), m. → Pluton.

Synklinaltal (gr 315), n. → Tal.

Synklinorium (gr 315), n., (*J. D. Dana, 1873, allerdings für Gebirge, die aus einer Geosynklinale entstanden sind), Bez. für ein Faltenbündel, bei dem der Faltenspiegel (s. d.) von den beiden Rändern zur Mitte des Bündels abfällt, sodass eine große Synklinale zustande kommt (↗ Abb. 71). – s. a. Antiklinorium.

synkristalline Deformation (gr 318/182) → parakristalline Deformation.

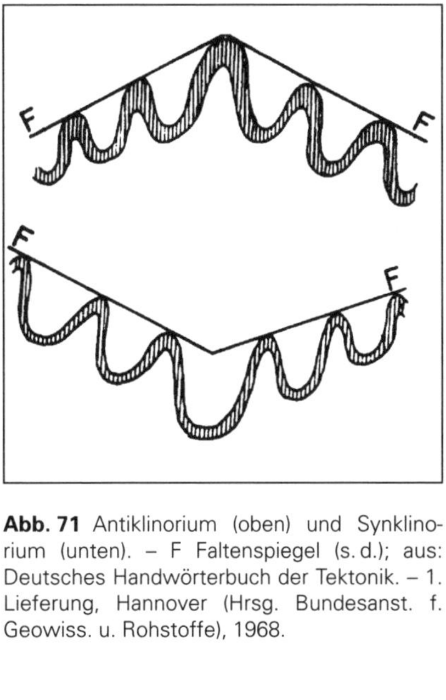

Abb. 71 Antiklinorium (oben) und Synklinorium (unten). – F Faltenspiegel (s. d.); aus: Deutsches Handwörterbuch der Tektonik. – 1. Lieferung, Hannover (Hrsg. Bundesanst. f. Geowiss. u. Rohstoffe), 1968.

synorogener Magmatismus (gr 318/253/202), m., (H. STILLE, vor allem 1940) → magmatischer/magmatologischer Zyklus.

Synorogenese, f., Adj. synorogenetisch (gr 318/253/81), (*H. STILLE, 1919), Bez. für tektonische Erscheinungen epirogener (→ Epirogenese) Art, die sich während orogenetischer (→ Orogenese) Zeiten ereignen. – s. a. Synepirogenese.

synsedimentär (gr 318/lt 302), Bez. für während der Sedimentation ablaufende Vorgänge, z. B. synsedimentäre Senkung eines Gebietes.

syntektonisch (gr 318/338) → synkinematisch.

syntektonischer Pluton (gr 318/338), m. → Pluton.

Syntexis (gr 320), f., (*F. LOEWINSON-LESSING, 1899, 1911), Vorgang der völligen oder teilweisen Aufnahme **(Assimilation)** von festem Nebengesteinsmaterial, u. U. auch fremden Magmen, Lösungen oder Gasen durch ein Magma. Ersteres erfolgt durch Einschmelzung oder auch gelegentlich durch erhöhte Metasomatose (s. d.). – Werden lediglich Einschlüsse oder kontaktnahes Nebengestein assimiliert, spricht man auch – entsprechend einer engl. Bez. – von **Kontamination.** – Je nach Art und Menge des aufgenommenen Materials kann sich die chem. Zusammensetzung der Schmelze ändern. – Gestein: **Syntexit**. – s. a. hybrid.

synthetisch (gr 318/343), (*H. CLOOS, 1928), **homothetisch** (gr 245/343), Bez. für innerhalb größerer tektonischer Bereiche ablaufende kleinere Bewegungen mit ähnlicher Form und Lage sowie gleichem Bewegungssinn (**gleichsinnig,** *F. VON RICHTHOFEN, 1886). Sie sind Zeugen kleinerer, gleichgerichteter Teilbewegungen innerhalb der Hauptbewegung. – s. a. antithetisch, rechtsfallende/rechtsinnige Verwerfung.

System, n., stratigraphischer Begriff (vgl. Tab. I). – s. a. Formation.

T

Tachylit (gr 337), m., (,Tachylyt' *A. BREITHAUPT, 1826) → Tab. IV 4.

Tafel, f. → Plattform.

Tafelhorst, m. → Horst.

Tafelpluton, m. → Pluton.

Tafonierung (korsische Bez.), f., Bildung von Bröckelhöhlen (**Tafoni,** Pl., f.), die sich längs Klüften seitlich oder von unten nach oben in einen Gesteinskörper (meist Massengestein) hineinfressen. Ihre Entstehungsweise ist umstritten, dürfte aber mit Unterschieden bezüglich der Verteilung der Bergfeuchte (→ Bergfeuchtigkeit) am Gestein zusammenhängen. An feuchten Stellen lösen sich feine Schüppchen des Gesteins ab; stärkere chem. Veränderungen des Gesteins sind nicht zu verzeichnen. – s. a. Wabenverwitterung.

Tafrogenese, f. → Taphrogenese.

takonische (Faltungs-) **Phase,** f., (n. d. Taconic Mts./Appalachen/USA), (*H. STILLE, 1919, n. d. Begriff ,taconic revolution' E. BLACKWELDER, 1912), Tab. III 4/5.

Tal, n., vorwiegend durch Erosion gebildeter, mehr oder weniger schmaler und tiefer Einschnitt in die Erdoberfläche mit generell gleichsinnigem Sohlengefälle. Als eigentliche **Erosionstäler** sind zu betrachten: Klamm (s. d.), Schlucht (s. d.), Canyon (s. d.) und als Abzugskanal eines Wildbaches der Tobel. Hierher gehört auch das V-förmige, einfache **Kerbtal (V-Tal),** bei dem sich infolge andauernder Tiefenerosion noch kein eigentlicher **Talboden** entwickelt hat. Durch verstärkte Seitenerosion und durch starkes Mäandrieren (→ Mäander) kann sich ein mehr oder weniger breiter Talboden entwickeln **(Sohlental).** – Nicht nur das fließende Wasser, sondern auch das bewegte Gletschereis kann Erosionswirkungen ausüben. Gletscher (s. d.) können vorhandene Täler U-förmig ausarbeiten **(Trogtal, U-Tal).** – Ein Teil der Täler folgt den tektonischen Gegebenheiten ihres Untergrundes: **tektonische Täler.** Sie können z. B. nach ihrer Lage zum Streichen des Gebirges eingeteilt werden nach **Längs-, Quer-** und **Diagonaltälern** (sämtl. Begriffe schon bei C. F. NAUMANN, 1850). Verlaufen Längstäler auf tektonischen Sätteln, werden sie **Antiklinal-** oder **Satteltal,** folgen sie dagegen tektonischen Mulden, **Synklinal-** oder **Muldental** genannt. Täler, bei denen beide Talhänge gleichsinnig einfallen, werden als **Isoklinaltäler** bezeichnet. – Eine enge Beziehung zum örtlichen Bruchnetz zeigen die **Verwerfungstäler.** – **Durchbruchstäler** (n. A. PENCK, 1888: ein seit Anfang d. 19. Jh. verwendeter Begriff) sind Quertäler, die entweder einzelne Ketten oder ein ganzes Gebirge durchbrechen. Es kann sich bei ihnen um tektonische, epigenetische (s. d.) oder antezedente (→ Antezedenz) Bildungen handeln. – Täler, bei denen der eine Talhang wesentlich steiler ist

als der andere, werden **asymmetrische Täler** genannt (*V. Hilber, 1886). – s. a. Hängetal.
Talalluvionen, Pl., f. → alluvial.
Talbildung, f. → Erosion.
Talgletscher, m. → Gletscher.
Talk (arab.), m., Phyllosilikat, vorwiegend in metamorphen Gesteinen: $Mg_3[(OH)_2/Si_4O_{10}]$. – Tritt statt Mg_3 Al_2 in die Formel ein, ergibt sich Pyrophyllit.
Talmäander, m. → Mäander.
Talterrasse, f., morphologische Stufe an Talhängen, die entweder als Schotterterrasse (s. d.) oder als Erosionsterrasse (s. d.) gebildet worden ist.
Taltrog, m. → Trogtal.
Talus (lt 338), m., meist für das in der Umgebung von Riffen (s. d.) am Meeresboden abgelagerte Riffschuttmaterial verwendete Bez.
Talzuschub, m., (*J. Stini, 1942), das Zuschieben von Tälern bzw. der Ansatz dazu infolge von Hangbewegungen an den Talflanken. Die sich dabei in den Hängen und Talschultern neu bildenden bzw. an vorhandenen Klüften sich öffnenden Fugen werden **Talschubklüfte** (-klüftung) oder **Hangzerreißungsklüfte** (-klüftung) genannt. – Der Öffnungsvorgang solcher Klüfte (Spalten) wird auch als **Bergzerreißung** (s. d.) bezeichnet.
Tambach-Formation (n. d. Ort Tambach in Thüringen), (*F. Beyschlag, 1891), Tab. III 8 A.
Tangentialspannung, f. → Normalspannung.
Taphozönose (gr 335/170), f. → Thanatozönose.
Taphrogenese (Tafrogenese), f., Adj. **taphrogenetisch (tafrogenetisch),** (gr 336/75), (*E. Krenkel, 1922), urspr. – allerdings mit bes. Berücksichtigung der Grabenbildung – allgem. für ‚Schollenzerlegung durch Zerrung als zeitliches Gegenstück der Orogenese' gebraucht, wird der Ausdruck heute meistens für die Genese von Großgräben und Großgrabensystemen verwendet.
TAS-Diagramm (engl. **T**otal **A**lkali **S**ilica Diagram) → Streckeisen-Diagramm; vgl. dort ↗ Abb. 67.
Taschenboden, m. → Kryoturbation.
Tatarien, Tatarium, Tatar (n. d. Volksstamm der Tataren, westl. Uralvorland/Russland), n., Tab. III 8 B.
taub (bergm.), Bez. für ein Gestein, in dem wirtschaftlich nutzbare Stoffe nicht oder nur in unerheblicher Menge vorhanden sind.
Tauchdecke, f. → Decke.
Tauchfalte, f. → Faltentyp.
Tauernfenster, n. → Deckensysteme.
Tegel (n. e. österr. Lokalbegriff für ‚Ton'; zurückgehend auf lt. tegula = Ziegel), m., (*C. Keferstein, 1828, ‚Badener Tegel'; jedoch vor allem von R. Hoernes, 1851, und E. Suess, 1862, verwendet), Bez. für Gesteine, vor allem der österr. Molassebecken, die aus einem Gemenge von Ton und Kalk mit reichlich ferritisch umgesetzten Schwefelverbindungen bestehen. Sie wurden in küstenfernem tieferem Stillwasser abgelagert und sind vielfach sehr reich an Gastropoden. – s. a. Molasse.
Tegelen-Komplex (n. d. Ort Tegelen/Südholland), m., (‚argile de Tégelen' E. Dubois, 1905; ‚Tegelen' C. & M. Reid, 1915), Tab. II B.
Teilbewegung, f., Bez. für den Vorgang der Bewegung eines Gefügeelements von einem Punkt zu einem anderen. – Der Begriff **Teilbeweglichkeit** (*B. Sander, 1948) bezeichnet dagegen die Fähigkeit bzw. den Grad der Fähigkeit der Teilbewegung in den Gesteinen.
Tektit (gr 342), m., (*F. E. Suess, 1900), rundliches, knopf-, birnen- oder sanduhrförmiges Gebilde aus flaschengrünem, bräunlichem oder fast schwarzem, meist durchscheinendem saurem Glas (60–80% SiO_2), dessen Oberfläche meist mit eigenartigen Rinnen, Grübchen und Wülsten bedeckt ist. Weitere Namen: Glasmeteorit, Moldavit, Billitonit, Australit, Bouteillenstein. Irdisches Gestein, beim Aufprall eines Meteoriten geschmolzen und herausgeschleudert. – s. a. Impaktit, Meteroid.
Tektofazies (gr 338/lt 140), f. → tektonische Gesteinsfazies.
Tektogenese (gr 338/75), f., (*E. Haarmann, 1927), tektonische Prägung von Bereichen der Erdkruste (= Tektogen, n.). Dabei brauchen keineswegs Gebirge im orographischen Sinne zu entstehen. Daher betont E. Schroeder (1979), dass die T. ein strukturbildender, die **Morphogenese** dagegen ein reliefbildender Vorgang ist. Ein Gebirge im morphologischen Sinne könnte dann als **Morphogen** bezeichnet werden. – s. a. Gebirge, Geomorphologie, Orogenese, Tektonik.
Tektonik, f., Adj. **tektonisch** (gr 338), Lehre vom Bau der Erdkruste und den Bewegungen und Kräften, die diesen erzeugt haben: „Aufgabe der Geotektonik ist es, aus den Strukturen, Störungen, Deformationen die erzeugende Bewegung nach Bahn, Richtung, Zeit, Dauer und Ursache zu ermitteln" (H. Cloos, 1936). – Der Begriff kann aber auch rein deskriptiv für das Erscheinungsbild verwendet

werden, z. B. ‚die komplizierte T. der Alpen' oder ‚die Faltentektonik des Rheinischen Schiefergebirges'. – Einzelgebiete: 1. **Bruchtektonik;** sie bezieht sich auf Zerbrechungserscheinungen wie Fugen, Klüfte, Spalten, Verwerfungen usw. und deren Bildung. – 2. **Faltentektonik** und **Deckentektonik** umfassen alle Bauformen der Faltung (s. d.) und des Deckenbaus (s. d.). – 3. **Klein-** oder **Feintektonik;** sie beschreibt Deformationsspuren im kleinen Bereich (Aufschluss- bis Dünnschliff-Bereich), z. T. auf statistischer Basis. Für tektonische Spuren im mikroskopischen Größenbereich wurde die Bez. **Mikrotektonik** geprägt. – Die Formbeschreibung und die Kontrolle der Veränderungen der Form bei den einzelnen Strukturen wird als **geometrische** T., die Untersuchung der physikalischen Bedingungen und Vorgänge der Verformung als **physikalische** T. bezeichnet. Zur Darstellung und Kontrolle tektonischer Vorgänge werden auch Experimente durchgeführt: **experimentelle** T. Sie stellen allerdings in den meisten Fällen nur eine Trendanalyse dar, da es für den Einzelfall meist nicht möglich ist, alle Parameter (einschl. der Zeit) zu ermitteln, die zur Entstehung irgendeiner geologischen Struktur beigetragen haben. Ähnliche Schwierigkeiten treten bei den verschiedentlich unternommenen Versuchen der quantitativen Abschätzung tektonischer Vorgänge mit Hilfe von Deformationszeugen (deformierte Fossilien, Ooide) auf: **quantitative** T. Hier liegt die Ursache einer Fehlbeurteilung u.U. darin, dass solche Körper sich physikalisch bei einer Beanspruchung anders verhalten als das sie umgebende Material. – s. a. atektonisch, Gefüge.

tektonisches Beben, n. → Erdbebentypen.

tektonische Brekzie, f. → Brekzie.

tektonische Falle, f. → Falle.

tektonische Gesteinsfazies, f., (*B. Sander, 1912), Begriff zur Kennzeichnung des jeweils durch spezifische Gefügeteilbewegungen erzeugten Bewegungsbildes. – Die Verwendung des verschiedentlich hierfür benutzten Begriffes ‚Tektofazies' ist wegen der Verwechslungsmöglichkeit mit dem gr. Wort teko = schmelzen (vgl. Tektit) weniger zu empfehlen. – Der Begriff des ‚Faziesstockwerks' (A. Born, 1925) stellt eine für jeweils bestimmte Gebirgsabschnitte gültige Aussage bezüglich der dort charakteristischen tektonischen und Mineralfazies dar. – s. a. Fazies, metamorphe Fazies, Stockwerktektonik.

tektonische Höhle, f. → Höhle.

tektonische Rampe, f. → Rampentektonik.

tektonische Selektion (gr 338/lt 304), f., (*H. Gallwitz, 1956), Bez. für das extrem differente Verhalten von kompetentem und inkompetentem (→ kompetent) Gesteinsmaterial eines Gesteinsverbandes anlässlich gemeinsamer tektonischer Beanspruchung: ‚Hinausekeln kompetenter Schichtpakete'.

tektonischer Graben, m. → Graben.

tektonisches Fenster, n. → Decke, Fenster.

tektonisches Stockwerk, n. → Stockwerktektonik.

tektonisches Tal, n. → Tal.

tektonische Terrassenbildung, f. → Schotterterrasse.

Tektonit (gr 338), m., (*B. Sander, 1912), Gestein, das eine im Gefüge erkennbare tektonische Beanspruchung erlitten hat. Sander: „... alle Gesteine mit summierbarer Teilbewegung im Gefüge". – Ist die tektonisch gebildete Fläche (‚s') das in dem durchbewegten Gestein hervortretende Merkmal, so wird dieses als **S-Tektonit,** ist das Gefüge aber vor allem durch die B-Achse (Faltungs- oder Scherungs-B) markiert, dann wird das betreffende Gestein als **B-Tektonit** bezeichnet.

tektonoblastisch (gr 338/70) → tektonoklastisch.

Tektonogramm (gr 338/85), n., (*L. Kober, 1922), Diagrammdarstellung des zeitlichen Ablaufes tektonischen Geschehens in einem bestimmten Gebirgsabschnitt, oder auch Kurvendarstellung der Intensitätsschwankungen der Tektonik innerhalb der Erdgeschichte (letztere Verwendung vor allem bei S. von Bubnoff, 1949). – s. a. Oszillogramm.

tektonoklastisch (gr 338/167), **tektonoplastisch** (gr 338/282), **tektonoblastisch** (gr 338/70), nach B. Sander (1911) Gefügetypen, die durch kataklastische (→ Kataklase), plastische (= bruchlose; → Plastizität) oder kristalloblastische (s. d.) Deformation (s. d.) entstanden sind.

Tektonosphäre (gr 338/322), f., (*R. Schwinner, 1919/1920), Bez. für die an tektonischen Bewegungen teilhabende Zone der Erde (‚aktive Erdschale'), die etwa bis 120 km Tiefe reicht. In ihr bestehen – im Gegensatz zu tieferen Zonen – noch erhebliche stoffliche Unterschiede und Energiegefälle. – Entspricht etwa den Begriffen Sklerosphäre (s. d.) und Lithosphäre (s. d.) im Sinne der Plattentektonik (s. d.).

Telescoping (engl.), n. → zonare Verteilung von Erzlagerstätten.

telethermal (gr 340/145), (*P. NIGGLI, 1925) → Erzlagerstätten.

telmatisch (gr 339), Bez. für Torf, der nicht subaquatisch entstanden ist, z. B. Hochmoor-, Sphagnum-Torf.

Temperaturverwitterung, f. → Insolation.

Tempestit (lt 342), m., Sturmflutsediment, entstanden durch die Aufwirbelung präexistenter Sedimente, gefolgt von rascher Resedimentation (→ Resediment) der aufgewühlten und aufgewirbelten Sedimentpartikel. Daraus ergibt sich ein charakteristisches Gefüge des Sediments, verursacht durch eine Vermischung versch. Sedimenttypen und Faunenelemente aus benachbarten Ablagerungsräumen, oder eine Massenanhäufung vollständiger oder zertrümmerter Muschel-/Brachiopodenschalen (→ Schill). Oft ist eine ausgeprägte Erosionsgrenze an der Tempestit-Basis zu erkennen. Verschiedene Autoren haben Tempestite zu regionalen Korrelationen benutzt, sodass im günstigsten Fall eine Art Event-Stratigraphie (→ Event) entsteht.

Tensiometer (lt 345/gr 217), n. → ungesättigte Zone.

Tephra, Pl. **Tephren** (gr 341), f., (* S. THORARINSSON, 1954, nach einem bereits von ARISTOTELES verwendeten gr. Begriff), Bez. für lockere vulkanische Auswurfprodukte. – s. a. Asche, Bombe, Lapilli, pyroklastisch.

Tephrit (gr 341), m., *J. C. DELAMÉTHERIE bei A. BRONGNIART, 1813; neu def. v. K. von FRITSCH & W. REISS, 1868), Tab. V 9, ↗ Abb. 66b, 67, → Basalt

Tephrochronologie (gr 341/382/197), f., (als Methode bereits von V. AUER in Patagonien vor 1939 verwendet; Begriff *S. THORARINSSON, 1944), Methode, die in Gebieten mit kräftigem ascheförderndem Vulkanismus stratigraphische Zeitgliederungen mittels Typisierung und Parallelisierung von vulkanischen Aschen vorzunehmen erlaubt. Besteht die Möglichkeit, vulkanische Aschelagen in Gesteinsabfolgen zur stratigraphischen Korrelation heranzuziehen, wird auch von **Tephrostratigraphie** gesprochen. Bsp.: devonische Schichtenverbände von Eifel und Ardennen (J. WINTER, 1981).

Terminaleffusion (lt 343/117), f., **Terminaleruption** (lt 343/125), f. → vulkanische Tätigkeit.

Terra, f., Pl. **Terrae** (Mond), (lt 344) → Mare.

Terra fusca (lt 344/160), f., (*W. L. KUBIENA, 1953), aus carbonatreichen Gesteinen (Kalkstein, Dolomit, Mergel) – verschiedentlich auch aus Gips oder Anhydrit – entstandene, meist gelb- bis rotbraune Lehmböden **(Kalksteinbraunlehm).** Dieser tonreiche (> 65 % Ton) Bodentyp ist meist humusarm und völlig entkalkt. Der Dehydratationsgrad ihrer Eisenverbindungen ist geringer als derjenige der Terra rossa (s. d.). Die T. f. wird bevorzugt in subtropischen feuchtwarmen Klimaten gebildet. – In Deutschland als fossile T.f. (→ Paläoboden) erhalten.

Terran, n., Pl. **Terrane** (engl, v. lt 346), von tektonischen Störungen umgrenzter, tektonisch mehr oder weniger einheitlicher Gesteinsverband mit üblicherweise regionaler Ausdehnung, der Plattenrändern durch Kollision angeschweißt oder regelrecht in die Plattenrandzonen eingespießt wurde. Terrane können sehr lange Transportwege haben. So erklären sich engl. Begriffe wie ‚displaced terrane' oder ‚allochthonous terrane'.

Terra rossa (lt 344, ital.), f., (*F. ZIPPE, 1853), durch weitgehend entwässerte Eisenoxidhydrate (Goethit sowie feinstverteilter Hämatit) rot (Name!) gefärbte, meist völlig entkalkte, schwere Tonböden auf Kalkunterlage. Wegen ihres häufigen Auftretens im nördl. Mittelmeerraum früher auch als roter Mittelmeerboden bezeichnet. Der verminderte SiO_2-Gehalt dieser Böden deutet auf eine Bildung innerhalb der allitischen (s. d.) Verwitterung hin. Humusbildung stört die T.r.-Bildung, sodass starke Entwaldung – bei entsprechendem Klima – den Vorgang zweifellos fördert. – Eine stärkere Entkieselung der Böden in den humiden Tropen führt zur Bildung tropischer Böden (z. B. Ferralsols). – In Mitteleuropa nur fossil (→ Paläoboden).

Terrasse (frz., abgeleitet v. spätlt. ‚terracea'), f., Strandterrasse (→ Kliff), Talterrasse (s. d.).

terrestrisch, terrester (lt 347), (*C. PREVOST, 1838), Bez. für alle Vorgänge, Kräfte und Formen, die auf dem festen Lande auftreten.

terrigen (lt 344/gr 76), (*J. MURRAY & A. F. RENARD, seit 1891) = auf dem Land entstanden. So bezeichnet man z. B. Material, das vom Lande durch den Wind in das Meer verfrachtet worden ist, als **terrigen-äolisch.**

Tertiär (als ‚dritte Zeit' urspr. dem ‚Sekundär' (= etwa Mesozoikum) und dem ‚Primär' (= etwa Paläozoikum) gegenübergestellt), n., (*G. CUVIER & A. BRONGNIART, 1809, n. e. erstmaligen

Namensgebung durch G. ARDUINO, 1760), Tab. III 12.

Teschenit (n. d. Ort Teschen/Nordost-Mähren), m., (*L. HOHENEGGER, 1861; neu def. v. G. TSCHERMAK, 1866), Tab. V 8.

Tethys (n. d. Gemahlin d. Okeanos), f., (*E. SUESS, 1901), von SUESS als „... breite Zone von Meeresbildungen" definiert, die sich „... das Gondwana-Land nach Norden begrenzend, von Sumatra und Timor über Tonking, Yunnan zum Himalaya und Pamir, Hindukusch und nach Kleinasien" und weiter nach Südeuropa zog. „Das heutige europäische Mittelmeer ist ein Rest der – nach den alpidischen Faltungen stark eingeengten – Tethys." M. NEUMAYR (1845–1890) hatte bereits diese T. als ‚centrales Mittelmeer' bezeichnet. – Dieses vor allem im Meso- und Känozoikum kräftig entwickelte, E–W gerichtete Gürtelmeer geht in seinen ersten Anlagen bis in das Paläozoikum (Protethys, Paläotethys, s. d.) zurück. – s. a. Paratethys.

Teufenunterschiede (bergm.), Pl., m., bei Erzlagerstätten die vielfach beobachtbare, ständige Änderung der Zusammensetzung der Erzmineralgesellschaften (→ Paragenese) mit zunehmender ‚Teufe' (= Tiefe). Solche Unterschiede können sich bei der Abscheidung der Erze aus den Erzlösungen – entsprechend den zur Erdoberfläche hin immer mehr abnehmenden Temperaturen – ergeben: **primäre** T. (s. a. Erzlagerstätte, Paragenese). – Andererseits können auch nach Abschluss der Lagerstättenbildung von der Erdoberfläche her Verwitterungsprozesse die vorhandene Lagerstätte verändern: **sekundäre** T. (Bildung von Oxidations- [s. d.] und Zementationszone [s. d.]).

Textur (lt 348), f., (der Begriff tritt bereits bei J. WOODWARD, 1695, bei D' AUBUISSON DE VOISINS, 1821, mehrfach bei Ch. LYELL, 1797–1875, u. a. Autoren auf), entsprechend der Def. von U. GRUBENMANN (1904) im dt. Sprachgebrauch zumeist als Bez. für die räumliche Anordnung und Verteilung der Gemengteile in einem Gestein verwendet; z. B. richtungslose T., Fluidaltextur (→ Fluidalgefüge), Schlierentextur (→ Schliere). – s. a. Gefüge, Struktur.

thalassostatische Terrassenbildung (gr 141/329), f. → Schotterterrasse.

Thalattokratie, f., Adj. **thalattokrat** (gr 141/175), (n. H. STILLE, 1924, ein v. A. PAVLOW (1903) geprägter Begriff), Zeit, in der durch transgressive (→ Transgression) Tendenzen des Meeres große Teile der Kontinentalräume überflutet werden. – s. a. Epirogenese, Geokratie.

Thanatozönose (gr 142/170), f., (*E. WASMUND, 1927), allgem. Begriff für eine Gesellschaft abgestorbener Organismen (= Toten- bzw. Begräbnisgemeinschaft). – Eine Vergesellschaftung toter Organismen mit ihren Lebensspuren und -produkten bezeichnete L. S. DAVITASVILI (1947) als **Liptozönose.** Eine mit Sediment eingedeckte Liptozönose wird zur **Taphozönose** (*W. QUENSTEDT, 1927). Da während der Diagenese (s. d.) nur ein Teil der eingebrachten Organismen erhalten bleibt, bezeichnete I. A. EFREMOV (1940) eine solche fossile Gemeinschaft als Oryktozönose. – s. a. Biozönose.

Thanétien, Thanetium, Thanet (-Stufe), n., (n. d. Halbinsel Thanet/Kent/Engl.), (*E. RENEVIER, 1873), Tab. III 12 A.

Theralith (n. d. Kykladeninsel Thera/Griechenl. und gr 193), m., (H. ROSENBUSCH, 1887) → Tab. V 7.

Therme, Thermalquelle, f., (gr 144) → Akratotherme.

thermische Zyklen, Pl., m., (Theorie der t. Z.), (vor allem J. JOLY, 1925, und A. HOLMES, 1928/1929, 1930), Theorie, die davon ausgeht, dass durch radioaktiven Zerfall eine starke Wärmeproduktion in der Erde entsteht, die nicht durch Wärmeleitung schnell abgebaut werden kann. So ergeben sich jeweils Wärmesteigerungen bis zu Grenzwerten, bei denen eine Verflüssigung der Unterkruste möglich wird. Die anschließenden starken magmatischen Eruptionen und verstärkt einsetzende Konvektionsströme erzeugen eine beschleunigte Abkühlung und – damit verbunden – eine Schrumpfung und Faltung der Erdkruste. Auf diese Weise soll sich in der Erdgeschichte Zyklus an Zyklus reihen. – s. a. geotektonische Theorien und Hypothesen.

Thermometamorphose (gr 145/215), f. → Metamorphose.

Thermoremanenz (gr 145/lt 277), f., Magnetisierung, die in einem Körper zurückbleibt, der bei hoher Temperatur magnetisiert wurde und sich dann abkühlte. Eine solche Remanenz (s. d.) spielt vor allem bei der Abkühlung magmatischer Schmelzen (z. B. Basalt) eine große Rolle.

Thixotropie (gr 147/349), f., Adj. **thixotrop** (Begriff aus der Kolloidchemie), nach E. ACKERMANN (1948) ein Vorgang, bei dem reversible Gel–Sol-Umwandlungen (z. B. fest–flüssig–fest) in Sedimenten bestimmter Korngrößenverteilung allein aufgrund von mechanischer

Beeinflussung (z. B. Erschütterung) ohne besondere Wasserzugabe ausgelöst werden. Thixotrope Böden sind besonders fließgefährdet. Andererseits wird thixotropes Material oft als Dickspülung bei Tiefbohrungen verwendet. – s. a. Quickerde.

Tholeiit, tholeiitischer Basalt (n. d. Ort Tholey/Saargebiet), m. → Basalt.

Tholey-Schichten (n. d. Ort Tholey/Saargebiet), (*Ch. E. Weiss, ab 1888), Tab. III 8 A.

Thololyse (gr 148/201), f., (*W. Wetzel, 1923), Verwitterung am Boden von Binnengewässern (‚sublakustre Verwitterung'). – s. a. Subsolution.

Thufa, m., Pl. **Thufur** (isländ.), relativ kleine, weniger als 1 m hohe Frostaufwölbung **(Auffrier-Hügelchen)** mit einem durch Frost deformierten Kern aus mineralischem Boden. – s. a. Pals, Pingo.

thuringischer Trog (n. Thüringen), m. → Mitteldeutsche Schwelle.

Thuringit (n. Thüringen), m., (*A. Breithaupt, 1932), wasserhaltiges Fe-Al-Silikat in sedimentären Eisenerzen.

Thuringium (n. Thüringen), n. = Zechstein; Tab. III 8 B.

THW (= Tidehochwasser), n. → Gezeiten.

tidal (engl.), Bez. für alle Erscheinungen des Gezeitenbereichs (→ Gezeiten), z. B. für dort gebildete Sedimente. – s. a. Intertidal, Subtidal, Supratidal.

Tide, f., **Tidehochwasser,** n., **Tideniedrigwasser,** n., **Tidenhub,** m. → Gezeiten.

Tiefbeben, n. → Erdbeben.

Tiefenbruch, m., **Tiefenstörung,** f., (?*A. Heim, 1878), meist steil einfallende, tektonische Bruchzone, die große Teile der Erdkruste, in anderen Fällen die gesamte Lithosphäre (s. d.) durchschlägt. Längs solcher Tiefenstörungen haben sich große Krusten- bzw. Lithosphärenblöcke gegeneinander verschoben. Sie werden verschiedentlich auch als Aufstiegswege für Magmen oder Erzlösungen benutzt. – s. a. Lineament.

Tiefenerosion, f. → Erosion.

Tiefengestein, n. → Plutonit.

Tiefengesteinsmassiv, n. = großer Plutonkörper (→ Pluton).

Tiefenstufe, f., 1. Geothermische T. (s. d.). – 2. T. der Metamorphose (s. d.); ein von F. Becke, 1903, (‚untere' und ‚obere' T.) stammender und vor allem von U. Grubenmann (1904, 1910) und U. Grubenmann & P. Niggli (1924) ausgebauter Begriff zur Charakterisierung des Metamorphosegrades. Es wurden entsprechend den jeweiligen Druck-Temperatur-Verhältnissen unterschieden: 1. **Epizone** (relativ geringe Temperaturen und gerichteter Druck; starke Durchbewegung mit kataklastischem Gefügebild); 2. **Mesozone** (erhöhte Temperaturen, verstärkter hydrostatischer Druck); 3. **Katazone** (starke Temperaturerhöhung, hoher hydrostatischer Druck). Entsprechend den veränderten Druck-Temperatur-Bedingungen bilden sich für die einzelnen Zonen typische Minerale (→ typomorphe Minerale). – Die Bez. ‚T.' erklärt sich daraus, dass man urspr. damit auch die Bildungstiefe zu erfassen glaubte. Da aber Temperaturerhöhungen nicht nur durch Versenkung des betreffenden Krustenabschnitts in größere Tiefen, sondern auch örtlich verstärkte Wärmezufuhr aus der Tiefe bedingt sein können, lassen sich die ‚Tiefenstufen' nur als Zonen verschiedenen Metamorphosegrades auffassen. Daher stellte P. Eskola (1920) den neutraleren Begriff der **metamorphen Fazies** (s. d.) auf. – s. a. Metamorphose, Diaphthorese; ↗ Abb. 3, Tab. VII.

Tiefenwasser, tiefes Grundwasser, n. → Grundwasser.

tiefgründig → flachgründig.

Tiefherdbeben, n. → Erdbeben.

Tiefkraton, m. → Kraton.

Tiefseeablagerung, f. → Meeressediment.

Tiefseegraben, m., (*A. Supan, 1899), **Tiefseerinne,** f., in den Tiefseeboden eingelassene, langgestreckte, grabenartige Rinne mit asymmetrischem Querschnitt; bes. typisch am westl. Rand des Pazifik (z. B. bisher tiefste Meereslotung im Marianengraben durch das sowjetische Expeditionsschiff ‚Witjas' [1959]: 11 034 m). Die urspr. Annahme Supans, dass es sich „... um Verwerfungserscheinungen großen Stils" handele, ist der heutigen Anschauung gewichen, dass diese ‚Gräben' Folgeerscheinungen von Subduktionsvorgängen (→ Subduktion) sind, wofür auch die in diesem Bereich charakteristische Tiefenverteilung der Erdbebenhypozentren und die Anordnung der Schwerefelder spricht (vgl. ↗ Abb. 37). – s. a. hypsographische Kurve.

Tiefseetafel, f. → hypsographische Kurve.

Tiefseeton, m. → Roter Tiefseeton.

Till (engl. = Ackerland), m., gelegentlich in Norddeutschland für Geschiebemergel (s. d.) gebrauchte Bez.

Tillit (engl.), m., (* A. Penck, 1906), stark verfestigte Grundmoränen (s. d.) vorquartärer Epochen (Tab. VI 12). Wenn sie unter Wasser abgelagert wurden, werden sie als **Aquatillite** bez. – Ähnliche Gesteine, die aber nicht glazialer Herkunft sind, wurden als **Pseudotillite, Pseudomoränen** oder **Tilloide** bez.

Tiltmeter (engl., gr 217), n., Präzisionsgerät zur genauen Messung des Neigungswinkels von Flächen (Schicht-, tektonische Flächen, Böschungen). Auch bei Bohrlochmessungen verwendet. Beruht auf dem Prinzip der kommunizierenden Röhren. – s. a. Klinometer.

Tinguait (n. d. Gebirge Tingua b. Río de Janeiro/Brasilien), m., (*H. ROSENBUSCH, 1887) → Tab. V 2.

Titaneisen, n. → Ilmenit.

Titanomagnetit, m. → Magnetit.

Tithonium, Tithon (-Stufe/-Fazies) (n. e. Gestalt d. griech. Mythologie), n., (*A. OPPEL, 1865), pelagische (s. d.) Kalkfazies im Bereich der Tethys (s. d.) mit typischer Cephalopodenfauna; Oberer Malm; die Grenze zur Kreide ist unscharf. Tab. III 10 C.

Tjäle (schwed.), f. → Bodeneis.

TNW (= Tideniedrigwasser), n. → Gezeiten.

Toarcien, Toarcium (n. d. Ort Thouars am Thouet = linker Nebenfluss d. Loire/Frankr.), n., (*A. D'ORBIGNY, 1842), Tab. III 10 A.

Tobel, m. → Tal.

Ton, m., klastisches Lockergestein mit Korndurchmesser bis 0,02 mm. Unterteilung: **Feinton:** bis 0,002 mm ø; **Grobton (Schluff):** 0,002–0,0 mm ø. Tab. VI 12. – s. a. klastisch.

Tonalit (n. d. Tonale-Pass, Südtirol), m., (* G. VON RATH, 1864), Plutonit mit über 20 % Quarz, albitreichem Plagioklas und Mafiten, Abb. 24, 66 a, Tab. IV 5.

Toneisenstein (bergm.), m., Konkretionen (s. d.) und Lagen von Eisencarbonat im Steinkohlengebirge.

Tongalle, f., im Querschnitt rundlicher bis ovaler, meist flacher Tonkörper in Sandsteinen, der durch Wind- oder Wasserumlagerung von Tonsedimentstücken entstanden ist.

tonnlägig (bergm., vor allem für Schächte) = geneigt, schräg; s. a. → Gang.

Tonschiefer, m., aus Tonmaterial bestehender ‚Schiefer', diagenetisch stärker verfestigt als der Schieferton (s. d.). Tab. VI 12.

Tonstein, m., urspr. eine Bez. aus Thüringen für sehr feinkörnige saure Tuffe des Rotliegenden. Später wurde der Begriff für dünne Lagen feinkörnigen ‚Ton'-Materials im Steinkohlengebirge übernommen. Solche ‚Tonsteinflöze' spielen für die stratigraphische Gliederung des limnischen Saarkarbons eine große Rolle. Auch für die Tonsteine ist eine vulkanische Herkunft in Betracht gezogen worden. – Neuerdings werden Tongesteine im Allgemeinen – entsprechend der Wortbildung ‚Sandstein' – als T. bezeichnet. – In gleicher Weise können auch verfestigte Schluffe als **Schluffstein,** verfestigte Silte als **Siltstein** bezeichnet werden. – Schluff und Silt → klastische Gesteine, → Korngröße (Tabelle).

Topas (Sanskr. ‚Tapus': Feuer; andere Deutung: v. d. Insel Topazos/Rotes Meer), m., Edelstein, Al_2 [(F,OH_2/SiO_4].

topogen (gr 344/76) → Moor.

topomineralisch (gr 344), (*H. SCHNEIDERHÖHN, 1932, ‚topomineralogisch'. G. BERG wies in einer Besprechung der Arbeit darauf hin, dass es besser ‚topomineralisch' heißen müsse), Bez. für Veränderungen der Mineralparagenesen in Erzlagerstätten durch ortsgebundene (V. KOHLSCHÜTTER: ‚topochemische') oder nebengesteinsbedingte Faktoren. – s. a. Lateralsekretion, Paragenese.

Torf, m., (n. e. Volksausdr., eingef. von. J. H. DEGNER, 1760) → Inkohlung, Moor, telmatisch; Tab. VI 22.

Torfdolomit, m., (P. KUKUK, 1906), dolomitische Konkretion in Steinkohlenflözen; ausweislich der in ihr zumeist noch sehr gut erhaltenen pflanzl. Reste erfolgt seine Bildung schon in einem frühen Stadium der Inkohlung. Erscheint fast nur in Flözen mit marinem Hangenden. In Braunkohlen sehr viel seltener.

Torfmudde, f. → Dy, Mudde.

Tornquistsche Linie (heute meist Tornquist-Teisseyre-Zone genannt) (von A. TORNQUIST, 1908 zuerst postuliert; H. TEISSEYRE, 1977 u. andere Arbeiten), f., vom Ostrand der Lysa Gora (Polen) über Bromberg, Bornholm nach Schonen im präpleistozänen Untergrund verlaufende Grenzlinie zwischen Fennosarmatia (s. d.) im Osten und dem saxonischen (s. d.) Bereich im Westen. Untersuchungen vor allem von W. POZARYSKY (1957) ergaben, dass sie zu einer alt angelegten und über lange Zeiten der Erdgeschichte aktiven SE-NW-Großstruktur gehört, dem „Polnisch-Dänischen Aulakogen", das später zum „Polnisch-Dänischen Antiklinorium" wurde. – Ein hier während des Ordoviziums den Kleinkontinent Baltica (s. d.) flankierender Ozean wird als Tornquist-Ozean (Törnquist-O.) bez. – s. a. Aulakogen.

Torrente (ital.), m., Fluss mit ausgesprochen stoßweiser Wasserführung.

Tortonien, Tortonium, Torton (-Stufe), n., (n. d. Ort Tortona/NW-Italien), (*K. Mayer-Eymar, 1857), Tab. III 12 D.
Totalintensität, f. → Erdmagnetismus.
Toteis, n. → Soll.
Tournaisien, Tournaisium, Tournais (-Stufe), n., (n. d. Ort Tournai/SW-Belgien), (*A. Dumont, 1832), Tab. III 7 A.
Tourtia, f., (nach einem lokalen Bergmannsausdruck, von A. Drapiez [1823] eingeführt), Bez. für eine Fazies glaukonitischer Sande und Mergel an der Basis des Cenomans (s. d.).
Trachyandesit (da als Zwischenglied zw. Andesit u. Trachyt aufgefasst), m., (*A. Michel-Lévy, 1894), Tab. IV 10.
Trachyt (gr 345), m., (* R. J. Hauy in A. Brongniart, 1813, neu def. v. J. Roth, 1861), Vulkanit mit einem Alkalifeldspat : Plagioklas-Verhältnis zwischen 65:35 und 90:10; Abb. 66 b, 67, Tab. IV 16.
Transfluenz (lt 352), f., (*A. Penck, 1899, A. Penck & E. Brückner, 1909), das Übertreten von Gletschern von einem in das andere Tal über Gebirgspässe **(Transfluenzpass)** hinweg. – s. a. Diffluenz, Gletscher, Konfluenz.
Transformismus (lt 353), m., Theorie der Bildung magmatischer Gesteine auf dem Wege der Metamorphose (s. d.), z. B. Granitisation (s. d.).
Transform-Störung (lt 353, engl. ,transform fault'), f., (*J. T. Wilson, 1965), aus dem Bereich der Ozeanböden bekannte große Horizontalverschiebungen, die mehr oder weniger senkrecht zu den → Mittelozeanischen Rücken verlaufen. – Nach J. G. Dennis & T. M. Atwater (1974) handelt es sich bei ihnen um Plattengrenzen, die im Idealfall reinen Horizontalverschiebungs-Charakter besitzen, sodass an ihnen weder Neubildung noch Zerstörung von Lithosphäre erfolgt (= konservierende Plattengrenze → Plattentektonik). Vielfach werden die Zentralgräben (Rifts) der mittelozeanischen Rücken an den Transform faults mehr oder weniger stark versetzt (↗ Abb. 72). – An den Transform faults ereignen sich Erdbeben (Scherungsbeben) mit relativ geringer Herdtiefe (< 20 km). Das deutet darauf hin, dass hier die Plattendicke nicht mehr als 20 km beträgt.
Transgression, f., Verb **transgredieren,** Adj. **transgressiv** (lt 354), (schon bei E. Suess, 1875, Begriff ist jedoch älter), Vorrücken des Meeres in Landgebiete. Die dabei vom Meer abgelagerten Sedimente liegen zumeist diskordant (→ Diskordanz) auf den darunter lagernden Schichten: **transgredierende (‚übergreifende',** A. G. Werner, 1750–1817) Lagerung. Einige Autoren beschränken die Bez. nicht nur auf Meeresgebiete, sondern verwenden sie allgem. bei allen Sedimentationsbecken. Zur schärferen Unterscheidung sprach daher E. Suess (1888) von ‚limnischen' und ‚marinen Transgressionen'. H. Stille (1924) bezeichnete die Erweiterung eines nichtmarinen Sedimentationsraumes als **Extension** (s. d.). – Aus Aufarbeitungsmaterial des Untergrundes können bei solchen Vorgängen **Transgressionskonglomerate** gebildet werden. Sie liegen oft an der Basis der Transgressions-Sedimentfolge: **Basalkonglomerat.** – s. a. Epirogenese, Ingression, Regression.
Translationstheorie (lt 351), f. → Gletschertheorien.
Transmissivität (lt 355), f., das Integral der Durchlässigkeit über die Grundwassermächtigkeit [$k_f \cdot M$ ($m^2 \cdot s^{-1}$)].
Transpiration (lt 350/318), f. → Evaporation.
Transtension (lt 350/345), **Transpression** (lt 350/257), f., (beide: *W. B. Harland, 1971); erfolgt bei einer Horizontalverschiebung zusätzlich eine bilaterale seitliche Zugbeanspruchung, sodass im Bereich der Verschiebung eine (schiefe) Weitung mit Bildung von Ab-

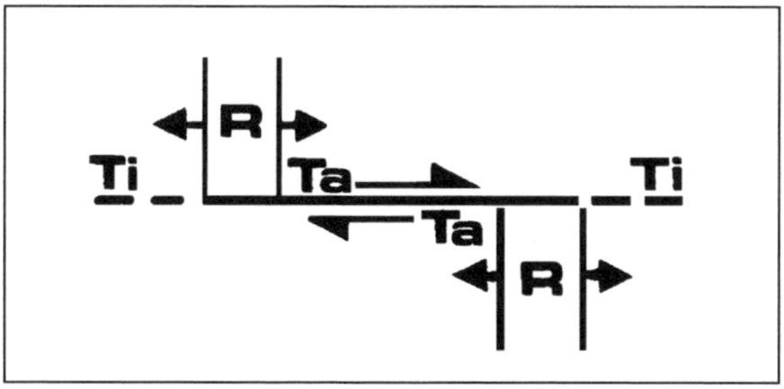

Abb. 72
Transform-Störung. – Dicke Linie (Ta): aktive Transform-Störung; unterbrochene Linie (Ti): inaktive Transform-Störung. – Große Pfeile: Bewegungsrichtung an der Störung. – R Rift; kleine Pfeile: Vektoren des Öffnungsprozesses am Rift. – Zeichn.: K. P. Winter.

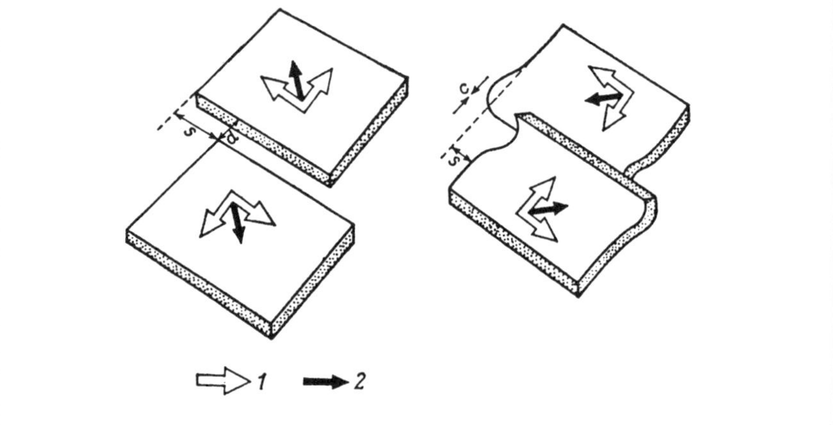

Abb. 73 Bewegungsschema für Transtension (links) und Transpression (rechts). – 1 Bewegungskomponenten. – 2 Resultierende aus 1. – c Konvergenzkomponente. – d Divergenzkomponente. – s Horizontalbewegungskomponente. – Vereinfacht n. W. JAROSZEWSKI (1984): Fault and fold tectonics; Fig. 230, S. 321.

schiebungen, Spalten, Gängen oder anderen Weitungsformen entsteht, bezeichnet man diesen Vorgang als **Transtension** (↗ Abb. 73, links). – s. a. pull-apart basin. – Erfolgt dagegen bei einer solchen Verschiebung außer der Horizontalverschiebung zusätzlich eine bilaterale seitliche Pressung, sodass im Bereich der Verschiebung außer der Horizontalbewegung Falten und/oder Überschiebungen gebildet werden, spricht man von diesem Vorgang als **Transpression** (↗ Abb. 73, rechts). Beispiel nach HARLAND: die Kaledoniden Spitzbergens.

Transversaldüne (lt 356), f., → Düne.

Transversalschieferung (lt 356). f. → Schieferung.

Transversalstörung (lt 356), f. → Erdnaht.

Transversalverschiebung (lt 356), f. → Horizontalverschiebung.

Trapp, m., (*E. L. RINMANN, 1754), von RINMANN nach einer schwed. Bergmannsbez. lediglich für Gangdiabase verwendet. Heute fast ausschließlich für mächtige basaltische Flächenergüsse **(Plateaubasalt, Flutbasalt)** von oft erheblicher Ausdehnung gebraucht, z. B. Island, Dekkantrapp Indiens. Das Wort ‚T.' für diese Gesteine dürfte wegen der treppenartigen Morphologie infolge der häufigen Aufeinanderlagerung mehrerer horizontaler Flächenergüsse entstanden sein.

Trass, m., im Rheinland volkstümliche Bez. für phonolithische Aschestromablagerungen (→ Glutwolke) des spätquartären Laacher-See-Vulkans. Das Material wird wegen seiner hydraulischen Eigenschaften seit der Römerzeit u. a. bei Unterwasserbauten als Zementzuschlag verwendet.

Trauf, m. → Schichtstufe.

Travertin (v. lt. ‚lapis Tiburtinus', Tibur = Tivoli b. Rom), m. → Sinter.

Trémadocien, Tremadocium, Tremadoc (-Stufe), n., (n. dem Ort Tremadoc/Nordwest-Wales/GB), (*A. SEDGWICK, 1846, ‚Tremadoc Group'; beschrieben, allerdings ohne Namensgebung: J. E. DAVIS, 1846), Tab. III 4.

Tremolit (n. d. Val Tremola/St. Gotthard), m., (*H. B. DE SAUSSURE, 1796) Amphibol-Mineral: $Ca_2Mg_5\,[Si_4O_{11}]_2\,(OH)_2$.

Trennbruch, m., im Sinne von L. MÜLLER (1963) entstehen solche Brüche, wenn die Scherfestigkeit eines Materials vergleichsweise groß und seine Zugfestigkeit gering ist, oder wenn die Formänderungsgeschwindigkeit so groß ist, dass sich das Material ihr gegenüber spröde (s. d.) verhält. Trennbrüche stehen senkrecht zur kleinsten Druckspannung. Ihre Oberfläche ist stets körnig-rau, im großen eben, im kleinen uneben und oft zackig und ohne Abrieb. – Die Trennbrüche entsprechen somit den ‚Reißfugen' (→ Fuge) von B. SANDER (1948). – s. a. Gleitungsbruch, Verschiebungsbruch.

Trennfläche, f., **(Trennfuge),** Oberbegriff für alle Flächen, welche die gestaltliche und/oder mechanische Kontinuität eines Körpers unterbrechen. – s. a. Fuge, Kluft, Scherbruch, Schieferung, Trennbruch, Verwerfung.

Trennfugendurchlässigkeit, f. → Durchlässigkeit.

Trias (gr 347), f., (*F. V. ALBERTI, 1834), Tab. III 9.

Trichit (gr 348), m. → Mikrolith.

Trichterdoline, f. → Doline.

Trichterpluton, m. → Pluton.

trikline Falte (gr 346/169), f. → Faltentyp.

Tripel (v. lt. ‚lapis Tripolis, terra tripolitana'), m., (schon bei A. G. WERNER, 1817; der Begriff ist jedoch älter), **Polierschiefer**, sehr feingeschichtete Diatomeenerde; Tab. VI 24.

Tripelpunkt (v. lt. ‚triplex' bzw. frz. ‚triple' = dreifach), m., 1. im allgem. Sinne Treff- bzw. Schnittpunkt dreier Kurven (z. B. Dampfdruck-, Schmelz- und Sublimationskurve eines Stoffes im Zustandsdiagramm). – 2. Im Sinne der Plattentektonik (s. d.): Treffpunkt dreier Lithosphärenplatten (z. B. Treffpunkt der afrikanischen, antarktischen und indoaustralischen Platte im Indischen Ozean; vgl. ↗ Abb. 49) (engl. ‚triple junction').

Tritium-Methode, f.; das radioaktive Wasserstoff-Isotop Tritium (^3H) entsteht durch Einwirkung kosmischer Strahlung auf Stickstoffmoleküle der Atmosphäre. Es besitzt eine rel. kurze Zerfallszeit (Halbwertszeit 12,3 Jahre) und bietet sich daher vor allem bei Altersdatierungen von Grundwässern an. – s. a. Kohlenstoffmethode, Siliziummethode.

Trockenriss, m., bei der Austrocknung wasserhaltiger Feinsedimente, vor allem Tonsedimente, auftretender Schrumpfriss. Wichtiges Indiz für subaerische (s. d.) Verdunstung ohne Wasserbedeckung. – Die vielfach in fossilen Landablagerungen auftretenden **Netzleisten** stellen nur Negativabgüsse solcher Trockenrisse dar und befinden sich an der Unterseite der hangenden Schicht über den Trockenrissen. Wichtiges Indiz für die Feststellung des primären Hangenden und Liegenden. – s. a. Synärese.

Trockenschneelawine, f. → Lawine.

Trockental, n., Tal, das keine Oberflächengewässer enthält. Solche Täler finden sich bes. häufig im Karst (s. d.), dessen Hauptentwässerung unterirdisch erfolgt. Andererseits deutet das Vorhandensein von Trockentälern eine durch Klima und andere Faktoren begründete, gegen heute unterschiedliche Gestaltung der früheren Hydrographie und Talbildung an. – Trockentäler finden sich auch in ariden Gebieten. Ihre Bildung ist klimaabhängig. Zuzeiten starker Niederschläge führen sie Wasser **(Wadi).**

Trockentorf, m. → Podsolboden.

Trockenwetterabfluss, m. → Abfluss.

Trogkofel-Kalk (n. einem Berg in den Karnischen Alpen, österr.-ital. Grenze), m., Tab. III 8 A.

Troglinie, f. → Muldentiefstes.

Trogtal, n., **Gletschertal** (↗ Abb. 74), durch Gletschererosion aus einem präexistenten

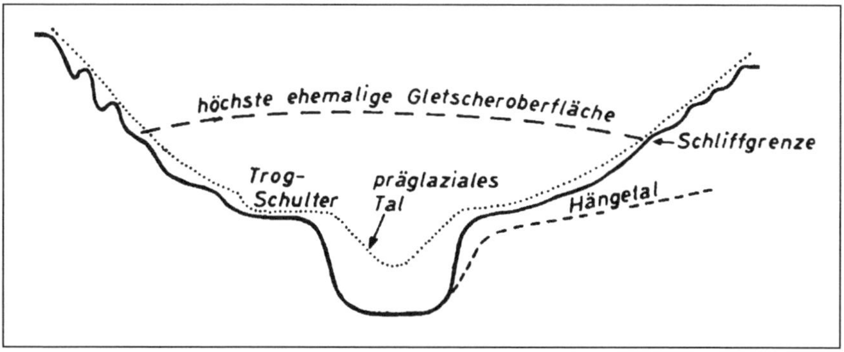

Abb. 74 Trogtal, Gletschertal (aus: M. SCHWARZBACH in: R. BRINKMANN: Lehrbuch der Allgemeinen Geologie, Abb. 8–28, S. 232, Bd. 1, Stuttgart 1964).

Kerbtal umgebildete Talform mit U- oder trogförmigem Querschnitt **(U-Tal).** Ein solches Tal zeigt im unteren Teil den eigentlichen Taltrog und darüber, durch einen Knick **(Trogrand)** getrennt, flach geneigte und vom Eis ebenfalls noch bearbeitete Hänge **(Trogschulter).** Diese Trogschultern grenzen nach oben mit einer **Schliffgrenze** (schon v. J. DE CHARPENTIER, 1841, erkannt) – bei stärkerer Ausarbeitung: **Schliffkehle** – an die vom Eis nicht mehr bearbeiteten Berghänge. In diesen finden sich oberhalb der Schliffgrenze, und damit oberhalb der ehemaligen Gletscheroberfläche, nicht selten Kare (s. d.); (sämtl. genannten Begriffe gehen auf Ed. RICHTER, 1900, zurück). Das hintere Talende des T. besteht aus einem steilwandigen, halbkreisförmigen **Trogschluss** (?* Ed. RICHTER, 1900).
Nach ‚Rückzug' des Gletschers treten bei noch nicht ausgeglichenem Relief die Täler der ehemals seitwärts in einen Hauptgletscher einmündenden Nebengletscher als Hängetäler (s. d.) auf, gegenüber denen das Haupttal als übertieft (*A. PENCK, 1899) erscheint (↗ Abb. 74). – s. a. Gletscher, Tal, Troglinie (unter → Muldentiefstes).

Trondhjemit (n. d. Stadt Trondhjem/Norwegen), m., (*V. M. GOLDSCHMIDT, 1916), Tab. IV 5.

Tropfenboden, m. → Kryoturbation.

Tropfstein, m. → Stalagmit.

Tropie (gr 349), → anisotrop.

Trüb(e)strom, m. → Turbidity current.

Trum (bergm.), n., Pl. **Trümer,** geringmächtiger, nicht weit aushaltender Gang **(Gangtrum).**

Trümmererz (bergm.), n., marines Erz, das durch Zertrümmerung und Anreicherung präexistenter armer Erze am Meeresboden gebildet wurde; z. B. die Eisenerzlagerstätten von Salzgitter, Peine, Ilsede. – s. a. Tab. VI 21.

Trümmerhöhle, f. → Höhle.

Trümmerzone, f. → Polyklase.

Tschernosem (russ.), m. → Schwarzerde.

Tsunami (japan.), f., Pl. **Tsunamis,** plötzliches Auftreten von hohen Meereswellen, die oft erhebliche Überschwemmungen und sturmflutähnliche Erscheinungen in Küstengebieten hervorrufen **(seismische Woge),** ohne jedoch durch meteorologische Ereignisse bedingt zu sein. Sie treten vor allem in der Umrandung des Pazifik auf und werden von den an → Subduktionszonen auftretenden Erdbeben ausgelöst. Es sind also seismische Oberflächenwellen (→ Erdbeben).

Tuff (lt 349), m., (schon bei C. F. NAUMANN, 1850, jedoch ist der Begr. älter), 1. vulkanischer T.: verfestigte vulkanische Auswurfprodukte verschiedener Korngrößen. Sie können geschichtet oder ungeschichtet sein. Früher wurde der Begr. auch auf unverfestigte vulkanische Lockermassen ausgedehnt. – Man kann nach der Zusammensetzung unterscheiden: **Agglomerattuff** (aus gröberen Stücken und Lapilli), **Aschentuff** (aus Aschen), **Staubtuff** (aus sehr feinkörnigen Aschen), **Kristalltuff** (fast nur aus Kristallen oder deren Bruchstücken), **Glastuff** (aus Bruchstücken vulkanischer Gläser) und, als Glutwolkenablagerungen **Gluttuff, Ignimbrit** (s. d.), **Schmelztuff** (einzelne Partikel miteinander verschmolzen). – 2. **Kalktuff** (→ Sinter), ein nichtvulkanisches Produkt, dessen Bez. sich von „duffig" (mundartl. = locker) ableiten dürfte. – s. a. Asche, Palagonit, Tephra.

Tuffgang, (lt 349), m. mit vulkanischem Tuff gefüllter Gang, der durch Ablagerung von Tuff aus einem durch Fluidisation (s. d.) gebildeten Tuff/Gas-Gemisch entstanden ist. Einem solchen Prozess hat erstmalig H. CLOOS (1941) die Bildung der Tuffgänge und -schlote der Schwäbischen Alb zugeschrieben.

Tuffhöhle, f. → Höhle.

Tuffisierung, f., **Tuffisit,** m., → Pneumatoklase.

Tuffit, m., (*O. MÜGGE, 1893), Tuff mit Sedimentanteilen oder Sedimentlagen. Nach G. MARINELLI (1973) i. w. S. alle im Wasser abgesetzten und mehr oder weniger diagenetisch verfestigten Tephra-Ablagerungen. Gewöhnlich gut geschichtet und nach Korngröße sortiert.

Tumulus (lt 358), m. → Schollenlava.

Tundra, (finn.-russ.), f., baumarme Gebiete in den Subpolargebieten. – s. a. Steppe.

Tundra-, Tundrennassboden, m. → Nassboden.

Tunneltal, n., durch unter einem Gletscher oder Inlandeiskörper fließende Schmelzwässer geschaffene Rinne; sie muss im Gegensatz zu oberirdisch entstandenen Abflussrinnen nicht überall gleichmäßiges Gefälle haben. – s. a. Inlandeis, Gletscher.

Turbidity current (engl.), m., Trüb(e)strom, Suspensionsstrom (vor allem Ph. H. KUENEN, 1950; der Begriff ‚t. c.' tritt jedoch schon vorher i. d. amer. Lit. auf), ein durch große Mengen von in Suspension gehaltenen klastischen Teilen charakterisierter Trübstrom, der an untermeerischen Hängen mit großer Geschwindigkeit abgehen kann. KUENEN nimmt an, dass solche Ströme vor allem durch Erdbeben ausgelöst werden. Er führt auch die Gradierung (s. d.) bei Sedimenten, z. B. Grauwacken (s. d.), auf solche, aus Trübströmen erfolgte Sedimentation zurück. Damit wäre die Gradierung eines der wesentlichen Kennzeichen von **Turbiditen.** – Andere Autoren, z. B. R. A. DALY (1936) glaubten die Bildung der submarinen Canyons (→ Canyon) auf die Wirkung solcher Turbidity currents zurückführen zu können. – s. a. Bouma-Sequenz.

turbulentes Fließen, n., **Turbulenz,** f., (lt 360), wirbelartige Durchmischung eines strömenden Mediums, wobei sich nach Gestalt und Größe wechselnde Gas- oder Flüssigkeitsmengen zu rotierenden Bewegungsformen zusammenballen, um sich nach kürzerer oder längerer Zeit wieder aufzulösen oder in anderer Konfiguration zu neuen Wirbelbildungen zusammenzuschließen. – s. a. → Lamination (dort: ‚laminares Fließen').

Turmalin (singhalesisch ‚Turamali'), m., (*R. J. HAUY, 1801, ‚Tourmaline'), chem. variables Borsilikat.

Turmkarst, m. → Karst.

Turonien, Turonium, Turon (-Stufe), n., (n. d. lt. Bez. für die Stadt Tours bzw. das Touraine/Frankr.), (*A. D'ORBIGNY, 1842), Tab. III 11 B.

Tutenmergel, m., **Dütenmergel, Nagelkalk** (‚Dutenkalk' schon bei A. G. WERNER, 1749–1817. – T. entsprechend dem schwed. Ausdruck ‚struttmärgel': J. F. L. HAUSMANN 1814), besteht aus ineinander gesetzten Kegeln (‚cone-in-cone-structure' ?*H. C. SORBY, 1859), die sich lagenweise die Spitzen zukehren und oft zueinander verschränkt stehen. Der Kegelmantel trägt eine Querrunzelung, und das Kegelinnere tritt an den Schichtflächen nagelkopfähnlich heraus. – Offenbar sind diese Strukturen anlässlich von Deformationsvorgängen innerhalb der Diagenese (s. d.) entstanden. – s. a. Stylolithen.

Typhon (gr 352), m., (*J. B. OMALIUS D' HALLOY, 1843; ‚terrains typhoniens' = Eruptivgesteinsbildung bei A. BRONGNIART, 1829), unregelmäßig geformter magmatischer Gangstock (daher das Bild eines Wirbelsturms, frz. typhon). – s. a. Gang, Stock.

typomorphes Mineral (gr 351/222), n., (‚typomorpher Gemengteil' *F. BECKE, 1921), **Indexmineral** (*C. E. TILLEY, 1925), für die einzelnen Stufen der Metamorphose (→ Tiefenstufe) charakteristische Neubildungen (→ metamorphe Fazies). U. GRUBENMANN (vor allem U. GRUBENMANN & P. NIGGLI, 1924) hat eine Aufstellung solcher Leitminerale gegeben. Für die Epizone gehören hierher, neben einer Reihe anderer Minerale, z. B. Chlorit, Epidot, Serizit, Albit; für die Mesozone z. B. Disthen, Staurolith, Muskovit; für die Katazone z. B. Sillimanit, Cordierit, Kalifeldspat. – s. a. Durchläufer.

Tyrrhénien (n d. Tyrrhenischen Meer), n., (*A. ISSEL, 1914), Tab. II C.

U

Überfallquelle, f. → Quellentypen.

Überfaltung, Überfaltungsdecke (schon bei H. SCHARDT, 1893), f. → ↗ Abb. 75, Decke.

Übergemengteil, m. (n.) → akzessorischer Gemengteil, Gestein.

übergreifende Lagerung, f. → Transgression.

Übergussschichtung, f. → Schrägschichtung.

Überkippung (bergm.), f., Aufrichtung von Gesteinsschichten über 90°, sodass die älteren Gesteine dieser Serie über die jüngeren zu liegen kommen (**inverse Lagerung,** *A. MURCHISON, 1854). – s. a. normale Lagerung.

überkippte Falte, f. → Faltentyp.

Überlagerung, f., entspricht dem Begriff ‚Hangendes' (s. d.). – Man spricht daher auch von **Überlagerungsdruck** als dem Druck, der durch das Gewicht des Hangenden auf einen Gesteinskörper entsteht.

Überlaufquelle, f. → Quelle.

Überschiebung, f. → Aufschiebung, ↗ Abb. 8b.

Überschiebungsdecke, f. → Decke.

Überschiebungsfläche, Überschiebungslinie, f. → Schubbahn.

Übersichbrechen, n. → Aufstemmungshypothese.

Übertiefung, f. → Trogtal.

Ubiquität, f., Adj. **ubiquitär** (lt 361) = Allverbreitung bzw. allgegenwärtig. – s. a. Urgebirge.

Ufer, n., **Uferlinie,** f. → Küste.

Uferfiltrat, n., **Uferfiltration,** f. → Influenz.

Ufermoräne, f. → Moräne.

ultrabasisches Gestein, n., **Ultrabasit,** m., magmatisches Gestein mit einem SiO_2-Gehalt < 45 %. Hierher gehören vor allem Tiefengesteine wie Pyroxenit und Peridotit sowie ihre Oberflächen-Äquivalente (vgl. Tab. IV 20, 22).

Ultrafazies (lt 362/140), f., Bez. für die Gesamtheit der im submikroskopischen Bereich erkenn- und typisierbaren paläontologischen und sedimentpetrographischen Merkmale. Für die Typisierung der U. sind Untersuchungen mit Hilfe des Rasterelektronenmikroskops (REM) erforderlich. – s. a. Mikrofazies.

Ultrametamorphose, f. → Metamorphose.

Umkehrverwurf, m., kehrt sich im Laufe erdgeschichtlicher Vorgänge die Bewegungsrichtung auf einem Sprung um, spricht man von einem U. So kann z. B. eine urspr. abschiebende Bewegungsrichtung durch eine nachfolgende aufschiebende abgelöst werden. In diesem Falle wird eine ursprüngliche Abschiebung (s. d.) zu einer Aufschiebung (s. d.).

Umlaufberg, m., ein von der Flusserosion übrig gelassener Berg inmitten eines Tales, der aus dem Sporn eines ehemaligen Talmäanders (→ Mäander) dadurch entstanden ist, dass der Fluss am Spornhals durchbrach und damit seinen eigenen Mäander stilllegte. Daher wird ein U. zumeist nur auf einer Seite von dem Fluss, auf den anderen Seiten von dem – meist trocken liegenden – einstigen Flussbett begrenzt. – Ein **Durchbruchsberg** (*R. Gradmann, 1928) entsteht in ähnlicher Weise beim Entgegenarbeiten eines Haupt-

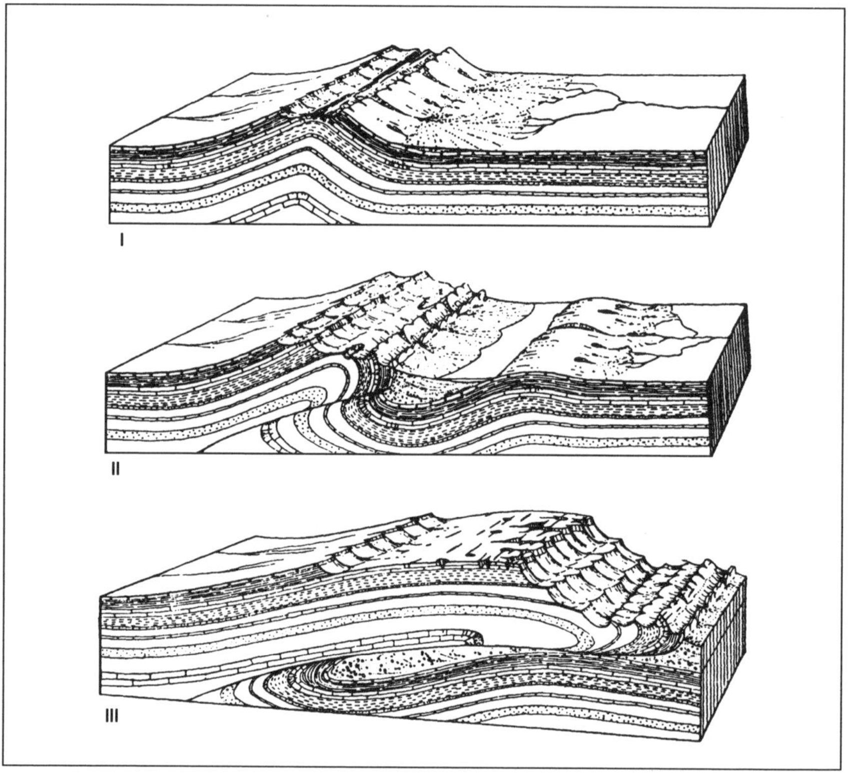

Abb. 75 Schematische Darstellung einer Deckenüberschiebung durch Überfaltung (nach Ch. R. Longwell aus G. Wagner: Einführung in die Erd- und Landschaftsgeschichte. – 3. Aufl., Öhringen [Hohenlohe'sche Buchhdlg.], 1960).

- I Faltenbildung und beginnende Zerstörung des Faltenscheitels.
- II Überfaltung und beginnende Überschiebung.
- III Deckenüberschiebung (z. T. Reliefüberschiebung) und fortschreitende Abtragung. Bildung einer Stufenlandschaft und Verkarstung.

und Nebenflusses, sodass der zwischen ihnen liegende Talsporn schließlich durchtrennt wird.
umlaufendes Streichen, n. → Muldenschluss, Sattelschluss.
Umstehen (techn. Ausdr.), n., Entmischung im festen Zustand, z. B. bei der ‚Entglasung' von Gläsern, aber auch bei Meteoriten usw.
Umwallungskrater, m. → Krater.
Umwandlungspseudomorphose, f. → Pseudomorphose.
Undation (lt 364), f. → Epirogenese.
Undationstheorie (lt 364), f., (*R. W. VAN BEMMELEN, 1933, 1935), eine mit der Oszillationstheorie (s. d.) eng verwandte geotektonische Theorie, die jedoch als ‚Motor' der Primärtektogenese aktive magmatische Strömungen in der Tiefe annimmt. Solche Strömungen sollen schließlich vertikale Krustenbewegungen verursacht haben.
Undulation (lt 365), f. → Orogenese.
ungesättigte Zone, f., **(Grundwasserüberdeckung),** der Gesteins- und/oder Bodenkörper oberhalb einer Grundwasseroberfläche. Er enthält neben der anorganischen und organischen Festsubstanz Luft **(Grundluft),** Adsorptions-, Kapillar- und Sickerwasser. – **Adsorptionswasser** (hygroskopisches Wasser) umhüllt die feste Oberfläche der Bodenteilchen. Die Bindung dieser ersten Wassermolekülschichten beruht auf Van-der-Waals-Kräften, der H-Brückenbindung zwischen den Sauerstoffatomen der festen Oberfläche und den Wassermolekülen und schließlich auf der Wirkung des elektrostatischen Feldes der geladenen festen Oberflächen auf die hydratisierten Ionen und die Wasserdipole. – **Kapillarwasser** (früher: Haftwasser, Häutchenwasser, Zwickelwasser), das sich über die Schichten des Adsorptionswassers legt, bildet an den Berührungsstellen der festen Teilchen stark gekrümmte Menisken (Meniskus = nach oben mondsichelartig gebogener Abschluss einer Wassersäule) aus. Diese beruhen auf Adhäsionskräften zwischen den Wassermolekülen unter Bildung von H-Brücken (Kapillarkräfte). Es wird unterschieden zwischen unmittelbar der Grundwasseroberfläche **‚aufsitzendem** Kapillarwasser' im Kapillarsaum und **‚schwebendem** Kapillarwasser' oberhalb des Kapillarsaumes (s. a. → Kapillarsaum, Kapillarwasser). – **Sickerwasser** ist Wasser, das sich durch Überwiegen der Schwerkraft in der u. Z. nach unten bewegt. Das Wasser in der u. Z. steht unter Unterdruck, der als negativer hydrostatischer Druck aufgefasst werden kann und als absoluter Zahlenwert als **Wasserspannung** oder **Saugspannung** mit Hilfe von **Tensiometern** gemessen wird. Die Wasserspannung wird üblicherweise als **pF-Wert** angegeben (früher in cm Wassersäule, jetzt in MPa), wobei F für freie Energie und p für Logarithmus steht. Bei abnehmendem Wassergehalt steigt die Wasserspannung. Der Zusammenhang zwischen Wassergehalt und Wasserspannung ist von Porengrößenverteilung und Porenvolumen abhängig und daher in den versch. Bodenhorizonten unterschiedlich. Als wichtiger bodenspezifischer Grenzwert ist die **Feldkapazität** zu nennen, die denjenigen Wassergehalt angibt, oberhalb dessen jede weitere Wasserzufuhr zur Wasserabgabe in die Tiefe, zur Versickerung, führt; sie ist in groben Substraten (Sand) wesentlich kleiner als in feinen (Ton). – s. a. Grundwasserflurabstand.
Unterboden, Untergrund, m. → Bodenprofil.
unterirdisches Wasser, n., Wasser in den Hohlräumen (Poren, Klüften und Höhlen) der Erdkruste. – s. a. Bodenwasser, Grundwasser.
Unterkruste (der Erde), f. → Erdkruste.
Untermoräne, f. → Moräne.
unterostalpine Decken, Pl., f. → Deckensysteme.
Unterschiebung, f., (*E. SMITH, 1893; dt. Bez. bereits bei A. ROTHPLETZ, 1897); der Begriff wird nur verwendet, wenn die Sicherheit besteht, dass sich tatsächlich eine Liegendscholle unter einer mehr oder weniger fest stehenden Hangendscholle entlang bewegt hat.
Unterströmungstheorie, f., (*O. AMPFERER, 1906; der Gedanke der Unterströmung wurde jedoch bereits von O. FISHER, 1889, geäußert), geotektonische Hypothese, die außer durch AMPFERER von R. SCHWINNER, H. CLOOS, D. GRIGGS, F. A. VENING-MEINESZ und E. KRAUS vertreten worden ist. Die Theorie geht von der Annahme von Ausgleichsströmungen (Konvektionsströmungen, s. d.) in zähplastischen Tiefenzonen aus, durch welche die verschiedensten Krustenbewegungen verursacht sein sollen (s. a. Subfluenz). Als Energiequelle wird die durch radioaktiven Zerfall erzeugte Wärme angenommen, wobei die Festlandschollen reicher an radioaktiven Stoffen sein sollen als die Bereiche unterhalb der Meeresböden. Daher steigen im Untergrund der Kontinente „... erhitzte Massen auf, fließen unter die Kühl-

flächen der Ozeanböden ab und sinken dort wieder herab." Durch solche Bewegungen werden in den starren Krustenteilen tektonische Zerbrechungserscheinungen wie Gräben, Schollengebirge etc., aber auch Einsenkungen, etwa von Geosynklinalen (s. d.), hervorgerufen. An anderen Stellen wird dagegen die Erdhaut regelrecht zusammengeschoben, wobei die tieferen Teile sogar in die Tiefe ‚verschluckt' werden **(Verschluckungshypothese).** – s. a. Subduktion, Subfluenz.

Unterstufe (stratigraphisch), f. → Stufe, Tab. I.

Untervorschiebung, f., (*H. EUGSTER, vor 1922), Erscheinung an einer tektonischen Bewegungsfläche, bei der – im Gegensatz zur Auf- oder Überschiebung (s. d.) – der liegende dem hangenden Flügel in der Bewegung vorauseilt (sich unter ihm vorschiebt!). C. W. KOCKEL (1957) führte diese Erscheinung auf die Drehbewegung bei der Überkippung von Falten zurück, wobei sich dann eine solche U. an einer Bewegungsbahn im „... leicht inversen Schenkel einer maßvoll überkippten Falte" ereignen kann.

Untiefe, f. → Riff.

Uplift (engl.), m., (*J. W. POWELL, 1876), regional begrenzte, gegenüber ihrer Umgebung durch vertikaltektonische Bewegungen herausgehobene Erdkrustenscholle. Solche Schollen können durch Störungen begrenzt sein oder beulenartige (→ Beule) Strukturen darstellen.

Uraliden (n. d. Ural), Pl., (*E. SUESS, 1909), das jungpaläozoische, vor allem permisch gefaltete Gebirge des Urals mit seinen Fortsetzungen im Timan, Novaja Semlja, Taimyr-Halbinsel sowie im Süden im Untergrund bis an das Kaspische Meer, wobei noch von versch. Autoren eine Umbiegung in Richtung auf die asiatischen Kettengebirge angenommen wird.

Uralitisierung (n. d. Ural), f., (‚Uralit-Syenit' schon bei P. VON JEREMEJEFF, 1872), in späten Phasen der Magmenerstarrung, im Eruptivkontakt und im Gebiet der Regionalmetamorphose erfolgende Bildung von Pseudomorphosen faseriger gemeiner Hornblende nach Augit (= **Uralit**).

Uraninit (wg. des Urangehalts), UO_2, m. → Pechblende.

Uranmethoden, Pl. f., (namentl. von A. HOLMES seit 1946 zu umfangreichen geol. Altersbestimmungen verwendet); diesen Methoden liegen die bekannten Zerfallszeiten (Halbwertszeiten) der Uranisotope zugrunde. Aus den Mutterisotopen (^{238}U, ^{235}U, ^{232}Th) entstehen durch radioaktiven Zerfall die Tochterisotope: ^{206}Pb (+ ^{4}He), ^{207}Pb (+ ^{4}He) und ^{208}Pb (+ ^{4}He). Die Halbwertszeiten betragen für ^{238}U: $4{,}51 \cdot 10^9$ Jahre, für ^{235}U: $7{,}13 \cdot 10^8$ Jahre und für ^{232}Th: $1{,}39 \cdot 10^{10}$ Jahre. – Neben der Überprüfung Uran : Uranblei (Bleimethoden) kann auch die Relation zu dem beim Zerfall entstandenen Helium erfolgen (Heliummethode). Eine Hauptfehlerquelle bei letzterer Methode liegt in der Möglichkeit der Diffusion des Heliums.

Urarktik, Uratlantik, m. → Megagäa, Permanenztheorie.

Uratmosphäre, f. → Tab. IIIa (Anmerkung).

Ureuropa, n. → Archäoeuropa.

Urgebirge, n., A. G. WERNER (1750–1817) unterschied zuerst das ‚U.' (‚uranfängliches Gebirge') von seinen ‚jüngeren Formationssuiten', dem ‚Übergangs-', dem ‚Flözgebirge' usw. – Die Eigenschaft der ‚Allverbreitung' (**Ubiquität,** s. d.) metamorpher Gesteine führte die früheren Forscher zu der Meinung, dass alle diese Gesteine Urbildungen der Erdrinde und damit exzeptionalistische Gebilde (→ Exzeptionalismus) seien. Erst später, z. B. bei der Untersuchung der Bündner Schiefer in der Schweiz (erste Hälfte 19. Jh.), erkannte man, dass die Gesteinsmetamorphose auch in jüngeren Erdzeitaltern auftritt. Daher wird heute die Bez. ‚U.' nicht mehr verwendet, sondern durch den sehr alten Bergmannsausdruck **Grundgebirge** ersetzt.

Urgon (-Fazies) (n. d. Ort Orgon/Provence/Südfrankr.), n., (*A. D' ORBIGNY, 1847), Flachsee-Fazies der Unterkreide – insbes. des Barrême-Apt – im Tethysbereich (→ Tethys); sie besteht aus weißen, spröden Kalken, die aus Resten von Foraminiferen, Korallen, Bryozoen, großwüchsigen Schnecken und Rudisten (= sonderentwickelte Muschelgruppe) bestehen.

Urkraton, m. → Kraton, Megagäa.

Urmeer, n. → Tab. IIIa (Anmerkung).

Urozean, m., **Urpazifik,** m., **Urskandik,** m. → Megagäa, Panthalassa, Permanenztheorie.

Urstromtal, n., (*K. KEILHACK, 1898), Tal vor dem Inlandeis- oder Gletscherrand, in dem sich die Schmelzwässer des Eises und auch sonst zufließende Gewässer vereinigen und zum Meer abfließen. So ist z. B. während des Pleistozäns die Donau das U. für die Nordalpengletscher, der Po dasjenige der Südalpengletscher gewesen. Die norddeutschen U. – zwischen dem Mittelgebirgsrand und dem jeweiligen Eisrand gelegen – verlaufen in SE–NW-Richtung, während sie im ostdeutsch-polnischen Raum vielfach in die E–W-Richtung einbiegen. Die U. sind – der jeweiligen Eisrandlage (↗ Abb. 76) entsprechend – hintereinander gestaffelt. Von S nach N lassen sich unterscheiden: 1. das Breslau-Magdeburger (bzw. Breslau-Bremer) U., entsprechend der Eisrandlage des Warthestadiums; 2. das Glogau-Baruther U., entsprechend der Eisrandlage der Brandenburger Phase; 3. das Warschau-Berliner U., entsprechend der Eisrandlage der Frankfurter Phase; 4. das Thorn-Eberswalder U., entsprechend der Eisrandlage der Pommerschen Phase. Weniger deutlich tritt weiter nördlich, im Raum zwischen Danzig, Stettin und Stralsund, ein z. T. unter dem Spiegel der Ostsee liegender Urstrombereich in Erscheinung. – In den Urstromtälern wurden vor allem Sande (‚Talsande') abgelagert, die z. T. wieder ausgeweht und zu Dünen aufgeschüttet worden sind. Daneben finden sich Schotterablagerungen von Schmelzwässern und Mittelgebirgsflüssen.

Urtit (n. ‚Lujavr-Urt', Halbinsel Kola), m., (*W. Ramsay, 1896), Tab. V 10.

U-Tal, n. → Tal.

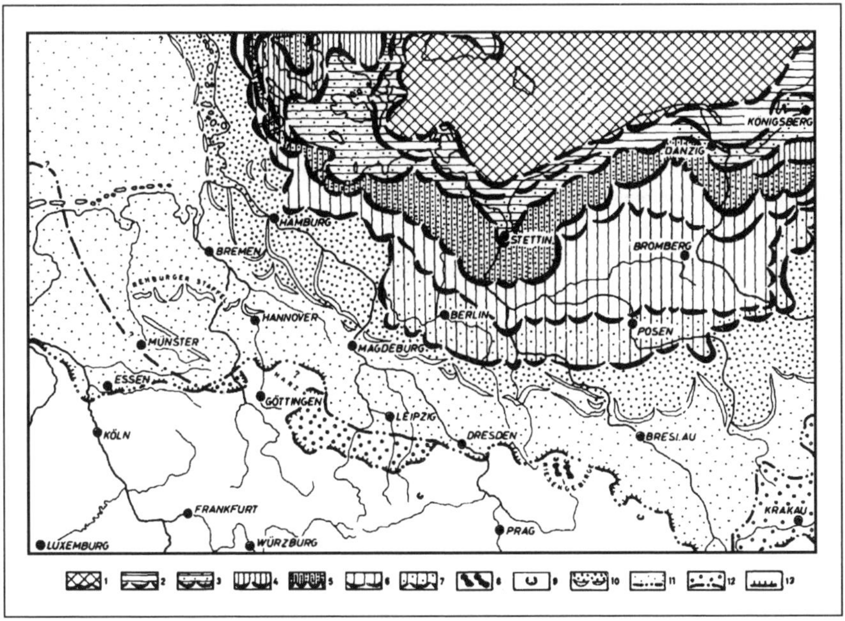

Abb. 76 Die pleistozänen Vergletscherungen des nördlichen Mitteleuropa (vereinfacht nach K. Kaiser: Klimazeugen des periglazialen Dauerfrostbodens in Mittel- und Westeuropa. – Eiszeitalter u. Gegenw. **11**, 121–141; Öhringen, 1960). Vgl. dazu Tab. II.

Weichseleiszeitliche Eisrandlagen

- Gotiglazial: 1 Rügen-Phase, 2 Falster-Phase, 3 Langeland-Phase
- Daniglazial: 4 Belt-Phase, 5 Pommersche Phase
- Germaniglazial: 6 Frankfurter Phase, 7 Brandenburger Phase
- Mittelgebirgsvergletscherung: 8 Plateau- bzw. Talvergletscherung (Riesengebirge), 9 Karvergletscherung (Ostsudeten, Riesengebirge, Keilberg; fraglich: Harz)

Ältere Eisrandlagen

10 Warthestadium der Saale-Eiszeit, 11 Drenthe-Stadium der Saale-Eiszeit, 12 Elster-Eiszeit, 13 maximale Ausdehnung des nordischen Inlandeises (saale- oder elstereiszeitlich)

Uvala (Bez. a. d. dinarischen Ländern), n., Schüsseldoline (*N. Krebs, 1904, 1928), große seichte Doline mit etwa ovalem Umriss, einem Tiefen- : Breitenverhältnis von 1 : 10 und einer breiten, unebenen Sohle, die meist mit Lehm bedeckt ist. Ein U. entsteht durch Aufzehren der trennenden Riedel (s. d.) zwischen benachbarten Dolinen (s. d.). – s. a. Polje.

Uwarowit (n. d. russ. Staatsmann u. Präsidenten d. Petersburger Akademie, S. S. Uwarow, 1785–1855), m., (*G. H. Hess, 1832), Calcium-Chrom-Granat (→ Granat).

V

vados (lt 366), (*F. Posepny, 1836–1895), Bez. für unterirdische Wässer verschiedenster Art, die durch Versickerung (s. d.) oder Versinkung (s. d.) von der Erdoberfläche her gebildet werden. – s. a. juvenil.

vagil (lt 367) → Benthos.

Valanginien, Valanginium, Valendis (-Stufe), n., (n. d. Ort Valangin b. Neuchâtel/Schweiz), (*E. Desor, 1853), Tab. III 11A.

Vallone, Pl. **Valloni,** (it. = großes Tal), n., durch das Meer überflutetes Längstal in Falten- oder Schuppengebirgen. → Ingressionsküste.

Variolith (lt 369/gr 193), m., (schon bei W. von Gümbel, 1888; Begriff ist jedoch älter), dichte basische Eruptivgesteine, meist Diabase, mit kleinen grauen bis violetten, schaligen oder strahligen Kügelchen **(Variolen).**

Variscisches (*E. Suess, 1888), **Varistisches** (n. einem Vorschl. v. E. Zimmermann) **Gebirge,** gelegentlich auch **variskisch, variszisch** (n. ‚Curia Variscorum' = Hof/Nordostbayern), n., das in der **varistischen Faltungsära** (mit der orkadischen, bretonischen, sudetischen, erzgebirgischen, asturischen, esterelischen, saalischen und pfälzischen (Faltungs-) Phase; Tab. III 6–8) entstandene Gebirge, das als ca. 500 km breiter Faltengürtel vom französischen Zentralplateau durch West- und Mitteldeutschland bis zur Elbelinie, von dort in die Sudeten und mit einem Faltenast in das Polnische Mittelgebirge zieht. – Von der Mitteleuropäischen Scharung (*E. Suess, 1888) im franz. Zentralplateau zieht der Armorikanische Faltenbogen (*E. Suess, 1888) nach Nordwesten über die Bretagne nach Südwest-England. Somit besitzt das V. Gebirge kein einheitliches Streichen, und daher sollte der verschiedentlich in der Literatur zu findende Terminus: ‚varistisches Streichen' nicht verwendet werden. – s. a. hercynisch, Mitteldeutsche Schwelle, Moldanubikum, Rhenohercynikum, ↗ Abb. 77.

Varve, f. → Bänderton.

Vauclusequelle (n. d. Vaucluse-Quelle im Kreidegebiet der Provence/Südfrankr.), f., **Riesenquelle**, bes. stark schüttende Karstquelle. – s. a. Karst, Quellentypen.

Venit, m., (* J. P. Holmquist, 1921), Adergneis des schwed. Grundgebirges, für den Holmquist annahm, dass das Material dieser hellen Adern ‚Ausschwitzungsprodukt' des Gesteines bei stark gesteigerter Metamorphose sei. Er wählte daher, in Analogie zu der Tätigkeit der Venen des menschlichen Körpers, den Ausdruck ‚Venit'. Dieser Vorgang entspricht somit der **Ektexis.** – J. J. Sederholm (1897) betrachtete den Inhalt der Adern dagegen als zugeführtes magmatogenes Material; daraus erklärt sich sein in Analogie zu den Arterien gewählter Begriff **Arterit**. Dieser Vorgang entspricht somit der **Entexis**. – s. a. Migmatit.

Verbrackung, f. → brackisch.

Verdrängungslagerstätte, f. → Erzlagerstätte, Metasomatose.

Verdrängungspseudomorphose, f. → Pseudomorphose.

Verdrückung, f., (bergm.), Bez. für sich verschmälernde Gänge.

Verdunstung, f., **Evaporation**, f., Übergang von flüssigem oder festem Wasser in den gasförmigen Zustand (Wasserdampf) durch die eingestrahlte Sonnenenergie. Die ‚**potenzielle** V.' ist die unter gegebenen meteorologischen Bedingungen (Temperatur und Feuchtigkeitsdefizit der Luft, Windgeschwindigkeit) größtmögliche Verdunstungshöhe, wenn keine Begrenzung im Wassernachschub herrscht. Die ‚**aktuelle** V.' hängt außer von den genannten meteorologischen Bedingungen vom Wasserangebot ab. Bei einer freien Wasseroberfläche sind demnach aktuelle und potenzielle V. gleich. Die Gesamtverdunstung **(Evapotranspiration)** umfasst den rein physikalischen Prozess der Evaporation von Wasserflächen **(Seeverdunstung),** feuchten Landflächen **(Landverdunstung)** und feuchten Pflanzenoberflächen **(Interzeption)** sowie die physiologisch beeinflusste Transpiration **(Pflanzenverdunstung).** Grundwasser kann je nach Grundwasserflurabstand (s. d.) in unterschiedlichem Maße zur Evaporation und Transpiration beitragen **(Grundwasserverdunstung).** Die

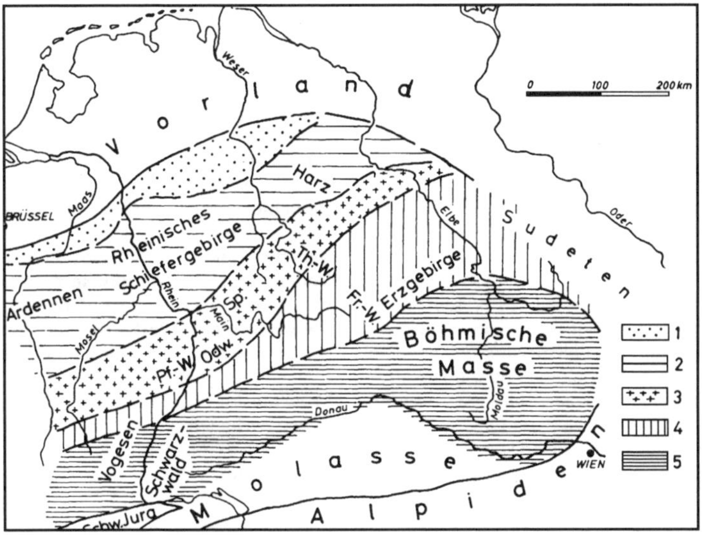

Abb. 77 Zonen des Varistischen Gebirges Mitteleuropas (im wesentl. nach F. Kossmat). – 1 Subvaristische Saumtiefe, 2 Rhenoherzynikum, 3 Mitteldeutsche Kristallinzone, 4 Saxothuringikum, 5 Moldanubikum; Sudeten (‚Lugikum'; im Südosten ‚Moravosilesikum'). – Die Lage der Grenze zw. Saxothuringikum und Moldanubikum ist – entsprechend neuerer Untersuchungen – umstritten und wird von manchen Autoren weiter nach Süden gelegt. Fr.-W. Frankenwald, Odw. Odenwald, Pf.-W. Pfälzerwald, Sp. Spessart, Th.-W. Thüringer Wald.

Verdunstungshöhe wird in mm pro Zeiteinheit (mm · a^{-1} oder l · s^{-1} · km^{-2}) angegeben.

Verebnungsfläche, f. → Peneplain.

Verformungs-Wühlgefüge, n. → Wühlgefüge.

Vergenz (lt 370), f., (*H. Stille, 1930), Bez. für die Kipprichtung geneigter Falten (= Falte, deren Achsenfläche, s. d., geneigt ist; ↗ Abb. 78). Der Winkel, den die Achsenfläche mit der Vertikalen bildet, ist der **Vergenzwinkel, Vergenzgrad.** Das bedeutet in diesem Sinne, dass stehende Falten den Vergenzwinkel 0°, liegende Falten 90° und Tauchfalten (s. d.) noch höhere Vergenzgrade besitzen. – Die Lagebeziehung zwischen Achsenfläche und Faltenspiegel (s. d.) wird dagegen als **Klinenz** und der entsprechende Winkel als **Klinenzwinkel** bezeichnet. – Falten mit entgegengesetzter V. in einem Faltenpaket oder Faltengebirge besitzen **Divergenz,** wenn die Achsenebenen einen nach oben geöffneten, und **Antivergenz,** wenn sie einen nach unten geöffneten Fächer bilden. Die Nahtstelle zwischen den Faltenteilen verschiedener V. wird als **Scheitelungslinie** oder **Scheitelung** bezeichnet (↗ Abb. 78).

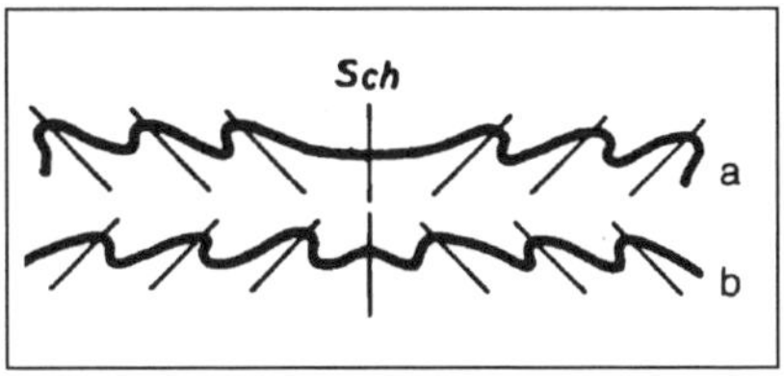

Abb. 78 Vergenz von Falten. a Divergenz, b Antivergenz, Sch Scheitelung.

Vergenzmeiler (lt 370), m., (*R. Hoeppener, 1957), die Erscheinung, dass in einem Gebirgsabschnitt die den Faltenachsenflächen parallelen Schieferflächen nach oben konvergieren.

Der umgekehrte Fall wird als **Vergenzfächer** (*R. HOEPPENER, 1957) bezeichnet. – s. a. Meilerstellung.

Vergrusung, f. → Gesteinsgrus.

Verkarstung, f., natürliche chemische Auflösungs- und Zersetzungsprozesse an Gesteinen (z. B. Kalk, Dolomit, Gips, Steinsalz) durch Wasser. Diese chemischen Prozesse werden meist von mechanischen Vorgängen und Versturz begleitet. Das kann zu einer vollkommenen Umgestaltung des oberirdischen Reliefs und zur entscheidenden Veränderung der Hydrologie (vgl. → Karst) in diesem Gebiet führen, wobei dann der größte Teil des Wasserabflusses unterirdisch erfolgt. – s. a. Subrosion.

Verkieselung, f., **Silifizierung,** sekundäre Ausfüllung von Porenräumen oder metasomatische Verdrängung von Gefügebestandteilen der Gesteine durch SiO_2.

Verkiesung, f., Abscheidung von Sulfiden und Verdrängung vorhandener Substanzen (z. B. Kalk der Schalensubstanz) durch Sulfide. Meist handelt es sich bei den Sulfiden um Pyrit (s. d.) oder Markasit (s. d.).

Verkohlung, f., Erzeugung von Holzkohle aus Holz durch einen Verbrennungsprozess unter reduzierter Sauerstoffzufuhr im Kohlenmeiler oder durch Erhitzung von Holz unter bestimmten Laborbedingungen. Der Vorgang zielt auf eine Erhöhung des Kohlenstoffgehaltes durch Austreibung anderer Stoffe hin. – s. a. Inkohlung, Vermoderung.

Verlandungsmoor, n. → Moor.

verlegte Reliktstruktur (lt 276/337), f. → internes Reliktgefüge.

Vermoderung, f., Verwesungsprozess (s. d.) unter Bildung von Moder (→ Humus). – s. a. Inkohlung, Verkohlung.

Verrucano (n. d. Monte Verruca b. Pisa/Italien), m., (*P. SAVI, 1832; n. einem Ausdr. d. Pisaner Steinmetzen), Fazies buntgefärbter klastischer Sedimente von Oberkarbon- bis Untertrias-Alter als Beckenfüllung intramontaner Tröge (→ Becken, Innensenke) im westlichen Mediterranraum. Verschiedentlich sind den Serien basische bis intermediäre Vulkanite eingeschaltet.

Verschiebung, f., allgem. Ausdruck für Bewegungen zweier Gesteinssegmente übereinander oder aneinander vorbei, z. B. Abschiebung, Aufschiebung, Horizontalverschiebung (↗ Abb. 79).

Verschiebungsbruch, m., nach L. MÜLLER (1963) ein Mittelding zwischen Trenn- und Gleitungsbruch. Verschiebungsbrüche treten sehr häufig auf und sind eigentlich nur in ausgesprochen plastischen Massen selten. Es handelt sich hier meist um ebene Flächen, die manchmal schaufelig (= listrisch, s. d.) gekrümmt sind. Ihre Oberfläche ist rau und zeigt nicht selten Abrieb auf den frischen Brüchen. Harnischrillung fehlt. – s. a. Fuge, Gleitungsbruch, Trennbruch.

Verschluckungshypothese, f. → Unterströmungstheorie.

Verschuppung, f. → Schuppenbau.

Versenkungsmetamorphose, f. → Metamorphose (dort: Regionalmetamorphose).

Versickerung, f., Einsickern von atmosphärischem Niederschlag in den Poren- und Spaltenraum der Gesteine.

Versilien (n. Versilia, einer alluvialen Küstenebene bei La Spezia/Ligurien/Italien), n., (*A. C. BLANC, 1936), Tab. II C.

Versinkung, f., Bez. für starken Wasserverlust von Oberflächengewässern durch Abströmen in Schlucklöcher und Spalten des Flussbettes; z. B. Donauversinkung östl. von Tuttlingen. – s. a. Karst, Schwinde.

Versteinerung, f. → Fossil.

Versturzhöhle, f. → Höhle.

Vertaubung, f., langsames Auskeilen (s. d.) von Kohlenflözen oder langsames Verarmen im Verlauf von Erzlagerstätten (s. d.). – s. a. taub.

Vertikalflexur, f. → Flexur.

Vertikalintensität, f. → Erdmagnetismus.

Vertikalstylolith, m. → Stylolith.

Verwerfung, f., **Sprung** (S. VON CARNALL), **Abschiebung** (sämtl. Begriffe sind der Bergbausprache entnommen), rel. Abwärtsbewegung einer Gesteinsscholle an einer mehr oder weniger geneigten Gesteinsfuge: **Verwerfungsfläche** (*F. VON RICHTHOFEN, 1886), **Bruchfläche** (↗ Abb. 79, 80). Die Schollen beiderseits der Bruchfläche werden **Flügel** (*E. SUESS, 1883) genannt, wobei – je nach Bewegungsrichtung – von einem **gehobenen** und einem **gesenkten Flügel** gesprochen wird. Dabei ist zu beachten, dass es sich hier um relative Bewegungen der Flügel zueinander handelt; absolute Bewegungsangaben sind fast niemals möglich. – Die echten Verwerfungen sind immer tektonische Zerrungsformen; die Stärke der Dehnung lässt sich an der Größe der **Sprungweite** (↗ Abb. 80) erkennen. – Der Schnitt einer Verwerfungsfläche mit der Erdoberfläche heißt **Verwerfungs-** oder **Bruchlinie** (‚ligne de faille' *A. VÉZIAN, 1876). – Eine V.

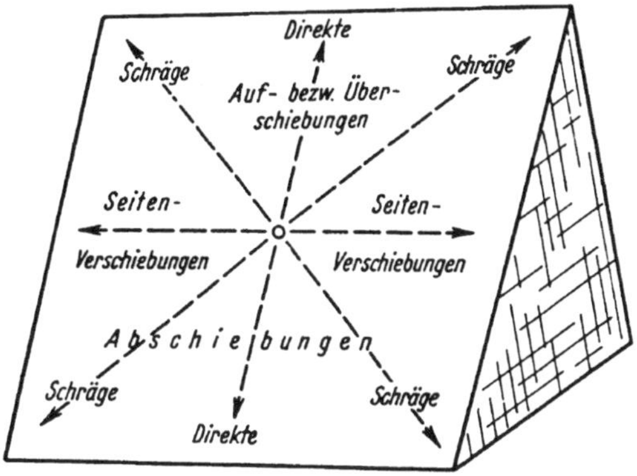

Abb. 79
Schema der möglichen Verschiebungsrichtungen auf einer Störungsfläche. – Vereinfacht n. H. Cloos: Einführung in die Geologie. – Berlin (Borntraeger), 1936, S. 232, Abb. 182.

kann durch **Abstoßen** (→ Absetzen/Abstoßen) an einer anderen oder durch ständige Abnahme ihrer Sprunghöhe enden. – Bei der Bewegung können sich auf der Verwerfungsfläche Harnische (s. d.) und Gleitstriemung (s. d.) sowie durch intensive Zerbrechung Brekzien (s. d.) oder Mylonite (s. d.) bilden. Die Schichten der beiden Flügel können an der V. geschleppt sein (→ Schleppung). Außerdem treten fast immer antithetische (s. d.) und synthetische (s. d.) Sprünge, Klüfte und Risse in den Randzonen neben der V. auf (→ Störungsbegleitgefüge).

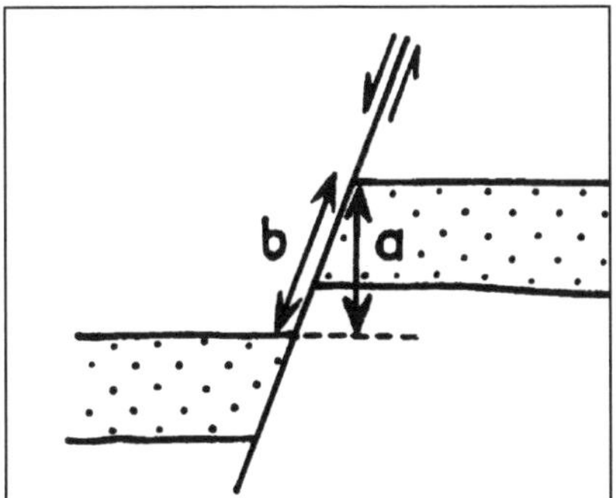

Abb. 80 Verwerfung. a vertikale Sprunghöhe, b flache Sprunghöhe. Der horizontale Abstand (auf der gestrichelten Linie) zwischen der Verwerfung und dem Auftreffpunkt des unteren Pfeils von ‚a' auf die gestrichelte Linie wird als ‚Sprungweite' bezeichnet.

Als **Längs-, Quer-** und **Diagonalverwerfung** (sämtl. Begr. schon bei E. de Margerie & A. Heim, 1888) werden solche Brüche angesprochen, die in entsprechender Lage zum Streichen der Schichten oder der Faltenachsen dieses Gebietes verlaufen. Die Diagonalverwerfung wird auch gelegentlich als **spießeckige** V. bezeichnet. – Verschiedentlich werden für Verwerfungen, die in den Schenkeln oder dem Scheitel einer Falte auftreten, die Bezeichnungen: **Mulden-, Sattel-, Schenkelbruch, Gewölbescheitelbruch** (*F. Mühlberg, 1881; ‚Scheitelbruch' *A. Heim, 1892) verwendet. – Treten mehrere Verwerfungen zusammen, so entstehen **Verwerfungs-, Bruch-, Sprungsysteme, Bruchbüschel, Staffelbrüche, Horste, Gräben** (s. jeweiliges Stichwort). – Eine abspaltende Nebenverwerfung bezeichnet man als **Verwerfungsast.** – Verschiedentlich wird der Begriff ‚V.' sowohl für Ab- als auch Aufschiebungen, manchmal sogar für Horizontalverschiebungen verwendet. In anderen Fällen wird die Abschiebung als ‚Verwerfung i. e. S.' bezeichnet. Es empfiehlt sich jedoch der Gebrauch im anfänglich definierten Sinne. – s. a. Abschiebung, Aufschiebung, Brechen/Bruch, Lithoklase, Störung.

Verwerfungsbetrag, m. → Sprunghöhe.

Verwerfungsquelle, f. → Quellentypen.

Verwerfungstal, n. → Tal.

Verwesung, f., durch chemische Prozesse (z. B. Oxidation) und Tätigkeit von Tieren oder Pflanzen (vor allem Mikroorganismen) erfolgende Zersetzung organischer Substanzen. Der Vorgang zielt auf eine völlige Zerstörung der ursprünglichen organischen Substanzen hin. – s. a. Inkohlung, Verkohlung, Vermoderung.

verwilderter Fluss, m. → verzweigter Fluss.

Verwitterung (Volksausdr., abzuleiten von ‚Wetter'), f., ausschließlich für die zerteilende und zersetzende Tätigkeit der exogenen (s. d.) Kräfte vorbehaltener Begriff. Solche Kräfte können das gesamte Gestein angreifen oder nur bes. empfindliche Teile desselben erfassen (**selektive** [= auswählende] V.). Je nach Art der wirkenden Kräfte unterscheidet man: **physikalische/mechanische, chemische, biologische** und **biochemische** V. Die mechanische Zerkleinerung der Gesteine erfolgt innerhalb der Temperaturverwitterung (→ Desquamation, Insolation), der Frostverwitterung (→ Frostwirkung) und der Salzverwitterung (s. d.). – Das Hauptagens der chemischen Verwitterung ist das Wasser, dessen Wirkung durch seinen Lösungsinhalt noch gesteuert sein kann. Das Wasser kann Salze, Säuren, Basen, aber auch gasförmige Stoffe (O_2, CO_2, H_2S usw.) enthalten. Darüber hinaus können aber auch die atmosphärischen Gase die Gesteine angreifen. – Pflanzen und Tiere können rein mechanischen Angriff auf die Gesteine ausüben (biologisch-physikalisch); z. B. die sprengende Wirkung von Pflanzenwurzeln sowie die grabende und bohrende Tätigkeit vieler Organismen. Andererseits vermögen auch Organismen chemische Wirkungen einzusetzen (biologisch-chemisch, biochemisch). Hierher gehört die ‚ätzende' Wirkung von Pflanzenwurzeln oder auch von tierischen Organismen auf Gesteine. Es können die verschiedenartigsten Umbildungen und Ausfällungen erfolgen. Solche Wirkungen können unter Umständen auch nach dem Absterben der Organismen eintreten, z. B. die Wirkung der Humussäuren im Boden. Die V. ist eine der wichtigsten bodenbildenden Vorgänge (→ Boden). Weiterhin bereitet sie das Ausgangsmaterial zur Bildung der Sedimentgesteine vor (→ Sedimentation, Sedimentgestein). Die V. spielt bei der Vorbereitung und Modellierung des irdischen Reliefs eine wesentliche Rolle (→ Geomorphologie). Art, Stärke und Wirkung ihrer Kräfte stehen in Abhängigkeit vom jeweiligen Klima.

Verwitterungshöhle, f. → Höhle.

Verwitterungslagerstätte, f., durch Verwitterungsvorgänge gebildete Lagerstätte (→ Erzlagerstätte). – Hierher gehören z. B. **Rückstandslagerstätten,** bei denen der für die Verwitterung ‚unverdauliche' Gesteinsrest (Residuat, s. d.) einen wirtschaftlich nutzbaren Stoff darstellt; z. B. Bauxit (s. d.) oder Kaolin (s. d.).

Verwitterungslösung, f., Lösung mit einem aus der chemischen Verwitterung herrührenden Lösungsinhalt.

Verwitterungsrinde, f., der von den Wirkungen der Verwitterung betroffene Teil eines Gesteinskomplexes oder – im Großen – der Erdkruste.

Verwurf, m. → Sprunghöhe.

very low grade-Metamorphose, f. → Anchimetamorphose.

verzweigter, verflochtener, verwilderter Fluss, m. (engl. **braided river**), entsteht bei stärkerem Gefälle als beim mäandrierenden Fluss (→ Mäander) als Bündel flacher, mehrfach verflochtener Rinnen. Bei stark wechselnder Wasserführung werden Kiesbänke abgelagert, welche den Fluss immer wieder aufspalten.

Vesikulartextur (lt 371/348), f. → Blasentextur.

Vesuvian (n. d. Vesuv/Neapel/Italien), m., (*A. G. Werner, 1795), Ca-Silikat, verbreitet in metamorphen Kalksteinen.

Vesuvit (n. d. Vesuv/Neapel/Italien), m., (*A. Lacroix, 1917), Tab. V 9.

Vibroseis-Verfahren/Vibroseismik (lt 373/gr 300) → Seismik.

Vielkanter, m. → Windkanter.

Vikariieren (lt 372) (*E. Reyer, 1888), Bez. für die Erscheinung, dass in einem Bruchfeld bei mehrfacher Beanspruchung (z. B. bei Erdbeben) erst ein Teil, bei erneuter Beanspruchung ein weiterer Teil der Brüche Ausgleichsbewegungen durchführt. – Analoge Prozesse bei der Ausfaltung von Geosynklinalen bezeichnete H. Stille (1940) als ‚Vikariieren der Faltung'. H. G. Wunderlich (1964) sprach bei Trogbildungen über wechselseitig auf- und absteigenden benachbarten Großschollen von ‚vikariierenden Trögen'. – s. a. orogene Welle.

Vindelizische Schwelle (n. d. keltischen Volk d. Vindelicer im Lechfeld, Hauptstadt: Augusta Vindelicorum = Augsburg), f., (*K. W. von Gümbel, 1891), zur Erklärung der großen Verschiedenheiten in der Ausbildung der alpinen und

der germanischen Trias angenommene Landscheide, die von der Böhmischen Masse über das Gebiet des heutigen Bodensees bis in die Westalpen verlaufen sein soll.
Vindobonien, Vindobonium, Vindobon (n. d. lt. Bez. f. Wien = Vindobona), n., (*Ch. DEPERET, 1895), Tab. III 12 D.
Virgation (lt 374), f., (bereits bei E. SUESS, 1885), fächerartiges Auseinanderstreben von Faltenzügen in einem Faltengebirge; z. B. das Ostende der Alpen. – s. a. Scharung.
Viséen, Viseum, Visé (-Stufe), n., (n. d. belg. Ort Visé a. d. Maas) (* A. DUMONT, 1832), Tab. III 7 A.
Viskosität, f., Zähigkeitsgrad, z. B. einer magmatischen Schmelze. Die V. einer Schmelze erhöht sich mit steigendem SiO_2-Gehalt. Sie ist außerdem abhängig von der jeweiligen Temperatur und dem Gasgehalt der Schmelze.
visuell (lt 375) → makroskopisch.
Vitrit, m., **Vitrinit,** m., **Vitrinitisation,** f., (lt 376) → Streifenart.
Vitrophyr (lt 376/gr 289), m., porphyrisches (s. d.) Gestein mit Glasgrundmasse (= hyalokristallin; s. a. hyalin).
volcanic island chain, f., vulkanische Inselkette, auch mit submarinen Vulkanen. – s. a. Hot spot.
Vollfaulschlamm, m. → Sapropel.
vollhumid → humid.
Vollkonsolidation, f. → Konsolidation.
vollkristallin → holokristallin.
Volltroggleitung, f. → Oszillationstheorie.
Vorbergzone (Oberrheingraben), f. → Grabenrandverwerfung.
Vorfluter, m., natürliches (z. B. Bach, Fluss, See), aber auch künstliches Gewässer, das zufließendem Wasser (Oberflächenwasser, z. B. Nebenfluss oder Grundwasser) als **Vorflut** dient, d. h. diesem Wasser erst durch Vorhandensein natürlichen Gefälles oder durch Erzeugung eines Gefälles durch künstliche Wasserhebung die Möglichkeit bietet, abzufließen.
vorgosauische Faltung (n. d. Ort Gosau/Salzkammergut/Österreich), f., (‚prägosauische Störungssysteme' *C. DIENER, 1903; ‚vorgosauischer (tekt.) Bau' *L. KOBER, 1912; ‚vorgosauische Gebirgsbildung' *F. HERITSCH 1923), Tab. III 11 B.
vorkristalline Deformation, f. → parakristalline Deformation.
Vorkommen (nutzbarer Stoffe), n. → Lagerstätte.
Vorland, n. → Orogen.
Vorlandgletscher, m. → Gletscher.
Vorläufer, m., **Vorläuferwelle,** f. → Erdbeben.
Vorschüttungssande, Pl., m., **-schotter,** m., **-schichten,** Pl., f., (auch: **Vorschüttsande, -schotter, -schichten**), die unter dem Wasserspiegel befindlichen geneigten und schräggeschichteten Sedimente eines Deltas (s. d.). (↗ Abb. 18).
Vortiefe, f., (*E. SUESS, 1909), **Außensenke, Randsenke, Saumsenke, Saumtiefe** (bei H. STILLE, 1919, Oberbegriff für ‚Vortiefe' i. e. S. und ‚Rücktiefe'), vor einem sich bildenden Orogen (s. d.) liegende mobile Senke (Rest-, Exogeosynklinale), die den Schutt des sich heraushebenden Gebirges aufnimmt; z. B. schweizerisch-bayerisch-österreichisches Molassebecken (↗ Abb. 46) oder die Subvaristische V. (↗ Abb. 77). – Infolge ständiger Senkung und starker Schuttzufuhr aus dem Orogen lagern sich große Mengen von Sedimenten ab. Sehr häufig finden sich marine Schichten in solchen Vortiefen; z. B. Meeresmolasse (→ Molasse), marine Horizonte (→ paralisch). – Die in der V. befindlichen Sedimente sind in die eigentlichen Faltungen des Orogens (vor allem also in den Deckenbau) nicht mehr einbezogen, können aber durchaus durch tektonische Nachphasen betroffen sein, sodass sie Falten oder große Bruchstrukturen enthalten. – s. a. Geosynklinale.
vorübergehende Härte, f. → Wasserhärte.
Vrulje (serbokroatisch, etwa Kochen, Sieden, da an diesen Stellen das Wasser aufwallt), f., Süßwasserquelle, die im Meer unter dem Wasserspiegel austritt.
V-Tal, n. → Tal.
vulcanianische Tätigkeit (n. d. Insel Vulcano/ Italien), f. → vulkanische Tätigkeit.
Vulkan, m., Adj. **vulkanisch** (röm. Bez., die mit dem Namen des Feuergottes ‚Vulcanus' zusammenhängt), m., (nach K. SCHNEIDER, 1908, wurde der Name durch B. VARENIUS, 1622–1650 od. 1651, in d. wiss. Lit. eingeführt), an der Erdoberfläche – sowohl auf dem Lande als auch unter dem Meeresspiegel – durch das Ausfließen oder Auswerfen vulkanischer Produkte (Lava, Asche, Lapilli usw.) entstehender Bau (↗ Abb. 81). – Die bei vulkanischen Eruptionen (→ Eruption; vulkanische Tätigkeit) geförderten Produkte werden in der Erdkruste durch den Schlot (s. d.) zum eigentlichen Eruptionspunkt, dem Krater (s. d.), befördert. Durch Auswurfprodukte versch. Art kann um den Krater herum ein nach innen steil, nach außen

flach abfallender Wall aufgeschüttet werden: **Aschenwall, Aschenkegel, Schlackenkegel** (→ Asche, Schlacke). Bei verschiedenen Vulkanen bilden aufsteigende Dämpfe und Aschen in der Luft eine sich durch Abbremsung verbreiternde **Pinienwolke** (schon von PLINIUS (106 od. 107) für die Eruptionswolke des Vesuvs geprägter Begriff). – Einige Vulkane zeigen an ihren Flanken parasitäre Krater (→ Krater). Andere enthalten eine Caldera (s. d.).

Vulkanbauten, Pl., m., neben reinen Lavavulkanen mit fast ausschließlicher Lava- (s. d.) Förderung (Spaltenergüsse → Lineareruption, Trappbildungen → Trapp, Schildvulkane, s. d.; Stau-, Quell- und Stoßkuppen [→ Quellkuppe]) wird eine große Zahl der heute tätigen Vulkane von den **gemischten Vulkanen (Stratovulkan,** *K. VON SEEBACH, 1866) gestellt. Hier treten einfache (z. B. der Ätna) und zusammengesetzte Kegelberge auf (z. B. der Vesuv mit Somma, die ein Überbleibsel eines älteren Vulkanstadiums darstellt). Weiterhin können sich reine **Gasvulkane** bilden, die fast ganz oder ausschließlich aus Lockermaterial aufgebaut sind, z. B. der 1538 entstandene Aschenkegel des Monte Nuovo bei Neapel. Hierher gehören auch Diatreme (s. d.) und Maare (s. d.). – s. a. monogenetischer Vulkan, Subvulkan.

Vulkanembryo, m., (*W. BRANCA, 1894), kleiner vulkanischer Schlot, der keine oder nur sehr geringe Magmenförderung aufweist. Der Begriff wurde vor allem für die Tuffschlote der Schwäbischen Alb verwendet. – s. a. Diatrema, Pipe.

Vulkanherd, m., unterirdische Magmakammer, aus der ein Vulkan seine Schmelzen und Gase bezieht. Solche Herde können verschiedene Tiefenlage in der Erdkruste besitzen.

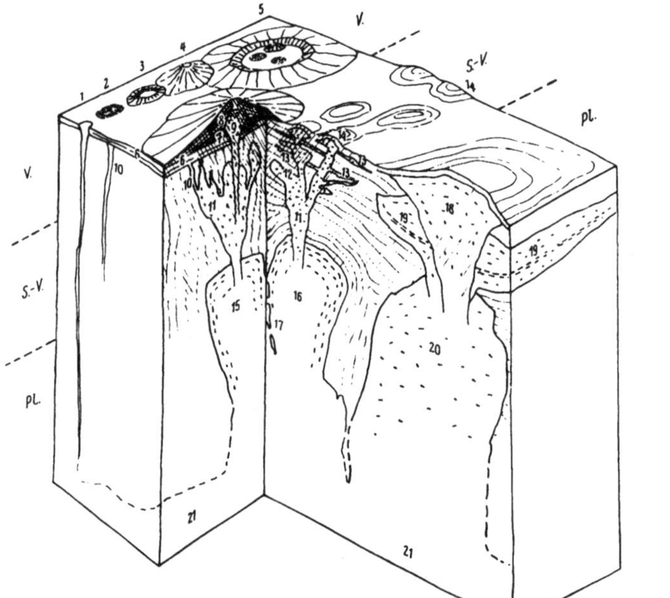

Abb. 81 Vulkanisches (V.), subvulkanisches (S.-V.) und plutonisches (Pl.) Stockwerk. – 1 Durchschlagröhre; 2 Maar; 3 Wallberg; 4 Aschekegel; 5 Caldera mit Parasitärkratern; 6 Plateau-Vulkan; 7 Schildvulkan; 8 Stratovulkan; 9 Quellkuppe; 10 Gang; 11, 12, 14 Subvulkane; 13 Lagergang; 15, 16, 18–21 Plutone. – Aus H. CLOOS: Einführung in die Geologie. – Berlin (Borntraeger), 1936.

vulkanische Brekzie, f. → Brekzie.

vulkanische Dämpfe und Gase, Pl., flüchtige Stoffe des Vulkanismus. Es konnten nachgewiesen werden: H_2O (als wichtigster Bestandteil!), HCl, H_2S, H_2, CO, CO_2, Cl_2, F_2, HF, SiF_4 (sämtlich vulkanogen); N_2, Ar, meist atmosphärischen Ursprungs; SO_2 und SO_3 durch oxidative Einwirkung der Luft auf vulkanogenes H_2S (mit dem Zwischenprodukt: elementarer Schwefel); gelegentlich: CH_4 und andere Kohlenwasserstoffe, COS, HCNS, CH_4OH, meist nicht-vulkanischer Herkunft. – Diesen v. D. und G. entstammt die vulkanische Energie, die wesentlich den Aufstiegs- und Eruptionsvorgang steuert. – s. a. phreatische Eruption.

vulkanisches Beben, n. → Erdbebentypen.

vulkanisches Gebirge, n. → Gebirge.

vulkanisches Glas, n., durch sehr schnelle Abkühlung zu Glas erstarrtes vulkanisches Schmelzprodukt; tropfenförmig: **Lavatropfen, Lavatränе**, als feine Glasfäden: **Pelés Haar**. Weitere glasige Vulkanite: Tab. IV 4. – s. a. Pisolith.

vulkanische Tätigkeit, f., sehr vereinfachte Gliederung nach Typenlokalitäten: 1. **Solfataren-** (s. d.) und **Fumarolen-** (s. d.) **Tätigkeit:** lediglich Dampf- und Gas-Aushauchungen (= Exhalationen, s. d.). – 2. **Strombolianische Tätigkeit:** rhythmischer Auswurf von Schlacken und Lavafetzen. Besserer und allgemeinerer Ausdruck: ejektive Dauertätigkeit. – 3. **Hawaiianische Tätigkeit:** ruhiges Ausfließen großer Lavaströme ohne stärkere Mitwirkung von Explosionen. Auch Lavaseetätigkeit (→ Lavasee) des Kilauea/Hawaii. – 4. **Peléanische Tätigkeit:** Ausbruch von Glutwolken (s. d.) nach dem Vorbild der Montagne Pelée auf Martinique 1902. Lässt sich nicht ohne weiteres auf andere Glutwolkenausbrüche übertragen. – 5. **Plinianische Tätigkeit:** (benannt n. Plinius d. J., 79 n. Chr.) paroxysmale (→ Paroxysmus) Explosivausbrüche. – 6. **Vulcanianische Tätigkeit:** schwache plinianische Ausbrüche mit Förderung von Lavablöcken, Brotkurstenbomben (→ Bombe) und sandigen Aschen (s. d.). – Ein Teil dieser Bezeichnungen geht auf A. Mercalli (1907) zurück, doch wird diese Gliederung der Vielfalt der vulkanischen Tätigkeiten nicht voll gerecht. – A. Rittmann (1960) versuchte eine mehr beschreibende Systematik aufzustellen, die auch die Tatsache berücksichtigt, dass sich am gleichen Vulkan verschiedenartige Ausbrüche ereignen können. Allerdings erweist sich auch diese Gliederung als zu wenig flexibel, um jede vulkanische Aktivität zu erfassen. Sie gibt jedoch einen guten allgemeinen Überblick. I. **Diffuse Dauertätigkeit:** Tätigkeit der Thermalquellen (→ Akratotherme), Geysire (s. d.), Mofetten (s. d.), Dampfquellen, Solfataren (s. d.), Fumarolen (s. d.). – II. **Zentrale Dauertätigkeit:** Exhalationen (s. d.) = ruhige und rhythmische Dampftätigkeit. – Ejektionen (→ Eruption) = Schlackenwurf-, Lavawurf-, Lavafontänen-, Lavasee-Tätigkeit. – Effusionen (s. d.) mit dünnflüssigem Magma = langsame Gipfel- (= Terminal-) und langsame Flanken- (= Lateral-)Effusionen; mit zähflüssigem Magma = Staukuppentätigkeit (= Extrusion, s. d.), Stoßkuppentätigkeit (= Protrusion, s. d.). – III. **Ausbrüche von Zentralvulkanen** (→ Vulkanreihe): Ausbrüche bei offenem Schlot = ejektive Ausbrüche (= Terminaleruptionen), gemischte Flankenausbrüche (= Lateraleruptionen), exzentrische Ausbrüche (= exzentrische Eruptionen). – Ausbrüche bei verstopftem Schlot (Initialausbrüche → Initialdurchbruch) bei dünnflüssigem Magma = Schlacken- und Aschen-Ausbrüche (= explosive Eruptionen), gemischte Gipfelausbrüche (= Terminaleruptionen), gemischte Flankenausbrüche (= Lateraleruptionen), plinianische Ausbrüche (mit differenziertem Magma); bei zähflüssigem Magma = Bimsstein- (s. d.) Ausbrüche (hochexplosive Eruptionen), Glutwolkenausbrüche, Lavablockausbrüche (= vulcanianische Eruptionen). – Erstausbrüche (Initialdurchbrüche, Perforationen) bei dünnflüssigem Magma = Schlacken- und Aschenausbrüche, gemischte Erstausbrüche; bei zähflüssigem Magma = Bimssteinausbrüche, gemischte Bimssteinausbrüche. – IV. **Spaltenausbrüche** (Lineareruptionen, s. d.). Bei dünnflüssigem Magma (Basalte) = effusive, gemischte, explosive Spaltenausbrüche; bei zähflüssigem Magma (Rhyolithe usw.) = Ignimbrit- (s. d.), Bimsstein-Spaltenausbrüche (= Staurücken). – Hinzu treten noch **phreatische** (s. d.) **Ausbrüche** in Form von Schlotausbrüchen, Perforationen oder wurzellosen Explosionen. – Vulkanausbrüche können sich auch unter Gletschern oder großen Schneemassen ereignen: **subglazialer Ausbruch.** Die dabei durch Aufschmelzung gebildeten, oft gewaltigen Wassermassen können Eisblöcke und Gesteinsmassen mitreißen, sodass durch solche Gletscherläufe Überschwemmungen und Zerstörungen angerichtet werden. – Man unterscheidet **tätige** (= **aktive**), **untätige** (=

inaktive, in zeitlich begrenztem Ruhezustand, z. B. der Vesuv von 1139–1631) und **erloschene** Vulkane. Die Zahl der heute noch tätigen bzw. noch in historischer Zeit tätig gewesenen Vulkane auf der Erde beträgt über 500. Sie knüpfen sich in ihrer Lage vor allem an Bruch-, Spalten- oder Schwächezonen der Lithosphäre (vgl. hierzu auch: Mittelozeanischer Rücken, Plattentektonik).

Vulkanismus, m., Gesamtbegriff für die vulkanische und subvulkanische Tätigkeit. – s. a. Pluton, Subvulkan, Vulkan.

Vulkanit, m. vulkanisches Gestein. → Eruptivgestein, Plutonit.

Vulkanologie, f., Wissenschaft, die sich mit → Vulkanismus beschäftigt.

Vulkanotektonik (gr 338), f., (?* A. RITTMANN, 1936), Lagerungsstörungen, die durch Bewegungen magmatischer Schmelzen verursacht werden, z. B. vulkanotektonische Horste und andere Schollenbrüche infolge Hebungen beim Einströmen magmatischer Schmelzen in den Untergrund, aber auch vulkanotektonische Einbrüche beim Nachsinken der Hangendschichten über Bereichen abströmender magmatischer Schmelzen. – s. a. Caldera, Ringgang.

Vulkanreihe, f., (schon bei C. F. NAUMANN, 1850), Bez. für eine reihenförmige Anordnung mehrerer vulkanischer Ausbruchspunkte.

W

Waal-Komplex (n. d. Mündungsfl. d. Rheins ‚Waal'/NL), m., (*W. H. ZAGWIJN, 1957), Tab. II B.

Wabenverwitterung, f., **Steingitter, Bröckellöcher** (Volksbez., die um 1900 i. d. wiss. Lit. übernommen wurden: A. HETTNER, D. HÄBERLE, L. SCHULTZE, J. WALTHER u. a.), netz- bis wabenartige Beschaffenheit von Gesteinswänden (bes. Sandsteine, natürliche Wände und Bauwerke), wobei das Netzwerk erhaben, die Zwischenpartien vertieft sind. Es handelt sich um eine Verwitterungsform des Gesteins, wobei entweder durch Windausblasung härtere Partien desselben herauspräpariert wurden oder durch Lösungen im Gestein selber infolge chemischen Angriffs auf das Bindemittel Auflockerungen erfolgten, die u. U. noch durch Salzausblühungen verstärkt wurden. Auch können Porensickerwässer durch Ausfällung örtliche Gesteinsverfestigung hervorrufen, die dann für die Verwitterung schlechter angreifbar ist. (Wichtige ältere Arbeit: D. HÄBERLE, 1911, 1915). – s. a. Tafonierung.

Wackelstein, m., (Volksausdr.), entweder Oberteil eines ehemaligen Pilzfelsens (s. d.) oder Gesteinsblock – etwa bei Granitfelsen –, der durch starke Auspräparierung der Horizontalklüftung oder -bankung mit nur schmaler Berührungsfläche locker auf seiner Unterlage ruht.

Wadati-Benioff-Zone, f. → Benioff-Zone.

Wadern-Formation (n. d. Ort Wadern/Saargebiet), Pl., (*Ch. E. WEISS, 1888), Tab. III 8 A.

Wadi (arab.), n. → Trockental.

walachische (Faltungs-) **Phase** (n. d. Walachei/Rumänien), f., (*H. STILLE, 1924, vor allem nach Arbeiten von L. MRAZEK), Tab. III 12 E.

Wallberg, m. → Os.

Wallriff, n. → Riff.

Walther'sches Prinzip (Joh. WALTHER, 1893/94), n. → Fazies.

Wanderdüne, f. → Düne.

Wandermoräne, f. → Moräne.

Wanderschutt, m. → Gekriech, Solifluktion.

Wannenboden, m. → Kryoturbation.

Wärmedom, m. → Dom.

Wärmefluss, m., im allgem. Sinne die von der Erde pro Sekunde in den Weltraum abgegebene Wärmeenergie. – Als irdischen Wärmestrom bezeichnet man den Wärmetransport vom Erdinneren nach außen, wobei die Wärmefluss-/Wärmestrom-Dichte in einzelnen Gebieten der Erde verschieden sein kann. Wärmestromeinheit (**heat flow unit,** HFU): $4{,}186 \cdot 10^{-6}\ J \cdot cm^{-2} \cdot s^{-1}$. – s. a. geothermische Tiefenstufe, Konvektionsstrom, ↗ Abb. 24.

Wärmewüste, f. → Wüste.

Warmzeit, f. → Interglazial, Kaltzeit.

Warthe-Stadium (n. d. Warthe, rechter Nebenfl. d. Oder), n., (*P. WOLDSTEDT, 1927), Tab. II B.

Warve, f., **Warventon,** m., **Warvenzählung,** f. → Bänderton.

Warvenschiefer, Warvit, m., den Bändertonen (s. d.) entsprechende diagenetisch verfestigte Gesteine präquartärer Eiszeiten (Tab. VI 12). Für manche solcher W. ist allerdings die glazigene Herkunft umstritten.

Wassereis, n., Fluss-, See- oder Meereis (s. d.), das sich im Gegensatz zum Grundeis (s. d.) an der Wasseroberfläche bildet: **Oberflächeneis.**

Wasserfall, m., über einen Hang in freiem Fall herabstürzende Wassermassen. M. SCHWARZBACH (1967): „Senkrechte oder fast senkrechte, oft viele Meter (bis mehrere 100 m) hohe Knicke im Längsprofil eines Flusses, über die das Wasser größtenteils im freien Fall herunterstürzt. **Kaskaden** sind Wasserfall-Treppen, d. h. es folgen mehrere Stufen treppenförmig hintereinander. Dabei sind die einzelnen Stufen oft ziemlich niedrig (einige Meter bis einige Dezimeter) und abgeschrägt, sodass das Wasser häufig nicht frei herunterstürzt, sondern rasch hinabgleitet. Eine scharfe Abgrenzung zwischen Wasserfällen und Kaskaden lässt sich nicht durchführen, ebenso wenig zu Stromschnellen. – **Stromschnellen** sind kleine, meist gehäuft auftretende Gefällsbrüche, die bei wasserreichen Flüssen oft nicht unmittelbar sichtbar sind, sondern sich nur durch die wirbelnde Bewegung des Wassers bemerkbar machen. – Die Bezeichnung **Katarakt** wird im Deutschen meist nicht gebraucht; doch werden die sechs Stromschnellen-Zonen des Nils zwischen Chartum und Assuan traditionell so benannt." – s. a. Gletschersturz, Hängetal.

Wasserhärte, f., im Wesentlichen verursacht durch in Lösung befindliche Calcium- und Magnesiumverbindungen im Wasser. Es ist dabei zwischen einer durch Hydrogencarbonate erzeugten **vorübergehenden Härte (Carbonathärte)** und einer durch Sulfate, Chloride und Nitrate erzeugten **bleibenden Härte (Sulfathärte)** zu unterscheiden. – Die W. kann in **deutschen Härtegraden** (°d) angegeben werden, wobei 1°d 0,01 g CaO bzw. 0,00714 g MgO pro Liter Wasser entspricht. Natürlich kann auch das chemische Maßsystem angewendet werden, wobei 1 meq l^{-1} (Härteäquivalent) = 2,8 °d ist. – Die Summe von Carbonat- und Nichtcarbonathärte in einer Wasserprobe wird als **Gesamthärte** bezeichnet.

Die Wasserhärte-Tabelle von KLUT-OLZEWSKI (1945) bezeichnet Wasser mit Härtegraden von 0–4 °d als sehr weich, von 4–8 °d als weich, von 8–12 °d als mittelhart, von 12–18 °d als etwas hart, von 18–30 °d als hart und von > 30 °d als sehr hart. – Das Waschmittelgesetz vom 20.8.1975 gibt eine etwas andere Unterteilung: bis 7,3 °d: weich, 7,3–14 °d: mittel, 14–21,3 °d: hart, > 21,3 °d: sehr hart.

In der Praxis ergibt sich für die Trinkwassernutzung (n. EAM-BOTE, 1991) folgende Gebrauchsbeurteilung: 0–2,5 °d: noch tragbar, aber wegen Korrosionsgefährdung nicht erwünscht, 2,5–5 °d: geeignet, 5–10°d: besonders gut geeignet, 10–15 °d: gut geeignet, 15–25 °d: tragbar, 25–35 °d: noch tragbar, 35–50 °d: nur tragbar, wenn die Gewinnung weicheren Wassers nicht möglich ist, > 50 °d: ungeeignet.

Wasserhülle (der Erde), f. → Hydrosphäre.

Wasserkissen, n. → Schwingmoor.

Wasserscheide, f., Grenzlinie zwischen Einzugsgebieten (s. d.), aus denen das Wasser jeweils einem bestimmten Ort zufließt. Oberirdische Wasserscheiden begrenzen oberirdische Einzugsgebiete, **Grundwasserscheiden** (unterirdische Wasserscheiden) unterirdische Einzugsgebiete. Oberirdische und unterirdische Wasserscheiden können im gleichen Gebiet z. T. in ihrer Lage erheblich voneinander abweichen, da die oberirdischen Wasserscheiden von der morphologischen, die unterirdischen von der geologischen Situation des Gebietes abhängig sind.

Wasserwalze, f., ortsfester Strudel in Gewässern, meist im Stromschatten von Hindernissen liegend.

Watt (indogerm. Wortstamm; althochdt. ‚watan', altnord. ‚vadha', lt. ‚vadare'= waten), n., (TACITUS, ca. 55–115, [Ann. I, S. 70], ‚vadosum mare': Emsmündung), amphibische Fläche im Küstenbereich des Gezeitenmeeres, die bei Hochwasser überflutet ist, bei Niedrigwasser jedoch zum Teil oder vollkommen vom Wasser freiläuft. Sie wird von den vielverzweigten Rinnen der Gezeitenströme, den **Prielen** (Sing. Priel) durchzogen. Als Sedimente treten auf: **Schlick (Schlickwatt), Sand (Sandwatt)** oder ein Gemisch aus beiden **(Mischwatt).**

Wealdien, Wealdium, Wealden (n. einer Landschaftsbez. aus SE-England), n., (der Name geht offenbar schon auf W. SMITH, 1769–1839, zurück: ‚Wealden beds'. Erste Bearbeitungen durch G. MANTELL, 1822 und W. H. FITTON, 1827), limnisch-brackische Ablagerungen der Unteren Kreide in Südengland, Norddeutschland (hier vor allem mit Flussdeltabildungen), Belgien, Nordfrankreich. Es handelt sich um eine Sonderfazies-Bez., der kein Stufen-Charakter zukommt.

Wechsel, m. → Aufschiebung.

Wechsellagerung, f., (schon bei C. F. NAUMANN, 1850, Begriff jedoch älter), Bez. für den häufigen Wechsel übereinander lagernder, verschiedenartiger Schichten in einem geologischen Profil.

wechselsinnig (bei Verwerfungen) → antithetisch.

Weichbraunkohle, f., Braunkohle (s. d.) von brauner stumpfer Farbe, teilweise erdig.

Geringe Verfestigung, hohes Porenvolumen, meist hoher Wassergehalt (75–35 %). Heizwert meist < 1,6 · 104 kJ kg^{-1}. – s. a. Hartbraunkohle.
Weichsel-Kaltzeit (n. d. Fl. Weichsel), f., (*K. Keilhack, 1909), Tab. II B und IIa.
Weilburgit (n. d. Ort Weilburg/Lahn), m. → Schalstein.
Weißbleierz, n. (A. G. Werner nach alt. bergm. Ausdr.) → Cerussit.
Weißer Jura (wegen d. vorherrsch. Gesteinsfarbe i. Süddtschl.), m. = Malm (s. d.), Tab. III 10 C.
welded tuff (engl.), m. → Gluttuff, Ignimbrit.
Wellenfurche, f. → Rippel.
Wellenkalk (wg. der ‚welligen' Schichtoberflächen), m., Tab. III 9 B.
Wellenrippel, f. → Rippel.
Wendien, Wendium, n., **Waldai-Folge,** (nach Landschaftsbezeichnungen aus Osteuropa) f., Tab. IIIa.
Wenlockien, Wenlockium, Wenlock (-Stufe), n., (n. d. Geb. Wenlock Edge/Shropshire/England) (‚Wenlock limestone' *R. I. Murchison, 1833; ‚Wenlock series' *A. C. Ramsay, 1866), Tab. III 5.
Werra-Serie (n. d. Fl. Werra), f., (ursprünglich als ‚Werra-Typus' E. Zimmermann, 1904, ebenso wie der ‚Staßfurt-Typus' als Kennzeichnung für fazielle Spezialentwicklung in best. Räumen gedacht; nach 1930 von mehreren Autoren innerhalb der zyklischen Gliederung als ‚Werraserie' und ‚Staßfurtserie' zur Kennzeichnung bestimmter stratigraphischer Abschnitte verwendet), Tab. III 8 B. – s. a. Salzzyklen, Staßfurtserie.
Wernigeröder (Faltungs-) **Phase** (n. d. Ort Wernigerode/Harz), f., (*H. Stille, 1924), Tab. III 11 B.
Westalpen, Pl. → Deckensysteme.
Westfalien, Westfalium, Westfal (-Stufe), n., (n. d. Landschaft Westfalen) (*A. de Laparent & E. Munier-Chalmas, 1892). Unterteilung in die Unterstufen A–D durch den 2. Congr. strat. carbon. Heerlen 1935. Tab. III 7 B.
Wetter, n., im Sinne von ‚Grubenwetter' (s. d.).
Wickelboden, m. → Kryoturbation.
widersinnige, widersinnig fallende Verwerfung, f. → antithetisch, rechtfallende Verwerfung.
Wiechert-Gutenberg-Diskontinuität, f., (n. d. Geophysikern E. Wiechert u. B. Gutenberg), Unstetigkeitsfläche in 2900 km Erdtiefe, an der die Erdbeben-P-Wellen eine Geschwindigkeitsverringerung von 13,6 (oben) zu 8,1 km s^{-1} (unten) erfahren. Gegen den Erdmittelpunkt steigen die Geschwindigkeiten wieder an. Die Diskontinuität grenzt den Erdmantel (s. d.) gegen den Erdkern (s. d.) ab. – s. a. ↗ Abb. 23.
Wiener Becken, n. → Molasse.
Wiesenkalk, m., durch sehr kalkreiches und hochstehendes Grundwasser hervorgerufene Kalkausscheidungen im sauerstoffreichen Oberboden von Niedermooren und → Gleyen. – s. a. Moor, Seekreide.
Wiesenmäander, m. → Mäander.
Wildflysch, m., (*F. J. Kaufmann, 1871), dunkle, marine, mit Sandsteinen wechsellagernde, glänzende Schiefer der Westalpen (Oberkreide bis Alttertiär). Sie enthalten z. T. sehr große, oft eckige Gerölle kristalliner Gesteine und Sedimente unbekannter Herkunft: exotische (s. d.) Blöcke. – s. a. Flysch, Olistholith.
Wilson-Zyklus (benannt nach J. T. Wilson) m., ein für die Erdgeschichte von Wilson (1963) postulierter mehrfacher plattentektonischer Zyklus, beginnend mit dem Aufbrechen der Lithosphäre (Rifting → Rift), fortgesetztem Ocean-floor-spreading (→ Mittelozeanischer Rücken), dabei ein- oder beidseitiger Subduktion (s. d.) und schließlich am Ende ein Schließen des Ozeans mit Kollision der Platten (→ Kollisions-Orogenese). Angenommene Größenordnung jedes Zyklus: ca. 300 Mio. Jahre.
Windabtragung, Winderosion, f. → Deflation, Korrasion.
Winderosionssee, m. → Austiefungssee.
Windkannelierung, f., Windriefelung, f. → Kannelierung.
Windkanter, m., Gesteinsbruchstück (Schutt, Geschiebe, Geröll), das durch **Windschliff** (→ Korrasion) eine (= **Einkanter**, *J. Walther, 1911) oder mehrere Kanten (**Dreikanter,** *G. Berendt, 1885; **Vielkanter**, *J. Walther, 1911) erhalten hat. Vielkanter können bei Drehung der langzeitigen Windrichtung oder bei Änderung der Lage des Gesteinsstückes zur konstanten Windrichtung entstehen. W. treten im Wesentlichen in vegetationsarmen Gebieten auf, in denen sandbeladener Wind mit möglichst konstanter Windrichtung ungehindert an Gesteinsstücken arbeiten kann; z. B. in Kälte- und Wärmewüsten, an Meeresküsten usw. – s. a. Kannelierung.
Windrippel, f. → Rippel.
Windschliff, m. → Korrasion.
Winkeldiskordanz, f. → Diskordanz.
Winkelkreuz, n. → Gang.

Wolframit (v. ‚wolfig', da Wolframit in Zinnschmelzen den Zinngehalt verringert = ‚frisst'), m., (Fe, Mn) WO_4. Wichtiges Wolframerz.

Wollastonit, m., [benannt nach W. H. WOLLASTON, 1766–1828, der als erster das Sonnenlicht spektral zerlegte; Entdecker des Pd und Rh; Erfinder d. Reflexionsgoniometers (1809). Aus letzterem Grunde wurde er durch die obige Mineralbenennung geehrt. Später wurde eine aus Pd bestehende ‚Wollaston-Medaille' von der Geological Society of London gestiftet: 1. Träger W. Smith (1831); später: H. von Meyer (1858), L. von Buch (1842), A. Boué (1847), J. Barrande (1857), Ch. Darwin (1859), H. G. Bronn (1861), Ch. Lyell (1866) (Angaben nach: M. PFANNENSTIEL, 1961)]. – Wichtiges Mineral in Kalksilikaten: $Ca_3(Si_3O_9)$.

Wollsackverwitterung, f., vor allem bei Granit oder ähnlichen Massengesteinen, gelegentlich auch bei Gneisen oder Sandsteinen auftretende, der Bankung, Quer- und Längsklüftung folgende Verwitterung, die schwach gerundete kissenartige Blöcke **(Wollsäcke)** erzeugt.

Wühlgefüge, n., durch die Tätigkeit von Lebewesen im Sediment entstehende Gefügemerkmale. H. E. REINECK (1958) unterschied zwischen dem **Wühlkern**, m., (ehemals vom Tierkörper und seinen Organen eingenommener Raum) und dem **Wühlhof**, der peripher den Kern umschließt. Wichtige Gliederungen für solche Gefüge wurden von K. KREJCI-GRAF (1932) nach der verursachenden Tätigkeit und von W. SCHÄFER (1956) nach der gefügeprägenden Wirkung aufgestellt, wobei gefügezerstörende Tätigkeit (**Verformungs**-W.) von Gefüge-Neubildung (**Gestaltungs**-W.) unterschieden wurde. – s. a. Bioturbation.

Wulffsches Netz, n. → Schmidtsches Netz.

Wurfschlacke, f., schlackenartiger Lavafetzen, der während des Auswurfes in der Luft erstarrt. – s. a. Schlacke, Schweißschlacke.

Würgeboden, m. → Kryoturbation.

Würm (-Kaltzeit) (n. der Würm, einem Abfluss des Starnberger- [= Würm-] Sees), f., (‚Würm-Vergletscherung' A. PENCK & E. BRÜCKNER, 1909), Tab. II A.

Wurzel, f., 1. Deckenwurzel → Decke. – 2. Gebirgswurzel (s. d.).

Wurzelboden, m., bei Kohlenlagern vielfach im Liegenden des Flözes auftretende, von Wurzeln der Moorpflanzen durchzogene Sedimentschicht.

Wurzelland, n., durch steil gestellte, hintereinander gestaffelte Decken charakterisierter Gebirgsabschnitt der **Wurzelregion/Wurzelzone** (= Gebiet in unmittelbarer Nähe der Deckenwurzel) eines Deckengebirges. – s. a. Decke (dort ‚Deckenwurzel').

Wurzelsprengung, f., mechanisches Auseinanderpressen von Gesteinsfugen durch wachsende Pflanzenwurzeln.

Wüste, f., Pl. **Wüsten,** größere und zusammenhängende Gebiete der Erdoberfläche, die ständig oder fast vollkommen vegetationslos sind und nicht von Wasser oder Eis bedeckt sind. Es lassen sich klimatisch bedingte W. **(Wärmewüsten, Kältewüsten)** von **bodenbedingten** W.: edaphisch (s. d.) bedingte Wüste (*M. SCHWARZBACH, 1963) unterscheiden. Letztere können sich auf stark wasserdurchlässigem Untergrund bilden. – Wüstenbildung = **Desertifikation**. – s. a. Steppe.

Wüstenlack, m., (DE ROZIÉRES, 1813), dünner, meist braunschwarzer Überzug von wasserarmen Eisenoxidhydraten, gelegentlich auch Manganoxiden, auf Felsen und anderen Gesteinsoberflächen der Wüste. Er entsteht durch kapillares Aufsaugen von Lösungen aus dem Gestein und Niederschlag des Lösungsinhaltes auf der Gesteinsoberfläche infolge starker Verdunstung (s. a. Krustenbildung). – Der durch Windschliff auf Gesteinsoberflächen erzeugte matte Firnisglanz wird vielfach bereits durch Niederschläge beseitigt. Er ist eine Windwirkung und tritt auch in anderen Klimaten auf (→ Korrasion).

Wüstenrose, f. → Gipsrose/Gipsrosette.

Wüstentheorie, f., (J. WALTHER in mehreren Arbeiten; grundsätzlich z. B. 1903), Theorie zur Entstehungsdeutung großer Salzlagerstätten. WALTHER hielt die Salzablagerungen des dt. Zechsteins für Salzseeabscheidungen in einem Gebiet mit Wüstenklima. Er lehnte damit die Anschauung von K. OCHSENIUS (1877) ab, der angenommen hatte, dass Meerwasser eingedampft wird (→ Barrentheorie). Damit sollte auch, nach WALTHER, die Fossilarmut der Salzlagerstätten im Einklang stehen. – Die Wüstentheorie wird heute nicht mehr anerkannt.

X

Xenoblast, m., Adj. **xenoblastisch** (gr 233/70), m. → kristalloblastisch.

Xenolith (gr 233/193), m., (n. H. ROSENBUSCH (1907) v. W. J. SOLLAS in Irland geprägter Begriff), Fremdgesteinseinschluss in magmati-

schen Schmelzen bzw. Gesteinen. Ist der Fremdeinschluss ein einzelner Kristall, spricht man von **Xenokrist** (m.) oder **Xenokristall** (m.). – Für Einschlüsse von Bruchstücken erstarrter älterer Schmelze in einer jüngeren, wobei aber beide vom gleichen Muttermagma abstammen sollen, wird gelegentlich der Ausdruck **Autolith** verwendet.
xenomorph (gr 233/222) → allotriomorph.
Xylit (gr 234), m., (*C. A. SEYLER in W. GOTHAN, 1937), Bez. für die Holzbestandteile der Braunkohlen (Stubben, Stämme). In ihnen ist die ehemalige Holzstruktur noch gut erhalten. – Die frühere Bez. **Lignit** (*A. BRONGNIART, 1807) für solche Holzbestandteile wird zur Vermeidung von Irrtümern mit der engl. Lit. (engl. lignite = Braunkohle) nicht mehr verwendet.

Y

yellow ground (engl.), m. → Pipe.
Yoldia-Meer (nach der marinen Muschel *Yoldia* benannt), n., (*O. TORELL, 1865), Tab. IIa B.
Yprésien, Ypresium, Ypern (-Stufe), n., (n. d. Ort Ypern/Ypres/Westflandern/Belgien) (*A. DUMONT, 1839), Tab. III 12 B.

Z

Zackeneis, n., **Zackenfirn,** m., **Zackenschnee,** m. → Penitentes.
Zechstein [nach einem bergm. Ausdruck aus dem Mansfelder Revier: das Gestein, auf dem die Zeche (= Bergwerksgebäude) steht], m., (n. E. FULDA, 1935, schon bei J. G. LEHMANN, 1756, G. Ch. FÜCHSEL, 1762, und W. VON CHARPENTIER, 1778, verwendet), Tab. III 8 B.
Zederbaum-Lakkolith, m. → Lakkolith.
Zehrgebiet, n. → Gletscher.
Zellendolomit, Zellenkalk, m. → Rauhwacke.
Zementationszone (lt 40/gr 135), f., unterhalb der Oxidationszone (s. d.) von Erzlagerstätten befindlicher Bereich, in dem sich – oft an vorhandenen Primärerzen – der Inhalt der aus der Oxidationszone herabsickernden Lösungen im Bereich des sauerstoffarmen Bodenwassers niederschlägt. Diese Ausscheidung erfolgt im Sinne der elektrochemischen Spannungsreihe dergestalt, dass edlere Metalle die Stelle von vorhandenen unedleren einnehmen, die dabei in Lösung gehen. Typische Zementationserze: gediegenes Ag, Au, Cu; Silberglanz, Kupferglanz, Covellin; in selteneren Fällen auch Kupferkies u. a. – s. a. Erzlagerstätte, Oxidationszone, Teufenunterschiede.
Zentraleruption (gr 162/lt 125), f. → Eruption, Schlot.
zentrales Beben, n. → Erdbebentypen.
Zentralgraben, m. → Mittelozeanischer Rücken, Rift.
Zentraliden, Pl. → Orogen.
Zentralkrater, m. → Krater.
Zentralvulkan, m. → vulkanische Tätigkeit, Vulkanreihe.
Zeolith (gr 133/193), Pl., m. (*A. F. VON CRONSTEDT, 1756), Gruppe H_2O-haltiger (Na,Ca,K)-Al-Silikate; häufig als hydrothermale (s. d.) Ausscheidungen von magmatischen Schmelzen.
Zerklüftung, f. → Klüftung.
Zerklüftungshöhle, f. → Höhle.
Zerrachelung, Zerrunsung, f. → Runse.
Zerrung, f., eine Beanspruchungsart der Tektonik, die durch voneinander weg gerichtete Kräfte verursacht wird **(Zugbeanspruchung).** Als **Zugfestigkeit** bezeichnet man den Widerstand gegen die Zugbeanspruchung. – Die der Z. zugeordnete Deformation wird als **Dehnung** bezeichnet. – s. a. Festigkeit.
Zerrüttungszone, f. → Ruschel.
Zerscherung, f., zusammenfassende Bez. für Gesteinsumformung durch Scherung (s. d.).
zertrümern (von Gängen) (bergm.), soviel wie aufteilen. – s. a. Trum.
Zeugenberg, m., **Zeugenberglandschaft,** f. → Auslieger.
Zickzackfalte, f. → Faltentyp.
Zinkblende, f., **Sphalerit,** m.: ZnS.
Zinnstein, m., (schon bei J. G. WALLERIUS, 1750; der Begriff ist jedoch älter), **Cassiterit** (*A. BEUDANT, 1832): SnO_2. Wichtigstes Zinnerz.
Zinnwaldit (n. d. Ort Zinnwald/Erzgeb.), m., (*A. HAIDINGER, 1845): $KLiFe^{2+}Al[Si_3AlO_{10}][F,OH]_2$. – Gehört zur Gruppe der Glimmer.
Zirkon (v. ‚Silex Circonius'), m., (*M. H. KLAPROTH, 1789), m., $ZrSiO_4$.
Zoisit (n. d. österr. Baron S. ZOIS VON EDELSTEIN, 1747–1819), m. (*A. G. WERNER, 1805), in Metamorphiten verbreitetes Mineral, $Ca_2Al_3\,[O/OH/SiO_4/Si_2O_7]$.
zonare/zonale Verteilung von Erzlagerstätten, mehr oder weniger konzentrisch um erzspendende magmatische Körper liegende Zonen etwa gleichen Erzmineralinhalts. Dabei folgen die einzelnen Erzparagenesen – wie bei den primären Teufenunterschieden (→ Teufen-

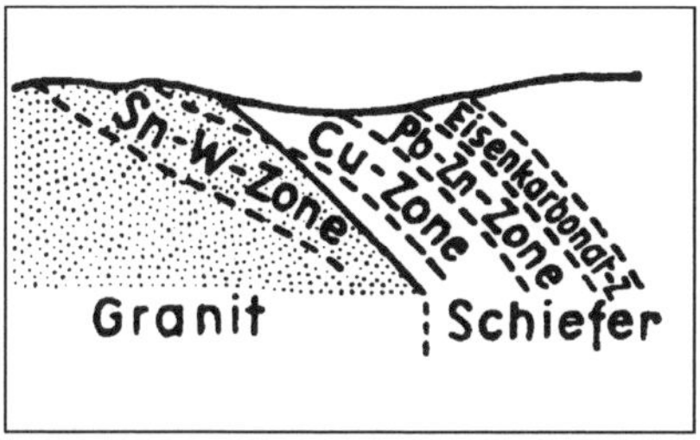

Abb. 82 Zonare Verteilung von Erzlagerstätten im Bereich des Granits von Cornwall/SW-England (nach H. DEWEY aus W. & W.E. PETRASCHECK: Lagerstättenlehre. – 2. Aufl.; Wien [Springer], 1961).

unterschiede) – übereinander (↗ Abb. 82). Diese Zonen sind ein Abbild der zur Zeit der Erzbildung herrschenden Bereiche gleicher Temperatur. Sie gestatten somit die Rekonstruktion von Geoisothermen und Rückschlüsse auf die Lage des Erzspenders (s. d.). Die Erkenntnis der Bedeutung des **‚zoning'** für die Lagerstättenkunde geht auf die Arbeiten der amerikanischen Forscher W. H. EMMONS, W. LINDGREN und E. SPURR zurück. Seitdem sind zahlreiche Arbeiten über dieses Gebiet erschienen. – Liegen, wie etwa bei oberflächennahen Intrusionen, die Geoisothermen sehr dicht beieinander, dann schieben sich die Erzzonen nahe aneinander bzw. ineinander (wie bei einem Teleskop): **Telescoping** (*J. E. SPURR, 1923). – s. a. Metallzone.

Zone (gr 135), f., (*A. OPPEL, 1856; jedoch schon von A. D' ORBIGNY, 1849, 1852, verwendet), kleinste, paläontologisch durch die vertikale Verbreitungsdauer einer Leitart oder kleinsten selbstständigen Faunen/Floren-Gemeinschaft definierbare stratigraphische Einheit, die sich überregional erfassen und verfolgen lässt.

zoogen (gr 136/76) → biogenes Sediment.

Zooplankton (gr 136/281), n. → Plankton.

Zugbeanspruchung, f., **Zugfestigkeit,** f. → Zerrung.

Zungenbecken, n., (*A. PENCK, 1882), nach vorn durch die Endmoräne begrenztes Becken, in dem die Gletscherzunge liegt bzw. gelegen hat. Nach dem Gletscherrückzug bilden sich nicht selten in diesen Becken Seen oder Moore. – s. a. Gletscher.

Zustandsstufe, f., bodenkundliche Bez. für den Bodentyp, der den augenblicklichen Zustand eines Bodens angibt, und zwar gesehen in einem Zustandsstufenschema (G. GÖRZ) vom unreifen über den reifen zum gealterten Boden. Die Feststellung der Z. ist ein Kriterium für die landwirtschaftliche Bodenbewertung.

Zwillingskrater, m. → Krater.

Zwischenabfluss, m. → Abfluss.

Zwischenbeben, n. → Erdbeben.

Zwischeneiszeit, f. → Eiszeit, Interglazial.

Zwischengebirge, n. → Orogen.

Zwischenmittel, n. → Berge.

Zwitter, m. (alter bergm. Ausdr. a. d. Erzgeb.), Bez. für zinnsteinreiche Imprägnationen (s. d.) in Granitstöcken (→ Stock), die in enger Verbindung mit Greisen (s. d.) stehen. – Größere ‚stock'artige Vorkommen dieser Art werden als **Zwitterstöcke** bezeichnet. – s. a. Zinnstein.

Zyklentheorie (gr 184/146), f., Annahme, dass die Entwicklung der Erde während der geologischen Zeiten in Zyklen verlaufen ist. Dabei sollen Zeiten ruhiger Entwicklung **(Evolution)** mit solchen wesentlicher Steigerung des geologischen Geschehens **(Revolution)** periodisch gewechselt haben. Mit diesen Fragen hat sich vor allem H. STILLE (1913, 1926) befasst. Nach seinen Vorstellungen beginnt ein **geotektonischer Zyklus** mit der epirogenen Absenkung einer Geosynklinale, verstärkt sich während der Zeit der Ausfaltung der Geosynklinale zu einem Gebirge (Orogenese, s. d.) und klingt dann mit nachfolgender Hebung und damit verbundener Abtragung und Einebnung, u. U. auch Senkung, wieder ab. Parallel zu diesem geotektonischen läuft ein **geomagmatischer Zyklus** (→ magmatischer/magmatologischer Zyklus) ab. – s. a. Wilson-Zyklus.

zyklische Sedimente (gr 184/lt 302) Pl., n. → Sedimentationszyklus.

Zyklothem (gr 184/143), n., (*J. M. WELLER, 1930), **Kleinzyklus** bei Sedimenten. Sie sind besonders aus den Vortiefen (s. d.) des Varistischen Gebirges (z. B. Ruhrgebiet) bekannt geworden, wo im Idealfall folgende Schichtenfolge (= Zyklothem) zu beobachten ist (Beispiel aus den Essener Schichten des Ruhrgebietes n. A. RABITZ, 1957): vom Liegenden (Kohlenflöz) zum Hangenden:

1. ‚Schieferton' mit marinen, brackischen oder limnischen Fossilien. – 2. sandiger und sandstreifig-sandiger ‚Schieferton'. – 3. Sandstein. – 4. sandiger und sandstreifig-sandiger ‚Schiefer-

ton'. – 5. ‚Schieferton' mit Wurzelresten. – 6. Steinkohlenflöz.
Bezüglich der Entstehung solcher Zyklotheme bestehen unterschiedliche Auffassungen. Die ‚klassische' Anschauung (z. B. J. M. WELLER, 1930; K. FIEGE, 1937, u. a.) führt die Bildung auf endogene Ursachen zurück. Der Sedimentgehalt der Schichtengruppe 1 des obigen Schemas weist dementsprechend auf eine Verstärkung der Absenkung, derjenige der Schichtengruppen 2 bis 5 auf eine Verfüllung des Beckens hin. Dabei kam von 1 bis 3 immer grobkörnigeres, von 3 bis 5 immer feinkörnigeres Material zur Ablagerung. Das Kohlenflöz (6) entspricht einem (±) Senkungsstillstand. – In neuerer Zeit sind auch exogene Ursachen zur Erklärung der Entstehung herangezogen worden: Meeresspiegelschwankungen (z. B. W. JESSEN in W. JESSEN, G. KREMP & P. MICHELAU, 1952); Klimaschwankungen, Setzungen im Verlauf diagenetischer Prozesse, insbesondere der Inkohlung. – Eine weitere Autorengruppe, vor allem in England, hat ein Zusammenwirken endogener und exogener Ursachen für wahrscheinlich gehalten. – s. a. Salzzyklen, Sedimentationszyklus.

zylindrische Falte, Zylinderfalte (gr 185), f., wenn sich die Querschnitte von Falten längs der Faltenachsen nicht verändern, wenn also die Faltenschenkel gewissermaßen wie auf einem Zylindermantel liegen, bezeichnet man sie als Z. Ist dieser gedachte Mantel konisch wie ein Kegel, spricht man von **Kegelfalten** oder **konischen Falten.** – s. a. Falte.

Tabellen

Tabelle I Unterteilung der erdgeschichtlichen Abschnitte

Stratigraphische Abschnitte	engl.	Beispiel
Ära, Zeitalter	,erathem'	Paläozoikum
Supergruppe, System	,system'	Devon
Gruppe, Serie	,serie'	Mitteldevon
Untergruppe, Stufe	,stage'	Eifel, Eifélien, Eifelium
Formation	,formation'	Ahrdorf-Formation Ahrdorf-Schichten
Formationsglied, Unterformation, Subformation	,member'	Betterberg-Unterformation
Bank, Horizont	,horizon'	Bildstock-Horizont

Anmerkung: Die kleinsten Abschnitte sind lithostratigraphische Einheiten. Um einen einheitlichen Gebrauch dieser stratigraphischen Nomenklatur, der sich erst allmählich durchsetzt, bemüht sich eine Deutsche Stratigraphische Kommission bzw. eine International Commission on Stratigraphy in der International Union of Geological Sciences (IUGS). Vielfach wird auch unterschieden zwischen der Gesteinseinheit (z. B. Ahrdorf-Formation) und dem durch sie repräsentierten Zeitabschnitt (Ahrdorfium). – Vgl. auch Stichwort → Geochronologie.

Die Endung -ien, -ium (-Stufe) bei stratigraphischen Bezeichnungen

Im vorliegenden Buch wurden – soweit überhaupt möglich – alle drei Schreibweisen nebeneinander aufgeführt. Nachdem die Deutsche Geologische Gesellschaft in ihrer Geschäftssitzung vom 12.8.1921 empfohlen hatte, die deutschen Namen zu verwenden, z. B. (das) ,Siegen' oder ,Siegen-Stufe', wurde später von mehreren Autoren vor der Verwendung des einfachen Ortsbegriffs gewarnt, da hier Verwechslungen mit Fundorten oder geographischen Namen möglich sind (z. B.: 1. E. Voigt, 1951, mit dem Beispiel: Fundort Maastricht in Holland und stratigraphischer Zeitbegriff (das) ,Maastricht' an irgendeiner geographisch beliebigen Lokalität. – 2. R. Richter, 1951, mit dem Beispiel: geographischer Begriff (die) ,Eifel' und stratigraphischer Begriff (das) ,Eifel' für irgendeinen Fundpunkt in und außerhalb der Eifel.

R. Richter (1951, 1954) schlug daher vor, völlig neutral zu verfahren und – wie etwa bei den Systembezeichnungen ,Kambrium, Ordovizium' usw. – die lateinische Endung -ium für die Stufenbezeichnungen zu verwenden, z. B. ,Eifelium' statt ,Eifelien', ,Eifel-Stufe', ,Eifel'.

Dieser Vorschlag ist – allerdings nicht von allen Autoren – in der deutschen Literatur angenommen worden, obwohl sich dadurch manche sprachlichen Schwierigkeiten ergeben und die Verknüpfung eines deutschen (oder ausländischen) geographischen Namens mit einer lateinischen Endung ungewohnt erscheint. – Es soll außerdem noch darauf hingewiesen werden, dass in der englischsprachigen Literatur die Endung -ian (z. B. Cambrian, Campanian) verwendet wird.

Tabelle II Stratigraphische Tabelle für das Quartär
(nach: Deutsche Stratigraphische Kommission: Stratigraphische Tabelle von Deutschland. – Hannover 2002 und B. U. Haq & F. W. B. van Eysinga: Geological Time Table. – 4. Aufl., Amsterdam [Elsevier] 1987). – K = Kaltzeit, W = Warmzeit.

Serie	Zeit Ma	Paläö-magnet. Skala	A nördliches Mitteleuropa	B Alpen	C Mittelmeer	D Kulturstufen
Holozän	0		Holozän			Metallzeit Neolithikum Mesolithikum
Pleistozän	0,01	Brunhes-Epoche (normal)	Weichsel (K)	Würm (K)	Versilian	Jungpaläolithikum
			Eem (W)	Eem (W)		Mittelpaläolithikum
			Saale (K)	Riss (K)	Tyrrhenian Milazzian	Altpaläolithikum
			Holstein (W)	Holstein (W)		
			Elster (K)	Haslach-Mindel (K)	Sicilian	
			Cromer	Günz		Frühpaläolithikum
	0,78	Matuyama-Epoche (revers)	Bavel		Emilian	
			Menap			
				Biber/Donau	Calabrian	
			Waal (W)			
			Eburon (K)	↓		
Pliozän	1,8		Tegelen		Piacentian	
		Gauss-Epoche				

Tabelle IIa Stratigraphische Tabelle für die Weichsel-Kaltzeit und das Holozän in Nordwest-Deutschland

		Jahre (B.P.)	A Gliederung NW-Europa	B Ostsee-Stadien	C Kulturfolgen	
Holozän	Postglazial	0	Subatlantikum	Mya-Meer		Historische Zeit
		1000		Limnaea-Meer (Dünkirchen-Transgression)		
		2000				
		3000	Subboreal	Littorina-Meer (Flandrische Transgression)		Eisenzeit
		4000				Bronzezeit
		5000	Atlantikum			Neolithikum
		6000				
	Spätglazial	7000				
		8000	Boreal	Ancylus-See		Mesolithikum
		9000	Präboreal	Yoldia-Meer		
Weichsel (Kz)		10000	Jüngere Dryas	Baltischer Eisstausee		Spät-Paläolithikum
		11000	Alleröd (Interstadial)			
		12000	Ältere Dryas		Jungpaläolithikum	
		13000	Bölling (Interstadial) Älteste Dryas			Magdalénien Hamburger Kultur
	Hochglazial	14000	Pommersches Stadium			
		15000	Frankfurter Stadium			
	Frühglazial	20000	Brandenburger Stadium			Gravettien
		30000	Denekamp (Interstadial)			Aurignacien
		40000	Hengelo (Interstadial)		Mittelpaläolithikum	„Moustérien" und Micoquien
		50000	Moershoofd (Interstadial)			
		60000	Odderade (Interstadial) Brørup (Interstadial) Amersfoort (Interstadial)			
		70000				

E E M (Wz = Interglazial)

Tabelle III Stratigraphische Tabelle: Präkambrium bis Quartär
(Unter besonderer Berücksichtigung der Geologie Europas).

Zeitalter: Tiere	Zeitalter: Pflanzen	System		Serie (und Subserie)	Stufe (ggf. auch Unterstufe)		
KÄNOZOIKUM	NEOPHYTIKUM	13 **Quartär**		B Holozän	→ siehe Tabelle II		
				A Pleistozän			
		1,8					
		12 **Tertiär**	Neogen (Jungtertiär)	E Pliozän	Astium, Gelasium	Levantinium (Reuverium), Dacium	
					Piacentium		
					Pannonium, Zancleum	Pontium, Mäotium	
				5,1			
				D Miozän	Sarmatium, Messinium		Obere Süßwassermolasse
					Tortonium		
					Helvetium		Obere Meeresmolasse
					Burdigalium		
					Aquitanium		Untere Süßwassermolasse
				23,8			
			Paläogen (Alttertiär)	C Oligozän	Chattium		
					Rupelium		Untere Meeresmolasse
					Latdorfium	Sannoisium	
				33,7			
				B Eozän	Oberes	Priabonium	
					Mittleres	Bartonium, Lutetium	
					Unteres	Ypresium	
				54,9			
				A Paläozän	Thanetium		
					Montium, Seelandium		
					Danium		
		65					
MESOZOIKUM	NEOPHYTIKUM	11 **Kreide**		B Obere Kreide	Maastrichtium	Senonium	Gosau (Alpen)
					Campanium		
					Santonium	Emscherium	
					Coniacium		
					Turonium		
					Cenomanium		
				99			
	MESOPHYTIKUM			A Untere Kreide	Albium	Gaultium	
					Aptium		
					Barremium		
					Hauterivium	Neokomium	
					Valanginium		
					Berriasium		
		142					
		10 **Jura**		C Malm (Weißer Jura)	Oberer Jura: Portlandium = Thitonium	(ξ)	
					Kimmeridgium	(γ+δ+ε)	
					Oxfordium	(α+β)	
		156,5					

Altersangaben nach Deutsche Stratigraphische Kommission:
Stratigraphische Tabelle

Alter in Millionen Jahren Tektonische Phasen (Ph.) und Ären	Ären	wichtige Daten: zum geologischen Erscheinungsbild / zur Entwicklung der Tier- und Pflanzenwelt
pasadenische Ph.		**Holozän:** Entwicklung zum heutigen Bild. **Pleistozän:** Gewaltige weltweite Vereisungen zeigen Großschwankungen des Klimas an. Schwacher Vulkanismus, auch in Mitteleuropa. **Fauna:** Höhlenbär, Elch, Ren, Elephantiden, Mensch (seine Artefakte dienen oft als Leitfossilien!) **Pflanzen:** durch mehrfache Klimaschwankungen deutliche Veränderungen des jeweiligen Florenbildes.
walachische Ph. rhodanische Ph. attische Ph. steirische Ph. savische Ph. pyrenäische Ph. laramische Ph.	jungalpidisch mittelalpidisch Alpidische (Faltungs-)Ära	**Klima:** vom Alt- zum Jungtertiär fortschreitende Temperaturabnahme. Klimatisch bedingt: Salzlager. Klimatisch-tektonisch bedingt: zahlreiche Braunkohlenlagerstätten. Kräftiger Vulkanismus. Im Alttertiär erreicht die alpidische Orogenese (Alpen, Karpathen, Dinariden, Helleniden, Apennin, Atlas) ihren Höhepunkt; Molasse-Becken, Po-Becken, am Ende des Tertiärs Faltenjura. Ab Eozän Oberrheingraben. Vor 15 Mill. J. Meteoreinschlag: Nördlinger Ries u. Steinheimer Becken. Das Tethysmeer wird durch Kollision der Gondwanamasse mit der eurasiatischen Platte geschlossen: europäische und asiatische Kettengebirge. Weiteres Zerbrechen von Gondwana: Aufreißen des Roten Meers und des Ostafrikanischen Grabensystems. In der Umrandung des Pazifiks starke Aktivität an Subduktionszonen. **Fauna:** Foraminiferen zum Teil in Riesenformen (Nummuliten des Eozäns!). Starke Entwicklung der plazentalen Säuger und der Vögel. Erste Vertreter der Primaten, Carnivoren, Huf- und Rüsseltiere. **Pflanzen:** die Angiospermae (Bedecktsamer) übernehmen die Herrschaft. Infolge langsamer Klimaveränderung auch Änderung des Florenbildes. **Ausgestorben:** Ammoniten, Belemniten, Inoceramen, Dinosaurier.
Wernigröder Ph. Ilseder Ph. vorgosauische Ph. austrische Ph. Hils-Ph.	altelalpidisch jungkimmerische Ph.	**Klima:** die Unterkreide feuchter und kühler als die Oberkreide. Letztere warm und teilweise arid. Klimatisch bedingt: Wealdenkohle des Deisters. Einsetzen der alpidischen Gebirgsbildung im Tethysbereich dadurch, dass die Südkontinente sich auf die eurasiatische Platte zubewegen. Südamerika, Afrika, Indien und die Antarktis mit Australien driften auseinander; Süd- und Zentralatlantik verbreitern sich, der Nordatlantik reißt auf. Riesige Basaltdecken in Ostafrika und Indien (Dekkan-Trapp). **Fauna:** Foraminiferen zum Teil in Riesenformen *(Orbitoides)*, Muscheln (*Inoceramus*; Rudisten der Thethys), Ammoniten (zum Teil aberrant durch Entrollung oder Riesenwuchs), Belemniten (Stufenbez. in Norddeutschland!). **Wirbeltiere:** Saurier in Riesenformen, erste plazentale Säuger (Insectivoren). **Pflanzen:** neben Gymnospermae neu die Angiospermae, die sich vor allem seit der mittleren Kreide schnell und breit entwickeln.
Osterwald-Ph. Deister-Ph.		**Klima:** zu Beginn (Rhät-Lias) feucht und kühl, am Ende warm/arid. Klimabedingt: salinare Einlagerungen, wie im Kimmeridge und Münder Mergel Norddeutschlands.

Tabelle III Stratigraphische Tabelle: Präkambrium bis Quartär
(1. Forts. – Unter besonderer Berücksichtigung der Geologie Europas).

Zeitalter: Tiere	Zeitalter: Pflanzen	System	Serie (und Subserie)		Stufe (ggf. auch Unterstufe)	
MESOZOIKUM	MESOPHYTIKUM	10 Jura	B Dogger (Brauner Jura)	Mittl. Jura	Callovium	(ε z.T. + ζ)
					Bathonium	(ε z.T.)
					Bajocium	(γ + δ + ε z.T.)
					Aalenium	(α + β, Lias ζ z.T.)
			178			
			A Lias (Schwarzer Jura)	Unterer	Toarcium	(ε + ζ z.T.)
					Pliensbachium	(γ + δ)
					Sinemurium	(α3 + β)
					Hettangium	(α1 + α2)
		200				

Zeitalter: Tiere	Zeitalter: Pflanzen	System	Serie (und Subserie)	Germanische Trias	Alpine Trias	
MESOZOIKUM	MESOPHYTIKUM	9 Trias	C Keuper	Oberer Keuper (Rhät)	Obere Trias	Rhätium
				Mittlerer Keuper (= ‚Gipskeuper')		Norium
						Karnium
						231
				Unterer Keuper = ‚Letten-(Kohlen-)Keuper'	Mittlere Trias	Ladinium
			B Muschelkalk	Ob. Muschelkalk (= Haupt-Mu.kalk)		
				Mittl. Muschelkalk (= Anhydritgruppe)		Anisium
				Unt. Muschelkalk (= Wellenkalk)		
						244
			A Buntsandstein	Ob. Buntsandstein (= Röt)	Untere Trias	Olenekium } Skythium
				Mittl. Buntsandstein (= Hauptbuntsandstein)		
				Unt. Buntsandstein		Indusium } Skythium
		251				

Zeitalter: Tiere	Zeitalter: Pflanzen	System	Serie	Subserie	Mitteleuropa (terrestrisch bis marin): Saar-Nahe	Subserie	Mitteleuropa (terrestrisch bis marin): Thüringen		Ural und Vorland (marin)	Karnische Alpen (marin)
PALÄOZOIKUM	MESOPHYTIKUM	8 Perm (‚Dyas')	B Zechstein	Niedersachsen-Serien	Aller-Serie (Z IV)			Ob. Perm = Thuringium	Tatarium	Bellerophonschichten
					Leine-Serie (Z III)					
					Staßfurt-Serie (Z II)				Kazanium	
					Werra-Serie (Z I)					
									272,5	
	PALÄOPHYTIKUM		A Rotliegendes		Kreuznach-Formation	Oberes Rotliegendes	Eisenach-Formation	Mittl. Perm = Saxonium	Kungurium	Gröden-Schichten
					Wadern-Formation		Tambach-Formation			
					Donnersberg-Fm. (mit Vulkaniten: ‚Grenzlager')					
					Tholey-Schichten	Unteres Rotliegendes	Oberhof-Formation	Unt. Perm = Autunium	Artinskium	Trogkofel-Kalk
					Lebach-Schichten		Goldlauter-Formation			
					Kusel-Schichten		Manebach-Formation		Sakmarium	Rattendorf-Schichten
							Ilmenau-Formation		Asselium	
		296			Saar-Nahe		Thüringen			

Altersangaben nach Deutsche Stratigraphische Kommission:
Stratigraphische Tabelle

Alter in Millionen Jahren Tektonische Phasen (Ph.) und Ären			wichtige Daten: zum geologischen Erscheinungsbild / zur Entwicklung der Tier- und Pflanzenwelt
	altalpidisch	Alpidische (Faltungs-)Ära	In der Tethys, die sich nach Westen ausdehnt, Bereiche mit basischem untermeerischem Vulkanismus (Ophiolithe). Der Südkontinent zerbricht, der Zentralatlantik weitet sich. In Südamerika (Paraná-Becken) und Südafrika Plateaubasalte. Entstehen des Kordilleren- und Anden-Systems mit starkem Plutonismus und Inselbogen-Vulkanen. **Fauna:** wichtigste Leitfossilien Ammoniten, Kieselschwämme (Schwammriffe des Malm). – **Wirbeltiere:** Saurier (auf dem Land: Dinosaurier; im Meer: Ichthyosaurier, Plesiosaurier; in d. Luft: Flugsaurier, z.B. *Pterodactylus*), Auftreten des Urvogels, *Archäopteryx*. – **Pflanzen:** Weiterentwicklung des Pflanzenbilds der Trias.
altkimmerische Ph.			**Klima:** warm, zeitweilig arid; gegen Ende des Keupers feuchter. Klimabedingt: Kohlen des Keupers; salinare Einlagerungen im Skyth der Nordalpen, im Mittleren Muschelkalk und Mittleren Keuper Deutschlands. Der Großkontinent Pangäa zerbricht, und zwischen Gondwana und Eurasien schiebt sich der Tethys-Ozean. In Europa Faziesgegensätze zwischen der vollmarinen Alpinen Fazies (Tethys) und der Germanischen Fazies mit terrestrischen Folgen und Flachwasser-Sedimenten. **Fauna:** Muscheln *(Avicula, Gervilleia, Lima, Pecten, Myophoria)*, Cephalopoden (Ceratiten!), Brachiopoden *(Terebratula)*, Crinoiden. – Wirbeltiere: Reptilien mit vielen neuen Ordnungen. Erstes Erscheinen der Säuger (Multituberculata). **Pflanzen:** Weiterentwicklung vor allem der Gymnospermae. – Leitfossilien: *Pleuromeia*, Schachtelhalme *(Equisetites)*, Coniferen *(Voltzia)*.
pfälzische Ph.			
esterelische Ph.		Variscische (Faltungs-)Ära	**Klima:** warm, z.T. arid (Kohlenbildungen gelegentlich im Rotliegenden, Bildung ausgedehnter Steinsalz- und Kalilager). – Bedeutende permokarbone Vereisungen auf Gondwana. Letzte Stadien der Variszischen Orogenese. Abtragung und Einebnung des Variszischen Faltengebirges. In Bereichen mit Dehnungstektonik starker bimodaler Vulkanismus. Östlich von Pangäa liegt der Tethys-Ozean, von dem Ausläufer nach Südeuropa und in den Ostalpenbereich ziehen. **Fauna:** Großforaminiferen *(Schwagerina)*, Muscheln, Cephalopoden, Brachiopoden (*Productus*, Spiriferen), Bryozoen (*Fenestella*-Riffe!), erste reguläre Seeigel. **Wirbeltiere:** Fische mit Schmelzschuppen, Amphibien (Stegocephalen), Reptilien. **Pflanzen:** Farne (wichtig auf Gondwana als Kältezeiger: *Glossopteris*), im Zechstein die Gymnospermae (Coniferen *Walchia* und *Ullmannia*, erste Gingko-Gewächse), Weiterentwicklung vor allem der Gymnospermae. Es sterben aus: Tetrakorallen, Trilobiten, Blastoideen, Eurypteriden. **Anmerkung:** Die stratigraphischen Grenzen im Perm der einzelnen Gebiete sind nur annähernd parallel.

Tabelle III Stratigraphische Tabelle: Präkambrium bis Quartär
(2. Forts. – Unter besonderer Berücksichtigung der Geologie Europas).

Zeitalter: Tiere	Zeitalter: Pflanzen	System	Serie (und Subserie)	Stufe (ggf. auch Unterstufe): Westeuropa	Osteuropa
PALÄOZOIKUM	PALÄOPHYTIKUM	7 **Karbon**	B Oberkarbon (= Silesium) (= Pennsylvanium)	Westeuropa (paralisch): Stefanium A B C; Westfalium A B C D; Namurium	Osteuropa: Gzelium; Kasimovium; Moscovium; Bashkirium
			— 320 —		
			A Unterkarbon (= Mississippium)	Westeuropa (marin): Viseum, Tournaisium } Dinantium	Serpukhovium; Viséum; Tournaisium
		— 358 —			
		6 **Devon**	C Oberdevon	Wocklumium (Etroeungtium), Dasbergium, Hembergium } Famennium; Nehdenium; Adorfium (= Frasnium)	
			— 381 —		
			D Mitteldevon	Givetium; Eifelium (= Couvinium)	
			A Unterdevon	Emsium; Pragium (Siegenium); Lochkovium (Gedinnium)	
		— 417 —			
		5 **Silur** (‚Gotlandium')		Pridolium; Ludlovium, Wenlockium } Salopium; Llandoverium	
		— 443 —			
		4 **Ordovizium**	B Oberordovizium	Ashgillium; Caradocium	
	EOPHYTIKUM		— 450 —		
			A Unterordovizium	Llandeilium; Llanvirnium; Arenigium (= Skiddavium); Tremadocium	
		— 495 —			
		3 **Kambrium**	C Oberkambrium		
KRYPTOZOIKUM			B Mittelkambrium		
			A Unterkambrium		
		— 545 —			
		2 **Proterozoikum** = Eozoikum = Jungpräkambrium			**Präkambrium** (vgl. → Tabelle IIIa)
		— 2500 —			
		1 **Archaikum** = Altpräkambrium			
		— >4500 —			

Altersangaben nach Deutsche Stratigraphische Kommission:
Stratigraphische Tabelle

Alter in Millionen Jahren Tektonische Phasen (Ph.) und Ären	wichtige Daten: zum geologischen Erscheinungsbild / zur Entwicklung der Tier- und Pflanzenwelt
asturische Ph. erzgebirgische Ph. sudetische Ph. selkische Ph. nassauische Ph. (bretonische Ph.; Variscische (Faltungs-)Ära)	**Klima:** warm, feucht. Klimatisch-tektonisch bedingt: weltweite Kohlenbildungen. Gegen Ende d. Karbons auf Gondwana Vereisungen. Die Kontinentalmassen Laurussia, Sibiria und Gondwana rücken zu einem Großkontinent, der Pangäa zusammen. Dabei entsteht bei der Kollision von Laurussia und Gondwana das Variscische Faltengebirge. In seinen Randtiefen Kohlelagerstätten. **Fauna:** Großforaminiferen *(Fusulina),* Muscheln (auch Süßwassermuscheln!), Cephalopoden (Goniatiten!), Brachiopoden *(Spirifer, Productus),* Tetrakorallen, erste geflügelte Insekten. – Wirbeltiere: erste Reptilien (Cotylosaurier). – **Pflanzen:** üppige Entwicklung vor allem der niederen Gefäßpflanzen (*Lepidodendron, Sigillaria, Calamites,* Farngewächse), erste Gymnospermae (Farnsamer, erste Coniferen). – Es sterben aus: Panzerfische.
marsische Ph. reussische Ph. orkadische Ph. erische Ph. (bretonische Ph.; jungkaledonische Ph.; Variscische (Faltungs-)Ära)	**Klima:** ausgeglichen warm. Klimabedingt: Salinar im Old Red, Kohlen auf der Bäreninsel. Fragliche Vereisungsspuren in Südafrika. – Letzte Bewegungen der Kaledonischen Gebirgsbildung, durch die Europa und Nordamerika zum Kontinent Laurussia vereinigt werden. Zwischen ihm und Gondwana ein Meeresbecken mit mächtigen, anfangs klastischen, dann zunehmend karbonatischen Folgen. Basischer submariner Vulkanismus. **Fauna:** Muscheln, Cephalopoden (Goniatiten, Clymenien), Brachiopoden (Spiriferen, Rhynchonelliden, Terebratuliden), Korallen, Trilobiten, Ostracoden. – Wirbeltiere: breite Entwicklung der Fische, erste Amphibien (Ichthyostega). – **Pflanzen:** zuerst Psilophyten, dann Entwicklung der Gefäßkryptogamen. – Es sterben aus: Graptolithen.
ardennische Ph. takonische Ph. (jungkaledonische Ph.; Kaledonische (Faltungs-)Ära)	**Klima:** warm, feucht, zum Teil arid; klimabedingt sind Salzlager in Nordamerika und Sibirien. – Ein Vorläufer des Nordatlantiks (der Iapetus-Ozean) wird dadurch geschlossen, dass die Kontinente Baltica und Laurentia durch das Kaledonische Faltengebirge zum Großkontinent Laurussia zusammengeschweißt werden. **Fauna:** Graptolithen (wichtigste Leitfossilien!), Brachiopoden, Korallen, Trilobiten, Ostracoden, Gigantostraken *(Eurypterus, Pterygotus).* Erste Panzerfische. – **Pflanzen:** erste Gefäßpflanzen *(Psilophytales).*
(altkaledonische Ph.; Kaledonische (Faltungs-)Ära) sardische Ph.	**Klima:** warm, feucht. – Vom Gondwanablock löst sich Westeuropa als Teilscholle (Avalonia) ab und nähert sich der osteuropäischen Plattform (Baltica), die wie Nordamerika und Ostasien allseits von Meer umgeben ist. **Fauna:** Graptolithen (wichtigste Leitfossilien!), Nautiloideen, tabulate Korallen, Brachiopoden, Trilobiten. – Wirbeltiere: Agnathi (Kieferlose) und Fische. – **Pflanzen:** Algen.
Salair-Ph. assyntische Ph. (altkaledonische Ph.; Kaledonische (Faltungs-)Ära)	**Klima:** kühl beginnend (eokambrische Eiszeit), dann wärmer werdend. Teilweise arid (Salzvorkommen in Sibirien und Indien). – Die Südkontinente bilden den Großkontinent Gondwana. Die anderen Kontinentalschollen (Baltica, Laurentia, Sibiria, China, Kasachstania) werden allseits von breiten Ozeanen umgeben. **Fauna:** winzige Cephalopoden, Archaeocyathiden (= ? Schwämme), Brachiopoden (30%), Trilobiten (60%). Bereits alle wichtigen wirbellosen Tiergruppen vorhanden. – **Pflanzen:** Algen.
mehrere Orogenesen	Proterozoikum: Älteste Wirbellose. – Älteste Pflanzen: Algen (z.B. Schungit; s.d.). Archaikum: Älteste strukturierte Lebensspuren (Uralgen, Einzeller, Bakterien). – **Klima:** oft schwer anzusprechen; Klimaschwankungen sind vorhanden, auch Vereisungen. Vulkanismus (und Plutonismus): oft in starker Weise. – In den meisten Fällen liegen die Gesteine als Metamorphite vor.

Tabelle IIIa Gliederung des Präkambriums

Eurasien (nach MURATOW, 1973) Z. angw. Geol. **19**, 148–155, Tab. 154;Berlin				IUGS Subcomm. Precambr. Stratigraph. 1979 (für das Archaikum ergänzt)	
			570		
Spätes Proterozoikum		Wendium		Proterozoikum III	
			680		
	Riphäikum	spätes			
					900
			1000		
		mittleres		Proterozoikum II	
			1350		
		frühes			
			1600		
Mittleres Proterozoikum				Proterozoikum I	
			1900		
Frühes Proterozoikum					
			2500		
Archaikum				Jungarchaikum	
					3000
				Mittelarchaikum	
					3400
				Frühارchaikum	
					? 3800
				Prä-Archaikum	
			4550		

Verschiedentlich wird der tiefere Teil des Archaikums (älter als 2,9 Milliarden Jahre) als Katarchaikum bezeichnet. Im Katarchaikum herrschen weitgehend anaerobe Lebensbedingungen (‚Urmeer'). Es beginnt eine biologische Entwicklung aufgrund der Ernährung durch Photosynthese. Dagegen zeigt sich im Archaikum i. e. S. (jünger als 2,9 Mrd. Jahre) infolge der Ausbildung einer sauerstoffführenden Atmosphäre auch die Entwicklung der ältesten strukturierten Lebewesen.

Der Zeitraum älter als 4,0 Mrd. Jahre wird verschiedentlich als Erdurzeit (= Azoikum) bezeichnet. Hier herrscht eine sauerstofffreie, reduzierte Uratmosphäre (Gasinhalt: H_2, CH_4, NH_3, H_2O). – Zeit der ‚Urzeugung'.

Tabelle IV Magmatische Gesteine (keine Feldspatvertreter führend)

Gläser	jung	←		**Obsidian**				→	**Tachylit**	
	alt	[4] ←		**Pechstein** (über 4% Wasser)				→	**Palagonit**	
Erguss-gesteine	jung	*Pantellerit* *Comendit*	**Liparit (= Rhyolith (Rhyodacit)**	**Dacit**	*Trachyan-desit* (z.B. *Latit*)	**Andesit**	*Alkali-trachyt*	**Trachyt**	**(Feldspat-) Basalt**	**Pikrit** (Olivin vorherrschend)
	alt	*Quarz-keratophyr* [3]	**Quarz-porphyr (Plagiophyr)**	**Quarz-porphyrit** [7]	[10]	**Porphyrit** [13]	*Keratophyr* *Rhomben-porphyr* [16]	**Ortho porphyr = Orthophyr**	**Melaphyr Diabas** [19]	**Paläopikrit** [22]
Gang-gesteine	(melano-krat)	←			(Lamprophyre)	**Kersantit**	**Minette**		**Odinit** →	
	diaschist	←	(Tiefengesteinsname + … aplit [wenn feinkörnig], + … pegmatit [wenn grobkörnig]						→	
	(leukokrat)					**Malchit**			**Rizzonit**	
	aschist	← [2]	(Tiefengesteinsname + … porphyr,	[6]	+ … porphyrit [wenn Feldspat = vorwiegend Plagioklas]) [9]	[12]	[15]		→ [18]	[21]
Tiefengesteine		*Alkaligranit* [1]	**Granit** (Kalifeldspat ≅ Plagioklas) **(Granodiorit)** (Kalifeldspat < Plagioklas)	**Quarzdiorit** **Trondhjemit** mit Hornblende und Biotit: **Tonalit** [5]	Monzonit (Kalifeldspat ≅ Plagioklas) [8]	**Diorit** [11]	*Alkalisyenit* *Larvikit* [14]	**Syenit**	**Gabbro** mit Orthaugiten: **Norit** fast nur Plagioklas: **Anorthosit** [17]	**Peridotit** = **Dunit** (Olivin vorherrschend) **Pyroxenit** (Pyroxen vorherrschend) **Hornblendit** (Hornblende vorherrschend) [20]
Haupt-gemengeteile		sehr Plagioklas-arm	mit Plagioklas	vorwiegend Plagioklas	Orthoklas und Plagioklas	vorwiegend Plagioklas	sehr Plagio-klasarm	mit Plagioklas	Vorwiegend kalkreiche Plagioklase, Augit als Diallag oder Orthaugite, gem. Augit, ±Hornblende, ±Biotit	Praktisch ohne helle Bestandteile. Oft viel Olivin. Augit als Diallag oder Orthaugit, gem. Augit, ±Hornblende (z.T. viel), ±Biotit
		Orthoklas + Plagioklas + Quarz, dazu: Biotit (z.T. Muskowit) ±Hornblende, ±Augit		Quarz, Hornblende, Biotit, ±Augit	Hornblende, Biotit, ±Augit	Hornblende, Biotit, ±Augit	Orthoklas + Plagioklas Hornblende, Biotit, Augit			

Bemerkung: Die Bezeichnungen ‚jung' und ‚alt' beziehen sich auf das geologische Alter dieser Gesteine; chemische Unterschiede untereinander bestehen nicht. Dagegen sind nicht selten Umkristallisationen (‚Alterungen') zu erkennen.
Bei den Ganggesteinen besteht vielfach eine chemische Verwandtschaft, aber nicht immer ein räumlicher oder genetischer Zusammenhang mit entsprechenden Tiefengesteinen.

Tabelle V Magmatische Gesteine (Feldspatvertreter [Foid-]führend)

Ergussgesteine	Nephelin- **Phonolith** Leuzit- [3]		Foid-trachyte u.a. [6]	Nephelin- **Tephrit** Leucit- (= **Otta-janit**) [9]	Nephelin- (z.B. **Limburgit**) **Basanit** Leucit- (**Vesuvite** z.T.)	**Nephelinit** [12]	**Olivin-Leucitit** [15]	**Leucitit** [18]	**Augitite** (Augit weit vorherrschend) [21]
Ganggesteine { (melanokrat) diaschist / (leukokrat) aschist }	← Lamprophyre → **Tinguait** ← (Tiefengesteinsname + … aplit) → ← (Tiefengesteinsname + … porphyr, + … porphyrit [wenn Feldspat = vorwiegend Plagioklas]) → [2]		**Monchiquit** [5]	**Teschenit** + **Camptonit** [8]		[11]	[14]	[17]	[20]
Tiefengesteine	Nephelin- **(Eläolith) syenit)** **Syenit** Leucit- [1]	Nephelin- **Shonkinit** Leucit-	**Essexit** [4]	**Theralith** [7]		**Ijolith** (und **Urtit**) [10]	**Missourit** (= Olivin-fergusit) [13]	**Fergusit** [16]	**Jacupirangit** u.a. [19]
Hauptgemengeteile	Alkali-feldspate	vor allem Kalifeldspat	Plagioklas + Kalifeldspat, Nephelin, Augit (Diopsid, Titanaugit, Ägirinaugit) Alkalihorn-blenden, Biotit	ohne Olivin	mit Olivin	Nephelin, Ägirinaugit	Praktisch feldspatfrei Augit, Olivin, Leucit, ± Biotit	Leucit (dazu auch Nephelin und Plagioklas), Augit (Diopsid), Olivin, Biotit	Titanaugite, Olivin, Foid-(Feldspat-) Komponente schwach
	Nephelin, Leucit, Augit (Diopsid, Ägirinaugit), Alkalihornblenden, Biotit. (Shonkinit: mit größeren Mengen von Mafiten)			Plagioklase, Nephelin, Leucit, Augit (Basalt, Augit, Titanaugit), Alkalihornblenden, Biotit					

Bemerkung: Bei den Ganggesteinen besteht vielfach eine chemische Verwandtschaft, aber nicht immer ein räumlicher oder genetischer Zusammenhang mit entsprechenden Tiefengesteinen.

Tabelle VI Sedimente und Sedimentgesteine

Aufbauende Bestandteile	→ Klastische Bestandteile				Kalk und Dolomit	Salze	Erze	Organische Substanzen (s. auch Tabelle Biolithe, S. 22)
Korn-Durchmesser	Ø > 20cm	Ø 2mm bis 20cm	Ø 0,02 mm – 2mm	Ø < 0,02mm				
Durch mechanische Verwitterung und mechanischen Absatz entstandene Sedimente	**Psephite** *Blöcke* **Fanglomerat** (enthält alle Korngrößen) [3]	*Schutt* (eckig) ↓ **Brekzie** Kies (gerundet) ↓ **Konglomerat** [6]	**Psammite** (aquatisch) (äolisch) Fluss- Flug-, Meeres usw. Treib- *Sand, Dünensand* ↓ ↓ **Sandstein** **Löss** (kalkreich) Quarzsandstein Kalksandstein (nach den Hauptbestandteilen), Kalkiger, kieseliger, toniger Sandstein (nach dem Bindemittel), Arkose/Arkosesandstein (mit Feldspat), Grauwacke (mit Gesteinstrümmern) [9]	**Mergel** (z.T.) **Pelite** (äolisch) (aquatisch) Staub Schweb ↓ ↓ **Ton, Schieferstein** ↓ **Tonschiefer** (glaziär:) Geschiebemergel/-lehm (mit Geschieben) ↓ **Tillit** (fluvioglazial:) Bänderton ↓ **Warvit** [12]	*Lockermassen* (Schutt, Gerölle, Sand, Schlamm) ↓ **Brekzien, Konglomerate, Kalksteine, Dolomite** [15]	(Brekzien der Salzgesteine) [18]	*Erzseifen* (eluviale, alluviale, fluviatile, marine, litorale usw. Seifen) **Trümmererze** [21]	a) Kalkig – dolomitisch: **Knochenbrekzie (Bonebed), Riffbrekzie** und andere Brekzien aus organischen Substanzen (Primärbrekzien) *Schill* *Bruchschill* **Schillkalk** od. **Lumachelle** dsgl. als Sand od. Schlamm ↓ **Kalksteine, Dolomite** b) Kieselig: Radiolarienskelette: *Radiolarienschlick* ↓ ↓ **Radiolarit** **Kieselschiefer** Diatomeenschalen: *Diatomeenschlamm* ↓ ↓ **Kieselgur** **Tripel** u.a. [24]
Durch mechanischen Absatz und chemische Ausscheidung oder Umbildung entstandene Sedimente	[2]	[5]	**Kalksandsteine** (z.T.) (m.: Sand · ch.: Kalk) *Glaukonitsande* ↓ **Glaukonitsandsteine** (m.: Sand · ch.: Glaukonit) [8]	**Salzton** (m.: Ton · ch.: Salz) **Mergel** (z.T.) (m.: Ton · ch.: Kalk) **Kupferschiefer** (m.: Ton · ch.: Erze) **Mudde** (z.T.) m.: Ton [11]	(siehe [8]) (siehe [11]) **Oolithe** (chemisch gebildet, mechanisch bedingt und abgesetzt) [14]	(siehe [11]) [17]	**Eisensandstein** (m.: Sand · ch.: Eisenverbindungen) **Oolithe** (chem. gebildet, mechan. bedingt u. abgesetzt [20]	*Dy, Gyttja, Schlick, Sapropel* **Bituminöse Schiefer: Ölschiefer, Asphaltschiefer, Brandschiefer** (Bei allen: klastische und organische Substanz) [23]
Durch chemische Lösung, Verwitterung, Ausscheidung und Umwandlung entstandene Sedimente	**Residuate** (Rückstandsgesteine), z.B. ***Kaolin, Bauxit,*** manche Tongesteine, auch Böden, manche eluviale Seifen [1]	[4]	[7]	[11]	*Kalkschlamm* ↓ **Kalkstein** (dicht, spätig, oolithisch) **Glaukonitischer Kalkstein, Kalksinter** (**Travertin** usw.) [13]	Evaporate: (Eindampfungssedimente) **Anhydrit, Gips, Steinsalz, Kali- u. Magnesium-Salze** Salzausscheidung inf. Übersättigung oder Wirkung von Lösungsgenossen Effloreszenzen (Ausblühungen) [16]	Umwandlung: Oxydations- u. Zementationszone von Lagerstätten. Außerdem Verwitterungslagerstätten. Ausscheidung: Eisen-, Mangan-, u.a. Erze, Schwefelkies (manche Erze als Oolithe) [19]	Umwandlung: **Torf → Kohle** (Pflanzensubstanzen) **Erdöl, Erdgas, Asphalt** usw. (niedere Organismen) Ausscheidungen durch Organismen: **Kalktuff, Seekreide** (z.T.) Schwefel, Schwefelkies usw. [22]

Bemerkung: Wörter in *Kursivdruck* = Lockergesteine; Wörter in **Fettdruck** = diagenetisch verfestigte Gesteine.

Tabelle VII Metamorphe Gesteine (vgl. dazu auch Abb. 24 und 46)

Regionalmetamorphose: Kontakt ↑	(Adinole) [39] **Hornfelse**			**Garben-, Fleck-, Fruchtschiefer, Spilosit, Desmosit** [35]					**Kalksilikatfelse** [36]	**Marmor** / **Marmor** [37]		**Smirgel** [38]	(Albit und andere Plagioklase, Biotit, Andalusit, Cordierit, Sillimanit, Vesuvian, Granat, verschiedenste Kalksilikate)
Erstarrungsgesteine			*Granit* und Oberflächenäquivalente			*Diorit* und Oberflächenäquivalente		*Gabbro* und Oberflächenäquivalente					↑ Wichtige Neubildungen ↓
Sedimentgesteine	*Konglomerat*	*Quarz-Sandstein* ↓		*Toniger Sandsein*	*Grauwacken, Sandige Tone bis Tone*		*Mergelton*		*Mergel* und *Mergelkalk*	*Kalk*	*Kohle* (unreine Kohle)	*Bauxit*	
Kontaktmetamorphose: Epizone	**Konglomerat, Quarzit, Konglomerat. Quarzphyllit** [3]	[6] ↓	**Geschieferte und mylonitisierte Granite** [9] ↓	**Quarzphyllit** [12]	< **Dachschiefer** > **Phyllit** (Sericitphyllit) [15]	**Horn-** [18] **blendeschiefer** ↓	**Kalk-Chloritschiefer, Epidot-Chloritschiefer** [21]	**Grünschiefer** [24]	**Kalkphyllite** (Kalksilikatschiefer) [27]	[30] ↓	[33] verstärkte Graphitbildung ↓		Sericit Chlorit Albit (Epidot)
Mesozone	**Konglomerat, Quarzit, Konglomerat. Quarz-Glimmerschiefer** [2]	**Quarzite** ↓ [5]	[8] ↓	**Quarz-Glimerschiefer** [11]	Glimmerschiefer (Staurolith-, Granat-Glimmerschiefer usw.) [14]	[17] ↓	**Hornblendeschiefer (Hornblende-Granatschiefer) Para-Amphibolit Eklogit** [20]	(Ortho-) **Amphibolit** **Eklogit** [23]	**Kalk-Glimmerschiefer** (Kalksilikatschiefer) [26]	**Marmor** ↓ [29]	[32] ↓		Biotit Muskowit Hornblende Staurolith Disthen Granat
Katazone	**Konglomeratgneis** [1]	[4]	**Orthogneise, Granulite, Hälleflinta, Leptite** [7]	**Leptite, Granulite** [10]	**Paragneis** (Biotit-, Sillimanit-, Cordieritgneis usw.) [13]	**Hornblendegneise** [16]	**Hornblendegneise (Eklogit)** [19]	**(Eklogit)** [22]	**Kalksilikatgneise, Kalksilikatfelse** [25]	[28]	**Graphit (Graphitgneis)** [32]		Feldspäte Biotit Granat Sillimanit

Bemerkung: Wörter in *Kursivdruck* = Ausgangsgesteine (Edukte); Wörter in **Fettdruck** = umgewandelte Gesteine (Metamorphite).

Lateinische Begriffe

1 **a**bluo – abwaschen
2 abrado – abkratzen
3 accedo – hinzukommen
4 accordo – übereinstimmen
5 accresco – hinzuwachsen, -kommen
6 accretio – Zunahme
7 accumulo – an-, aufhäufen
8 acidus – sauer
9 actualis – wirklich
10 actus – Wirklichkeit
11 addo – hinzufügen
12 adsorbo (lt. Kunstwort) – (soviel wie) heraussaugen
13 advenio – hinzukommen, erscheinen
14 aera – Epoche
15 aestuarium – Bucht
16 affinis – angrenzend, benachbart, verwandt
17 agglomero – dicht aneinander drängen
18 agglutino – zusammenleimen
19 aggredior – angreifen
20 agmen – Schar, Haufe
21 albidus – weißlich
22 albus – weiß
23 alluvio – Anschwemmung
24 annus – Jahr
25 antecedo – vorangehen, den Vorrang abgewinnen
26 apex – Spitze, Gipfel, Wipfel
27 aptus – angehängt, zusammengefügt
28 aqua – Wasser
29 area – freier Platz
30 arena – Sand
31 aridus – trocken, dürr
32 ascendo – emporsteigen, sich erheben
33 assimilis – ziemlich ähnlich
34 attritus – abgerieben
35 aufero (ablatus) – wegtragen, (weggetragen)

36 **b**ifurcor – sich in zwei Teile spalten
37 bi- (bis) – zweimal
38 bitumen – Erdpech, Asphalt (‚pix tumens' – aufwallendes Pech)
39 borealis – nördlich

40 **c**aementum – Bruchstein (caemento – bauen, aufrichten)
41 calx – Kalkstein
42 capillus – Haar
43 carbo – Kohle
44 catena – Kette
45 caverna – Höhlung, Loch
46 cerussa – bleiweiß
47 clarus – hell, licht
48 cludo – schließen, verschließen
49 co-, con- – zusammen-
50 collabor – (in sich) zusammensinken
51 collido – zusammenstoßen, -fallen
52 collum – Stengel
53 colluvio (–onis) – Wirrwarr, Gemisch
54 compensatio – Ausgleichung
55 competens – angemessen, passend
56 compingo – hineindrängen
57 comprimo – zusammendrücken
58 concordo – übereinstimmen
59 concresco – in sich zusammenwachsen, sich verdichten
60 condensus – dicht gedrängt
61 confluo – zusammenfließen
62 conformis – gleichförmig
63 conglomero – zusammenballen
64 congruo – zusammenlaufen, übereinstimmen
65 coniugo – verbinden, knüpfen
66 consequor – (nach)folgen
67 conservo – bewahren, erhalten
68 consolido – dicht-, festmachen, härten
69 contineo – zusammenhalten, umschließen
70 contingo – berühren, angrenzen
71 contraho – zusammenziehen
72 convehozusammenfahren, -tragen
73 corrado – s. abrado
74 corrodo – be-, zernagen
75 cresco – wachsen, aufwachsen
76 crusta – Rinde, Schale
77 culmen – höchster Punkt, Gipfel
78 cuprum – Kupfer

79 **d**e- – von, herab
80 declinatio – schräge Richtung, Abweichung
81 defendo – verteidigen
82 deflo – herabblasen
83 deformatio – Verunstaltung
84 deicio – herabwerfen
85 denudo – entblößen
86 deprimo – niederdrücken, versenken
87 descendo – herabsteigen
88 deserta – Wüste, Steppe
89 desicco – abtrocknen, trockenlegen
90 desquamo – abschuppen
91 destruo – nieder-, abreißen
92 detergeo – abstreifend zerbrechen
93 detraho – herabziehen, abreißen

94 detritus – abgerieben
95 dextra – die Rechte, rechte Hand
96 differentia – Verschiedenheit, Unterschied
97 differo – auseinandertragen, verbreiten
98 diffluo – auseinander-, zerfließen
99 digitus – Finger
100 dilato – ausdehnen
101 diluvium – Sintflut, Überschwemmung
102 dis- – auseinander-, weg-
103 discindo – zerreißen, -schneiden
104 discordo – uneinig sein
105 disiungo – losbinden, scheiden
106 dissolvo – auflösen
107 disto – entfernt sein
108 distraho – auseinanderziehen, zerreißen
109 divergo – auseinanderneigen
110 domus – Haus
111 ductilis – führ-, bestimmbar
112 duplex – doppelt, zweifach
113 durus – hart

114 **e**-, ex- – aus-, heraus-
115 educo – herausziehen, -führen
116 effloresco – empor-, erblühen
117 effundo – aus-, ergießen
118 eicio – herauswerfen, vertreiben
119 elevo – auf-, emporheben
120 eluo – auswaschen
121 emergo – auftauchen lassen
122 erodo – benagen, zerkleinern
123 erro – umherirren, sich verirren
124 erumpo – hervorbrechen (lassen)
125 eruptio – Ausbruch, Ausfall
126 evacuo – leeren
127 everto – aufwerfen, umwälzen
128 evolvo – herauswälzen
129 ex – aus, heraus
130 exaro – herauspflügen, ausgraben
131 exceptio – Ausnahme
132 exhalo – ausatmen, -dünsten
133 exoticus – ausländisch
134 expando – ausspannen, -breiten
135 exploro – auskundschaften, erkunden
136 exsudo – ausschwitzen
137 extendo – ausdehnen, strecken
138 externus – äußerlich, äußere
139 extrudo – hinausstoßen, -drängen

140 **f**acies – äußere Erscheinung, Form
141 facio – machen
142 fero – tragen, führen
143 ferrum – Eisen
144 finalis – end-, beendend
145 fixus – fest, bleibend
146 flexura – Krümmung
147 fluidus – fließend
148 fluo – fließen
149 fluvius – Fluss
150 fluxus – fließend, schwankend, unsicher
151 forma – Gestalt, Bild, Form
152 formatio – Gestaltung, Bildung
153 foro – bohren
154 fossilis – ausgegraben
155 frango – brechen
156 fucus – Seetang, -gras
157 fugo – vertreiben, verbannen
158 fulgur – Blitz
159 fumus – Rauch, Dampf, Dunst
160 fusco – schwärzen

161 **g**elo – zum Gefrieren bringen
162 generatio – Entstehung, Werden
163 genero – erschaffen, erzeugen
164 glacies – Eis
165 globus – Kugel
166 gradus – Stufe, Schritt, Grad
167 granum – Korn
168 gravis – schwer
169 gravitas – Schwere, Gewicht

170 **h**abitus – Haltung, Zustand
171 hiatus – Öffnung, Kluft
172 humidus (besser: umidus) – feucht
173 humus – Erdboden

174 **i**aspis – Jaspis (grüner Schmuckstein), Wort urspr. oriental. Herkunft
175 ignis – Feuer
176 imbibo – einsaugen, -trinken
177 immergo – eintauchen, versenken
178 impermeabilis – undurchschreitbar
179 impraegno – schwängern (hier übertragen: durchtränken)
180 in- – nicht-
181 in- – hinein-, ein-
182 inclinatio – Neigung, Biegung
183 includo – einschließen
184 index – Angeber, Anzeiger
185 infiltro – einsickern
186 influo – hineinfließen, -strömen
187 infra – unterhalb
188 ingredior – hineingehen
189 inicio – hineinwerfen, eindringen
190 initium – Eingang, Anfangs(grund)
191 initii – Grundstoffe, Elemente
192 insequor – auf dem Fuße folgen, fortsetzen

193 instans – heftig
194 inter – zwischen
195 intercipio – wegnehmen, entreißen
196 intermitto – unterbrechen, dazwischen treten lassen
197 internus – im Innern befindlich
198 intersero – dazwischenfügen
199 intra- – innerhalb
200 intrusio – Eindrängen
201 intus – innen-, hinein-
202 inundo – überschwemmen, fließen
203 inverto – um-, verdrehen
204 iuvenis – Jüngling, jung

205 **l**abo – schwanken, unsicher sein
206 labrum/labium – Lippe
207 lacus – See, Teich
208 lamina – Platte, Scheibe
209 later – Ziegelstein
210 latus – Seite
211 lavo – waschen, wegspülen
212 lenticula – kleine Leiste
213 lignum – Holz
214 linea – Richtschnur, Linie
215 lineamentum – Linie, Strich
216 liquidus – flüssig
217 liquo – schmelzen
218 litus – Meeresufer, -küste
219 locatio – Stellung
220 luo – waschen, spülen
221 lutum – Schlamm

222 **m**acero – mürbe machen
223 magnitudo – Größe
224 mare – Meer
225 margino – einfassen
226 marinus – Meer-, Meeres-
227 mater – Mutter
228 medius – mittlere, in der Mitte befindlich
229 migratio – Wanderung
230 mobilis – beweglich
231 mola – Mühlstein
232 mollis – weich
233 mons – Berg, Gebirge

234 **n**ebula – Dunst, Nebel
235 nimbus – Wolke
236 nix – Schnee

237 **o**bduco – über etwas ziehen, bedecken
238 obsequor – sich hingeben, zu Willen sein
239 oleum – Öl
240 olim – einst
241 oliva – Olive, Ölbaum
242 omitto – sein lassen, aufgeben
243 oscillatio – Schwingung

244 **p**aene – fast, beinahe
245 paulo post – bald darauf, bald nachher
246 perennis – dauernd, beständig
247 permaneo – verharren, bestehen bleiben
248 permeo – hindurchgehen
249 pisum – Erbse
250 planus – eben, flach
251 pluvialis – zum Regen gehörig
252 post- – danach, später nach-
253 posthumus – fälschlich für postumus: nachgeboren, Spätling
254 prae- – vor
255 praecipio – sich jählings hinabstürzen
256 praecipito – hinabstürzen, sinken
257 presso – drücken, pressen
258 primarius – erste, zu den ersten seiner Gattung gehörend
259 pro- – vor-, vorn in, vorn auf
260 profundus – tief
261 progredior – voranschreiten
262 protrudo – hervordrängen
263 pulsatio – Schlagen, Klopfen
264 prospecto – anschauen, sich umsehen
265 prope – nahe (bei)

266 **q**uartus – vierte

267 **r**adius – Stab, Strahl, Halbmesser
268 re- – zurück-, wieder-
269 recens – jüngst, neuerdings
270 recurro – zurücklaufen, -kommen
271 reduco – zurückführen
272 reflecto – drehen, wenden
273 refringo – aufbrechen, zurückbeugen
274 regio – Gegend, Richtung
275 regredior – zurückgehen
276 relinquo – zurücklassen
277 remaneo – zurückbleiben
278 renego – verneinen, leugnen
279 repeto – wiederholen
280 reptatio – das Kriechen
281 residuus – zurückbleibend
282 resisto – widerstehen, stehen bleiben
283 resorbeo – wieder einschlürfen, wieder einziehen
284 resto – zurück-, übrigbleiben
285 resurgo – sich wieder erheben, wieder-erstehen
286 retro – zurück, rückwärts
287 reversio – Umkehr
288 rigidus – starr

289 rodo – benagen, zerkleinern
290 roto – im Kreise herumdrehen
291 rudus – Geröll
292 rumpo – zerreißen, -brechen
293 rutilus – rötlich

294 **s**aeculum – Zeitalter, langer Zeitraum
295 sal – Salz
296 salinae – Salzlager
297 salsus – salzig
298 saltatio – Tanzen, Tanz
299 satur – satt, gesättigt
300 secerno – abscheiden, trennen
301 sedeo – sitzen
302 sedimentum – Bodensatz
303 segrego – trennen, absondern
304 seligo – auswählen
305 semi – halb
306 septum – Scheide
307 sequor – begleiten, folgen
308 serpens – Schlange
309 sessilis – zum Sitzen geeignet
310 silex – Kiesel, harter Feldstein
311 sinistra – die linke Hand
312 sinus – Krümmung, Bogen
313 sol – Sonne
314 solum – Erdboden
315 solutio – Auflösung
316 sparus – Speer
317 spina – Dorn
318 spiro – wehen, hauchen
319 stella – Stern
320 structura – Zusammenfügung, Ordnung, Gefüge
321 sub- – unter-
322 subduco – unten wegziehen, wegnehmen
323 sublimo – erhöhen
324 subsequor – unmittelbar nachfolgen
325 subsido – sich senken, sinken
326 Suebia – Land der Sueben
327 suffundo – darunterfließen
328 summergo – untertauchen, versenken
329 super-, supra- – drüber, oberhalb
330 suscipio – aufnehmen, empfangen
331 suspendo – zum Schweben bringen, schweben lassen, schweben
332 sutura – Naht
333 stabilis – fest, dauerhaft
334 stadium – Stadium
335 sterno – auseinanderbreiten, sich lagern
336 stratum – Decke, Polster
337 struo – aufschichten, erbauen

338 **t**alus – Knöchel, Würfel
339 tardo – verzögern, hemmen
340 tegula – Ziegel
341 tellus – Erde
342 tempestas – Unwetter, Sturm
343 termino – be-, abgrenzen
344 terra – Erde
345 tendo – spannen
346 terrenum – Land, Erde
347 terrester – zur Erde gehörig
348 textura – Gewebe
349 tofus – Tuffstein
350 trans- – durch, hindurch
351 transfero – hinübertragen
352 transfluo – hinüberfließen
353 transformo – umgestalten
354 transgredior – hinüberschreiten, -gehen
355 transmitto – hinüberschicken, -gehen lassen
356 transversus – querliegend, schräg
357 tumor – Anschwellung, Geschwulst
358 tumulus – Anschwellung, Erhebung, Hügel
359 turbatio – Verwirrung
360 turbo – in Unruhe bringen, aufwühlen

361 **u**bique – wo es auch immer sei, überall
362 ultra – darüber hinaus, jenseits
363 umidus *siehe* humidus
364 unda – Welle, Wasser
365 undula – kleine Welle

366 **v**adosus – seicht
367 vagus – umherschweifend, unbeständig
368 vapor – Dampf, Dunst
369 varius – buntfarbig, verschieden
370 vergo – sich neigen, sich senken, sich erstrecken
371 vesicula – Bläschen
372 vicarius – stellvertretend
373 vibro – schwingen, beben
374 virga – Zweig, Rute
375 visus – Sehen, Anblick
376 vitrum – Glas
377 volaticus – flüchtig, unbeständig

Griechische Begriffe

1 ἀ-, ἀν (a-, an-) – un-, nicht-,
2 ἄβυσσος (ábyssos) – Schlund, tiefe Kluft, tiefste Meerestiefe
3 ἄγχι (ánchi) – nahe bei
4 ἄδαμας (ádamas) – unbezwinglich
5 ἀδινός (ádinós) – sich zusammendrängend, dicht
6 ἀήρ (aér) – Luft
7 αἱματόεις (haimatóeis) – blutig
8 ἄκαυστος (ákaustos) – unverbrennlich
9 ἄκρατος (ákratos) – ungemischt, rein
10 ἄκρος (ákros) – spitz, oberst
11 ἀκτή (akté) – Erhöhung; hohe, schroffe Küste, an der sich das Meer bricht
12 ἀκτίς aktís) – Strahl
13 ἀλάβαστρος (alábastros) – Alabaster
14 ἄλευρον (áleuron) – Mehl
15 ἄλλοθι (állothi) – anderswo
16 ἄλλος (állos) – anderer; anders
17 ἀλλοδαπός (állodapós) – anderswoher stammend, fremd
18 ἀλλότριος (allótrios) – fremd(artig)
19 ἁλμυρός (halmyrós) – Meer-, salzig
20 ἅλς (háls) – Salz, Meer
21 ἄλφιτον (álphiton) – (Gersten)-mehl
22 ἀμέθυστος (améthystos) – Amethyst = „dem Rauche entgegenwirkend"
23 ἄμορφος (ámorphos) – formlos
24 ἀμυγδάλινος (amygdálinos) – aus Mandeln bereitet
25 ἀμφίβολος (amphíbolos) – zweideutig
26 ἀμφότερος (amphóteros) –beiderseitig
27 ἄναλκις (ánalkis) – kraftlos
28 ἀνάμεσος (anámesos) – in der Mitte
29 ἀνάτηξις (anátexis) – Schmelzen
30 ἄνεμος (ánemos) – Lufthauch, Wind
31 ἄνθραξ (ánthrax) – Kohle
32 ἄνθρωπος (ánthropos) – Mensch
33 ἀντι (anti-) – entgegen
34 ἀντίθετος (antíthetos) – entgegenstehend
35 ἀντικλίνω (antiklíno) – entgegenneigen
36 ἄνυδρος (ánhydros) – wasserlos, trocken
37 ἀνωμαλής (anomalés) – ungleichmäßig
38 ἁπλος (haplós) – einfach
39 ἀπο- (apo-) – von – weg
40 ἀπόφυσις (apóphysis) – Aus-, Nebenwuchs
41 ἁρμονία (harmonía) – Verbindung, Fügung
42 ἅρπη (hárpe) – Sichel
43 ἀρτηρία (artería) – (Schlag-)ader
44 ἀρχαίος (archaíos) – uranfänglich, alt
45 ἀσπίς (aspís) – Schild
46 ἀσύμμετρος (asýmmetros) – ohne Ebenmaß
47 ἄσφαλτος (ásphaltos) – Asphalt, Erdharz
48 ἄσχιστος (áschistos) – ungespalten
49 ἄστρον (ástron) – Gestirn, Stern
50 ἀστήρικτος (astériktos) – schwach
51 ἀ-στρωτος (a-strotos) – unbedeckt, ohne Decke
52 ἀταξία (ataxía) – Unordnung
53 ἀτμός (atmós) – Dampf, Dunst, Hauch
54 αὐγή (augé) – Glanz, Schimmer
55 αὖθι (aúthi) – daselbst
56 αὖλαξ (aúlax) – Furche
57 αὐτός (autós) – derselbe, selbst
58 ἄωρος (áoros) – unreif, ungestaltet

59 βάθος (báthos) – Tiefe
60 βαθύς (bathys) – tief
61 βάλλω (bállo) – werfen, schleudern
62 βάσις (básis) – Grund(lage)
63 βαρύς (barýs) – schwer
64 βελόνη (belóne) – Pfeilspitze
65 βένθος (bénthos) – Tiefe
66 βήρυλλος (béryllos) – Beryll
67 βίος (bíos) – Leben
68 βλάστη (bláste) – Sproß, Keim, Trieb
69 βλαστησις (blástesis) – Keimen, Wachsen
70 βλαστός (blástos) – gewachsen, wachsend
71 βόθρος (bóthros) – Grube, Vertiefung
72 βοτάνη (botáne) – Kraut, Pflanze
73 βραχύς (brachýs) – kurz, gering
74 βύσμα (býsma) – Pfropfen

75 γένεσις (génesis) – Entstehen
76 -γενής (-genés) – -bürtig, stammend
77 γένος (génos) – Herkunft, Gattung, Art
78 γεοειδής (geoeidés) – erdartig, erdig
79 γεώδης (geódes) – erdartig
80 γῆ (gé) – Erde
81 γίγνομαι (gígnomai) – werden, entstehen
82 γλαυκός (glaukós) – leuchtend, bläulich glänzend
83 γλῦφω (glypho) – einschneiden, gravieren
84 γνῶσις (gnósis) – Erkenntnis
85 γράμμα (grámma) – Buchstabe, Schrift
86 γράφω (grápho) – schreiben
87 γωνία (gonía) – Winkel, Ecke

88 δένδρον (déndron) – Baum
89 δεσμός (desmós) – Band, Fessel
90 δεύτερος (deúteros) – zweite, nächste
91 δια- (dia-) – durch – hindurch

92 διαβαίνω (diabaíno) – hindurchgehen
93 διακλάω (diakláo) – zerbrechen, durchbrechen
94 διαλλαγή (diallagé) – Wechsel, Tausch
95 διαπείρω (diapeíro) – durchstoßen
96 διάστημα (diástema) – Zwischenraum
97 διαστροφή (diastrophé) – Verdrehung, Verkehrtheit
98 διασχίζω (diaschízo) – zerspalten
99 διατάσσω (diatásso) – gehörig ordnen
100 διατετραίνω (diatetraíno) – durchbohren
101 διάτηξις (diátexis) – Zerschmelzen
102 διαφθορά (diaphthorá) – Vernichtung, Zerstörung
103 δίκτυον (díktyon) – Netz
104 διορίζω (dihorízo) – abgrenzen, unterscheiden
105 δίς (dís) – zweimal
106 δολερός (dolerós) – listig, trügerisch
107 δυάς (dyás) – Zweiheit
108 δύναμις (dýnamis) – Kraft, Vermögen
109 δυσ- (dys-) – schwer-, schlecht zu-, übel-

110 ἔδαφος (édaphos) – Boden
111 -ειδής (-idés) – -gestaltig, -artig
112 ἔκζημα (ékzema) – durch Hitze herausgetriebener Ausschlag
113 ἐκλογή (eklogé) – Auswahl
114 ἔκτηξις (éktexis) – Ausschmelzen
115 ἔλαιον (élaion) – Baum-, Olivenöl
116 ἔμβρυον (émbryon) – ungeborene Frucht im Mutterleibe
117 ἔνδον (éndon) – innen, darinnen
118 ἐνέργεια (enérgeia) – Wirksamkeit, Wirklichkeit
119 ἐνστάτης (enstátis) – Widersacher, Gegner
120 ἔντηξις (éntexis) – Einschmelzen
121 ἐντός (entós) – innen, darinnen
122 ἕξ (héchs) – sechs
123 ἔξω (éxo) – außen, draußen
124 ἐξωτικός (exotikós) – ausländisch
125 ἐπι (epi-) – auf-, darauf-, danach-/hinzu-
126 ἐπιγίγνομαι (epigígnomai) – danach entstehen, darauf folgen
127 ἐπίδοσις (epídosis) – Zugabe, Zunahme
128 ἐπίκεντρος (epíkentros) – über dem Mittelpunkt
129 ἕρμα (hérma) – Klippe, Riff, Hügel
130 ἕτερος (héteros) – anderer
131 εὖ (eú) – gut, gehörig, recht
132 εὖρος (eúros) – Breite, Weite
133 ζέω (zéo) – wallen, kochen
134 ζωικός (zoikós) – tierisch, Tiere betreffend
135 ζώνη (zóne) – Erdgürtel, Zone
136 ζῷον (zóon) – Lebewesen

137 ἠθμός (ethmós) – Sieb, Durchschlag
138 ἡμι- (hemi-) – halb-
139 ἤπειρος (épeiros) – Festland
140 ἠώς (eós) – Morgenröte

141 θάλαττα (thálatta) – Meer
142 θάνατος (thánatos) – Tod
143 θέμις (thémis) – Ordnung
144 θέρμη (thérme) – Wärme
145 θερμός (thermós) – warm
146 θεωρία (theoría) – Betrachtung
147 θιγγάνω (thiggáno) – berühren
148 θόλος (thólos) – Kuppel, Wölbung

149 ἴδιος (ídios) – eigen(tümlich)
150 ἴχνος (íchnos) – Fußstapfe, Spur, Fährte
151 ἴσος (ísos) – gleich
152 ἵστημι (hístemi) – stehen
153 ἰχώρ (ichór) – Götterblut, Lymphe

154 καινός (kainós) – neu, ungewöhnlich
155 καίω (kaío) – brennen, verbrennen
156 κατα (kata-) – gänzlich, von – herab
157 καταβαίνω (katabaíno) – herabgehen
158 κατακλάω (katakláo) – zerbrechen
159 κατακλύζω (kataklýzo) – überschwemmen
160 καταρράκτης (katarráktes) – Wasserfall
161 κατάρχω (katárcho) – anfangen
162 κέντρον (kéntron) – Mittelpunkt, Zentrum
163 κέρας (kéras) – Horn
164 κηρός (kerós) – Wachs
165 κίνημα (kínema) – Bewegung
166 κίνησις (kínesis) – Bewegung
167 κλάσις (klásis) – zerbrechen
168 κλίμα (klíma) – Zone, Gegend, geographische Lage
169 κλίνω (klíno) – neigen, beugen
170 κοινόω (koinóo) – Gemeinschaft haben, sich verbinden
171 κόκκος (kókkos) – Kern, Korn
172 κονία (konía) – Staub
173 κόπρος (kópros) – Kot, Schmutz
174 κόσμος (kósmos) – Welt(ordnung)
175 κρατέω (kratéo) – herrschen
176 κρατήρ (kratér) – Kessel
177 κράτος (krátos) – Stärke, Kraft
178 κριτός (kritós) – erlesen, auserwählt
179 κρυμός (krymós) – Frost, Eis

180 κρύος (krýos) – Frost
181 κρύπτω (krýpto) – verbergen, verstecken
182 κρύσταλλος (krýstallos) – Eis, Kristall
183 κυάνεος (kýaneos) – schwarz-, stahlblau
184 κύκλος (kýklos) – Kreis, Ring, Umkreis
185 κυλινδέω (kylindéo) – wälzen, rollen
186 κῶνος (konos) – Kegel

187 λάκκος (lákkos) – Loch, Zisterne
188 λαμπρός (lamprós) – hell, glänzend
189 λείπω (leípo) – übrig-, zurücklassen
190 λεπίς (lepís) – Schale, Schuppe
191 λεπτός (leptós) – fein
192 λευκός (leukós) – weiß
193 λίθος (líthos) – Stein
194 λίμνη (límne) – See, Teich
195 λίστρον (lístron) – Schaufel
196 λοβός (lobós) – Lappen
197 λόγος (lógos) – Wort, Wissenschaft, Lehre
198 λοπός (lopós) – Schale, Rinde, Hülse
199 λούω (lúo) – wachsen
200 λόφος (lóphos) – Hügel, Anhöhe
201 λύσις (lýsis) – Lösung

202 μάγμα (mágma) – geknetete Masse
203 μακρός (makrós) – groß
204 μαλάχη (maláche) – Malve
205 μάρμαρος (mármaros) – schimmernder Felsblock, Marmor
206 μέγας (mégas) – groß
207 μεῖγμα (meígma) – Mischung
208 μεικτός (meiktós) – gemischt
209 μεῖον (meíon) – kleiner, geringer, weniger
210 μέλας (mélas) – schwarz, dunkel
211 μέρος (méros) – Teil
212 μέσος (mésos) – mitten
213 μετα- (meta-) – mit-, nach-, um-
214 μέταλλον (métallon) – Metall; [μεταλλεῖον (metalléion) – Erzgrube, Bergwerk]
215 μεταμορφόω (metamorphóo) – umgestalten
216 μετέωρος (metéoros) – in die Höhe gehoben
217 μετρέω (metréo) – messen
218 μέτρον (métron) – Maß
219 μικρός (mikrós) – klein
220 μεῖξις (méixis) – Vermischung
221 μόνος (mónos) – allein
222 μορφή (morphé) – Gestalt
223 μορφόω (morphóo) – gestalten, bilden
224 μύλη (mýle) – Mühle
225 μύρμηξ (mýrmex) – Ameise
226 μὺρμηκία (myrmechía) – Warze

227 νάννος (nánnos) – Zwerg
228 νέος (néos) – jung, neu
229 νεφέλη (nephéle) – Wolke, Nebel
230 νηκτός (nektós) – schwimmend
231 νῆμα (néma) – Faden, Garn
232 νόμος (nómos) – Gesetz(gebung)

233 ξένος (xénos) – fremd
234 ξύλον (xýlon) – Holz

235 ὄγκος (óngkos) – Geschwulst, Haufe
236 ὀδμή (odmé) – Duft, Geruch
237 ὄζω (ózo) – riechen, duften
238 οἶκος (oíkos) – Haus, Heimat, Wohnsitz
239 ὀκτώ (októ) – acht
240 ὀλίγος (olígos) – wenig, gering, schwach
241 ὄλισθος (ólisthos) – Schlüpfrigkeit
242 ὅλος (hólos) – ganz
243 ὄμβρος (ómbros) – Regen
244 ὅμοιος (hómoios) – gleich, ähnlich
245 ὁμός (homós) – gemeinsam, derselbe, gleich
246 ὄν (ón) – seiend, Seiendes, Sein
247 ὄντως (óntos) – wahrhaft, wirklich
248 ὀξύς (oxýs) – sauer, scharf, spitz, heftig (lt.-gr. oxygenium – Sauerstoff)
249 ὁράω (horáo) – sehen
250 ὄργανον (órganon) – Werkzeug, Organ
251 ὀρθός (orthós) – gerade, richtig
252 ὁρίζω (horízo) – begrenzen
253 ὄρος (óros) – Berg, Gebirge
254 ὀρυκτός (oryktós) – ausgegraben
255 ὀστέον (ostéon) – Knochen
256 ὄφις (óphis) – Schlange
257 ὀφθαλμός (ophthalmós) – Auge, Gesicht
258 ὄψις (ópsis) – Aussehen, Erscheinung

259 πάλαι (pálai) – von altersher, alt
260 παλαιός (palaiós) – alt
261 πάλιν (pálin) – wiederum, von neuem
262 παλύνω (palýno) – Mehl anrühren, streuen (zu πάλη [pále] – Mehl, Staub, Pollen)
263 παρα- (para-) – neben-
264 παράσιτος (parásitos) – Mitesser, Schmarotzer
265 παραφορά (paraphorá) – Fortreißen
266 παροξύνω (paroxýno) – aufreizen, anstacheln
267 πᾶς (pás) – ganz, völlig, alles
268 παχύς (pachýs) – dick, dicht
269 πέδον (pédon) – Boden
270 πέλαγος (pélagos) – Meer
271 περι- (peri-) – um – herum

272 περιφέρω (periphéro) – herumtragen
273 πέταλος (pétalos) – ausgebreitet, flach, breit
274 πέτρα (pétra) – Fels
275 πηγή (pegé) – Quelle
276 πῆγμα (pégma) – Festgewordenes
277 πηλός (pelós) – Ton, Schlamm
278 πικρός (pikrós) – bitter, herb
279 πίσσα (pissa) – Pech, Harz
280 πλάγιος (plágios) – seitlich, quer
281 πλανγκτός (plangktós) – umhergetrieben
282 πλάσσω (plásso) – bilden, formen
283 πλεῖστος (pleístos) – meist, am meisten
284 πλέον (pléon) – mehr
285 πνεῦμα (pneúma) – Lufthauch, Wind
286 ποικίλος (poikílos) – bunt, farbig, kunstreich
287 πολυγωνία (polygonía) – Vieleck
288 πολύς (polýs) – viel
289 πόρφυρα (pórphyra) – Purpur
290 πρότερος (próteros) – vorher, früher
291 πρῶτος (prótos) – erster
292 πτύγμα (ptýgma) – Faltung
293 πῦρ (pyr) – Feuer

294 ῥέω (rhéo) – fließen, strömen
295 ῥῆξις (rhéxis) – Zerreißung
296 ῥίζα (rhíza) – Wurzel
297 ῥυθμός (rhythmós) – Zeitmaß, Takt, Rhythmus

298 σανίδιον (sanídion) – Täfelchen
299 σαπρός (saprós) – faul
300 σεισμός (seismós) – Erschütterung
301 σειστός (seistós) – erschüttert, bebend
302 σείω (seío) – erschüttern, beben
303 σηρικός (serikós) – seiden
304 σίδηρος (síderos) – Eisen
305 σίφων (síphon) – Wasserröhre, Spritze
306 σκέλλω (skéllo) – ausdörren, -trocknen
307 σκληρός (sklerós) – hart, starr
308 σκοπέω (skopéo) – betrachten, beobachten, sehen
309 σφαλερός (sphalerós) – trügerisch
310 σπάραγμα (spáragma) – Fetzen, abgerissenes Stück
311 σπάω (spáo) – ziehen, zerren
312 σπήλαιον (spélaion) – Höhle
313 σπιλάς (spilás) – Fels
314 σπίλος (spílos) – Fleck
315 συγκλίνω (synklíno) – mitneigen, zusammen niederlegen
316 σύγμμεικτος (sýmmeiktos) – zusammengemischt
317 σύγμμετρος (sýmmetros) – ebenmäßig, verhältnismäßig
318 συγ- (syn-) – zusammen-
319 σύγθετος (sýnthetos) – zusammengesetzt
320 σύγτηξις (sýntexis) – Verschmelzung
321 σύρω (sýro) – zerren
322 σφαῖρα (sphaíra) – Kugel
323 σχίζω (schízo) – spalten
324 σωλήνιον (solénion) – kleine Röhre
325 σῶμα (sóma) – Körper
326 σθένος (sthénos) – Stärke, Kraft
327 στάλαγμα (stálagma) – Tropfen
328 σταλακτός (stalaktós) – tröpfelnd
329 στάσις (stásis) – Stand
330 σταυρός (staurós) – Pfahl
331 στενός (stenós) – eng, schmal
332 στρῶμα (stróma) – Decke, Ausgebreitetes
333 στῦλος (stýlos) – Säule

334 τάξις (táxis) – Anordnung
τακτός (taktós) – angeordnet
335 τάφος (táphos) – Grab, Bestattung
336 τάφρος (táphros) – Graben
337 ταχύς (tachýs) – schnell
338 τεκτονικός (tektonikós) – die Baukunst betreffend
339 τέλμα (télma) – Sumpf
340 τέλος (télos) – Ende, Ziel
341 τέφρα (téphra) – Asche
342 τήκω (téko) – schmelzen
343 τίθημι (títhemi) – setzen, stellen
344 τόπος (tópos) – Ort, Gegend
345 τραχύς (trachýs) – rauh, hart
346 τρι (tri) – drei
347 τριάς (triás) – Dreiheit
348 τρίχα (trícha) – Haar
349 τρόπος (trópos) – Wendung, Richtung
350 τροφή (trophé) – Nahrung
351 τύπος (týpos) – Schlag, Form, Gestalt
352 τυφῶν (typhón) – Wirbelsturm

353 ὕαλος (hýalos) – Glas
354 ὕβρις (hýbris) – Überhebung, Üppigkeit
355 ὕδωρ (hýdor) – Wasser
356 ὑπερ- (hyper-) – über – hinaus
357 ὑπο- (hypo-) – unter, hinter
358 ὕψος (hýpsos) – Höhe

359 φαίνομαι (phaínomai) – erscheinen, sichtbar werden
360 φακῆ (phaké) – Linse
361 φανερός (phanerós) – sichtbar, offenbar

362 φύλον (phýlon) – Geschlecht, Familie
363 φίλος (phílos) – Freund
364 φλέψ (phléps) – Ader
365 φόρησις (phóresis) – Tragen
366 φρέαρ (phréar) – Brunnen
367 φύλλον (phýllon) – Blatt
368 φύρω (phýro) – durcheinanderwerfen, vermengen
369 φύσις (phýsis) – Natur
370 φυτικός (phytikós) – pflanzenartig
371 φυτόν (phytón) – Pflanze
372 φωνή (phoné) – Ton, Klang
373 φῶς (phós) – Licht

374 χάλιξ (chálix) – kleiner Stein, Kieselstein
375 χάος (cháos) – Chaos, ungeordneter Urstoff, Unordnung
376 χαλκός (chalkós) – Kupfer, Erz
377 χέρσος (chérsos) – Festland
378 χθών (chthón) – Erde
379 χιών (chión) – Schnee
380 χλωρός (chlorós) – grün (bei Pflanzen)
381 χόνδρος (chóndros) – Korn
382 χρόνος (chrónos) – Zeit

383 ψάμμος (psámmos) – Sand
384 ψεῦδος (pseúdos) – Lüge, Trug, Täuschung
385 ψηστος (psestos) – abgewischt, abgekratzt
386 ψῆφος (pséphos) – Steinchen

387 ᾠοειδής (ooeidés) – eiförmig, eirund
388 ᾠόν (oón) – Ei

Verzeichnis der Abbildungen

Abb. Seite

Literatur

Diese Liste soll als Schlüssel-Literatur zum weiterführenden Studium dienen. In den einzelnen Werken finden sich entsprechende Literaturlisten (Stand 2004)

ADAM, CH., W. GLÄSSER & B. HÖLTING (2000): Hydrogeologisches Wörterbuch. – Enke, Stuttgart.

BAHLBURG, H & CH. BREITKREUZ (2004): Grundlagen der Geologie, 2. Aufl. – Elsevier, Heidelberg.

BECKMANN, H. (Hrsg.): Geology of Petroleum. – Bd. **1**: G. DOHR (1981): Applied Geophysics. – 2. Aufl. – Bd. **2**: H. BECKMANN (1976): Geological Prospecting of Petoleum. – Bd. **3**: A. MAYER-GÜRR (1976): Petroleum Engineering. – Enke, Stuttgart.

BENDER, F. (Hrsg.): Angewandte Geowissenschaften. – Bd. **1** (1981), Bd. **2** (1985), Bd. **3** (1984), Bd. **4** (1986). – Enke, Stuttgart.

BRINKMANN, R. (Hrsg.): Lehrbuch der Allgemeinen Geologie. – Bd. **1** (1974): Festland – Meer; Bd. **2** (1972): Tektonik (P. SCHMIDT-THOMÉ); Bd. **3** (1967): Magmatismus, Umbildung der Gesteine. – Enke, Stuttgart.

BRINKMANNS Abriß der Geologie. – Bd. **1**: Allgemeine Geologie (W. ZEIL), 14. Aufl. (1991). – Bd. **2**: Historische Geologie (K. KRÖMMELBEIN & F. STRAUCH), 12./13. Aufl. (1986). – Enke, Stuttgart.

BROCKHAUS (1988): Die Entwicklungsgeschichte der Erde (mit einem ABC der Geologie). – 7. Aufl. – Edition Leipzig, Lizenzausgabe W. Dausien, Darmstadt.

BÜDEL, J. (1981): Klima-Geomorphologie. – 2. Aufl. – Schweizerbart, Stuttgart.

CLOOS, H. (1936): Einführung in die Geologie. Ein Lehrbuch der inneren Dynamik. – Borntraeger, Berlin. – Neudruck (1963) ebenda.

DEGENS, E. T. (1989): Perspectives on Biogeochemistry. – Springer, Berlin, u. a.

DENNIS, J. G., H. MURAWSKI & K. WEBER (1979): International Tectonic Lexicon, Bd. **1**. – DENNIS, J. G & H. MURAWSKI (1988): dto Bd. **2**. – Schweizerbart, Stuttgart.

DIETRICH, G, K. KALLE, W. KRAUSS & G. SIEDLER (1975): Allgemeine Meereskunde. – Borntraeger, Berlin.

EHLERS, J. (1994): Allgemeine und historische Quartärgeologie. – Enke, Stuttgart.

EISBACHER, G. H. (1995): Einführung in die Tektonik. – 2. Aufl..– Enke, Stuttgart.

EISBACHER, G. H. & J. KLEY (2000): Grundlagen der Umwelt- und Rohstoffgeologie. – Enke, Stuttgart.

ENGELHARDT, W. VON, H. FÜCHTBAUER & G. MÜLLER: Sedimentpetrologie. – Teil **1** (G. Müller): Methoden der Sediment-Untersuchung (1964). – Teil **2** (H. FÜCHTBAUER, Hrsg.): Sedimente und Sedimentgesteine. – 4. Aufl. (1988). – Teil **3** (W. VON ENGELHARDT): Die Bildung von Sedimenten und Sedimentgesteinen (1973). – Schweizerbart, Stuttgart.

ERBEN, H. K. (1988): Die Entwicklung der Lebewesen. – 3. Aufl. – Piper, München, Zürich.

FALKE, H. (1975): Anlegung und Ausdeutung einer geologischen Karte. – de Gruyter, Berlin u. a.

FECKER, E. & G. REIK (1995): Baugeologie. – 2. Aufl. – Enke, Stuttgart.

FLÜGEL, E. (1978): Mikrofazielle Untersuchungsmethoden von Kalken. – Springer, Berlin u. a.

—— (1982): Microfacies Analysis of Limestones. – 2. Aufl. – Springer, Berlin u. a.

FRISCH, W. & J. LOESCHKE (1993): Plattentektonik. – 3. Aufl. – Wiss. Buchges., Darmstadt.

GEYER, O. F.: Grundzüge der Stratigraphie und Fazieskunde. – Bd. **1** (1973). – Bd. **2** (1977). – Schweizerbart, Stuttgart.

GUDEHUS, G. (1981): Bodenmechanik. – Enke, Stuttgart.

HENNINGSEN, D. & G. KATZUNG (1997): Einführung in die Geologie Deutschlands. – 5. Aufl. – Enke, Stuttgart.

HINTERMAIER-ERHARD, G. & W. ZECH (1997): Wörterbuch der Bodenkunde. – Enke, Stuttgart.

HÖLDER, H. (1996): Naturgeschichte des Lebens. – 3. Aufl. – Springer, Berlin u. a.

—— (1989): Kurze Geschichte der Geologie und Paläontologie. – Springer, Berlin u. a.

HÖLTING, B. (1995): Hydrogeologie. – 5. Aufl. – Enke, Stuttgart.

KEAREY, Ph. (Hrsg.) (1993): The Encyclopedia of the Solid Earth Sciences. – Blackwell Science, Oxford.

KRONBERG, P. (1984): Photogeologie. – Enke, Stuttgart.

LEHMANN, U. (1996): Paläontologisches Wörterbuch. – 4. Aufl. – Enke, Stuttgart.

LE MAITRE, R. W. (Hrsg.) (1989): A Classification of Igneous Rocks and Glossary of Terms. – Blackwell Science, Oxford.

LEXIKON DER GEOWISSENSCHAFTEN (2000–2002), 6 Bde.; Sprektrum Akad. Verl., Heidelberg.

LOUIS, H. & K. FISCHER (1979): Lehrbuch der Allgemeinen Geographie. – Bd. **1**: Allgemeine

Geomorphologie. – 4. Aufl. – de Gruyter, Berlin u. a.
MARSAL, D. (1979): Statistische Methoden für Erdwissenschaftler. – 2. Aufl. _ Schweizerbart, Stuttgart.
MASON, B. & C. B. MOORE (1985): Grundzüge der Geochemie. – Enke, Stuttgart.
MATTHESS, G. (Hrsg.): Lehrbuch der Hydrogeologie. – Bd. **1**: G. MATTHESS & K. UBELL (1983): Allgemeine Hydrogeologie – Grundwasserhaushalt. – Bd. **2**: G. MATTHESS (1994): Die Beschaffenheit des Grundwassers. – 3. Aufl. – Bd. **8**: H. MOSER & W. RAUERT (1980): Isotopenmethoden in der Hydrogeologie. – Schweizerbart, Stuttgart.
MATTHES, S. (1996): Mineralogie. Eine Einführung in die spezielle Mineralogie, Petrologie und Lagerstättenkunde. – 5. Aufl. – Springer, Berlin u. a.
MÖLLER, P. (1986): Anorganische Geochemie. – Heidelberger Taschenbücher **240**. – Springer, Berlin u. a.
MÜLLER, L.: Der Felsbau. – Bd. **1** (1963). – Bd. **2** (1978). – Enke, Stuttgart.
MURAWSKI, H. (Hrsg., 1968–1988): Deutsches Handwörterbuch der Tektonik, Lieferung 1–10. – Bundesanst.f. Geowissenschaften u. Rohstoffe, Hannover. In Kommission: Schweizerbart, Stuttgart.
PETTIJOHN, F. J. & P. E. POTTER (1964): Atlas and Glossary of Primary Sedimentary Structures (mit Übersetzungen des Textes in Spanisch, Französisch und Deutsch). – Springer, Berlin u. a.
PFEFFER, K.-H. (1978): Karstmorphologie. – Wiss. Buchges., Darmstadt.
POHL, W. (1992): W. & W. E. Petrascheck's Lagerstättenlehre. – 4. Aufl. – Schweizerbart, Stuttgart.
PRESS, F. & R. SIEVER (1995): Allgemeine Geologie. – Spektrum, Heidelberg.
PRINZ, H. (1997): Abriß der Ingenieurgeologie. – 3. Aufl. – Enke, Stuttgart.
RAMDOHR, P. & H. STRUNZ (1978): KLOCKMANNS Lehrbuch der Mineralogie. – 16. Aufl. – Enke, Stuttgart.
RAST, H. (1987): Vulkane und Vulkanismus. – 3. Aufl. – Enke, Stuttgart.
REINECK, H.-E. (1984): Aktuo-Geologie klastischer Sedimente. – Kramer, Frankfurt/M.
RICHTER, D. (1992): Allgemeine Geologie. – 4. Aufl. – de Gruyter, Berlin u. a.
RITTMANN, A. (1981): Vulkane und ihre Tätigkeit. – 3. Aufl. – Enke, Stuttgart.
SANDER, B.: Einführung in die Gefügekunde der Geologischen Körper. – Teil **1** (1948), Teil **2** (1950). – Springer, Wien.
SCHEFFER & SCHACHTSCHABEL (2002): Lehrbuch der Bodenkunde. – 15. Aufl. – Spektrum Akad. Verl., Heidelberg.
SCHICK, R. & G. SCHNEIDER (1973): Physik des Erdkörpers. – Enke, Stuttgart.
SCHMINCKE, H.-U. (2000): Vulkanismus. – 2. Aufl. – Wiss. Buchges., Darmstadt.
SCHNEIDER, G. (1975): Erdbeben. – Enke, Stuttgart.
—— (1980): Naturkatastrophen. – Enke, Stuttgart.
SCHÖNENBERG, R. & J. NEUGEBAUER (1987): Einführung in die Geologie Europas. – 5. Aufl. – Rombach, Freiburg/Br.
SCHWARZBACH, M. (1993): Das Klima der Vorzeit. – 5. Aufl. – Enke, Stuttgart.
STANLEY, ST. S. (2001): Historische Geologie. – 2. Aufl., Spektrum Akad. Verl., Heidelberg
STEININGER, F. F. & W. E. PILLER (Hrsg.) (1999): Empfehlungen (Richtlinien) zur Handhabung der stratigraphischen Nomenklatur. – Courier Forsch.-Inst. Senckenberg, **209**, Frankfurt a. M.
STRÜBEL, G. & S. H. ZIMMER (1982): Lexikon der Mineralogie. – Enke, Stuttgart.
TRIMMEL, H. (Hrsg.; 1965): Fachwörterbuch für Karst- und Höhlenkunde (Speläologisches Fachwörterbuch). – Jh. Karst- und Höhlenkunde 5. – Wien.
VISSER, W. A. (Hrsg.; 1980): Geological Nomenclature (English, Dutch, French, German, Spanish). – Martinus Nijhoff, The Hague u. a.
VOSSMERBÄUMER, H. (1991): Geologische Karten. – 2. Aufl. – Schweizerbart, Stuttgart.
—— (1996): Geologie. Wörterbuch Franz. / Dt., Dt. / Franz. – Schweizerbart, Stuttgart.
WALTER, R. (1998): Geologie von Mitteleuropa. – 6. Aufl. – Schweizerbart, Stuttgart.
WALTER, R. (2003): Erdgeschichte. – 5. Aufl., De Gruyter, Berlin u. a.
WEDEPOHL, K. H. (1967): Geochemie. – Samml. Göschen **1224**. – de Gruyter, Berlin u. a.
WIMMENAUER, W. (1985): Petrographie der magmatischen und metamorphen Gesteine. – Enke, Stuttgart.
WINKLER, H. G. F. (1979): Petrogenesis of Metamorphic Rocks. – 5. Aufl. – Springer, Berlin u. a.
WOLDSTEDT, P. (1969): Quartär. – In: F. LOTZE (Hrsg.): Handbuch der Stratigraphischen Geologie. – Bd. **2**. – Enke, Stuttgart.